U0161199

国家电网有限公司
技能人员专业培训教材

水电自动装置检修

国家电网有限公司　组编

中国电力出版社
CHINA ELECTRIC POWER PRESS

图书在版编目（CIP）数据

水电自动装置检修 / 国家电网有限公司组编. —北京：中国电力出版社，2020.8
国家电网有限公司技能人员专业培训教材
ISBN 978-7-5198-4477-6

Ⅰ．①水… Ⅱ．①国… Ⅲ．①水力发电站–自动装置–检修–技术培训–教材 Ⅳ．①TV736

中国版本图书馆 CIP 数据核字（2020）第 043210 号

出版发行：中国电力出版社
地 址：北京市东城区北京站西街 19 号（邮政编码 100005）
网 址：http://www.cepp.sgcc.com.cn
责任编辑：安小丹（010-63412367） 柳 璐
责任校对：黄 蓓 常燕昆 朱丽芳
装帧设计：郝晓燕 赵姗姗
责任印制：吴 迪

印 刷：三河市百盛印装有限公司
版 次：2020 年 8 月第一版
印 次：2020 年 8 月北京第一次印刷
开 本：710 毫米×1000 毫米 16 开本
印 张：51.5
字 数：983 千字
印 数：0001—1500 册
定 价：158.00 元

版 权 专 有 侵 权 必 究

本书如有印装质量问题，我社营销中心负责退换

本书编委会

主　　任　吕春泉

委　　员　董双武　张　龙　杨　勇　张凡华

　　　　　王晓希　孙晓雯　李振凯

编写人员　李　侠　于海东　武卫平　张　鑫

　　　　　曹爱民　战　杰　贺永平　董　波

　　　　　杨文道　陈灵峰　李　勇

前　言

　　为贯彻落实国家终身职业技能培训要求，全面加强国家电网有限公司新时代高技能人才队伍建设工作，有效提升技能人员岗位能力培训工作的针对性、有效性和规范性，加快建设一支纪律严明、素质优良、技艺精湛的高技能人才队伍，为建设具有中国特色国际领先的能源互联网企业提供强有力人才支撑，国家电网有限公司人力资源部组织公司系统技术技能专家，在《国家电网公司生产技能人员职业能力培训专用教材》（2010 年版）基础上，结合新理论、新技术、新方法、新设备，采用模块化结构，修编完成覆盖输电、变电、配电、营销、调度等 50 余个专业的培训教材。

　　本套专业培训教材是以各岗位小类的岗位能力培训规范为指导，以国家、行业及公司发布的法律法规、规章制度、规程规范、技术标准等为依据，以岗位能力提升、贴近工作实际为目的，以模块化教材为特点，语言简练、通俗易懂，专业术语完整准确，适用于培训教学、员工自学、资源开发等，也可作为相关大专院校教学参考书。

　　本书为《水电自动装置检修》分册，由李侠、于海东、武卫平、张鑫、曹爱民、战杰、贺永平、董波、杨文道、陈灵峰、李勇编写。在出版过程中，参与编写和审定的专家们以高度的责任感和严谨的作风，几易其稿，多次修订才最终定稿。在本套培训教材即将出版之际，谨向所有参与和支持本书籍出版的专家表示衷心的感谢！

　　由于编写人员水平有限，书中难免有不足之处，敬请广大读者批评指正。

目　录

第二部分 水电自动装置的维护与检修

第三部分　水电自动装置的更新改造

第一部分

水电自动装置的通用参数
测量及性能测试

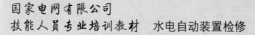

第一章

水电自动装置的通用参数测量及性能测试

▲ 模块 1　水电厂自动装置及二次回路的读图
　　　　（新增 ZY5400101001）

【模块描述】 本模块包含水电自动装置不同种类的技术图纸，如二次原理图和安装接线图的阅读。通过对图纸的识读讲解和案例分析，掌握阅读技术图纸的方法。

【模块内容】

一、作业内容

识别不同种类的技术图纸，阅读水电自动装置不同种类的技术图纸，如二次原理图和安装接线图。

1. 作业说明

在水电厂中从事电气部分的维护和检修工作，必须熟悉二次回路的工作原理并能熟练地进行识图，即要求能读懂二次回路图。在现代水力发电厂中，水电自动装置二次回路图往往十分复杂，一时难以读懂。为此，首先需要学习理论知识，提高技术水平；其次，还要掌握识图的方法。水电自动装置二次回路图在结构方面有许多特点，只要了解这些特点就能获得识图的要领。

2. 二次回路图

水电自动装置二次回路图分为原理接线图和安装接线图。

（1）原理接线图分为归总式和展开式两种形式，也称集中式和分开式。归总式原理图是将所有的电气设备、元件都以整体形式表现，因此能清楚形象地表示出装置的电气联系和动作原理，能够给维护、检修人员一个系统总体的概念。

展开式原理图是将电流回路、电压回路、交流回路、直流回路、操作回路、信号回路等分开表示，同时继电器的线圈和触点也分开表示，在展开图的一侧用文字说明个别回路的用途。

（2）安装接线图用来表明二次接线的实际安装情况，包括屏面布置图、屏后接线图和端子接线图，有时屏后接线图和端子接线图合在一起。安装接线图是现场安装校验及运行检修不可缺少的重要资料。水电站中二次回路十分重要，为了便于安装和维护检修，二次回路的安装接线图应考虑到对称性和相似性，即二次回路设备的布置应与主机的排列和操作顺序相对应，相同的设备应用相同的设计方案和相同的标号。

二、危险点分析与控制措施

读图错误或不能识图。控制措施：二次回路图逻辑性强，要求工作人员遵循试图规律，多加练习，掌握识图方法，提高识图能力。

三、作业前准备

（1）安全生产：责任人批准。

（2）技术资料：二次回路原理图、二次回路安装图、记录本。

（3）材料、工具：绘图工具。

（4）设备、仪表：工作台。

四、操作步骤

（1）领取技术图纸并登记。

（2）识别不同种类的技术图纸，并掌握识图要领。

1）阅读前首先应弄懂该张图所绘制的自动装置动作原理及其功能和图纸上所标识的名称、设备明细表、各设备、元件符号和编号等，然后再看图纸。

2）识图要领。二次接线图的最大特点是其设备、元件的动作严格按照设计先后顺序进行，其逻辑性很强，所以读图时只需按一定的规律进行，便会条理清楚，易读易记。看图的基本方法可以归纳为"六先六后"，即"先一次，后二次；先交流，后直流；先电源，后接线；先线圈，后触点；先上后下，先左后右""先交流，后直流；交流看电源，直流找线圈；抓住触点不放松，一个一个全查清""先上后下，先左后右，屏外设备一个也不漏"。

a）"先一次，后二次"。当图中有一次接线和二次接线同时存在时，应先看一次部分，弄清是什么设备和工作性质；再看对一次部分起监控作用的二次部分，具体起什么监控作用。

b）"先交流，后直流"。当图中有交流和直流两种电路同时存在时，应先看交流回路，根据交流回路的电气量以及系统故障时这些电气量的变化特点，向直流逻辑回路推断，再看相关的直流回路。

c）"先电源，后接线"。看图时先找到电源，再由此顺回路往后看，交流沿闭合回路依次分析各设备的动作支流从正电源沿接线找到负电源，并分析各设备的动作。

d）"先线圈，后触点"。先找到继电器或装置的线圈，再找到其相应的触点。由触点的通断引起回路的变化，再进一步分析，直至查清整个回路的动作过程。

e）"先上后下"和"先左后右"。母线在上，负荷在下，正极在左或上，负极在右或下，驱动触点在上或左，被启动的线圈在下或右。安装接线图中端子和设备编号顺序依次由上而下，从左至右。

（3）二次安装图的阅读。

1）回路编号及电缆编号的识别。回路编号由三个及以下数字组成，对于交流电路在数字前面还有 U、V、W、L1、L2、L3、N 等文字符号，以区分相别。二次回路的编号根据等电位原则进行，即在电气回路中遇于一点的全部导线都用同一个数码表示。当回路经过隔离器或继电器触点等隔开后，因为在断开时触点两端已不是等电位，所以给予不同的编号。对于不同用途的回路规定了编号数字的范围，但在实际应用中并不一定拘泥于此，对于一些比较重要的常见回路都给予固定的编号，如直流正、负电源回路，励磁回路等。

2）屏面布置图的识别。屏面布置图中按比例画出屏上各设备的安装位置、外形尺寸及中心线尺寸，并附有设备表。屏面布置图是同制造厂订货时所需的图纸，是制造厂安装加工和备料必需的图纸，在运行检修中几乎不使用。控制屏（台）的屏面布置从上至下通常先布置指示仪表，微机显示屏，指示灯，控制、转换开关。当同一块屏上布置有两个或数个相同的安装单位时，一般按纵向划分，同类的安装单位在屏面布置上一致。

3）端子图。接线端子（简称端子）是二次接线中不可缺少的配件。屏内设备和屏外设备之间的连接通过端子和电缆来实现，许多端子组合在一起构成端子排，端子排安装在屏后，也可布置在屏的侧面。屏内设备与屏外设备之间的连接必须经过端子排，其中交流电流回路经过试验端子。屏内设备与直接接至小母线的设备（如附加电阻、熔断器或小闸刀等）的连接一般应经过端子排，各安装单位主要保护的正电源均由端子排上引接。保护的负电源在屏内设备之间接成环形，环的两端分别接至端子排。其他回路一般均在屏内连接。同一屏上各安装单位之间的连接应经过端子排。

4）屏后接线图。屏后接线图是制造生产或更新改造屏过程中配线的依据，是施工和维护检修设备的重要图纸，是以展开接线图、屏面布置图和端子图为依据而绘制的（端子图往往画在屏后接线图中）。在屏后接线图上，设备的排列与屏面布置图相对应；屏后接线图中设备形状与实际情况相符，保证设备间的相对位置正确；各设备的引出端子按实际排列顺序画出。设备的内部接线简单的，如电流表、电压表等不画出，对于内部接线复杂的控制电路，可只画出与引出端子有关的线圈及触点，并标出正负电源的极性。标号的内容有：

a）与屏面布置图相一致的安装单位，用罗马字母表示安装单位的顺序，用阿拉伯数字表示设备的顺序。

b）与展开图相一致的设备的文字符号。

c）与设备表相一致的设备的型号。

d）盘内设备与设备之间的连接线，在图中采用相对标号法标明，即在各设备的接线端子旁注明该端子应该连接到哪里。如甲、乙两个接线端子应该用导线连接起来，则在甲端子旁标上乙的端子号，在乙端子旁标上甲的端子号。这样，在配线和查线时，就可以根据图纸对屏上每个设备的任一端子找到它连接的对象。如果在某个端子旁边没有标号，说明该端子是空的，没有连接对象；如果有两个标号，说明该端子有两个连接对象，配线时应用两根导线接到两处。

（4）质量标准。能识别回路、编号、设备、元件之间的关系和它们的动作顺序，能根据技术图纸与实际设备及回路联系起来，能独立完成二次回路图的阅读工作。

五、注意事项

（1）防止图纸破损。

（2）严禁在原始图纸上改动或添加文字。

【思考与练习】

1. 如何识别二次回路编号及电缆编号？

2. 二次回路图读图要领有哪些？

3. 二次回路图有哪几种形式？它们各有什么作用？

模块 2　水电自动装置及二次回路的清扫
（新增 ZY5400101002）

【模块描述】 本模块包含水电自动装置及二次回路不带电部分的清扫、带电部分的清扫。通过对操作方法、步骤、注意事项的讲解和案例分析，掌握水电自动装置及二次回路的清扫方法、步骤及注意事项。

【模块内容】

一、作业内容

对水电自动设备定期清扫，保持设备清洁。

作业说明：水电自动装置大部分是电力电子元器件，设备安装在温度较低、潮湿度较大，有灰尘的地方，设备工作环境条件相对较差，为了保证自动设备安全可靠的运行，有效避免由于卫生环境不好引起的设备电路及元器件的表面电阻增大，温度过高，电路短路，电子元器件工作点漂移等故障，要求水电自动设备定期清扫保持设备清洁这是水电自动装置维护和检修的一项重要基本工作。

二、危险点分析与控制措施

（1）走错间隔。控制措施：认真核对设备位置及标牌。

（2）工器具遗留在设备上。控制措施：工作结束后，认真检查，防止工器具遗留在设备上，给设备安全运行造成隐患。

（3）误碰带电设备。控制措施：做好安全隔离措施，工作过程中保持与带电设备的安全距离。

（4）误触碰带电回路。控制措施：应对可能引发误碰的回路、设备、元件设置防护带和悬挂警示牌。

（5）防止静电损伤电子元件。控制措施：清扫电子元件带好手腕式静电环并可靠接地。

三、作业前准备

（1）工作前准备好清扫用的工器具和材料。

（2）开工前学习作业指导书、工作票，明确带电部位、安全措施及危险点。

四、操作步骤

1. 装置不带电部分的清扫操作

（1）确认设备编号。

（2）用干净的硬毛刷依次由上到下清除泥沙等大颗粒物。

（3）设备表面如果有擦拭不到的地方可以使用吸尘器并用适当的吸力进行吸尘。

（4）用干燥无尘无静电抹布依次由上到下擦除灰尘。

（5）油迹可用抹布涂蘸中性清油剂擦除。

（6）用细毛刷刷除设备盘面的线绒或使用吸尘器并用较小的吸力进行吸尘。

（7）用手电筒观察盘面光洁度符合设备及规程标准。

（8）写设备清扫记录。

2. 装置带电部分的清扫操作

（1）确认设备编号。

（2）设备带电部分表面采用吹尘器，对于无法直接吹到的部位，可以采用弯管改变吹尘器出口风向来达到目的。

（3）用干燥无尘无静电抹布并佩戴绝缘手套依次由上到下擦除带电元件外壳灰尘。

（4）元件外壳油迹可用抹布并佩戴绝缘手套涂蘸去油剂擦除。

（5）擦拭不到的地方可以使用吸尘器并用适当的吸力进行清扫；清扫时注意与带电部位保持一定的安全距离。

（6）吹电路板灰尘时，吹尘器吹口与调节器各板件之间要保持至少 500mm 距离。

（7）用细毛刷刷除设备，清扫时注意与带电部位保持一定的安全距离。

（8）用手电筒观察各元件光亮度符合标准。

（9）写卫生清扫记录。

3. 质量标准

自动装置等电子元器件清洁，无灰尘和油迹，保持设备干燥。

五、注意事项

（1）清扫工具应干燥，金属部分应包好绝缘，工作时不佩带金属首饰。

（2）工作时防止电子元器件机械损伤。

（3）工作时防止静电对设备造成损坏。

（4）注意与带电设备的安全距离。

（5）清扫工作人员应穿纯棉长袖工作服和佩戴绝缘手套。

【思考与练习】

1. 如何清扫水电自动装置不带电部分？

2. 如何清扫水电自动装置带电部分？

3. 水电自动装置及二次回路的清扫有哪些注意事项？

▲ 模块 3　自动装置常规参数测量
（新增 ZY5400102001）

【模块描述】 本模块包含自动装置的直流电流、交流电流、直流电压、交流电压的测量。通过对操作方法、步骤、注意事项的讲解和案例分析，掌握测量自动装置常规参数的方法、步骤及注意事项。

【模块内容】

一、作业内容

熟悉万用表每个旋钮、转换开关、插孔以及接线柱等功能及作用，掌握表盘上每条标尺刻度所对应的被测量，能独立用指针式万用表或数字万用表测量自动装置的直流电流、直流电压、交流电压、交流电流等参量。

1. 指针式万用表基本原理和结构

指针式万用表是用磁电系列测量机构（表头）与测量电路相配合来实现各种电量的测量。指针式万用表由多量程的直流电流表、多量程的直流电压表、多量程的整流式交流电压表及多量程的欧姆表综合组成，它们合用一个表头，并在表盘上绘出几条相应被测电量的标尺，根据不同的被测量转换相应的开关，达到测量的目的。

指针式万用表主要由表头、测量线路和转换开关组成，如图 1-1-1 所示，表头用于指示被测量的数据。通常采用高灵敏度的磁电系测置机构，表头的满偏转电流越小，其灵敏度也越高，测量电压时的内阻就越大。实现多电量测量的关键是测量线路的转换，把被测量转换成磁电系表头所能测量的直流电流。构成测量线路的主要元件是各种类型和阻值的电阻元件（如线绕电阻、碳膜电阻及电位器等），测量时将这些元件组成不同的测量线路，即可把各种不同的被测量通过转换开关（又称选择式量程开关）转换成直流电流，用磁电系表头进行测量，为测量交流电流，线路中设有整流装置。指针式万用表中各种测量功能及其量程的选择都是通过同一个转换开关来完成的，转换开关由若干固定触点和活动触点组成，用于闭合与断开测量回路。活动触点通常称为"刀"，固定触点通常称为"掷"。万用表中的转换开关都采用多层、多刀、多掷波段开关或专用的转换开关。当转动转换开关的旋钮时，其上的"刀"跟着转动与不同的"掷"闭合，即可改变和接通所要求的测量线路，每种电路称为一挡。

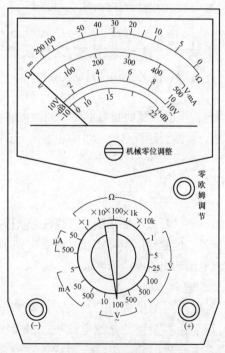

图 1-1-1　MF-30 型指针式万用表面

2. 数字万用表的基本原理和结构

数字万用表具有测量直流电压、直流电流、交流电压、交流电流及电阻等多种功能，包括电流-电压变换器（I–V）、交流电压-直流电压变换器（AC–DC）、电阻-电压变换器（Ω–V），这三种电路流经量程选择电路后，传递给 A–D 转换器的均为直流电压。当输入被测量为交流电流时，先经 I–V 变换器变为交流电压，再经 AC–DC 变换器输出。当输入被测量为直流电压时，经功能选择电路、量程选择电路后，直接进入 A–D 转换器。由此可见，数字万用表以测量直流电压为基础，配以各种变换器，实现多种电参量的测量。

与指针式万用表相比较，数字万用表具有准确度高，测置种类多，除了用于测置电流、电压、电阻外，还能用于测量频率、周期、晶体管参数和温度等；输入阻抗高，显示直观，可靠性高，过载能力强，测量速度快，抗干扰能力强，耗电少和小型轻便等优点。数字万用表不足之处主要表现在它不易反映被测电量连续变化的过程以及变化的趋势。如用数字万用表来观察电解电容的充放电过程，不如指针万用表方便。

数字万用表的显示位数一般为 4～8 位，位数越多，精度越高。

二、危险点分析与控制措施

（1）误触碰。控制措施：戴安全帽、穿工作服（防静电服）、戴绝缘手套、穿绝缘鞋。严格执行电力安全工作规程。

（2）误接线。控制措施：根据图纸进行接线，严禁凭记忆、凭经验作为工作依据。

（3）误测量。控制措施：依据图纸标示确认后选择合适挡位进行测量，严禁凭记忆经验进行测量，使用完毕后将选择开关旋到交流电压最高挡。

三、作业前准备

（1）作业前应根据测量参量选择量程匹配、型号合适的万用表。

（2）作业前应检查万用表是否合格有效，对不合格的或有效使用期超期的应封存并禁止使用。

（3）作业前组织作业人员学习作业指导书，熟悉检查项目、步骤、注意事项。

（4）确认工作组成员健康状况良好，安全帽、工作服等安全工器具完备、合格。

四、操作步骤

1. 指针式万用表操作步骤

（1）万用表水平放置并检查表的指针是否在机械零位，若不在零位则应调节面板上的机械零件调节螺栓，使指针指为零。

（2）使用时，要手握万用表测试表笔绝缘部分，不要接触金属部分，以确保安全和测量的准确度。在测试较高电压和较大电流时，不能带电转动开关旋钮，否则会在开关触点上产生电弧，严重的会使开关烧毁。

（3）直流电流的测量操作。

1）将红、黑表笔的连线分别插入"+""−"接线插孔中，或分别接在"+""−"接线柱上。有的万用表有直流 5A（或直流 2.5A）测量插孔或接线柱，专门用于测量较大的电流。使用时，黑表笔连线仍插在"−"插孔中，或接在"−"接线柱上；而红表笔连线插在 5A（或 2.5A）专用插孔中，或接在专用接线柱上。

2）旋动转换开关，将转换开关旋钮尖端（或有标记的端）对着～A 区间内某一合适的电流量程。选择量程，最好使指针指在满偏转刻度的 1/2 或 2/3 以上，这样测量结果比较准确。如果被测电流的范围预先估计不到，应先将量程开关旋至最大量程挡进行试测。

3）通过红、黑两表笔将万用表串联在被测电路中，并让电流从红表笔流入，黑表笔流出。如果不知道被测电流的方向，判断方法为：先将转换开关置于直流电流最高量程，然后将红表笔接于被测电路的一端，再将黑表笔在被测电路的另一端轻轻、快速一触，立即拿开，观察指针的偏转方向，若指针往正方向偏转（向右偏转），说明两表笔连接正确；反之，应将红、黑两表笔对调。测量时，若两表笔接反，不但会打弯表针，而且会损坏仪表。

4）读数时，首先根据直流电流量程定出标度尺满刻度的电流数值，然后根据指针在标度尺所指的数字按比例折算出被测电流的数值。如电流量程选 2.5A 挡，本挡满刻度为 2.5A，读数按 1:1 来读，如果指针指在 2.0 处，则被测电流为 2.0A。

（4）交流电流的测量操作。

1）旋动转换开关，将转换开关旋钮尖端（或有标记的端）对着～A 区间内某一合适的电流量程。

2）选择量程，最好使指针指在满偏转刻度的 1/2 或 2/3 以上，这样的测量结果比较准确。

3）如果被测电流的范围预先估计不到，应先将量程开关旋至最大量程挡进行试测，然后逐渐变换成合适的量程。

4）根据所选量程，在交流电流标度尺上读取被测电流的数值。

（5）直流电压的测量操作。

1）将红、黑表笔的连线分别插入"+""−"接线插孔中，或分别接在"+""−"接线柱上。有的万用表有直流 1500V 测量插孔或接线柱，专门用来测量较高的电压。使用时应用专用高压测量表笔，黑表笔连线仍插在"−"插孔中或接在"−"接线柱上；而红表笔连线插在 2500V（或 1500V）插孔中或接在其接线柱上。

2）旋动转换开关的旋钮，选择合适的电压量程挡。

3）通过红、黑表笔将万用表并联在被测电路两端。注意红表笔接在高电位端，黑表笔接低电位端，红、黑表笔不能接反。如果不知道被测电流的方向，判断方法为：先将转换开关置于直流电压最高量程，然后将红表笔接于被测电路的一端，再将黑表笔在被测电路的另一端轻轻、快速一触，立即拿开，观察指针的偏转方向，若指针往正方向偏转（向右偏转），则说明两表笔照此连接是正确的；反之，应将红、黑两表笔对调。测量时，若两表笔接反，不但会打弯表针，而且会损坏仪表。

4）根据所选量程，在直流电压标度尺上读取被测电压的数值。

（6）交流电压的测量操作。

1）将红、黑表笔的连线分别插入"+""−"接线插孔中，或分别接在"+""−"接线柱上。有的万用表有交流 2500V 测量插孔或接线柱，专门用来测量较高的电压。

2）使用时应用专用高压测量表笔，黑表笔连线仍插在"−"插孔中，或接在"−"接线柱上；而红表笔连线插在 2500V 插孔中，或接在其接线柱上。

3）旋动转换开关，将转换开关旋钮尖端（或有标记的端）对着～V 区间内某一合适的电压量程。

4）根据所选量程，在交流电压标度尺上读取被测电压的数值。

2. 数字万用表操作步骤

（1）测量直流电压。测电压时，应按要求将仪表与被测电路并联，如果误用交流电压挡测量直流电压或误用直流电压挡测量交流电压，将显示"000"或在低位上出现跳字。将功能量程选择开关拨到"DC V"区域内恰当的量程挡，红表笔插入"V·Ω"插孔，黑表笔插入"COM"插孔，然后将电源开关拨至"ON"位置，即可进行直流电压的测量。使用时将表与被测线路并联。使用时应注意，由"V·Ω"及"COM"插孔输入的直流电压最大值不得超过 1000V；另外，应注意选择适当置程。测量前，若无法估计被测电压或电流的大小，应先选择最高量程挡测量，然后根据显示结果选换恰当的量程。

（2）测量交流电压。将功能量程选择开关拨到"AC V"区域内恰当的置程挡，两表笔接法同上。将电源开关拨至"ON"的位置，即可进行交流电压的测量。使用时应注意，由两插孔接入的交流电压不得超过 750V 有效值，且要求被测电压的频率为 45～500Hz。

（3）测置直流电流。测电流时，应按要求将仪表串入被测电路，若无显示应先检查 0.5A 的熔断丝是否接入插座。将功能量程选择开关拨到"DC A"区域内恰当的量程挡，红表笔接"mA"插孔（被测电流小于 200mA）或接"10A"插孔（被测电流大于 200mA），黑表笔插入"COM"插孔，然后接通电源，即可进行直流电流的测量。使用时应注意，由"mA""COM"两插孔输入的直流电流不得超过 200mA；由"10A""COM"两插孔输入的直流电流不得超过 10A。

（4）测量交流电流。将功能量程选择开关拨到"AC A"区域内的恰当量程挡，其余的操作与测量直流电流时相同。

（5）测量电阻。用低挡测电阻（如 200Ω 挡）时，为精确测量可先将两表笔短接，测出两表笔的引线电阻，并根据此数值修正测量结果。将功能量程选择开关拨到"Ω"区域内的恰当量程挡，红表笔接"V·Ω"插孔，黑表笔接"COM"插孔，然后将电源接通，即可进行电阻测量。使用时应特别注意，不得带电测量电阻。进行电阻测量时，应手持两表笔的绝缘杆，以防人体电阻接入，而引起测量误差。

（6）测量完毕，关闭电源，将量程选择开关旋到交流电压最高挡，以防下次开始测量时，忘记转换开关的位置就用万用表取测量电压，以致万用表烧坏。

五、注意事项

1. 指针式万用表操作注意事项

（1）指针式万用表应在干燥、无振动、无强磁场的条件下使用。

（2）指针式万用表收藏时，一般应将开关旋至交流电压最高挡，以防止转换开关在欧姆挡时表笔短路。更重要的是防止在下一次测量时，不注意看转换开关的位置就测量电压而烧坏万用表。

（3）指针式万用表应经常保持清洁干燥，避免振动或潮湿。长期不用时，应将电池取出，以防日久电池变质渗液，使仪表损坏。

（4）转换开关的位置应符合测量要求，需要特别注意，否则，稍有不慎就可能带来严重后果。如需要测量电压，却误选电流或电阻挡，测量会使表头严重损伤，甚至被烧毁。因此，在选择测量种类后，应仔细核对是否正确。

2. 数字万用表操作注意事项

（1）数字万用表显示器件采用的是液晶显示器，因而仪表的使用与保存应特别注意环境条件，注意不得超出指标中给出的温度和湿度范围，以免损坏液晶显示器。

（2）液晶显示器是利用外界光源的被动式显示器件，所以应在光线较明亮的环境中使用。

（3）仪表使用前，首先应根据所选择的测试功能，核对功能量程选择开关的位置及两表笔所接入的插孔，再将电源开关接通进行测量。严禁在测量高电压或大电流时拨动开关，以防产生电弧，烧毁开关触点。

（4）测量时应注意欠电压指示符号，若符号被点亮，应及时更换电池。为延长电池的使用寿命，在每次测量结束后，应立即关闭电源。

（5）数字万用表测量时，应待显示数值稳定后读数。

（6）数字万用表的功能多，量程挡位多，相邻两个挡位之间的距离也很小。因此转换量程开关时动作要慢，用力不要过大。在开关转换到位后，再轻轻地左右拨打一下，看看是否真的到位，以确保量程开关接触良好。

（7）严禁在测量的同时旋动量程开关，特别是在测量高压、大电流的情况下，以防止产生电弧烧坏量程开关，严禁用电流挡测量电压。

（8）如长期不用万用表，应取出电池，以避免因电池变质损坏仪表。

（9）尽可能养成单手操作的习惯，在电路上进行测量时，预先把一支表笔的金属端固定在被测电路的一端（如公共端），一只手拿着另一支表笔，碰触被测电路的另一端，以保证注意力集中。

【思考与练习】

1. 如何用数字式万用表进行交流电流、交流电压的操作？

2. 用指针式万用表测直流电流、直流电压、交流电压、交流电流有哪些操作注意事项？

3. 用数字万用表测直流电流、直流电压、交流电压、交流电流有哪些操作注意事项？

◢ 模块 4　自动装置特殊参数检测
（新增 ZY5400102002）

【模块描述】 本模块包含自动装置特殊参数检测。通过对操作方法、步骤、注意事项的讲解和案例分析，掌握自动装置特殊参数检测的方法、步骤及注意事项。

【模块内容】

一、作业内容

用数显钳形相位表测量相位、幅值、功率因数、相序、电流相位图、进行感性电路和容性电路的判别。

数显钳形相位表工作原理：钳形相位伏安表是测量工频交流电量的幅值和相位的仪表，它可以测幅值为 50mA～10A 的电流、1～500V 的电压，以及测量两电压之间、两电流之间、电压与电流之间的相角，也可以测相序和功率因数。这种电子式相位表输入阻抗高、测量准确，由于电流信号的取得采用卡钳方式，故使用较方便，适用于电力系统设备二次回路检查以及继电保护、高压设备和自动装置的调试。

相角测量采用晶体管脉冲电路，被测信号经滤波放大后在过零点变换为方波，再由两路方波的上升前沿转换为两路信号相位差的脉冲，通过脉冲计数即可计算出相位角。

二、危险点分析与控制措施

（1）走错间隔。控制措施：监护人员监护到位，明确所在设备的工作任务，操作

前，仔细核对设备铭牌和双重编号。

（2）误触电。控制措施：应按照电气作业规程，验电后作业，必要时断开盘内的交流和直流电源；防止金属裸露工具与低压电源接触，造成低压触电或电源短路；工作时站在绝缘垫上。

（3）误触碰。控制措施：应对可能引发误碰的回路、设备、元件设置防护带和悬挂警示牌。

三、作业前准备

（1）作业前组织作业人员学习作业指导书，熟悉检查项目、步骤、注意事项。

（2）分配任务前，检查人员精神状态、疲劳程度等，适当调整人员作息，改善工作环境。

（3）准备并检查所需工器具是否满足要求。

（4）确认工作组成员健康状况良好，安全帽、工作服等安全工器具完备、合格。

（5）作业前/后应按照工作票对隔离措施/恢复措施进行检查和确认。

（6）作业前应检查磁力启动器是否合格有效，对不合格的或有效使用期超期的应封存并禁止使用。

（7）作业前应检查、核对设备名称、编号、位置，发现有误或标识不清应立即停止操作。

（8）作业前应检查确认与本装置相关的其他二次设备的隔离措施是否到位。

四、操作步骤

1. 数显钳形相位表自检

准备好检测相关记录本，使用检验合格的数显钳形相位表并进行自检。

2. 仪表相角的自检

（1）两电压之间相角的校准。将 15～50V 电压信号同相加到 $\dot{U}_1$、$\dot{U}_2$ 端子上，相位表应指示在 0° 或 360°。将电压信号之一反相加到 $\dot{U}_1$、$\dot{U}_2$ 的端子上，相位表应指示 180°。

（2）两电流之间相角的校准。将两把卡钳同时测一根导线，进线方向相同，变化电流从 1A 变到 10A，然后将 $\dot{I}_1$ 和 $\dot{I}_2$ 二路进线对换位置，二次测得的相角数应为 0° 或 360°。再将两把卡钳的进线方向相反卡进，应指示在 180°。

电压和电流之间相角的校准。可用同类表校对或用其他标准表进行校准。

3. 相位的测量

由 $\dot{U}_1$（或 $\dot{I}_1$）和 $\dot{U}_2$（或 $\dot{I}_2$）输入两个信号。当两路电压信号从两路电压端子输入时，显示器显示值即为两路电压之间的相位；当两路电流信号从两路电流输入插孔输入时，显示器显示值即为两路电流之间的相位。如从两路分别输入电压和电流信号，则显示器显示的值为电流和电压之间的相位。此时应注意，不论用哪种方式，所测得的相位均为 1 路信号超前 2 路信号的相位。

4. 幅值测量

用相应的功能键电压幅值或电流幅值挡位和量程键，如果不知信号大小，应先将电流或电压挡位放在最大挡，测量过程中逐渐减小幅值，从输入端输入被测信号，显示器显示值即为被测信号幅值。

5. 功率因数 $\cos\phi$ 的测量

将被测电压接在 $\dot{U}_1$ 上，电流接在 $\dot{I}_2$ 上，如相角读数 $\phi<90°$，表示电路呈感性；将相角测量开关倒到 90° 量限，表针指示 ϕ 角度与表盘上的功率因数 $\cos\phi$ 标度相对应；如果相角读数 $\phi>270°$，表示电路呈容性。切换到 $360°-\phi$ 后对照 $\cos\phi$ 标度读数，或将被测电压换到 $\dot{U}_2$ 上，被测电流换接到 $\dot{I}_1$ 上，再读数，则相角读数与上述相反。

6. 感性电路、容性电路的判别

用仪器相位测量方式，将被测电路的电压信号从电压 $\dot{U}_1$ 端子输入，电流信号经卡钳从 $\dot{I}_2$ 插孔输入，若测得的相位小于 90° 时，则电路为感性；大于 270° 时电路为容性。如将电流信号经电流卡钳从 $\dot{I}_1$ 插孔输入，电压信号由 $\dot{U}_2$ 输入端输入，所测得的相位大于 270° 时电路为感性，小于 90° 时电路为容性。

7. 相序的测量

$\dot{U}_{ab}$（或 $\dot{U}_{an}$）接 1 路电压信号输入端子，$\dot{U}_{bc}$（或 $\dot{U}_{bn}$）接 2 路电压信号输入端。如表指示为 120°，则为正相序；若指示为 240°，则为负相序。

8. 检查变压器接线组别

变压器一般采用 Y/yn0、Y/d11、YN/d11 三种接法，当采用 Y/yn0 接法时，$\dot{U}_{AB}$ 与 $\dot{U}_{ab}$ 同相，其相位为 0° 或 360°，当采用 Y/d11 或 YN/d11 接法时，$\dot{U}_{ab}$ 超前 $\dot{U}_{AB}$ 30°，用一台 15VA 三相调压器在变压器低压侧加上 1～5V 的电压，在高压侧感应出相应的电压。注意变比与电压的关系，只要高压侧电压不超过相位表量程即可。通过测量两电压间的相位，即可检查出变压器的接线组别。

9. 测定电流相量图法

测定电流相量图时，首先测定三相电压是否正常平衡，然后测定相序，并进一步确定电压的各相名称。如将线路一次侧或二次侧 b 相断开，要测定的线路二次侧 b 相接地，可用电压表测量各相对地电压，测出对地电压为零的那相便是 b 相，从而按相序便可较容易地确定出 a、c 相电压。如变压器一次侧为星形接线，二次侧也是星形接线，并中性点接地，则可将 B 相的一次高压熔断器或引接线断开，再用测量端子电压的方法找出 b 相，从而定出 a、c 相电压，即

$$\dot{U}_{ab} = \dot{U}_{bc} = \frac{1}{2}\dot{U}_{ac} \qquad (1\text{-}1\text{-}1)$$

式中 $\dot{U}_{ab}$ ——A、B 相间电压;

        $\dot{U}_{bc}$ ——B、C 相间电压;

        $\dot{U}_{ac}$ ——A、C 相间电压。

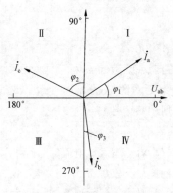

图 1-1-2   电流相量图法

用相位表测定电流相量图时,应将被检验的电流按相 $\dot{I}_a$、$\dot{I}_b$、$\dot{I}_c$ 顺序地连接到相位表的电流回路(注意,每次连接的极性应一致,一般以 K1 为电源侧,K2 为负荷侧),而将与被检验电流同一电路的任一相间电压,例如取 a、b 相间电压 $\dot{U}_{ab}$ 接至相位表的电压回路,这样在相位表上即可读出各相电流与接入电压间的相角关系。以接入的电压 $\dot{U}_{ab}$ 为基准即可绘出电流的相量图,如图 1-1-2 所示。如发现电流相序不对或电流方向不对应,即应按正确的改正。

10. 对比分析

检测数据与历史数据进行对比并做分析。

五、注意事项

数显钳形相位表的使用与保存应特别注意环境条件,注意不得超出指标中给出的温度和湿度范围,以免损坏。

【思考与练习】

1. 如何用数显钳形相位表进行相位的测量?

2. 如何用数显钳形相位表进行幅值的测量?

3. 如何用数显钳形相位表进行相序的测量?

◢ 模块 5   自动装置绝缘电阻测量
(新增 ZY5400102003)

【模块描述】本模块包含被试品接地放电、选用绝缘电阻表、检查绝缘电阻表、测量过程、试验数值的相互比较。通过对操作方法、步骤、注意事项的讲解和案例分析,掌握使用绝缘电阻表测量自动装置绝缘电阻的方法、步骤及注意事项。

【模块内容】

一、作业内容

由两人完成使用绝缘电阻表(绝缘电阻表)测量绝缘电阻工作。

1. 绝缘电阻表（绝缘电阻表）基本原理和结构

绝缘电阻表（绝缘电阻表）用于测量电气设备的绝缘电阻，其试验电压等级分为 50V、100V、250V、500V、1000V，高压 2500V、5000V、10kV。绝缘电阻表有线路端子 L、接地端子 E 和屏蔽端子 G 三个端子，被试绝缘接于 L 与 E 间。电压线圈 1 与电流线圈 2 绕向相反，并可带动指针旋转。由于没有弹簧游丝，故无反作用力矩。当线圈中无电流通过时，指针可取任一位置。原理接线如图 1-1-3 所示。

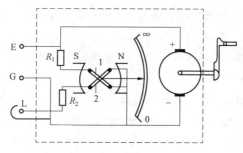

图 1-1-3　绝缘电阻表原理接线

2. 绝缘电阻表测量范围选择原则

不要使绝缘电阻表的测量范围（量程）超出被测电阻的阻值太多，以免产生较大的读数误差，绝缘电阻表应按电气设备的电压等级选用。通常电压等级高的电气设备，要求的绝缘电阻大。因此，电压等级高的设备，必须用电压高的绝缘电阻表来测定。

二、危险点分析与控制措施

（1）触电。控制措施：对被测试品放电时不得用手碰触放电导线。

（2）设备绝缘击穿。控制措施：选择合适量程的绝缘电阻表，不要用输出电压太高的绝缘电阻表去测低压电气设备。

三、作业前准备

（1）作业前应检查绝缘电阻表是否合格有效，对不合格的或有效使用期超期的应封存并禁止使用。

（2）作业前应根据测量参量选择量程匹配、型号合适的绝缘电阻表。

（3）作业前组织作业人员熟悉操作项目、步骤、注意事项。

四、操作步骤

（1）断开被试品的电源，拆除或断开对外的一切连线，将被试品接地放电。对电容量较大者（如高压电机、电缆、大中型变压器和电容器等）应充分放电（5min）。放电时应用绝缘棒等工具进行，不得用手碰触放电导线。

（2）选用绝缘电阻表的电压等级和绝缘电阻量程。

1）100V 以下电气设备选用 250V、量程 50MΩ及以上的绝缘电阻表；

2）100～500V 电气设备选用 500V、量程 100MQ 及以上的绝缘电阻表；

3）500～3000V 电气设备选用 1000V、量程 2000MΩ及以上的绝缘电阻表；

4）3000～10 000V 的电气设备选用 2500V、量程 10 000MΩ及以上的绝缘电阻表；

5）10 000V 及以上的电气设备选用 5000V、量程 10 000MΩ及以上绝缘电阻表，用于极化指数测量时，绝缘电阻表短路电流不应低于 2mA。

（3）检查绝缘电阻表。接线端子 E 接被试品的接地端，L 接高压端，G 接屏蔽端。将绝缘电阻表水平放稳，接被测绝缘电阻前，顺时针摇动绝缘电阻表手柄，当绝缘电阻表转速尚在低速旋转时，用导线瞬时短接端子 L 和 端子 E，其指针应指零。指针无法指到 "0" 的绝缘电阻表，说明绝缘电阻表有故障，必须修好后方可使用。绝缘电阻表达额定转速，开路时，其指针应指 "∞"。若指不到，对于装有 "无穷大" 调节器的绝缘电阻表，则可调节绝缘电阻表上的无穷大调节器，使指针指到 "∞" 处，然后使绝缘电阻表停止转动，端子 L 和 端子 E 对地放电。

（4）用干燥清洁柔软的布擦去被试品外绝缘表面的脏污，必要时用适当的清洁剂洗净，以保证测量结果的准确性。一般测量时，屏蔽接线柱不用，只有被测物表面漏电严重时才用，做一般绝缘测量时，可将被测物的两端分别接在绝缘电阻表的 L 和 E 两个接线柱上。一般绝缘电阻表有三个接线端子，分别为线路（L）、地（E）及屏蔽（G）。测量时，将线路端子（L）和地端子（E）分别接于被试绝缘的两端，如图 1-1-4（a）用于测量电缆线芯对地的绝缘电阻，端子 L 接电缆线芯，端子 E 接电缆外皮（即接地）；图 1-1-4（b）用于测电缆两线芯间的绝缘电阻，端子 L 及 E 分别接于电缆两线芯上。为避免表面泄漏电流对测量造成误差，还应加装保护环，并接到绝缘电阻表屏蔽端手（G）上，以使表面泄漏电流短路，如图 1-1-4（c）所示。

（5）做通地测量时，将被测物的一端接绝缘电阻表的 L 端，而以良好的地线接于 E 端。同样，测电机绕组绝缘电阻时，将电机绕组接于绝缘电阻表的 L 端，机壳接于 E 端。

（6）进行电缆缆芯对缆壳的绝缘测量时，除将被测缆芯导体接于 E 端外，还应将电缆壳与缆芯导体之间的内层绝缘物接屏蔽端钮 G，以消除因表面漏电而引起的读数误差。绝缘电阻表的 L 端应接被测物，E 端应接地（或电缆外壳），而不能接反，否则会引起较大的测量误差。

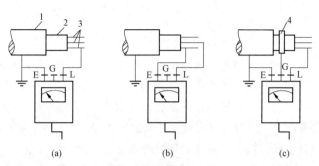

图 1-1-4　用绝缘电阻表测绝缘电阻的接线

（a）测对地绝缘；（b）测线芯间绝缘；（c）加保护环测对地绝缘

1—电缆金属外皮；2—电缆绝缘；3—电缆线芯；4—保护环

（7）由慢到快顺时针转动发电机手柄，直到 120r/min 左右的恒速，根据指针指在绝缘电阻表标度尺的位置，读取被测绝缘电阻的数值。绝缘电阻随着测量时间长短的不同而不同，一般采用 1min 以后的读数为准，遇到电容量特别大的被测物时，应等到指针稳定不动时再读数。摇动手柄时，切记忽快忽慢，以免指针摆动不停，影响读数。如发现指针指零时，不许继续用力摇动，以防止损坏绝缘电阻表。

（8）读取绝缘电阻后，先断开接至被试品高压端的连接线，然后再将绝缘电阻表停止运转，测试大容量设备时更要注意，以免被试品的电容在测量时所充的电荷经绝缘电阻表放电而使绝缘电阻表损坏。

（9）断开绝缘电阻表后对被试品短接放电并接地。对电容量较大的被试设备，其放电时间不应少于 2min。

（10）测量时应记录被试设备的温度、湿度、气象情况、试验日期及使用仪表等。

（11）对电气设备所测得的绝缘电阻，应按其值的大小，通过比较，进行分析判断。所测得的绝缘电阻和吸收比不应小于一般允许值，若低于一般允许值，应进一步分析，查明原因。

（12）试验数值的相互比较。将所测得的绝缘电阻与该设备历次试验的相应数值进行比较（包括大修前后相应数值比较），与其他同类设备比较，同一设备各相间比较，其数值都不应有较大的差别；否则必须引起注意，并加以要妥善处理。由于温度、湿度、脏污等条件对绝缘电阻的影响很明显，所以在对试验结果进行分析判断时，应排除这些因素的影响，特别应考虑温度的影响。如一般的绝缘，通常温度每下降 10℃，其绝缘电阻约增加一倍。所以在对绝缘电阻进行比较时，应设法将不同温度下所测得的绝缘电阻换算到同一温度的基础上再进行比较。

五、注意事项

（1）不要用输出电压太高的绝缘电阻表去测低压电气设备，否则就有可能把设备的绝缘击穿。

（2）测试前，必须将被测设备的电源切除，并接地短路 2～3min，绝不允许用绝缘电阻表测量带电设备（包括电源切断了，但未接地放电）的绝缘电阻。

（3）有可能感应出高电压的设备，在未消除这种可能性之前，不得进行测量，例如测量线圈的绝缘电阻时，应将该线圈所有端钮用导线短路连接后再测量。

（4）绝缘电阻表的接线端与被测设备之间的连接导线，不能用双股绝缘线和绞线，应当用单股线分开单独连接。以避免绞线绝缘不良而引起测量误差。

（5）禁止在雷电时或在附近有高压带电导体的场合使用绝缘电阻表进行测量，以防止发生人身或设备事故。

（6）绝缘电阻表未停止转动之前切勿用手去触及设备的测量部分或绝缘电阻表接线柱。测量完毕应对设备充分放电，避免引起触电。

【思考与练习】

1. 使用绝缘电阻表（绝缘电阻表）测量绝缘电阻如何接线？
2. 使用绝缘电阻表（绝缘电阻表）测量绝缘电阻有哪些操作步骤？
3. 使用绝缘电阻测量操作有哪些注意事项？

◢ 模块 6　水电厂自动装置单元板件的检查
（新增 ZY5400103001）

【模块描述】本模块包含单元板的检查准备、拆卸、清扫、焊接。通过对操作方法、步骤、注意事项的讲解和案例分析，掌握水电厂自动装置单元板件检查的方法、步骤及注意事项。

【模块内容】

一、作业内容

两人完成自动装置单元板件的检查操作工作。

现代水电自动装置的电路多数是拔插形式的集成电路板（设备单元板），一般分为电源板、控制板、保护板等。为保证自动设备安全可靠的运行，有效避免由于集成电路板接触不良、元器件管脚开焊或表面电阻过大引起的温度过高、电路短路、电子元器件工作点漂移等故障，故要求水电自动设备应定期检查设备单元板，这是水电自动装置维护和检修的一项重要基本工作。

二、危险点分析与控制措施

（1）触电。控制措施：对设备验电、放电，确认单元板不带电。

（2）静电损坏板件。控制措施：检查前应佩戴好手腕式静电环并可靠接地。

三、作业前准备

（1）分配任务前，检查人员精神状态、疲劳程度等，适当调整人员作息。

（2）作业前确认单元板件编号、位置和工作状态。

（3）作业前组织作业人员学习操作项目、步骤、注意事项。

四、操作步骤

（1）确认设备及单元板编号。

（2）操作人员使用接地除静电毛刷卸放掉身体上的静电。

（3）对设备验电、放电，确认单元板不带电，匀力拔出单元板。

（4）拆卸的每一个单元插件板用一个专用隔断防护，防止插件板间相互摩擦损坏元件，并防止碰伤印刷线路板上的元器件。

（5）各单元插件板拔下后，用毛刷清扫，用无水乙醇将板上的尘土擦拭干净，特别是插头、插口部分。

（6）全面检查各插件板上元器件连接点焊接是否牢固，各单元引出线是否断线或接触不良，各元器件不得有损坏。

（7）当需要对装置的内部引线进行焊接时，电烙铁功率必须小于25W，烙铁头必须接地。

（8）焊接后，重复检查各单元插件板内元件焊接牢固，无虚焊、漏焊和毛刺。

（9）写设备单元板检查记录。

五、注意事项

（1）杜绝用功率大于25W电烙铁焊接单元板。

（2）严禁带电插拔单元电路板。

【思考与练习】

1. 定期检查单元板一般有哪些危险点？

2. 定期检查单元板的操作步骤是什么？

3. 定期检查单元板有哪些注意事项？

◢ 模块7 水电厂自动装置及二次回路继电器的检查
（新增 ZY5400103002）

【**模块描述**】本模块包含继电器内部机械部分检查、电路部分的检查、绝缘检查。通过对操作方法、步骤、注意事项的讲解和案例分析，掌握水电厂自动装置及二次回路继电器检查的方法、步骤及注意事项。

【模块内容】

一、作业内容

由两人完成继电器的检查工作。

继电器是一种自动动作的电器,当控制它的物理量达到一定的数值时,能使它所控制的另一物理量发生突然的变化。如一个电流继电器,其控制量为电流互感器二次线圈所提供的交流电流,而被控制量为加到跳闸线圈上的直流电压。正常运行时,继电器的触点断开,跳闸线圈的电压为零。发生故障时控制电流增大,继电器的触点闭合、跳闸线圈的电压突变为操作电源的电压,使断路器跳闸。

继电器是构成水电自动装置各系统的基本元件之一。为与其他用途的继电器相区别,通常又将用于保护装置中的各种继电器统称为保护继电器。一般来说,在继电器的控制量和被控制量中,应至少有一个是电气量。控制量为电气量时称为电量继电器,水电自动装置系统中的继电器大都属于此类;此外,还有反应非电量的继电器,如瓦斯继电器、热继电器及压力继电器等。

继电器一般都由感受元件、比较元件和执行元件三个部分所构成。感受元件用于反映控制量(如电流)的变化,并以某种形式传送给比较元件;比较元件将接受的量与预先给定值(即整定值)相比较,并将比较的结果作用于执行元件;执行元件接受这个作用后动作,使被控量(如电压)发生突变,从而完成继电器所担负的任务。由于其具有接受某一物理量的控制、并且在动作之后又继而控制另一个电路的性能,所以称为继电器。

继电器的触点通常分为动合和动断两大类型,动合触点是指继电器不通电或通电不足时,处于断开状态的那些触点;而动断触点则指在上述相同条件下,处于闭合状态的触点。因此,给继电器加以所需的电压或电流时,其动合触点将闭合,而动断触点则断开。

二、危险点分析与控制措施

(1)误触碰。控制措施:应对可能引发误碰的回路、设备、元件设置防护带和悬挂警示牌。

(2)损伤元件。控制措施:检查操作要仔细谨慎,避免损伤元件。

三、作业前准备

(1)作业前组织作业人员熟悉检查项目、步骤、注意事项。

(2)作业前应检查、核对继电器名称、编号、位置。

(3)作业前准备好需要的工具、用品,并检查工具、用品是否满足要求。

四、操作步骤

1. 继电器内部及机械部分检查操作

（1）确认设备编号。

（2）检查继电器内部清洁无灰尘、油污，否则用镊子夹缠白布或棉花蘸酒精擦拭干净。

（3）检查继电器各可动机构间应清洁无铁屑等杂物，机构无扭曲、卡涩。

（4）用手动作衔铁模拟继电器动作，释放数次，可动部分应动作灵活，动作范围适当。

（5）检查各机械部件应完好，螺母螺柱应拧紧。

（6）检查弹簧无变形，弹性良好。

（7）检查触点的固定应牢固，无折伤，触点接触面应光滑明亮，若有发黑或烧损现象，用金相砂纸擦拭或用酒精棉白布带蘸酒精擦拭，严禁使用粗砂纸等。

（8）动合触点一般开距在 2mm 以上，闭合以后要有足够压力，即接触后有明显的共同行程，动断触点的接触应紧密可靠并有足够的压力，断开开距在 2mm 以上，触点接触时应中心相对无偏移。

（9）记录检查事项。

2. 继电器电路部分的检查操作

（1）检查继电器铭牌、规格应符合现场使用要求。

（2）使用万用表检查继电器内部线圈、导线及辅助元件连接情况。

（3）检查导线有无折断、绝缘无破裂等现象。

（4）检查接线鼻无脱落，焊接头无虚焊或脱焊，否则重新焊牢。

（5）检查继电器内部相邻端子的接线端之间应有一定的绝缘距离，以免相碰造成短路。

（6）用对线灯或万用表的二极管挡检查每对触点，在触点的接通与断开的瞬间对线灯能即亮即灭，万用表显示从 0 到 1，亮度与对线灯短接一样。

（7）记录检查事项。

3. 继电器的绝缘检查操作

（1）检查 500V 绝缘电阻表是否良好。

（2）全部端子用短路线短接，用 500V 绝缘电阻表检查端子对底座和磁导体的绝缘电阻，全部端子对底座和磁导体的绝缘电阻不小于 50MΩ。

（3）用 500V 绝缘电阻表检查双线圈继电器各线圈间的绝缘电阻不小于 10MΩ。

（4）用 500V 绝缘电阻表检查线圈对触点的绝缘电阻不小于 50MΩ。

（5）用 500V 绝缘电阻表检查各触点间、动合的动静触点间绝缘电阻不小于

50MΩ。

（6）记录检查事项。

五、注意事项

（1）防止继电器触点出现电弧损伤、粘连问题。

（2）防止出现机构扭曲卡涩等失灵问题。

（3）绝缘电阻不符合要求的继电器要进行更换。

【思考与练习】

1. 如何对继电器内部进行检查？

2. 如何对继电器电路部分进行检查？

3. 水电厂自动装置及二次回路继电器的检查操作注意事项有哪些？

▲ 模块8　自动装置单元板二极管极性及质量的辨别
（新增 ZY5400103003）

【**模块描述**】本模块包含二极管的极性及质量测试。通过对连接测试线路、检测方法、步骤、注意事项的讲解和案例分析，掌握测试二极管极性及质量的方法及注意事项。

【**模块内容**】

一、作业内容

一人独立完成利用数字万用表的二极管挡，判定二极管的正负极、管子的类型及管子的质量工作。

二、危险点分析与控制措施

误损坏二极管。控制措施：应按照电气作业规程，被测电路不能带电。

三、作业前准备

（1）作业前应组织作业人员熟悉操作项目、步骤、注意事项。

（2）确认工作组成员健康状况良好，安全帽、工作服等安全工器具完备、合格。

（3）准备并检查所需工器具是否满足要求。

四、操作步骤

（1）按照图 1-1-5 所示电路连接测试线路。

（2）用两表笔分别接触二极管两极，若显示值如图 1-1-5（a）所示，为 0.6V 或 0.2V 左右，说明二极管处于正向导通状态，红表笔接的为正极，黑表笔接的为负极。显示的数值为二极管的正向导通压降。

（3）若反接两表笔，显示的结果应如图 1-1-5（b）所示，为溢出符号"1"。

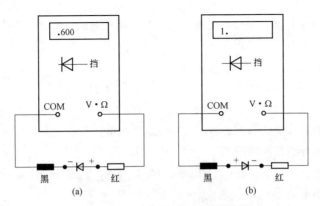

图 1-1-5　电路连接测试线路接线

（a）表笔正接显示结果；（b）表笔反接显示结果

（4）当二极管测试线路如图 1-1-5（a）所示，且显示值 0.2V 左右时，该二极管为锗管；显示值 0.6V 左右时，二极管为硅管。

（5）检查二极管质量。用两表笔接触二极管两极，显示结果为溢出符号"1"，且反接两表笔仍显示溢出符号，说明该二极管内部断路。两次测量结果均显示"000"，说明二极管已击穿短路。

（6）写测量记录，测量数据应包括试验时间、天气、试验主要仪器及精度、试验数据、试验人等。

五、注意事项

（1）在测量二极管电阻时，必须保证，被测电路不能带电。

（2）该仪表在进行电阻测量、检查二极管及检查线路通断时，红表笔接"V·Ω"插孔，带正电；黑表笔接"COM"摘孔，带负电。该种情况与指针式万用表正好相反，使用时应特别注意。

【思考与练习】

1. 如何辨别单元板二极管极性？

2. 如何检查单元板二极管的质量？

3. 辨别单元板二极管极性及质量时有哪些注意事项？

▲ 模块9　自动装置单元板三极管的极性及质量的辨别（新增 ZY5400103004）

【模块描述】本模块包含辨别判断三极管的基极、判断三极管的类型、判断集电极和发射极、测量共发射极静态电流放大系数。通过对操作方法、步骤、注意事项的讲解和案例分析，掌握辨别三极管极性及质量的方法、步骤、注意事项。

【模块内容】

一、作业内容

一人完成辨别三极管的极性及质量操作工作。利用万用表判断晶体三极管的电极、管子的类型及测量管子的共发射极静态电流放大系数。

二、危险点分析与控制措施

误损坏三极管。控制措施：应按照电气作业规程，被测电路不能带电。

三、作业前准备

（1）作业前组织作业人员熟悉操作项目、步骤、注意事项。

（2）确认工作组成员健康状况良好，安全帽、工作服等安全工器具完备、合格。

（3）准备并检查所需工器具是否满足要求。

四、操作步骤

（1）判断三极管的基极。将万用表拨至二极管挡，红表笔固定接触一电极，黑表笔依次分别接触另两电极，若两次显示的结果基本相同（均显示溢出符号"1"或均显示 1V 以下数值），说明红表所接的即为管子的基极。两次显示的结果不同，红表笔所接的不为管子的基极，应将红表笔换接另一电极，继续判断。

（2）判断三极管的类型。红表笔接触管子的基极，黑表笔分别接触另两电极，若显示结果均为 0.6V 左右，管子为 NPN 型，均为溢出符号"1"，管子为 PNP 型。

（3）判断集电极和发射极。测量共发射极静态电流放大系数，根据三极管的类型，将数字万用表拨至相应的三极管挡。如 NPN 挡，将管子基极插入 B 孔，另两极分期插入 C、E 孔，若这时显示的共发射极静态电流放大系数值为几十至几百，说明管子 c 极、e 极判断正确，管子处于正常接法，放大系数较高；若显示的值为几至十几，说明管子 c 极、e 极判断错误；管子无法正常工作，放大系数较低。经过上述两次判断，即可找出三极管的集电极 c 和发射极 e。

（4）记录测量数据。

五、注意事项

在测量三极管时，必须保证被测电路不带电。

【思考与练习】

1. 如何判断三极管的类型？

2. 如何辨别三极管的基极？

3. 如何辨别三极管的集电极和发射极？

模块 10　水电厂自动装置及二次回路熔断器的安装（新增 ZY5400104001）

【模块描述】本模块包含熔断器的安装、瓷插式熔断器熔丝的更换、螺旋管式熔断器的熔体更换。通过对操作方法、步骤、注意事项的讲解和案例分析，掌握水电厂自动装置及二次回路熔断器的安装和更换的方法、步骤及操作注意事项。

【模块内容】

一、作业内容

独立完成熔断器的安装和更换操作工作。

二、危险点分析与控制措施

（1）误触碰。控制措施：应对可能引发误碰的回路、设备、元件设置防护带和悬挂警示牌。

（2）电弧事故。控制措施：应按照电气作业规程，更换熔体，首先断开负荷。

（3）烫伤。控制措施：瓷插式熔断器熔丝的更换时用规定的把手拔出熔断器，不要直接用手拔熔体。

三、作业前准备

（1）作业前组织作业人员熟悉操作项目、步骤、注意事项。

（2）分配任务前，检查人员精神状态、疲劳程度等，适当调整人员作息。

（3）准备并检查工器具是否满足要求。

四、操作步骤

1. 熔断器的安装

（1）检查熔断器的型号、额定电压、额定分断能力等参数是否符合规定要求。熔断器内所装熔体额定电流只能小于等于熔断器的额定电流。

（2）安装位置间有足够的间距，以便于拆卸、更换熔体并保证电气距离。瓷质熔断器在金属底板上安装时，其底座应垫软绝缘衬垫，熔断器安装要牢固，无机械损伤。

（3）若熔体为熔丝时，熔丝长度应按安装位置预留长一些，固定熔丝的螺栓应加平垫圈，将熔丝两端沿压紧螺栓顺时针方向绕一圈，拧紧时要防止平垫圈与熔丝随着转动，并且不要拧得太紧或太松，以免损伤熔丝或接触不良，造成正常工作时过热而熔断。

（4）将瓷插式熔断器电源进线接上接线端子，电气设备接下接线端子。安装引线要有足够的截面积，拧紧接线螺钉，避免接触不良。

（5）将螺旋式熔断器的电源进线接在底座中心端的下接线端上，出线接在螺纹的上接线端上，线要压牢，不可松动，以保持良好的接触。熔断管上的熔断器指示器朝外放置，通过瓷帽上的玻璃窗能看到熔体是否熔断的指示。

2. 瓷插式熔断器熔丝的更换

（1）更换熔丝，首先断开负荷。不允许带负荷拔出熔断器，以免因电弧引起事故。

（2）确认新熔体为原规格、材质。

（3）用规定的把手拔出熔断器，不要直接用手拔熔体（熔断后外壳温度很高，容易烫伤），也不可用不适合的工具插入与拔出。

（4）安装熔体时要保证接触良好，不允许有机械损伤，否则准确性将大大降低。正常使用的熔丝熔断后，不能用几根小熔丝代替原来的一根熔丝，也不能用不同材质熔丝代替。作为应急措施，多根熔丝并联使用时，不应绞扭在一起，否则散热条件差，降低熔断电流。使用熔片的熔断器熔断后，必须用相同规格熔片更换，不能用大电流熔片裁剪后当作小电流熔片使用，否则将改变熔片的熔断特性，同时熔断电流也不能准确掌握，影响保护性能。

（5）在熔断器瓷插盖上安装熔丝的方法是先旋松瓷插盖上的动触头上的螺钉，在螺钉上加一个平垫圈，将选好的熔丝一端按顺时针方向弯过一圈绕在螺钉上，再旋紧螺钉，以保证良好接触。把熔丝顺着槽放入，槽两旁的熔丝应凹下，以防插入时，被瓷底座上的凸背切断。熔丝另一端也按顺时针方向弯过一圈绕在另一动触头的螺钉上，旋紧螺钉。因熔丝质地较软，因此在操作过程中要注意防止压伤或压断熔丝。熔丝安装如图 1-1-6 所示。

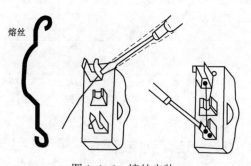

熔丝

图 1-1-6　熔丝安装

（6）将瓷插盖插入熔断器，瓷插盖与熔断器连接牢固，不松动。

3. 螺旋管式熔断器的熔体更换

（1）更换熔体，首先断开负荷。不允许带负荷旋出熔断器，以免因电弧引起事故。

（2）确认新熔体为原规格、材质。

（3）旋开瓷帽，取出熔断管。

（4）装上新熔断管。

（5）将瓷帽旋入瓷座内，瓷座与瓷帽连接牢固，不松动。

五、注意事项

（1）熔断器安装时保证熔体和触刀，触刀和触刀座之间接触紧密可靠，以免由于接触处发热，使熔体温度升高，发生误熔断。

（2）不允许带负荷拔出熔断器，以免因电弧引起事故。

（3）更换熔断器熔丝时要注意，必须先查清熔丝熔断的原因，排除短路或其他故障后才能换上原规格的熔丝，再接通电源，否则换上新熔丝后，还会熔断。

（4）熔断器的安装应佩戴护目镜绝缘手套进行工作。

【思考与练习】

1. 水电厂自动装置及二次回路熔断器安装作业前有哪些准备工作？

2. 水电厂自动装置及二次回路熔断器安装有哪些操作步骤？

3. 水电厂自动装置及二次回路熔断器安装有哪些注意事项？

▲ 模块 11　水电厂自动装置及二次回路热继电器的安装（新增 ZY5400104002）

【模块描述】本模块包含热继电器的组成、安装。通过对操作方法、步骤、注意事项的讲解和案例分析，掌握水电厂自动装置及二次回路热继电器的安装方法及步骤。

【模块内容】

一、作业内容

独立完成热继电器的安装工作。

通常使用的热继电器是一种双金属片式热继电器，由热元件、触头系统、动作机构、复合按钮和电流整定装置等组成。

热继电器主要用作交流电动机的过载保护，常与交流接触器组合成磁力启动器。只要电动机绕组不超过允许温升，电动机的短时过载是允许的；但电动机的绕组超过允许温升时，电动机过热会加速绝缘老化，这样就会缩短电动机的使用寿命，严重时还会使电动机绕组烧坏。因此，用热继电器作为电动机的过载保护。

二、危险点分析与控制措施

（1）走错间隔。控制措施：监护人员监护到位，明确所在设备的工作任务，操作前，仔细核对设备铭牌和双重编号。

（2）误触电。控制措施：应按照电气作业规程，验电后作业，必要时断开盘内的

交流和直流电源；防止金属裸露工具与低压电源接触，造成低压触电或电源短路；工作时站在绝缘垫上。

（3）误触碰。控制措施：应对可能引发误碰的回路、设备、元件设置防护带和悬挂警示牌。

三、作业前准备

（1）作业前确认设备编号、位置和工作状态。

（2）作业前、后应按照工作票对隔离措施/恢复措施进行检查和确认。

（3）确认工作组成员健康状况良好，安全帽、工作服等安全工器具完备、合格。

四、操作步骤

（1）确认安装地点。

（2）安装热继电器时，应核对其规格是否符合控制对象的过载保护技术要求，以免误装。

（3）热继电器的安装方向必须与产品说明书中规定的方向相同，误差不应超过$\pm5°$。

（4）热继电器与其他电器安装在一起时，应注意将其装在其他发热电器的下方，以免动作特性受到其他电器发热的影响。

（5）将热继电器的热元件串接在主电路中，其动断控制触头应串联在辅助电路中。

（6）按电动机的额定电流进行调整热继电器的整定电流，绝对不允许弯折双金属片。

（7）把热继电器置于手动复位的位置上，若需要自动复位时，可将复位调节螺钉以顺时针方向向里旋足。

五、注意事项

（1）热继电器安装牢固。

（2）接线应接线正确，牢固可靠。

（3）无机械损伤。

（4）热继电器只能作为电动机的过载保护，而不能作为短路保护，常与接触器和熔断器组合使用。

【思考与练习】

1. 安装热继电器前应做好哪些准备工作？

2. 如何安装热继电器？

3. 安装热继电器注意事项有哪些？

▲ 模块 12　水电厂自动装置及二次回路刀开关的安装（新增 ZY5400104003）

【模块描述】本模块包含刀开关结构、板式刀开关的安装、开启式负荷开关的安装。通过对操作方法、步骤、注意事项的讲解和案例分析，掌握水电厂自动装置及二次回路刀开关的安装方法及步骤。

【模块内容】

一、作业内容

能独立完成刀开关的安装操作工作。

刀开关是水电自动装置二次电路中常用的开关电器，板式刀开关的结构简单，应用广泛，由手柄、动触头、静触头、绝缘板等组成。

开启式负荷开关由刀开关、熔体、接线座、胶盖和瓷质底座等组成。它的瓷质底座上装有静插座、接熔体的端子、带瓷质手柄的闸刀等，并有上、下胶盖来遮盖电弧，使人手在开关合闸状态下不会触及导电体。

这种开关适用于额定电压为交流 380V（或直流 400V）额定电流不超过 60A 的二次回路和设备中，供不频繁地手动接通和切断负荷电路，并具有短路或过载保护作用。闸刀开关的底座上部有两个接线端子，连接静触头，接电源进线用。闸刀开关的底座下部有两个接线端子，通过熔丝与闸刀相连，接电源引出线。当闸刀拉下时，刀片（即动触片）和熔丝上都不带电。由于没有灭弧装置，因此适当降低负荷容量后，三极开关也可作为小容量异步电动机不频繁直接启动和停止的控制开关。

二、危险点分析与控制措施

（1）走错间隔。控制措施：监护人员监护到位，明确所在设备的工作任务，操作前仔细核对设备铭牌和双重编号。

（2）误触电。控制措施：应按照电气作业规程，验电后作业，必要时断开盘内的交流和直流电源；防止金属裸露工具与低压电源接触，造成低压触电或电源短路；工作时站在绝缘垫上。

（3）误触碰。控制措施：应对可能引发误碰的回路、设备、元件设置防护带和悬挂警示牌。

三、作业前准备

（1）作业前确认安装地点、设备编号和工作状态。

（2）作业前/后应按照工作票对隔离措施/恢复措施进行检查和确认。

（3）确认工作组成员健康状况良好，安全帽、工作服等安全工器具完备、合格。

（4）准备并检查工器具是否满足要求。

（5）作业前组织作业人员学习操作项目、步骤、注意事项。

四、操作步骤

1. 板式刀开关的安装

（1）刀开关垂直布置安装在开关板上，并使动触头在静触头下方，使闭合操作时的手柄操作方向应从下向上，断开操作时的手柄操作方向应从上向下，不准横装或倒装；否则，当刀开关断开时，若支座松动，闸刀会在自重作用下掉落而发生误合闸动作。

（2）将母线与刀开关接线端子相连接，不应产生过大的扭应力。

（3）安装杠杆操作机构，调节好连杆的长度，以保证操作到位且灵活。

（4）把电源进线接在静触头接线端（即刀开关的上端），把负荷引出线接在动触头接线端（即刀开关的下端），不可接反。刀片和插座接触的地方要成直线，不应扭曲。

2. 开启式负荷开关的安装

（1）垂直安装开启式开关，使闭合操作时的手柄操作方向应从下向上合，断开操作时的手柄操作方向应从上向下分。不允许平装或倒装，以防止操作手柄因重力落下时引起误合闸，造成事故。

（2）把电源进线接在开关上方的进线座接线端子，用电设备的引线接到下方的出线座接线端上，使开关断开时，闸刀或熔体不带电。这样，当拉开隔离开关更换熔丝时就不会发生触电事故。

（3）将螺钉拧紧，如果接线端孔眼较大，而导线又较细，可将接线线头的塞入部分弯成双根，用钳子夹拢后塞入孔内再拧紧螺钉。若连接处松动，会在该处产生高温，使闸刀过热。

（4）安装后应检查刀片与夹座是否成直接接触，若刀片与夹座歪扭或夹压力不足，应用电工钳夹住、扳直、扳拢。

（5）更换熔丝必须在拉开隔离开关的情况下进行，按负荷容量计算选配熔丝。

五、注意事项

（1）保持刀开关三相同时合闸而且接触良好，如接触不良，常会造成单相断路；对于三相笼形感应电动机负荷，还会发生因电动机缺相运行而烧坏绕组绝缘的事故。

（2）刀开关的主要部分都是裸露的带电体，与周围的金属架构（都是接地）应保证规定的安全距离。

（3）室外安装开启式负荷开关时，应装在木箱或铁箱内，做好防雨措施。

（4）使用负荷开关时必须装接熔断器。

【思考与练习】

1. 如何进行板式刀开关的安装？
2. 如何进行开启式负荷开关的安装？
3. 安装水电厂自动装置及二次回路刀开关的注意事项有哪些？

▲ 模块 13　水电厂自动装置直流电阻的测量
（新增 ZY5400105001）

【模块描述】本模块包含使用直流电阻快速测试仪测试直流电阻。通过对操作方法、步骤、注意事项的讲解和案例分析，掌握使用仪器测量直流电阻的方法、步骤及注意事项。

【模块内容】

一、作业内容

2～3 人完成使用直流电阻快速测试仪测试直流电阻工作。

随着数字技术在测试仪器中的广泛应用，采用直流恒流电源制造的直流电阻快速测试仪使测量直流电阻时的充电时间缩短到最小。将高稳定度稳流电源和测试部分设计成一体，测试全过程由单片机控制完成，仪器操作简单，测试数据稳定准确，不受人为因素影响，仪器采用带背光的点阵字符液晶显示，适宜不同的测试环境，具有完善的反电势保护功能和现场抗干扰能力、测试范围为 $2\Omega \sim 20k\Omega$。

二、危险点分析与控制措施

（1）走错间隔。控制措施：监护人员监护到位，明确所在设备的工作任务，操作前，仔细核对设备铭牌和双重编号。

（2）误触电。控制措施：应按照电气作业规程，验电后作业，必要时断开盘内的交流和直流电源。防止金属裸露工具与低压电源接触，造成低压触电或电源短路。工作时站在绝缘垫上。

（3）误触碰。控制措施：应对可能引发误碰的回路、设备、元件设置防护带和悬挂警示牌。

三、作业前准备

（1）作业前组织作业人员学习作业指导书，熟悉检查项目、步骤、注意事项。

（2）分配任务前，检查人员精神状态、疲劳程度等，适当调整人员作息，改善工作环境。

（3）准备并检查工器具、仪表设备是否满足要求。

（4）确认工作组成员健康状况良好，安全帽、工作服等安全工器具完备、合格。

（5）作业前确认设备编号、位置和工作状态。

（6）作业前/后应按照工作票对隔离措施/恢复措施进行检查和确认。

四、操作步骤

（1）选择输出电流。一般仪器输出电流为1mA、20mA、1A、5A、10A几挡。

1）打开电源，液晶屏显示"电流10A"仪器进入电流选择状态，仪器开机默认的测试电流为10A。

2）按复位键，显示器循环显示，通过按复位键选择所需的工作电流。

（2）选择合适的工作电流后，按测试键仪器显示"自检"。

（3）自检通过后仪器显示"充电×.××A"，仪器按选择的电流方式对试品进行充电，充电电流逐渐增加、液晶屏显示充电电流，当达到所选择的测试电流时，进入下一状态。

（4）测试电流电位，显示阻值。充电电流达到所选择的测试电流时过渡过程结束，仪器根据所选择的电流及被测阻值的大小，选择合适的挡位，开始测试回路电流 I 及电位端子间的电位差 V 通过计算 V/I 可得试品电阻 R。待数据稳定后，该数值为试品阻值。

（5）测试完毕后按复位键充电回路断开，仪器内部设计有快速放电回路，释放绕组所储存的能量。按复位键后蜂鸣器响，表示仪器工作于放电状态，液晶屏显示放电电流"放电×.××A"，待蜂鸣器停显示器显示出上次选择的工作电流代表放电结束，仪器进入选择电流状态、这时可拆除测试线或重新选择电流进行下一相序的测试。

（6）做好测试记录。包括测得的电阻值和测量时的温度。并按照式（1–1–2）进行温度换算，将实际测得的电阻值换算到所需要的温度时的数值

$$R_2 = R_1 \times \frac{235+T_1}{235+T_2} \qquad (1\text{--}1\text{--}2)$$

式中 R_1 ——测得的电阻值，Ω；

R_2 ——所需要的温度时电阻值，Ω；

T_1 ——测量时的温度，℃；

T_2 ——需要的温度，℃。

五、注意事项

（1）在测试过程中状态指示表未回零时不允许拆除测试线。

（2）测试过程中，外部断电，必须在状态指示表回零后方可拆除测试线。

（3）具有较大电感或对地电容的被试品在测量直流电阻后，应对被试品进行接地放电。操作人员应戴手套，以避免遭受静电电击。

【思考与练习】

1. 使用直流电阻快速测试仪测试直流电阻前应做哪些准备？
2. 如何使用直流电阻快速测试仪测试直流电阻？
3. 使用直流电阻快速测试仪测试直流电阻注意事项有哪些？

▲ 模块 14　直流电阻特性测试（新增 ZY5400105002）

【模块描述】本模块包含直流电阻测试。通过对操作方法、步骤、注意事项的讲解和案例分析，掌握测试直流电阻的方法、步骤及注意事项。

【模块内容】

一、作业内容

2～3 人完成单臂电桥测试直流电阻工作。

在水电自动装置中，测量直流电阻是常见的操作项目，所用测量仪器一般都是直流电桥。利用直流电桥测量直流电阻，简单方便，准确度高。常用的直流电桥有单臂电桥和双臂电桥。在测量高电压大容量电力变压器绕组的直流电阻时，由于被试品电感量大，充电时间长，使测试工作耗费时间太长，带来诸多不便。因此，长期以来研究了各种快速充电方法。随着数字技术在测试仪器中的广泛应用，采用直流恒流电源制造的直流电阻快速测试仪使测量直流电阻时的充电时间缩短到最小，并且配上自动数字显示、自动打印等功能，使测试工作实现操作简便、测量快捷、准确可靠，具备诸多优点。单臂电桥也称惠斯通电桥或惠登电桥，其工作原理如图 1-1-7 所示。在电桥平衡时，被测电阻 $R_x = \dfrac{R_2}{R_1} R_3 = k \cdot R_3$（其中 k 为倍率），改变电阻的比值 R_2/R_1，即改变倍率。图 1-1-7（b）中的 4 即为倍率切换开关。R_3 用于调节电桥平衡的可变电阻，即图 1-1-7（b）中的 6 是由 4 个波段开关组装成的可调电阻，这 4 个可调电阻分别是 $1\Omega\times9$、$10\Omega\times9$、$100\Omega\times9$ 和 $1000\Omega\times9$，这些可调电阻串联构成可变电阻 R_3。

二、危险点分析与控制措施

（1）走错间隔。控制措施：监护人员监护到位，明确所在设备的工作任务，操作前，仔细核对设备铭牌和双重编号。

（2）误触电。控制措施：应按照电气作业规程，验电后作业，必要时断开盘内的交流和直流电源；防止金属裸露工具与低压电源接触，造成低压触电或电源短路；工作时站在绝缘垫上。

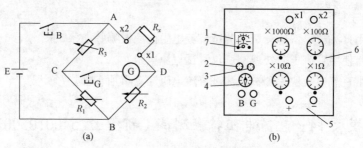

图 1-1-7 单臂电桥原理和盘面布置

（a）原理；（b）盘面布置示意

E—电池；B—电池按钮开关；G—检流计和检流计按钮开关；

x1、x2—接被测电阻两个接线柱；R_x—被测电阻；

R_1、R_2、R_3—可变电阻（标准电阻）；

1—检流计；2—调零；3—灵敏度；4—倍率切换开关；

5—外接电池电源；6—十进位可变电阻波段开关；7—检流计锁扣

（3）误触碰。控制措施：应对可能引发误碰的回路、设备、元件设置防护带和悬挂警示牌。

三、作业前准备

（1）安全生产：责任人批准，穿戴工作服、安全帽、绝缘鞋，学习有关电桥的理论。

（2）技术资料：标准化作业指导书、说明书、记录本、记录笔。

（3）材料、工具：电工工具、连接导线若干，作业前组织作业人员学习作业指导书，熟悉检查项目。

（4）设备、仪表：数字式万用表、单臂电桥。

（5）分配任务前，检查人员精神状态、疲劳程度等，适当调整人员作息，改善工作环境。

（6）准备并检查所需工器具是否满足要求。

（7）确认工作组成员健康状况良好，安全帽、工作服等安全工器具完备、合格。

四、操作步骤

（1）将电桥放置于平整位置，放入电池。

（2）电桥上的x1、x2两个接线柱与被测电阻 R_x 用引线连接好。

（3）打开检流计的锁扣。用手往下拨检流计的锁扣，检流计锁扣即被打开。检查指针是否指示零位，如不在零位，调节调零旋钮，使指针指示零位。

（4）检查电桥检流计的灵敏度旋钮在最小位置。

（5）估算被测电阻大小，将倍率切换开关放在适当的位置。如估算被测电阻 R_x 如为 1～10Ω，则可将倍率开关置于 10^{-3} 位置；调节 R_3 的 4 个可变电阻时，如检流计指零位时，R_3 的读数为 3564Ω，则乘上倍率 10^{-3}，得测试结果 3564×10^{-3}=3.564Ω，可以精确到第 4 位。如果倍率切换开关 4 置于 10^{-2} 位置，则只能调节 4 个可变电阻中的 3 个，"×1000Ω"的可变电阻指示"0"位，这时的读数为 356Ω×10^{-2}=3.56Ω，只能精确到第 3 位。由此可见，倍率开关的选择是否恰当直接影响到测试结果的精确程度。

（6）根据被测电阻 R_x 的大小和倍率切换开关的位置、将可变电阻的波段开关旋转到适当位置。这样做的目的是使开始测量时检流计承受不平衡电流的冲击最小，避免出现过大冲击，损坏检流计。

（7）开始测量。先按下电源按钮 B，然后再按下检流计按钮 G，根据检流计摆动方向调节可变电阻 6，使检流计指示零位。

（8）当检流计指示零位后，旋转灵敏度旋钮，逐渐提高灵敏度。在提高灵敏度时，检流计指针可能出现偏转，这时应及时调节可变电阻 6，使检流计指针保持指示零位。

（9）直至灵敏度旋钮调节到最大灵敏度位置，调节可变电阻 6 使检流计指针指示零位。才告测量结束。

（10）测量结束后，先断开检流计按钮开关 G，然后方可松开电源按钮开关 B。如果不这样做，而是先松开电源按钮开关 B，则由于被试品导电回路的电感作用产生一个很高的感应电动势，形成冲击电流，流入检流计的表头，有可能烧坏表头，并使检流计指针打弯。

（11）最后将检流计锁扣锁住。即将锁扣 7 往上推移，检流计的指针即被固定住，目的是防止在移动电桥时或在运输途中检流计指针受振动导致损坏。

（12）读取测量结果。即读取可变电阻 6 的四个电阻盘上的指示数和倍率切换开关 4 的指示数。将可变电阻读数乘上倍率即得到测量结果。

（13）如果被测电阻的数值较小，为了提高测量准确度，可减去引线电阻的阻值，最后得出测量结果。

（14）做好测试记录。包括测得的电阻值和测量时的温度，并按照式（1-1-3）进行温度换算，将实际测得的电阻值换算到所需要的温度时的数值

$$R_2 = R_1 \times \frac{235 + T_1}{235 + T_2} \qquad (1-1-3)$$

式中　R_1——测得的电阻值，Ω；

　　　R_2——所需要的温度时电阻值，Ω；

　　　T_1——测量时的温度，℃；

　　　T_2——需要的温度，℃。

五、注意事项

（1）如被测电阻是具有电感的线圈，如测量变压器绕组的直流电阻，由于存在较长的充电时间，在开始测量时，先按下电源按钮 B，这时不要立即按检流计按钮 G，而要等充电进行到一定程度后再按下检流计按钮 G，等待时间根据被试品的电感量大小而定。这样做的目的是避免由于充电之初，电流的快速变化引起检流计指针的急剧摆动，防止损坏检流计。

（2）电池电源按钮 B 和检流计按钮 G 都有机械锁住功能。在按下电源按钮 B 后，轻轻旋转一下，电源按钮便固定在合上位置，手可以松开。同样，如要将检流计固定在接通状态，也可以将按钮 G 按下后轻轻旋转一下即可，手也可以随之松开。

（3）具有较大电感或对地电容的被试品在测量直流电阻后，应对被试品进行接地放电。操作人员应戴手套，以免遭受静电电击。

（4）单臂电桥的型号有 QJ23 型、M24 型和惠登电桥 850 型。测量范围一般为 1～9 999 000Ω，精度可达 0.2%。实际上，单臂电桥一般用于测量中值电阻（阻值在 10～106Ω之间）；对于阻值在 10Ω以下的低值电阻，为了提高测量精度，一般用双臂电桥测量。

【思考与练习】
1. 单臂电桥测试直流电阻前准备工作有哪些？
2. 如何用单臂电桥测试直流电阻？
3. 单臂电桥测试直流电阻注意事项有哪些？

▶ 模块15 自动装置参数波形的处理
（新增 ZY5400105003）

【模块描述】本模块包含自动装置参数波形处理时的信号接入、探头补偿和系统调整、触发系统调节。通过对操作方法、步骤、注意事项的讲解和案例分析，掌握自动装置参数波形的处理方法、步骤、注意事项。

【模块内容】
一、作业内容
使用示波器进行信号接入、探头补偿和系统调整、触发系统调节。

示波器是一种广泛应用于水电自动装置中能够直接观察信号波形变化的测量仪器。为适用各种测试的需要，示波器的种类繁多。按其用途和结构特点可分为普通示波器、通用示波器、多线多踪示波器、记忆示波器、取样示波器及智能示波器等。尽管各种类型示波器的繁复程度相差很大，但其基本结构都是由示波管（阴极射线管）

和电子线路组成。DS3000 系列示波器（见图 1-1-8）是电力系统常用的一种，其提供简单而功能明晰的前面板，以进行基本操作。面板上包括旋钮和功能按键，旋钮的功能与其他示波器类似。显示屏右侧的一列 5 个灰色按键为菜单操作键（自上而下定义为 1～5 号），可以设置当前菜单的不同选项。其他按键（包括彩色按键）为功能键，通过它们可以进入不同的功能菜单或直接获得特定的功能应用。

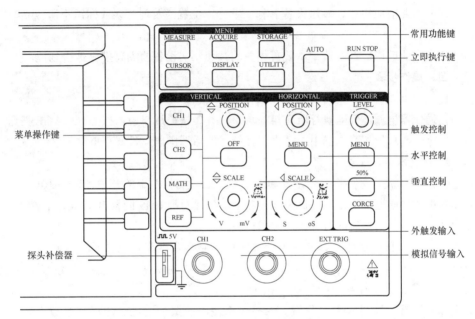

图 1-1-8　DS3000 面板操作说明

二、危险点分析与控制措施

（1）走错间隔。控制措施：监护人员监护到位，明确所在设备的工作任务，操作前，仔细核对设备铭牌和双重编号。

（2）误触电。控制措施：应按照电气作业规程，验电后作业，必要时断开盘内的交流和直流电源；防止金属裸露工具与低压电源接触，造成低压触电或电源短路；工作时站在绝缘垫上。

（3）误触碰。控制措施：应对可能引发误碰的回路、设备、元件设置防护带和悬挂警示牌。

三、作业前准备

（1）作业前组织作业人员学习作业指导书，熟悉检查项目、步骤、注意事项。

（2）分配任务前，检查人员精神状态、疲劳程度等，适当调整人员作息，改善工

作环境。

（3）确认工作组成员健康状况良好，安全帽、工作服等安全工器具完备、合格。

（4）作业前/后应按照工作票对隔离措施/恢复措施进行检查和确认。

（5）作业前应检查示波器是否合格有效，对不合格的或有效使用期超期的应封存并禁止使用。

（6）作业前应检查、核对设备名称、编号、位置，发现有误或标识不清应立即停止操作。

（7）作业前应检查确认与本装置相关的其他二次设备的隔离措施是否到位。

四、操作步骤

1. 功能检查

接通仪器电源，仪器执行所有自检项目，并确认通过自检，按 DTORAGE 按钮，用菜单操作键从顶部菜单框中选择设置存储，然后调出出厂设置菜单框。

2. 示波器接入信号

（1）用示波器探头将信号接入通道 1（CH1）。将探头上的开关设定为 10x，并将示波器探头与通道 1 连接。将探头连接器上的插槽对准 CH1 同轴电缆插接件（BNC）上的插口并插入，然后向右旋转以拧紧探头。

（2）示波器需要输入探头衰减系数。此衰碱系数改变仪器的垂直挡位比例，从而使得测量结果正确反映被测信号的电平（默认的探头菜单衰减系数设定值为 10x）。设置探头衰减系数的方法：按 CH1 功能键显示通道 1 的操作菜单，应用与探头项目平行的 4 号菜单操作键，选择与您使用的探头同比例的衰减系数。此时设定应为 10x。

（3）把探头端部和接地夹接到探头补偿器的连接器上。按 AUTO（自动设置）按钮，几秒钟内可见到方波显示如图 1-1-9 所示（1kHz 时约 5V，峰到峰）。

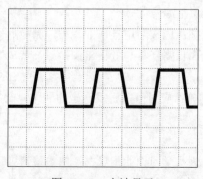

图 1-1-9　方波显示

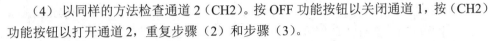

（4）以同样的方法检查通道 2（CH2）。按 OFF 功能按钮以关闭通道 1，按（CH2）功能按钮以打开通道 2，重复步骤（2）和步骤（3）。

3. 探头补偿

首次将探头与任一输入通道连接时，进行探头补偿调节，使探头与输入通道相配。未经补偿或补偿偏差的探头会导致测量误差或错误。按如下步骤调整探头补偿：

（1）将探头菜单衰减系数设定为 10x，将探头上的开关设定为 10x，并将示波器探头与通道 1 连接。如使用探头钩形头，应确保与探头接触紧密。将探头端部与探头补偿器的信号输出连接器相连，基准导线夹与探头补偿器的地线连接器相连，打开通道 1，然后按 AUTO。

（2）检查所显示波形的形状，如图 1-1-10 所示。

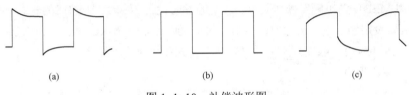

图 1-1-10　补偿波形图

(a) 补偿过度；(b) 补偿正确；(c) 补偿不足

（3）如必要，用非金属质地的改锥调整探头上的可变电容，直到屏幕显示的波形如图 1-1-10（b）所示。

（4）必要时，重复以上步骤。

（5）DS-3000 系列数字存储示波器具有自动设置的功能。根据输入的信号，可自动调整电压倍率、时基及触发方式至最好形态显示。应用自动设置要求被测信号的频率大于等于 50Hz，占空比大于 1%。

（6）使用自动设置。将被测信号连接到信号输入通道，按下 AUTO 按钮，示波器将自动设置垂直、水平和触发控制。如需要，可手工调整这些控制使波形显示达到最佳。

4. 垂直系统调节

使用垂直 POSITION 旋钮在波形窗口居中显示信号，垂直 POSITION 旋钮控制信号的垂直显示位置。当转动垂直 POSITION 钮时，指示通道（GROUND）的标识跟随波形而上下移动。改变垂直设置，可以通过波形窗口下方的状态栏显示的信息，确定任何垂直挡位的变化。

5. 水平系统的调整

使用水平 POSITION 旋钮调整信号在波形窗口的水平位置，水平 POSITION 旋钮控制信号的触发位移或内存位移。当转动水平 POSITION 旋钮时，可以观察到波形随旋钮而水平移动。按 MENU 按钮，显示 TIME 菜单，在此菜单下，可以开启/关闭（缩放模式）或切换 Y–T、X–Y 显示模式。此外，还可以设置水平 POSITION 旋钮的触发位移或内存位移模式。

6. 触发系统调节

在触发控制区（TRIGGER）有一个旋钮、三个按键。使用 LEVEL 旋钮改变触发电平设置，转动 LEVEL 旋钮可以发现屏幕上出现一条触发线以及触发标志，触发线和触发标志随旋钮转动而上下移动。停止转动旋钮，该触发线和触发标志会在约 5s 后消失。在移动触发线的同时，可以观察到在屏幕上触发电平的数值或百分比显示发生了变化。

使用 MENU 调出触发操作菜单，改变触发的设置，观察由此造成的状态变化。按 50%按钮，设定触发电平在触发信号幅值的垂直中点。按 FORCE 按钮，强制产生一触发信号，主要应用于触发方式中的"普通"模式和"单次"模式。

五、注意事项

（1）避免在阳光直射下或明亮的环境中使用示波器。如果工作条件所限，无法避开强光源的照射，可采用遮光罩进行测试。

（2）应用示波器进行波形测量时，应注意把波形调到有效屏面的中心区进行测量，以免示波管的边缘失真而产生测置误差。

（3）在测试过程中，要避免手指或人体其他部位直接触及输入端和探针，以免因人体感应电压影响测试结果。

（4）不应使用去掉外壳或屏蔽罩的示波器，以免发生人身意外或影响测量的精度。

（5）示波器在使用时，被测信号电压的幅度（包括信号中的直流电压）不得超过说明书中规定的最大输入电压值。

（6）示渡器在使用中要特别注意避免振动和冲击。示波器暂时不用不必关断电源，只需将亮度旋钮调至最小位置，最忌频繁开关电源。

（7）示波器在使用过程中如出现异常情况（如异常声音和异味等），应立即关断电源，请维修部门进行检查，不应随意拆修。

【思考与练习】

1. 如何对示波器进行水平系统和垂直系统调节？

2. 如何对示波器进行探头补偿？

3. 如何对示波器进行触发系统调节？

▲ 模块16　自动装置简单信号波形的捕获
（新增 ZY5400105004）

【模块描述】本模块包含自动装置电路信号频率和峰峰值波形的捕获。通过对操作方法、步骤、注意事项的讲解和案例分析，掌握自动装置简单信号波形捕获的方法、步骤、注意事项。

【模块内容】

一、作业内容

检测电路中一未知信号，迅速显示和测量信号的频率和峰峰值。

二、危险点分析与控制措施

（1）误触电。控制措施：应按照电气作业规程，验电后作业，必要时断开盘内的交流和直流电源；防止金属裸露工具与低压电源接触，造成低压触电或电源短路；工作时站在绝缘垫上。

（2）误触碰。控制措施：应对可能引发误碰的回路、设备、元件设置防护带和悬挂警示牌。

三、作业前准备

（1）作业前组织作业人员熟悉检查项目、步骤、注意事项。

（2）分配任务前，检查人员精神状态、疲劳程度等，适当调整人员作息，改善工作环境。

（3）作业前应检查仪器设备是否合格有效，对不合格的或有效使用期超期的应封存并禁止使用。

（4）作业前应检查、核对设备名称、编号、位置，发现有误或标识不清应立即停止操作。

四、操作步骤

（1）确认检测电路。

（2）将探头菜单衰减系数设定为10x，并将探头上的开关设定为10x。

（3）将通道1的探头连接到电路被测点。

（4）按下自动设置按钮。

（5）测量峰峰值。

1）按下 MEASURE 按钮以显示自动测量菜单。

2）按下1号菜单操作键以选择信源CH1。

3）按下2号菜单操作键选择测量类型分页"电压1-3"。

4）按下 3 号菜单操作键选择测量类型"峰峰值",此时可以在屏幕左下角发现峰峰值的显示。

（6）测量频率。

1）按下 2 号菜单操作键选择测量类型分页"时间 1-3"。

2）按下 3 号菜单操作键选择测量类型"频率",此时可以在屏幕下方发现频率的显示。

（7）记录测试数据。

五、注意事项

测量结果在屏幕上的显示会因为被测信号的变化而改变。

【思考与练习】

1. 进行自动装置信号捕捉前应做哪些准备?

2. 如何进行自动装置信号捕捉?

3. 自动装置信号捕捉时注意事项有哪些?

◢ 模块 17　信号延迟和畸变的处理（新增 ZY5400105005）

【模块描述】本模块包含信号延迟和畸变的处理。通过对操作方法、步骤、注意事项的讲解和案例分析,掌握信号延迟和畸变处理的方法、步骤、注意事项。

【模块内容】

一、作业内容

使用数字式示波器观察正弦波信号通过电路产生的延迟和畸变。自动装置电路中,电压（电流等）信号通过装置电路产生的延迟和畸变会引起自动装置动作异常甚至故障,所以必须使监控电路输入信号和输出信号的波形延迟和畸变程度符合要求。

二、危险点分析与控制措施

误触碰。控制措施:应对可能引发误碰的回路、设备、元件设置防护带和悬挂警示牌。

三、作业前准备

（1）作业前组织作业人员学习熟悉操作项目、步骤、注意事项。

（2）分配任务前,检查人员精神状态、疲劳程度等,适当调整人员作息,改善工作环境。

（3）确认工作组成员健康状况良好,安全帽、工作服等安全工器具完备、合格。

（4）作业前确认设备编号、位置和工作状态。

（5）作业前应检查仪器设备是否合格有效，对不合格的或有效使用期超期的应封存并禁止使用。

四、操作步骤

（1）确认装置电路。

（2）设置探头和示波器通道的探头衰减系数为 10x。

（3）将示波器 CH1 通道与装置电路信号输入端相接，CH2 通道则与装置电路输出端相接。

（4）显示 CH1 通道和 CH2 道的信号。

（5）按下 AUTO（自动设置）按钮。

（6）继续调整水平、垂直挡位直至波形显示满足测试要求。

（7）按 CH1 按键选择通道 1，旋转垂直（vERTICAL）区域的垂直挡位直至调整通道 1 波形的垂直位置。

（8）按 CH2 按键选择通道 2，如前操作，调整通道 2 波形的垂直位置。使通道 1、2 的波形既不重叠在一起，又利于观察比较。

（9）测量正弦信号通过电路后产生的延时，并观察波形的变化。

（10）按下 MEASURE 按钮以显示自动测量菜单。

（11）按下 1 号菜单操作键以选择信源 CH1。

（12）按下 2 号菜单操作键选择测量类型分页"时间 3–3"。

（13）按下 3 号菜单操作键选择测量类型"延迟 1–>2♪"，此时，可以在屏幕左下角发现通道 1、2 在上升沿的延时数值显示。

（14）观察波形的变化。

（15）记录检测数据。

五、注意事项

（1）应用示波器进行波形测量时，应注意把波形调到有效屏面的中心区进行测量，以免示波管的边缘失真而产生测置误差。

（2）在测试过程中，要避免手指或人体其他部位直接触及输入端和探针，以免因人体感应电压影响测试结果。

（3）示波器在使用时，被测信号电压的幅度（包括信号中的直流电压）不得超过说明书中规定的最大输入电压值。

【思考与练习】

1. 使用数字式示波器观察信号的延迟和畸变前需要做哪些准备工作？

2. 如何使用数字式示波器观察正弦波信号通过电路产生的延迟和畸变？

3. 使用数字式示波器观察正弦波信号通过电路产生的延迟和畸变时注意事项有哪些？

◢ 模块 18　自动装置波形捕获的常规参数设置（新增 ZY5400105006）

【模块描述】本模块包含自动装置波形捕获的常规参数设置。通过对操作方法、步骤、注意事项的讲解和案例分析，掌握自动装置波形捕获的常规参数设置方法。

【模块内容】

一、作业内容

示波器通过观察状态栏来确定示波器设置的变化，如何设置垂直系统、水平系统、触发系统、采样方式、显示方式，如何进行存储和调出，如何使用执行按钮等操作。

二、危险点分析与控制措施

（1）走错间隔。控制措施：监护人员监护到位，明确所在设备的工作任务，操作前，仔细核对设备铭牌和双重编号。

（2）误触电。控制措施：应按照电气作业规程，验电后作业，必要时断开盘内的交流和直流电源；防止金属裸露工具与低压电源接触，造成低压触电或电源短路；工作时站在绝缘垫上。

（3）误触碰。控制措施：应对可能引发误碰的回路、设备、元件设置防护带和悬挂警示牌。

三、作业前准备

（1）作业前组织作业人员学习作业指导书（操作方案全部改成作业指导书，后面没标注），熟悉检查项目、步骤、注意事项。

（2）分配任务前，检查人员精神状态、疲劳程度等，适当调整人员作息，改善工作环境。

（3）准备并检查所需工器具是否满足要求。

（4）确认工作组成员健康状况良好，安全帽、工作服等安全工器具完备、合格。

（5）作业前/后应按照工作票对隔离措施/恢复措施进行检查和确认。

（6）作业前应检查示波器是否合格有效，对不合格的或有效使用期超期的应封存并禁止使用。

（7）作业前应检查、核对设备名称、编号、位置，发现有误或标识不清应立即停止操作。

（8）作业前应检查确认与本装置相关的其他二次设备的隔离措施是否到位。

四、操作步骤

1. 设置垂直系统

按 CH1 或 CH2 功能按键，系统显示 CH1 通道的操作菜单。

（1）设置通道耦合。以 CH1 通道为例，被测信号是一含有直流偏置的正弦信号。按 CH1、耦合、交流，设置为交流耦合方式。被测信号含有的直流分量被阻隔；按 CH1 耦合、直流，设置为直流耦合方式。被测信号含有的直流分量和交流分量都可以通过；按 CH1、耦合、接地，设置为接地方式。被测信号含有的直流分量和交流分量都被阻隔。

（2）设置通道带宽限制。以 CH1 通道为例，被测信号是一含有高频振荡的脉冲信号。按 CH1、带宽限制、关闭，设置带宽限制为关闭状态。被测信号含有的高频分量可以通过；按 CH1、带宽限制、打开，设置带宽限制为打开状态。被测信号含有的大于 20MIz 的高频分量被阻隔。

（3）挡位调节设置。垂直挡位调节分为粗调和细调两种模式，其中细调指在当前垂直挡位范围内进一步调整。

（4）调节探头比例。为了配合探头的衰减系数，需要在通道操作菜单相应调整探头衰减比例系数。如探头衰减系数为 10:1，示波器输入通道的比例也应设置成 10x，以避免显示的挡位信息和测量的数据发生错误。

（5）波形反相的设置。波形反相：显示的信号相对电位翻转 180°。

2. 水平系统设置

（1）使用水平控制钮可改变水平刻度（时基）、当前显示的波形在内存中的水平位置（内存位移）、触发在内存中的水平位置（触发位移）。屏幕水平方向上的中心是波形的时间参考点。改变水平刻度会导致波形相对屏幕中心扩张或收缩。水平位置改变波形相对于触发点的位置。

（2）水平 POSITION。调整通道波形（包括数学运算）的水平位置。这个控制钮的解析度根据时基而变化。

（3）水平 SCALE。调整主时基或缩放模式时基，即秒/格（s/div）。当缩放模式被打开时，将通过改变水平 SCALE 旋钮改变缩放模式时基而改变窗口宽度。

（4）标志说明。"[ ]"标志代表当前的波形视窗在内存中的位置；标识触发点在内存中的位置；标识触发点在当前波形视窗中的位置；水平时基（主时基）显示，即"秒/格"（s/div）；触发位置相对于视窗中点的水平距离。

（5）缩放模式。缩放模式用来放大一段波形，以便查看图像细节。缩放模式时设定不能慢于主时基的设定。在缩放模式下，分上下两个显示区域，如图 1-1-11 所示。上半部分显示的是原波形，未被黑色覆盖的区域是期望被水平扩展的波形部分。此区域可以通过转动水平 POSITION 旋钮左有移动，或转动水平 SCALE 旋钮扩大和减小选择区域。下半部分是选定的原波形区域经过水平扩展的波形。值得注意的是，缩放时基相对于主时基提高了分辨率。由子整个下半部分显示的波形对应于上半部分选定的区域，因此转动水平 SCALE 旋钮减小选择区域可以提高缩放时基，即提高了波形的水平扩展倍数。

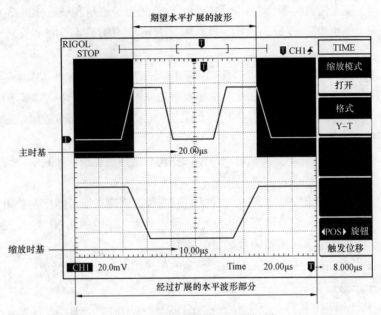

图 1-1-11 缩放模式下设置界面

3. 设置触发系统

（1）触发决定示波器何时开始采集数据和显示波形。一旦触发被正确设定，可将不稳定的显示转换成有意义的波形。示波器在开始采集数据时，先收集足够的数据用来在触发点的左方画出波形，示波器在等待触发条件发生的同时连续采集数据。当检测到触发后，示波器连续采集足够的数据以在触发点的右方画出波形。

LEVEL：触发电平设定触发点对应的信号电压，以便进行采样。

50%：设置触发电平设定在触发信号幅值的垂直中点。

FORCE：强制产生一触发信号，主要应用于触发方式中的"普通"和"单次"模式。

（2）触发有边沿触发和视频触发两种方式。每类触发使用不同的功能菜单，边沿触发方式是在输入信号边沿的触发阈值上触发。在选取"边沿触发"时，即在输入信号的上升或下降边沿触发。选择视频触发以后，即可在 NTSC，PAL 或 SECAM 标准视频信号的场或行上触发。触发耦合预设为交流。

4. 采样系统设置

使用 ACQUIRE 按钮弹出采样设置菜单。通过菜单控制按钮调整采样方式，观察单次信号选用实时采样方式，观察高频周期性信号选用等效采样方式。希望提高显示的刷新速率，选用快速触发方式；希望观察信号的包络避免混淆，选用峰值检测方式；期望减少所显示信号中的随机噪声，选用平均采样方式，平均值的次数可以选择。

五、注意事项

（1）同步脉冲。当选择"正极性"时，触发总是发生在负向同步脉冲上。如果视频信号具有正向同步脉冲，则选择"负极性"。

（2）高频抑制。当视频信号含有高频噪声时，打开高频抑制可以滤除高频噪声，利于观察本体信号。

（3）因为缩放模式分上下两个区域分别显示原波形和扩展后的波形，所以波形的显示幅度被压缩了 1/2。如原来的垂直挡位是 10mV/div，进入缩放模式以后，垂直挡位将变为 20mV/div。

（4）选用平均采样方式可能造成波形显示刷新变慢。

【思考与练习】

1. 如何设置示波器采样系统？

2. 如何设置示波器触发系统？

3. 示波器设置注意事项有哪些？

▲ 模块 19　自动装置波形捕获过程的故障处理
（新增 ZY5400105007）

【模块描述】本模块包含自动装置波形捕获过程的故障处理。通过对故障处理方法的讲解和案例分析，掌握自动装置波形捕获过程的故障处理方法。

【模块内容】

一、作业内容

能正确识别和处理数字式示波器的故障。

二、危险点分析与控制措施

（1）走错间隔。控制措施：监护人员监护到位，明确所在设备的工作任务，操作前，仔细核对设备铭牌和双重编号。

（2）误触电。控制措施：应按照电气作业规程，验电后作业，必要时断开盘内的交流和直流电源；防止金属裸露工具与低压电源接触，造成低压触电或电源短路；工作时站在绝缘垫上。

（3）误触碰。控制措施：应对可能引发误碰的回路、设备、元件设置防护带和悬挂警示牌。

三、作业前准备

（1）作业前组织作业人员学习作业指导书，熟悉检查项目、步骤、注意事项。

（2）分配任务前，检查人员精神状态、疲劳程度等，适当调整人员作息，改善工作环境。

（3）准备并检查所需工器具是否满足要求。

（4）确认工作组成员健康状况良好，安全帽、工作服等安全工器具完备、合格。

（5）作业前/后应按照工作票对隔离措施/恢复措施进行检查和确认。

（6）作业前应检查、核对设备名称、编号、位置，发现有误或标识不清应立即停止操作。

（7）作业前应检查确认与本装置相关的其他二次设备的隔离措施是否到位。

四、操作步骤

（1）如果按下电源开关示波器仍然黑屏，没有任何显示，按下列步骤处理：

1）检查电源接头是否接好。

2）检查电源开关是否按实。

3）做完上述检查后，重新启动仪器。

（2）采集信号后，画面中并未出现信号的波形，按下列步骤处理：

1）检查探头是否正常接在信号连接线上。

2）检查信号连接线是否正常接在 BNC（即通道连接器）上。

3）检查探头是否与待测物正常连接。

4）检查待测物是否有信号产生(可将有信号产生的通道与有问题的通道接在一起来确定问题所在。

5）再重新采集信号一次。

（3）测量的电压幅度值比实际值大 10 倍或小 10 倍。检查通道衰减系数是否与实际使用的探头衰减比例相符。

（4）有波形显示，但不能稳定下来。

1）检查触发面板的信源选择项是否与实际使用的信号通道相符。

2）检查触发类型。一般的信号应使用边沿触发方式，视频信号应使用视频触发方式。只有应用适合的触发方式，波形才能稳定显示。

3）尝试改变耦合为高频抑制和低频抑制显示，以滤除干扰触发的高频或低频噪声。

（5）按下 RUN/STOP 无任何显示。检查触发面板（TRIGGER）的触发方式是否在普通或单次挡，且触发电平超出波形范围。如果是，将触发电平居中，或者设置触发方式为自动挡。另外，按自动设置 AUTO 按钮可自动完成以上设置。

（6）选择打开平均采样方式或设置较长余辉时间后，显示速度变慢。正常。

（7）波形显示呈阶梯状。

1）此现象正常。可能水平时基挡位过低，增大水平时基以提高水平分辨率，可以改善显示。

2）可能显示类型为矢量，采样点间的连线，可能造成波形阶梯状显示。将显示类型设置为点显示方式，即可解决。

五、注意事项

（1）不允许私自开启示波器箱体。

（2）注意带电部分，防止短路发生。

【思考与练习】

1. 数字式示波器有波形显示，但不能稳定下来，应如何处理？

2. 数字式示波器采集信号后，画面中并未出现信号的波形，应如何处理？

3. 数字式示波器故障处理时应注意什么？

模块 20　晶闸管特性检查（新增 ZY5400106008）

【模块描述】 本模块包含晶闸管主要参数、晶闸管触发极与阴极的电阻测量，检查晶闸管的极性、触发特性、反向峰值电压及正向阻断电压。通过对操作方法、步骤、注意事项的讲解和案例分析，掌握晶闸管特性检查的方法及步骤。

【模块内容】

一、作业内容

测量晶闸管主要参数、晶闸管触发极与阴极的电阻，检查晶闸管的极性、触发特性、反向峰值电压及正向阻断电压。

1. 晶闸管简介

硅晶体闸流管简称晶闸管，是在硅整流二极管的基础上发展起来的新型大功率变流新器件。晶闸管不仅具有硅整流器件的特性，更重要的是其工作过程可以控制，能以小功率信号去控制大功率系统，从而使电力电子技术从弱电领域进入强电领域。晶闸管是大功率电能变换与控制的理想器件。自 20 世纪 60 年代以来，晶闸管的制造和应用发展很快，以晶闸管为主的变流技术获得了空前迅速的发展。在水电励磁设备里，晶闸管变流技术主要应用在可控整流、交流调压、无触点交直流开关、逆变和直流斩波等方面。

晶闸管的外形与硅整流二极管相似，其带有螺栓一端是阳极 A，利用它可以和散热器固定。另一端是粗引线为阴极 K，细引线为门极 G。晶闸管的结构和外形如图 1–1–12 所示。螺栓形的晶闸管适用于中小型容量的设备中，此外还有用于小电流控制的管式晶闸管和 200V 以上平板式晶闸管。不论哪种结构形式，普通晶闸管的内部都有一个硅半导体材料做成的管芯，管芯由四层（PNPN）三端（A、K、G）半导体构成，具有三个 PN 结，由最外层的 P 层和 N 层分别引出阳极 A 和阴极 K，由中间的 P 层引出门极 G，其文字符号为 V。如果要使晶闸管导通，必须具备下面两个条件：

（1）晶闸管阳极与阴极间加正向电压，即阳极接电源正、阴极接电源负，形成主回路。

（2）门极加适当的正向电压，即门极接电源正、阴极接电源负，形成控制回路。在实际工作中，门极加正触发脉冲信号。

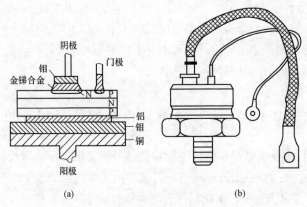

图 1–1–12 晶闸管的结构和外形
(a) 结构；(b) 外形

2. 晶闸管主要参数

实际应用时考虑的晶闸管主要参数有以下几项：

（1）断态重复峰值电压 U_{DRM}。在额定结温（100A 以上为 115℃，50A 以下为 100℃），门极断路和晶闸管正向阻断的条件下，允许重复加在阳极和阴极间的最大正向峰值电压。U_{DRM} 反映阻断状态下晶闸管能够承受的正向电压。

（2）反向重复峰值电压 U_{RRM}。在额定结温和门极断路的情况下，允许重复加在阳极和阴极间的反向峰值电压，反映阻断状态下晶闸管能承受的反向电压。

（3）通态平均电流 I_T（AV）。在环境温度不大于 40℃和标准散热及全导通的条件下，结温稳定且不超过额定值时，晶闸管在电阻性负荷时允许通过的工频正弦半波电流在一个周期内的最大平均值，简称正向电流。

（4）通态平均电压 U_{T}（AV）。晶闸管正向通过正弦半波额定平均电流，结温稳定时的阳极和阴极间的电压平均值，习惯上称为导通时管压降。U_{T} 越小越好，出厂时规定的上限值即该型合格产品的最大管压降，由工厂根据合格的型式试验自订。

（5）门极触发电流 I_{GT}。在室温下，阳极和阴极间加 6V 正向电压，使晶闸管从关断变为完全导通所需的最小门极直流电流，I_{GT} 一般为几十至几百毫安。为保证可靠触发，实际值应大于额定值。

（6）门极触发电压 U_{GT}。在室温下，阳极和阴极间加 6V 正向电压，使晶闸管从关断变为完全导通时所需的最小门极直流电压，U_{GT} 一般为 1～5V。为保证可靠触发，实际值应大于额定值。

（7）维持电流 I_{H}。在室温和门极断路的情况下，晶闸管已触发导通，再从较大的通态电流降至维持通态必需的最小电流。I_{H} 是由通态到断态的临界电流，要使导通中的晶闸管关断，必须使管的正向电流低于 I_{H}。

（8）浪涌电流 I_{TSM}。结温为额定值时，在工频正弦半周内晶闸管能承受的短时最大过载峰值电流。浪涌时，允许门极暂时失控，而反向应能承受 1/2 反向峰值电压。

（9）根据规定，晶闸管的型号及其含义如图 1-1-13 所示。

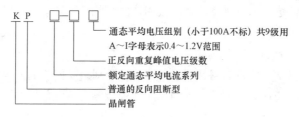

图 1-1-13　晶闸管的型号及其含义

二、危险点分析与控制措施

（1）走错间隔。控制措施：监护人员监护到位，明确所在设备的工作任务，操作前，仔细核对设备铭牌和双重编号。

（2）误触电。控制措施：应按照电气作业规程，验电后作业，必要时断开盘内的交流和直流电源；防止金属裸露工具与低压电源接触，造成低压触电或电源短路；工作时站在绝缘垫上。

（3）误触碰。控制措施：应对可能引发误碰的回路、设备、元件设置防护带和悬挂警示牌。

三、作业前准备

（1）作业前组织作业人员学习作业指导书，熟悉检查项目、步骤、注意事项。

（2）分配任务前，检查人员精神状态、疲劳程度等，适当调整人员作息，改善工作环境。

（3）确认工作组成员健康状况良好，安全帽、工作服等安全工器具完备、合格。

（4）作业前确认设备编号、位置和工作状态。

（5）作业前/后应按照工作票对隔离措施/恢复措施进行检查和确认。

（6）作业前应检查、核对设备名称、编号、位置，发现有误或标识不清应立即停止操作。

（7）作业前应检查确认与本装置相关的其他二次设备的隔离措施是否到位。

四、操作步骤

（1）确认晶闸管序号。用万用表简单测量晶闸管触发极与阴极的电阻，该电阻不大，一般约数十欧姆。若阻值为零或无穷大，说明触发极与阴极已短路或断路；晶闸管阳极与阴极正反向电阻都较大，若阻值不大或为零，则说明元件性能不好或内部短路。

（2）用数字万用表分别对出两对线灯的正负极性。

1）将一只对线灯的正负极分别与晶闸管的阳极阴极相连。

2）将另外一只对线灯的负极与晶闸管的阴极相连，对线灯的正极和晶闸管的触发极瞬时短接一下，这时与晶闸管阳极阴极相连的对线灯一直发光；触发后，阴阳极回路对线灯仍然不发光或只有在触发极灯短接才发光，断开后立即熄灭，说明是坏的。这样可简单判断该晶闸管是否正常。

（3）晶闸管测试仪检查晶闸管的触发特性。分别将晶闸管的三极与测试仪的 A、K、G 对应相连，选择测试触发特性的功能开关至触发特性位置。测试仪通电后，慢慢地顺时针旋转触发电位器，在触发指示灯刚亮时停止旋转，读取触发电压及触发电流，反时针旋转读取晶闸管的维持电流。

（4）晶闸管测试仪检查晶闸管的反向峰值电压及正向阻断电压。根据晶闸管的参数设置过电流动作值，通过增加调压器输出值，直到过电流动作，读取所需要的参数。

（5）记录测试数据，按照国家规定，每只出厂合格晶闸管必须随带合格证。合格证上的项目是生产厂根据合格的型式试验测得的实际值，一般均优于国家技术标准。如 KP 型标准规定通态平均电流 200A 的器件的门极触发电压小于 3.5V，而图中标注其门极触发电压仅 0.8V。在选择晶闸管时，合格证上的参数可以作为依据。不过，目前一些出厂合格证上的名称符号还较混乱，使用时应加注意。

五、注意事项

（1）保证安全防护。

（2）保持测试场地干燥。

（3）不损伤绝缘层、损伤元件。

（4）检查试验加入的晶闸管阴极与触发极的电压应可靠，以免损坏晶闸管。

【思考与练习】

1. 如何用数字万用表分别对出两对线灯的正负极性？

2. 如何通过晶闸管测试仪检查晶闸管的触发特性？

3. 晶闸管特性检查时有哪些注意事项？

▲ 模块 21　水电厂自动装置及二次回路交流接触器的安装（新增 ZY5400107001）

【模块描述】本模块包含交流接触器结构、安装前的检查、安装接触器。通过对操作方法、步骤、注意事项的讲解和案例分析，掌握水电厂自动装置及二次回路交流接触器的安装方法、步骤、注意事项。

【模块内容】

一、作业内容

2～3 人完成交流接触器的安装工作。

1. 接触器的基本原理

接触器是利用电磁原理实现频繁地远距离接通或分断交直流主电路及大容量控制电路的控制电器，它操作方便，动作迅速，灭弧性能好，因此广泛应用于自动装置的控制回路中。接触器与继电器等配合可实现自动控制及过电流、过电压等保护，接触器不同于刀开关类手动切换电器，因为既具有手动切换电器所不能实现的远距离操作功能，同时又具备手动切换电器所没有的失电压保护功能；接触器也不同于自动开关，因为它虽然具有一定的过载能力，但却不能切断短路电流，也不具备过载保护的功能。

接触器主要由电磁系统、触头系统和灭弧装置三部分组成。电磁系统是感测驱动部分；触头系统是执行部分，是接触器的核心部分。由于接触器在工作过程中经常要在额定电压下接通或分断额定电流或更大的电流，而这种过程往往伴随着电弧的产生，所以接触器一般都设有灭弧装置。接触器按其主触头所控制电路的电流种类分为直流接触器和交流接触器；按其电磁系统激磁方式分为直流激磁操作和交流激磁操作两种。

当电磁线圈不通电时，弹簧的反作用力或铁芯的自重使主触头保持在断开位置；当电磁铁线圈接通额定电压时，电磁吸力克服弹簧的反作用力，将动铁芯吸向静铁芯，带动主触头闭合，辅助触头随之动作。

2. 交流接触器的组成

交流接触器是用于远距离接通和分断电压 0～380V 电流 0～600A 的交流电路，

以及频繁地启动和控制交流电动机的控制电器。它的主体由三部分组成：

（1）电磁系统由电磁铁芯、衔铁、线圈、释放弹簧组成，电磁铁芯有螺管式、转动拍合式、E 形直动式等，转动拍合式用于额定电流较大的接触器，另两种用于额定电流较小的接触器。

（2）触头系统有主触头和辅助触点，主触头有做成指式，也有做成桥式双断点触头，接通和分断主回路的负荷由主触头承担；辅助触点采用桥式双断点触头，对称地设置在接触器外壳的两侧，主要用作接触器的联锁和自保持及接通信号。

（3）灭弧装置因电流等级而异，小电流的采用半封闭式灭弧罩或用牙间隔弧板；电流较大的采用半封闭式纵缝陶土灭弧罩。

二、危险点分析与控制措施

（1）走错间隔。控制措施：监护人员监护到位，明确所在设备的工作任务，操作前，仔细核对设备铭牌和双重编号。

（2）误触电。控制措施：应按照电气作业规程，验电后作业，必要时断开盘内的交流和直流电源；防止金属裸露工具与低压电源接触，造成低压触电或电源短路；工作时站在绝缘垫上。

（3）误触碰。控制措施：应对可能引发误碰的回路、设备、元件设置防护带和悬挂警示牌。

三、作业前准备

（1）作业前组织作业人员学习作业指导书，熟悉检查项目、步骤、注意事项。

（2）分配任务前，检查人员精神状态、疲劳程度等，适当调整人员作息，改善工作环境。

（3）准备并检查工器具是否满足要求，确认工作组成员健康状况良好，安全帽、工作服等安全工器具完备、合格。

（4）作业前确认设备编号、位置和工作状态。

（5）作业前/后应按照工作票对隔离措施/恢复措施进行检查和确认。

（6）作业前应检查、核对设备名称、编号、位置，发现有误或标识不清应立即停止操作。

（7）作业前应检查确认与本装置相关的其他二次设备的隔离措施是否到位。

四、操作步骤

（1）确认安装地点。

（2）安装前的检查。

1）检查接触器的铭牌及线圈的技术数据，如额定电压、电流、工作频率和通电持续率等，应符合实际使用要求。

2）检查外观有无破损、缺件。

3）将铁芯及表面的防锈油脂或锈垢用汽油擦净，以免因油垢黏滞造成接触器线圈断电后铁芯不能释放。

4）用手分合接触器的活动部分，要求动作灵活，无卡住现象。

5）检查和调整触头的工作参数（如开距、超程、初压力和终压力等），并使各极触头的动作同步。

6）给接触器线圈通电吸合数次，检查其动作是否可靠。一般规定交流接触器在冷态下的吸合电压值为额定电压值的 85%以上，释放电压最大值约为额定电压值的 30%~40%。

（3）安装接触器。

1）安装接触器时，其底面应与地面垂直，倾斜度应小于 50°，否则会影响接触器的工作特性。

2）将螺钉拧紧，不要使螺钉、垫圈、接线头等零件脱落，以免掉进接触器内部造成卡住或短路现象。

3）检查接线正确无误后，在主触头不带电的情况下，先使吸引线圈通电合分数次，检查动作是否可靠。

4）在主触头带电的情况下，检查动作是否可靠。

5）用于可逆转换的接触器，为了保证联锁可靠，除利用辅助触头进行电气联锁外，有时还加装联锁机构。

五、操作注意事项

（1）接触器安装牢固。

（2）接线应接线正确，牢固可靠。

（3）无机械损伤。

【思考与练习】

1. 安装水电厂自动装置及二次回路交流接触器前应做哪些检查？

2. 如何安装水电厂自动装置及二次回路交流接触器？

3. 安装水电厂自动装置及二次回路交流接触器应注意什么？

◢ 模块 22　水电厂自动装置及二次回路直流 接触器的安装（新增 ZY5400107002）

【模块描述】本模块包含直流接触器结构、安装前的检查、安装接触器。通过对操作方法、步骤、注意事项的讲解和案例分析，掌握水电厂自动装置及二次回路直流接触器的安装方法、步骤、注意事项。

【模块内容】

一、作业内容

完成水电厂自动装置及二次回路直流接触器的安装。

二、危险点分析与控制措施

（1）走错间隔。监护人员监护到位，明确所在设备的工作任务，操作前，仔细核对设备铭牌和双重编号。

（2）误触电。应按照电气作业规程，验电后作业，必要时断开盘内的交流和直流电源；防止金属裸露工具与低压电源接触，造成低压触电或电源短路；工作时站在绝缘垫上。

（3）误触碰。应对可能引发误碰的回路、设备、元件设置防护带和悬挂警示牌。

三、作业前准备

（1）作业前组织作业人员学习作业指导书，熟悉检查项目、步骤、注意事项。

（2）分配任务前，检查人员精神状态、疲劳程度等，适当调整人员作息，改善工作环境。

（3）确认工作组成员健康状况良好，安全帽、工作服等安全工器具完备、合格。

（4）作业前确认设备编号、位置和工作状态。

（5）作业前/后应按照工作票对隔离措施/恢复措施进行检查和确认。

（6）作业前应检查仪器设备是否合格有效，对不合格的或有效使用期超期的应封存并禁止使用。

（7）作业前应检查、核对设备名称、编号、位置，发现有误或标识不清应立即停止操作。

（8）作业前应检查确认与本装置相关的其他二次设备的隔离措施是否到位。

四、操作步骤

（1）确认安装地点。

（2）安装前的检查。

1）检查所选用的接触器是否能满足电路实际使用的要求。

2）检查外观是否完整无损，灭弧室和胶木件有无破裂。

3）铁芯及表面有无防锈油或出现锈渍。

4）用手开闭接触器，观察可动部分是否灵活，有无卡碰现象。

5）检查和调整触头工作参数（如开距、超程、初压力、终压力等），触头动作的同步性和接触良好性。

6）接触器线圈通电吸合数次，检查其动作是否可靠。一般规定直流接触器在冷态下的吸合电压值为额定电压值的 65%以上，释放电压最大值约为额定电压值的 5%～10%。

（3）安装接触器。

（4）根据使用说明书正确接线。

（5）对有接线极性要求的直流接触器必须严格按规定的极性连接；大额定电流接触器的直流操作线圈与电源的连接线如太长，应选用加大截面积的导线，以免连接导线压降太大而影响可靠闭合；直流接触器磁系统是带电的，应特别注意必须安装在绝缘底座上。

（6）安装要牢固，防止有小零件掉进接触器内。

（7）对有灭弧室的接触器，先将灭弧罩拆下，安装固定好后再将灭弧罩装上。

（8）用手开闭接触器，检查可动部分的灵活性。

（9）测量绝缘电阻应不小于 15MΩ。

（10）检查接线正确无误后，应在主触头不带电的情况下试操作数次，其动作符合要求后，才能投入运行。

（11）对控制电动机正反转直流接触器，应检查电气联锁和机械联锁的可靠性。

（12）接触器初投入运行前，观察其分断电弧时的声光情况是否正常。

五、操作注意事项

（1）接触器安装牢固。

（2）接线应接线正确，牢固可靠。

（3）无机械损伤。

【思考与练习】

1. 水电厂自动装置及二次回路直流接触器安装前应做哪些检查？

2. 如何安装水电厂自动装置及二次回路直流接触器？

3. 水电厂自动装置及二次回路直流接触器的安装方法注意事项有哪些？

▲ 模块 23 水电厂低压二次设备盘的安装
（新增 ZY5400107003）

【模块描述】本模块包含低压设备盘安装的资料，工具的准备，底盘的安装，二次设备盘的搬运、开箱、清扫、检查，立屏、低压开关柜定位后的调试。通过对操作方法、步骤、注意事项的讲解和案例分析，掌握水电厂低压二次设备盘安装的方法及步骤。

【模块内容】

一、作业内容

集体完成低压二次设备盘的安装工作。

目前水电站中使用的二次设备盘，类型较多，由于各种盘的型号不同，其结构尺寸也不相同，因此，在安装前不仅要熟悉设计图纸，而且还应了解盘的结构尺寸，并加以校对，以确定实际安装部位等。

二、危险点及控制措施

（1）走错间隔。控制措施：监护人员监护到位，明确所在设备的工作任务，操作前仔细核对设备铭牌和双重编号。

（2）误触电。控制措施：应按照电气作业规程，验电后作业，必要时断开盘内的交流和直流电源；防止金属裸露工具与低压电源接触，造成低压触电或电源短路；工作时站在绝缘垫上。

（3）误触碰。控制措施：应对可能引发误碰的回路、设备、元件设置防护带和悬挂警示牌。

三、作业前准备

1. 图纸和资料的准备

（1）电气电路图。是安装和调试工作的主要依据，由生产厂家随产品下同提供。在施工之前，应结合设备的说明书仔细阅读，搞清设备的工作原理及电气控制各环节之间的关系。

（2）接线图和安装图。通过熟悉接线图，可以了解各电器元件的安装位置和内部接线情况，对做外部连线时，在导线截面、数量、长短、走向等方面起指导、参考作用；安装图上各组件的外形尺寸、开孔规格、平面布置、安装要求等都是安装施工的主要依据。

（3）产品说明书。一般介绍该产品的型号、规格、主要技术指标、主要环节的工作原理，以及安装、调整和维修的注意事项等，有的还附有本设备所用电器元件明细表，应仔细阅读。如果说明书只是对上列内容做概括性介绍，就需要借助参阅其他有关资料来帮助理解。

2. 常用材料、工具和测量仪表的准备

（1）导线的准备。按照电路图要求准备导线，一般电控箱内的导线均要求采用电压不低于 500V 的铜芯绝缘导线；导线截面积不得低于电路要求。一般规定控制回路铜导线截面不应小于 $0.75mm^2$。

箱（柜）内敷设于单元安装板上的导线均采用硬线，而用于连接门上的电器、控制台板等可动部位的过渡导线，应采用多股软铜线。

（2）紧固件的准备。按电器元件需用的规格、数量准备紧固件，要求所有紧固件为镀锌件。

（3）工具准备。电工常用工具、500～1000 V 绝缘电阻表、钢直尺、钢卷尺、万用表。

四、操作步骤

（1）确认二次设备盘安装位置。

（2）底盘的安装。

1）对于二次户内二次屏柜，按照设计图纸先将二次屏柜置于槽钢基础上，再用油性笔在二次屏柜底部的安装孔内描出孔样，然后将二次屏柜移开，再用电钻描出的孔洞中心钻孔定位。

2）对于二次户外二次屏柜，需先加工底座，再根据二次屏柜底部的安装孔在加工好的底座上钻孔定位，然后再将底座与基础槽钢焊接。

3）基础底座的加工与埋设。底座的材料常用槽钢或角钢，其规格应根据配电盘的结构尺寸、质量而定。角钢常用∠30×4～∠50×5 的规格范围；用槽钢或角钢来做盘的基础底座时，必须经过加工处理。底盘应根据设计位置埋设，埋设前应将底盘或临场加工的槽钢或角钢调直除锈，按图纸要求下料钻孔，再按规定的标高固定，并进行水平校正。水平误差要求 1m 不超过 1mm，累计误差不超过 5mm。固定方法是将底盘或槽钢焊在钢筋上，再将钢筋浇在混凝土的基础里。还有一种埋设底盘的方法是预留槽埋设法，即预留出槽和洞，再埋设底盘。预留槽的宽度比底盘槽钢宽 30mm 左右，深度为底盘埋入深度加 10mm 再减去二次抹灰粉平均厚度，以便用垫铁调整底盘水平。底盘平面一般比抹平后的混凝土表面高出 10mm，埋入深度就是底盘高度减去 10mm，底盘安装好后，应与接地钢焊接起来，以保证设备接地的质量。

（3）二次设备盘的搬运。搬运二次设备盘应在晴天进行，以防受潮。在搬运过程中不允许倒置或侧放。

1）控制、保护屏柜到达现场后，应立即开箱并将其转运到安装区域，不允许存放在室外。

2）屏柜搬运可采用吊车搬运和人工搬运两种方式。采用吊车搬运应有起重工专门指挥，配备足够的施工人员。屏柜起吊绑扎时，不得用钢丝绳直接绑扎屏柜，防止刮伤屏架漆面。

3）在屏柜采用人工搬运，搬运时委派一名有经验的人员做现场指挥，并设专职监护人员进行现场监护。同时配备足够的施工人员，以保证人身和设备的安全。

4）屏柜搬运前应对参与本项工作的全体人员做好安全技术交底，做好人员分工并告知搬运过程中的路线。

5）屏柜搬运前可将易破损的玻璃门拆除，待屏柜搬运至安装区域后再安装恢复。

6）屏柜搬运至主控室后，应按照平面布置图使屏柜靠近指定位置附近放置，以避免下一步屏柜安装时的往返搬迁。

（4）开箱、清扫、检查。

1）屏柜开箱前应提早报请监理单位审核同意，同意后方可开箱。开箱时需有监理单位人员现场见证。

2）开箱时应首先检查设备包装的完好情况，是否有严重碰撞的痕迹及可能使箱内设备受损的现象；根据装箱清单，检查设备及其备品等是否齐全；对照设计图纸，核对设备的规格、型号、回路布置等是否符合要求。厂家资料及备品备件应交专人负责保管并做好登记。

3）开箱时应使用起钉器，先起钉子，后撬开箱板；如使用撬棍，不得以盘面为支点，并严禁将撬棍伸入木箱内乱撬；开箱时应小心仔细，避免有较大振动。

4）开箱后检查有无损坏、受潮等。损坏的要更换零件或修复，或领取新的部件，受潮要及时烘干，用电动吹尘器将屏内灰尘吹净。仪表、继电器可送有关部门检验和调整。

（5）立屏。二次设备盘安装工作，必须在土建工作已结束、木胎模已拆除、混凝土的养护期已过、室内的杂物已清理干净后，方可进行。立屏前，先按图纸规定的顺序，将二次设备盘做好标记。

1）检查预埋基础槽钢的水平度和不直度，按规范要求应少于 1mm/m，全长不大于 5m。

2）盘柜就位时应小心谨慎，以防损坏屏（盘）面上的电气元件及漆层，进入安装区域应根据安装位置逐一移到基础型钢上并做好临时固定，以防倾倒。

3）对屏柜必须进行精密的调整，为其找平、找正；调整工作可以首先按图纸布置位置由第一列从第一面屏柜调整好，再以第一面屏为标准调整以后各屏；一般用增加铁垫片的厚度进行调整，但铁垫片不能超过三块；两相邻屏间无明显的空隙，使该盘柜成一列，做到横平竖直，屏面整齐。

4）盘、柜单独或成列安装时，其垂直度、水平偏差以及盘、柜面偏差和盘、柜间接缝的允许偏差应符合规定。

5）经反复调整使全部达标后，可进行屏柜的固定；控制屏、继电保护屏和自动装置屏等不宜与基础型钢焊死，固定方法如下：

a）压板固定法：在基础型钢上点焊螺栓，用小压板及螺母把屏柜固定。

b）螺栓固定法：在平放的基础型钢上钻一个固定螺栓的直径孔，然后再攻丝，再拧入螺栓加以固定。

6）屏体安装可先从场地的第一个间隔调整好，再以第一面屏体为标准调整以后各面屏体。整个场地屏体应成一列，屏面整齐。

7）二次屏柜在进行安装时，已通过焊接或螺栓连接的方式与基础槽钢连接，基础槽钢再通过接地扁钢与电站的主地网连接。有特殊要求时，可在屏柜设专用接地点，用铜导线与电站的主地网进行连接。二次屏柜内接地铜排用于各类保护接地、电缆屏蔽层接地，并有两种不同形式，一种是与柜体绝缘的接地铜排，另外一种是与柜体不绝缘的接地铜排。无论是哪种形式，每根均须通过两根截面不小于 $25mm^2$ 铜导线与变电站主地网可靠连接。

（6）低压开关柜定位后的调试。开关柜的调试往往是与检查同时进行的。装在屏上的电器元件、继电器和测量仪表，进行单个元件、二次接线和整体的检查和调试。

1）二次接线检查。采用对线灯法检查二次接线，对单层布线方式的二次接线，需要细致检查并与原理接线图及安装接线图校对，以判断安装是否正确。对多层布线方式的控制屏和隐蔽安装处的接线进行检查。查线时要按图逐步查下去，否则容易漏查。如果所查线上接有电流线圈或动断触头，以及构成该回路的线有很多段，则需先将多回路分开。转换开关的接线还可在切换位置后再测。为查线而被松开的线头查后恢复好。

2）二次接线回路中连接设备的检查。在二次接线中所连接的设备包括控制按钮、插头、位置指示器、各种切换开关、故障报警器、试验部件、测量仪表、接线端子板、熔断器、操作及信号回路内的控制继电器、限流电阻及回路中的其他设备等。通常要对上述各设备进行检查，清扫灰尘，同时检验电源开关的传动装置与断路器上所装设辅助触头的调整是否正确，动作是否可靠。

3）对其他器具的动作检查。对所有操作手柄、按钮、信号指示器及其他电器，应检查其回路是否存在短路或断路。检查时可使用手电筒，在导线已断开时依次检查各种电器的触头闭合是否良好与正确。然后，在额定电压的情况下，用手转动操作手柄数次，使之处于"闭合"和"断开"位置时，检查信号灯是否发亮。对电源开关和断路器的传动装置，应进行数次操作，以检验信号灯在断路时的工作状态和电源开关与断路器之间的闭锁是否正确及可靠。

五、注意事项

（1）盘体安装牢固。

（2）接线应接线正确，牢固可靠。

（3）无机械损伤。

（4）检查二次接线回路时，应接在额定电压下，模拟各种不正常方式（如熔断器熔体熔断、跳闸与合闸回路断线，直流电压突然消失及其他不正常情况等），以检查所有信号的工作是否正确与可靠。

【思考与练习】

1. 水电厂低压二次盘安装前需要准备哪些常用材料、工具和测量仪表？
2. 水电厂低压二次设备盘如何进行安装？
3. 安装水电厂低压二次设备盘时有哪些注意事项？

▲ 模块 24　水电厂自动装置及二次回路盘柜的接线（新增 ZY5400107004）

【模块描述】本模块包含布线设计、编制线束、端子与芯线连接。通过对操作方法、步骤、注意事项的讲解和案例分析，掌握水电厂自动装置及二次回路盘柜的接线的方法及步骤。

【模块内容】

一、作业内容

2～3 人完成自动装置盘柜二次接线工艺工作。

二次线配线分为盘内配线和控制电缆配线两部分，在进行配线工作前，应根据安装接线图的要求确定导线的布线位置。盘内配线的方法很多，目前广泛采用将端子排垂直装设在盘的两侧与盘面构成 45°角的位置。对控制箱和配电箱内的配线，多采用端子排水平装设。

二、危险点分析与控制措施

（1）走错间隔。控制措施：监护人员监护到位，明确所在设备的工作任务，操作前，仔细核对设备铭牌和双重编号。

（2）误触电。控制措施：应按照电气作业规程，验电后作业，必要时断开盘内的交流和直流电源；防止金属裸露工具与低压电源接触，造成低压触电或电源短路；工作时站在绝缘垫上。

（3）误触碰。控制措施：应对可能引发误碰的回路、设备、元件设置防护带和悬挂警示牌。

三、作业前准备

（1）作业前组织作业人员学习作业指导书，熟悉检查项目、步骤、注意事项。

（2）分配任务前，检查人员精神状态、疲劳程度等，适当调整人员作息，改善工

作环境。

（3）确认工作组成员健康状况良好，安全帽、工作服等安全工器具完备、合格。

（4）作业前确认设备编号、位置和工作状态。

（5）作业前/后应按照工作票对隔离措施/恢复措施进行检查和确认。

（6）作业前应检查、核对设备名称、编号、位置，发现有误或标识不清应立即停止操作。

（7）作业前应检查确认与本装置相关的其他二次设备的隔离措施是否到位。

四、操作步骤

（1）确认二次设备盘号。

（2）熟悉图纸，了解屏盘实际情况，如工作环境是否靠近带电设备，一、二次设备的位置及对应关系等。

（3）根据安装接线图中元件及端子的排列顺序，连接线的走向、长度进行布线设计。

（4）配线前，可用一根旧导线或细铁丝，依下线次序，按盘上元件位置，量出每一根连接导线的实际长度；以所量的长度为准，割切导线段；割切下的导线长度应比量得的长度稍长，以便配线（但不应过长而剩余大量短头，造成浪费）。

（5）将割切的导线一一拉直，可用浸石蜡的抹布拉直导线，也可用张紧的办法将导线拉直，但须注意勿使线芯或绝缘受损。

（6）将平直好的配线端部套上绝缘标号头，并写明编号；再根据盘上电器的排列和导线数量的多少按单层或多层排列成束，线束可绑扎成圆形，用线卡子把线束卡牢，有时为便于工作，可加设一些临时线卡，在线束成型后再拆掉。

（7）编制线束时，最好在地上或桌上画出盘内电器布置大样图（桌面上可适当敲上几个铁钉作为标志）；然后从线束末端电器或从端子排位置开始，按接线端子的实际接线位置顺序编排；边排边绑扎；排线时应保持线束横平竖直；当交叉不可避免时，在穿插处，应使少数导线在多数导线上跨过，并且尽量使交叉集中在一两个较隐蔽的地方，或把较长、较整齐的线排在最外层，把交叉处遮盖起来，使之整齐美观。

（8）线束的卡固应与弯曲配合进行，应煨好一个弯，然后卡线，线束时必须从弯曲的里侧到外侧依次弯曲；线束分支时，必须先卡固线束，再依次煨弯，每一转角处都要经过绑扎卡固；线束在转弯或分支时，仍应保持横平竖直，弧度一致，导线互相紧靠，边煨边整理好；导线的煨弯不允许使用尖嘴钳、克丝钳等有锐边尖角的工具，应该用手指或弯线钳进行（弯曲半径不应小于导线外径的 3 倍），如图 1-1-14所示。

（9）为简化配线工作，常将导线敷设在预先制成的线槽内，线槽一般在设备盘制作时一起制成，设有主槽和支槽；线槽一般由金属或硬塑料制成，配线时可打开线槽盖，将先由布带等绑扎好的线束放入线槽；按至端子排的导线由线槽侧面的穿线孔眼中引出；线束也可敷设在螺旋状软塑料管内，施工亦较方便。

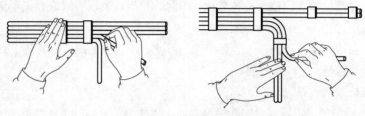

图 1-1-14　导线的煨弯

（10）将绑扎成束的导线分别按其编号和排列顺序以及所要连接的端子进行接线；绝缘导线穿过金属板时，应装在绝缘衬管内，但导线穿绝缘板可直接穿过，绝缘导线应良好。

（11）端子与芯线连接。芯线接入端子前应预留一定备用长度，并弯制相同弧度成美观的线排后，接入端子排；芯线的线芯不得剥出太长，以刚好插入端子插孔为宜；每个端子的接线不得超过 2 芯。

（12）压接接线牢固无松动。

（13）备用芯的长度应留至端子排最高处。

（14）写配线记录。

五、注意事项

（1）配线在两个端子之间不允许有接头及分支线。

（2）配线与端子连接，必须加垫圈或花垫（弹簧垫圈或蝶形垫圈）。

（3）所有连接配线用的螺钉、螺帽、垫圈等配件，均应使用铜质的。

（4）在盘内配线芯线应成排成束、垂直或水平、有规律地配置，其长度超过 200mm 时，应加可拆卸的扎带或金属的线卡子（轧头）。

（5）接线完毕后对照端子排接线图检查接线是否正确，使用绝缘电阻表检查二次回路绝缘电阻是否符合要求。

【思考与练习】

1. 水电厂自动装置及二次回路盘柜的接线操作有哪些危险点？有什么控制措施？

2. 如何进行水电厂自动装置及二次回路盘柜的接线？

3. 水电厂自动装置及二次回路盘柜的接线时有哪些注意事项？

▲ 模块 25　水电厂自动装置及二次回路控制电缆的配线（新增 ZY5400107005）

【模块描述】本模块包含电缆头制作及挂牌、成束配线法。通过对操作方法、步骤、注意事项的讲解和案例分析，掌握水电厂自动装置及二次回路控制电缆的配线的方法及步骤。

【模块内容】

一、作业内容

集体完成控制电缆配线工作。

控制电缆用于连接二次设备，起传递、控制信号电流的作用，在水电厂中使用的数量很大。控制电缆由导体、绝缘层和保护护套三部分组成。

导体部分即电缆中的导线（或称为芯线）由高导电性的金属材料制成，按照规定，水电厂要求采用铜芯电缆。由于二次回路所控制的电流一般都不大，因此控制电缆的芯线截面也较小，电缆芯多由单股导线组成。为了满足回路的需要和便于敷设，控制电缆一般都是多芯的。根据截面的不同，芯数可为 4、5、7、8、10、14、19、24、30、37 等。电缆截面是根据回路使用要求确定的，但是最小截面应能满足机械强度要求，连接强电端子的铜芯电缆一般不小于 $1.5mm^2$；电流互感器的二次回路可靠性要求较高，为避免断线，截面一般不应小于 $2.5mm^2$；连接于弱电端子的铜芯电缆的直径不小于 0.5mm。

控制电缆的绝缘层用于隔离导体，使其与其他导体及保护护套互相隔离。控制电缆绝缘层多为聚氯乙烯，也可采用聚乙烯或橡皮，其中橡皮耐腐蚀性较差。在可能受到油浸蚀的地方使用塑料电缆较好。

控制电缆的保护护套是为了保护绝缘层，使其在运输、敷设和运用中不受到外力的损伤和水分浸入。在电缆绝缘层外所施加的保护覆盖层，有一定的机械强度和适应环境的能力。目前水电厂经常使用的控制电缆多用具有内铠装的聚氯乙烯护套，它耐腐蚀性强，机械强度好，便于加工，且价格便宜，比较适应水电厂应用。

二、危险点分析与控制措施

（1）走错间隔。监护人员监护到位，明确所在设备的工作任务，操作前仔细核对设备铭牌和双重编号。

（2）误触电。应按照电气作业规程，验电后作业，必要时断开盘内的交流和直流电源；防止金属裸露工具与低压电源接触，造成低压触电或电源短路；工作时站在绝缘垫上。

（3）误触碰。应对可能引发误碰的回路、设备、元件设置防护带和悬挂警示牌。

三、作业前准备

（1）作业前组织作业人员学习作业指导书，熟悉检查项目、步骤、注意事项。

（2）分配任务前，检查人员精神状态、疲劳程度等，适当调整人员作息，改善工作环境。

（3）准备并检查工器具是否满足要求。

（4）确认工作组成员健康状况良好，安全帽、工作服等安全工器具完备、合格。

（5）作业前确认设备编号、位置和工作状态。

（6）作业前/后应按照工作票对隔离措施/恢复措施进行检查和确认。

（7）作业前应检查确认与本装置相关的其他二次设备的隔离措施是否到位。

四、操作步骤

（1）电缆接线前应进行芯线整理，首先将每根电缆的芯线单独分开，将每根芯线拉直，然后根据每根电缆在断子排的接线位置进行并拢绑扎。

（2）电缆头、屏蔽线制作及电缆挂牌。电缆头用塑料带对折后紧靠切口有序缠绕，上端面平齐且与电缆轴线垂直，成型后外层使用自粘带封口，将电缆屏蔽层引出接地，接地线焊接牢固；电缆的两端应挂好标牌，标牌固定要牢靠，防止于带电部位接触。

（3）电缆接线时可根据已接入位置进行二次绑扎，芯线扎带绑扎要求间距一致。每根电缆芯线宜单独成束绑扎。

（4）接线应有组织、有计划逐个系统进行。电缆芯线两端编号必须核对正确，电缆一端接好后，再接另一端时要进行对线并确保线芯无误。

（5）接线前应考虑好整个屏柜内电缆的走向。端子排接线应严格按设计图纸进行，不能随意更改，如有疑问应及时向技术人员确认。芯线从线芯后部水平地引向端子排，并弯成一个半圆弧，大小要美观一致，接线应牢靠。

（6）对于螺栓式端子，要将剥除护套的芯线弯圈，弯圈的方向为顺时针，弯制线头的内径与紧固螺栓外径应相吻合，弯曲的方向应与螺栓紧固的方向一致。

（7）对于多股软铜芯线，要压接线鼻子才能接入端子，采用线鼻子应与芯线的规格、端子的接线方式及端子螺栓规格相配。

（8）对插入式端子，可直接将剥除护套的芯线插入端子，并紧固螺栓，注意剥除芯线外护套长度要与接入端子的深度一致。

（9）电缆线芯不应有伤痕。导线与端子接触良好，端子螺栓紧固，每一端子一侧最多接两根线芯且导线截面应一致。

（10）引入屏内的电缆及线芯应排列整齐，编号清晰、避免交叉、固定牢固，并应分别成束，分开排列；接线时尽量使线芯弯度一致、平整、美观。

（11）线管号的规格应和芯线的规格相配，线管号裁切长度一致，字体大小一致，线号的内容应包括回路编号和电缆编号。

（12）每条电缆的备用芯要高出端子排最上端位置，预留长度统一，每根电缆单独布置，备用芯端头宜包上自粘绝缘带。

（13）每块屏接线完毕，对照端子排接线图检查接线是否正确，使用绝缘电阻表检查二次回路绝缘电阻是否符合要求，每一个二次回路绝缘电阻不小于 $1M\Omega$，小母线绝缘电阻不小于 $10M\Omega$。

（14）接完线后，应全面清扫干净线头杂物，屏柜及端子箱下部电缆孔洞均应用耐火材料严密封堵。

（15）编写竣工报告。

五、注意事项

（1）无机械损伤。

（2）接线应接线正确，牢固可靠。

（3）所有与配电盘相连接的电缆，在与端子排相连接前，都应用电缆卡子固定在支架上，使端子不受任何机械应力。

（4）对二次回路电缆截面的要求。控制回路和电压回路的铜芯截面不得小于 $1.5mm^2$，电流回路的铜芯截面不得小于 $2.5mm^2$。

（5）电缆护套及铠甲剥切应小心谨慎，严禁伤及绝缘及线芯，切口平齐，无毛刺、尖角。

【思考与练习】

1. 水电厂自动装置及二次回路控制电缆的配线前应做哪些工作？

2. 如何进行水电厂自动装置及二次回路控制电缆的配线？

3. 水电厂自动装置及二次回路控制电缆的配线的注意事项有哪些？

▲ 模块 26　水电厂自动装置及二次回路连接线的校对（新增 ZY5400107006）

【模块描述】本模块包含盘内二次接线的校对、控制电缆的校对、信号灯校线法。通过对操作方法、步骤、注意事项的讲解和案例分析，掌握水电厂自动装置及二次回路连接线的校对的方法及步骤。

【模块内容】

一、作业内容

集体完成二次回路连接线的校对工作。

盘内二次连接线在接线前或接线后应进行校线，目的是确保接线正确。电缆芯数众多，有些电缆芯线绝缘上标有 1、2、3 等号码，对于这种电缆无需对线，电缆两头按约定的号码接于同一回路即可。但有许多控制电缆并无号码，需要进行对线工作。电缆的对线即在一根电缆两端的芯线中找出作为同一芯线的一一对应关系，并标以相同的号码。全部芯线对好后套上表示该线（或该回路）方向套（也称号牌）后才可进行配线工作。

二、危险点分析与控制措施

（1）走错间隔。监护人员监护到位，明确所在设备的工作任务，操作前仔细核对设备铭牌和双重编号。

（2）误触碰。应对可能引发误碰的回路、设备、元件设置防护带和悬挂警示牌。

三、作业前准备

（1）确认工作组成员健康状况良好，安全帽、工作服等安全工器具完备、合格。

（2）作业前应检查、核对设备名称、编号、位置。

（3）作业前应检查确认与本装置相关的其他二次设备的隔离措施是否到位。

四、操作步骤

（1）校线前熟悉展开图和安装图，根据展开图和安装接线图进行校线。

（2）确认校对设备及连接电缆。

（3）盘内二次接线的校对。

1）二次接线如果是单层配线方式，因所有导线及其连接处都很明显，在这种情况下，只要仔细地检查并与展开图及安装接线图校对即可。

2）若为多层配线方式，并且线路较长，或者是导线隐蔽，不能明显判断，则须用专用工具进行校线。盘内二次接线的校对，只需要一个人根据展开图和安装图进行。校对工具可采用信号灯或蜂鸣器，有条件时最好采用蜂鸣器进行校线，因为用这种工具校线快、省力，只要听见声音即表明接线正确。

3）校线的顺序。先从端子排自上而下，逐个端子进行校对，而后再对盘内各电器间的连接线进行校对。

（4）控制电缆的校对。

1）电话听筒法。当校对两端在不同室内的控制电缆时，可使用电话听筒法。利用两个低电阻电话听筒和4～6V的干电池，按图1-1-15所示接线法进行校对。

a）将电话听筒1的两根引线分别接在电池正极端和电缆芯线上。

b）将电池 1 的负极端用导线接至控制电缆的铅皮上，利用电缆的铅皮做回路。如电缆没有铅皮，可借接地的金属结构先找出第一根缆芯，以此芯线做回路。

c）将电话听筒 2 的一根引线接至控制电缆的铅皮上。

d）将电话听筒 2 的另一根引线顺序地接触电缆的每一根芯线，当接到同一根芯线时则构成闭合回路，此时电话听筒中将有响声并可同时通话。

e）用同样的方法校对并确定其余的电缆芯。

2）信号灯校线法。信号灯校线法是用电压为 3V 的干电池和 2.5V 的小灯泡做导通试验。信号灯校线法如图 1-1-16 进行接线。

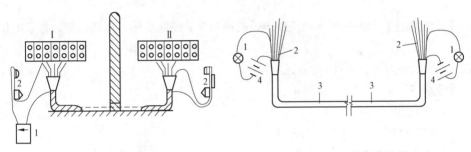

图 1-1-15　用电话听筒法进行校验
1—干电池；2—电话听筒

图 1-1-16　信号灯校线
1—灯泡；2—电缆芯；3—电缆；4—干电池

a）开始校线前，应先拟定校对顺序与校线时所用的信号，一般是在回路接通后（两端的灯泡明亮以后），电缆的一端工作人员将回路开合三次，然后电缆的另一端工作人员同样将回路开合三次，即表示正确。

b）两只信号灯在电缆的两端，将信号灯与电池串联，电池端接铅皮。

c）两端的电池在回路中必须串联，如一端的电池正极接铅皮，则另一端的电池负极接铅皮。

d）灯泡端逐个接触电缆的每一根缆芯，当电缆两端的校验灯接到同一根芯线时则构成闭合回路，此时信号灯亮。

e）用同样的方法校对并确定其余的电缆芯。

五、注意事项

（1）二次接线在校对之前，必须将要校对的线头拆开一头方可进行，否则校不准。

（2）用信号灯校线法校对电缆时应注意两端的电池在回路中必须串联，如一端的电池正极接铅皮，则另一端的电池负极接铅皮。

（3）接线应接线正确，牢固可靠。

（4）无机械损伤。

【思考与练习】

1. 水电厂自动装置及二次回路盘内二次线应如何校对？

2. 水电厂自动装置及二次回路控制电缆应如何校对？

3. 水电厂自动装置及二次回路连接线的校对注意事项有哪些？

模块 27 水电厂自动装置中间继电器的检查调整校验（新增 ZY5400108001）

【模块描述】本模块包含中间继电器机械调整、绝缘检验、电气调整、触点工作可靠性检验。通过对操作方法、步骤、注意事项的讲解和案例分析，掌握自动装置中间继电器的检修校验的方法及步骤。

【模块内容】

一、作业内容

两人完成中间继电器检修校验工作。

1. 中间继电器的作用、原理

中间继电器在控制电路中起扩展触点数量，放大触点容量，传递、记忆、隔离和翻转触点信号等作用。要求以比较大的触点容量去闭合或断开某大电流回路，或需要去动作于若干条独立回路等，都可以采用中间继电器。从原理上看，中间继电器也是电压继电器，但中间继电器的触点数量多、容量大，而且没有电压调整问题。在一定情况下电压继电器可做中间继电器，中间继电器在某些特定情况下也可作为电压继电器。

2. 中间继电器的种类

作为专门用途的中间继电器种类很多，也有交流、直流之分，可分别用于各自的控制电路。DZ-l0 、DZ-15、DZ-17 型中间继电器用于直流控制回路，在水电厂的使用比较广泛，DZ-17 有 4 对动合触点，DZ-15 有 2 对动合触点、2 对动断触点。JZ-7型中间继电器是目前在交流控制回路中用得最多的一种继电器，适用于交流 50Hz 或 60Hz、电压 0～500V、电流 0～5A 的控制回路，以控制各种电磁线圈。整个触点系统有 8 动合、6 动合 2 动断及 4 动合 4 动断的组合方式。

二、危险点分析与控制措施

（1）走错间隔。控制措施：监护人员监护到位，明确所在设备的工作任务，操作前，仔细核对设备铭牌和双重编号。

（2）误触碰。控制措施：应对可能引发误碰的回路、设备、元件设置防护带和悬挂警示牌。

三、作业前准备

（1）确认工作组成员健康状况良好，安全帽、工作服等安全工器具完备、合格。

（2）作业前组织作业人员学习作业指导书，熟悉检查项目、步骤、注意事项。

（3）作业前应检查、核对设备名称、编号、位置。

（4）作业前应检查确认与本装置相关的其他二次设备的隔离措施是否到位。

四、操作步骤

（1）确认设备编号。

（2）机械调整。

1）继电器内部应无灰尘和油污。

2）继电器的可动部分应动作灵活，转轴的横向和纵向活动范围应适当。

3）各部件的安装螺栓应拧紧，焊接头应牢固可靠，发现有虚焊或脱焊时应重新焊牢。

4）弹簧应无变形，触点应在正位接触，同一触点片的两个分触头应同时接触和同时离开。触点接触后应有足够的压力和明显的共同行程。

5）继电器底座端子板上的接线螺钉的压接应紧固可靠，应特别注意引向相邻端子的接线鼻之间要有一定的距离，以免相碰。

（3）绝缘检验。用 500V 绝缘电阻表测定绝缘电阻，全部端子对底座和磁导体的绝缘电阻应不小于 50MΩ，线圈对触点及各触点间的绝缘电阻应不小于 50MΩ。

（4）电气调整。

1）测试前，先将继电器外部接线端子拆除线圈的一端接线，防止有并联的元件相通。试验接线，按照接线图将试验仪器与继电器接线相连接，同时考虑选用的仪器仪表的容量和量程应符合试验要求，所有元件、仪器、仪表放在绝缘垫上。

2）所有使用接线应牢固可靠，接通电源前检查调压器应在最小位置，变阻器应在最大位置（电流回路）或最小位置（电压回路）。

3）试验接线完毕后，必须经二人都检查接线正确无误，合上电源开关接通电源，平稳缓慢地增加电压或电流至继电器动作，并观察继电器触点动作情况和指示灯亮度情况。

4）逐渐调节可变电阻值增大，观察电压表数值中间继电器动作，指示灯亮，并记录动作值，电压型继电器动作电压在 40%～70%额定值。电流型继电器动作电流在 50%～90%额定值。

5）逐渐调节可变电阻值减小，观察电压表数值，中间继电器动作返回，指示灯暗，并记录返回值，继电器的返回电压（电流）不应小于其额定电压的 5%，返回系数不小于 0.8。

6）继电器线圈直流电阻的测量操作。

a）测试前，先将继电器外部接线端子拆除，线圈的一端接线，防止有并联的元件相通。

b）用万用表（或数字万用表）相应的电阻挡粗略测量线圈直流电阻。

c）按万用表（或数字万用表）测量线圈直流电阻的粗值选定单臂电桥各挡值，并测量精确值，测量值应不超过或不低于额定值的 10%。

d）将检测结果记录在检修记录本上，若测量结果与额定值误差超过规定值，则更换继电器。

7）整定点动作值的溺量应重复 3 次，每次测量值与整定值的误差都不应超出所规定的误差范围。

8）平稳缓缓地调整输入信号至继电器返回，观察衔铁明确复位，触点复位正常，对线灯指示正确，可记录返回值，并计算返回系数，拉开电源隔离开关。

9）重复上述步骤共 3 次，比较 3 次所测量数据均符合所选继电器的要求。

10）以上数据若不符合要求或需调整整定值（误差不超过+3%），按下列方法进行调整，并重新进行电气部分调整。

a）动作值的调整。有调整端子和整定把手的可对此进行调整。调整弹簧，适当调整触点压力，但需注意触点压力不宜过小。

b）返回系数的调整。改变衔铁等等起始或终止角度位置。若是 Z 形衔铁（舌片），可改变两端弯曲程度用于改变与磁极的距离，距离越大返回系数也越大。适当调整触点压力也能改变返回系数，但应注意触点压力不宜过小，触点开距不应小于 2mm。

继电器检验调整完毕后，仔细再次检查拆动过的部件和端子等是否都已正确恢复，所有的临时衬垫等物件应清除，整定端子和整定把手的位置应与整定值相符，检验项目应齐全。

11）试验数据应包括试验时间、天气、试验主要仪器及精度、试验数据、试验人等。

（5）写出校验报告。

五、注意事项

（1）校验工作至少应有二人参加，由一人操作、读表，一人监护和记录。

（2）检查要仔细，校验要认真，先了解继电器型号、规格、性能再选用仪器、仪表等。

（3）所用仪表一般不应低于 0.5 级。

（4）若测量结果与额定值误差超过规定值，则更换继电器。

（5）现场整洁、工具表计摆放有序。

【思考与练习】

1. 如何对自动装置中间继电器进行机械调整？

2. 如何对自动装置中间继电器进行电气调整？

3. 修校验自动装置中间继电器的注意事项有哪些？

▲ 模块 28　水电厂自动装置时间继电器的检查调整校验（新增 ZY5400108002）

【模块描述】 本模块包含时间继电器机械调整、绝缘检验、电气调整、动作时间检验、触点工作可靠性检验。通过对操作方法、步骤、注意事项的讲解和案例分析，掌握自动装置时间继电器的检修校验的方法及步骤。

【模块内容】

一、作业内容

两人完成时间继电器检修校验工作。

时间继电器在自动装置中作为时限元件，用于建立必需的动作时限，当感测部分接受输入信号以后，经过一定的延时，执行部分才会动作，并输出信号以操纵控制回路。时间继电器的种类很多，DS 系列电磁型时间继电器在水电厂用得较为广泛。

二、危险点分析与控制措施

（1）走错间隔。控制措施：监护人员监护到位，明确所在设备的工作任务，操作前，仔细核对设备铭牌和双重编号。

（2）误触碰。控制措施：应对可能引发误碰的回路、设备、元件设置防护带和悬挂警示牌。

三、作业前准备

（1）确认工作组成员健康状况良好，安全帽、工作服等安全工器具完备、合格。

（2）作业前组织作业人员学习作业指导书，熟悉检查项目、步骤、注意事项。

（3）作业前应检查、核对设备名称、编号、位置。

（4）作业前应检查确认与本装置相关的其他二次设备的隔离措施是否到位。

四、操作步骤

（1）确认设备序号。

（2）机械调整。

1）用手将电磁铁的唧子接到吸合位置，延时机构应立即启动，直至延时触点闭合为止，此时瞬动触点应可靠转换。

2）释放唧子时（在工作位置），动触点应迅速返回原位，动断触点应闭合，动合触点应断开。

3）检查继电器内部接线的牢靠程度及所有螺钉、螺母是否紧固。

4）当唧子吸入电磁铁时，唧子端部的动片不得与延时机构中的扇形齿报相碰，若相碰时，可将动片下移至适当位置，然后将螺钉紧固。

5）当两副主触点的指针指示在零位时，第一副动触点的中心应与滑动主触点的中心相切，第二副动触点的中心应与终止主触点的中心相切（目视），并有不小于 0.5mm 的超行程。

6）r 形动片在任何位置，均应使瞬动切换触点的动断触点可靠断开（两触点距离不得小于 1.5mm），动合触点可靠闭合（超行程不小于 0.5mm）。

（3）绝缘检验。用 500V 绝缘电阻表测定绝缘电阻，全部端子对底座和磁导体的绝缘电阻应不小于 50MΩ，线圈对触点及各触点间的绝缘电阻应不小于 50MΩ。

（4）电气性能校验及调整。

1）熟悉继电器型号、规格、性能再选用仪器、仪表等。

2）按照图 1–1–17 所示将试验仪器与继电器接线相连接，同时考虑选用的仪器仪表的容量和量程应符合试验要求。

3）检查接线正确，接通电源前检查调压器应在最小位置，变阻器应在最小位置（电压回路）。试验接线完毕后，必须经二人检查正确无误后方可通电进行试验。

4）合上电源前应查看调压器、变阻器在适当的位置，严防大电流冲击，防止短路。平稳缓慢增加电压至继电器动作，并观察继电器触点动作情况和指示灯亮度情况。

5）动作电压。在 70%额定电压下冲击地加电压于继电器线圈，此时继电器应可靠动作，若动作电压过高，应检查塔形弹簧弹力是否过强、唧子在黄铜管内摩擦是否较大、瞬动动合触点压力是否过大，均应调整瞬动触点压力，以便达到动作电压。

6）返回电压。当继电器电压降低至 5%定电压，继电器不能可靠返回原位时，应检查唧子与铜管之间摩擦是否过大、塔形弹簧弹力是否较弱、动触点与静触点起行程是否过大，均应适当调整或更换。

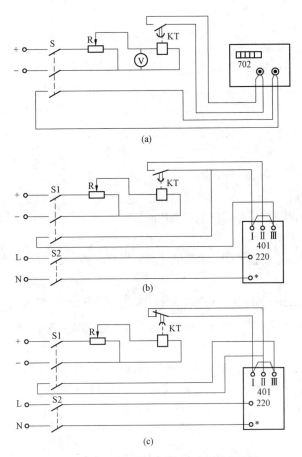

图 1-1-17 时间继电器整定时间试验接线

（a）用 702 数字毫秒表测量时间继电器；（b）用 401 秒表测量动合触点延时闭合时间继电器；
（c）用 401 秒表测量动断触点延时闭合时间继电器

（5）动作时间检验。

1）变差。在同一整定点上 10 次测量中最大与最小值之差，不应超出 0.26s。

2）鉴定值误差。10 次测量算术平均值与整定值之差不应超过±0.3s。

3）当实际时限超出刻度或小于刻度时应调整钟表机构。

（6）触点工作可靠性检验。根据实际所带负荷情况，检查滑动、瞬动及终止触点工作的可靠性，触点在闭合和断开中不应发生火花和弧光，重复上述步骤共 3 次，比较 3 次所测量数据均符合所选继电器的要求。

（7）编写校验报告，试验数据应包括试验时间、天气、试验主要仪器及精度、试验数据、试验人等。

（8）清理试验现场。

五、操作注意事项

（1）时间继电器的时间整定应在全电压下（额定值）进行，而后再测定动作值、返回值，二者均应符合要求。

（2）校验工作至少应有二人参加，由一人操作、读表，一人监护和记录。

（3）所有元件、仪器、仪表应放在绝缘垫上。

（4）所用仪表一般不应低于 0.5 级。

（5）所有使用接线应牢固可靠。

【思考与练习】

1. 如何检验自动装置时间继电器动作时间？

2. 如何校验调整自动装置时间继电器的电气性能？

3. 检修校验自动装置时间继电器的注意事项有哪些？

模块 29 水电厂自动装置信号继电器的检查调整校验（新增 ZY5400108003）

【模块描述】本模块包含信号继电器机械调整、绝缘检验、电气调整、触点工作可靠性检验。通过对操作方法、步骤、注意事项的讲解和案例分析，掌握自动装置信号继电器的检修校验的方法及步骤。

【模块内容】

一、作业内容

两人完成信号继电器检修校验工作。

信号继电器在自动装置中用作动作指示器，当继电器动作后，继电器本身有掉牌指示，同时闭合触点，接通灯光和音响信号回路，因此称为信号继电器。信号继电器在电磁结构、原理上类似于中间继电器。

DX-11 型信号继电器是用得比较多的一种信号继电器，主要由线圈、铁芯、衔铁、信号牌机构等组成。当线圈中通过电流时，衔铁被吸引，信号牌失去支撑由本身自重落下，同时带动动断触点闭合并机械自保持。此时线圈如果失电，衔铁被拉回原位，但由于掉牌未复归，触点仍接通，需人为复归掉牌，使触点断开。Dx-11 型信号继电器分为电流信号继电器和电压信号继电器两种不同的类型，也称为串联信号继电器和并联信号继电器。信号继电器有共用动触点的两个动合触点。

二、危险点分析与控制措施

（1）走错间隔。控制措施：监护人员监护到位，明确所在设备的工作任务，操作

前，仔细核对设备铭牌和双重编号。

（2）误触电。控制措施：应按照电气作业规程，验电后作业，必要时断开盘内的交流和直流电源；防止金属裸露工具与低压电源接触，造成低压触电或电源短路；工作时站在绝缘垫上。

（3）误触碰。控制措施：应对可能引发误碰的回路、设备、元件设置防护带和悬挂警示牌。

三、作业前准备

（1）作业前组织作业人员学习作业指导书，熟悉检查项目、步骤、注意事项。

（2）分配任务前，检查人员精神状态、疲劳程度等，适当调整人员作息，改善工作环境。

（3）准备并检查工器具是否满足要求。

（4）确认工作组成员健康状况良好，安全帽、工作服等安全工器具完备、合格。

（5）作业前确认设备编号、位置和工作状态。

（6）作业前/后应按照工作票对隔离措施/恢复措施进行检查和确认。

（7）作业前应检查仪器设备是否合格有效，对不合格的或有效使用期超期的应封存并禁止使用。

（8）作业前应检查、核对设备名称、编号、位置，发现有误或标识不清应立即停止操作。

（9）作业前应检查确认与本装置相关的其他二次设备的隔离措施是否到位。

四、操作步骤

（1）确认设备序号，熟悉继电器型号、规格、性能，再选用仪器、仪表等。

（2）机械调整。

1）继电器内部应无灰尘和油污。

2）继电器的可动部分应动作灵活，转轴的横向和纵向活动范围应适当。

3）各部件的安装螺栓应拧紧，焊接头应牢固可靠，发现有虚焊或脱焊时应重新焊牢。

4）弹簧应无变形。

5）检查触点的固定要牢固，并无折伤和烧损；动断触点闭合后是否有足够的压力，各触点的接通时间是否同步。

6）继电器底座端子板上的接线螺钉的压接应紧固可靠，应特别注意引向相邻端子的接线鼻之间要有一定的距离，以免相碰。

（3）绝缘检查。用 500V 绝缘电阻表测定绝缘电阻，全部端子对底座和磁导体的绝缘电阻应不小于 $50M\Omega$，线圈对触点及各触点间的绝缘电阻应不小于 $50M\Omega$。

（4）电气性能校验及调整。

1）按照图 1-1-18 所示将试验仪器与继电器接线相连接，同时考虑选用的仪器仪表的容量和量程应符合试验要求。

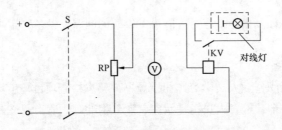

图 1-1-18 直流电压型继电器试验接线

2）试验接线完毕后，必须经二人都检查正确无误后方可通电进行试验。

3）变阻器应在最小位置（电压回路）严防大电流冲击，防止短路。合上电源开关接通电源，平稳缓慢地增加电压至继电器动作，并观察继电器触点动作情况和指示灯亮度情况。

4）电流信号继电器的动作电流值应不超过继电器铭牌给定值；否则可以改变反作用弹簧的拉力，亦可调整衔铁与铁芯之间的距离使之满足要求，但需注意，调整后不因振动而引起信号掉牌。

5）继电器线圈直流电阻的测量操作。

a）测试前，先将继电器外部接线端子拆除，线圈的一端接线，防止有并联的元件相通。

b）用万用表（或数字万用表）相应的电阻挡粗略测量线圈直流电阻。

c）按万用表（或数字万用表）测量线圈直流电阻的粗值选定单臂电桥各挡值，并测量精确值，测量值应不超过或不低于额定值的 10%。

d）将检测结果记录在检修记录本上，若测量结果与额定值误差超过规定值，则更换继电器。

6）整定点动作值的测量，应重复 3 次，每次测量值与整定值的误差都不应超出所规定的误差范围。

（5）编写校验报告，试验数据应包括试验时间、天气、试验主要仪器及精度、试验数据、试验人等。

（6）清理试验现场。

五、注意事项

（1）信号继电器每次均应带掉牌动作。

（2）校验工作至少应有二人参加，由一人操作、读表，一人监护和记录。

（3）所有元件、仪器、仪表应放在绝缘垫上。

（4）所用仪表一般不应低于 0.5 级。

（5）所有使用接线应牢固可靠。

【思考与练习】

1. 如何对自动装置信号继电器进行机械调整？

2. 如何对自动装置信号继电器进行电气调整？

3. 校验自动装置信号继电器的注意事项有哪些？

模块 30　水电厂自动装置交流接触器的检查调整（新增 ZY5400108004）

【模块描述】本模块包含交流接触器触头的检修、电气性能校验及调整。通过对操作方法、步骤、注意事项的讲解和案例分析，掌握水电厂自动装置交流接触器的检修方法及步骤。

【模块内容】

一、作业内容

两人完成交流接触器检修工作。

交流接触器是用于远距离接通和分断电压 0～380V 电流 0～600A 的交流电路，以及频繁地启动和控制交流电动机的控制电器。它的主体由三部分组成：

（1）电磁系统由电磁铁芯、衔铁、线圈、释放弹簧组成，电磁铁芯有螺管式、转动拍合式、E 形直动式等，转动拍合式用于额定电流较大的接触器，而另两种用于额定电流较小的接触器。

（2）触头系统有主触头和辅助触点，主触头分为指式和桥式双断点触头，接通和分断主回路的负荷由主触头承担；辅助触点采用桥式双断点触头，对称地设置在接触器外壳的两侧，主要用作接触器的联锁和自保持及接通信号。

（3）灭弧装置因电流等级而异，小电流的采用半封闭式灭弧罩或用牙间隔弧板；电流较大的采用半封闭式纵缝陶土灭弧罩。

交流接触器中 CJ10 型最为常用，其额定电流最大可至 150A。

二、危险点分析与控制措施

（1）走错间隔。控制措施：监护人员监护到位，明确所在设备的工作任务，操作前，仔细核对设备铭牌和双重编号。

（2）误触电。控制措施：应按照电气作业规程，验电后作业，必要时断开盘内的

交流和直流电源；防止金属裸露工具与低压电源接触，造成低压触电或电源短路；工作时站在绝缘垫上。

（3）误触碰。控制措施：应对可能引发误碰的回路、设备、元件设置防护带和悬挂警示牌。

三、作业前准备

（1）作业前组织作业人员学习作业指导书，熟悉检查项目、步骤、注意事项。

（2）确认工作组成员健康状况良好，安全帽、工作服等安全工器具完备、合格。

（3）作业前确认设备编号、位置和工作状态。

（4）作业前/后应按照工作票对隔离措施/恢复措施进行检查。

（5）作业前应检查仪器设备是否合格有效，对不合格的或有效使用期超期的应封存并禁止使用。

（6）作业前应检查、核对设备名称、编号、位置，发现有误或标识不清应立即停止操作。

四、操作步骤

（1）确认设备序号，接触器型号、规格、性能再选用仪器、仪表等。

（2）触头的检修。

1）检查灭弧罩无破裂或栅片脱落。检查触点的接触面是否在镀银处，检查触点是否为面接触，如不是则通过调整螺栓调整触点弹簧的压力，调整后用手按衔铁检查其可动机构动作是否灵活，触点接触是否紧密，接触后应有明显的压力行程，银触头在使用过程中会氧化或硫化变黑，这是正常现象，仅使接触电阻略增大，不必刮掉；如果触头烧毛，一般以不刮、挫为佳。铜触头有烧毛现象，需用细锉锉平，不可用砂纸以免沙粒嵌入铜触头影响正常工作。

2）表面的修理和整形。铜触头因氧化、积垢而造成接触不良时，可用小刀或细锉轻轻清除表面的氧化物和污垢，但应保持原来形状。银或铝合金触头生锈不影响导电。

3）触头的积垢可用汽油或酒精清洗，但不能用润滑脂涂拭。

4）若流过触头的电流过大、灭弧装置失效、触头压力不够，可导致触头严重磨损，烧出斑痕凹坑等。修理时应先找出原因，给以排除，然后将触头凹凸不平的部分和飞溅的金属熔渣细心地锉平整形，但要尽量保持原来的几何形状。

5）触头压力的调整。接触器更换触头以后必须进行触头压力的调整，保证触头有较小的接触电阻。终压力在开关完全闭合时测试，用弹簧秤将动触头拉到放在动静触头之间的薄纸条能抽出。初压力在开关断开时测试，纸条不放在动静触头之间，而是放在动触头及其支持物之间。调整接触器弹簧的松紧，可改变触头的压力。

6）电磁系统的修理。电磁系统常见故障有转轴磨损导致转动失灵或卡死；短路环断裂或铁芯接触面不平引起衔铁振动而产生噪声；E型铁芯的中间柱应有0.1～0.2mm间隙，因两侧铁芯磨损而消失间隙时，衔铁发生"粘住"现象；铁芯油垢太多发生"粘住"现象；可动衔铁歪斜、铁芯松动等。对这些故障要对症检修，可拆下线圈，检查动、静铁芯的接触面是否平整、干净，如不平整、不干净，应加以处理；校正衔铁的歪斜现象，紧固松动的铁芯；更换断裂的短路环等。

7）灭弧系统的修理。灭弧罩受潮、磁吹线圈匝间短路、灭弧罩炭化或破碎、灭弧栅片脱落等，均会使灭弧困难或延长灭弧时间。灭弧时如发现微弱的嘤唤声，即是灭弧时间过长。

8）检修时，拆下灭弧罩，如系受潮则烘干后可以使用；如系磁吹线圈短路，拨开短路点即可；如灭弧罩炭化，可以刮除；如灭弧罩破碎，可以黏合或更换；灭弧栅片脱落，可以用铁片配制。

9）对于转轴的动作，发现转动不灵活，需加润滑油。

（3）电气性能校验及调整。

1）功率电源输入输出电缆接头紧密、外包绝缘良好，各部位无发热、变色现象。

2）功率元件固定良好，散热措施良好无异常。

3）各插件板插接引线接触良好，接触部位无氧化发黑痕迹，弹力足够。

4）有关调节电位器检查应无严重磨损情况，调节过程中电阻值应能均匀变化、无跳跃现象。

5）按照图1-1-19所示将试验仪器与继电器接线相连接，同时考虑选用的仪器仪表的容量和量程应符合试验要求。

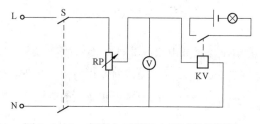

图1-1-19　交流电压型继电器试验接线图

6）检查接线正确，接通电源前检查调压器应在最小位置。

7）试验接线完毕后，必须经二人都检查正确无误后方可通电进行试验。

8）合上电源开关接通电源，平稳缓慢地增加电压至接触器动作，并观察接触器触点动作情况和指示灯亮度情况，触点动作迅速，指示灯瞬间变亮。

9）通电检验最好在线圈发热到稳定值得情况下进行，在规定的动作电压值内接触器不会在任何中间位置上卡住。

10）做接触器的启动返回电压校验，保证返回系数，保证在失电压情况下接触器能释放。

11）通电试验，吸合电压不低于 85%线圈额定电压；线圈加额定电压时，衔铁不应有强烈的振动及噪声，否则用酒精洗衔铁极面。

（4）编写校验报告，试验数据应包括试验时间、天气、试验主要仪器及精度、试验数据、试验人等。

（5）清理试验现场。

五、注意事项

（1）校验工作至少应有二人参加，由一人操作、读表，一人监护和记录。

（2）所有元件、仪器、仪表应放在绝缘垫上。

（3）所用仪表一般不应低于 0.5 级。

（4）所有使用接线应牢固可靠。

（5）合上电源先应查看调压器在适当的位置，严防大电流冲击，防止短路。

【思考与练习】

1. 如何检验自动装置时间继电器动作时间？

2. 如何校验调整自动装置时间继电器的电气性能？

3. 检修校验自动装置时间继电器的注意事项有哪些？

▶ 模块 31 水电厂自动装置热继电器的检查调整
（新增 ZY5400108005）

【模块描述】本模块包含热继电器热元件的额定值检查、热继电器动作机构可靠性检查、热元件检查、双金属片检查。通过对操作方法、步骤、注意事项的讲解和案例分析，掌握水电厂自动装置热继电器的检查和调整的方法及步骤。

【模块内容】

一、作业内容

完成热继电器热元件的额定值检查、热继电器动作机构可靠性检查、热元件检查、双金属片检查。

通常使用的热继电器是一种双金属片式热继电器，由热元件、触头系统、动作机构、复合按钮和电流整定装置等组成，其外形和结构如图 1–1–20 所示。

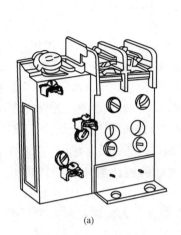
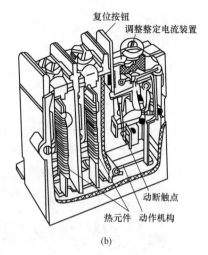

图 1-1-20　热继电器热外形和结构

(a) 外形；(b) 结构

热继电器主要用作交流电动机的过载保护，常与交流接触器组合成磁力启动器。只要电动机绕组不超过允许温升，电动机的短时过载是允许的。但电动机的绕组超过允许温升时，电动机过热会加速绝缘老化，从而缩短电动机的使用寿命，严重时还会使电动机绕组烧坏。因此，用热继电器作为电动机的过载保护。

二、危险点分析与控制措施

（1）走错间隔。控制措施：监护人员监护到位，明确所在设备的工作任务，操作前，仔细核对设备铭牌和双重编号。

（2）误触电。控制措施：应按照电气作业规程，验电后作业，必要时断开盘内的交流和直流电源；防止金属裸露工具与低压电源接触，造成低压触电或电源短路；工作时站在绝缘垫上。

（3）误触碰。控制措施：应对可能引发误碰的回路、设备、元件设置防护带和悬挂警示牌。

三、作业前准备

（1）作业前组织作业人员学习作业指导书，熟悉检查项目、步骤、注意事项。

（2）分配任务前，检查人员精神状态、疲劳程度等，适当调整人员作息，改善工作环境。

（3）确认工作组成员健康状况良好，安全帽、工作服等安全工器具完备、合格。

（4）作业前/后应按照工作票对隔离措施/恢复措施进行检查和确认。

（5）作业前应检查、核对设备名称、编号、位置。

四、操作步骤

（1）确认设备序号。

（2）检查热继电器热元件的额定电流值或电流调整旋钮指示的刻度值，是否与被保护电动机的额定电流值相当。如不相当，要更换热元件重新调整或调整旋钮的刻度，使其符合要求。热继电器的额定电流值通常比电动机的额定电流值略高。如热继电器与电动机分别安装在两处，而两处的环境温差又较大，这时两者的电流值应选得不同。如 JR1 与 JR2 系列热继电器没有温度补偿，当热继电器的环境温度低于电动机的环境温度 15～20℃时，热继电器热元件的额定电流值比电动机的额定电流值小 10%。反之，

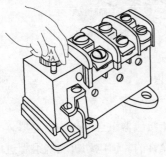

图 1-1-21　热继电器的调整

热元件的额定电流值应比电动机的额定电流值大 10%。热继电器的调整如图 1-1-21 所示。

（3）热继电器动作机构应正常可靠，可用手扳动 4～5 次进行观察。要求复位按钮灵活，调整部件元松动，检查调整部件应用螺钉旋具轻轻触动，不得用力拧或推拉。对于可调整的热继电器应检查其刻度是否对准需要的刻度值。用万用表电阻挡测量其上辅助动断、动合触头的开合情况，应与图 1-1-21 所示相同。

（4）检查热元件是否良好时，只可打开盖子从旁边观察，不得将热元件卸下。若必须卸下时，装好后应进行通电试验调整。如遇热元件烧断或损坏，必须进行更换或修理，并重新进行调整整定值。

（5）检查双金属片是否良好，如已产生明显的变形，需要通电试验调整，调整时绝对不能弯折双金属片。使用中要保持双金属片光泽，如有灰尘或污垢可用布擦净，如有锈迹可用布蘸汽油轻轻擦除，但不能用砂纸磨光。

（6）检查热元件是否脱焊和导板是否脱扣，如热元件脱焊应补焊，若导板脱扣不要立即动手复位，应待双金属片冷却复原后再使动断触头复位。

五、注意事项

（1）接触器安装牢固。

（2）接线应接线正确，牢固可靠。

（3）无机械损伤。

（4）热继电器只能作为电动机的过载保护，而不能作为短路保护，常与接触器和熔断器组合使用。

【**思考与练习**】

1. 检查和调整水电厂自动装置热继电器前应做哪些准备？

2. 如何进行水电厂自动装置热继电器的检查和调整？

3. 检查和调整水电厂自动装置热继电器的注意事项有哪些？

▲ 模块 32　直流电阻复杂参数测定
（新增 ZY5400109001）

【模块描述】本模块包含直流电阻复杂参数测定。通过对操作方法、步骤、注意事项的讲解和案例分析，掌握直流电阻复杂参数测定的方法、步骤及注意事项。

【模块内容】

一、作业内容

能独立完成直流电阻复杂参数测定工作。

在水电自动装置中，测量直流电阻是常见的操作项目，所用测量仪器一般是直流电桥。利用直流电桥测量直流电阻，简单方便，准确度高。常用的直流电桥有单臂电桥和双臂电桥。在测量高电压大容量电力变压器绕组的直流电阻时，由于被试品电感量大，充电时间长，使测试工作耗费时间太长，带来诸多不便。因此，长期以来，人们研究各种快速充电方法。随着数字技术在测试仪器中的广泛应用，采用直流恒流电源制造的直流电阻快速测试仪使测量直流电阻时的充电时间缩短到最小，且配上自动数字显示、自动打印等功能，使测试工作实现操作简便、测量快捷、准确可靠，具备诸多优点。双臂电桥是在单臂电桥的基础上增加特殊结构，以消除测试时连接线和接线柱接触电阻对测量结果的影响。特别是在测量低电阻时，由于被测量很小，试验时的连接线和接线柱接触电阻会对测试结果产生很大影响，造成很大误差。因此测量 $10^{-6} \sim 10\Omega$ 的低值电阻时应使用双臂电桥。双臂电桥也称凯尔文电桥，常用的有 QJ28 型、QJ44 型和 QJ101 型等。双臂电桥原理和盘面布置如图 1-1-22 所示。

二、危险点分析与控制措施

（1）走错间隔。控制措施：监护人员监护到位，明确所在设备的工作任务，操作前，仔细核对设备铭牌和双重编号。

（2）误触电。控制措施：应按照电气作业规程，验电后作业，必要时断开盘内的交流和直流电源；防止金属裸露工具与低压电源接触，造成低压触电或电源短路；工作时站在绝缘垫上。

（3）误触碰。控制措施：应对可能引发误碰的回路、设备、元件设置防护带和悬挂警示牌。

三、作业前准备

（1）作业前组织作业人员学习作业指导书，熟悉检查项目、步骤、注意事项。

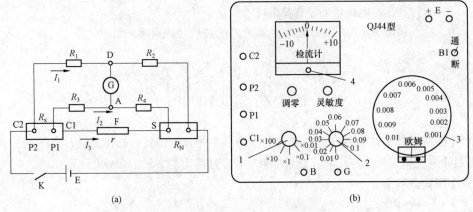

图 1-1-22　双臂电桥原理和盘面布置

（a）双臂电桥原理；（b）双臂电桥盘面布置

1—倍率选择开关；2—电阻读数步进开关；3—电阻读数滑线盘；4—检流计闭锁锁扣

（2）分配任务前，检查人员精神状态、疲劳程度等，适当调整人员作息，改善工作环境。

（3）准备并检查工器具是否满足要求。

（4）确认工作组成员健康状况良好，安全帽、工作服等安全工器具完备、合格。

（5）作业前/后应按照工作票对隔离措施/恢复措施进行检查和确认。

（6）作业前应检查仪器设备是否合格有效，对不合格的或有效使用期超期的应封存并禁止使用。

（7）作业前应检查、核对设备名称、编号、位置，发现有误或标识不清应立即停止操作。

四、操作步骤

（1）确认设备序号。

（2）将电桥放置于平整位置，放入电池。

（3）按图 1-1-23（a）所示接线方式接入被试品电阻 R_x，在图中被测电阻是变压器的绕组直流电阻，其接线端子是 A、x，由图可见，试验引线需 4 根，分别单独从双臂电桥的 C1、P1、P2、C2 四个接线柱引出。由 C1、C2 与被测电阻构成电流回路，而 P1、P2 则是电位采样，供检流计调平衡之用。

必须注意，不可按图 1-1-23（b）的方式接线。如果那样接线，则试验引线 OA 和 O′x 的电阻，以及在接线柱 A、x 处的接触电阻都计入被测电阻中，这就增加了误差。同时还应注意，电流接线端子 C1、C2 的引线应接在被测绕组的外侧（即端子 A、x 处），而电位接线端子 P1、P2 的引线应接在 C1、C2 的内侧，即应按照图 1-1-23（a）

的方式接线。这样接线可避免将 C1、C2 的引线与被测绕组连接处的接触电阻测量在内。

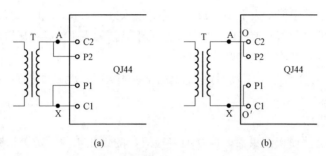

图 1-1-23　用双臂电桥测量直流电阻接线方式

（a）正确接线；（b）错误接线

T—被试变压器；A、X—被测绕组的首尾端引出端子；QJ44—双臂电桥；

C1、C2—双臂电桥电流接线端子；P1、P2—双臂电桥电位接线端子（电压采样）

（4）接通电桥电源开关 B1，待放大器稳定后检查检流计是否指零位，如不在零位，调节调零旋钮，使表针指示零位。

（5）检查灵敏度旋钮，应在最小位置。

（6）估算被测电阻大小，将倍率开关和电阻读数步进开关放置在适当位置。

（7）按下电池按钮"B"，对被测电阻 R_x 进行充电，待一定时间后，估计充电电流渐趋稳定，再按下检流计按钮"G"，根据检流计的偏转方向"＋"或"－"，逐渐减少或增加步进读数开关的电阻数值，以使检流计指向"零位"，并逐渐调节灵敏度旋钮，使灵敏度达到最大，检流计指索位，必要时可旋转电阻滑线盘，作为调节检流计指"零"位的微调手段。

（8）在灵敏度达到最大，检流计指示"零"位，稳定不变的情况下，读取步进开关和滑线盘两个电阻读数并相加，再乘上倍率开关的倍率读数，即为最后电阻读数。

（9）在灵敏度达到最大，检流计指示"零"位，稳定不变的情况下，不等读数结束，可先行松开检流计按钮"G"；在读数结束，经复核无疑问后，再断开电池按钮开关"B"。这两个按钮开关在按下时稍一旋可锁定在合闸位置。在整个测试过程中，电池按钮开关"B"就是锁定在合闸位置，以保证对被测电阻 R_x 的稳定充电。而检流计按钮"G"在测试之初不可锁定，以避免检流计长时间通过大电流，只可轻轻按下，随即松开，只要看清检流计指针的偏转方向即可，以便掌握电阻数值调节方向是增大还是减小。只有当灵敏度调节到较大位置，检流计指针偏转缓慢时，才可将按钮"G"按下旋转锁定在合闸位置，以便慢慢旋转调节滑线电阻盘，最后读取测试数值。

（10）测试结束时先断开检流计按钮开关"G"，然后才可断开电池按钮开关"B"，最后拉开电桥电源开关 Bl，拆除电桥到被测电阻的 4 根引线 C1、P1、P2 和 C2。为了测试准确，采用双臂电桥测试小电阻时，所使用的 4 根引线一般选用较粗、较短的多股软铜绝缘线，其阻值不大于 0.01Ω。如果导线太细、太长、电阻太大，则导线上会存在电压降，本来测试时使用的干电池电压就不高，如果引线存在压降过大，会影响测试时的灵敏度，影响测试结果的准确性。

（11）记录天气条件，温度，特别是被测设备的实际温度，并进行电阻数值的温度换算。

五、注意事项

（1）双臂电桥使用结束后，应立即将检流计的锁扣锁住，防止指针受振动碰撞折断。

（2）双臂电桥在按钮开关"G"没有断开时，不可先断开电池开关"B"，以免由于被测设备存在大电感瞬间感应自感电动势对电桥反击，烧坏检流计。

（3）在拆除试验引线时要戴手套，其目的也是防止被测设备上的残余电荷对人体放电。在引线拆除后，如被测设备为变压器等具有较大电感和对地电容时，应对地放电。

（4）双臂电桥的测量范围为 $10^{-5} \sim 11\Omega$，有的测量范围上限达 22Ω，测量精度为 0.2%。

【思考与练习】

1. 直流电阻复杂参数测定前需要做哪些准备？

2. 如何进行直流电阻复杂参数测定？

3. 直流电阻复杂参数测定有哪些注意事项？

模块 33 自动装置波形捕获的特殊参数设置
（新增 ZY5400109002）

【模块描述】本模块包含自动装置波形捕获的特殊参数校正、垂直系统校准、水平系统校准、调整探头补偿校准输出频率。通过对操作方法、步骤、注意事项的讲解和案例分析，掌握自动装置波形捕获的特殊参数设置。

【模块内容】

一、作业内容

示波器通过观察状态栏来确定示波器设置的变化，进行自校正、垂直系统校准、水平系统校准、屏幕测试、键盘测试、调整探头补偿校准输出频率等操作。

二、危险点分析与控制措施

（1）走错间隔。控制措施：监护人员监护到位，明确所在设备的工作任务，操作前，仔细核对设备铭牌和双重编号。

（2）误触电。控制措施：应按照电气作业规程，验电后作业，必要时断开盘内的交流和直流电源；防止金属裸露工具与低压电源接触，造成低压触电或电源短路；工作时站在绝缘垫上。

（3）误触碰。控制措施：应对可能引发误碰的回路、设备、元件设置防护带和悬挂警示牌。

三、作业前准备

（1）作业前组织作业人员学习作业指导书，熟悉检查项目、步骤、注意事项。

（2）分配任务前，检查人员精神状态、疲劳程度等，适当调整人员作息，改善工作环境。

（3）准备并检查工器具是否满足要求。

（4）确认工作组成员健康状况良好，安全帽、工作服等安全工器具完备、合格。

（5）作业前/后应按照工作票对隔离措施/恢复措施进行检查和确认。

（6）作业前应检查仪器设备是否合格有效，对不合格的或有效使用期超期的应封存并禁止使用。

（7）作业前应检查、核对设备名称、编号、位置，发现有误或标识不清应立即停止操作。

四、操作步骤

（1）在示波器 MENU 控制区的 UTILITY 为高级系统功能按键，使用 UTILITY 按钮弹出系统功能设置菜单。

（2）自校正程序可使示波器迅速达到最佳状态，以取得最精确的测量值；可在任何时候执行这个程序，但如果环境温度变化范围达到或超过 5℃时，必须执行这个程序；若要进行自校准，应将所有探头或导线与输入连接器断开。然后，按 UTILITY（辅助系统功能）钮，选择自校正运行自校正程序以前，请确定示波器已预热或运行达30min 以上；校准的顺序必须是先进行垂直系统校准再进行水平系统校准。

（3）按菜单操作键选择垂直系统校正，进入校准状态，注意校准时，CH1 和 CH2不得输入信号，按 RUN/STOP 开始校准，按 AUTO 键退出校准，注意观察进度条，若校准完成，进度条到满刻度，系统会弹出提示信息"校准完成"，若校准进行中期望退出，可以按 RUN/STOP。

（4）水平校准前，应先运行垂直系统校准，然后按菜单操作键选择水平系统校正，进入校准状态。校准时，同样不得输入信号。

（5）选择屏幕测试进入屏幕测试界面，依次按键并观察屏幕是否有严重色偏或其他显示错误。

（6）选择键盘测试进入屏幕测试界面，界面上的矩形区域代表面板上对应位置的按键，带有箭头标志的细长矩形代表面板对应位置的旋钮，正方形代表对应 SCALE 旋钮的按下功能，分别对所有按键和旋钮进行测试，观察其是否正确反应。

（7）探头补偿器用来调整探头与输入电路的匹配，探头补偿器输出约 5V 的方波，频率1、2、6kHz 可调。

五、注意事项

（1）探头补偿器接地和 BNC 屏蔽连接到地。

（2）勿将电压源连接到接地终端。

【思考与练习】

1. 自动装置波形捕获的特殊参数设置作业前应做哪些准备？

2. 如何进行自动装置波形捕获的特殊参数设置？

3. 自动装置波形捕获的注意事项有哪些？

▶ 模块 34 自动装置特定参数、时间参数的设置
（新增 ZY5400109003）

【模块描述】本模块包含自动装置电压参数、时间参数的设置。通过对操作方法、步骤、注意事项的讲解和案例分析，掌握自动装置特定参数、时间参数设置的方法及步骤。

【模块内容】

一、作业内容

用数字式示波器进行电压参数、时间参数的测量。

二、危险点分析与控制措施

（1）走错间隔。控制措施：监护人员监护到位，明确所在设备的工作任务，操作前，仔细核对设备铭牌和双重编号。

（2）误触电。控制措施：应按照电气作业规程，验电后作业，必要时断开盘内的交流和直流电源；防止金属裸露工具与低压电源接触，造成低压触电或电源短路；工作时站在绝缘垫上。

（3）误触碰。控制措施：应对可能引发误碰的回路、设备、元件设置防护带和悬挂警示牌。

三、作业前准备

（1）作业前组织作业人员学习作业指导书，熟悉检查项目、步骤、注意事项。

（2）分配任务前，检查人员精神状态、疲劳程度等，适当调整人员作息，改善工作环境。

（3）准备并检查工器具是否满足要求。

（4）确认工作组成员健康状况良好，安全帽、工作服等安全工器具完备、合格。

（5）作业前确认设备编号、位置和工作状态。

（6）作业前/后应按照工作票对隔离措施/恢复措施进行检查和确认。

（7）作业前应检查仪器设备是否合格有效，对不合格或有效使用期超期的应封存并禁止使用。

（8）作业前应检查、核对设备名称、编号、位置，发现有误或标识不清应立即停止操作。

（9）作业前应检查确认与本装置相关的其他二次设备的隔离措施是否到位。

四、操作步骤

（1）确认检测电路。

（2）将探头菜单衰减系数设定为 10x，并将探头上的开关设定为 10x。

（3）将通道 1 的探头连接到电路被测点。

（4）在 MENU 控制区的 MEASURE 为自动测量功能按键。按下自动测量功能按键。

（5）测量的电压显示在显示屏幕上，电压参数包括峰峰值、最大值、最小值、平均值、均方根值、顶端值、低端值。电压参数的物理意义如下：

1）峰峰值（Vpp），波形最高点波峰至最低点的电压值。

2）最大值（Vmax），波形最高点至 GND（地）的电压值。

3）最小值（Vmin），波形最低点至 GND（地）的电压值。

4）顶端值（Vtop），波形平顶至 GND（地）的电压值。

5）底端值（Vbasc），波形平底至 GND（地）的电压值。

6）平均值（Average），1 个周期内信号的平均幅值。

7）均方根值（Vrms），即有效值。依据交流信号在 1 周期时所换算产生的能量，对应于产生等值能量的直流信号电压，即均方根值。

（6）按下时间参数的自动测量按键，测量频率、周期、上升时间、下降时间、正脉宽、负脉宽、延迟参数，测量的参数显示在显示屏幕上。参数意义如下：

1）上升时间（Rise Time），波形幅度从 10%。上升至 90%所经历的时间。

2）下降时间（Fall Time），波形幅度从 90%下降至 10%所经历的时间。

3）正脉宽（＋Width），正脉冲在 50%幅度时的脉冲宽度。

4）负脉宽（–Width），负脉冲在 50%幅度时的脉冲宽度。

5）延迟 1–＞2∮1，通道 1、2 相对于上升沿的延时。

6）延迟 1–＞2∮2，通道 1、2 相对于下降沿的延时。

（7）光标测量分为 3 种模式：

1）手动方式。光标电压或时间方式成对出现，并可手动调整光标的间距，显示的读数即为测量的电压或时间值。当使用光标时，需首先将信号源设定成需要测量的波形。

2）追踪方式。水平与垂直光标交叉构成十字光标。十字光标自动定位在波形上，通过旋转对应的垂直控制区域或水平控制区域的 POSITION 旋钮可以调整十字光标在波形上的水平位置。示波器同时显示光标点的坐标。

3）自动测量方式。通过此设定，在自动测量模式下，系统会显示对应的电压或时间光标，以表示测量的物理意义。系统根据信号的变化，自动调整光标位置，并计算相应的参数值。注意：此种方式在未选择任何自动测量参数时无效。

五、注意事项

测量结果在屏幕上的显示会因为被测信号的变化而改变。

【思考与练习】

1. 自动装置特定参数、时间参数的测量前应做哪些准备工作？

2. 自动装置电压参数有哪些？物理意义各是什么？

3. 自动装置时间参数有哪些？物理意义各是什么

4. 自动装置特定参数、时间参数的测量前应做哪些准备工作？

▲ 模块 35　自动装置单次信号捕捉的分析与处理
（新增 ZY5400109004）

【模块描述】本模块包含自动装置单次信号捕捉的分析与处理。通过对操作方法、步骤、注意事项的讲解和案例分析，掌握自动装置单次信号捕捉的分析与处理的方法、步骤及注意事项。

【模块内容】

一、作业内容

检测电路中一未知信号，利用示波器迅速显示和测量信号的频率和峰峰值。通过观察状态栏确定示波器设置的变化，进行自校正、垂直系统校准、水平系统校准、屏幕测试、键盘测试、调整探头补偿校准输出频率等操作。

在自动装置电路中捕捉脉冲、毛刺等非周期性的信号是自动装置维护检修工作的一项高级技能。若捕捉一个单次信号，首先需要对此信号有一定的经验知识，才能设置触发电平和触发沿。如果脉冲是一个 TTL 电平的逻辑信号，触发电平应该设置成 2V，触发沿设置成上升沿触发；如果对于信号的情况不确定，可以通过自动或普通的触发方式先行观察，以确定触发电平和触发沿。

二、危险点分析与控制措施

（1）走错间隔。控制措施：监护人员监护到位，明确所在设备的工作任务，操作前，仔细核对设备铭牌和双重编号。

（2）误触电。控制措施：应按照电气作业规程，验电后作业，必要时断开盘内的交流和直流电源；防止金属裸露工具与低压电源接触，造成低压触电或电源短路；工作时站在绝缘垫上。

（3）误触碰。控制措施：应对可能引发误碰的回路、设备、元件设置防护带和悬挂警示牌。

三、作业前准备

（1）作业前组织作业人员学习作业指导书，熟悉检查项目、步骤、注意事项。

（2）分配任务前，检查人员精神状态、疲劳程度等，适当调整人员作息，改善工作环境。

（3）准备并检查工器具是否满足要求。

（4）确认工作组成员健康状况良好，安全帽、工作服等安全工器具完备、合格。

（5）作业前确认设备编号、位置和工作状态。

（6）作业前/后应按照工作票对隔离措施/恢复措施进行检查和确认。

（7）作业前应检查仪器设备是否合格有效，对不合格的或有效使用期超期的应封存并禁止使用。

（8）作业前应检查确认与本装置相关的其他二次设备的隔离措施是否到位。

四、操作步骤

（1）确认检测电路。

（2）将探头菜单衰减系数设定为 10x，并将探头上的开关设定为 10x。

（3）将通道 1 的探头连接到电路被测点。

（4）进行触发设定。

1）按下触发（TRIGGER）控制区域 MENU 按钮，显示触发设置菜单。

2）在此菜单下分别应用 1～5 号菜单操作键设置触发类型为边沿触发、边沿类型为上升沿、信源选择为 CH1、触发方式单次耦合为直流。

3）调整水平时基和垂直挡位至适合的范围。

4）旋转触发（TRIGGER）控制区域 LEVEL 旋钮，调整适合的触发电平。

5）按 RUN/STOP 执行按钮，等待符合触发条件的信号出现。如果有某一信号达到设定的触发电平，即采样一次，显示在屏幕上。

五、注意事项

幅度较大的突发性毛刺：将触发电平设置到刚刚高于正常信号电平，按 RUN/STOP 按钮开始等待，当毛刺发生时，机器自动触发并把触发前后一段时间的波形记录下来。通过旋转面板上水平控制区域（HORIZONTAL）的水平 POSITION 旋钮，改变触发位置的水平位置可以得到不同长度的负延迟触发，便于观察毛刺发生之前的波形。

【思考与练习】

1. 自动装置单次信号捕捉前应做哪些准备工作？

2. 如何进行自动装置单次信号捕捉？

3. 自动装置单次信号捕捉的注意事项有哪些？

▲ 模块 36 测量自动装置脉冲上升沿的频率、幅值 （新增 ZY5400109005）

【模块描述】本模块包含测量自动装置脉冲上升沿的频率、幅值。通过对操作方法、步骤、注意事项的讲解和案例分析，掌握测量自动装置脉冲上升沿的频率、幅值的方法、步骤及注意事项。

【模块内容】

一、作业内容

利用示波器测量自动装置电路中脉冲上升沿频率、幅值。

二、危险点分析与控制措施

（1）走错间隔。控制措施：监护人员监护到位，明确所在设备的工作任务，操作前，仔细核对设备铭牌和双重编号。

（2）误触电。控制措施：应按照电气作业规程，验电后作业，必要时断开盘内的交流和直流电源；防止金属裸露工具与低压电源接触，造成低压触电或电源短路；工作时站在绝缘垫上。

（3）误触碰。控制措施：应对可能引发误碰的回路、设备、元件设置防护带和悬挂警示牌。

三、作业前准备

（1）作业前组织作业人员学习作业指导书，熟悉检查项目、步骤、注意事项。

（2）分配任务前，检查人员精神状态、疲劳程度等，适当调整人员作息，改善工

作环境。

（3）确认工作组成员健康状况良好，安全帽、工作服等安全工器具完备、合格。

（4）作业前确认设备编号、位置和工作状态。

（5）作业前应检查装置是否合格有效，对不合格的或有效使用期超期的应封存并禁止使用。

（6）作业前应检查确认与本装置相关的其他二次设备的隔离措施是否到位。

四、操作步骤

（1）按下 CURSOR 按钮以显示光标测量菜单。

（2）按下 1 号菜单操作键设置光标模式为手动。

（3）按下 2 号菜单操作键设置光标类型为时间。

（4）旋转垂直控制区域垂直 POSITION 旋钮将光标 1 置于 RING 的第一个峰值处。

（5）旋转水平控制区域水平 POSITION 旋钮将光标 2 置于 RING 的第二个峰值处。

（6）光标菜单中显示出增量时间和频率（测得的 RING 频率）。

（7）按下 CURSOR 按钮以显示光标测量菜单。

（8）按下 1 号菜单操作键设置光标模式为手动。

（9）按下 2 告菜单操作键设置光标类型为电压。

（10）旋转垂直控制区域垂直旋钮将光标 1 置于 RING 的波峰处。

（11）旋转水平控制区域水平旋钮将光标 2 置于 RING 的波谷处。

（12）光标菜单中显示测量值，即增量电压（RING 的峰峰电压）。

五、注意事项

（1）应用示波器进行波形测量时，应注意把波形调到有效屏面的中心区进行测量，以免示波管的边缘失真而产生测置误差。

（2）在测试过程中，要避免手指或人体其他部位直接触及输入端和探针，以免因人体感应电压影响测试结果。

（3）示波器在使用时，被测信号电压的幅度（包括信号中的直流电压）不得超过说明书中规定的最大输入电压值。

【思考与练习】

1. 测量自动装置脉冲上升沿的频率、幅值前应做哪些准备工作？

2. 如何测量自动装置脉冲上升沿的频率、幅值？

3. 测量自动装置脉冲上升沿的频率、幅值时注意事项有哪些？

◢ 模块 37　减少自动装置信号随机噪声的方法
（新增 ZY5400109006）

【模块描述】本模块包含检测电路连接、设置触发耦合滤除噪声。通过对操作方法、步骤、注意事项的讲解和案例分析，掌握减少信号上的随机噪声的方法、步骤、注意事项。

【模块内容】

一、作业内容

通过调整示波器的设置，滤除或减小自动装置信号的噪声。如果被测试的信号上叠加了随机噪声，则对本体信号产生干扰，滤除或减小噪声是自动装置维护检修工作的一项高级技能。

二、危险点分析与控制措施

（1）走错间隔。控制措施：监护人员监护到位，明确所在设备的工作任务，操作前，仔细核对设备铭牌和双重编号。

（2）误触电。控制措施：应按照电气作业规程，验电后作业，必要时断开盘内的交流和直流电源；防止金属裸露工具与低压电源接触，造成低压触电或电源短路；工作时站在绝缘垫上。

（3）误触碰。控制措施：应对可能引发误碰的回路、设备、元件设置防护带和悬挂警示牌。

三、作业前准备

（1）作业前组织作业人员学习作业指导书，熟悉检查项目、步骤、注意事项。

（2）分配任务前，检查人员精神状态、疲劳程度等，适当调整人员作息，改善工作环境。

（3）准备并检查工器具是否满足要求。

（4）确认工作组成员健康状况良好，安全帽、工作服等安全工器具完备、合格。

（5）作业前确认设备编号、位置和工作状态。

（6）作业前/后应按照工作票对隔离措施/恢复措施进行检查和确认。

（7）作业前应检查仪器设备是否合格有效，对不合格的或有效使用期超期的应封存并禁止使用。

（8）作业前应检查、核对设备名称、编号、位置，发现有误或标识不清应立即停止操作。

（9）作业前应检查确认与本装置相关的其他二次设备的隔离措施是否到位。

四、操作步骤

（1）确认检测电路。

（2）将探头菜单衰减系数设定为 10x，并将探头上的开关设定为 10x。

（3）将通道 1 的探头连接到电路被测点。

（4）连接信号使波形在示波器上稳定地显示。

（5）通过设置触发耦合滤除噪声。

1）按下触发（TRIGGER）控制区域 MENU 按钮，显示触发设置菜单。

2）按 5 号菜单操作键选择低频抑制或高频抑制。低频抑制是设定一高通滤波器，可滤除 8kHz 以下的低频信号分量，允许高频信号分量通过。高频抑制是设定一低通滤波器，可滤除 150kHz 以上的高频信号分量（如 FM 广播信号），允许低频信号分量通过。以得到稳定的触发。

3）如果被测信号上叠加了随机噪声，导致波形过粗，可以应用平均采样方式，去除随机噪声的显示，使波形变细，便于观察和测量。取平均值后随机噪声，被减小信号的细节更易观察。按面板 MENU 区域的 ACQUIRE 按钮，显示采样设置菜单。按 4 号菜单操作键设置获取方式为平均状态，然后按 5 号菜单操作键调整平均次数，依次由 2～128 以 2 倍数步进，直至波形的显示满足观察和测试要求。

五、注意事项

有波形显示，但不能稳定下来，检查触发面板的信源选择项是否与实际使用的信号通道相符。检查触发类型，一般的信号应使用边沿触发方式，视频信号应使用视频触发方式。只有应用适合的触发方式，波形才能稳定显示。尝试改变耦合为高频抑制和低频抑制显示，以滤除干扰触发的高频或低频噪声。

【思考与练习】

1. 减少信号上的随机噪声作业前应准备什么？

2. 减少信号上的随机噪声步骤是什么？

3. 减少信号上的随机噪声有哪些注意事项？

▲ 模块 38　自动装置的动态性能测试
（新增 ZY5400109007）

【模块描述】本模块包含测试仪器实验接线、开机操作、静态性能测试、动态性能测试、实验结果显示及打印、励磁调节器输出的动态指示、停机操作。通过对操作方法、步骤、注意事项的讲解和案例分析，掌握励磁调节器的动态性能测试方法及步骤。

【模块内容】

一、作业内容

对励磁调节器的进行动态性能测试。

励磁调节器生产厂家对励磁调节器进行的测试是开环测试，即给定输入，测量其输出，虽然可以得到输入输出特性，但是不能反映运行时的重要动态调节特性。还可建立相应的动态模拟实验室，模拟实际系统的运行，可以实现机端短路并测试励磁调节器的强励特性。电力系统动态模拟（简称动模）是根据相似性原理建立起来的电力系统物理模型，由于它能复制电力系统的各种运行情况，因此，电力系统动态模拟是研究电力系统控制设备的重要工具。当模拟电力系统时，必须分别进行同步发电机模拟（包括电机本身、励磁系统、原动机调速系统）、变压器模拟、输电线路模拟、负荷模拟、系统中其他元件的模拟等分系统（或元件）的模拟。但投资巨大，且实验不方便，无法满足现场设备调试的需要。

在现场实验时，为了测量励磁调节器的动态特性，必须在现场开启发电机，使整个机组全部运行起来。而每一次实验都是对发电机或电网的一次冲击，发电机必须承受多次启停和多次冲击，才能完成实验，即使是这样，有的实验仍然不能实现，如机端三相短路实验。但实际运行中，这样的故障有可能发生，故障发生后机组运行情况如何、励磁调节器的强励特性能不能发挥应有的作用，现场实验根本无法测试。

使用一种基于计算机仿真平台的测试系统"励磁调节器动态特性测试系统"，来代替实际的发电机组或动态模拟实验室中的模拟发电机组进行励磁调节器的开环和闭环实验，如今已经广泛地应用在水电励磁系统中，励磁调节器动态特性测试系统的功能是取代发电机，对调节器进行测试，完成励磁调节器的测试工作。测试闭环系统如图 1–1–24 所示。

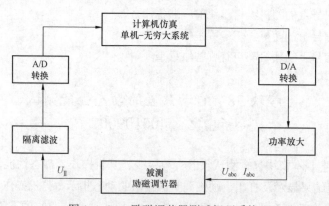

图 1–1–24 励磁调节器测试闭环系统

发电机组在正常运行时是受励磁调节器控制的，这种控制通过励磁调节器调节其输出实现。为了实现取代发电机的功能，测试系统的输入就是励磁调节器输出给发电机的电信号。励磁调节器的输出对计算机而言是很强的信号，不能直接利用，因此需要经过隔离、滤波等环节，再由模数转换电路把模拟量变为计算机可接受的数字量，输入计算机，即通过适当的接口把励磁调节器的输出变为计算机可以读取的数据。

对于励磁调节器，发电机的输出主要是机端电量，即电压和电流。因此测试系统的输出就是模拟发电机的机端电压和电流。在系统仿真部分中，通过计算机计算得到的实时状态是一组数字量，而且是有效值。输出部分首先通过 DA 转换把这组数字量转换为模拟量，而且是实时正弦波形，然后通过功率放大，把信号放大为励磁调节器可以接受的强电量。

二、危险点分析与控制措施

（1）走错间隔。控制措施：监护人员监护到位，明确所在设备的工作任务，操作前，仔细核对设备铭牌和双重编号。

（2）误触电。控制措施：应按照电气作业规程，验电后作业，必要时断开盘内的交流和直流电源；防止金属裸露工具与低压电源接触，造成低压触电或电源短路；工作时站在绝缘垫上。

（3）误触碰。控制措施：应对可能引发误碰的回路、设备、元件设置防护带和悬挂警示牌。

三、作业前准备

（1）作业前组织作业人员学习作业指导书，熟悉检查项目、步骤、注意事项。

（2）分配任务前，检查人员精神状态、疲劳程度等，适当调整人员作息，改善工作环境。

（3）准备并检查工器具是否满足要求。

（4）确认工作组成员健康状况良好，安全帽、工作服等安全工器具完备、合格。

（5）作业前/后应按照工作票对隔离措施/恢复措施进行检查和确认。

（6）作业前应根据测量参量选择量程匹配、型号合适的仪表设备。

（7）作业前应检查仪器设备是否合格有效，对不合格的或有效使用期超期的应封存并禁止使用。

（8）作业前应检查、核对设备名称、编号、位置，发现有误或标识不清应立即停止操作。

（9）作业前应检查确认与本装置相关的其他二次设备的隔离措施是否到位。

四、操作步骤

（1）实验接线。

1）实验接线如图 1-1-25 所示。

图 1-1-25　实验接线

2）当量测直流电压时，可直接取自晶闸管直流输出开关的上端。为了保证晶闸管有效导通，在直流输出侧并接一个合适的假负荷（感性负荷为佳），同时接一个直流电压表监视电压变化。实验接线如图 1-1-26 所示。

图 1-1-26　实验接线图

3）电压电流接线。把调节器端子上从机端 TA、TV 的来线解掉，然后把测试系统的电压电流输出接到调节器对应端子上即可。

4）电流输出没有公共点，接线时要求 A、B、C 三相电流独立成环。如调节器端子或内部有公共点，做相应处理。

（2）开机操作。

1）完成实验接线。

2）开计算机电源，并进入测试系统界面 1～2s 后，程序会自动弹出主选菜单。在主选菜单中，可以选择的内容有静态性能测试、动态性能测试、比较计算测试、实验结果显示及打印、配置参数。

a）选择方法。用鼠标左键单击欲选择的实验选项，此时该选项左侧白色选择钮出现黑色圆点，表明已被选中，然后回车或用鼠标左键单击确定；或用鼠标左键双击欲选择的实验选项直接进入。

b）退出方法。用鼠标左键单击退出按钮，此时将退出整个测试程序，返回 Windows 操作系统。

3）开功率箱电源，此时输出电压应为24V，电流为1A。

（3）静态性能测试。可以根据实验需要，手动或自动对测试系统输出的电压电流的幅值、相位、频率进行各种方式的人为改变（此时系统为开环），实时检测励磁调节器直流输出或触发脉冲角度的变化，相当于一台智能化的调压器、变流器、移相器和变频器。

1）手工调整。手动给定测试系统的输出，一旦数值确定，系统将维持所给定的输出不变，直至再次调整给定值。

2）斜坡调整。励磁测试系统的电压电流输出，其幅值、相角、频率可独立按任意斜率进行斜坡上升和斜坡下降变化。

3）正弦调制。机端电流的有效值（包络线）或机端电量的频率按照给定的振荡幅度与频率自动进行周期性的正弦振荡。

4）开环特性。机端电压按照给定的范围、步长和速度自动变化，在每一点自动检测励磁调节器的输出（直流电压或触发脉冲角度），计算出每一点的开环放大倍数，得到被测励磁调节器的输入输出特性和开环放大倍数。所有的测试和计算数据可以以文本格式存盘，并可以图形形式显示并打印。

5）通过调整励磁调节器的输入电压（发电机 TV 输出电压），记录其输出电压的数据，可测得励磁调节器的输入输出特性和放大倍数。

6）通过改变 TV 输出电压的频率，观察频率变化时励磁调节器输出电压的变化情况。

7）通过改变电压和电流之间的相位，可观察励磁调节器在进相运行时的调整特性。

8）通过改变电压、电流、频率和相位，可观察励磁调节器的各种限制特性的动作。

（4）进行动态性能测试。动态性能测试就是闭环测试。实验过程中，励磁调节器的直流输出实时被仿真测试系统检测，系统的输出模拟发电机组在励磁调节器的作用下的动态过程。

1）切负荷。模拟发电机甩掉一定负荷（可任意给定）后的电压及转速的动态变化过程，以考察励磁调节器对机端电压的控制效果。

2）阶跃实验。模拟发电机在空载状态下，由励磁调节器的输出来控制机端电压阶跃变化，以考察空载条件下的励磁调节器的控制性能，包括响应速度、超调量、振荡次数等。

3）短路实验。模拟发电机在一定负荷（可任意给定）情况下输电线的单回线某处（可设定）发生三相对称短路瞬时故障时的动态特性，以考察励磁调节器的强励特性和对系统稳定的影响。

4）零起升压。模拟发电机在额定转速无励磁初始状态下，由励磁调节器的输出来控制机端电压由零升压至额定电压的动态过程，以考察励磁调节器的调节性能，包括上升时间、超调量、调节时间、振荡次数等。

5）静稳测试。模拟发电机在一定初始负荷（可任意给定）情况下有功功率持续缓慢增加直到失去稳定的动态过程。

6）长期实验。模拟发电机在一定初始负荷（可任意给定）情况下长期稳定运行的过程，实验中可任意进行增减无功和增加有功的操作。

（5）实验结果显示及打印对刚完成的动态性能测试或比较计算测试的结果进行图形显示、打印或数据文件的存盘。

（6）实验平台中，按"开始"后即按照设定的条件开始实验。平台中可以看到机端电压曲线的动态变化过程，同时也可以观察转子角度、有功功率、无功功率、频率及励磁调节器输出的动态指示。

（7）停机操作。

1）退出测试系统程序，返回到 Windows 界面。

2）停功率箱电源。

3）退出 Windows。

4）关计算机电源。

五、注意事项

（1）如实验中电压箱出现过载报警，立即关闭功率箱电源，并根据报警指示检查过载相的接线是否出现短路。在确保没有短路的情况下可再次上电，此时如仍有报警，说明负荷过重，可尝试使用串接电阻等方法降低负荷。

（2）实验中如发生过电压，实验将自行停止，实验操作人员可以选择"结束"返回到"实验参数设置"，再次设定切负荷的实验参数，反复实验。

（3）如不进行任何操作，设定时间到了以后，实验将自行停止，此时测试系统输出将维持实验的最后状态不变，实验操作人员可选择"绘图"进行实验数据存盘，图形显示或打印（具体操作见"实验结果显示及打印"）；也可以选择"结束"返回到"实验参数设置"，再次设定切负荷的实验参数，反复实验。

（4）实验中可单击鼠标右键，强行终止实验。

【思考与练习】

1. 如何进行励磁调节器的静态性能测试？

2. 如何进行励磁调节器的动态性能测试？

3. 励磁调节器的动态性能测试时有哪些注意事项？

▲ 模块 39　水电厂自动装置磁力启动器的安装
（新增 ZY5400110001）

【模块描述】本模块包含安装前的检查、安装磁力启动器。通过对操作方法、步骤、注意事项的讲解和案例分析，掌握水电厂自动装置磁力启动器的安装的方法及步骤。

【模块内容】

一、作业内容

安装水电厂自动装置磁力启动器。

磁力启动器是一种全压启动设备，由交流接触器和热继电器组合而成的电动机控制电器，并具有失电压和过载保护功能。磁力启动器一般有铁皮制成的外壳，内部的接线在出厂时已连接好。交流接触器做闭合和切断电动机电源用，而热继电器做电动机的过载保护用。热继电器有一定的热惯性，不能做电动机的短路保护，因此，用磁力启动器控制电动机正转或反转时，在电动机的主回路中还需加装熔断器作为短路保护。磁力启动器有可逆电动机运行用和不可逆电动机运行用两种。可逆启动器一般具有电气及机械联锁机构，以防止误操作或机械撞击引起相间短路，同时，正、反向接触器的可逆转换时间应大于燃弧时间，保证转换过程的可靠进行。

常用电磁启动器有 QC8、QC10、QC12 及 QC20 等系列，工作原理相同，不同之处是所用交流接触器及热继电器的型号不同，其中失电压保护是通过交流接触器来实现的，而过载保护是通过热继电器来实现的。电磁启动器不具有短路保护作用，因此，使用时要在电动机的主回路中安装熔断器或断路器。

二、危险点分析与控制措施

（1）走错间隔。控制措施：监护人员监护到位，明确所在的设备的工作任务，操作前，仔细核对设备铭牌和双重编号。

（2）误触电。控制措施：应按照电气作业规程，验电后作业，必要时断开盘内的交流和直流电源；防止金属裸露工具与低压电源接触，造成低压触电或电源短路；工作时站在绝缘垫上。

（3）误触碰。控制措施：应对可能引发误碰的回路、设备、元件设置防护带和悬挂警示牌。

三、作业前准备

（1）作业前组织作业人员学习作业指导书，熟悉检查项目、步骤、注意事项。

（2）分配任务前，检查人员精神状态、疲劳程度等，适当调整人员作息，改善工

作环境。

（3）准备并检查所需工器具是否满足要求。

（4）确认工作组成员健康状况良好，安全帽、工作服等安全工器具完备、合格。

（5）作业前/后应按照工作票对隔离措施/恢复措施进行检查和确认。

（6）作业前应检查磁力启动器是否合格有效，对不合格的或有效使用期超期的应封存并禁止使用。

（7）作业前应检查、核对设备名称、编号、位置，发现有误或标识不清应立即停止操作。

（8）作业前应检查确认与本装置相关的其他二次设备的隔离措施是否到位。

四、操作步骤

（1）确认安装地点。

（2）安装前的检查。

1）磁力启动器安装前应检查磁力启动器各部件有无损坏和松动现象，布线是否正确；检查接触器各触头接触是否良好，触头表面是否平整、有无金属屑片或锈斑，触头有无歪扭现象。安装前应清除灰尘，擦净铁芯极面的油脂，并检查壳体有无较严重的锈蚀；若有，应进行重新喷漆或更换新的。

2）检查启动器各可动部分是否灵活、有无卡阻现象，分合是否迅速可靠、有无缓慢和停顿现象。

3）有热继电器的启动器，应检查热元件的额定电流是否与电动机的额定电流相符，并将热继电器电流调整至被保护电动机的额定电流。

4）吸引线圈及各导电部分绝缘是否良好，用 500V 绝缘电阻表测量绝缘电阻，要求各部位间的绝缘电阻值一般在 $0.5\text{M}\Omega$ 以上，否则应进行干燥处理。

（3）安装磁力启动器。

1）安装磁力启动器时，确定好安装固定位置。磁力启动器可安装在墙上、柱上或地面的铁架和木架上。磁力启动器上按钮的安装高度距地面 1.5m 左右。根据现场实际情况，把磁力启动器安装在角钢支架或木架上，安装时使安装面垂直于水平面，倾斜不应大于 5°，如果大于这个角度，容易引起故障。QC1 系列磁力启动器安装和接线见图 1-1-27。

2）检查并紧固所有接线螺钉及安装螺钉。

3）将外壳或底板接地螺钉与保护接地或接零线连接牢靠。

4）固定好后再把操作按钮安装固定好，然后进行布线，先布到电动机的电源线，再布到按钮的控制线，最后布到电源的线路，布线方式可采用钢管布线或其他布线方式。布好线后再进行接线连接工作。接线后，进出线孔要封严。

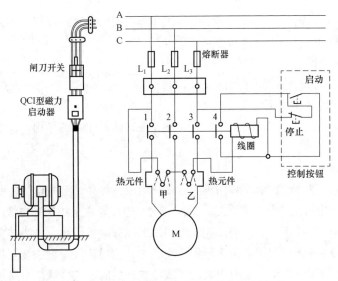

图 1-1-27　QC1 系列磁力启动器安装和接线

5）对于防水和防尘的外壳，盖子与下壳之间衬上弹性垫圈并用锁扣压紧，对失去弹性的橡皮垫圈和已损坏的锁扣应更换或修理。

6）启动器所需热继电器的热元件的额定工作电流大于启动器的额定工作电流时，其整定电流的调节不得超过启动器的额定工作电流。

7）启动器的热继电器动作以后，必须进行手动复位。

五、注意事项

（1）磁力启动器安装牢固。

（2）接线应接线正确，牢固可靠。

（3）无机械损伤。

【思考与练习】

1. 安装水电厂自动装置磁力启动器的作业前准备有哪些？

2. 安装水电厂自动装置磁力启动器的操作步骤是什么？

3. 安装水电厂自动装置磁力启动器的注意事项有哪些？

模块 40　水电厂二次回路控制电缆的敷设
（新增 ZY5400110002）

【模块描述】本模块包含电缆敷设准备、电缆敷设。通过对操作方法、步骤、注意事项的讲解和案例分析，掌握水电厂二次回路控制电缆的敷设的方法及步骤。

【模块内容】

一、作业内容

集体完成二次回路控制电缆的敷设。

1. 控制电缆的作用

控制电缆用于连接二次设备，具有传递、控制信号电流的作用，在水电厂中使用的数量很大。

2. 控制电缆的组成

控制电缆由导体、绝缘层和保护层三部分组成。导体部分是电缆中的导线（或称芯线），由高导电性的金属材料制成，按照规定水电厂要求采用铜芯电缆。由于二次回路所控制的电流一般都不大，因此控制电缆的芯线截面也较小，电缆芯多由单股导线组成。控制电缆的绝缘层用于隔离导体，使其与其他导体及保护护套互相隔离。控制电缆绝缘层多用聚氯乙烯，也有用聚乙烯或橡皮制成的，其中橡皮耐腐蚀性较差，在可能受到油浸蚀的地方使用塑料电缆较好。控制电缆的保护护套是为了保护绝缘层，使其在运输、敷设和运用中不受外力的损伤和水分浸入。在电缆绝缘层外所施加的保护覆盖层，有一定的机械强度和适应环境的能力。

3. 控制电缆的种类

控制电缆按工作类别可分为普通、阻燃（ZR）、耐火（NH）、低烟低卤（DLD）、低烟无卤（DW）、高阻燃类（GZR）、耐温类、耐寒类控制电缆等。目前水电厂经常使用的控制电缆多用具有内铠装的聚氯乙烯护套阻燃电缆、低烟低卤（DLD）、低烟无卤（DW）阻燃电缆，其中低烟低卤（DLD）、低烟无卤（DW）阻燃电缆是今后水电厂应用的发展方向，具有阻燃性能优、耐腐蚀性强、机械强度好的特点。

二、危险点分析与控制措施

（1）走错间隔。控制措施：监护人员监护到位，明确所在设备的工作任务，操作前，仔细核对设备铭牌和双重编号。

（2）误触电。控制措施：应按照电气作业规程，验电后作业，必要时断开盘内的交流和直流电源；防止金属裸露工具与低压电源接触，造成低压触电或电源短路；工作时站在绝缘垫上。

（3）误触碰。控制措施：应对可能引发误碰的回路、设备、元件设置防护带和悬挂警示牌。

三、作业前准备

（1）作业前组织作业人员学习作业指导书，熟悉检查项目、步骤、注意事项。

（2）分配任务前，检查人员精神状态、疲劳程度等，适当调整人员作息，改善工

作环境。

（3）准备并检查所需工器具是否满足要求。

（4）确认工作组成员健康状况良好，安全帽、工作服等安全工器具完备、合格。

（5）作业前/后应按照工作票对隔离措施/恢复措施进行检查和确认。

（6）作业前应检查磁力启动器是否合格有效，对不合格的或有效使用期超期的应封存并禁止使用。

（7）作业前应检查、核对设备名称、编号、位置，发现有误或标识不清应立即停止操作。

（8）作业前应检查确认与本装置相关的其他二次设备的隔离措施是否到位。

四、操作步骤

（1）熟悉图纸，明确任务；控制电缆的敷设必须按照二次回路图中有关图纸的要求，了解需要敷设的电缆根数，每根电缆的编号、型号及起止地点。

（2）根据图纸要求，进行现场电缆走向的勘查；水电厂内地形一般都很复杂，沟道纵横交错，电缆东穿西越，还要穿管进洞，所以对电缆敷设的现场必须查看清楚；查看时，任何电缆的穿越、转弯处都应做好标记和记录；在电缆架上还应标注电缆敷设于第几层；在穿越防火墙、孔、洞、管等处捅开堵料或堵物，以利于电缆顺利穿过；短距离的还应测量电缆敷设长度。

（3）准备电缆，按图纸要求，将需敷设的电缆全部运至现场，敷设长度短的可测量出长度并留一定裕度先锯出，敷设长度长的需将整个电缆盘运至现场。

（4）准备电缆卡子、电缆标示牌；在现场勘查时应估算需用电缆卡子的数量、规格，电缆标示牌的数量；电缆卡子需与支架等相配合。

（5）准备电缆标示牌，在电缆标示牌注明电缆的编号、型号及起止地点（设备）。

（6）需埋入地下或建筑体内的应先预埋电缆保护套。

（7）敷设电缆时，应由负责人指挥；路线较长时应分段指挥，全线听从指挥统一行动；如人员不足可分段敷设；敷设中遇转弯或穿管来不及时，可将电缆甩出一定长度作为过渡，稍后再前往敷设。

（8）敷设前锯掉电缆最端部可能受潮的 1m 长左右。

（9）敷设时电缆应从电缆盘上端引出，当敷设长度足够并留有适当裕度时应用钢锯锯切，电缆敷设时用铅丝或短硬导线临时绑扎固定。

（10）电缆敷设中应做到横看成线，纵看成行，引出方向一致，避免交叉压叠，达到整齐美观。

（11）电缆穿管敷设时，应疏通管道，可用压缩空气吹净；管路不长时，可直接穿送电缆；当管线长或有两个直角弯时，可先将预备下的铅丝穿通管道，一端扎紧于电缆上，而后一头牵引，另一头穿送，遇有阻碍时不可用力牵拉；为了加强润滑，还可在管口及电缆上抹上滑石粉；若上述办法均失效，还可用两根铅丝，分别将铅丝头都弯成 U 形钩，并分别从两头穿入，在估计或感觉两头已交接时两边用力铰动铅丝，将两根铅丝交缠在一起后再从一边曳引出管道，然后再牵引电缆穿过管道。

（12）在电缆两端、改变电缆方向的转角处、电缆穿越孔、洞、建筑物、沟道的进出口处挂标示牌。

（13）电缆水平敷设直线段的两端，电缆转角处的弯头的两侧，垂直敷设的所有支撑点或相隔一定距离的点，电缆终端头颈部用电缆卡子固定。

（14）电缆穿越墙及楼板，进入沟道、建筑物、控制屏柜，穿越管道后，出入口应用防火堵料（根据情况选用适当材料）封闭；可防火、防小动物等。

（15）敷设完毕后，整理电缆，将电缆理直，并按前述质量要求用卡子固定，补挂电缆牌。

（16）清除沟道内杂物，盖上盖板。

（17）若电缆敷设长度超过制造长度的可设中间端子箱。

（18）写出工程终结报告。

五、注意事项

（1）控制电缆不应与电力电缆同层、同管敷设，铠装电缆也不得与其他电缆同管敷设。电缆敷设时切勿搬动电力电缆，一般情况下也不要搬动、抽拉其他电缆。

（2）电缆的弯曲半径与外径的比值应不小于 10（铠装）、6（非铠装）。

（3）在下列地点，电缆穿入保护管内：电缆引入及引出建筑物、沟道处；电缆穿过楼板及墙壁处；从沟道引出的沿墙离地面 2m 高敷设的电缆；电缆穿越道路。

【思考与练习】

1. 二次回路控制电缆的敷设前准备工作有哪些？

2. 二次回路控制电缆的敷设操作的步骤是什么？

3. 二次回路控制电缆的敷设操作的注意事项有哪些？

第二部分

水电自动装置的维护与检修

第二章

励磁系统设备的维护与检修

▲ 模块 1　励磁系统灭磁开关的常规操作
（新增 ZY5400201001）

【模块描述】本模块包含灭磁开关现地手动操作及远方控制的方法及步骤。通过对操作方法、步骤、注意事项的讲解和案例分析，掌握励磁系统灭磁开关的常规操作。

【模块内容】

一、作业内容

1. 灭磁开关的现地手动及远方自动合分闸操作检查

灭磁开关的操作分现地手动操作和远方控制两种方式。灭磁开关的现地手动操作是使用灭磁开关盘的分合闸按钮进行分闸和合闸操作，灭磁开关的远方控制由励磁调节器发出操作命令执行。

2. 灭磁开关的跳闸指令

灭磁开关的操作还有一项重要的内容是执行继电保护的跳闸指令，当发电机发生电气事故或逆变失败时，灭磁开关迅速断开灭磁，以保证发电机和励磁装置的运行安全。发电机大小修和机组长期停运后，在重新启动前，应进行发电机自动灭磁开关的分、合闸试验。

二、危险点分析与控制措施

（1）走错间隔。控制措施：监护人员监护到位，明确所在设备的工作任务，操作前，仔细核对设备铭牌和双重编号。

（2）误触电。控制措施：应按照电气作业规程，验电后作业，必要时断开盘内的交流和直流电源；防止金属裸露工具与低压电源接触，造成低压触电或电源短路；工作时站在绝缘垫上。

（3）误触碰。控制措施：应对可能引发误碰的回路、设备、元件设置防护带和悬挂警示牌。

三、作业前准备

（1）作业前组织作业人员学习作业指导书，熟悉检查项目、步骤、注意事项。

（2）分配任务前，检查人员精神状态、疲劳程度等，适当调整人员作息，改善工作环境。

（3）准备并检查工器具是否满足要求，主要包括万用表、常用电工工具一套。

（4）确认工作组成员健康状况良好，安全帽、工作服等安全工器具完备、合格。

（5）作业前确认设备编号、位置和工作状态。

（6）作业前/后应按照工作票对隔离措施/恢复措施进行检查和确认。

（7）作业前应根据测量参量选择量程匹配、型号合适的仪表设备。

（8）作业前应检查仪器设备是否合格有效，对不合格的或有效使用期超期的应封存并禁止使用。

（9）作业前应检查、核对设备名称、编号、位置，发现有误或标识不清应立即停止操作。

（10）作业前应检查确认与本装置相关的其他二次设备的隔离措施是否到位。

四、操作步骤

1. 灭磁开关现地手动操作

（1）使用灭磁开关盘的分/合闸按钮进行合闸操作。灭磁开关在分闸状态其动断触点接通，按下合闸按钮，灭磁开关合闸回路沟通，合闸线圈励磁，灭磁开关合闸；当灭磁开关合闸后其动合触点闭合，灭磁开关合闸指示灯点亮。

（2）使用灭磁开关盘的分/合闸按钮进行分闸操作。灭磁开关在合闸状态其动合触点接通，按下合闸按钮，灭磁开关跳闸回路沟通，跳闸线圈励磁，灭磁开关分闸；当灭磁开关分闸后其动断触点闭合，灭磁开关分闸指示灯点亮。

2. 灭磁开关远方控制操作

（1）合闸操作。励磁调节器发合闸命令，灭磁开关合闸回路沟通，合闸线圈励磁，灭磁开关合闸；灭磁开关合闸后，相应的励磁合位变量由0变1。

（2）分闸操作。励磁调节器发分闸命令，灭磁开关分闸回路沟通，分闸线圈励磁，灭磁开关分闸；灭磁开关分闸后，相应的励磁分位变量由0变1。

3. 继电保护动作跳闸操作

继电保护出口启动，发跳闸令，使灭磁开关分闸。

五、注意事项

（1）操作必须两人以上进行，修后检查和验收项目全部合格后方可进行上电试验。

（2）辅助设备启动操作时出现异常情况应立即停止操作进行仔细检查。

（3）应详细记录操作过程中的检查、上电试验和运行情况，以供分析与总结。

【思考与练习】

1. 进行灭磁开关操作的目的是什么？
2. 灭磁开关的操作有哪几种方式？
3. 如何进行灭磁开关的现地手动分合闸操作？

▲ 模块 2　励磁系统启励的操作
（新增 ZY5400201002）

【模块描述】本模块包含外部辅助电源启励回路、自动起励、手动起励操作、起励失败故障的处理方法及步骤。通过对操作方法、步骤、注意事项的讲解和案例分析，掌握励磁系统起励的操作。

【模块内容】

一、作业内容

在发电机电压建立前，励磁变压器不能提供励磁电源，因此常常另外设有一个起励电源，用于为发电机提供起励电流从而建立电压，保证励磁系统起励的可靠性。另外，当机组进行黑启动时，也需要外部辅助电源起励。

外部辅助起励回路如图 2-2-1 所示，空气开关 ZZK 用于投退外部起励电源；二极管 V61 用于实现起励电源的反向阻断，防止起励过程中转子回路的过电压反送至外部的直流系统，同时起到将交流起励电源整流为直流电源的作用；限流电阻 R61 用于限制辅助电源起励时起励电流的大小，防止起励电流过大损坏外部的直流系统；K05 是励磁调节器的起励命令开出继电器；起励接触器 QLC 由 K05 控制。起励装置的电源可以是厂用蓄电池组的直流电源，也可以是厂用交流电源。

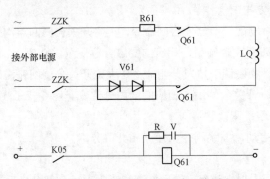

图 2-2-1　外部辅助电源起励回路原理

二、危险点分析与控制措施

（1）走错间隔。控制措施：监护人员监护到位，明确所在设备的工作任务，操作前，仔细核对设备铭牌和双重编号。

（2）误触电。控制措施：应按照电气作业规程，验电后作业，必要时断开盘内的交流和直流电源；防止金属裸露工具与低压电源接触，造成低压触电或电源短路；工作时站在绝缘垫上。

（3）误触碰。控制措施：应对可能引发误碰的回路、设备、元件设置防护带和悬挂警示牌。

三、作业前准备

（1）作业前组织作业人员学习作业指导书，熟悉检查项目、步骤、注意事项。

（2）分配任务前，检查人员精神状态、疲劳程度等，适当调整人员作息，改善工作环境。

（3）准备并检查工器具是否满足要求，主要包括万用表、常用电工工具一套。

（4）确认工作组成员健康状况良好，安全帽、工作服等安全工器具完备、合格。

（5）作业前确认设备编号、位置和工作状态。

（6）作业前/后应按照工作票对隔离措施/恢复措施进行检查和确认。

（7）作业前应根据测量参量选择量程匹配、型号合适的仪表设备。

（8）作业前应检查仪器设备是否合格有效，对不合格的或有效使用期超期的应封存并禁止使用。

（9）作业前应检查、核对设备名称、编号、位置，发现有误或标识不清应立即停止操作。

（10）作业前应检查确认与本装置相关的其他二次设备的隔离措施是否到位。

四、操作步骤

1. 自动起励

（1）上位机或运行人员的开机命令后，自动开启发电机和投入励磁系统相应设备，当机组转速达到95%额定转速以上时，发出"起励"命令。

（2）励磁调节器接到起励升压命令后，将自动检查励磁系统的状态，满足起励条件时即发出起励命令，驱动起励开出继电器K05，进而驱动起励接触器QLC，投入起励电源，使发电机建立初始电压。同时调节器不断检测发电机的机端电压，当机端电压上升至10%额定电压时，自动撤除起励命令，起励开出继电器K05触点断开，起励电源退出，励磁调节器进入自动闭环调节状态。

2. 手动起励

（1）机组开机后检查机组转速达95%额定转速。

（2）手动按调节器面板上"手动起励"按钮，调节器将自动检测励磁系统工作状态，并发出"起励"命令，也驱动起励开出继电器 K05，进而投入起励电源，励磁电压达到 10% 的额定电压时，也能自动退出起励装置，其后的闭环操作和自动起励完全一样。

（3）无论手动还是自动，只要发出起励命令后，观察经 10s 机端电压达不到 10% 额定电压，就认为起励不成功，调节器将自动撤销起励命令，解除起励电源，同时发"起励失败"信号。

（4）在起励的过程中，如果励磁系统存在故障，励磁调节器也将自动撤销起励命令并发出"起励失败"信号。如果是自动起励，此时就不能再重新起励，运行人员应先检查起励回路及晶闸管整流电源无问题后，再按"手动起励"按钮重新进行起励。

五、注意事项

（1）操作必须两人以上进行，修后检查和验收项目全部合格后方可进行上电试验。

（2）辅助设备启动操作时出现异常情况应立即停止操作进行仔细检查。

（3）应详细记录操作过程中的检查、上电试验和运行情况，以供分析与总结。

【思考与练习】

1. 进行起励操作的目的是什么？

2. 起励操作有哪几种方式？

3. 如何进行起励操作？

▲ 模块 3 励磁系统零起升压的操作
（新增 ZY5400201003）

【模块描述】本模块包含正常升压方式、零起升压方式操作的方法及步骤。通过对操作方法、步骤、注意事项的讲解和案例分析，掌握励磁系统零起升压的操作。

【模块内容】

一、作业内容

励磁调节器的零起升压方式，就是机组起励后，机端电压只能自动上升至 10% 的额定电压左右，不再上升，之后可以通过增、减磁操作改变机端电压值。升压方式可通过调节器操作面板上的"正常/零升"开关进行选择。新机组第一次开机或机组大修后第一次起励时一般采取零起升压方式，发电机或变压器保护动作跳闸后，经检查未发现故障时，也可进行发电机零起升压，升压时应严格监视发电机三相电流有无指示，并检查发电机各部是否正常，升压时如发现不正常情况，应立即停机，以便详细检查并消除故障。

二、危险点分析与控制措施

（1）走错间隔。控制措施：监护人员监护到位，明确所在设备的工作任务，操作前，仔细核对设备铭牌和双重编号。

（2）误触电。控制措施：应按照电气作业规程，验电后作业，必要时断开盘内的交流和直流电源；防止金属裸露工具与低压电源接触，造成低压触电或电源短路；工作时站在绝缘垫上。

（3）误触碰。控制措施：应对可能引发误碰的回路、设备、元件设置防护带和悬挂警示牌。

（4）误整定。控制措施：应指定具有定值修改权限的人员修改定值，工作完成后应根据下达的整定单，复核正确后投入。

三、作业前准备

（1）作业前组织作业人员学习作业指导书，熟悉检查项目、步骤、注意事项。

（2）分配任务前，检查人员精神状态、疲劳程度等，适当调整人员作息，改善工作环境。

（3）准备并检查工器具是否满足要求，主要包括万用表、常用电工工具一套。

（4）确认工作组成员健康状况良好，安全帽、工作服等安全工器具完备、合格。

（5）作业前确认设备编号、位置和工作状态。

（6）作业前/后应按照工作票对隔离措施/恢复措施进行检查和确认。

（7）作业前应根据测量变量选择量程匹配、型号合适的仪表设备。

（8）作业前应检查仪器设备是否合格有效，对不合格的或有效使用期超期的应封存并禁止使用。

（9）作业前应检查、核对设备名称、编号、位置，发现有误或标识不清应立即停止操作。

（10）作业前应检查确认与本装置相关的其他二次设备的隔离措施是否到位。

四、操作步骤

（1）开机前将调节器操作面板上的"正常/零升"开关拨至零起升压位置。

（2）检查机组转速达到起励的额定转速，按励磁调节器操作面板上的"起励"按钮，进行起励。如果自动开机不用按"起励"按钮，可以自动起励。

（3）起励后，检查机端电压10%的额定电压左右，再根据需要增励磁操作至空载状态。

五、注意事项

（1）操作必须两人以上进行，修后检查和验收项目全部合格后方可进行上电试验。

（2）辅助设备启动操作时出现异常情况应立即停止操作进行仔细检查。

（3）应详细记录操作过程中的检查、上电试验和运行情况，以供分析与总结。

【思考与练习】

1. 零起升压的目的是什么？

2. 如何进行零起升压？

3. 零升压时应注意哪些事项？

▲ 模块4　励磁交流电源的操作
（新增 ZY5400201004）

【模块描述】本模块包含励磁交流电源电路、两段电源任一段有电、两段电源都有电的操作方法及步骤。通过对操作方法、步骤、注意事项的讲解和案例分析，掌握励磁交流电源的操作。

【模块内容】

一、作业内容

励磁交流电源主要作为励磁功率柜的风机电源和励磁调节器的一路交流电源，具有比较重要的作用，因而一般采用双重供电的自动切换系统，一路取自动力盘甲厂用电源段，另一路取自动力盘乙厂用电源段，一路电源工作，另一路电源备用，自动切换，可以提高励磁风机和调节器电源的可靠性。

二、危险点分析与控制措施

（1）走错间隔。控制措施：监护人员监护到位，明确所在设备的工作任务，操作前，仔细核对设备铭牌和双重编号。

（2）误触电。控制措施：应按照电气作业规程，验电后作业，必要时断开盘内的交流和直流电源；防止金属裸露工具与低压电源接触，造成低压触电或电源短路；工作时站在绝缘垫上。

（3）误触碰。控制措施：应对可能引发误碰的回路、设备、元件设置防护带和悬挂警示牌。

三、作业前准备

（1）作业前组织作业人员学习作业指导书，熟悉检查项目、步骤、注意事项。

（2）分配任务前，检查人员精神状态、疲劳程度等，适当调整人员作息，改善工作环境。

（3）准备并检查工器具是否满足要求，主要包括万用表、常用电工工具一套。

（4）确认工作组成员健康状况良好，安全帽、工作服等安全工器具完备、合格。

（5）作业前确认设备编号、位置和工作状态。

（6）作业前/后应按照工作票对隔离措施/恢复措施进行检查和确认。

（7）作业前应根据测量参量选择量程匹配、型号合适的仪表设备。

（8）作业前应检查仪器设备是否合格有效，对不合格的或有效使用期超期的应封存并禁止使用。

（9）作业前应检查、核对设备名称、编号、位置，发现有误或标识不清应立即停止操作。

（10）作业前应检查确认与本装置相关的其他二次设备的隔离措施是否到位。

四、操作步骤

（1）励磁交流电源电路如图 2-2-2 所示，QF61、QF62 为甲乙电源空气开关，该开关具有过电流保护，QC61、QC62 为甲乙电源接触器。

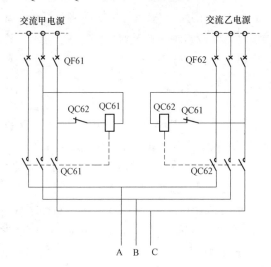

图 2-2-2　励磁交流电源自动切换电路

（2）当两段电源任一段有电时，如甲电源有电，接触器 QC61 励磁启动，接触器 QC61 动合触点接通，甲电源即可送到风机和调节器中，同时接触器 QC61 动断触点断开，闭锁乙电源。

（3）当两段电源都有电时，电源空气开关 QF61、QF62 谁先合上谁输出，并且闭锁另一段电源的输出。一旦正在输出的电源消失，则 QC61（QC62）的闭触点将自动启动另一侧 QC62（QC61）接触器，投入另一段电源，完成交流电源自动切换，保证正常供电。

五、注意事项

（1）操作必须两人以上进行，修后检查和验收项目全部合格后方可进行上电试验。

（2）辅助设备启动操作时出现异常情况应立即停止操作进行仔细检查。

（3）应详细记录操作过程中的检查、上电试验和运行情况，以供分析与总结。

【思考与练习】

1. 进行交流电源操作的目的是什么？

2. 如何进行交流电源操作？

3. 交流电源如何进行切换？

◢ 模块 5 励磁功率柜风机的操作
（新增 ZY5400201005）

【模块描述】本模块包含励磁功率柜风机二次回路、机组在备用状态、风机自动控制、风机手动控制操作及注意事项。通过对操作方法、步骤、注意事项的讲解和案例分析，掌握励磁功率柜风机的操作。

【模块内容】

一、作业内容

励磁功率柜风机工作电压一般 380V，风机可通过手动或自动方式控制，风机电源消失、风机控制回路故障或风压低时系统发出警告信号。二次回路如图 2-2-3 所示，FZK 为风机电源开关，该开关设置有速断过电流保护，当风机发生短路或过载电流达到保护动作值时，开关自动分闸，以保护风机及电源系统，防止危及其他部位的正常工作。FQK 是风机的控制方式切换开关，61CQ 是风机启停接触器。机组在备用状态时，电源开关 FZK 合，风机控制 FQK"Z"位置，接触器 61CQ 失磁，风机不转，风机运行监视 FHD 灯灭，FLD 灯亮。

二、危险点分析与控制措施

（1）走错间隔。控制措施：监护人员监护到位，明确所在设备的工作任务，操作前，仔细核对设备铭牌和双重编号。

（2）误触电。控制措施：应按照电气作业规程，验电后作业，必要时断开盘内的交流和直流电源；防止金属裸露工具与低压电源接触，造成低压触电或电源短路；工作时站在绝缘垫上。

（3）误触碰。控制措施：应对可能引发误碰的回路、设备、元件设置防护带和悬挂警示牌。

三、作业前准备

（1）作业前组织作业人员学习作业指导书，熟悉检查项目、步骤、注意事项。

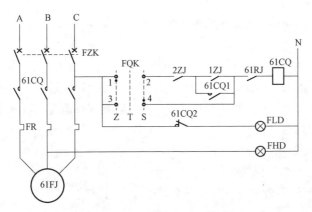

图 2-2-3　励磁风机控制回路

（2）分配任务前，检查人员精神状态、疲劳程度等，适当调整人员作息，改善工作环境。

（3）准备并检查工器具是否满足要求，主要包括万用表、常用电工工具一套。

（4）确认工作组成员健康状况良好，安全帽、工作服等安全工器具完备、合格。

（5）作业前确认设备编号、位置和工作状态。

（6）作业前/后应按照工作票对隔离措施/恢复措施进行检查和确认。

（7）作业前应根据测量参量选择量程匹配、型号合适的仪表设备。

（8）作业前应检查仪器设备是否合格有效，对不合格的或有效使用期超期的应封存并禁止使用。

（9）作业前应检查、核对设备名称、编号、位置，发现有误或标识不清应立即停止操作。

（10）作业前应检查确认与本装置相关的其他二次设备的隔离措施是否到位。

四、操作步骤

（1）风机控制 FQK 置于"Z"位置时，触点①②接通，风机处于自动控制状态，能随机组启停而自动开停。当检测到励磁系统有"开机令"或本柜输出电流大于一定值时，启动继电器 1ZJ 触点闭合，接触器 61CQ 励磁自动启动风机，接触器 61CQ1 触点自动保持，风机运行监视 FHD 灯亮，FLD 灯灭；检测到无"开机令"且本柜输出电流小于一定值时，停止继电器 2ZJ 闭触点断开，接触器 61CQ 失磁自动停止风机。

（2）风机控制 FQK 置于"S"位置时，风机处于手动控制状态，触点③④接通，直接启动接触器 61CQ 励磁，风机立即投入运转，直到电源开关 FZK 切除或 FQK 转到其他位置。

（3）风机切除，确认励磁功率柜确已停运，将风机控制 FQK 置于"T"位置时，风机退出运行状态，然后拉开风机的电源开关 FQK。

五、注意事项

（1）操作必须两人以上进行，修后检查和验收项目全部合格后方可进行上电试验。

（2）辅助设备启动操作时出现异常情况应立即停止操作进行仔细检查。

（3）应详细记录操作过程中的检查、上电试验和运行情况，以供分析与总结。

【思考与练习】

1. 进行风机控制操作的目的是什么？

2. 如何进行风机启停操作？

3. 风机电源开关 FZK 的作用是什么？

▲ 模块 6 励磁系统停机逆变的操作
（新增 ZY5400201006）

【模块描述】本模块包含自动逆变灭磁、手动逆变灭磁、低频逆变灭磁、事故停机逆变灭磁操作方法及步骤。通过对操作方法、步骤、注意事项的讲解和案例分析，掌握励磁系统停机逆变的操作。

【模块内容】

一、作业内容

发电机解列后，维持空载额定电压，励磁调节器收到停机令后，调节器改变导通角，晶闸管由整流状态转变为逆变状态，转子上的励磁电压方向改变；由于发电机转子是个大电感，励磁电流的方向仍然维持不变。发电机转子此时相当于电源，励磁变压器侧相当于负荷，消耗掉能量。直到发电机转子续流结束，大部分能量通过励磁变压器等环节消耗掉，这就是发电机的逆变灭磁。

二、危险点分析与控制措施

（1）走错间隔。控制措施：监护人员监护到位，明确所在设备的工作任务，操作前，仔细核对设备铭牌和双重编号。

（2）误触电。控制措施：应按照电气作业规程，验电后作业，必要时断开盘内的交流和直流电源；防止金属裸露工具与低压电源接触，造成低压触电或电源短路；工作时站在绝缘垫上。

（3）误触碰。控制措施：应对可能引发误碰的回路、设备、元件设置防护带和悬挂警示牌。

三、作业前准备

（1）作业前组织作业人员学习作业指导书，熟悉检查项目、步骤、注意事项。

（2）分配任务前，检查人员精神状态、疲劳程度等，适当调整人员作息，改善工作环境。

（3）准备并检查工器具是否满足要求，主要包括万用表、录波仪、常用电工工具一套。

（4）确认工作组成员健康状况良好，安全帽、工作服等安全工器具完备、合格。

（5）作业前确认设备编号、位置和工作状态。

（6）作业前/后应按照工作票对隔离措施/恢复措施进行检查和确认。

（7）作业前应根据测量参量选择量程匹配、型号合适的仪表设备。

（8）作业前应检查仪器设备是否合格有效，对不合格的或有效使用期超期的应封存并禁止使用。

（9）作业前应检查、核对设备名称、编号、位置，发现有误或标识不清应立即停止操作。

（10）作业前应检查确认与本装置相关的其他二次设备的隔离措施是否到位。

四、操作步骤

停机逆变一般有自动逆变、手动逆变、低频逆变、事故停机逆变四种方式。

1. 自动逆变灭磁

发电机正常停机时，停机继电器动作，发电机出线开关跳开后，不需要跳灭磁开关，由停机继电器触点控制调节器于"逆变"状态，使晶闸管逆变灭磁；逆变命令发出，经 10s 机端电压还高于 10%的额定电压，即发逆变不成功信号，同时跳灭磁开关。

2. 手动逆变灭磁

首先将发电机有功和无功减至零，跳开出线开关，检查机组在空载状态，按调节器面板上的逆变灭磁按钮，即开始逆变；如果发电机并网运行，则自动封锁"逆变"按钮，"逆变"按钮无效。

3. 低频逆变灭磁

当发电机频率降至 45Hz 时自动投入逆变；如起励后，需要停机，当频率降至 45Hz，通过低频逆变，自动释放能量。

4. 事故停机逆变灭磁

发电机事故停机，发电机保护继电器引入触点动作，分灭磁开关灭磁。

五、注意事项

（1）操作必须两人以上进行，修后检查和验收项目全部合格后方可进行上电试验。

（2）辅助设备启动操作时出现异常情况应立即停止操作进行仔细检查。

（3）应详细记录操作过程中的检查、上电试验和运行情况，以供分析与总结。

【思考与练习】

1. 什么是逆变灭磁？

2. 停机逆变有哪几种方式？

3. 如何进行逆变灭磁操作？

◢ 模块 7　励磁系统增减磁的操作
（新增 ZY5400201007）

【模块描述】本模块包含调节器操作面板上进行增、减磁操作，中控室使用无功功率调节把手进行增、减磁操作，发电机空载运行时，进行励磁系统的增、减磁调节，机组并网运行后，进行励磁系统的增、减磁调节，励磁电流的上下限操作及注意事项。通过对操作方法、步骤、注意事项的讲解和案例分析，掌握励磁系统增减磁的操作。

【模块内容】

一、作业内容

励磁装置的作用，一是维持发电机机端电压保持在给定水平，二是合理分配并联机组之间的无功功率。这两个作用分别体现在发电机并网前后，且都是靠改变励磁调节器给定值来达到的，并网前可以通过增减励磁使机端电压符合并网条件，并网后通过增减励磁达到增减无功、满足电网要求的目的。增减磁操作本质上就是改变励磁调节器的给定值，自动方式下改变电压给定值，手动方式下改变电流给定值。增减磁继电器触点设有防粘连功能，增磁或减磁的有效连续时间为 4s，当增磁或减磁触点连续接通超过 4s 后，无论近控还是远控，操作指令失效。当增磁指令因为触点粘连功能失效后，不影响减磁指令的操作；当减磁指令因为触点粘连功能失效后，不影响增磁指令的操作。在保护、限制动作时自动进行闭锁或自动进行增减磁。

二、危险点分析与控制措施

（1）走错间隔。控制措施：监护人员监护到位，明确所在设备的工作任务，操作前，仔细核对设备铭牌和双重编号。

（2）误触电。控制措施：应按照电气作业规程，验电后作业，必要时断开盘内的交流和直流电源；防止金属裸露工具与低压电源接触，造成低压触电或电源短路；工作时站在绝缘垫上。

（3）误触碰。控制措施：应对可能引发误碰的回路、设备、元件设置防护带和悬挂警示牌。

三、作业前准备

（1）作业前组织作业人员学习作业指导书，熟悉检查项目、步骤、注意事项。

（2）分配任务前，检查人员精神状态、疲劳程度等，适当调整人员作息，改善工

作环境。

（3）准备并检查工器具是否满足要求，主要包括万用表、录波仪、常用电工工具一套。

（4）确认工作组成员健康状况良好，安全帽、工作服等安全工器具完备、合格。

（5）作业前确认设备编号、位置和工作状态。

（6）作业前/后应按照工作票对隔离措施/恢复措施进行检查和确认。

（7）作业前应根据测量参量选择量程匹配、型号合适的仪表设备。

（8）作业前应检查仪器设备是否合格有效，对不合格的或有效使用期超期的应封存并禁止使用。

（9）作业前应检查、核对设备名称、编号、位置，发现有误或标识不清应立即停止操作。

（10）作业前应检查确认与本装置相关的其他二次设备的隔离措施是否到位。

四、操作步骤

（1）在调节器操作面板上操作"增""减"按钮进行，调节器给定值的调整是通过计算机读取外部的增减磁触点的闭合情况进行的，节点闭合的时间越长，调整量就越大。随着给定值增大或减小，通过调节器闭环调节，机端电压或励磁电流随之增大或减小。

（2）通过微机监控系统直接设置无功给定值进行远方调控增减磁。

（3）在中控室使用无功功率调节把手进行增减磁操作。

（4）发电机空载运行时，进行励磁系统的增减磁调节，可以调节发电机的电压，随增减磁操作，可观察到机端电压和励磁电流明显变化，过程如下：

1）机组频率稳定在50Hz，增磁，使发电机机端电压上升，一直到115%额定值，此时可见励磁调节器操作面板上的"V/f限制"灯亮，继续增磁，机端电压仍限制在该值不变。

2）机组频率稳定在50Hz，减磁，使机端电压下降，当下降到约为10%额定值时，励磁装置即实现自动逆变灭磁，并且返回正常预置位置，等待下次起励过程。

（5）机组并网运行后，进行励磁系统的增、减磁调节，可实现无功功率的控制，发电机机端电压变化不明显，但可观察到发电机无功明显变化。

（6）励磁电流的上下限有相应的范围。

1）当励磁电流增大到1.1倍额定电流时，励磁系统的过励限制器动作，限制励磁电流进一步上升，此时调节器操作面板上的"强励"灯动作，发电机做进相运行。

2）当励磁电流逐渐减小某一数值时，励磁系统的欠励限制器即动作，限制励磁电流进一步减小，此时面板上"欠励限制"灯动作。

五、注意事项

（1）操作必须两人以上进行，修后检查和验收项目全部合格后方可进行上电试验。

（2）辅助设备启动操作时出现异常情况应立即停止操作进行仔细检查。

（3）应详细记录操作过程中的检查、上电试验和运行情况，以供分析与总结。

【思考与练习】

1. 进行增减磁操作的目的是什么？

2. 如何进行增减磁操作？

3. 励磁电流上下限的范围是什么？

▲ 模块 8 励磁系统通道切换的操作
（新增 ZY5400201008）

【模块描述】本模块包含通道自动切换、通道手动切换的方法及步骤。通过对操作方法、步骤、注意事项的讲解和案例分析，掌握励磁系统通道切换的操作。

【模块内容】

一、作业内容

励磁系统的每个通道一般包括自动和手动两种调节方式。在自动方式下，即恒机端电压调节，励磁系统自动调节发电机电压，维持机端电压恒定。在手动方式中，即恒励磁电流调节，励磁系统自动维持发电机恒定励磁电流，发电机的负荷发生变化时，必须人为调整发电机的励磁电流，以维持发电机电压恒定。在自动方式时，手动方式的电流给定值会跟随自动方式控制信号的大小而自动调整，保持手动方式的控制信号大小与自动方式一致。反之，在调节器切换到手动方式运行时，自动方式的电压给定值也会跟随手动方式控制信号的大小而自动调整，以保证两种运行方式之间能够无扰动切换。

励磁调节器通道有 A 通道、B 通道，备用通道跟踪主通道。

二、危险点分析与控制措施

（1）走错间隔。控制措施：监护人员监护到位，明确所在设备的工作任务，操作前，仔细核对设备铭牌和双重编号。

（2）误触电。控制措施：应按照电气作业规程，验电后作业，必要时断开盘内的交流和直流电源；防止金属裸露工具与低压电源接触，造成低压触电或电源短路；工作时站在绝缘垫上。

（3）误触碰。控制措施：应对可能引发误碰的回路、设备、元件设置防护带和悬

挂警示牌。

三、作业前准备

（1）作业前组织作业人员学习作业指导书，熟悉检查项目、步骤、注意事项。

（2）分配任务前，检查人员精神状态、疲劳程度等，适当调整人员作息，改善工作环境。

（3）准备并检查工器具是否满足要求，主要包括万用表、录波仪、常用电工工具一套。

（4）确认工作组成员健康状况良好，安全帽、工作服等安全工器具完备、合格。

（5）作业前确认设备编号、位置和工作状态。

（6）作业前/后应按照工作票对隔离措施/恢复措施进行检查和确认。

（7）作业前应根据测量参量选择量程匹配、型号合适的仪表设备。

（8）作业前应检查仪器设备是否合格有效，对不合格的或有效使用期超期的应封存并禁止使用。

（9）作业前应检查、核对设备名称、编号、位置，发现有误或标识不清应立即停止操作。

（10）作业前应检查确认与本装置相关的其他二次设备的隔离措施是否到位。

四、操作步骤

（1）通道自动切换，在励磁调节器 A 通道或 B 通道运行中，备用通道跟踪主通道，如果运行通道发生电源故障、TV 断线、丢脉冲、微机故障等事件时，调节器会自动切换到备用通道运行。

（2）通道手动切换，调节器运行过程中，在任何情况下都可以进行主通道到备用通道手动切换，为避免发电机电压或无功功率波动，切换前应检查人机界面显示的当前运行通道和要切换的通道的控制信号基本一致，然后通过励磁调节器面板上的按钮进行手动切换。

（3）正常运行时，调节器应采用自动方式，调节器上电默认的运行方式是自动方式，一般不采用手动方式。

（4）手动方式为试验运行方式或 TV 故障时起过渡作用的特殊运行方式，在手动方式下需要运行人员对励磁进行监视与调整。TV 故障时调节器自动切换到手动方式。

（5）自动方式恢复正常后，应手动切回到自动方式。

五、注意事项

（1）操作必须两人以上进行，修后检查和验收项目全部合格后方可进行上电试验。

（2）辅助设备启动操作时出现异常情况应立即停止操作进行仔细检查。

（3）应详细记录操作过程中的检查、上电试验和运行情况，以供分析与总结。

【思考与练习】

1. 通道切换操作的目的是什么？
2. 通道切换操作时应注意什么？
3. 如何进行通道的手动切换操作？

◢ 模块 9 自动、手动开机时的励磁系统投入操作 （新增 ZY5400201009）

【模块描述】本模块包含自动或手动起励升压操作及注意事项。通过对操作方法、步骤、注意事项的讲解和案例分析，掌握自动、手动开机时的励磁系统投入操作。

【模块内容】

一、作业内容

自动开机时的励磁系统投入过程是指励磁系统接收控制室的开机令，不需人为干预进行自动起励建压的过程。

手动开机时的励磁系统投入过程是指机组达到额定转速后，人为在励磁现地控制面板下达励磁投入命令，从而起励建压的过程。

二、危险点分析与控制措施

（1）走错间隔。控制措施：监护人员监护到位，明确所在设备的工作任务，操作前，仔细核对设备铭牌和双重编号。

（2）误触电。控制措施：应按照电气作业规程，验电后作业，必要时断开盘内的交流和直流电源；防止金属裸露工具与低压电源接触，造成低压触电或电源短路；工作时站在绝缘垫上。

（3）误触碰。控制措施：应对可能引发误碰的回路、设备、元件设置防护带和悬挂警示牌。

（4）误整定。控制措施：应指定具有定值修改权限的人员修改定值，工作完成后应根据下达的整定单，复核正确后投入。

三、作业前准备

（1）作业前组织作业人员学习作业指导书，熟悉检查项目、步骤、注意事项。

（2）分配任务前，检查人员精神状态、疲劳程度等，适当调整人员作息，改善工作环境。

（3）准备并检查工器具是否满足要求，主要包括万用表、录波仪、常用电工工具一套。

（4）确认工作组成员健康状况良好，安全帽、工作服等安全工器具完备、合格。

（5）作业前确认设备编号、位置和工作状态。

（6）作业前/后应按照工作票对隔离措施/恢复措施进行检查和确认。

（7）作业前应根据测量参量选择量程匹配、型号合适的仪表设备。

（8）作业前应检查仪器设备是否合格有效，对不合格的或有效使用期超期的应封存并禁止使用。

（9）作业前应检查、核对设备名称、编号、位置，发现有误或标识不清应立即停止操作。

（10）作业前应检查确认与本装置相关的其他二次设备的隔离措施是否到位。

四、操作步骤

（1）检查发电机组一次、二次设备具备开机升压条件。

（2）根据运行方式要求投入励磁系统相关设备，置切换开关或连片于需要的位置。

（3）投入励磁系统操作电源、工作电源及辅助电源。

（4）投入励磁冷却系统。

（5）合上整流功率柜阳极交流电源输入隔离开关、直流输出隔离开关，合上整流功率柜的脉冲电源开关。

（6）合上灭磁开关。

（7）合上机组起励电源开关。

（8）机组自动或手动启动，当达到规定起励转速时自动或手动起励升压；机组建压后应检查励磁系统工作状态，无异常则允许并网运行。

五、注意事项

（1）操作必须两人以上进行，修后检查和验收项目全部合格后方可进行上电试验。

（2）辅助设备启动操作时出现异常情况应立即停止操作进行仔细检查。

（3）应详细记录操作过程中的检查、上电试验和运行情况，以供分析与总结。

【思考与练习】

1. 什么是自动开机时的励磁系统投入？

2. 什么是手动开机时的励磁系统投入？

3. 如何进行励磁系统投入操作？

▲ 模块 10 开机前对励磁调节器的操作
（新增 ZY5400201010）

【**模块描述**】本模块包含调节器的各开关的正确位置、调节器状态检查、其他运行方式设置方法、步骤及注意事项。通过对操作方法、步骤、注意事项的讲解和案例分析，掌握开机前对励磁调节器的操作。

【**模块内容**】

一、作业内容

励磁系统是安装在发电厂的一整套设备，正常情况下由控制室远控操作。直接安装在调节柜前面板上的就地按钮、转换开关一般仅在试验和紧急控制时使用，对励磁系统的命令一般由电厂监控系统发出。因此设备投运前运行和维护人员必须熟悉励磁系统的操作过程和操作方法，必须熟悉励磁系统的组成和作用，必须熟练地使用这些操作控制及显示单元。运行人员通过对励磁系统进行操作使发电机适应于发电厂和电网的运行条件。下面以某型号调节器为例说明操作过程。

二、危险点分析与控制措施

（1）走错间隔。控制措施：监护人员监护到位，明确所在设备的工作任务，操作前，仔细核对设备铭牌和双重编号。

（2）误触电。控制措施：应按照电气作业规程，验电后作业，必要时断开盘内的交流和直流电源；防止金属裸露工具与低压电源接触，造成低压触电或电源短路；工作时站在绝缘垫上。

（3）误触碰。控制措施：应对可能引发误碰的回路、设备、元件设置防护带和悬挂警示牌。

（4）误整定。控制措施：应指定具有定值修改权限的人员修改定值，工作完成后应根据下达的整定单，复核正确后投入。

三、作业前准备

（1）作业前组织作业人员学习作业指导书，熟悉检查项目、步骤、注意事项。

（2）分配任务前，检查人员精神状态、疲劳程度等，适当调整人员作息，改善工作环境。

（3）准备并检查工器具是否满足要求，主要包括万用表、常用电工工具一套。

（4）确认工作组成员健康状况良好，安全帽、工作服等安全工器具完备、合格。

（5）作业前确认设备编号、位置和工作状态。

（6）作业前/后应按照工作票对隔离措施/恢复措施进行检查和确认。

（7）作业前应根据测量参量选择量程匹配、型号合适的仪表设备。

（8）作业前应检查仪器设备是否合格有效，对不合格的或有效使用期超期的应封存并禁止使用。

（9）作业前应检查、核对设备名称、编号、位置，发现有误或标识不清应立即停止操作。

（10）作业前应检查确认与本装置相关的其他二次设备的隔离措施是否到位。

四、操作步骤

1. 调节器的各开关的正确位置

（1）AC、DC 电源开关在"通"位；微机电源开关在"通"位；"整流/逆变"开关在"整流"位置。

（2）AC、DC 电源开关为双极空气开关，一般安装于调节柜内部右侧的导轨上，开关闭合，则 AC、DC 电源投入，调节器开始上电工作。微机电源开关装在调节柜的后部，每个微机通道对应一个电源开关，当微机电源开关断开时，对应的微机调节器机笼则处于断电状态，可以更换其中的插件板；"整流/逆变"开关在调节柜前门的面板上。

2. 调节器状态检查

（1）调节器 A 套和 B 套工控机开关量 I/O 板上输出 4 号灯闪烁。

（2）人机界面上的通信指示灯正常闪烁。

（3）调节器选择 A 套运行、B 套备用，且 A、B 套都处于自动方式，前面板上"A 通道运行""B 通道备用"指示灯亮，人机界面上的"自动"指示灯点亮。这是调节器上电时的默认状态。

3. 其他运行方式设置

（1）进入调节柜人机界面"画面选择→运行方式设置"画面。检查调节器运行方式是否合适；如果不满足，执行第二步，改变设置。

（2）改变设置，进入"运行方式设置"画面后，显示功能触摸按键，这些功能的投切都可以直接在相应的按钮上操作；功能投入后相应按钮变成红色，同时按钮上文字显示也会改变。

（3）在运行方式设置画面中选择"手动运行"菜单，就可以进入手动运行设置画面；在此画面中可以设置 A/B 通道在手动方式或自动方式。

五、注意事项

（1）试验必须两人以上进行，一人操作，一人监护，并防止触电。

（2）电脑在进行下载操作前必须进行版本的比对，确认调试电脑中版本与设备上的一致，禁止使用非专业电脑进行程序下载等工作，避免病毒侵入。

【思考与练习】

1. 开机前进行励磁系统操作的目的是什么？
2. 如何进行开机前的励磁系统操作？

▲ 模块 11 励磁系统的清扫和检查
（新增 ZY5400201011）

【模块描述】本模块包含单元板件、继电器、按钮，指示灯、端子排及引线、电刷及滑环的检查和清扫。通过对操作方法、步骤、注意事项的讲解和案例分析，掌握励磁系统的清扫和检查的方法及步骤。

【模块内容】

一、作业内容

为保证设备清洁、散热环境良好，减少设备故障率、保证设备正常可靠运行，必须使设备外观清洁，无灰尘和油迹。

二、危险点分析与控制措施

（1）走错间隔。控制措施：监护人员监护到位，明确所在设备的工作任务，操作前，仔细核对设备铭牌和双重编号。

（2）误触电。控制措施：应按照电气作业规程，验电后作业，必要时断开盘内的交流和直流电源；防止金属裸露工具与低压电源接触，造成低压触电或电源短路；工作时站在绝缘垫上。

（3）误触碰。控制措施：应对可能引发误碰的回路、设备、元件设置防护带和悬挂警示牌。

三、作业前准备

（1）作业前组织作业人员学习作业指导书，熟悉检查项目、步骤、注意事项。

（2）分配任务前，检查人员精神状态、疲劳程度等，适当调整人员作息，改善工作环境。

（3）准备并检查工器具是否满足要求，主要包括万用表、毛刷、酒精、吹吸风机、脱脂棉、干净的抹布、常用电工工具一套。

（4）确认工作组成员健康状况良好，安全帽、工作服等安全工器具完备、合格。

（5）作业前确认设备编号、位置和工作状态。

（6）作业前/后应按照工作票对隔离措施/恢复措施进行检查和确认。

（7）作业前应根据测量参量选择量程匹配、型号合适的仪表设备。

（8）作业前应检查仪器设备是否合格有效，对不合格的或有效使用期超期的应封

存并禁止使用。

（9）作业前应检查、核对设备名称、编号、位置，发现有误或标识不清应立即停止操作。

（10）作业前应检查确认与本装置相关的其他二次设备的隔离措施是否到位。

四、操作步骤

（1）使用万用表测量装置的交、直流电源，确认无电压。

（2）调节器各单元板件的检查、清扫。

1）拔出励磁调节器装置 A、B 两套系统工作板件，并做好标记，注意不要把两套系统的板件搞混。

2）插拔板卡前，作业人员要卸放掉身体上的静电，并防止碰伤印刷线路板上的元器件。

3）每一个插件板用一个专用隔断，防止插件板间相互摩擦损坏模件。

4）当需要对装置的内部引线施焊接时，电烙铁功率必须小于 25W；烙铁头必须接地。

5）各插件板内元件焊接牢固，无虚焊、漏焊和毛刺。

6）清扫与检查。各插件板拔下后，用毛刷清扫，用无水乙醇将板上的尘土擦拭干净，特别是插头、插口部分，全面检查各插件板上元器件连接点焊接是否牢固，不得虚焊，各单元引出线是否有断线或接触不良的，各元器件不得有损坏等，注意不要用手触及集成块，以免让人体静电损坏集成电路。

（3）用吸尘器清扫装置电源开关、主机各种继电器上的灰尘。

（4）回装调节器的各种工作板件。

（5）用酒精和脱脂棉清扫板上的按钮，指示灯，用抹布清扫盘面灰尘。

（6）端子排及引线用干净的硬毛刷依次由上到下清除元件外壳泥沙等大颗粒物。

（7）用干净的抹布清扫积灰，擦拭好继电器外壳、端子积灰，如果有部分擦拭不到的地方可以使用吸尘器并用适当的吸力进行清扫，当励磁调节器设备表面采用吹尘器吹电路板灰尘时，吹尘器吹口与调节器各板件之间要保持至少 500mm 距离；对于无法直接吹到的部位，可以采用弯管改变吹尘器出口风向来达到目的。对接触器要保持 200～300mm 距离，对于一次设备可以采取强吹措施。

（8）检查盘内端子接线螺栓有无松动，并用相应的螺丝刀紧固。

（9）对于散热器内的灰垢，大修时采用管道毛刷清洁。

五、注意事项

（1）印制线路板用压缩空气（压力不能太大）或真空吸尘器对其进行清洁，切勿使用任何溶剂清洁剂。

（2）检查调节器前各个插件板作业人员采取防止静电措施，避免损坏集成电路和元器件。

（3）严禁带电插拔印制板。

（4）防止机械损伤。

（5）保证安全防护。

（6）杜绝用潮湿抹布清洁设备。

（7）不损伤板件漆面。

（8）现场作业文明生产要求。

1）现场使用材料、仪器仪表、工具摆放整齐、有序。

2）励磁操作、控制回路清扫，检查认真仔细。

3）试验接线正确，记录数据清楚、完备。

4）工作现场保持清洁，做到工完场清。

【思考与练习】

1. 对磁系统清扫和检查的目的是什么？

2. 如何进行对调节器板卡的清扫和检查？

3. 清扫和检查的作业条件是什么？

▲ 模块 12　励磁系统的维护（新增 ZY5400201012）

【模块描述】本模块包含励磁调节器部分、励磁功率柜、转子过电压保护柜、灭磁开关、励磁变压器、励磁操作系统控制回路、励磁设备温度的巡回检查及注意事项。通过对操作方法、步骤、注意事项的讲解和案例分析，掌握励磁系统的维护的方法及步骤。

【模块内容】

一、作业内容

1. 设备的维护

在设备运行时，故障系统不停地对运行通道及备用通道进行故障检测，甚至故障检测系统本身也会受到监测，但故障监测系统不能保证监测到全部故障，比如切换继电器是否正常等，所以定期检测设备仍然是必需的。除此之外在定期检查中，还要对装置器件进行清洁或者重新装配紧固器件。

通过对励磁设备的巡回检查，可以发现设备运行过程中存在的隐患和异常，以便及时处理，保证设备安全可靠运行。

2. 维护检修周期

在进行维护工作时，应注意励磁系统所处条件，不同的检查、维护项目在不同的工作条件下进行。

二、危险点分析与控制措施

（1）走错间隔。控制措施：监护人员监护到位，明确所在设备的工作任务，操作前，仔细核对设备铭牌和双重编号。

（2）误触电。控制措施：应按照电气作业规程，验电后作业，必要时断开盘内的交流和直流电源；防止金属裸露工具与低压电源接触，造成低压触电或电源短路；工作时站在绝缘垫上。

（3）误触碰。控制措施：应对可能引发误碰的回路、设备、元件设置防护带和悬挂警示牌。

三、作业前准备

（1）作业前组织作业人员学习作业指导书，熟悉检查项目、步骤、注意事项。

（2）分配任务前，检查人员精神状态、疲劳程度等，适当调整人员作息，改善工作环境。

（3）准备并检查工器具是否满足要求，主要包括万用表、常用电工工具一套。

（4）确认工作组成员健康状况良好，安全帽、工作服等安全工器具完备、合格。

（5）作业前确认设备编号、位置和工作状态。

（6）作业前/后应按照工作票对隔离措施/恢复措施进行检查和确认。

（7）作业前应根据测量参量选择量程匹配、型号合适的仪表设备。

（8）作业前应检查仪器设备是否合格有效，对不合格的或有效使用期超期的应封存并禁止使用。

（9）作业前应检查、核对设备名称、编号、位置，发现有误或标识不清应立即停止操作。

（10）作业前应检查确认与本装置相关的其他二次设备的隔离措施是否到位。

四、操作步骤

（1）关闭励磁装置所有电源，切断所有对外电气连接，检查励磁系统各个盘柜内部接线端子以及元器件的接插件的接触是否牢固。

（2）只供厂用电和直流电，检查调节器各参数应与初始参数相同，不应发生变化，若运行中设备发生改变后，调整相应的参数时，应进行试验后再投入运行。

（3）开环试验条件，检查调节器面板上的转换开关、触摸屏按钮位置与机组运行工况对应，转换开关及触摸按钮工作状态转换正确。

（4）设备在运行中，停机检查阻容单元熔断器有无裂痕、熔断现象。

（5）开具工作票。经运行人员许可同意后方可进行巡回检查工作。

（6）按照设备巡回路线图进行。

（7）励磁系统正常巡回检查项目。

1）励磁调节器部分巡回检查。

a）各单元电源开关位置正确，熔断器完好，二次接线无松动脱落现象。

b）调节器工作正常，指示灯正常闪烁，调节器显示器无报警信号。

c）控制面板显示值及状态指示是否正常，检查主通道运行、备用通道正常。

d）调节器柜内无异音、异味、过热等现象。

e）检查励磁调节器柜门均在关闭状态，冷却风机运行正常。

f）检查励磁调节器运行参数与实际工况相符，调节器输出信号平稳，无异常波动。

2）励磁功率柜的巡回检查。

a）检查功率柜信号指示正确，异常报警灯不亮。

b）检查功率柜内各个隔离开关投切位置正确，接触良好，脉冲电源开关在合。熔断器无熔断，各个操作把手位置正确。

c）检查单个正常运行功率柜输出正常，运行中各整流屏输出电流基本平衡且无摆动，均流系数不小于 0.85 以上，阳极电压表、直流电流表等指示正常，检漏电流为零。

d）检查阳极过电压保护熔断器无熔断，阻容无破损及过热现象。

e）检查功率柜冷却系统工作正常，风机运行无异音，转动良好，空气进出口无杂物堵塞。

f）检查盘后各个开关位置正确，接触器动作正常。

g）检查机组运行中功率柜晶闸管及各开关触头、电缆有无过热现象，晶闸管的温度在 $20\sim45℃$。

h）检查励磁母线及各通流部件的触点、导线、元器件无过热现象，各分流器无变色，各熔断器无熔断。

3）转子过电压保护柜的巡回检查。

a）检查过电压及灭磁计数器显示值。

b）检查运行机组的转子电流是否在正常范围内。

c）检查运行机组的转子电压是否在正常范围内。

d）检查面板指示灯状态是否正确。

e）检查过电压吸收器串联快熔是否熔断。

f）检查非线性灭磁电阻串联快熔是否熔断。

g）检查面板过电压信号指示灯有无指示。

h）过电压或灭磁动作后，应及时复位，以保证下次能再次动作。

i）检查电缆无发热现象，各端子引线无明显松脱现象。

j）事故灭磁后，应检查非线性电阻串联熔断器，如已熔断，停机后更换，并检查非线性电阻有无裂纹及破碎现象，巡回时注意防止误碰电阻及架构引线。

4）灭磁开关的巡回检查。

a）检查灭磁开关柜电流、电压表指示正确。

b）检查灭磁开关分合闸指示正确，各连接部件无明显松脱、发热、烧焦现象。

5）励磁变压器的巡回检查。

a）检查励磁变压器运行电磁声正常，无异音、异味现象。

b）检查励磁变压器各部温度正常，无局部过热现象。

c）检查励磁变压器各个接头紧固，无过热变色现象，导电部分无生锈、腐蚀现象。

d）检查励磁变压器本体无杂物，外部清洁，电缆无破损、过热现象。

e）检查励磁变压器套管、各部支持绝缘子清洁无开裂、爬电现象。

f）检查励磁变压器前后柜门均应在关闭状态，无脱落现象。

6）励磁操作系统控制回路检查。

a）检查励磁装置的工作电源、备用电源、起励电源、操作电源等均工作正常，并能按照规定投入和自动切换；各表计指示是否正常。

b）检查励磁盘周围地面有无积水、厂房棚顶有无漏水。

c）检查操作把手、开关等均在运行应对的位置，各盘按钮、开关隔离开关、接线端子引线无松动、脱落、过热等现象。

d）检查励磁系统一次、二次接线端子无明显松脱、放电、烧焦现象，无异常气味。

e）盘面各指示灯及表计指示正确，各继电器位置正确，触点完好无损伤。

7）特殊重点巡检。

8）异常检查巡检。

9）主要工况下运行参数记录：冬夏两季。

10）设备温度巡检：红外线温度仪等。

11）励磁设备温度巡检。

a）使用红外线测温仪测量电缆，铜排等发热设备。

b）使用红外线热像仪记录观察比较重点设备和部位的温度。

c）灭磁开关触头温度，可以用万用表测量两端的电压值，一般是 $40\sim80\mathrm{mV}$，但要注意安全。

五、注意事项

（1）巡回需要两个人以上进行，并做好监护，保持足够的安全距离。

（2）巡回中发现问题，及时汇报当值负责的运行值班人员，并及时开票处理。

【思考与练习】

1. 励磁系统维护的内容有哪些？

2. 励磁系统维护的作业条件是什么？

3. 如何进行励磁系统维护？

▶ 模块 13 励磁调节器的检查
（新增 ZY5400201013）

【模块描述】本模块包含励磁调节器内部检查、调节器面板上的转换开关检查、励磁调节器按钮、信号、通道、开入量、开出量检查。通过对操作方法、步骤、注意事项的讲解和案例分析，掌握励磁调节器的检查的方法及步骤。

【模块内容】

一、作业内容

检查各控制操作、保护、监测、信号及接口等回路的正确性，检查调节器自检功能的正确性。

1. 励磁设备的直流控制电源

励磁设备的直流控制电源有 DC220V、DC24V 等电压等级，交流控制电源有 AC400V、AC220V 等电压等级，必须保证励磁设备内部的元器件的电压等级与控制电源的电压等级一致，否则将损坏元器件。

检查励磁柜内部各电源输出端有无短路现象时，还必须检查该路电源对其他电源有无短路现象，如 DC220V 正负极是否对 DC24V 正负极短路等。

2. 增减磁操作

增减磁操作可近控或远控进行。增减磁操作本质上直接改变的是调节器的给定值，自动方式下改变电压给定值，手动方式下改变电流给定值。随着给定值增大或减小，通过调节器闭环调节，机端电压或励磁电流随之增大或减小。发电机空载情况下，随增减磁操作，可观察到机端电压和励磁电流明显变化；发电机负载情况下，只能进行小幅度的增减磁操作，机端电压变化不明显，但可观察到发电机无功明显变化。

增减磁操作仅对运行通道有效。一般情况下调节器自动通道设有增减磁触点防粘连功能，增磁或减磁的有效连续时间为 4s，当增磁或减磁触点连续接通超过 4s 后，无论近控还是远控，操作指令失效。当增磁指令因为触点粘连功能失效后，不影响减磁指令的操作；当减磁指令因为触点粘连功能失效后，不影响增磁指令的操作起励操作。

3. 起励过程

残压起励功能投入情况下，当有起励命令时，先投入残压起励，10s 内建压 10%

时退出起励；如果 10s 建压 10% 不成功，则自动投入辅助起励电源起励，之后建压 10% 时或 5s 时限到，自动切除辅助起励电源回路。

残压起励功能退出情况下，当有起励命令时，则立即投入辅助起励电源起励，10s 内建压 10% 时退出起励；如果 10s 建压 10% 不成功，则自动切除辅助起励电源回路。

起励失败信号：在上述起励过程中，如果起励时限到但机端电压没有达到 10% 额定，调节器会发出"起励失败"信号。

二、危险点分析与控制措施

（1）走错间隔。控制措施：监护人员监护到位，明确所在设备的工作任务，操作前，仔细核对设备铭牌和双重编号。

（2）误触电。控制措施：应按照电气作业规程，验电后作业，必要时断开盘内的交流和直流电源；防止金属裸露工具与低压电源接触，造成低压触电或电源短路；工作时站在绝缘垫上。

（3）误触碰。控制措施：应对可能引发误碰的回路、设备、元件设置防护带和悬挂警示牌。

三、作业前准备

（1）作业前组织作业人员学习作业指导书，熟悉检查项目、步骤、注意事项。

（2）分配任务前，检查人员精神状态、疲劳程度等，适当调整人员作息，改善工作环境。

（3）准备并检查工器具是否满足要求，主要包括万用表、常用电工工具一套。

（4）确认工作组成员健康状况良好，安全帽、工作服等安全工器具完备、合格。

（5）作业前确认设备编号、位置和工作状态。

（6）作业前/后应按照工作票对隔离措施/恢复措施进行检查和确认。

（7）作业前应根据测量参量选择量程匹配、型号合适的仪表设备。

（8）作业前应检查仪器设备是否合格有效，对不合格的或有效使用期超期的应封存并禁止使用。

（9）作业前应检查、核对设备名称、编号、位置，发现有误或标识不清应立即停止操作。

（10）作业前应检查确认与本装置相关的其他二次设备的隔离措施是否到位。

四、操作步骤

（1）确认设备编号。

（2）与外部开关量有关的回路，模拟外部开关量动作检查。与功能单元状态有关的回路，结合单元特性试验进行，或者模拟单元状态进行检查。

（3）与运行值班员联系，确认励磁操作回路通电试验条件具备；将励磁用厂用电源投入，励磁直流操作电源断路器投入。灭磁断路器操作电源断路器投入。

（4）将励磁柜与外部交直流厂用电源连接的控制开关和熔断器断开，外部交直流厂用电源投入，在励磁柜的电源输入端测量输入电源电压大小和极性是否正常。

（5）用万用表电阻挡检查励磁柜内部的交直流电源回路，包括交流电源回路、直流电源回路、DC 24V 电源回路、DC 12V 电源回路、DC 5V 电源回路，确认无短路故障，然后将励磁柜与外部交直流厂用电源连接的控制开关和熔断器闭合，将外部交直流厂用电源送入励磁系统。在励磁柜内部的电源输出端测量上述电源是否正常。

（6）灭磁断路器操作检查。近方手动分、合闸，远方操作分、合闸事故和逆变失败分闸试验，灭磁断路器分合动作正常。

（7）投切励磁风机试验。由手动按按钮或 PLC 发开机投励磁风机令，工作风机应启动，观察各继电器、接触器动作是否正常。

停励磁风机试验：由手动按钮或 PLC 发停风机令，风机应停止。

（8）起励试验。由 PLC 发令，观察起励接触器是否励磁；保护电源是否投入（起励时间过长时间继电器应励磁，10s 后，起励接触器失磁，发"起励不成功"信号。

（9）逆变试验。由 PLC 发令，观察逆变继电器励磁；同时时间继电器励磁，延时10s 左右，保护电源退出。

（10）增、减磁试验。由 PLC 发令，观察增减磁继电器动作是否正常。

（11）起励极性检查。

1）送上起励电源并合上起励电源断路器。

2）为了防止向转子回路送电，应断开灭磁断路器。

3）手动按下起励接触器的主触头，测量灭磁断路器上端正、负母线间电压的大小和极性。

（12）励磁系统对外信号检查。

1）"TV 断线""强励动作""欠励动作""过电压限制""V/F 限制""过无功"及起励失败等信号检查与静态或动态试验一同进行。

2）模拟输出主备用通道运行、恒 IL 调节（手动方式）、PSS 投入直流电源消失、交流电消失电源故障等信号；同时测量对应的输出继电器触点是否接通，到远方监控系统的指示是否正确。

（13）励磁系统通信检查。

1）将励磁系统的串行通信输出口（RS-485 口）与监控系统相连，由监控系统按照双方约定的通信协议发送控制指令到励磁系统。

2）同时在励磁系统的串行通信输出口并联信号线，通过通信转换模块（RS-485/RS-232）转换后接入调试电脑。

3）利用软件监测监控系统的输出指令和励磁系统响应信号是否正常。

（14）出厂试验时，对控制柜内的控制、操作、信号、保护回路按照逻辑图逐个进行检查，并做好记录。

（15）交接试验时，对励磁系统全部控制、操作、信号、保护回路按照逻辑图进行传动检查；对技术条件和合同规定的相关内容进行检查；判断设计图和竣工图的正确性，确认实际系统与图纸一致。

（16）大修试验时，对运行中出现的异常和障碍重点检查，对正常运行未涉及的回路和逻辑进行检查；每个试验过程均应测量继电器、接触器线圈电阻和动作特性。

五、注意事项

（1）励磁系统控制、操作、保护、监测、信号试验前，有关仪表、继电器等元器件的检验及回路绝缘必须良好。

（2）接通电源前要确认各断路器等元件均处于开路状态。

（3）对照图纸检查各回路的实际接线，确认没有接线错误才能接通电源。

（4）接通电源后要保持警惕，对于柜内的主要断路器、继电器、变压器等器件进行检查，如果有异味、异响、高温应立即切断电源，进行检查。

（5）起励信号检查试验时，为了防止向转子回路送电，起励电源断路器应断开。验证起励回路动作正常，可以通过起励接触器的动作情况进行判断，起励接触器接通后应保持住，除非起励时限到或手动退出起励。

（6）现场使用材料、仪器仪表、工具摆放整齐、有序。

（7）工作现场保持清洁，做到工完场清。

【思考与练习】

1. 励磁调节器检查的目的是什么？
2. 励磁调节器检查的内容有哪些？
3. 励磁系统通信检查有哪几项？

▲ 模块 14　励磁系统各部件及励磁回路的绝缘测定 （新增 ZY5400201014）

【模块描述】本模块包含发电机励磁回路绝缘电阻的测量、励磁系统各部件的绝缘测量。通过对操作方法、步骤、注意事项的讲解和案例分析，掌握励磁系统各部件及励磁回路的绝缘测量方法及步骤。

【模块内容】

一、作业内容

发电机励磁回路绝缘电阻的测量，应包括发电机转子、主（副）励磁机。对各种整流型励磁装置是否测量绝缘电阻，应按有关规定的要求进行。

二、危险点分析与控制措施

（1）走错间隔。控制措施：监护人员监护到位，明确所在设备的工作任务，操作前，仔细核对设备铭牌和双重编号。

（2）误触电。控制措施：应按照电气作业规程，验电后作业，必要时断开盘内的交流和直流电源；防止金属裸露工具与低压电源接触，造成低压触电或电源短路；工作时站在绝缘垫上。

（3）误触碰。控制措施：应对可能引发误碰的回路、设备、元件设置防护带和悬挂警示牌。

（4）仪器仪表损坏。控制措施：测量时不得超过仪器仪表允许的最大量程范围，以免损坏仪器仪表。

三、作业前准备

（1）作业前组织作业人员学习作业指导书，熟悉检查项目、步骤、注意事项。

（2）分配任务前，检查人员精神状态、疲劳程度等，适当调整人员作息，改善工作环境。

（3）准备并检查工器具是否满足要求，主要包括万用表、绝缘电阻表、常用电工工具一套。

（4）确认工作组成员健康状况良好，安全帽、工作服等安全工器具完备、合格。

（5）作业前确认设备编号、位置和工作状态。

（6）作业前/后应按照工作票对隔离措施/恢复措施进行检查和确认。

（7）作业前应根据测量参量选择量程匹配、型号合适的仪表设备。

（8）作业前应检查仪器设备是否合格有效，对不合格的或有效使用期超期的应封存并禁止使用。

（9）作业前应检查、核对设备名称、编号、位置，发现有误或标识不清应立即停止操作。

（10）作业前应检查确认与本装置相关的其他二次设备的隔离措施是否到位。

四、操作步骤

（1）使用绝缘电阻表测量绝缘电阻。

1）停机测量应采用 500～1000V 绝缘电阻表，其励磁回路全部绝缘电阻值不应小于 0.5MΩ；若低于以上数值时，应采取措施加以恢复。

2）对担任调峰负荷，启动频繁的发电机励磁回路绝缘电阻，每月至少应测量一次。

（2）使用励磁回路电压表定期测量绝缘电阻。

五、注意事项

（1）进行绝缘测定试验前，必须断开有关板卡、仪表、继电器等元器件，防止试验过程中造成损坏。

（2）对照图纸检查各回路的实际接线，确认没有接线错误才能进行试验。

（3）实验过程中要保持警惕，如果有异味、异响、高温应立即停止试验，进行检查。

（4）现场使用材料、仪器仪表、工具摆放整齐、有序。

（5）工作现场保持清洁，做到工完场清。

【思考与练习】

1. 励磁系统绝缘测定的目的是什么？

2. 运行中如何进行励磁回路绝缘测定？

3. 停机时绝缘电阻，所使用的绝缘电阻表量程应在多少范围内？

◢ 模块 15 灭磁过电压保护装置的检查
（新增 ZY5400201015）

【模块描述】 本模块包含灭磁断路器检验、氧化锌各支路漏电流测试、灭磁系统耐压试验、高能氧化锌非线性电阻的基本参数测试。通过对操作方法、步骤、注意事项的讲解和案例分析，掌握灭磁过电压保护装置的检查的方法及步骤。

【模块内容】

一、作业内容

目的是检查灭磁过电压保护装置的动作值是否符合现场实际的要求。

灭磁过电压保护装置其基本电路及其原理：一组正反向并联的晶闸管串联一个放电电阻后再并联在励磁绕组两端，当晶闸管的触发器电路检测到转子过电压后，立即发出触发脉冲使晶闸管导通，利用放电电阻吸收过电压能量。

具体要求：过电压保护装置的动作值应按制造厂产品说明书或调试说明书对其动作值进行设定。

二、危险点分析与控制措施

（1）走错间隔。控制措施：监护人员监护到位，明确所在设备的工作任务，操作

前，仔细核对设备铭牌和双重编号。

（2）误触电。控制措施：应按照电气作业规程，验电后作业，必要时断开盘内的交流和直流电源；防止金属裸露工具与低压电源接触，造成低压触电或电源短路；工作时站在绝缘垫上。

（3）误触碰。控制措施：应对可能引发误碰的回路、设备、元件设置防护带和悬挂警示牌。

（4）仪器仪表损坏。控制措施：测量时不得超过仪器仪表允许的最大量程范围，以免损坏仪器仪表。

三、作业前准备

（1）作业前组织作业人员学习作业指导书，熟悉检查项目、步骤、注意事项。

（2）分配任务前，检查人员精神状态、疲劳程度等，适当调整人员作息，改善工作环境。

（3）准备并检查工器具是否满足要求，主要包括万用表、调压器、升压变压器、示波器、常用电工工具一套。

（4）确认工作组成员健康状况良好，安全帽、工作服等安全工器具完备、合格。

（5）作业前确认设备编号、位置和工作状态。

（6）作业前/后应按照工作票对隔离措施/恢复措施进行检查和确认。

（7）作业前应根据测量参量选择量程匹配、型号合适的仪表设备。

（8）作业前应检查仪器设备是否合格有效，对不合格的或有效使用期超期的应封存并禁止使用。

（9）作业前应检查、核对设备名称、编号、位置，发现有误或标识不清应立即停止操作。

（10）作业前应检查确认与本装置相关的其他二次设备的隔离措施是否到位。

四、操作步骤

（1）对过电压保护装置中的晶闸管采用对线灯方式进行检测（具体方法见功率整流元件检查试验）。

（2）对过电压保护装置的非线性电阻按照灭磁电阻简单方式进行检测（具体方法见本章模块 19）。

（3）整体回路绝缘检测和耐压试验按照常规方式进行，恢复接线要保证正确。

（4）断开过电压保护装置其相关回路连接。

（5）按照如图 2-2-4 所示连接过电压保护装置试验接线，要求试验电源电压应超过过电压保护装置额定电压值。

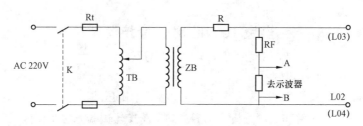

图 2-2-4　过电压保护装置试验接线

K—电源断路器；TB—调压器；ZB—升压变压器；R—限流电阻

（按照过电压保护装置导通后回路电流小于 100mV 设计电阻）；

RF—分压电阻（按照 100:1 设计分压电阻）、示波器、电源隔离变压器等

（6）检查正确后合上电源断路器，调整调压器 TB，观察 A、B 间的电压波形，使电压逐渐升高，当正弦波峰值高于本装置的电压保护动作值时，其峰顶值被削平，记录电压保护动作值。电压波形如图 2-2-5 所示。

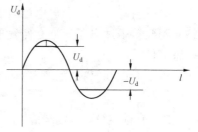

图 2-2-5　过电压保护动作波形

五、注意事项

（1）示波器的工作电源用隔离变压器隔离。

（2）示波器的测试探头的测试极棒用耐高压的绝缘棒绑好。

（3）波形的测试采用记忆示波器录波，做一个 10:1 的电阻分压装置，示波器只取 1/10 的被测量。

（4）试验用的分压装置进行绝缘隔离并保持安全距离。示波器调好后，用绝缘测试极棒接触阳极断路器处不同相的导电部分，记录阳极过电压尖峰波形并存储。

（5）校验工作至少应有二人参加，由一人操作、读表，一人监护和记录。

（6）所有元件、仪器、仪表应放在绝缘垫上。

（7）试验接线完毕后，必须经二人都检查正确无误后方可通电进行试验。

（8）所用仪表一般不应低于 0.5 级。

（9）所有使用接线应牢固可靠。

（10）电源先应查看调压器、变阻器在适当的位置，严防大电流冲击，防止短路。

【思考与练习】

1. 灭磁过电压保护装置检查的目的是什么？

2. 对过电压保护装置中的晶闸管如何进行检查？

3. 对过电压保护装置中的非线性电阻如何进行检查？

▲ 模块 16 晶闸管跨接器试验
（新增 ZY5400202001）

【模块描述】本模块包含连接跨接器试验接线、电压波形分析。通过对操作方法、步骤、注意事项的讲解和案例分析，掌握晶闸管跨接器试验方法及步骤。

【模块内容】

一、作业内容

目的是检查晶闸管跨接器的动作值是否符合现场实际的要求。

励磁跨接器就是转子过电压保护装置，其基本电路及其原理是：一组正反向并联的晶闸管串联一个放电电阻后再并联在励磁绕组两端，当晶闸管的触发器电路检测到转子过电压后，立即发出触发脉冲使晶闸管导通，利用放电电阻吸收过电压能量。

具体要求：跨接器的动作值应按制造厂产品说明书或调试说明书对其动作值进行设定。

二、危险点分析与控制措施

（1）走错间隔。控制措施：监护人员监护到位，明确所在设备的工作任务，操作前，仔细核对设备铭牌和双重编号。

（2）误触电。控制措施：应按照电气作业规程，验电后作业，必要时断开盘内的交流和直流电源；防止金属裸露工具与低压电源接触，造成低压触电或电源短路；工作时站在绝缘垫上。

（3）误触碰。控制措施：应对可能引发误碰的回路、设备、元件设置防护带和悬挂警示牌。

（4）仪器仪表损坏。控制措施：测量时不得超过仪器仪表允许的最大量程范围，以免损坏仪器仪表。

三、作业前准备

（1）作业前组织作业人员学习作业指导书，熟悉检查项目、步骤、注意事项。

（2）分配任务前，检查人员精神状态、疲劳程度等，适当调整人员作息，改善工作环境。

（3）准备并检查工器具是否满足要求，主要包括万用表、调压器、升压变、示波器、常用电工工具一套。

（4）确认工作组成员健康状况良好，安全帽、工作服等安全工器具完备、合格。

（5）作业前确认设备编号、位置和工作状态。

（6）作业前/后应按照工作票对隔离措施/恢复措施进行检查和确认。

（7）作业前应根据测量参量选择量程匹配、型号合适的仪表设备。

（8）作业前应检查仪器设备是否合格有效，对不合格的或有效使用期超期的应封存并禁止使用。

（9）作业前应检查、核对设备名称、编号、位置，发现有误或标识不清应立即停止操作。

（10）作业前应检查确认与本装置相关的其他二次设备的隔离措施是否到位。

四、操作步骤

（1）对跨接器中的晶闸管采用对线灯方式进行检测（具体方法见功率整流元件检查试验）。

（2）对跨接器的非线性电阻按照灭磁电阻简单方式进行检测（具体方法见本章模块 19）。

（3）整体回路绝缘检测和耐压试验按照常规方式进行，恢复接线要保证正确。

（4）断开跨接器相关回路连接。

（5）按照跨接器试验方法接线，要求试验电源电压应超过跨接器额定电压值。

（6）检查正确后合上电源断路器，调整调压器，观察 A、B 间的电压波形，使电压逐渐升高，当正弦波峰值高于本装置的电压保护动作值时，其峰顶值被削平，记录电压保护动作值。

五、注意事项

（1）示波器的工作电源用隔离变压器隔离。

（2）示波器的测试探头的测试极棒用耐高压的绝缘棒绑好。

（3）波形的测试采用记忆示波器录波，做一个 10:1 的电阻分压装置，示波器只取 1/10 的被测量。

（4）试验用的分压装置进行绝缘隔离并保持安全距离。示波器调好后，用绝缘测试极棒接触阳极断路器处不同相的导电部分，记录阳极过电压尖峰波形并存储。

（5）校验工作至少应有二人参加，由一人操作、读表，一人监护和记录。

（6）所有元件、仪器、仪表应放在绝缘垫上。

（7）试验接线完毕后，必须经二人都检查正确无误后方可通电进行试验。

（8）所用仪表一般不应低于 0.5 级。

（9）所有使用接线应牢固可靠。

（10）电源先应查看调压器、变阻器在适当的位置，严防大电流冲击，防止短路。

【思考与练习】

1. 晶闸管跨接器试验的目的是什么？

2. 如何进行晶闸管跨接器试验？

3. 跨接器试验的接线方式是怎样的？

▶ 模块 17　功率整流元件试验
（新增 ZY5400202002）

【模块描述】本模块包含试验目的、参考标准、晶闸管测试仪检测法、对线灯测试法、万用表简单测试法。通过对操作方法、步骤、注意事项的讲解和案例分析，掌握功率整流元件试验的方法及步骤。

【模块内容】

一、作业内容

在制造厂安装之前，应对全部功率整流元件或者抽取部分功率整流元件进行重要的特性实验。如晶体管的伏安特性试验，以确认元件特性参数与设计要求一致、与元件标志的参数一致，考虑到功率柜按照 $N-1$ 配置，一个元件退出运行不影响正常运行，因此在大修试验阶段可以不测功率柜整流元件特性，仅在大修停机前确认各个元件工作正常。当有一个元件在运行中发生故障退出，或设备运行 10 年以上，或设备运行达到制造厂提供的平均无故障运行时间后，在其后的检修阶段可以根据检修条件确定是否对全部元件进行特性测试。

DL/T 489—2018《大中型水轮发电机静止整流励磁系统试验规程》指出进行功率整流元件的伏安特性测试和通态电压测试和门极特性测试。出厂试验阶段，当断态或反向重复峰值电压小于产品标准规定值，或伏安特性软、断态重复峰值电流或反向重复峰值电流大于设计值，或通态电压超过产品标准或设计值，或门极特性超过标准或设计值，应予以更换。

大修试验阶段主要进行功率柜整流元件的伏安特性测试和触发特性测试。将功率整流元件的伏安特性测试结果与原先的测试记录进行比对，断态重复峰值电流或者反向重复峰值电流有显著增加时予以更换。触发特性测试以晶闸管在 6V 主电压下接受触发脉冲能可靠导通作为判据。

对于晶闸管，测得的触发电压、触发电流、维持电流应与原记录无明显差别，其最大值与最小值应符合要求。

整流器中整流管或晶闸管一般在检修中以抽查的方式进行测试，测试结果与原出厂记录查比较应无明显差别。一般按半导体的测试方法对整流管测得的参数有下列情况时应予更换：

（1）断态重复峰值电压 U_{DRM}、反向不重复峰值电压 U_{RSM} 小于规定值。

（2）伏安特性很软，断态重复峰值电流 I_{DRM} 或反向峰值电流 I_{RRM} 超过规定值。

（3）额定正向平均电流下的正向电压 U_F（AV）或额定通态平均电流下的通态电压 U_T（AV）超过规定值。

二、危险点分析与控制措施

（1）走错间隔。控制措施：监护人员监护到位，明确所在设备的工作任务，操作前，仔细核对设备铭牌和双重编号。

（2）误触电。控制措施：应按照电气作业规程，验电后作业，必要时断开盘内的交流和直流电源；防止金属裸露工具与低压电源接触，造成低压触电或电源短路；工作时站在绝缘垫上。

（3）误触碰。控制措施：应对可能引发误碰的回路、设备、元件设置防护带和悬挂警示牌。

（4）仪器仪表损坏。控制措施：测量时不得超过仪器仪表允许的最大量程范围，以免损坏仪器仪表。

三、作业前准备

（1）作业前组织作业人员学习作业指导书，熟悉检查项目、步骤、注意事项。

（2）分配任务前，检查人员精神状态、疲劳程度等，适当调整人员作息，改善工作环境。

（3）准备并检查工器具是否满足要求，主要包括万用表、示波器、对线灯、常用电工工具一套。

（4）确认工作组成员健康状况良好，安全帽、工作服等安全工器具完备、合格。

（5）作业前确认设备编号、位置和工作状态。

（6）作业前/后应按照工作票对隔离措施/恢复措施进行检查和确认。

（7）作业前应根据测量参量选择量程匹配、型号合适的仪表设备。

（8）作业前应检查仪器设备是否合格有效，对不合格的或有效使用期超期的应封存并禁止使用。

（9）作业前应检查、核对设备名称、编号、位置，发现有误或标识不清应立即停止操作。

（10）作业前应检查确认与本装置相关的其他二次设备的隔离措施是否到位。

四、操作步骤

1. 晶闸管测试仪检测法

（1）首先将被测元件脱离原回路，解除被测元件的阻容保护等附加元件，并将被测上部清扫干净，防止积尘等表面漏电等引起误判。

（2）按照图 2-2-6 所示连接功率整流元件峰值压降测试仪测试电路。

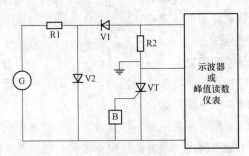

图 2-2-6 功率元件峰值压降测试电路

VT—受试功率整流元件；B—门极电路；G—交流电压源；R1—保护电阻；
R2—采样电阻；V1、V2—提供负半周期的二极管

（3）选择测试触发特性的功能开关至触发特性位置。

（4）测试仪通电后，慢慢地顺时针旋转触发电位器，在触发指示灯刚亮时停止旋转，读取触发电压及触发电流，反时针旋转读取晶闸管的维持电流。

（5）根据晶闸管的参数设置过电流动作值，通过增加调压器输出值，直到过电流动作，读取所需要的参数。

（6）检查晶闸管的触发特性，检查晶闸管的反向峰值电压及正向阻断电压。

2. 对线灯测试法

（1）测试对线灯完好。

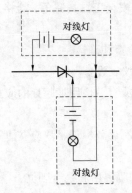

图 2-2-7 对线灯测试法接线

（2）将一只对线灯的正负极分别与晶闸管的阳极阴极对应相连，如图 2-2-7 所示。

（3）将另外一只对线灯的负极与晶闸管的阴极相连，对线灯的正极和晶闸管的触发极瞬时短接一下，这时与晶闸管阳极阴极相连的对线灯一直发光。

（4）触发下后，阴阳极回路对线灯仍然不发光或者只有在触发极灯短接才发光，断开后立即熄灭说明是坏的，这样可简单判断该晶闸管是否正常。

3. 万用表简单测试法

（1）判断阳极与阴极间是否短路，将万用表置电阻 R×1k 挡，测量其正、反电阻均应在几百千欧以上，或者不通；若电阻很小或短路，说明元件已坏。

（2）判断阳极与控制极间是否短路，因为阳极与控制极之间有两个相反的 PN 结，所以阳极与控制极之间的正反向电阻也应在几百千欧以上，若电阻很小或短路，说明元件已坏。

（3）判断控制极与阴极是否短路，控制极与阴极只有一个 PN 结，它比一般的二极管正向电阻小，将万用表置电阻 R×10 挡，测得正向电阻小（几到几百欧），反向电阻大（几十至几千欧）说明元件控制极与阴极无短路现象。

（4）试验完毕拆线，检查所拆动过的端子或部件是否恢复，清理现场。

（5）根据试验数据（试验时间、天气、试验主要仪器及精度、试验数据、试验人等）、试验记录及分析，写出功率整流元件检查试验报告。

五、注意事项

（1）校验工作至少应有二人参加，由一人操作、读表，一人监护和记录。

（2）所有元件、仪器、仪表应放在绝缘垫上。

（3）试验接线完毕后，必须经二人都检查正确无误后方可通电进行试验。

（4）所用仪表一般不应低于 0.5 级。

（5）所有使用接线应牢固可靠。

【思考与练习】

1. 功率整流元件试验的目的是什么？
2. 对晶闸管检查有哪几种方法？
3. 如何用万用表检测晶闸管？

▲ 模块 18 励磁电磁元件试验
（新增 ZY5400202003）

【模块描述】本模块包含励磁变压器、电流、电压互感器伏安特性检测。通过对操作方法、步骤、注意事项的讲解和案例分析，掌握电磁元件试验方法及步骤。

【模块内容】

一、作业内容

励磁电磁元件指励磁变压器、电压互感器 TV、电流互感器 TA 等，其校验仅限于大修和器件更换后进行，平时测量电压和电流即可，但要注意运行中的温度。

二、危险点分析与控制措施

（1）走错间隔。控制措施：监护人员监护到位，明确所在设备的工作任务，操作前，仔细核对设备铭牌和双重编号。

（2）误触电。控制措施：应按照电气作业规程，验电后作业，必要时断开盘内的

交流和直流电源；防止金属裸露工具与低压电源接触，造成低压触电或电源短路；工作时站在绝缘垫上。

（3）误触碰。控制措施：应对可能引发误碰的回路、设备、元件设置防护带和悬挂警示牌。

（4）仪器仪表损坏。控制措施：测量时不得超过仪器仪表允许的最大量程范围，以免损坏仪器仪表。

三、作业前准备

（1）作业前组织作业人员学习作业指导书，熟悉检查项目、步骤、注意事项。

（2）分配任务前，检查人员精神状态、疲劳程度等，适当调整人员作息，改善工作环境。

（3）准备并检查工器具是否满足要求，主要包括伏安特性测试仪、万用表、绝缘电阻表、标准电压表、标准电流表、常用电工工具一套。

（4）确认工作组成员健康状况良好，安全帽、工作服等安全工器具完备、合格。

（5）作业前确认设备编号、位置和工作状态。

（6）作业前/后应按照工作票对隔离措施/恢复措施进行检查和确认。

（7）作业前应根据测量参量选择量程匹配、型号合适的仪表设备。

（8）作业前应检查仪器设备是否合格有效，对不合格的或有效使用期超期的应封存并禁止使用。

（9）作业前应检查、核对设备名称、编号、位置，发现有误或标识不清应立即停止操作。

（10）作业前应检查确认与本装置相关的其他二次设备的隔离措施是否到位。

四、操作步骤

（1）励磁变压器的检查（具体方法及项目见本章模块 42）。

（2）使用绝缘电阻表测量电磁元件绝缘电阻，测量时应将元件的一次、二次及其他附加绕组分别对地和相互之间进行测量。

（3）使用直流电阻测试仪或单臂电桥测量电磁元件直流电阻。

（4）电流、电压互感器伏安特性检测。

1）试验前将变压器、电流、电压互感器一次、二次对外电路接线断开。

2）试验前应将铁芯的残磁减至最小，其方法是慢慢将二次线圈的电流减至零，再将试验电源切断。

3）按照如图 2-2-8 所示连接试验电路。

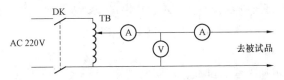

图 2-2-8　电流、电压互感器子伏安特性测试接线

4）检查试验接线。将调压器调至输出为零。

5）闭合试验电源断路器 DK，在电源变压器的 220V 侧、TV 和 TA 的低压侧加额定电压或额定电流（TA），为了减少残磁对测量结果的影响，电流应由零开始逐渐增大，然后慢慢减至零，切断电源。对于电流互感器由零点连续测至饱和点，如原来有电流互感器伏安特性曲线只测 5 点即可。

6）测完后，应注意消除铁芯内残磁。

7）记录所使用的仪表形、回路的电流，做出伏安特性曲线。

8）试验数据与历史试验数据比较误差不大于 5%。

9）试验拆线，检查所拆动过的端子或部件是否恢复，清理现场。

10）试验完毕后，将励磁变压器、电流、电压互感器一次、二次对外电路接线予以恢复。

11）根据试验数据（试验时间、天气、试验主要仪器及精度、试验数据、试验人等）、试验记录及分析，写出功率整流元件试验报告。

五、注意事项

（1）校验工作至少应有二人参加，由一人操作、读表，一人监护和记录。

（2）所有元件、仪器、仪表应放在绝缘垫上。

（3）试验接线完毕后，必须经二人都检查正确无误后方可通电进行试验。

（4）所用仪表一般不应低于 0.5 级。

（5）所有使用接线应牢固可靠。

（6）合上电源断路器前先应查看调压器、变阻器在适当的位置，严防大电流冲击，防止短路。

【思考与练习】

1. 什么情况下需要对 TA、TV 进行试验？

2. 电磁元件试验的内容有哪些？

3. 如何进行 TA 伏安特性试验？

▲ 模块 19 ZnO 非线性电阻试验
（新增 ZY5400202004）

【**模块描述**】本模块包含非线性电阻常规检查、非线性电阻的标称压敏电压、漏电流试验。通过对操作方法、步骤、注意事项的讲解和案例分析，掌握 ZnO 非线性电阻试验方法及步骤。

【**模块内容**】

一、作业内容

检查 ZnO 非线性电阻的标称压敏电压，漏电流是否在合格范围内，从而保证发电机灭磁时可靠灭磁。

（1）标称压敏电压 U_{10mA} 为非线性电阻流过 10mA 直流电流时，灭磁用的 ZnO 阀片两端的电压。

（2）0.5 倍标称压敏电压称为 $0.5U_{10mA}$。

（3）阀片施加 $0.5U_{10mA}$ 电压时流过阀片的电流称为漏电流 I_{1K}。

二、危险点分析与控制措施

（1）走错间隔。控制措施：监护人员监护到位，明确所在设备的工作任务，操作前，仔细核对设备铭牌和双重编号。

（2）误触电。控制措施：应按照电气作业规程，验电后作业，必要时断开盘内的交流和直流电源；防止金属裸露工具与低压电源接触，造成低压触电或电源短路；工作时站在绝缘垫上。

（3）误触碰。控制措施：应对可能引发误碰的回路、设备、元件设置防护带和悬挂警示牌。

（4）仪器仪表损坏。控制措施：测量时不得超过仪器仪表允许的最大量程范围，以免损坏仪器仪表。

三、作业前准备

（1）作业前组织作业人员学习作业指导书，熟悉检查项目、步骤、注意事项。

（2）分配任务前，检查人员精神状态、疲劳程度等，适当调整人员作息，改善工作环境。

（3）准备并检查工器具是否满足要求，主要包括调压器、升压变压器、万用表、标准电压表、标准电流表、对线灯、常用电工工具一套。

（4）确认工作组成员健康状况良好，安全帽、工作服等安全工器具完备、合格。

（5）作业前确认设备编号、位置和工作状态。

（6）作业前/后应按照工作票对隔离措施/恢复措施进行检查和确认。

（7）作业前应根据测量参量选择量程匹配、型号合适的仪表设备。

（8）作业前应检查仪器设备是否合格有效，对不合格的或有效使用期超期的应封存并禁止使用。

（9）作业前应检查、核对设备名称、编号、位置，发现有误或标识不清应立即停止操作。

（10）作业前应检查确认与本装置相关的其他二次设备的隔离措施是否到位。

四、操作步骤

（1）ZnO 非线性电阻常规检查。

1）将并联在阀片两端的连接片拆下，除去阀片上积存的灰尘。

2）逐一检查各串电阻应无破损，裂缝，松脱现象。

3）将阀片与外电路断开连接，用万用表测试其均流线性电阻，其值应在 2Ω左右。

4）用对线灯测其熔断器通断，发现熔断，更换熔断器。

5）测试阀片对地的绝缘电阻时可整体测试，使用 2500V 绝缘电阻表，测阀片对地绝缘电阻，其值应为大于 10MΩ，所测阀片参数要与上次的数据相比较，确认是否老化或需要更换。

（2）ZnO 非线性电阻的标称压敏电压、漏电流试验。

1）试验设备选择。RS—熔断器，2A；TB—调压器，0～220V、3kVA； ZB—升压变压器，1.5kV、3kVA；R1—限流电阻，1kΩ/100W；R2—限流电阻，1kΩ/100W；WD—高压硅堆，5kV、0.2～1A；C—滤波电容，10～100μF/2kV；V—直流电压表，2kV，0.5 级；A—直流电流表，0～10MA，0.5 级。

2）按照试验接线图接线，如图 2-2-9 所示。

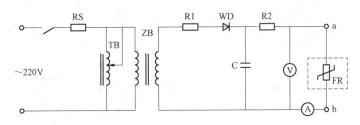

图 2-2-9　氧化锌非线性电阻试验接线

RS—熔断器；TB—调压器；ZB—升压变压器；R1—限流电阻；R2—限流电阻；

WD—高压硅堆；C—滤波电容；V—直流电压表；A—直流电流表

3）ZnO 阀片标称压敏电压 U_{10mA} 的测量。调节调压器输出电压，逐渐增加直流电流，测试阀片在 10mA 电流时，阀片两端的电压值，就是阀片的标准压敏电压即为标称压敏电压 U_{10mA}。标称压敏电压 U_{10mA} 一般要求在 250～350V 范围内，允许偏差为±5%，若 U_{10mA} 的变化大于±5%的阀片数大于等于 10%时，要重新组合阀片。

4）ZnO 阀片漏电流的测量：在保证测量误差的条件下，可用漏电流测试仪等任何仪表测试，先按上述 ZnO 阀片标称压敏电压的 U_{10mA} 测量方法测量 U_{10mA}。然后对阀片施加 $0.5U_{10mA}$，这时流过阀片的泄漏电流即为漏电流 I_{1K}。灭磁用 ZnO 阀片漏电流一般要求小于等于 50μA。

（3）试验拆线，检查所拆动过的端子或部件是否恢复，清理现场。

（4）根据试验数据（试验时间、天气、试验主要仪器及精度、试验数据、试验人等）、试验记录及分析，写出 ZnO 非线性电阻试验报告。

五、注意事项

（1）校验工作至少应有二人参加，由一人操作、读表，一人监护和记录。

（2）所有元件、仪器、仪表应放在绝缘垫上。

（3）试验接线完毕后，必须经二人都检查正确无误后方可通电进行试验合上电源先应查看调压器位置在最小位置，严防大电流冲击，防止短路。

（4）恢复接线时要按照记录进行。

（5）测试仪表精度不低于±5%，测试时间不得超过 5s，以防止产生热效应。

（6）DL/T 489—2018《大中型水轮发电机静止整流励磁系统试验规程》规定交接和大修阶段要逐片记录 ZnO 元件的压敏电压并与原始记录相比，压敏电压 U_{10mA} 的变化应小于±5%，压敏电压变化大于 10%视为老化失效。

【思考与练习】

1. 进行 ZnO 非线性电阻试验的目的是什么？

2. 如何进行 ZnO 非线性电阻的试验？

3. ZnO 非线性电阻试验如何接线？

▶ 模块 20 脉冲变压器输入输出特性试验
（新增 ZY5400202005）

【模块描述】本模块包含试验目的及条件、双踪示波器测试脉冲参数。通过对操作方法、步骤、注意事项的讲解和案例分析，掌握脉冲变压器输入输出特性试验方法及步骤。

【模块内容】

一、作业内容

试验目的是检查脉冲变的输入输出特性，包括脉冲前沿、脉冲宽度、脉冲幅值是否符合要求。

二、危险点分析与控制措施

（1）走错间隔。控制措施：监护人员监护到位，明确所在设备的工作任务，操作前，仔细核对设备铭牌和双重编号。

（2）误触电。控制措施：应按照电气作业规程，验电后作业，必要时断开盘内的交流和直流电源；防止金属裸露工具与低压电源接触，造成低压触电或电源短路；工作时站在绝缘垫上。

（3）误触碰。控制措施：应对可能引发误碰的回路、设备、元件设置防护带和悬挂警示牌。

（4）仪器仪表损坏。控制措施：测量时不得超过仪器仪表允许的最大量程范围，以免损坏仪器仪表。

三、作业前准备

（1）作业前组织作业人员学习作业指导书，熟悉检查项目、步骤、注意事项。

（2）分配任务前，检查人员精神状态、疲劳程度等，适当调整人员作息，改善工作环境。

（3）准备并检查工器具是否满足要求，主要包括示波器、万用表、常用电工工具一套。

（4）确认工作组成员健康状况良好，安全帽、工作服等安全工器具完备、合格。

（5）作业前确认设备编号、位置和工作状态。

（6）作业前/后应按照工作票对隔离措施/恢复措施进行检查和确认。

（7）作业前应根据测量变量选择量程匹配、型号合适的仪表设备。

（8）作业前应检查仪器设备是否合格有效，对不合格的或有效使用期超期的应封存并禁止使用。

（9）作业前应检查、核对设备名称、编号、位置，发现有误或标识不清应立即停止操作。

（10）作业前应检查确认与本装置相关的其他二次设备的隔离措施是否到位。

四、操作步骤

（1）确认设备编号。

（2）采用配套的移相和脉冲放大单元作为脉冲源。

（3）脉冲变压器输出的触发脉冲输入晶闸管门极；6～12V 直流电压经过负荷电阻

加到相同型号规格的晶闸管阳极和阴极间，晶闸管应可靠导通。

（4）由于晶闸管触发参数有一定的分散性，为了便于观察，可用电阻代替晶闸管门极做脉冲变压器负荷，按照晶闸管门极等效电阻的最小值选择负荷电阻。

（5）100MHz 双踪示波器测试脉冲参数。

1）输出脉冲电流前 t_1 应不大于 1～2μs，晶闸管门极触发电流。

2）脉冲变压器输出脉冲电流的固有脉冲宽度不小于输入脉冲宽度。脉冲电流宽度 t_3 可以取大于 100μs（对 500Hz 系统）和 200μs～1ms（对 50Hz 系统）。

3）输出脉冲电流极值应大于晶闸管触发电流 I_{GT} 的 2～5 倍，宽度 t_2 大于 50μs。

4）输出波形可以是包络线为尖顶加平台的高频脉冲列，或波形为尖顶加平台的单列双脉冲，其平台高度应大于晶闸管触发电流 I_{GT}。

5）双脉冲上升沿间隔 60°。

6）输出脉冲应无明显振荡。

（6）当一组脉冲放大单元连接多个晶闸管元件时，应按照设计最大组数（型号试验）或实际组数（出厂试验）进行试验。

（7）试验完毕，试验拆线，检查所拆动过的端子或部件是否恢复，清理现场。

（8）根据试验数据（试验时间、天气、试验主要仪器及精度、试验数据、试验人等）、试验记录及分析，写出脉冲变压器输入输出特性试验报告。

五、注意事项

（1）试验时设专人监护，检查接线正确后方可通电试验，试验中如发现异常电现象，调压器要立刻回零，拉开电源隔离开关，查找原因解决后方可试验。

（2）防止触电。

（3）准备好消防器材。

【思考与练习】

1. 进行脉冲变输入输出特性试验的目的是什么？

2. 如何进行脉冲变输入输出特性试验？

3. 检查脉冲变的输入输出特性时应注意哪些事项？

▲ 模块 21 电制动检修及试验
（新增 ZY5400202006）

【模块描述】 本模块包含电制动的接线方式、电制动的工作流程、正常停机时，电制动投入、电制动回路中交直流断路器及接地断路器检修。通过对操作方法、步骤、注意事项的讲解和案例分析，掌握电制动检修及试验方法及步骤。

【模块内容】

一、作业内容

发电机解列、灭磁以后，待机组转速下降到额定转速的 50%~60%，将发电机定子在机端出口三相短路，通过一系列逻辑操作提供制动电源，励磁调节器转到电制动模式运行，给发电机转子绕组加励磁电流。因为发电机正在转动，定子在转子磁场的作用下，感应产生短路电流，由此产生的电磁力矩正好与转子的惯性转向相反，起到制动的作用。电制动有两个显著特点：

（1）制动力矩与定子短路电流的平方成正比。

（2）制动力矩与机组的转速成反比，在制动过程中，因为定子短路电流基本不变，因此随着转速的下降，制动力矩反而加大，制动力矩的最大值出现在机组将停止转动前的瞬间。

电制动一般在 60%额定转速以下投入，由监控系统向励磁系统发出电制动投入令，由励磁系统配置的专用可编程控制器（PLC）完成具体的电制动流程控制。在电制动过程中，励磁调节器处于手动方式，控制励磁系统向转子绕组输出恒定的励磁电流，电制动时的电流给定值可通过调试软件设定。

在实现电制动的过程中，需由外部提供制动电源，而这与励磁系统的主回路结构是密切相关的。通常可归纳为两种接线方式，如图 2-2-10 所示，励磁装置为自并励接线方式，当机端短路时，励磁变压器无电源。制动电源来自专用制动变压器，制动变接至厂用电。即在发电工况和电制动工况下，整流电源需经由操作回路控制整流桥交流侧断路器 QL1 和 QL2 进行切换。

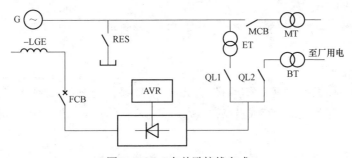

图 2-2-10 自并励接线方式

如图 2-2-11 所示，励磁装置为它励接线方式，即励磁变压器接于发电机断路器外侧，在发电工况和电制动工况两种不同工况下，整流电源都由励磁变压器供给。

比较这两种不同的主回路接线方式，图 2-2-11 所示的接法更为简洁，不仅可省去制动变压器和相应的交流侧断路器，励磁装置的控制逻辑也较为简练。

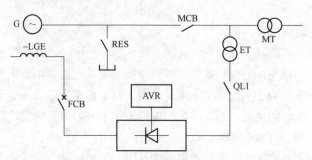

图 2-2-11 它励接线方式

在发电机自并励励磁方式下，励磁变压器一般都直接取自于发电机机端，图 2-2-10 所示接线方式更为普遍。电制动过程中，励磁系统向发电机转子绕组提供的励磁电流一般不超过空载额定励磁电流值，所以制动变的容量可以选得较小。电制动过程的流程控制是通过励磁系统的专用可编程控制器（PLC）实现的，PLC 在实现整个电制动过程中起着关键的作用。下面以常用的图 2-2-10 所示的接法为例说明电制动的工作流程，流程如图 2-2-12 所示。

二、危险点分析与控制措施

（1）走错间隔。控制措施：监护人员监护到位，明确所在设备的工作任务，操作前，仔细核对设备铭牌和双重编号。

（2）误触电。控制措施：应按照电气作业规程，验电后作业，必要时断开盘内的交流和直流电源；防止金属裸露工具与低压电源接触，造成低压触电或电源短路；工作时站在绝缘垫上。

（3）误触碰。控制措施：应对可能引发误碰的回路、设备、元件设置防护带和悬挂警示牌。

三、作业前准备

（1）作业前组织作业人员学习作业指导书，熟悉检查项目、步骤、注意事项。

（2）分配任务前，检查人员精神状态、疲劳程度等，适当调整人员作息，改善工作环境。

（3）准备并检查工器具是否满足要求，主要包括录波仪、万用表、常用电工工具一套。

（4）确认工作组成员健康状况良好，安全帽、工作服等安全工器具完备、合格。

（5）作业前确认设备编号、位置和工作状态。

（6）作业前/后应按照工作票对隔离措施/恢复措施进行检查和确认。

（7）作业前应根据测量参量选择量程匹配、型号合适的仪表设备。

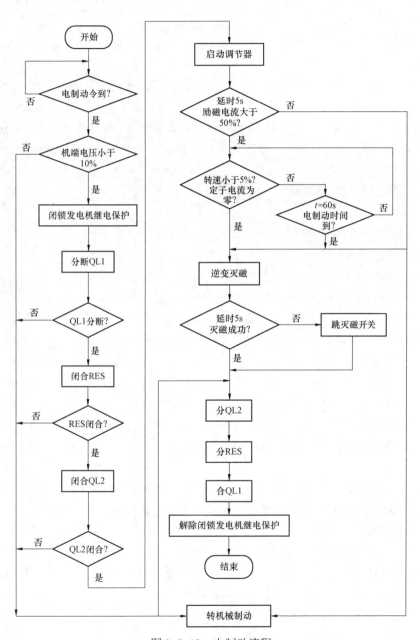

图 2-2-12 电制动流程

（8）作业前应检查仪器设备是否合格有效，对不合格的或有效使用期超期的应封存并禁止使用。

（9）作业前应检查、核对设备名称、编号、位置，发现有误或标识不清应立即停止操作。

（10）作业前应检查确认与本装置相关的其他二次设备的隔离措施是否到位。

四、操作步骤

（1）正常停机时，当发电机与系统解列后，监控系统向励磁调节器发出停机令，由励磁调节器进行逆变灭磁。一般在具备以下条件时，监控系统向励磁系统发出电制动投入命令。

1）发电机出口断路器分。

2）机组停机令。

3）导叶全关。

4）机组无事故。

5）机组转速下降到60%额定值以下。

（2）当励磁系统检测到电制动投入命令并判断条件满足后，依次闭锁继电保护、分励磁变压器副边断路器 QL1，合短路断路器 RES、合电制动电源交流断路器 QL2。

（3）控制励磁调节器转入电制动模式，使得励磁系统向转子绕组输出设定的励磁电流值，形成制动力矩，完成电制动。

（4）在电制动过程中，任何一步不满足电制动条件，监控系统都将发信号转机械制动，并向计算机监控系统发送报警信号，电制动退出，同时进入第（7）步。

（5）当机组的转速小于5%时，电制动完成，PLC 向励磁调节器发出逆变灭磁信号，灭磁成功后进入第（7）步，逆变灭磁失败，将跳灭磁断路器，然后进入第（7）步。

（6）当完成第（3）～（5）步后，励磁系统同时发信号分电制动电源交流断路器 QL2、短路断路器 RES、合整流变副边断路器 QL1，解除发电机继电保护，使励磁装置恢复到正动合机前的状态。

（7）在电制动过程中，励磁系统始终监测整个制动过程是否正常，当遇到以下异常情况时，励磁系统将向监控系统发出电制动失败报警信号，并退出电制动过程，此时需要由监控系统投入机械制动装置完成机组的制动。

1）QL1 不能分断，或 RES、QL2 断路器不能合上。

2）电制动时间过长。

（8）电制动回路中交、直流断路器及接地断路器检修项目。

1）交、直流断路器检查。

a）绝缘检查。用 500V 绝缘电阻表检查断路器，绝缘电阻不应小于 10MΩ。

b）检查断路器在闭合和断开过程中，其可动部分与灭弧室的零件应无卡住和碰擦现象，指示标牌能正确指示断路器工作状态。

c）检查铁芯有无特殊噪声，若有噪声，应将工作极面的防锈油擦净。

d）清理尘埃，保持断路器的绝缘良好。

e）在各个转动部位加注润滑油。

f）擦净触头上的烟痕及小金属粒。

g）主触头超程不应小于 4mm；动静弧触头刚接触时，动静主触头间距离不应小于 2mm。

h）检查软连接有无损伤，若有折断层应去除，若发现折断过多应及时更换。

i）断路器经受短路电流后，除必须检查触头系统外，还应清理灭弧罩两壁上的弧痕，若烧损严重，应更换灭弧罩。

2）短路断路器 RES 二次部分检查。

a）检查并调整短路断路器 RES 辅助触点，应在主触头动作范围内正确动作。

b）检查并调整控制电机行程触点，在短路断路器 RES 分、合到位时能准确动作电机回路。行程触点应有一定的行程裕度。

c）各类继电器检查应按继电器检验规程进行。

五、注意事项

（1）检修前应做下列安全措施：切直流控制电源；切交流控制电源。

（2）作业要求两人以上，做好监护，防止走错间隔。

【思考与练习】

1. 电制动过程中有哪几个显著的特点？

2. 一般在转速等于多少时投入电制动？

3. 正常投入电制动的流程是什么？

模块 22　自动电压给定调节速度测定
（新增 ZY5400203001）

【模块描述】本模块包含自动电压调节器给定调节速度测定操作及注意事项。通过对操作方法、步骤、注意事项的讲解和案例分析，掌握自动电压给定调节速度测定方法及步骤。

【模块内容】

一、作业内容

控制自动电压调节器给定调节速度的目的在于发动机并网后对无功功率调节的速度控制在适当的范围内。一般并网后对发动机无功功率调节的速度适合时，发动机同期操作对电压调节的速度也是合适的。为加快发动机空载时的电压调节速度，有的调节器按照电压大小或按照并网前后分别设计不同的电压给定值调节速度。试验条件为在调节器静态下、发电机空载、发电机负载下进行。

二、危险点分析与控制措施

（1）走错间隔。控制措施：监护人员监护到位，明确所在设备的工作任务，操作前，仔细核对设备铭牌和双重编号。

（2）误触电。控制措施：应按照电气作业规程，验电后作业，必要时断开盘内的交流和直流电源；防止金属裸露工具与低压电源接触，造成低压触电或电源短路；工作时站在绝缘垫上。

（3）误触碰。控制措施：应对可能引发误碰的回路、设备、元件设置防护带和悬挂警示牌。

（4）误整定。控制措施：应指定具有定值修改权限的人员修改定值，工作完成后应根据下达的整定单，复核正确后投入。

三、作业前准备

（1）作业前组织作业人员学习作业指导书，熟悉检查项目、步骤、注意事项。

（2）分配任务前，检查人员精神状态、疲劳程度等，适当调整人员作息，改善工作环境。

（3）准备并检查工器具是否满足要求，主要包括录波仪、万用表、常用电工工具一套。

（4）确认工作组成员健康状况良好，安全帽、工作服等安全工器具完备、合格。

（5）作业前确认设备编号、位置和工作状态。

（6）作业前/后应按照工作票对隔离措施/恢复措施进行检查和确认。

（7）作业前应根据测量参量选择量程匹配、型号合适的仪表设备。

（8）作业前应检查仪器设备是否合格有效，对不合格的或有效使用期超期的应封存并禁止使用。

（9）作业前应检查、核对设备名称、编号、位置，发现有误或标识不清应立即停止操作。

（10）作业前应检查确认与本装置相关的其他二次设备的隔离措施是否到位。

四、操作步骤

（1）确认设备编号。

（2）与运行值班员联系，确认具备励磁调节器通电试验条件；将励磁用厂用电源投入，励磁直流操作电源断路器投入。

（3）预整定自动电压调节器给定调节速度可以在调节器静态下进行。设置调节器在自动或手动方式进行增减给定操作。

（4）测量、计算和预整定给定值调节速度到规定的范围。

（5）有的调节器空载和负载设计的调节速度不同，则需要分别模拟不同的情况进行试验。

（6）为了防止调节器给定值调节失控，调节器设置了每次最大调节量的限制。

（7）发电机在空载运行的状态下，用秒表记录，发电机电压从启励到额定的时间，满足要求。

（8）观察发电机同期操作时电压调节的速度合适，并网情况下无功功率的调节速度合适，满足自动电压调节器的给定速度不大于 1%额定电压/s，不小于 0.3%额定电压/s。

五、注意事项

（1）现场作业文明生产要求。

（2）工作现场保持清洁，做到工完场清。

（3）作业要求两人以上，做好监护，防止走错间隔。

【思考与练习】

1. 自动电压调节给定速度测定的目的是什么？

2. 如何进行自动电压调节给定速度的测定？

3. 要在哪两种工况下进行自动电压给定速度测定？

◤ 模块 23　自动和手动调节范围测定
（新增 ZY5400203002）

【模块描述】本模块包含测定试验条件、自动和手动调节范围测定操作及注意事项。通过对操作方法、步骤、注意事项的讲解和案例分析，掌握自动和手动调节范围测定方法及步骤。

【模块内容】

一、作业内容

自动和手动调节范围测定操作目的是测试自动和手动方式下发动机电压和转子电

压（电流）的调节范围和稳定情况，以便满足各种情况下发动机并网和输送功率的要求。

试验条件为自动方式下发动机电压调节范围在发动机空载时进行。手动方式下转子电压（电流）调节范围在发动机空载和负载下进行。

GB/T 7409.3—2007《同步电机励磁系统 大、中型同步发电机励磁系统技术要求》、DL/T 75—2016《回转式空气预热器运行维护规程》和 DL/T 583—2018《大中型水轮发电机静止整流励磁系统技术条件》要求：自动方式下调节器应能在发动机空载额定电压的 70%～110%范围内进行稳定、平滑地调节；手动方式下调节器应能在发动机空载额定电压的 20%～110%范围内稳定、平滑地调节。DL/T 843—2010《大型汽轮发电机励磁系统技术条件》则要求自动方式空载额定电压 80%～110%范围内满足要求。

判别标准为自动和手动控制方式的调节范围应不小于规定的范围，发动机端电压应调节稳定、平滑。

二、危险点分析与控制措施

（1）走错间隔。控制措施：监护人员监护到位，明确所在设备的工作任务，操作前，仔细核对设备铭牌和双重编号。

（2）误触电。控制措施：应按照电气作业规程，验电后作业，必要时断开盘内的交流和直流电源；防止金属裸露工具与低压电源接触，造成低压触电或电源短路；工作时站在绝缘垫上。

（3）误触碰。控制措施：应对可能引发误碰的回路、设备、元件设置防护带和悬挂警示牌。

（4）误整定。控制措施：应指定具有定值修改权限的人员修改定值，工作完成后应根据下达的整定单，复核正确后投入。

三、作业前准备

（1）作业前组织作业人员学习作业指导书，熟悉检查项目、步骤、注意事项。

（2）分配任务前，检查人员精神状态、疲劳程度等，适当调整人员作息，改善工作环境。

（3）准备并检查工器具是否满足要求，主要包括录波仪、万用表、常用电工工具一套。

（4）确认工作组成员健康状况良好，安全帽、工作服等安全工器具完备、合格。

（5）作业前确认设备编号、位置和工作状态。

（6）作业前/后应按照工作票对隔离措施/恢复措施进行检查和确认。

（7）作业前应根据测量参量选择量程匹配、型号合适的仪表设备。

（8）作业前应检查仪器设备是否合格有效，对不合格的或有效使用期超期的应封

存并禁止使用。

（9）作业前应检查、核对设备名称、编号、位置，发现有误或标识不清应立即停止操作。

（10）作业前应检查确认与本装置相关的其他二次设备的隔离措施是否到位。

四、操作步骤

（1）确认设备编号。

（2）所有检修作业结束，将励磁系统所有电源恢复，机组恢复备用状态，机组具备开机试验条件。

（3）在发电机空载状态下，设置调节器通道、自动或手动方式。

（4）起励后进行增减给定操作，调节器 A/B 通道上限分别升压至 V/F 动作，下限调至低于 70%或要求达到调节范围的上下限。

（5）手动通道上限调至 110%，如果允许可调至 120%电压限制起作用，下限调至最小值。

（6）记录发电机电压转子电压、转子电流和给定值，同时观察运行稳定情况。

（7）进行发电机负载下的手动方式给定调整范围测定时，为了防止定子过电流，有功功率应低于额定值。

（8）自动给定上限可以采用开环测试的方法。在调节器静态时，输入模拟的发动机电压至上限值，逐渐增加自动电压给定值，观察调节器输出由 0 变化到负荷额定值。

（9）记录调节器自动和手动状态下机端电压并记录。

五、注意事项

（1）发动机空载时，手动方式的上限应不小于发动机空载励磁电压（电流）的110%。

（2）发动机负载时，手动方式的下限一般应当与发动机有功功率有关，当有功功率增加时自动提高下限值。手动方式的下限值应与手动方式下发动机的静稳极限留有一定的余量，同时也要防止过高的下限值引起过高的机端电压，给运行的操作带来不便。

（3）有的自动调用调节器在发动机空载和发电机负载下的调节范围不同，要分别模拟这两种情况测量其调节范围。

（4）如果发动机电压波动或电压不可控制地上升，应立即分段灭磁断路器。

（5）有的励磁调节器在 70%额定电压以下设有去积分环节，电压高于 70%额定电压时积分环节投入，两种调节方式所对应的发动机电压调整性能（反应速度）有差别，特别在交界点处非常明显。

（6）现场作业文明生产要求。

1）现场使用材料、仪器仪表、工具摆放整齐、有序。

2）试验接线正确，记录数据清楚，完备。

3）工作现场保持清洁，做到工完场清。

【思考与练习】

1. 自动和手动调节范围测定的目的是什么？

2. 在机组的什么状态下进行自动、手动调节范围的测定？

3. 如何进行手动调节范围的测定？

▲ 模块 24　快速直流断路器的检修调试
（新增 ZY5400203003）

【模块描述】本模块包含快速直流断路器结构及参数、直流断路器的安装、直流断路器的维护检修、合闸装置的故障检修操作及注意事项。通过对操作方法、步骤、注意事项的讲解和案例分析，掌握快速直流断路器的检修方法及步骤。

【模块内容】

一、作业内容

UR36–82S 型快速直流断路器的检修随主机检修同时进行。但在事故跳闸的情况下，应将灭磁断路器电源和励磁直流控制电源切掉，切励磁直流控制电源 220V，把断路器罩打开，进行主、弧触头及灭弧栅检查。在经历 250 次的过载切断（电流值比临界值高）或经历 500 次手动切断后（电流值小于临界值）应做详细检测（直径的测量）。设备规范及参数为额定工作电压 2000V、额定工作电流 3600A、最大灭磁能量 1MJ、电流整定范围 2000～8000A、主电路对地及二次线绝缘耐压 4000V 交流、QLC 直流接触器 CZO–150/20 额定电压、QRC 直流接触器 CZO–150/10、电压传感器 HEC2500V–F、32KM 直流接触器（合 FMK）CZO–150、33KM 直流接触器（跳 FMK）CZO–150。

二、危险点分析与控制措施

（1）走错间隔。控制措施：监护人员监护到位，明确所在设备的工作任务，操作前，仔细核对设备铭牌和双重编号。

（2）误触电。控制措施：应按照电气作业规程，验电后作业，必要时断开盘内的交流和直流电源；防止金属裸露工具与低压电源接触，造成低压触电或电源短路；工作时站在绝缘垫上。

（3）误触碰。控制措施：应对可能引发误碰的回路、设备、元件设置防护带和悬挂警示牌。

三、作业前准备

（1）作业前组织作业人员学习作业指导书，熟悉检查项目、步骤、注意事项。

（2）分配任务前，检查人员精神状态、疲劳程度等，适当调整人员作息，改善工作环境。

（3）准备并检查工器具是否满足要求，主要包括录波仪、万用表、常用电工工具一套。

（4）确认工作组成员健康状况良好，安全帽、工作服等安全工器具完备、合格。

（5）作业前确认设备编号、位置和工作状态。

（6）作业前/后应按照工作票对隔离措施/恢复措施进行检查和确认。

（7）作业前应根据测量量选择量程匹配、型号合适的仪表设备。

（8）作业前应检查仪器设备是否合格有效，对不合格的或有效使用期超期的应封存并禁止使用。

（9）作业前应检查、核对设备名称、编号、位置，发现有误或标识不清应立即停止操作。

（10）作业前应检查确认与本装置相关的其他二次设备的隔离措施是否到位。

四、操作步骤

（1）断路器触头用干布擦尽触头片上的煤烟，如有大块的玻璃粉，用金属刷刷掉。严禁用锉锉触头、润滑触头。

（2）当磨损触头 W 变成 3mm±0.5mm 时，主触头必须更换。主触头（即动、静触头）的接触磨损可达 10mm，经验表明只有经过数年的使用才会产生上述的磨损。这样的磨损可导致触头的压力减小，合闸冲程增大 5mm。

（3）触头检查。

1）完全取下固定螺栓和断路器灭弧罩的支托。对于固定支架，松开在导电臂上和上盖板边缘的连接法兰并旋转 90°。在断路器上的一侧转动灭弧罩，检查各种受损的部件。

2）外观检查动触头、静触头片和导电极；挡弧板；灭弧罩的进气口，外导电臂和挡弧片。

3）测量 W 的尺寸大小。W 的尺寸是通过检测封盖上突出在外的轴套的长度得出的，断路器新触头 W=8mm±1mm，磨损触头 W=3mm±1mm。

4）用干布和吸尘器清理灭弧罩入口、挡弧板、支架上板、在截断室底部的框架。

5）用手动检查合闸装置来测量触头的磨损，此时必须将断路器切断电源断开并接地安装。

a）取下灭弧罩。

b）拿出挡弧板。

c）用手动合闸装置合上断路器。

d）用一个软尺测量静触头的支架和动触头导电臂间的距离。

e）当测量的尺寸达到 38mm±0.5mm 时，必须换主触头。

6）挡弧板的检查。

a）当断路器发生严重过电流或短路时，检查挡弧板的状态。

b）为了进行检查，从断路器上取下灭弧罩，移开挡弧板，用一块干布和吸尘器清洁。

c）如果挡弧板呈现有裂缝，或燃烧受损的深度超过原厚度 12mm 的一半，须更换。

7）灭弧罩的检查。

a）当更换主触头或在定期检查时，必须详细检查灭弧罩。

b）灭弧罩最好检查灭弧罩入口处状况。

c）只要导电臂的损坏不超过原截面积的一半，灭弧罩仍可以继续使用。

（4）装置外观所有紧固部件检查。

1）检查所有类似的螺栓、螺母、夹卡等零件是否紧固，通过紧固拉紧转矩检查螺栓和螺母结合是否紧固。

2）用刷子润滑动组件和棘齿上的掣卡。

（5）M 型合闸装置的故障检修。

五、注意事项

（1）在高压时和没有接地装置时，勿接触断路器。

（2）校验工作至少应有二人参加，由一人操作、读表，一人监护和记录。

（3）所有元件、仪器、仪表应放在绝缘垫上。

（4）试验接线完毕后，必须经二人都检查正确无误后方可通电进行试验。

（5）所用仪表一般不应低于 0.5 级。

（6）所有使用接线应牢固可靠。

（7）上电源先应查看调压器、变阻器在适当的位置，严防大电流冲击，防止短路。

【思考与练习】

1. 主触头在什么情况下需要进行更换？

2. 如何进行触头检查？

3. 如何进行灭弧罩的检查？

▲ 模块 25 灭磁和转子过电压保护检修
（新增 ZY5400203004）

【模块描述】本模块包含检修前的准备、低电压磁场断路器可靠合闸试验、低电压磁场断路器可靠分闸试验、最小最大操作电压下分合闸试验、重合闸闭锁（防跳）试验、放电触头的调整。通过对操作方法、步骤、注意事项的讲解和案例分析，掌握灭磁和转子过电压保护检修方法及步骤。

【模块内容】

一、作业内容

检修前了解磁场断路器动作原理及大修前设备运行情况，熟悉 Q/GDW 1799.1—2013《国家电网公司电力安全工作规程 变电部分》中的保证安全的组织措施和技术措施，熟悉本厂电气设备检修规程中励磁系统部分。

磁场断路器检修的目的是保证水轮发电机组灭磁装置的完好性，使装置保持良好的运行状况，满足装置在各种故障下能正确动作。DL/T 583—2018《大中型水轮发电机静止整流励磁系统技术条件》5.16 条要求在下述三种情况下可靠灭磁：

（1）发电机运行在系统中，其磁场电流不超过额定值，定子回路外部短路或内部短路；

（2）发电机空载运行；

（3）发电机空载误强励。

GB/T 7409.3—2007《同步电机励磁系统 大、中型同步发电机励磁系统技术要求》要求在发电机事故停机、空载误强励和正常逆变灭磁失败时，能迅速、可靠地灭磁。

DL/T 583—2018《大中型水轮发电机静止整流励磁系统技术条件》要求在任何需要灭磁的工况下（包括发电机空载误强励情况下），自动灭磁装置及断路器都必须保证可靠灭磁，灭磁时间要短。

二、危险点分析与控制措施

（1）走错间隔。控制措施：监护人员监护到位，明确所在设备的工作任务，操作前，仔细核对设备铭牌和双重编号。

（2）误触电。控制措施：应按照电气作业规程，验电后作业，必要时断开盘内的交流和直流电源；防止金属裸露工具与低压电源接触，造成低压触电或电源短路；工作时站在绝缘垫上。

（3）误触碰。控制措施：应对可能引发误碰的回路、设备、元件设置防护带和悬

挂警示牌。

（4）仪器仪表损坏。控制措施：测量时不得超过仪器仪表允许的最大量程范围，以免损坏仪器仪表。

三、作业前准备

（1）作业前组织作业人员学习作业指导书，熟悉检查项目、步骤、注意事项。

（2）分配任务前，检查人员精神状态、疲劳程度等，适当调整人员作息，改善工作环境。

（3）准备并检查工器具是否满足要求，主要包括录波仪、万用表、滑线电阻器、电压表、常用电工工具一套。

（4）确认工作组成员健康状况良好，安全帽、工作服等安全工器具完备、合格。

（5）作业前确认设备编号、位置和工作状态。

（6）作业前/后应按照工作票对隔离措施/恢复措施进行检查和确认。

（7）作业前应根据测量参量选择量程匹配、型号合适的仪表设备。

（8）作业前应检查仪器设备是否合格有效，对不合格的或有效使用期超期的应封存并禁止使用。

（9）作业前应检查、核对设备名称、编号、位置，发现有误或标识不清应立即停止操作。

（10）作业前应检查确认与本装置相关的其他二次设备的隔离措施是否到位。

四、操作步骤、质量标准

（1）检修前的安全措施。

1）磁场断路器在分闸位置。

2）380V、220V、直流220V操作电源断开。

3）确认无电后，方可进行检修工作。

（2）检修前的准备工作。

1）查看运行缺陷记录本，向运行人员了解检修前装置运行情况。

2）根据所了解的情况，制定检修项目。

3）准备好所用材料、备件、图纸、工具等。

（3）绝缘电阻和介电强度试验。

（4）合、分闸线圈直流电阻测量。

（5）80%U_e低电压磁场断路器可靠合闸试验。

1）按图2-2-13所示接线图进行接线。

2）由两人检查接线正确。

3）调整滑线变阻器电阻在最大。

4）试验断路器合闸，调节滑线变阻器滑动触头，当电压表指示在 80%U_e。

5）断开试验用隔离开关，后再合上隔离开关，检查磁场断路器的其合闸情况，磁场断路器应可靠动作。

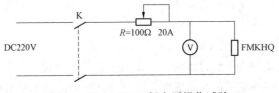

图 2-2-13　80%U_e 低电压操作试验

（6）65%U_e 低电压磁场断路器可靠分闸试验。

1）按如图 2-2-14 所示接线图进行接线。试验断路器分闸，检查其分闸情况，应可靠动作。

2）由两人检查接线正确。

3）调整滑线变阻器电阻在最上端位置。

4）试验断路器合闸，调节滑线变阻器滑动触头，当电压表指示在 65%U_e。

5）检查磁场断路器分闸情况，磁场断路器应可靠动作。

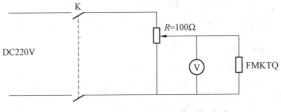

图 2-2-14　65%U_e 低电压操作试验

（7）最小最大操作电压下分合闸试验。

1）在最小操作电压下磁场断路器分别进行五次合闸和五次分闸操作。分、合闸电磁铁线圈的最低动作电压应在额定操作电压值的 30%～65%。磁场断路器在操作电压额定值的 80%时应可靠合闸，在 65%时应可靠分闸，对于 30%时不动作。试验采用多道电子毫秒计记录动作时间，各个触头动作的一致性符合要求。

2）最大操作电压下磁场断路器分合闸试验。最大操作电压为产品规定的或励磁系统标准规定的最大直流操作电压110%额定值，在最大操作电压下五次合闸和五次自由脱扣。采用多道电子毫秒计记录动作时间，各个触头动作的一致性符合要求。

（8）重合闸闭锁（防跳）试验。

1）在已合闸状态下保持合闸操作命令和合闸操作电源。

2）在上述条件下，下达分闸命令，电路虽然保持合闸命令但是应保持分闸状态，不会再重合闸。注意在短时间内灭磁断路器动作次数不宜过多，因为分、合闸线圈均为短时工作制，连续带电会使线圈发热，不容易在低电压下可靠动作。

（9）放电触头的调整。放电触头的调整检验要根据制造厂对磁场断路器结构的设计特点实施：

1）在分闸命令下达，主触头从原来合闸状态改变为最终分闸状态之前，放电触头就提前从原来分闸状态改变到合闸状态，造成主触头与放电触头有一很短的同时闭合状态的时段，以保证磁场放电断路器在断流灭磁过程中，磁场绕组始终不会开路。

2）检验调整，在合闸命令下达主触头从原来分闸状态改变为合闸状态后，放电触头才延迟从原来合闸状态改变到分闸状态，这也是为了造成主触头与放电触头有一很短的同时闭合状态的时段。

3）对于采用 SiC 灭磁动作的磁场断路器，要注意检验动断放电触头在断开状态下的间距，防止发电机运行中转子绕组中产生的过电压击穿该间隙所造成的电弧被正常励磁电压维持住，导致 SiC 灭磁电阻长期带电通流被烧毁。

五、注意事项

（1）校验工作至少应有二人参加，由一人操作、读表，一人监护和记录。

（2）所有元件、仪器、仪表应放在绝缘垫上。

（3）试验接线完毕后，必须经二人都检查正确无误后方可通电进行试验。

（4）所用仪表一般不应低于 0.5 级。

（5）所有使用接线应牢固可靠。

（6）上电源先应查看调压器、变阻器在适当的位置，严防大电流冲击，防止短路。

【思考与练习】

1. 磁场断路器检修的目的是什么？

2. 如何进行 $80\%U_e$ 磁场断路器可靠合闸试验？

3. 如何进行 $65\%U_e$ 磁场断路器可靠分闸试验？

◢ 模块 26　励磁设备故障的分析及处理
（新增 ZY5400204019）

【**模块描述**】本模块包含励磁系统常见故障的判断、分析和处理的方法、步骤。通过对操作方法、步骤、注意事项的讲解和案例分析，掌握励磁系统设备的故障分析和处理方法、步骤。

【模块内容】

一、作业内容

对于各个发电厂的励磁专业人员来说，除了在大小修期间，要对励磁系统做相关的清扫、检查工作及各类试验外，还必须对励磁设备进行日常缺陷、故障的处理。因此，励磁专业人员必须具备相当的处理故障的能力，一旦励磁系统出现故障时，能够快速响应，准确分析，彻底消除，从而保证励磁系统的稳定、保证机组的稳定。

进行事故处理时，一般分为了解事故现象、事故分析、事故处理及反措。

下面以某电厂的一起案例分析来进行讲解。

二、危险点分析与控制措施

（1）走错间隔。控制措施：监护人员监护到位，明确所在设备的工作任务，操作前，仔细核对设备铭牌和双重编号。

（2）误触电。控制措施：应按照电气作业规程，验电后作业，必要时断开盘内的交流和直流电源；防止金属裸露工具与低压电源接触，造成低压触电或电源短路；工作时站在绝缘垫上。

（3）误触碰。控制措施：应对可能引发误碰的回路、设备、元件设置防护带和悬挂警示牌。

（4）仪器仪表损坏。控制措施：测量时不得超过仪器仪表允许的最大量程范围，以免损坏仪器仪表。

（5）误整定。控制措施：应指定具有定值修改权限的人员修改定值，工作完成后应根据下达的整定单，复核正确后投入。

三、作业前准备

（1）作业前组织作业人员学习作业指导书，熟悉检查项目、步骤、注意事项。

（2）分配任务前，检查人员精神状态、疲劳程度等，适当调整人员作息，改善工作环境。

（3）准备并检查工器具是否满足要求，主要包括万用表、常用电工工具一套。

（4）确认工作组成员健康状况良好，安全帽、工作服等安全工器具完备、合格。

（5）作业前确认设备编号、位置和工作状态。

（6）作业前/后应按照工作票对隔离措施/恢复措施进行检查和确认。

（7）作业前应根据测量参量选择量程匹配、型号合适的仪表设备。

（8）作业前应检查仪器设备是否合格有效，对不合格的或有效使用期超期的应封存并禁止使用。

（9）作业前应检查、核对设备名称、编号、位置，发现有误或标识不清应立即停止操作。

（10）作业前应检查确认与本装置相关的其他二次设备的隔离措施是否到位。

四、操作步骤

某电厂因 TV 小车未合到位引起发电机升压误强励故障分析。

原因：TV 小车未合到位的故障可能发生，而未合 TV 小车却进行开机的情况基本不会发生，安规有要求，运行人员在检修后开机前必须检查相关设备的状态，所以 TV 小车未合的情况应该能被发现。而 TV 小车未合到位的情况有可能检查不出来，从而引发开机时励磁故障。

1. 事故现象

某电厂 300MW 机组，启机升压试验时，监控系统向励磁调节器发出升压命令后，发电机灭磁断路器突然跳闸，发电机电压未升起，励磁调节器、发电机变压器组保护及机组故障录波器均无异常信号。

2. 事故分析

事故发生后，经检查发现发电机升压前，两个 TV 小车未正常推入，即 TV 未接入发电机定子，灭磁断路器跳闸有中控室跳闸、发电机变压器组保护跳闸和励磁机过电压保护继电器跳闸三个输入信号。

经过分析，事故发生的过程为：发电机升压时，由于 TV 未接入，励磁调节器、发电机变压器组保护、监控系统均无法测量到发电机定子电压，励磁调节器 TV 断线功能采用双 TV 比较法，无法正确判断 TV 断线，根据电压闭环调节原理，机端电压持续增加，发电机发生误强励故障，由于发电机变压器组保护不能正确测量发电机电压，过电压保护功能失效，不能出口跳闸，但是励磁机定子过电压采用独立过电压继电器保护，该过电压继电器发出跳闸命令，跳开灭磁断路器。

3. 事故处理

将 TV 小车推入，并检查电压回路正常。

4. 反措

（1）发电机变压器组保护装置增加励磁机过电压保护功能，以全面保护发电机安全运行。

（2）励磁调节器应该完善双电压互感器断线判定功能，当两个 TV 均故障的情况下，也能判断出 TV 断线，及时将励磁控制切换至电流闭环，发电机不会出现过电压故障。

五、注意事项

（1）事故处理必须至少两人进行。

（2）发生事故后，切忌慌乱，必须冷静的了解事故发生的现象，收集各有关系统的信息。

（3）事故原因不明，不能恢复运行。

（4）事故处理完成后，必须进行反措，并举一反三，防止类似事故再次发生。

【思考与练习】

1. 事故处理一般分几个步骤？

模块 27　晶闸管小电流试验
（新增 ZY5400204001）

【模块描述】本模块包含低压小电流试验、高压小电流试验。通过对操作方法、步骤、注意事项的讲解和案例分析，掌握晶闸管小电流试验方法及步骤。

【模块内容】

一、作业内容

励磁系统小电流试验是指在整流柜的阳极输入侧外加厂用电交流 380V，直流输出接电阻负荷，调整控制角，通过观察负荷电压波形变化，综合检查励磁控制器测量、脉冲回路、整流柜元件特性的一种试验方式。

二、危险点分析与控制措施

（1）走错间隔。控制措施：监护人员监护到位，明确所在设备的工作任务，操作前，仔细核对设备铭牌和双重编号。

（2）误触电。控制措施：应按照电气作业规程，验电后作业，必要时断开盘内的交流和直流电源；防止金属裸露工具与低压电源接触，造成低压触电或电源短路；工作时站在绝缘垫上。

（3）误触碰。控制措施：应对可能引发误碰的回路、设备、元件设置防护带和悬挂警示牌。

（4）仪器仪表损坏。控制措施：测量时不得超过仪器仪表允许的最大量程范围，以免损坏仪器仪表。

三、作业前准备

（1）作业前组织作业人员学习作业指导书，熟悉检查项目、步骤、注意事项。

（2）分配任务前，检查人员精神状态、疲劳程度等，适当调整人员作息，改善工作环境。

（3）准备并检查工器具是否满足要求，主要包括示波器、万用表、调压器、滑线电阻器、电压表、常用电工工具一套。

（4）确认工作组成员健康状况良好，安全帽、工作服等安全工器具完备、合格。

（5）作业前确认设备编号、位置和工作状态。

（6）作业前/后应按照工作票对隔离措施/恢复措施进行检查和确认。

（7）作业前应根据测量参量选择量程匹配、型号合适的仪表设备。

（8）作业前应检查仪器设备是否合格有效，对不合格的或有效使用期超期的应封存并禁止使用。

（9）作业前应检查、核对设备名称、编号、位置，发现有误或标识不清应立即停止操作。

（10）作业前应检查确认与本装置相关的其他二次设备的隔离措施是否到位。

四、操作步骤

1. 低压小电流试验

（1）按照图 2-2-15 所示接线，示波器也可以用记录仪代替。

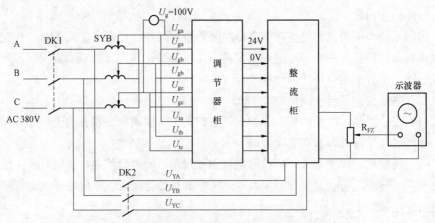

图 2-2-15　调节器带功率柜低压小电流试验接线

DK1、DK2—隔离开关；R_{FZ}—负荷电阻；SYB—调压器

（2）通电之前检查试验接线，确定接线无误在给电源。

（3）通电之后，先检查电源是否正常，同步信号相序对不对，晶闸管开通情况，检测使晶闸管开通并维持住的最低阳极电压。

（4）当升高阳极电压，记录产生正常脉冲的临界电压值。

（5）改变给定电压值、观察整流、逆变、整流的工作情况。

（6）用示波器检查可控脉冲波形，如图 2-2-16 所示，对 SCR 触发脉冲的要求如下：

1）对于双脉冲其总宽度应不小于 100°，幅值应不小于 3V，脉冲前沿应不大于 3μs。

2）对于脉冲列其总宽度应不小于 100°，幅值应不小于 3V，脉冲前沿应不大于 2μs。

3）所有脉冲应无毛刺和干扰波，脉冲相位正确，60°间隔准确无误。

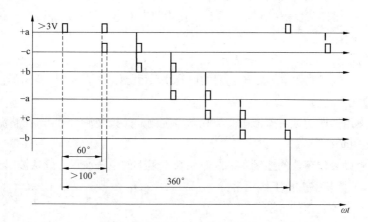

图 2-2-16　六相脉冲相位及波形图

（7）用示波器检查晶闸管输出电压波形，如图 2-2-17 所示。最后确认整流屏装置连接正确，无异常即可。

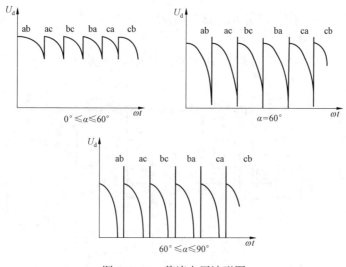

图 2-2-17　整流电压波形图

（8）整流柜有输入输出隔离开关。

1）依次断开各个整流柜阳极开关和直流输出隔离开关。

2）在这些断路器、隔离开关的内侧即整流柜侧外接交流 380V 和电阻负荷。

3）调整励磁调节器的控制角，观察负荷电阻上的电压波形，确认波形和励磁调节器和整流柜工作正常。

（9）整流柜没有输入输出隔离开关。

1）断开整流柜同发电机转子之间的电气联系，比如跳开双断口断路器；断开励磁变压器原边或者副边主回路。

2）在变压器原边或者整流柜交流输入电缆侧，外接交流 380V，在整流柜输出电缆侧外接电阻负荷。

3）调整励磁调节器的控制角，观察负荷电阻上的电压波形，确认波形达到要求，确认励磁调节器和整流柜工作正常。

（10）改变控制角的方法。

1）控制角开环运行，直接设定角度，从 90°开始，在电阻负荷允许的情况下逐步减小。

2）改变外接 TV 电压输入值，让控制角变化。

（11）试验数据（试验时间、天气、试验主要仪器及精度、试验数据、试验人）记录及分析。

（12）写出晶闸管低高压小电流试验试验报告。

2. 高压小电流试验

（1）按照图 2-2-18 所示接线，负荷电阻同低压小电流相同。

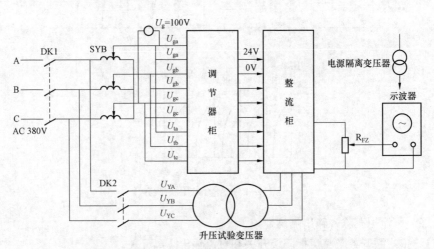

图 2-2-18　调节器带功率柜高压小电流试验接线

（2）设置励磁调节器工作在恒定角度控制方式下。

（3）将输入晶闸管整流装置的交流侧电压调整至励磁变压器二次额定交流电压的1.3 倍。

（4）通过励磁调节器控制增磁使整流装置输出 2 倍额定励磁电压。

（5）利用示波器观察晶闸管输出直流侧波形，晶闸管整流特性应平滑，整流锯齿波形应基本对称。

（6）试验时注意核实负荷电阻阻值及容量，负荷电阻阻值的选择以小电流试验时通过的电流不小于 1A 为宜，并依据此选取相应的电阻容量。

（7）试验拆线。检查所拆动过的端子或部件是否恢复，清理现场，并对检修结果向考评人口头汇报拆，试验人员全部撤离现场。

（8）试验数据（试验时间、天气、试验主要仪器及精度、试验数据、试验人）记录及分析。

（9）写出晶闸管高压小电流试验试验报告。

五、注意事项

（1）示波器的工作电源用隔离变隔离。

（2）示波器的测试探头的测试极棒用耐高压的绝缘棒绑好。

（3）波形的测试采用记忆示波器录波，做一个 10:1 的电阻分压装置，示波器只取1/10 的被测量。

（4）分压装置用绝缘的相色带吊着悬空。保持安全距离示波器调好后，两人分别拿绝缘测试极棒接触阳极断路器处不同相的导电部分，一人根据情况，调节示波器，并操作记忆示波器，将阳极波形存储下。

（5）校验工作至少应有二人参加，由一人操作、读表，一人监护和记录。

（6）所有元件、仪器、仪表应放在绝缘垫上。

（7）试验接线完毕后，必须经二人都检查正确无误后方可通电进行试验。

（8）所用仪表一般不应低于 0.5 级。

（9）所有使用接线应牢固可靠。

（10）电源先应查看调压器、变阻器在适当的位置，严防大电流冲击，防止短路。

（11）改变控制角时注意电阻负荷的容量。

【思考与练习】

1. 晶闸管小电流试验的目的是什么？

2. 晶闸管小电流试验的一般接线图是什么？

3. 小电流试验时，调节器工作在何种方式下？

▲ 模块 28　晶闸管低压大电流试验
（新增 ZY5400204002）

【模块描述】本模块包含试验接线、示波器检测晶闸管波形、分析脉冲及触发相位、输出锯齿波形。通过对操作方法、步骤、注意事项的讲解和案例分析，掌握晶闸管低压大电流试验方法及步骤。

【模块内容】

一、作业内容

检验晶闸管控制触发性能、晶闸管整流装置输出能力及大电流工况下的温升参数验证。

试验条件是调节器与晶闸管整流装置完成低压大电流试验接线，励磁调节器工作正常，整流装置的冷却系统工作正常，试验仪器齐备。

二、危险点分析与控制措施

（1）走错间隔。控制措施：监护人员监护到位，明确所在设备的工作任务，操作前，仔细核对设备铭牌和双重编号。

（2）误触电。控制措施：应按照电气作业规程，验电后作业，必要时断开盘内的交流和直流电源；防止金属裸露工具与低压电源接触，造成低压触电或电源短路；工作时站在绝缘垫上。

（3）误触碰。控制措施：应对可能引发误碰的回路、设备、元件设置防护带和悬挂警示牌。

（4）仪器仪表损坏。控制措施：测量时不得超过仪器仪表允许的最大量程范围，以免损坏仪器仪表。

三、作业前准备

（1）作业前组织作业人员学习作业指导书，熟悉检查项目、步骤、注意事项。

（2）分配任务前，检查人员精神状态、疲劳程度等，适当调整人员作息，改善工作环境。

（3）准备并检查工器具是否满足要求，主要包括示波器、万用表、调压器、滑线电阻器、电压表、红外线测温仪、常用电工工具一套。

（4）确认工作组成员健康状况良好，安全帽、工作服等安全工器具完备、合格。

（5）作业前确认设备编号、位置和工作状态。

（6）作业前/后应按照工作票对隔离措施/恢复措施进行检查和确认。

（7）作业前应根据测量参量选择量程匹配、型号合适的仪表设备。

（8）作业前应检查仪器设备是否合格有效，对不合格的或有效使用期超期的应封存并禁止使用。

（9）作业前应检查、核对设备名称、编号、位置，发现有误或标识不清应立即停止操作。

（10）作业前应检查确认与本装置相关的其他二次设备的隔离措施是否到位。

四、操作步骤

（1）按照如图 2-2-19 所示进行试验接线，负荷电阻容量不得低于 1kW，电流 300A 以上。

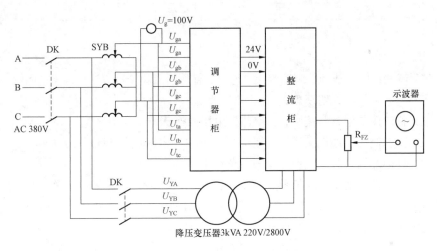

图 2-2-19　调节器带功率柜低压大电流试验接线

DK—隔离开关；R_{FZ}—负荷电阻

（2）检测使晶闸管开通并维持住的最低阳极电压：将输入晶闸管整流装置的交流侧电压调整至晶闸管开通并维持住的最低阳极电压，记录最低阳极电压值。

（3）当调整升高阳极电压，记录产生正常脉冲的临界电压值。

（4）观察脉冲及触发相位的正确性，如图 2-2-20 所示。对 SCR 触发脉冲的要求如下：

1）对于双脉冲其总宽度应不小于 100°，幅值应不小于 3V，脉冲前沿应不大于 3μs。

2）对于脉冲列其总宽度应不小于 100°，幅值应不小于 3V，脉冲前沿应不大于 2μs。

3）所有脉冲应无毛刺和干扰波，脉冲相位正确，60°间隔准确无误。

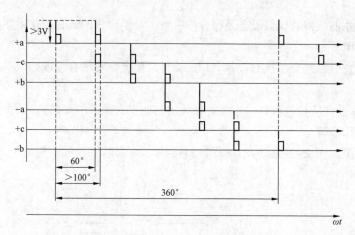

图 2-2-20 六相脉冲相位及波形图

（5）改变给定电压值、观察整流、逆变、整流的工作情况，这里因带电阻性负荷、故逆变不明显，只能说明现象。

（6）将输入晶闸管整流装置的交流侧电压调整至 20V 左右。

（7）直流侧采用通流铜排进行短接或接低值大电流负荷电阻。

（8）开启晶闸管整流装置的冷却系统。

（9）励磁调节器工作在恒角度控制方式下。

（10）通过励磁调节器控制增磁使整流装置输出电流逐渐上升，观测输出锯齿波形应有稳定的 6 个波峰，且一致性好，如图 2-2-21 所示。

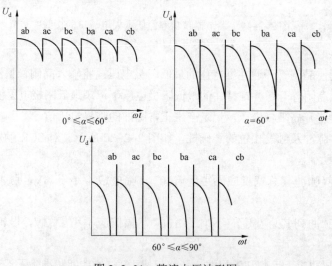

图 2-2-21 整流电压波形图

（11）观测输出电流指示至 50%额定电流时应停留 30min 左右，测量直流输出、交流三相电流值及整流器各部温升等有关量。各测温点为散热器端部、散热器根部（与管壳相接处）、散热器汇流排及连接螺母、螺栓等。

（12）然后继续增磁改变控制角度，直至晶闸管整流装置输出电流达额定值，运行 2h 以上（型式试验需做 72h），在更换晶闸管后，该项试验必须要做（指单块屏试验）。

（13）在此期间每 30min 左右测量各电气量及温度量一次，直至测点温度稳定，不再上升。

（14）将电流进一步升至顶值电流倍数（功率整流柜额定输出电流），持续 20s。当电流减至额定值后测量各点温升并记录。

（15）试验数据（试验时间、天气、试验主要仪器及精度、试验数据、试验人）记录及分析。

（16）写出晶闸管高压小电流试验试验报告。

五、注意事项

（1）示波器的工作电源用隔离变隔离。

（2）示波器的测试探头的测试极棒用耐高压的绝缘棒绑好。

（3）波形的测试采用记忆示波器录波，做一个 10:1 的电阻分压装置，示波器只取 1/10 的被测量。

（4）分压装置用绝缘的相色带吊着悬空。保持安全距离示波器调好后，两人分别拿绝缘测试极棒接触阳极断路器处不同相的导电部分，一人根据情况，调节示波器，并操作记忆示波器，将阳极波形存储下。

（5）校验工作至少应有二人参加，由一人操作、读表，一人监护和记录。

（6）所有元件、仪器、仪表应放在绝缘垫上。

（7）试验接线完毕后，必须经二人都检查正确无误后方可通电进行试验。

（8）所用仪表一般不应低于 0.5 级。

（9）所有使用接线应牢固可靠。

（10）电源先应查看调压器、变阻器在适当的位置，严防大电流冲击，防止短路。

（11）改变控制角时注意电阻负荷的容量。

【思考与练习】

1. 晶闸管大电流试验的目的是什么？

2. 如何通过整流电压波形判断大电流试验是否正常？

3. 大电流试验时，调节器工作在何种方式？

▲ 模块 29　整流柜高电压试验
（新增 ZY5400204003）

【模块描述】本模块包含试验接线、试验过程、检查脉冲、移相、阻容各单元的输出波形。通过对操作方法、步骤、注意事项的讲解和案例分析，掌握整流柜高电压试验方法及步骤。

【模块内容】

一、作业内容

通过此试验能发现晶闸管均流、均压及阻容保护等元件的问题，以便为闭环运行做好准备。

二、危险点分析与控制措施

（1）走错间隔。控制措施：监护人员监护到位，明确所在设备的工作任务，操作前，仔细核对设备铭牌和双重编号。

（2）误触电。控制措施：应按照电气作业规程，验电后作业，必要时断开盘内的交流和直流电源；防止金属裸露工具与低压电源接触，造成低压触电或电源短路；工作时站在绝缘垫上。

（3）误触碰。控制措施：应对可能引发误碰的回路、设备、元件设置防护带和悬挂警示牌。

（4）仪器仪表损坏。控制措施：测量时不得超过仪器仪表允许的最大量程范围，以免损坏仪器仪表。

三、作业前准备

（1）作业前组织作业人员学习作业指导书，熟悉检查项目、步骤、注意事项。

（2）分配任务前，检查人员精神状态、疲劳程度等，适当调整人员作息，改善工作环境。

（3）准备并检查工器具是否满足要求，主要包括示波器、万用表、调压器、滑线电阻器、电压表、红外线测温仪、常用电工工具一套。

（4）确认工作组成员健康状况良好，安全帽、工作服等安全工器具完备、合格。

（5）作业前确认设备编号、位置和工作状态。

（6）作业前/后应按照工作票对隔离措施/恢复措施进行检查和确认。

（7）作业前应根据测量参量选择量程匹配、型号合适的仪表设备。

（8）作业前应检查仪器设备是否合格有效，对不合格的或有效使用期超期的应封存并禁止使用。

（9）作业前应检查、核对设备名称、编号、位置，发现有误或标识不清应立即停止操作。

（10）作业前应检查确认与本装置相关的其他二次设备的隔离措施是否到位。

四、操作步骤

（1）确认设备编号。

（2）按照试验接线图进行接线，如图2-2-22所示。

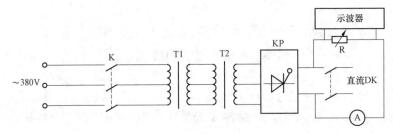

图 2-2-22　高电压试验接线图

K—隔离开关；R—110Ω滑线电阻；T1—三相调压器；

A—电流表；T2—升压变压器；KP—整流桥

（3）检查试验接线无问题方可通电试验。

（4）合上隔离开关K，检查三相电源对称。

（5）调节三相调压器，使电压缓慢上升，并注意升压变二次侧的电压，电压加到额定值。

（6）晶闸管正常工作后，开始测晶闸管均流、均压数据并记录。

（7）用示波器检查脉冲、移相、阻容各单元的输出波形应符合要求。

（8）测的数据与原始记录比较应无差别，如差别很大，应更换晶闸管，然后重复上试验项目，直到合格为止。

五、注意事项

（1）试验时设专人监护，检查接线正确后方可通电试验，试验中观察大功率柜的运行状况，发现异常，马上停止试验。

（2）示波器的工作电源用隔离变隔离。

（3）示波器的测试探头的测试极棒用耐高压的绝缘棒绑好。

（4）波形的测试采用记忆示波器录波，做一个10:1的电阻分压装置，示波器只取1/10的被测量。

（5）分压装置用绝缘的相色带吊着悬空。保持安全距离示波器调好后，两人分别拿绝缘测试极棒接触阳极断路器处不同相的导电部分，一人根据情况，调节示波器，并操作记忆示波器，将阳极波形存储下。

（6）准备好消防器材。

【思考与练习】

1. 整流柜高电压试验的目的是什么？

2. 高电压试验的接线图是怎样的？

3. 如何进行高电压试验？

◢ 模块 30　晶闸管整流装置均流特性试验
（新增 ZY5400204004）

【模块描述】本模块包含试验目的、试验条件、试验接线、静态试验、动态试验。通过对操作方法、步骤、注意事项的讲解和案例分析，掌握晶闸管整流装置均流特性试验方法及步骤。

【模块内容】

一、作业内容

试验目的：检查并联功率柜的均流情况。

二、危险点分析与控制措施

（1）走错间隔。控制措施：监护人员监护到位，明确所在设备的工作任务，操作前，仔细核对设备铭牌和双重编号。

（2）误触电。控制措施：应按照电气作业规程，验电后作业，必要时断开盘内的交流和直流电源；防止金属裸露工具与低压电源接触，造成低压触电或电源短路；工作时站在绝缘垫上。

（3）误触碰。控制措施：应对可能引发误碰的回路、设备、元件设置防护带和悬挂警示牌。

（4）仪器仪表损坏。控制措施：测量时不得超过仪器仪表允许的最大量程范围，以免损坏仪器仪表。

三、作业前准备

（1）作业前组织作业人员学习作业指导书，熟悉检查项目、步骤、注意事项。

（2）分配任务前，检查人员精神状态、疲劳程度等，适当调整人员作息，改善工作环境。

（3）准备并检查工器具是否满足要求，主要包括示波器、万用表、调压器、滑线电阻器、电压表、红外线测温仪、常用电工工具一套。

（4）确认工作组成员健康状况良好，安全帽、工作服等安全工器具完备、合格。

（5）作业前确认设备编号、位置和工作状态。

（6）作业前/后应按照工作票对隔离措施/恢复措施进行检查和确认。

（7）作业前应根据测量参量选择量程匹配、型号合适的仪表设备。

（8）作业前应检查仪器设备是否合格有效，对不合格的或有效使用期超期的应封存并禁止使用。

（9）作业前应检查、核对设备名称、编号、位置，发现有误或标识不清应立即停止操作。

（10）作业前应检查确认与本装置相关的其他二次设备的隔离措施是否到位。

四、操作步骤

（1）按照图 2-2-23 接线，要求负荷电阻容量不得低于 1kW，电流 300A 以上。

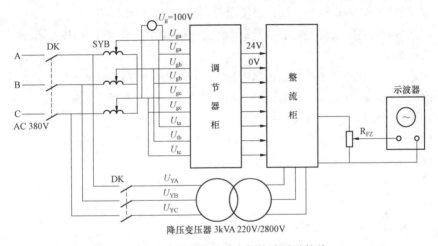

图 2-2-23　调节器带功率柜均流试验接线

（2）静态试验。

1）将所有整流功率柜输出并联连接，带相应的大电流负荷或直接将直流端口短路。

2）将输入晶闸管整流装置的交流侧电压调整至 20V 左右，直流侧采用通流铜排进行短接或接低值大电流负荷电阻。

3）开启晶闸管整流装置的冷却系统。

4）励磁调节器工作在恒角度控制方式下。

5）通过励磁调节器控制增磁使功率整流柜输出额定输出电流。

6）测量每个整流桥的电流，并计算均流系数。

（3）动态试验。

1）发动机并网带额定无功功率运行。

2）通过调节器将整流功率柜带至额定励磁电流下。

3）测量每个整流桥的电流，并计算均流系数，计算公式见 DL/T 583—2018《大中型水轮发电机静止整流励磁系统技术条件》。

（4）试验拆线，检查所拆动过的端子或部件是否恢复，清理现场，试验人员全部撤离现场。

（5）试验数据记录及分析，试验数据包括：试验时间、天气、试验主要仪器及精度、试验数据、试验人等。

五、注意事项

（1）示波器的工作电源用隔离变隔离。

（2）示波器的测试探头的测试极棒用耐高压的绝缘棒绑好。

（3）波形的测试采用记忆示波器录波，做一个 10:1 的电阻分压装置，示波器只取 1/10 的被测量。

（4）分压装置用绝缘的相色带吊着悬空。保持安全距离示波器调好后，两人分别拿绝缘测试极棒接触阳极断路器处不同相的导电部分，一人根据情况，调节示波器，并操作记忆示波器，将阳极波形存储下。

（5）校验工作至少应有二人参加，由一人操作、读表，一人监护和记录。

（6）所有元件、仪器、仪表应放在绝缘垫上。

（7）试验接线完毕后，必须经二人都检查正确无误后方可通电进行试验。

（8）所用仪表一般不应低于 0.5 级。

（9）所有使用接线应牢固可靠。

（10）电源先应查看调压器、变阻器在适当的位置，严防大电流冲击，防止短路。

【思考与练习】

1. 均流特性试验的目的是什么？

2. 均流试验分哪两种方式？

3. 如何判断均流系数是否合格？

▲ 模块 31 脉冲变压器耐压试验
（新增 ZY5400204005）

【模块描述】本模块包含试验目的、试验条件、测量绝缘电阻、脉冲变压器耐压试验接线、试验过程。通过对操作方法、步骤、注意事项的讲解和案例分析，掌握脉冲变压器耐压试验方法及步骤。

【模块内容】

一、作业内容

脉冲变压器主要作用是隔离，其次是改善触发脉冲的质量。由于移相器输出的移相脉冲，是一个弱电信号，不能直接接入晶闸管的控制极 G，故一般要利用脉冲变压器进行信号的传递。脉冲变压器也是励磁装置的重要器件，操作目的是检查脉冲变压器的电气绝缘强度和耐压特性是否符合要求，脉冲变压器电气绝缘强度试验是否符合要求。

检验脉冲变压器原边与副边（副边临时接地），原边与屏蔽层、副边与屏蔽层的电气绝缘强度是否符合标准要求。技术要求为：

（1）绝缘电阻不低于 1MΩ。测量绝缘电阻的仪表要求为，额定励磁电压小于等于 200V 时采用 1000V 绝缘电阻表，大于 200V 时，采用 2500V 绝缘电阻表。

（2）工频耐压试验 1min 无击穿闪络现象，其试验电压由制造厂确定，但不得小于回路出厂耐压值。

二、危险点分析与控制措施

（1）走错间隔。控制措施：监护人员监护到位，明确所在设备的工作任务，操作前，仔细核对设备铭牌和双重编号。

（2）误触电。控制措施：应按照电气作业规程，验电后作业，必要时断开盘内的交流和直流电源；防止金属裸露工具与低压电源接触，造成低压触电或电源短路；工作时站在绝缘垫上。

（3）误触碰。控制措施：应对可能引发误碰的回路、设备、元件设置防护带和悬挂警示牌。

（4）仪器仪表损坏。控制措施：测量时不得超过仪器仪表允许的最大量程范围，以免损坏仪器仪表。

三、作业前准备

（1）作业前组织作业人员学习作业指导书，熟悉检查项目、步骤、注意事项。

（2）分配任务前，检查人员精神状态、疲劳程度等，适当调整人员作息，改善工作环境。

（3）准备并检查工器具是否满足要求，主要包括万用表、调压器、滑线电阻器、电压表、电流表、常用电工工具一套。

（4）确认工作组成员健康状况良好，安全帽、工作服等安全工器具完备、合格。

（5）作业前确认设备编号、位置和工作状态。

（6）作业前/后应按照工作票对隔离措施/恢复措施进行检查和确认。

（7）作业前应根据测量变量选择量程匹配、型号合适的仪表设备。

（8）作业前应检查仪器设备是否合格有效，对不合格的或有效使用期超期的应封存并禁止使用。

（9）作业前应检查、核对设备名称、编号、位置，发现有误或标识不清应立即停止操作。

（10）作业前应检查确认与本装置相关的其他二次设备的隔离措施是否到位。

四、操作步骤

（1）确认设备编号。

（2）将脉冲变的输入端及输出端分别用细熔断丝短接。

（3）将绝缘电阻表的接地端接脉冲变压器的输入端，绝缘电阻表的线路端接脉冲变压器的输出端，用绝缘电阻表摇绝缘 1min，判断绝缘符合要求后继续下一步工作。

（4）按照试验电路图接线，如图 2-2-24 所示。

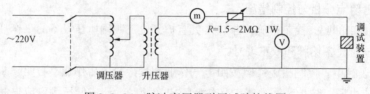

图 2-2-24 脉冲变压器耐压试验接线图

（5）将调压器旋转到最小位置，合上电源隔离开关慢慢调节调压器，使输出电压升高，观察脉冲变压器及设备情况，发现异常立即将调压器旋转到最小位置，拉开试验电源隔离开关。

（6）当电压升高至要求的电压值后，保持 1min，无异常现象后，将电压降下来。拉开电源隔离开关。

（7）用绝缘电阻表再次摇绝缘，检查耐压后脉冲变压器是否异常。

（8）检查绝缘正常后，拆除用于短接的细熔丝。

（9）不能随便将熔断丝抛弃，要放到妥当的地方。

（10）试验数据（试验时间、天气、试验主要仪器及精度、试验数据、试验人）记录及分析。

（11）写出脉冲变压器耐压试验试验报告。

五、注意事项

（1）试验时设专人监护，检查接线正确后方可通电试验，试验中如发现放电现象，调压器要立刻回零，拉开电源隔离开关，查找放电点，进行绝缘处理。确认正常后再做耐压试验。

（2）防止触电，准备好消防器材。

（3）拆除用于短接的细熔断丝，不能随便将熔断丝抛弃，要放到妥当的地方。

【思考与练习】

1. 脉冲变压器耐压试验的目的是什么？

2. 脉冲变压器耐压试验时如何接线？

3. 脉冲变压器原、副边电气绝缘强度的标准是什么？

▲ 模块 32　励磁调节器起励试验
（新增 ZY5400204006）

【模块描述】本模块包含起励控制的静态检查、自动方式开环检查、手动方式开环检查、起励试验过程。通过对操作方法、步骤、注意事项的讲解和案例分析，掌握励磁调节器起励试验方法及步骤。

【模块内容】

一、作业内容

本试验是发电机空载阶段励磁的第一个试验，检查励磁系统基本的接线和控制是否正确，测试励磁控制系统的起励特性。

进行调节器不同通道、自动和手动运行方式、远方和现地的起励操作。进行低设定值下起励。自动方式额定设定值下的起励、零起升压。

起励控制的静态检查包括起励电源接线检查、它励限流电阻配置检查、闭环起励试验完毕、TV 回路检查结束 TV 小断路器投入、TV 熔丝电阻阻值检查、起励成功和不成功条件设置及模拟试验完成、远方信号检查、自动和手动控制的开环检查、调节器可进入正常工作区域的最小发电机电压检查、自并励静止励磁系统的该项试验结束。

自动方式开环检查方法：调节器临时外加 TV 模拟信号和同步信号，调节器自动方式。TV 模拟信号置零，电压给定值置 20%额定值，模拟开机操作，调节器输出控制电压 U_c 或控制角应当对应励磁电压最大输出。调大 TV 模拟信号，当大于 20%额定值后，调节器输出控制电压 U_c 或控制角应当减少。直至对应与负的最大值。再置电压给定值为 100%额定值，作同样的检查。

手动方式开环检查方法：手动控制一般是励磁电压或电流。调节器外加模拟励磁电流或电压信号和同步信号，调节器切手动运行方式。用励磁电流或电压信号代替 TV

模拟信号，与自动方式一样的步骤进行检查。

二、危险点分析与控制措施

（1）走错间隔。控制措施：监护人员监护到位，明确所在设备的工作任务，操作前，仔细核对设备铭牌和双重编号。

（2）误触电。控制措施：应按照电气作业规程，验电后作业，必要时断开盘内的交流和直流电源；防止金属裸露工具与低压电源接触，造成低压触电或电源短路；工作时站在绝缘垫上。

（3）误触碰。控制措施：应对可能引发误碰的回路、设备、元件设置防护带和悬挂警示牌。

（4）误整定。控制措施：应指定具有定值修改权限的人员修改定值，工作完成后应根据下达的整定单，复核正确后投入。

三、作业前准备

（1）作业前组织作业人员学习作业指导书，熟悉检查项目、步骤、注意事项。

（2）分配任务前，检查人员精神状态、疲劳程度等，适当调整人员作息，改善工作环境。

（3）准备并检查工器具是否满足要求，主要包括万用表、录波仪、常用电工工具一套。

（4）确认工作组成员健康状况良好，安全帽、工作服等安全工器具完备、合格。

（5）作业前确认设备编号、位置和工作状态。

（6）作业前/后应按照工作票对隔离措施/恢复措施进行检查和确认。

（7）作业前应根据测量参量选择量程匹配、型号合适的仪表设备。

（8）作业前应检查仪器设备是否合格有效，对不合格的或有效使用期超期的应封存并禁止使用。

（9）作业前应检查、核对设备名称、编号、位置，发现有误或标识不清应立即停止操作。

（10）作业前应检查确认与本装置相关的其他二次设备的隔离措施是否到位。

四、操作步骤

（1）确认设备编号。

（2）试验时应有发电机过电压保护，试验时保护动作值可以设定 115%～125%额定电压，无延时动作分磁场断路器或者灭磁断路器，经过模拟试验证明保护动作正确。

（3）设置调节器工作通道和控制方式，设置起励电压，设置远方或者现地起励控制，确认他励起励电源投入且正常。

（4）第一次起励设置起励电压一般不大于 50%发电机额定电压，一般置于手动方式，通过操作开机起励按钮，励磁系统应能可靠起励。

（5）录波仪记录发电机电压建压过程波形。

（6）第一次起励成功后检查调节器各个通道的发电机电压、发电机励磁电流和电压、励磁机励磁电流和电压、同步信号测量值。

（7）第一次自动方式起励一般将电压给定设置为最小值。

（8）自动和手动零起升压最终试验是在 PID 参数整定后进行，给定值设置为发电机空载额定值。

五、注意事项

（1）试验要求两人以上进行。并做好监护，如果发电机电压波动太大或电压不可控制地上升，应立即分灭磁断路器，机组启动前先进行模拟操作试验正确，各回路电阻正确可靠。

（2）防止触电。

（3）防止损坏试验设备。

（4）现场使用材料、仪器仪表、工具摆放整齐、有序。

（5）励磁操作、控制回路清扫，检查认真仔细。

（6）试验接线正确，记录数据清楚、完备。

（7）工作现场保持清洁，做到工完场清。

【思考与练习】

1. 起励试验的目的是什么？

2. 起励试验在不同工作方式下的检验方法有哪些？

3. 如何进行自动方式开环检查？

模块 33　励磁设备交流耐压试验
（新增 ZY5400204007）

【模块描述】本模块包含励磁设备装置交流耐压试验项目及质量标准、交流耐压试验接线、耐压试验规程。通过对操作方法、步骤、注意事项的讲解和案例分析，掌握励磁设备交流耐压试验方法及步骤。

【模块内容】

一、作业内容

以功率柜为例说明耐压试验接线及方法。

二、危险点分析与控制措施

（1）走错间隔。控制措施：监护人员监护到位，明确所在设备的工作任务，操作前，仔细核对设备铭牌和双重编号。

（2）误触电。控制措施：应按照电气作业规程，验电后作业，必要时断开盘内的交流和直流电源；防止金属裸露工具与低压电源接触，造成低压触电或电源短路；工作时站在绝缘垫上。

（3）误触碰。控制措施：应对可能引发误碰的回路、设备、元件设置防护带和悬挂警示牌。

（4）仪器仪表损坏。控制措施：测量时不得超过仪器仪表允许的最大量程范围，以免损坏仪器仪表。

三、作业前准备

（1）作业前组织作业人员学习作业指导书，熟悉检查项目、步骤、注意事项。

（2）分配任务前，检查人员精神状态、疲劳程度等，适当调整人员作息，改善工作环境。

（3）准备并检查工器具是否满足要求，主要包括万用表、电压表、电流表、调压器、绝缘电阻表、常用电工工具一套。

（4）确认工作组成员健康状况良好，安全帽、工作服等安全工器具完备、合格。

（5）作业前确认设备编号、位置和工作状态。

（6）作业前/后应按照工作票对隔离措施/恢复措施进行检查和确认。

（7）作业前应根据测量参量选择量程匹配、型号合适的仪表设备。

（8）作业前应检查仪器设备是否合格有效，对不合格的或有效使用期超期的应封存并禁止使用。

（9）作业前应检查、核对设备名称、编号、位置，发现有误或标识不清应立即停止操作。

（10）作业前应检查确认与本装置相关的其他二次设备的隔离措施是否到位。

四、操作步骤

（1）按照图 2-2-25 所示进行交流耐压试验接线。

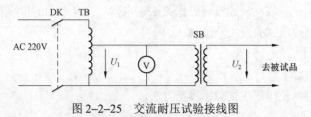

图 2-2-25　交流耐压试验接线图

（2）将功率柜内三相输入和两相输出回路短接（保护柜内器件）。

（3）将功率柜三相和两相断路器的外部回路对地短接（防止窜电伤人）。

（4）断开 6 个脉冲变压器原边与调节器回路并对地短接（脉冲变压器切耐压）。

（5）将绝缘电阻表的接地端接脉冲变的输入端，绝缘电阻表的线路端接脉冲变的输出端，用绝缘电阻表摇绝缘（1000V）1min，判断绝缘符合要求后继续下一步工作。

（6）完成试验接线，并检查无误后合交流隔离开关 DK，迅速调整调压器 TB 和升压变压器 SB。

（7）电压表试验时设专人监护，试验中如发现放电现象，调压器要立刻回零，拉开电源隔离开关，查找放电点，进行绝缘处理。

（8）确认正常后再做耐压试验显示电压值满足设备试验所需电压值，持续工频耐压 1min。

（9）标准交流试验电压下耐压 1min 无击穿闪络现象。

（10）用绝缘电阻表再次摇绝缘（1000V），检查耐压后脉冲变压器是否异常。

（11）如试验设备有困难时，可用 2500V 绝缘电阻表测量绝缘电阻的方法代替，时间为 1min。

五、注意事项

（1）试验时设专人监护，检查接线正确后方可通电试验，试验中如发现放电现象，调压器要立刻回零，拉开电源隔离开关，查找放电点，进行绝缘处理。确认正常后再做耐压试验。

（2）试验变压器的铁芯和外壳必须妥善可靠接地。一般采取 SB 的 X 端接地。

（3）对于有可能串电的相关回路也必须接地，防止窜电伤人。

（4）电压表 V 应根据试验电压的要求和 SB 变比选择合适的量程。试验前首先不接负荷升压一次，以判断回路正确性。

（5）根据工作内容和条件，允许用相应的绝缘检查的方式替代，但时间应不少于 1min。

（6）绝缘测试应分别在耐压试验前、后各进行一次。

（7）励磁装置的部分检修一般不进行交流耐压试验，设备或回路的绝缘允许用绝缘检查的方式和要求进行。

【思考与练习】

1. 励磁设备装置的绝缘检测和交流耐压试验项目及质量标准是什么？

2. 如何进行功率柜整体耐压试验？

3. 交流耐压试验的接线图是怎样的？

◢ 模块 34 低励限制试验（新增 ZY5400204008）

【**模块描述**】本模块包含低励限制试验目的、功能、条件、静态实验、动态试验、电压给定阶越实验。通过对操作方法、步骤、注意事项的讲解和案例分析，掌握低励限制试验方法及步骤。

【**模块内容**】

一、作业内容

低励限制试验目的是检查低励限制功能，检查调整设定值。

低励限制的功能是用于防止励磁过低导致发动机失去静态稳定，或因发动机端部磁密度过高引起的发热，一般按照有功功率 $P=S_n$ 时，允许无功功率 $Q=-0.05Q_n$ 及 $P=0$ 时 $Q=-0.3Q_n$ 两点来确定低励限制动作曲线，其中 S_n、Q_n 为视在功率和额定无功功率。

对低励限制的要求，为了防止电力系统暂态过程中低励限制回路的动作影响正确的调节，低励限制回路应有一定的时间延时，延时时间可以考虑为 $0.1\sim0.3s$。低励限制动作后不应当阻断电力系统稳定器 PSS 的作用。

欠励限制有效条件为：发电机出口断路器合且当前无功值小于 0。当欠励限制条件不满足时，欠励限制不起作用。欠励限制动作时，调节器发"欠励限制"报警信号，闭锁减磁操作。

二、危险点分析与控制措施

（1）走错间隔。控制措施：监护人员监护到位，明确所在设备的工作任务，操作前，仔细核对设备铭牌和双重编号。

（2）误触电。控制措施：应按照电气作业规程，验电后作业，必要时断开盘内的交流和直流电源；防止金属裸露工具与低压电源接触，造成低压触电或电源短路；工作时站在绝缘垫上。

（3）误触碰。控制措施：应对可能引发误碰的回路、设备、元件设置防护带和悬挂警示牌。

（4）误整定。控制措施：应指定具有定值修改权限的人员修改定值，工作完成后应根据下达的整定单，复核正确后投入。

三、作业前准备

（1）作业前组织作业人员学习作业指导书，熟悉检查项目、步骤、注意事项。

（2）分配任务前，检查人员精神状态、疲劳程度等，适当调整人员作息，改善工作环境。

（3）准备并检查工器具是否满足要求，主要包括万用表、录波仪、常用电工工具一套。

（4）确认工作组成员健康状况良好，安全帽、工作服等安全工器具完备、合格。

（5）作业前确认设备编号、位置和工作状态。

（6）作业前/后应按照工作票对隔离措施/恢复措施进行检查和确认。

（7）作业前应根据测量参量选择量程匹配、型号合适的仪表设备。

（8）作业前应检查仪器设备是否合格有效，对不合格的或有效使用期超期的应封存并禁止使用。

（9）作业前应检查、核对设备名称、编号、位置，发现有误或标识不清应立即停止操作。

（10）作业前应检查确认与本装置相关的其他二次设备的隔离措施是否到位。

四、操作步骤

（1）确认设备编号。

（2）与运行值班员联系，确认具备励磁调节器通电试验条件；将励磁用厂用电源投入，励磁直流操作电源断路器投入。

（3）静态实验。

1）利用继电保护测试仪模拟发电机电压电流输入调节器，检查有功功率、无功功率和电压测量值是否正确。

2）按照本单位的要求低励限制整定要求设置低励限制曲线。一般情况下给出额定电压下有功功率等于零和额定值下的无功功率两点数值，实验人员按照调节器低励限制曲线设置动作值，如图 2-2-26 所示。

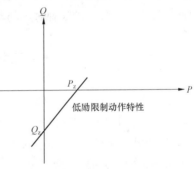

图 2-2-26　低励限制动作特性

3）调整发电机电压、电流和相角，对应不同的发电机电压（如 $95U_n$、$100U_n$、$105U_n$）测量低励限制动作时的有功功率和无功功率关系曲线，在要求的两点应当动作一致。

4）调节器具有低励保护功能时，调整继电保护测试仪输出信号继续进相，直至低励保护动作产生调节器切换。

5）与低励限制动作线一样，作出低励保护动作线，两线之间应当有足够的距离（$0.15U_n$）防止低励保护动作，既低励限制动作但是尚未阻止无功功率减少时发电机无功功率已经达到低励限保护动作线。

6）有时低励限制作用延迟是因为低励限制放大倍数不够，这种情况需要低励限制放大倍数，过大的低励限制放大倍数将首先在有功功率额定时低励限制动作出现振荡，这在动态实验中将进行检查。

7）对于功角型低励限制，要求发电厂提供功角限制值。设定该值，输入模拟信号，检查低励限制动作和发信情况。

（4）动态试验。

1）发电机并网后，保持发电机有功为最小值且稳定，逐步减少励磁，发电机无功逐步减少，当无功进相到规定值时，低励限制动作。

2）增发电机无功，当无功进相约减少到一定时，低励限制动作返回、报警解除。

3）低励限制动作发信应在低励限制动作时产生，或略小于该进相功率时产生。

4）继续进行减少励磁操作，无功功率应当保持不变，证明低励限制有效，检查"欠励限制"的报警指示及其信号触点输出是否正确。

5）保持发电机无功进相状态不变，逐渐增加发电机有功，检查发电机进相无功值应随之减小。

6）欠励运行过程中，系统运行稳定，无功功率波形无明显的摆动，观察无功功率稳定情况，记录低励限制发信时的无功功率和最终限制的无功功率值，低励限制的放大倍数过大将引起低励限制时无功功率不稳定，过小时将导致低励限制值与设计值差别过大。

7）如果进相引起厂用电电压过低，可以改变低励限制设定值后进行试验。

8）核定要求的无功功率值。如果采用计入电压影响的低励限制，需要按照试验时的发电机电压予以修正。按照单机对穷大系统和采用恒定励磁的条件，按照静态稳定极限公式进行低励限制动作判断。

9）如果实验有偏差，调整低励限制动作线后再进行试验，直到实测值在允许的误差范围内，如2%～3%的额定容量。

10）在发电机有功功率达到额定时在进行上述实验，验证该点的低励限制值符合设计要求并且运行稳定。需要时发电机在正常运行的下限，如70%额定有功功率处补测一点低励限制动作值。

11）对于功角型低励限制，需要在发电机空载建压后测量功角零位，设定值为电厂要求的功角限制值加上功角零位补偿值，设定后在进行上述有功功率为零和额定值下的低励限制动作试验。

（5）在稳定缓慢减少励磁实验结束后进行电压给定阶跃试验，以检验低励限制动作的快速性。

1）无功功率初值比低励限制略大，给定值负阶越的阶越量从小逐渐加大（4%）。

2）可以临时退出低励保护，以防止其动作。先进行有功功率为零时的实验，再进行有功功率额定时的试验。

3）记录发电机电压、无功功率波动。发电机电压应大于 90%额定值，无功功率从进入低励限制范围到限制起作用的时间为 0.1～0.3s。

五、注意事项

（1）低励限制实验时要求相邻机组运行人员加强监盘，及时调整励磁，维持高压母线电压基本不变。

（2）应注意欠励磁限制功能应先于失磁保护动作。

【思考与练习】

1. 低励限制试验的目的是什么？

2. 低励限制分哪两种试验方式？

3. 如何进行低励限制动态试验？

▲ 模块 35　过励限制试验（新增 ZY5400204009）

【模块描述】本模块包含过励限制试验目的、强励反时限计算、整定保护动作值、过励限制和过励保护试验过程。通过对操作方法、步骤、注意事项的讲解和案例分析，掌握过励限制试验方法及步骤。

【模块内容】

一、作业内容

过励限制试验目的是检查过励限制功能，检查调整有设定值检查过励限制功能、过励保护功能和强励瞬时限制功能，检查调整有关设定值。过励限制功能用于防止励磁过大导致发动机转子绕组过热。

过励限制单元应具有与发动机转子绕组发热特性匹配的反时限特性，在达到允许时间后限制励磁电流到长期运行电流值。

过励限制启动值一般在 1.1 倍的额定励磁电流，过励限制的限制值一般在 0.95～1.05 倍的额定励磁电流。进入过励限制后转子电流应低于长期工作电流。以便于发动机转子和励磁设备温度回落，为了防止连续过励造成转子绕组和励磁设备温度过高，调节器连续进行过励运行，应在回复正常后才允许再一次过励。

当励磁电流大于过励限制值时，开始进行强励反时限计算和计时，并发出"强励动作"报警信号，在此期间，励磁电流按强励限制值限制。反时限到达后，励磁电流按过励限制值限制，发"过励限制"报警信号，闭锁增磁操作，并开始计时，直到冷却时间到达后，才允许再次强励。

二、危险点分析与控制措施

（1）走错间隔。控制措施：监护人员监护到位，明确所在设备的工作任务，操作

前，仔细核对设备铭牌和双重编号。

（2）误触电。控制措施：应按照电气作业规程，验电后作业，必要时断开盘内的交流和直流电源；防止金属裸露工具与低压电源接触，造成低压触电或电源短路；工作时站在绝缘垫上。

（3）误触碰。控制措施：应对可能引发误碰的回路、设备、元件设置防护带和悬挂警示牌。

（4）误整定。控制措施：应指定具有定值修改权限的人员修改定值，工作完成后应根据下达的整定单，复核正确后投入。

三、作业前准备

（1）作业前组织作业人员学习作业指导书，熟悉检查项目、步骤、注意事项。

（2）分配任务前，检查人员精神状态、疲劳程度等，适当调整人员作息，改善工作环境。

（3）准备并检查工器具是否满足要求，主要包括万用表、录波仪、常用电工工具一套。

（4）确认工作组成员健康状况良好，安全帽、工作服等安全工器具完备、合格。

（5）作业前确认设备编号、位置和工作状态。

（6）作业前/后应按照工作票对隔离措施/恢复措施进行检查和确认。

（7）作业前应根据测量参量选择量程匹配、型号合适的仪表设备。

（8）作业前应检查仪器设备是否合格有效，对不合格的或有效使用期超期的应封存并禁止使用。

（9）作业前应检查、核对设备名称、编号、位置，发现有误或标识不清应立即停止操作。

（10）作业前应检查确认与本装置相关的其他二次设备的隔离措施是否到位。

四、操作步骤

（1）确认设备编号。

（2）与运行值班员联系，确认具备励磁调节器通电试验条件；将励磁用厂用电源投入，励磁直流操作电源断路器投入。

（3）检查励磁电流测量环节正确。

（4）整定过励限制值、强励瞬时限制值和过励保护动作值。

1）过励限制的特性是根据被保护设备过电流特性和常规发动机变压器组后备保护动作时间而设计的过电流限制。

2）根据发电机强励能力（强励电流倍数和强励时间）设置强励限制值。强励限制值的设定与强励瞬时限制方式有关，用转子电流或电压限制强励时直接按照转子电流或电压的强励倍数整定；用励磁机励磁电流或电压进行限制时，根据强励倍数和整流柜的过电流能力设置过励保护不同的级别，分别完成切换调节器、切换到备励或解列灭磁。

3）交接试验和大修试验时要检查过励限制、保护和强励限制整定值。

（5）过励限制和过励保护试验。

1）过励保护和强励瞬时限制采用静态时加入模拟信号的方法进行检查。

2）过励磁限制功能试验条件为发电机处于并网状态。

3）发电机并网后，设置发电机处于滞相区间运行。

4）过励磁限制功能限制曲线整定好以后，调节器在自动调节方式下，投入过励限制功能。

5）将有功功率稳定在一定值上，无功功率保持在较小的数值，使发电机运行点处于过励磁限制功能限制曲线以内。

6）增加励磁电流，使无功功率逐步增加，最终超出限制曲线，过励磁限制功能动作。

7）观察过励磁限制功能动作延时数秒后，发电机无功功率应被限定在限制曲线整定值上，要求无功功率无明显的摆动。

五、注意事项

现场试验时运行人员需要配合试验即使调整其他发电机励磁控制母线电压在规范范围内。

【思考与练习】

1. 过励限制试验的目的是什么？

2. 过励限制应与哪些继电保护相配合？

3. 哪些情况下需要进行过励限制试验？

▲ 模块 36　低频保护试验（新增 ZY5400204010）

【模块描述】本模块包含低频保护试验目的、静态试验、动态试验。通过对操作方法、步骤、注意事项的讲解和案例分析，掌握低频保护试验方法及步骤。

【模块内容】

一、作业内容

低频保护试验的目的是验证调节器低频保护的正确性，检验调节器在低频保护动作前的正常控制作用，在设定的频率下限进行灭磁，以防止发电机励磁设备过电流和超出调节器正常控制范围。

试验条件：测频功能已检查完毕。

二、危险点分析与控制措施

（1）走错间隔。控制措施：监护人员监护到位，明确所在设备的工作任务，操作前，仔细核对设备铭牌和双重编号。

（2）误触电。控制措施：应按照电气作业规程，验电后作业，必要时断开盘内的交流和直流电源；防止金属裸露工具与低压电源接触，造成低压触电或电源短路；工作时站在绝缘垫上。

（3）误触碰。控制措施：应对可能引发误碰的回路、设备、元件设置防护带和悬挂警示牌。

（4）误整定。控制措施：应指定具有定值修改权限的人员修改定值，工作完成后应根据下达的整定单，复核正确后投入。

三、作业前准备

（1）作业前组织作业人员学习作业指导书，熟悉检查项目、步骤、注意事项。

（2）分配任务前，检查人员精神状态、疲劳程度等，适当调整人员作息，改善工作环境。

（3）准备并检查工器具是否满足要求，主要包括万用表、录波仪、常用电工工具一套。

（4）确认工作组成员健康状况良好，安全帽、工作服等安全工器具完备、合格。

（5）作业前确认设备编号、位置和工作状态。

（6）作业前/后应按照工作票对隔离措施/恢复措施进行检查和确认。

（7）作业前应根据测量参量选择量程匹配、型号合适的仪表设备。

（8）作业前应检查仪器设备是否合格有效，对不合格的或有效使用期超期的应封存并禁止使用。

（9）作业前应检查、核对设备名称、编号、位置，发现有误或标识不清应立即停止操作。

（10）作业前应检查确认与本装置相关的其他二次设备的隔离措施是否到位。

四、操作步骤

（1）确认设备编号。

（2）与运行值班员联系，确认具备励磁调节器通电试验条件；将励磁用厂用电源投入，励磁直流操作电源断路器投入。

（3）静态试验。

1）输入可变频信号至 50Hz。

2）降低变频信号，调整低频保护整定值，使得频率为 45Hz 时低频保护动作，发出低频保护信号，控制角移到最大，电压给定值置零。

3）当模拟发电机并网时，以上操作对低频保护不起作用。

（4）动态试验。

1）自动开机，发电机转子电压和水轮机转速升至额定。

2）将调速器切手动运行，减少导叶开度，降低发电机转速，使发电机的电压频率降至低频保护整定值45Hz，低频保护随即动作，发出低频保护动作信号，发电机电压迅速降至零。

五、注意事项

（1）调节器的V/Hz限制对45Hz以上对电压校正，45Hz以下调节器低频保护动作，给定清零灭磁，故此两项试验可结合起来做。

（2）现场试验时要依据机组可能的调节转速范围进行试。

【思考与练习】

1. 低频保护试验的目的是什么？

2. 如何进行低频保护试验？

3. 低频保护试验时要注意什么？

▲ 模块37 伏赫限制试验（新增 ZY5400204011）

【模块描述】 本模块包含伏赫限制试验目的、静态试验、动态试验。通过对操作方法、步骤、注意事项的讲解和案例分析，掌握伏赫限制试验方法及步骤。

【模块内容】

一、作业内容

伏赫限制试验目的是测试励磁调节器的电压/频率限制特性。伏/赫限制又称 V/Hz 限制，是发动机电压和频率的比值限制，是一种过励磁限制，应与发动机和主变压器的过励磁保护相匹配，起到防止发动机和主变压器发生过励磁。发动机或主变压器的过励磁表现为铁芯过热，有反时限特征。

随着频率的下降，发电机端电压也要下降，而自动电压调节器为维持发电机端电压就不断增加励磁电流，直到励磁电流限制动作为止。显然，此时应对调节器的恒电压运行方式进行适当的调整，伏赫限制就是调整的方法之一。现在大多数调节器的伏赫限制，采用电压百分数与频率百分数的比值是否大于 1.1 作为判据。正常运行时，电压与频率的比值为1，当频率下降而电压不变时，二者的比值开始大于1。若频率的继续下降使二者的比值大于 1.1 倍时，伏赫限制动作，调节器自动减少给定值，使发电机端电压下降，保持电压与频率的比值不大于1.1。当发电机频率下降很多时，伏赫限制直接逆变灭磁。V/Hz 限制动作后不允许进行增磁操作，自动减电压规定值至 V/Hz 比值为限制值。

二、危险点分析与控制措施

（1）走错间隔。控制措施：监护人员监护到位，明确所在设备的工作任务，操作前，仔细核对设备铭牌和双重编号。

（2）误触电。控制措施：应按照电气作业规程，验电后作业，必要时断开盘内的交流和直流电源；防止金属裸露工具与低压电源接触，造成低压触电或电源短路；工作时站在绝缘垫上。

（3）误触碰。控制措施：应对可能引发误碰的回路、设备、元件设置防护带和悬挂警示牌。

（4）误整定。控制措施：应指定具有定值修改权限的人员修改定值，工作完成后应根据下达的整定单，复核正确后投入。

三、作业前准备

（1）作业前组织作业人员学习作业指导书，熟悉检查项目、步骤、注意事项。

（2）分配任务前，检查人员精神状态、疲劳程度等，适当调整人员作息，改善工作环境。

（3）准备并检查工器具是否满足要求，主要包括万用表、录波仪、常用电工工具一套。

（4）确认工作组成员健康状况良好，安全帽、工作服等安全工器具完备、合格。

（5）作业前确认设备编号、位置和工作状态。

（6）作业前/后应按照工作票对隔离措施/恢复措施进行检查和确认。

（7）作业前应根据测量参量选择量程匹配、型号合适的仪表设备。

（8）作业前应检查仪器设备是否合格有效，对不合格的或有效使用期超期的应封存并禁止使用。

（9）作业前应检查、核对设备名称、编号、位置，发现有误或标识不清应立即停止操作。

（10）作业前应检查确认与本装置相关的其他二次设备的隔离措施是否到位。

四、操作步骤

1. 静态试验

（1）测量环节检查。分别进行频率不变改变电压和电压不变改变频率的 V/Hz 比值检查，改变电压和改变频率获得的 V/Hz 比值应当相同。

（2）按照电厂提供的 V/Hz 限制特性整定值进行设定。

（3）输入发电机电压信号，测定 V/Hz 限制启动值、限制值和复归值。

（4）测定 V/Hz 限制延时时间，调整模拟发电机电压和频率到 V/Hz 限制将动作的边沿，突增发电机电压，录波记录模拟发电机电压和 V/Hz 限制信号，测量 V/Hz 限制延时时间。

（5）如果 V/Hz 限制采用反时限，则可以调整电压突增量大小，测量不同 V/Hz 值下的延时，作出反时限曲线。

2. 动态试验

（1）出厂试验时再试验机组上进行试验，调整发电机电压和转速，记录发电机转速电压、频率和 V/Hz 限制延时动作时间，应基本符合静态测量结果，V/Hz 限制动作后运行稳定。

（2）大修试验时在发电机空载下进行试验，先将发电机转速和电压调节到额定值。

（3）发电机在空载额定转速及额定电压下，励磁调节器处于自动方式运行。

（4）逐步缓慢降低机组频率，或结合增加电压。

（5）当机组频率降低至 47.5Hz 时电因频率限制功能应开始动作。

（6）随着机组频率的逐步降低，发电机机端电压逐步自动下降，观察转子电流没有明显增大。

（7）当机组频率降低至 45Hz 时，发电机逆变灭磁，机端电压降到最低。

五、注意事项

（1）试验时临时将发电机和主变压器过励保护只投信号不跳闸。

（2）试验时发电机电压控制在预定的最大值之内，转速控制在许可的最小值之上；当 V/Hz 限制有反时限和瞬时特性两段组成时，需要分别进行试验检查。

【思考与练习】

1. 伏赫限制器试验的目的是什么？

2. 伏赫限制器需要在哪几种状态下进行试验？

3. 如何进行伏赫限制试验？

▲ 模块 38 移相特性试验（新增 ZY5400204012）

【模块描述】本模块包含移相特性试验目的、试验操作。通过对操作方法、步骤、注意事项的讲解和案例分析，掌握移相特性试验方法及步骤。

【模块内容】

一、作业内容

移相特性试验操作的目的是检查励磁调节器移相触发回路的正确性。移相器的工作原理有许多，最常用的是余弦移相。所谓余弦移相，从理论上讲，控制角 α 等于控制电压百分数的反余弦值。从实际电路来说，将直流控制电压同交流同步电压叠加，其合成电压的过零点就发生变化，再利用这个变化的点所产生脉冲就是随控制电压大小变化的移相脉冲，这就是余弦移相器的工作原理。

移相触发一般要求包括同步电路的相位，同步信号的滤波，控制电压和控制角关系，控制角限制，余弦移相，触发脉冲的对称性，脉冲上升沿、幅值和带负荷能力，最低可正常工作的同步电压，脉冲封锁和开放，逆变控制，丢脉冲检测等。还有其他特定的功能，如同步电压缺相。对定频调宽 PWM 控制方式要测量控制频率、脉冲幅值、占空比、最小占空比限制等。

改变控制电压，测量控制角与控制电压之间的关系曲线（移相特性）；检查各套移相触发、脉冲触发、脉冲形成和脉冲放大回路输出脉冲的相位，控制角的不对称度不应大于 3°～5°，脉冲幅值及波形基本对称一致；用示波器观察脉冲波形不应有干扰脉冲和脉冲毛刺；检查最大最小控制角限制应符合要求。

二、危险点分析与控制措施

（1）走错间隔。控制措施：监护人员监护到位，明确所在设备的工作任务，操作前，仔细核对设备铭牌和双重编号。

（2）误触电。控制措施：应按照电气作业规程，验电后作业，必要时断开盘内的交流和直流电源；防止金属裸露工具与低压电源接触，造成低压触电或电源短路；工作时站在绝缘垫上。

（3）误触碰。控制措施：应对可能引发误碰的回路、设备、元件设置防护带和悬挂警示牌。

（4）误整定。控制措施：应指定具有定值修改权限的人员修改定值，工作完成后应根据下达的整定单，复核正确后投入。

三、作业前准备

（1）作业前组织作业人员学习作业指导书，熟悉检查项目、步骤、注意事项。

（2）分配任务前，检查人员精神状态、疲劳程度等，适当调整人员作息，改善工作环境。

（3）准备并检查工器具是否满足要求，主要包括万用表、录波仪、常用电工工具一套。

（4）确认工作组成员健康状况良好，安全帽、工作服等安全工器具完备、合格。

（5）作业前确认设备编号、位置和工作状态。

（6）作业前/后应按照工作票对隔离措施/恢复措施进行检查和确认。

（7）作业前应根据测量参量选择量程匹配、型号合适的仪表设备。

（8）作业前应检查仪器设备是否合格有效，对不合格的或有效使用期超期的应封存并禁止使用。

（9）作业前应检查、核对设备名称、编号、位置，发现有误或标识不清应立即停止操作。

（10）作业前应检查确认与本装置相关的其他二次设备的隔离措施是否到位。

四、操作步骤

（1）确认设备编号。

（2）与运行值班员联系，确认具备励磁调节器通电试验条件，将励磁用厂用电源投入，励磁直流操作电源断路器投入。

（3）设置调节器的运行方式为定角度方式。

（4）模拟调节器运行的条件，使调节器输出脉冲。

（5）用示波器观察进行发出脉冲与同步信号之间相差的调整，检查触发脉冲角度的指示与实测是否一致。

（6）调整最大和最小触发控制角限制。

（7）检查各项要求是否满足。尤其注意整流器交流侧电压在换相期间波形突变对同步信号的影响。同步信号电压畸变，应当基本不影响控制电压与输出直流电压的线性关系和最大、最小控制角。

（8）单元试验时，在整个移相范围和接近实际的换相缺口下（可以构建一个缩小比例的整流器模拟装置，产生与实际相同的、带换相缺口的三相交流电压波形，或者用可编程波形发生器构成带换相缺口的同步信号）检查同步滤波和相位的正确性。

（9）在总体静特性试验时进行高压大电流电阻性负荷试验，检测移相范围的整流区内交流侧线电压过零点与触发脉冲之间的角度和调节器计算的控制角是否一致来判断同步相位的正确性。

（10）在发电厂现场检查整流装置交流侧电压、控制角与直流输出电压的关系来判断同步相位的正确性。

（11）当直流输出电压与整流元件降压接近时，用交流侧线电压过零点与触发脉冲之间的角度和调节器计算的控制角是否一致来判断同步相位的正确性。

五、注意事项

（1）防止触电。

（2）防止损坏试验设备。

（3）保证安全防护。

（4）现场作业文明生产要求。

1) 现场使用材料、仪器仪表、工具摆放整齐、有序。

2) 试验接线正确，记录数据清楚、完备。

3) 工作现场保持清洁，做到工完场清。

【思考与练习】

1. 移相特性试验的目的是什么？

2. 移相特性试验时，调节器工作在哪种方式下？

3. 如何判断同步相位的正确性？

▲ 模块 39　恒无功功率调节试验 （新增 ZY5400204013）

【模块描述】本模块包含恒无功功率调节试验目的、试验操作。通过对操作方法、步骤、注意事项的讲解和案例分析，掌握恒无功功率调节试验方法及步骤。

【模块内容】

一、作业内容

恒无功功率调节试验操作目的是检查恒无功功率调节特性。

二、危险点分析与控制措施

（1）走错间隔。控制措施：监护人员监护到位，明确所在设备的工作任务，操作前，仔细核对设备铭牌和双重编号。

（2）误触电。控制措施：应按照电气作业规程，验电后作业，必要时断开盘内的交流和直流电源；防止金属裸露工具与低压电源接触，造成低压触电或电源短路；工作时站在绝缘垫上。

（3）误触碰。控制措施：应对可能引发误碰的回路、设备、元件设置防护带和悬挂警示牌。

（4）误整定。控制措施：应指定具有定值修改权限的人员修改定值，工作完成后应根据下达的整定单，复核正确后投入。

三、作业前准备

（1）作业前组织作业人员学习作业指导书，熟悉检查项目、步骤、注意事项。

（2）分配任务前，检查人员精神状态、疲劳程度等，适当调整人员作息，改善工作环境。

（3）准备并检查工器具是否满足要求，主要包括万用表、录波仪、常用电工工具一套。

（4）确认工作组成员健康状况良好，安全帽、工作服等安全工器具完备、合格。

（5）作业前确认设备编号、位置和工作状态。

（6）作业前/后应按照工作票对隔离措施/恢复措施进行检查和确认。

（7）作业前应根据测量参量选择量程匹配、型号合适的仪表设备。

（8）作业前应检查仪器设备是否合格有效，对不合格的或有效使用期超期的应封存并禁止使用。

（9）作业前应检查、核对设备名称、编号、位置，发现有误或标识不清应立即停止操作。

（10）作业前应检查确认与本装置相关的其他二次设备的隔离措施是否到位。

四、操作步骤

（1）确认设备编号。

（2）恒 Q 功能投入、本通道运行、发电机出口断路器合。

（3）如果定子电流限制器、强励、过励三者中任一个动作，则恒 Q 控制能减磁，但不能增磁。

（4）如果欠励或者低励磁电流动作，则恒 Q 控制能增磁，但不能减磁。

（5）通过通信设置恒 Q 控制给定值，也可以直接以当前无功值作为给定值。

（6）当有增减磁操作时，恒 Q 控制给定值自动更新为当前无功值，即 PQ 控制投入时，增减磁操作直接操作无功给定值。

（7）恒 Q 功能自动退出条件：手动运行、解列或者恒 PF 投入。

（8）增磁使发电机无功为正。

（9）通过调试软件或者调节柜显示屏上的功能按键将调节器置为"恒 Q 调节"，励磁系统将以当前的无功值为设定值进行调节，增减机组有功功率，无功仍保持不变，控制精度为±1%。

（10）检查"恒 Q 调节"的状态显示及信号触点输出是否正确。

（11）退出恒 Q 调节，由监控系统通过串行通信口向励磁系统输入"恒无功调节"指令及设定无功数值，调节器将按照串行通信口下达的设定值进行调节，检查"恒 Q 调节"的状态显示及信号触点输出是否正确。

五、注意事项

（1）防止损坏试验设备。

（2）现场作业文明生产要求。

1）现场使用材料、仪器仪表、工具摆放整齐、有序。

2）工作现场保持清洁，做到工完场清。

【思考与练习】

1. 恒无功功率调节试验的目的是什么？

2. 恒无功功率调节试验时要求机组在什么状态?

3. 如何进行恒无功功率调节试验?

模块 40 恒功率因数调节试验
(新增 ZY5400204014)

【模块描述】本模块包含恒功率因数调节试验目的、试验操作。通过对操作方法、步骤、注意事项的讲解和案例分析,掌握恒功率因数调节试验方法及步骤。

【模块内容】

一、作业内容

恒功率因数调节操作的目的是检查恒无功功率因数的调节特性。

二、危险点分析与控制措施

(1)走错间隔。控制措施:监护人员监护到位,明确所在设备的工作任务,操作前,仔细核对设备铭牌和双重编号。

(2)误触电。控制措施:应按照电气作业规程,验电后作业,必要时断开盘内的交流和直流电源;防止金属裸露工具与低压电源接触,造成低压触电或电源短路;工作时站在绝缘垫上。

(3)误触碰。控制措施:应对可能引发误碰的回路、设备、元件设置防护带和悬挂警示牌。

(4)误整定。控制措施:应指定具有定值修改权限的人员修改定值,工作完成后应根据下达的整定单,复核正确后投入。

三、作业前准备

(1)作业前组织作业人员学习作业指导书,熟悉检查项目、步骤、注意事项。

(2)分配任务前,检查人员精神状态、疲劳程度等,适当调整人员作息,改善工作环境。

(3)准备并检查工器具是否满足要求,主要包括万用表、录波仪、常用电工工具一套。

(4)确认工作组成员健康状况良好,安全帽、工作服等安全工器具完备、合格。

(5)作业前确认设备编号、位置和工作状态。

(6)作业前/后应按照工作票对隔离措施/恢复措施进行检查和确认。

(7)作业前应根据测量参量选择量程匹配、型号合适的仪表设备。

(8)作业前应检查仪器设备是否合格有效,对不合格的或有效使用期超期的应封存并禁止使用。

（9）作业前应检查、核对设备名称、编号、位置，发现有误或标识不清应立即停止操作。

（10）作业前应检查确认与本装置相关的其他二次设备的隔离措施是否到位。

四、操作步骤

（1）所有检修作业结束，将励磁系统所有电源恢复，机组恢复备用状态；机组具备开条件。

（2）确认设备编号。

（3）恒 PF 功能投入、本通道运行、发电机出口断路器合。

（4）如果定子电流限制器、强励、过励三者中任一个动作，则恒 PF 控制能减磁，但不能增磁。

（5）如果欠励或者低励磁电流动作，则恒 PF 控制能增磁，但不能减磁。

（6）通过通信设置恒 PF 控制给定值，也可以直接以当前功率因数作为给定值。

（7）当有增减磁操作时，恒 PF 控制给定值自动更新为当前无功值。

（8）恒 PF 功能自动退出条件：手动运行、解列或者恒 Q 投入。

（9）远方或近方增磁使发电机无功为正。

（10）通过调试软件或者调节柜显示屏上的功能按键将调节器置为"恒 PF 调节"。

（11）励磁系统将以当前的功率因数值为设定值进行调节。

（12）增减机组有功功率，无功将随之不变。

（13）检查"恒 PF 调节"的状态显示及信号触点输出是否正确。

（14）退出恒 PF 调节，由监控系统通过串行通信口向励磁系统输入"恒 PF 调节"指令及设定功率因数数值，调节器将按照串行通信口下达的设定值进行调节，检查"恒 PF 调节"的状态显示及信号触点输出是否正确。

五、注意事项

（1）防止损坏试验设备。

（2）现场作业文明生产要求。

1）现场使用材料、仪器仪表、工具摆放整齐、有序。

2）工作现场保持清洁，做到工完场清。

【思考与练习】

1. 恒功率因数调节试验的目的是什么？

2. 恒功率因数调节试验时要求机组在什么状态？

3. 如何进行恒功率因数调节试验？

▲ 模块 41 自动/手动及双通道切换试验
（新增 ZY5400204015）

【模块描述】本模块包含调节器自动/手动及双通道切换静态试验、发电机空载运行条件下，调节器做自动/手动通道切换试验、控制单元故障情况下，通道切换、发电机并网运行情况下，自动/手动通道切换试验。通过对操作方法、步骤、注意事项的讲解和案例分析，掌握自动/手动及双通道切换试验方法及步骤。

【模块内容】

一、作业内容

考核发电机励磁调节器自动/手动及双通道的各种切换过程中励磁电流的波动和机端电压变化情况。检验相互跟踪情况，是否可快速正确跟踪并能够实现无扰切换。无扰动切换包含稳态的差异很小和动态的波动很小两层意思。

发电机空载运行下的切换、发电机负荷运行下的切换时，励磁调节装置的各个通道间应实现自动跟踪。任一通道故障时均能发出信号，运行的通道发生故障时能进行自动切换。通道的切换不应造成发电机电压和无功功率的明显波动。切换装置的自动跟踪部分应具有防止跟踪异常情况或故障情况的措施。

切换超差的原因可能是给定值跟踪不良、控制电压或控制角跟踪不良、故障判断时间过长、切换时间过长。

二、危险点分析与控制措施

（1）走错间隔。控制措施：监护人员监护到位，明确所在设备的工作任务，操作前，仔细核对设备铭牌和双重编号。

（2）误触电。控制措施：应按照电气作业规程，验电后作业，必要时断开盘内的交流和直流电源；防止金属裸露工具与低压电源接触，造成低压触电或电源短路；工作时站在绝缘垫上。

（3）误触碰。控制措施：应对可能引发误碰的回路、设备、元件设置防护带和悬挂警示牌。

（4）误整定。控制措施：应指定具有定值修改权限的人员修改定值，工作完成后应根据下达的整定单，复核正确后投入。

三、作业前准备

（1）作业前组织作业人员学习作业指导书，熟悉检查项目、步骤、注意事项。

（2）分配任务前，检查人员精神状态、疲劳程度等，适当调整人员作息，改善工

作环境。

（3）准备并检查工器具是否满足要求，主要包括万用表、录波仪、常用电工工具一套。

（4）确认工作组成员健康状况良好，安全帽、工作服等安全工器具完备、合格。

（5）作业前确认设备编号、位置和工作状态。

（6）作业前/后应按照工作票对隔离措施/恢复措施进行检查和确认。

（7）作业前应根据测量参量选择量程匹配、型号合适的仪表设备。

（8）作业前应检查仪器设备是否合格有效，对不合格的或有效使用期超期的应封存并禁止使用。

（9）作业前应检查、核对设备名称、编号、位置，发现有误或标识不清应立即停止操作。

（10）作业前应检查确认与本装置相关的其他二次设备的隔离措施是否到位。

四、操作步骤

（1）确认设备编号。

（2）与运行值班员联系，确认具备励磁调节器通电试验条件；将励磁用厂用电源投入，励磁直流操作电源断路器投入。

（3）调节器自动/手动及双通道切换静态试验。

1）在开环小电流情况下，发电机励磁调节器工作电源投入。

2）调节器工作在自动方式下，使晶闸管导通小电流正常工作。

3）调节触发控制角度为强励角或强减角。

4）做调节器主从通道切换试验，用示波器观测晶闸管导通角度是否变化。

5）并测量晶闸管输出直流侧电压值，不应有明显变化。

（4）在发电机空载运行条件下，调节器做自动/手动通道切换试验。

1）调节不同的发电机电压，观测机组机端电压是否出现波动及波动量，并进行录波。

2）对调节器做主从通道切换试验，用示波器观测晶闸管导通角度是否变化。

3）测量晶闸管输出直流侧电压值，不应有明显变化。

4）观测机组机端电压是否出现波动及波动量，并进行录波。

（5）调节器运行于主用通道，分别模拟以下故障，应能自动切换到备用通道，观察调节器显示屏状态指示和输出到监控系统的信号是否正常：

1）TV 断相试验方法：将 TV 三相输入电压任意断开一路。

2）电源故障：断开主用通道的电源断路器。

3）调节器故障试验方法：将 A 调节器 CPU 板上复位按钮复位。

（6）调节器换另外一个通道主用运行，分别模拟以上故障，应能自动切换到另一通道，且发电机电压基本无波动。

（7）发电机并网运行情况下，带一定负荷。调节器双通道工作正常。调节器做自动/手动通道切换试验。

1）调节不同的发电机电压，观测机组机端电压是否出现波动及波动量，并进行录波，发电机机端电压稳态值的变化小于 1%额定电压。

2）对调节器做主从通道切换试验，观测机组无功是否出现波动及波动量，并进行录波。发电机负荷下自动跟踪后切换时无功功率稳态值的变化小于 20%额定无功功率。动态值可略大于上述稳态变动量。

五、注意事项

（1）对于双通道的调节器需要对每个通道进行手动–自动切换试验，以分别验证切换的正确性。调节器手动–自动相互跟踪有一个过程，因此在做切换操作时应保证其跟踪时间。

（2）防止触电。

（3）防止损坏试验设备。

（4）现场作业文明生产要求。

1）现场使用材料、仪器仪表、工具摆放整齐、有序。

2）工作现场保持清洁，做到工完场清。

【思考与练习】

1. 自动、手动切换的目的是什么？

2. 双通道切换的目的是什么？

3. 双通道切换时应注意观察哪些电气量？

▲ 模块 42 励磁变压器试验（新增 ZY5400204016）

【模块描述】本模块包含直流电阻测量、电压比和连接组编号检定、空载电流和空载损耗测量、短路阻抗和负荷损耗测量、绝缘电阻、绝缘油试验、密封试验、耐压试验。通过对操作方法、步骤、注意事项的讲解和案例分析，掌握励磁变压器试验项目及标准。

【模块内容】

一、作业内容

励磁变压器试验项目执行 GB/T 18494.1—2014《变流变压器 第 1 部分：工业用

变流变压器》及 GB 50150—2016《电气装置安装工程　电气设备交接试验标准》的规定，介电强度试验电压要求执行 GB 50150—2016《电气装置安装工程　电气设备交接试验标准》的规定。

二、危险点分析与控制措施

（1）走错间隔。控制措施：监护人员监护到位，明确所在设备的工作任务，操作前，仔细核对设备铭牌和双重编号。

（2）误触电。控制措施：应按照电气作业规程，验电后作业，必要时断开盘内的交流和直流电源；防止金属裸露工具与低压电源接触，造成低压触电或电源短路；工作时站在绝缘垫上。

（3）误触碰。控制措施：应对可能引发误碰的回路、设备、元件设置防护带和悬挂警示牌。

（4）仪器仪表损坏。控制措施：测量时不得超过仪器仪表允许的最大量程范围，以免损坏仪器仪表。

三、作业前准备

（1）作业前组织作业人员学习作业指导书，熟悉检查项目、步骤、注意事项。

（2）分配任务前，检查人员精神状态、疲劳程度等，适当调整人员作息，改善工作环境。

（3）准备并检查工器具是否满足要求，主要包括万用表、双臂电桥、调压器、常用电工工具一套。

（4）确认工作组成员健康状况良好，安全帽、工作服等安全工器具完备、合格。

（5）作业前确认设备编号、位置和工作状态。

（6）作业前/后应按照工作票对隔离措施/恢复措施进行检查和确认。

（7）作业前应根据测量参量选择量程匹配、型号合适的仪表设备。

（8）作业前应检查仪器设备是否合格有效，对不合格的或有效使用期超期的应封存并禁止使用。

（9）作业前应检查、核对设备名称、编号、位置，发现有误或标识不清应立即停止操作。

（10）作业前应检查确认与本装置相关的其他二次设备的隔离措施是否到位。

四、操作步骤

（1）打开励磁变压器一次侧和二次侧电缆连线，对变压器外观进行清扫。

（2）利用双臂电桥测试励磁变压器一次和二次绕组绕组直流电阻测量。

（3）电压比和连接组编号检定（按 GB 1094.1—2013《电力变压器　第 1 部分：总则》执行）。

（4）空载电流和空载损耗测量（按 GB 1094.1—2013《电力变压器　第 1 部分：总则》执行）。

（5）短路阻抗和负荷损耗测量。

（6）绕组对地绝缘电阻和绝缘系统电容的介质损耗的测量（按 GB/T 6451—2015《油浸式电力变压器技术参数和要求》和 GB/T 10228—2015《干式电力变压器技术参数和要求》执行）。

（7）绝缘例行检查试验（按 GB 1094.1—2013《电力变压器　第 1 部分：总则》、GB 1094.11—2017《电力变压器　第 11 部分：干式变压器》、GB/T 6451—2015《油浸式电力变压器技术参数和要求》和 GB/T 10228—2015《干式电力变压器技术参数和要求》执行）。

（8）绝缘油试验（按 GB 1094.1—2013《电力变压器　第 1 部分：总则》执行）。

（9）冷却装置控制箱检查试验。

（10）密封试验（按 GB/T 6451—2015《油浸式电力变压器技术参数和要求》执行）。

（11）外施电压耐压实验（可以用发电机自励或他励方式取得试验电源，也可以外加电源进行试验）。

1）在发电机额定工况下测定励磁变压器低压侧三相电压，不对称度不应大于 5%。

2）励磁变压器在 1.3 倍额定电压下的工频感应过电压试验，其耐压持续时间为 3min。

3）在 110%的发电机额定励磁电流下采用电阻法或红外线测温仪测定其绕组、铁芯及构件螺杆等处温升不得超过 GB 1094.2—2013《电力变压器　第 2 部分：液浸式变压器的温升》和 GB 1094.11—2017《电力变压器　第 11 部分：干式变压器》的规定。

五、注意事项

（1）防止损坏试验设备。

（2）现场作业文明生产要求。

1）现场使用材料、仪器仪表、工具摆放整齐、有序。

2）试验接线正确，记录数据清楚、完备。

3）工作现场保持清洁，做到工完场清。

【思考与练习】

1. 励磁变压器试验包括哪些内容？

2. 励磁变压器试验的目的是什么？

3. 励磁变压器外加耐压试验的标准是什么？

模块 43 TV 断线保护试验
（新增 ZY5400204017）

【模块描述】本模块包含 TV 断线保护试验目的、TV 断线有多种设计、TV 断线保护试验过程。通过对操作方法、步骤、注意事项的讲解和案例分析，掌握 TV 断线保护试验方法及步骤。

【模块内容】

一、作业内容

TV 断线保护试验操作的目的是验证调节器励磁 TV 或仪表测量 TV 断线后的动作正确性，试验条件为发电机空载运行，调节器以正常方式运行。

首先了解调节器的通道和控制方式。采用单 TV 信号的调节器有一组自动、一组手动，正常应处于自动方式运行。当发生 TV 断线时将发生误强励，应自动地切到手动方式运行，并同时发出 TV 断线信号和调节器切换信号。当调节器有两个自动通道，或互为备用或并列运行。正常时均在自动方式运行。调节器一般接入两组 TV 电压信号：励磁 TV 和测量 TV。TV 断线有多种设计：

（1）每个调节器通道都接入不同的两组 TV，正常以固定一组 TV 参与调节，每个调节器通道自动判断 TV 是否正常。当发现参与调节的 TV 断线时自动将另一组 TV 作为调节信号。这是一种切换信号不切换运行通道的设计。

（2）每个调节器通道都接入不同的两组 TV，两通道设置不同的 TV 参与调节，每组调节器自动判断 TV 是否正常，当发现参与调节的 TV 断线时，自动将本通道退出运行切换到另一通道运行。从而维持励磁系统的恒定电压控制状态，有利于电力系统稳定。

TV 断线信号检测原理：有的按照 TV 信号突变大于 10%作为 TV 断线信号，有的比较两组 TV 有效值或整流输出电压，当差值大于 10%额定值时发出 TV 断线信号。第一组 TV 断线后继而发生第二组 TV 断线时仍能正确发出 TV 断线信。

二、危险点分析与控制措施

（1）走错间隔。控制措施：监护人员监护到位，明确所在设备的工作任务，操作前，仔细核对设备铭牌和双重编号。

（2）误触电。控制措施：应按照电气作业规程，验电后作业，必要时断开盘内的交流和直流电源；防止金属裸露工具与低压电源接触，造成低压触电或电源短路；工作时站在绝缘垫上。

（3）误触碰。控制措施：应对可能引发误碰的回路、设备、元件设置防护带和悬

挂警示牌。

三、作业前准备

（1）作业前组织作业人员学习作业指导书，熟悉检查项目、步骤、注意事项。

（2）分配任务前，检查人员精神状态、疲劳程度等，适当调整人员作息，改善工作环境。

（3）准备并检查工器具是否满足要求，主要包括万用表、录波仪、常用电工工具一套。

（4）确认工作组成员健康状况良好，安全帽、工作服等安全工器具完备、合格。

（5）作业前确认设备编号、位置和工作状态。

（6）作业前/后应按照工作票对隔离措施/恢复措施进行检查和确认。

（7）作业前应根据测量参量选择量程匹配、型号合适的仪表设备。

（8）作业前应检查仪器设备是否合格有效，对不合格的或有效使用期超期的应封存并禁止使用。

（9）作业前应检查、核对设备名称、编号、位置，发现有误或标识不清应立即停止操作。

（10）作业前应检查确认与本装置相关的其他二次设备的隔离措施是否到位。

四、操作步骤

（1）确认设备编号。

（2）与运行值班员联系，发电机组开机，发电机电压处于空载状态。

（3）设置一个通道为主用通道。

（4）在端子排上断开 A、B、C 任意一条励磁 TV 线，以模拟励磁 TV 断线。

（5）励磁 TV 断线后，A 套"UF"显示值约为没断励磁 TV 线前的一半，"TV 断线"指示灯亮、"自动/手动"灯灭，如有调节器切换则发出调节器切换信号，同时端子排上"TV 断线动作"节点导通。

（6）发电机电压或无功功率应当基本不变。

（7）切换去向应能自动判断。

（8）双 TV 的调节器再次发生 TV 断线时应能切到手动方式运行。

（9）双通道调节器在备用通道故障时 TV 断线切换到手动方式运行。

（10）恢复被切断的 TV 后，调节器的 TV 断线信号随即复归，发电机保持稳定运行不变。

（11）设置另外一个通道为主用通道，重复上述过程。

五、注意事项

（1）防止触电。

（2）防止损坏试验设备。

（3）做好监护，有两人以上完成。

（4）现场作业文明生产要求。

1）现场使用材料、仪器仪表、工具摆放整齐、有序。

2）试验接线正确，记录数据清楚、完备。

3）工作现场保持清洁，做到工完场清。

【思考与练习】

1. TV 断线保护试验的目的是什么？

2. TV 断线信号检测的原理是什么？

3. 如何进行 TV 断线保护试验？

▲ 模块 44　励磁系统核相试验、发电机空载电压给定阶跃试验（新增 ZY5400204018）

【模块描述】本模块包含励磁系统核相试验和发电机空载电压给定阶跃试验的目的、试验条件。通过对操作方法、步骤、注意事项的讲解和案例分析，掌握励磁系统核相试验和发电机空载电压给定阶跃试验方法及步骤。

【模块内容】

一、作业内容

相位控制方式的整流器件都需要建立正确的主电压和移相范围关系。检查励磁系统检修后特别是新设备安装后励磁变压器（副励磁机）、同步信号、触发脉冲，功率整流装置接线的正确性，验证晶闸管整流元件的移相范围。

试验条件是励磁系统接线检查校对完毕，通电正常。

核相试验的要求在试验过程中功率装置输出的控制角度应与调节器显示一致，波形连续变化而无颠覆。调节器测量值准确，检测相序正确。

这是一种时域的测量方法，直接褒贬自动运行方式的电压给定值，或者在调节器的电压相加点上加上阶跃量，记录发动机电压波动，分析该波动的品质，与标准进行对比。

发电机空载电压给定阶跃试验目的是测试并且调整自动调节器的 PID 参数，使得在线性范围内的自动电压调节动态品质达到标准要求。初步检查励磁系统的静态放大倍数。发电机空载电压给定阶越试验，也是励磁系统模型参数确认试验的重要内容。

实验条件为发电机空载运行，机组转速稳定，调节器工作正常。

DL/T 843—2010《大型汽轮发电机励磁系统技术条件》规定"发电机空载阶跃响应：阶跃量为发电机额定电压的 5%，超调量不大于阶跃量的 30%，振荡次数不大于 3 次，上升时间不大于 0.6s，调节时间不大于 5s。"

GB/T 7409.3—2007《同步电机励磁系统大、中型同步发电机励磁系统技术要求》规定"在空载额定情况下，当发电机给定阶跃为±10%时，发电机电压超调量应不大于阶跃量的 50%，摆动次数不超过 3 次，调节时间应不超过 10s。触摸屏上有 5%阶跃及 10%阶跃按钮供选择，均为先上跃后下跃。试验过程录波。阶跃的性能指标可通过录波曲线数据计算。"

二、危险点分析与控制措施

（1）走错间隔。控制措施：监护人员监护到位，明确所在设备的工作任务，操作前，仔细核对设备铭牌和双重编号。

（2）误触电。控制措施：应按照电气作业规程，验电后作业，必要时断开盘内的交流和直流电源；防止金属裸露工具与低压电源接触，造成低压触电或电源短路；工作时站在绝缘垫上。

（3）误触碰。控制措施：应对可能引发误碰的回路、设备、元件设置防护带和悬挂警示牌。

（4）误整定。控制措施：应指定具有定值修改权限的人员修改定值，工作完成后应根据下达的整定单，复核正确后投入。

三、作业前准备

（1）作业前组织作业人员学习作业指导书，熟悉检查项目、步骤、注意事项。

（2）分配任务前，检查人员精神状态、疲劳程度等，适当调整人员作息，改善工作环境。

（3）准备并检查工器具是否满足要求，主要包括万用表、录波仪、常用电工工具一套。

（4）确认工作组成员健康状况良好，安全帽、工作服等安全工器具完备、合格。

（5）作业前确认设备编号、位置和工作状态。

（6）作业前/后应按照工作票对隔离措施/恢复措施进行检查和确认。

（7）作业前应根据测量参量选择量程匹配、型号合适的仪表设备。

（8）作业前应检查仪器设备是否合格有效，对不合格的或有效使用期超期的应封存并禁止使用。

（9）作业前应检查、核对设备名称、编号、位置，发现有误或标识不清应立即停止操作。

（10）作业前应检查确认与本装置相关的其他二次设备的隔离措施是否到位。

四、操作步骤

1. 核相试验步骤

（1）确认设备编号。

（2）与运行值班员联系，确认具备励磁调节器通电试验条件；将励磁用厂用电源投入，励磁直流操作电源断路器投入。

（3）设计供电方式，选择小电流整流负荷。可以有两种供电方式，一种是厂用电供电方式，另一种是电力系统倒送电方式。

（4）由电力系统倒送电至励磁系统，让励磁变压器、励磁调节柜、功率整流装置、励磁电压互感器带电。

（5）按照机组正常开机逻辑模拟开机条件，使调节器进入运行状态。

（6）用示波器观察晶闸管输出波形与控制角一致性，当励磁电压高时，整流输出经过分压衰减、隔离后进入示波器。

（7）测量整流输出电压，用整流的交直流关系式计算控制角。各相位关系应当符合设计要求。

（8）观察调节器模拟量各项测量值。

（9）交流励磁机励磁系统核相试验。

（10）交流励磁机励磁系统核相试验，要求和方法同自并励静止励磁系统。

（11）试验完毕。

（12）试验拆线，检查所拆动过的端子或部件是否恢复，清理现场。

（13）试验数据记录及分析，试验数据包括试验时间、天气、试验主要仪器及精度、试验数据、试验人等。

（14）出具试验报告。

2. 空载给定阶跃试验步骤

（1）确认设备编号。

（2）与运行值班员联系，确认具备励磁调节器通电试验条件；将励磁用厂用电源投入，励磁直流操作电源断路器投入。

（3）设置调节器处于自动方式。

（4）调试计算机进入调试软件或进入调节器人机画面，设置阶跃试验方式，设后施阶跃量。

（5）升发电机转速至额定并且保持稳定，对于新安装投运的励磁调节器，可以参考本厂或其他单位同类型机组的 PID 参数（为了防止发生异常，其他可以先在低电压下进行小于 5%阶跃量的阶跃试验，初步调整调节器 PID 参数，阶跃响应品质大体合适后再在额定值下细调）。

（6）调整发电机电压为95%额定电压。通过调节器试验调试界面做励磁调节器空载电压给定值5%阶越试验，或者外加5%给定值到电压相加点。

（7）采用调节器内部或者外部录波器记录发电机电压和调节器输出（或励磁电压、励磁机励磁电压）波形。

（8）观察调节器输出或励磁电压、励磁机励磁电压波形，应未进入限幅区。

（9）在5%阶越量试验合格后，将发电机电压调整至额定值，通过调节器的试验调试界面做励磁调节器空载电压给定值10%阶越试验，或者外加10%给定值到电压相加点。

（10）采用调节器内部或者外部录波器记录发电机电压和调节器输出（或励磁电压、励磁机励磁电压）波形。

（11）观察调节器输出或励磁电压、励磁机励磁电压波形，应未进入限幅区。

（12）计算发电机电压阶越的超调量、上升时间、调节时间和振荡次数。如果不符合标准，修改调节器的有关参数，重做阶越试验，直到品质符合标准。

（13）励磁系统静态放大倍数估算。

（14）校验励磁系统动态放大倍数。

五、注意事项

1. 核相注意事项

（1）使用示波器要注意以下几点：

1）示波器的工作电源用隔离变压器隔离。

2）示波器的测试探头的测试极棒用耐高压的绝缘棒绑好。

3）波形的测试采用记忆示波器录波，做一个10:1的电阻分压装置，示波器只取1/10的被测量。

4）分压装置用绝缘的相色带吊着悬空。保持安全距离示波器调好后，两人分别拿绝缘测试极棒接触阳极断路器处不同相的导电部分，一人根据情况，调节示波器，并操作记忆示波器，将阳极波形存储下。

（2）校验工作至少应有二人参加，由一人操作、读表，一人监护和记录。

（3）所有元件、仪器、仪表应放在绝缘垫上。

（4）试验接线完毕后，必须经二人都检查正确无误后方可通电进行试验。

（5）恢复接线时要按照记录进行。

2. 空载给定阶跃试验注意事项

（1）正常并列运行的双通道励磁调节器需要设置为单通道运行后进行阶跃试验。

（2）参数确认后在将确认的参数设置到另一通道，切换到另一通道运行，进行另一通道的阶跃试验，两通道阶跃响应一致。

【思考与练习】

1. 核相试验的目的是什么？

2. 给定阶跃试验的目的是什么？

3. 阶跃试验的给定量是多少？

▲ 模块 45　测量单元检查（新增 ZY5400205001）

【模块描述】本模块包含励磁调节器电压电流量的测量、模拟量检查、输入开关量检查。通过对操作方法、步骤、注意事项的讲解和案例分析，掌握励磁调节器测量单元检查的方法及步骤。

【模块内容】

一、作业内容

完成对进入励磁系统每个模拟量和开关量信号的采集，检查模拟量信号的测量范围、精度和测量延时是否符合要求，开关量信号动作阈值、返回值和测量延时是否符合要求。

测量一般有两种做法。一种是将外部电流互感器 TA、电压互感器 TV、二次额定值转为调节器内部的固定值或固定数，如将发电机二次电流 5A 转换为 2V 或 2000bit。另一种是按照订货要求出厂试验时完成测量值的整定，如将发电机额定二次电流 3.5A 整定为调节器测量值 2V 或 2000bit。

1. 测量信号

（1）测量范围。产品技术条件可以分别规定正常和异常工作范围的测量要求，如发电机的正常电压测量范围为额定值的 20%～120%，励磁电压电流的下限为空载额定值的 20%，上限为强励值。水轮发电机调节器频率测量范围 45～77Hz。发电机有功功率测定范围不小于额定有功功率的 0～100%，无功功率测量范围 $-Q_n$～$+Q_n$，Q_n 为额定无功功率。异常情况可以是发电机空载误强励和发电机负荷短路情况，发电机电压可以达到额定值的 150%～180%，励磁电压达到 7～10 倍的额定励磁电压，励磁电流达到 3.5～5.5 倍的额定励磁电流。

（2）测量信号的滤波时间常数。用与电压控制的发电机电压信号的测量时间常数一般不大于 30ms，用作电力系统稳定器信号的测量时间常数要小于 40ms，自并励静止励磁系统输出到控制室的励磁电压信号需要滤去高频分量。

（3）测量信号的精度和分辨率。发电机电压测量精度在标准中未做规定，但直接影响标准规定的励磁系统调压精度或电压静差率。

（4）调压精度是指在正常工作条件（温度、湿度和振动等）范围内，以及发电机许可的工况内发电机电压的偏差许可值。

（5）电压静差率指在发电机许可的运行工况内发电机电压的偏差许可值，两者的差别在于是否考虑环境影响。环境对调压精度的影响主要体现在电压测量环节的温度特性。调压精度约为电压静差率加上温度变化引起电压测量的偏差。电压静差率主要与调节器采用有差调节还是无差调节有关。一般规定调压精度为 1%，当电压静差率为 0.5% 时温度变化引起电压测量的偏差要求小于 0.5%；当电压静差率为 0 时温度变化引起电压测量的偏差要求小于 1%。

一般发电机电压测量精度小于 0.5%～1%，其中发电机电压变化范围内的许可测量偏差小于 0.1%～0.2% 额定值，环境变化引起测量偏差小于 0.5%～1% 额定值。对不同的测量范围规定不同的测量精度是必要的。异常工作范围的测量精度允许下降，但是测量环节应当时安全的且有正确的控制逻辑。发电机电压分辨率要求不大于 0.1%～0.2%。

电力系统稳定器取信号的变化量进行控制，当分辨率低时电力系统稳定器输出噪声将大为增加。当发电机进行负荷阶跃试验时，发电机有功功率一般只有 1%～3% 的振荡幅值，要较为真实地描述该扰动，有功功率信号的分辨率要求小于 0.1%，当采用发电机频率信号或机组转速信号作为电力系统稳定器信号时，信号的分辨率要求小于 0.02%。

2. 环境试验

环境试验的主要内容是检查温度、湿度、振动等对模拟量测量的影响。满足监控系统的监控信号要求，如励磁电压、励磁电流等要满足电厂的要求。

3. 励磁调节器电压电流量的测量及接线方式

（1）发电机机端 TV。一般为两路 TV 信号，YY0–12 接线方式，三相三线制输入，第一路 TV 信号一般对应于 A 调节器电压反馈信号；第二路 TV 信号一般对应于 B、C 调节器电压反馈信号。主要用于微机调节器 AVR 单元的反馈电压测量、FCR 单元的过电压限制输入信号以及机组频率的检测；和机端 TA 配合后，可以计算发电机组的有功、无功功率。

（2）发电机机端 TA。一般为一路 TA 信号，三相四线制输入，输入 A/B 微机调节器，用于测量发电机定子电流信号，和机端 TV 配合后，可以计算发电机组的有功、无功功率，用于实现发电机组的过负荷限制。

（3）系统 TV。一般为一路 TV 信号，YY0–12 接线方式，三相三线制输入，输入 A/B 微机调节器，用于测量电网电压信号，和机端 TV 比较后，在调节器"系统电压跟踪"功能投入后，可以调节发电机组的机端电压，使发电机电压和系统电压尽可能保持一致，实现自动准同期并网时减小并网冲击。

二、危险点分析与控制措施

（1）走错间隔。控制措施：监护人员监护到位，明确所在设备的工作任务，操作前，仔细核对设备铭牌和双重编号。

（2）误触电。控制措施：应按照电气作业规程，验电后作业，必要时断开盘内的交流和直流电源；防止金属裸露工具与低压电源接触，造成低压触电或电源短路；工作时站在绝缘垫上。

（3）误触碰。控制措施：应对可能引发误碰的回路、设备、元件设置防护带和悬挂警示牌。

（4）误整定。控制措施：应指定具有定值修改权限的人员修改定值，工作完成后应根据下达的整定单，复核正确后投入。

三、作业前准备

（1）作业前组织作业人员学习作业指导书，熟悉检查项目、步骤、注意事项。

（2）分配任务前，检查人员精神状态、疲劳程度等，适当调整人员作息，改善工作环境。

（3）准备并检查工器具是否满足要求，主要包括万用表、录波仪、继电保护校验仪、常用电工工具一套。

（4）确认工作组成员健康状况良好，安全帽、工作服等安全工器具完备、合格。

（5）作业前确认设备编号、位置和工作状态。

（6）作业前/后应按照工作票对隔离措施/恢复措施进行检查和确认。

（7）作业前应根据测量参量选择量程匹配、型号合适的仪表设备。

（8）作业前应检查仪器设备是否合格有效，对不合格的或有效使用期超期的应封存并禁止使用。

（9）作业前应检查、核对设备名称、编号、位置，发现有误或标识不清应立即停止操作。

（10）作业前应检查确认与本装置相关的其他二次设备的隔离措施是否到位。

四、操作步骤

（1）确认设备编号。

（2）与运行值班员联系，确认具备励磁调节器通电试验条件；将励磁用厂用电源投入，励磁直流操作电源断路器投入。

（3）模拟量检查。试验设备一般使用专用试验仪，如励磁仿真装置或继电保护试验装置，不使用受电源影响的不易调整三相平衡的调压器。

1）发电机电压测量（即励磁电压 TV 和仪表 TV 电压）接入励磁装置，在规定的范围内，校准调节器的测量值和显示值，使误差在规范的规定范围内。

2）进行电压信号阶跃试验，录制阶跃信号和测量输出的波形。数字式调节器可以采用内部录波器或经过 D/A 转换，用外部录波器录制。计算测量单元时间常数。测量单元时间常数为阶跃开始到采集值达变化量 0.632 处的时间，即测量单元时间常数。实际测量的模型可能非一阶惯性环节，但是一般该延时远小于励磁系统其他小时间常数，所以可以当作一阶惯性环节处理。

3）频率测量：将频率可调整的电压作为发电机电压输入调节器，检查频率测量。频率测量一般用作计算控制角，频率测量偏差将导致计算的控制角与实际不一致，各相的控制角差异大。1%的频率测量偏差将引起控制角偏差±3.64°。频率测量精度应符合制造厂标准，如在频率 47.5～51.5Hz 区间频率测量精度为 0.5%。

4）发电机测量：加入模拟三相发电机 TA 电流，在制造厂规定的范围内（如 0.2～5A），校准调节器的测量值和显示值，使误差在制造厂规定的范围内±0.5%。

5）发电机有功功率和无功功率、有功电流和无功电流测量。

a）加入模拟有功功率，在制造厂规定的范围内，校准调节器的测量值和显示值，使有功功率和有功电流误差在制造厂规定的范围内，做好记录。

b）加入模拟无功功率，在制造厂规定的范围内，校准调节器的测量值和显示值，使无功功率和无功电流误差在制造厂规定的范围内，做好记录。

c）进行有功功率和无功功率信号阶跃试验，测定测量环节时间常数，有功功率的测量时间常数不大于 40ms。

6）发电机励磁电流和励磁机励磁电流测量。信号一般有整流桥交流侧 TA 二次电流、励磁回路分流器上毫伏电压变送器和励磁电流隔离变送器输出三种来源。

a）整流桥交流侧 TA 二次电流。加入模拟三相励磁变压器 TA 电流，在制造厂规定的范围内（如 0.2～5A），校准调节器的测量值和显示值，使误差在制造厂规定的范围内，做好记录。注意：由于功率整流装置的负荷是大电感，所以在交流侧，即励磁变压器二次侧电流接近方波检测时采用方波信号不如正弦波信号方便。正弦信号测量结果比方波信号结果大 1.11 倍。

b）分流器测量。采用分流器测量时调节器内部需要有带强电隔离的毫伏电压变送器，测量精度与变送器的精度有关，加入模拟分流器信号，在制造厂规定的范围内，如 1～100mV。当大电流上限达不到 $2I_{fn}$，在获得该变送器制造厂的全范围测量报告条件下，可以适当减少最大试验电流值。一、二次间的交流耐压试验电压与励磁主回路一致。进行电流信号阶越试验，测量信号滤波时间常数。

c）隔离变送器（霍尔开关）测量。测量精度与隔离变送器有关，结合大电流试验，校准调节器的测量值和显示值。使误差在规定的范围内。

7）发动机励磁电压和励磁机励磁电压测量。采用分压器经过隔离装置测量，试验时缴入直流电压信号在规定的范围内校准调节器的测量值和显示值，使误差在制造厂规定的范围内±1%，一、二次间的交流耐压试验电压与相应的励磁主回路一致。进行电压信号阶越试验，测量信号滤波时间常数。

（4）输入开关量检。

1）外接可调直流电压，测量各路开关量输入口的翻转电平，应当符合设计要求或接近1/2工作电压。

2）用通信线与 PC 机相连，打开 PC 进入励磁调节器测试用户调试程序；将调试画面切至输入开关量检测画面，手动改变输入开关量状态，注意进行检查。

五、注意事项

（1）校验工作至少应有二人参加，由一人操作、读表，一人监护和记录。

（2）所有元件、仪器、仪表应放在绝缘垫上。

（3）试验接线完毕后，必须经二人都检查正确无误后方可通电进行试验。

（4）所用仪表一般不应低于 0.5 级。

（5）所有使用接线应牢固可靠。

（6）合上电源先应查看调压器、变阻器在适当的位置，严防大电流冲击，防止短路。

【思考与练习】

1. 测量单元检查的目的是什么？

2. 要对哪些模拟量进行检查？

3. 如何对开关量进行检查？

◢ 模块 46 稳压电源单元检查
（新增 ZY5400205002）

【模块描述】本模块包含励磁调节器稳压电源检测的试验接线、输出电压稳定度检测、稳压电源负荷特性及负荷输出电压稳定度检测、输出电压纹波检测。通过对操作方法、步骤、注意事项的讲解和案例分析，掌握稳压电源单元检查的方法及步骤。

【模块内容】

一、作业内容

1. 操作目的

检查稳压电源的稳压特性及负荷特性。励磁调节器的主机稳压电源及脉冲电源、控制操作系统电源均为双路电源供电。

2. 质量要求

检查各稳压电源的稳压特性：电源电压变化时（负荷不变）的输出电压稳定度，要求输出变化的绝对值不大于 1%；负荷变化时（电源电压分别为最大和最小工作电压时）的输出电压稳定度，要求不大于 2%；用示波器检查输出电压纹波在额定电源电压和额定负荷时不大于 3%；对于逆变器提供的稳压电源，用示波器检查输出电压不应有毛刺；检验稳压电压的过电流和过电压保护整定值应符合要求。对于由几个并联供电的稳压电源，应检验其相互闭锁及各组稳压电源供电的程序是否符合设计要求。

二、危险点分析与控制措施

（1）走错间隔。控制措施：监护人员监护到位，明确所在设备的工作任务，操作前，仔细核对设备铭牌和双重编号。

（2）误触电。控制措施：应按照电气作业规程，验电后作业，必要时断开盘内的交流和直流电源；防止金属裸露工具与低压电源接触，造成低压触电或电源短路；工作时站在绝缘垫上。

（3）误触碰。控制措施：应对可能引发误碰的回路、设备、元件设置防护带和悬挂警示牌。

（4）仪器仪表损坏。控制措施：测量时不得超过仪器仪表允许的最大量程范围，以免损坏仪器仪表。

三、作业前准备

（1）作业前组织作业人员学习作业指导书，熟悉检查项目、步骤、注意事项。

（2）分配任务前，检查人员精神状态、疲劳程度等，适当调整人员作息，改善工作环境。

（3）准备并检查工器具是否满足要求，主要包括万用表、电压表、电流表、调压器、滑线变阻器、常用电工工具一套。

（4）确认工作组成员健康状况良好，安全帽、工作服等安全工器具完备、合格。

（5）作业前确认设备编号、位置和工作状态。

（6）作业前/后应按照工作票对隔离措施/恢复措施进行检查和确认。

（7）作业前应根据测量参量选择量程匹配、型号合适的仪表设备。

（8）作业前应检查仪器设备是否合格有效，对不合格的或有效使用期超期的应封存并禁止使用。

（9）作业前应检查、核对设备名称、编号、位置，发现有误或标识不清应立即停止操作。

（10）作业前应检查确认与本装置相关的其他二次设备的隔离措施是否到位。

四、操作步骤

（1）确认设备编号。

（2）将调节器的插件板退出，厂用电电缆线解开，自用电电缆线解开。直流供电电源引线断开。

（3）稳压电源检测的试验接线。

1）用交流电源检测稳压电源的试验接线如图 2-2-27 所示。

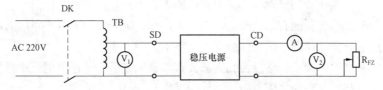

图 2-2-27　稳压电源试验接线

DK—电源隔离开关；TB—调压变压器；V_1—输入电压测量表 0.5 级；
V_2—输出电压测量表 0.5 级；A—输出电流测量表 0.5 级；R_{fz}—负荷电阻（可调）；
SD—稳压源输入电源端子；CD—稳压源输出电压端子

2）用直流电源检测稳压源的试验接线如图 2-2-28 所示。

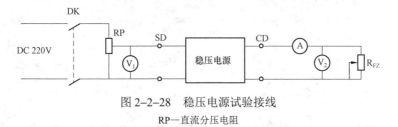

图 2-2-28　稳压电源试验接线

RP—直流分压电阻

（4）输出电压稳定度检测。

1）用交流或直流供电方式从输入端输入 70%～130%额定电压。分别在空载和额定负荷情况下测量输出直流电压。

2）录制稳压电源的输出特性曲线。

3）计算输出电压稳定度 S，电压稳定度 S 合格值应不大于 1%。

（5）稳压电源负荷特性及负荷输出电压稳定度检测。

1）在输入端输入交流或直流电源的最大和最小工作电压，并维持不变的情况下改变负荷电流从最小值至额定值的变化。

2）录制负荷特性。

3）并计算输出电压稳定度 S，电压稳定度 S 合格值应不大于 2%。

（6）检测输出电压纹波。

1）用示波器检测在输入、输出及负荷均为额定值的情况下的直流电压输出波形的峰峰值其应不大于3%且不应有毛刺出现。

2）稳压电源输出电压纹波系数的检测，可在交流或直流额定输入电压状况下直接用阴极示波检测稳压电源的输出电压波形并计算纹波系数（纹波系数要求小于等于2%）。

五、注意事项

（1）检查试验接线的正确性，试验要求两人以上进行，并做好监护。

（2）校验工作至少应有二人参加，由一人操作、读表，一人监护和记录。

（3）所有元件、仪器、仪表应放在绝缘垫上。

（4）试验接线完毕后，必须经二人都检查正确无误后方可通电进行试验。

（5）所有使用接线应牢固可靠。

（6）合上电源先应查看调压器、变阻器在适当的位置，严防大电流冲击，防止短路。

【思考与练习】

1. 稳压电源单元检查的目的是什么？

2. 稳压电源检查的质量标准是什么？

3. 如何计算输出电压稳定度？

▲ 模块47 励磁系统操作、控制、保护、信号回路正确性检查（新增 ZY5400205003）

【模块描述】本模块包含电源回路、灭磁断路器、投切励磁风机、启励、逆变、增减磁、起励极性、励磁系统对外信号及励磁系统通信的操作检查。通过对操作方法、步骤、注意事项的讲解和案例分析，掌握励磁系统操作、控制、保护、信号回路正确性检查的方法及步骤。

【模块内容】

一、作业内容

检查各控制操作、保护、监测、信号及接口等回路的正确性，检查调节器自检功能的正确性。

励磁设备的直流控制电源有 DC220V、DC24V 等电压等级，交流控制电源有AC400V、AC220V 等电压等级，必须保证励磁设备内部的元器件的电压等级与控制电源的电压等级一致，否则将损坏元器件。

检查励磁柜内部各电源输出端有无短路现象时，还必须检查该路电源对其他电源有无短路现象，如 DC220V 正负极是否对 DC24V 正负极短路等。

增减磁操作可近控或远控进行，增减磁操作本质上直接改变的是调节器的给定值：自动方式下改变电压给定值，手动方式下改变电流给定值。随着给定值增大或减小，通过调节器闭环调节，机端电压或励磁电流随之增大或减小。发电机空载情况下，随增减磁操作，可观察到机端电压和励磁电流明显变化；发电机负载情况下，只能进行小幅度的增减磁操作，机端电压变化不明显，但可观察到发电机无功明显变化。

增减磁操作仅对运行通道有效。一般情况下调节器自动通道设有增减磁触点防粘连功能，增磁或减磁的有效连续时间为 4s，当增磁或减磁触点连续接通超过 4s 后，无论近控还是远控，操作指令失效。当增磁指令因为触点粘连功能失效后，不影响减磁指令的操作；当减磁指令因为触点粘连功能失效后，不影响增磁指令的操作起励操作。

残压起励功能投入情况下，当有起励命令时，先投入残压起励，10s 内建压 10% 时退出起励；如果 10s 建压 10% 不成功，则自动投入辅助起励电源起励，之后建压 10% 时或 5s 时限到，自动切除辅助起励电源回路。

残压起励功能退出情况下，当有起励命令时，则立即投入辅助起励电源起励，10s 内建压 10% 时退出起励；如果 10s 建压 10% 不成功，则自动切除辅助起励电源回路。

起励失败信号：在上述起励过程中，如果起励时限到但机端电压没有达到 10% 额定，调节器会发出"起励失败"信号。

二、危险点分析与控制措施

（1）走错间隔。控制措施：监护人员监护到位，明确所在设备的工作任务，操作前，仔细核对设备铭牌和双重编号。

（2）误触电。控制措施：应按照电气作业规程，验电后作业，必要时断开盘内的交流和直流电源；防止金属裸露工具与低压电源接触，造成低压触电或电源短路；工作时站在绝缘垫上。

（3）误触碰。控制措施：应对可能引发误碰的回路、设备、元件设置防护带和悬挂警示牌。

（4）误整定。控制措施：应指定具有定值修改权限的人员修改定值，工作完成后应根据下达的整定单，复核正确后投入。

三、作业前准备

（1）作业前组织作业人员学习作业指导书，熟悉检查项目、步骤、注意事项。

（2）分配任务前，检查人员精神状态、疲劳程度等，适当调整人员作息，改善工

作环境。

（3）准备并检查工器具是否满足要求，主要包括万用表、常用电工工具一套。

（4）确认工作组成员健康状况良好，安全帽、工作服等安全工器具完备、合格。

（5）作业前确认设备编号、位置和工作状态。

（6）作业前/后应按照工作票对隔离措施/恢复措施进行检查和确认。

（7）作业前应根据测量参量选择量程匹配、型号合适的仪表设备。

（8）作业前应检查仪器设备是否合格有效，对不合格的或有效使用期超期的应封存并禁止使用。

（9）作业前应检查、核对设备名称、编号、位置，发现有误或标识不清应立即停止操作。

（10）作业前应检查确认与本装置相关的其他二次设备的隔离措施是否到位。

四、操作步骤

（1）确认设备编号。

（2）与外部开关量有关的回路，模拟外部开关量动作检查。与功能单元状态有关的回路，结合单元特性试验进行，或者模拟单元状态进行检查。

（3）与运行值班员联系，确认励磁操作回路通电试验条件具备；将励磁用厂用电源投入，励磁直流操作电源断路器投入。灭磁断路器操作电源断路器投入。

（4）电源回路检查。将励磁柜与外部交直流厂用电源连接的控制开关和熔断器断开，外部交直流厂用电源投入，在励磁柜的电源输入端测量输入电源电压大小和极性是否正常。

（5）用万用表电阻挡检查励磁柜内部的交直流电源回路，包括交流电源回路、直流电源回路、DC24V 电源回路、DC12V 电源回路、DC5V 电源回路，确认无短路故障，然后将励磁柜与外部交直流厂用电源连接的控制开关和熔断器闭合，将外部交直流厂用电源送入励磁系统。

（6）灭磁断路器操作检查。近方手动分、合闸，远方操作分、合闸事故和逆变失败分闸试验，灭磁断路器分合动作正常。

（7）投切励磁风机试验。由手动按按钮或 PLC 发开机投励磁风机令，工作风机应启动，观察各继电器、接触器动作是否正常。停励磁风机试验：由手动按钮或 PLC 发停风机令，风机应停止。

（8）启励试验。由 PLC 发令，观察启励接触器是否励磁；保护电源是否投入（启励时间过长时间继电器应励磁，10s 后，启励接触器失磁，发"启励不成功"信号。

（9）逆变试验。由 PLC 发令，观察逆变继电器励磁；同时时间继电器励磁，延时

10s 左右，保护电源退出。

（10）增、减磁试验。由 PLC 发令，观察增减磁继电器动作是否正常。

（11）起励极性检查。

1）送上起励电源并合上起励电源断路器。

2）为了防止向转子回路送电，应断开灭磁断路器。

3）手动按下起励接触器的主触头，测量灭磁断路器上端正、负母线间电压的大小和极性。

（12）励磁系统对外信号检查。

1）"TV 断线""强励动作""欠励动作""过电压限制""V/F 限制""过无功"及起励失败等信号检查与静态或动态试验一同进行。

2）同时测量对应的输出继电器触点是否接通，到远方监控系统的指示是否正确。

（13）励磁系统通信检查。

1）将励磁系统与监控系统相连，由监控系统按照双方约定的通信协议发送控制指令到励磁系统。

2）同时将励磁系统接入调试电脑。

3）利用软件监测监控系统的输出指令和励磁系统响应信号是否正常。

（14）出厂试验时，对控制柜内的控制、操作、信号、保护回路按照逻辑图逐个进行检查，并做好记录。

（15）交接试验时，对励磁系统全部控制、操作、信号、保护回路按照逻辑图进行传动检查。对技术条件和合同规定的相关内容进行检查。判断设计图和竣工图的正确性，确认实际系统与图纸一致。

（16）大修试验时，对运行中出现的异常和障碍重点检查，对正常运行未涉及的回路和逻辑进行检查。

五、注意事项

（1）励磁系统控制、操作、保护、监测、信号试验前，有关仪表、继电器等元、器件的检验及回路绝缘必须良好。

（2）接通电源前要确认各断路器等元件均处于开路状态。

（3）对照图纸检查各回路的实际接线，确认没有接线错误才能接通电源。

（4）接通电源后要保持警惕，对于柜内的主要断路器、继电器、变压器等器件进行检查，如果有异味、异响、高温应立即切断电源，进行检查。

（5）起励信号检查试验时为了防止向转子回路送电，起励电源断路器应断开。验证起励回路动作正常，可以通过起励接触器的动作情况进行判断，起励接触器接通后应保持住，除非起励时限到或手动退出起励。

（6）现场使用材料、仪器仪表、工具摆放整齐、有序。

（7）工作现场保持清洁，做到工完场清。

【思考与练习】

1. 励磁系统操作、控制、保护、信号回路正确性检查包括哪些内容？

2. 如何进行起励极性检查？

3. 如何进行投切励磁风机试验？

▲ 模块48 人机界面调试（新增 ZY5400205004）

【模块描述】本模块包含调节器人机界面的系统设置、备份设置、待机时间设置、调节器人机界面主画面、多功能选择画面、开关量监测画面运行调试。通过对操作方法、步骤、注意事项的讲解和案例分析，掌握励磁调节器人机界面调试方法及步骤。

【模块内容】

一、作业内容

人机界面简称 HMI（human–machine interface），作用是提供用户与励磁系统间的一个操作接口，具有以下特性：

（1）便于运行人员巡检。人机界面具备机组运行参数显示、运行状况显示功能，并有故障报警指示。

（2）便于操作，操作元件或操作画面有相应的文字说明，且有防误操作措施。

（3）人机界面具有相对独立性，当出现故障或失效时，不会影响到励磁系统正常工作，也不会影响到励磁系统的基本操作。

（4）选用带全屏触摸功能的显示器（Proface 触摸屏）作为人机界面。其优点是功能齐全，不仅用于运行操作，也可用于试验和维护，画面丰富，视觉效果良好，操作简便，同时具有数字量、模拟量、通信状态和系统运行状态显示，设备运行状况一目了然，运行人员可在短短的几分钟时间内学会所有的相关操作。

以某调节器为例说明人机界面的系统设置和各个画面的调试。

二、危险点分析与控制措施

（1）走错间隔。控制措施：监护人员监护到位，明确所在设备的工作任务，操作前，仔细核对设备铭牌和双重编号。

（2）误触电。控制措施：应按照电气作业规程，验电后作业，必要时断开盘内的交流和直流电源；防止金属裸露工具与低压电源接触，造成低压触电或电源短路；工作时站在绝缘垫上。

（3）误触碰。控制措施：应对可能引发误碰的回路、设备、元件设置防护带和悬挂警示牌。

（4）误整定。控制措施：应指定具有定值修改权限的人员修改定值，工作完成后应根据下达的整定单，复核正确后投入。

三、作业前准备

（1）作业前组织作业人员学习作业指导书，熟悉检查项目、步骤、注意事项。

（2）分配任务前，检查人员精神状态、疲劳程度等，适当调整人员作息，改善工作环境。

（3）准备并检查工器具是否满足要求，主要包括万用表、笔记本电脑、常用电工工具一套。

（4）确认工作组成员健康状况良好，安全帽、工作服等安全工器具完备、合格。

（5）作业前确认设备编号、位置和工作状态。

（6）作业前/后应按照工作票对隔离措施/恢复措施进行检查和确认。

（7）作业前应根据测量参量选择量程匹配、型号合适的仪表设备。

（8）作业前应检查仪器设备是否合格有效，对不合格的或有效使用期超期的应封存并禁止使用。

（9）作业前应检查、核对设备名称、编号、位置，发现有误或标识不清应立即停止操作。

（10）作业前应检查确认与本装置相关的其他二次设备的隔离措施是否到位。

四、操作步骤

（1）调节器 HMI 的系统设置。

1）通信设置通信模式：RS-232。

2）数据位数：8 位。

3）校验位：偶数校验、合计校验。

4）停止位：1 位。

5）波特率：19200。

（2）备份设置。

1）备份起始地址：202。

2）备份寄存器长度：10。

3）备份相关内容。

（3）待机时间设置。为了保护 HMI 的显示屏幕，设置了屏幕保护功能，当在设定的时间内对 HMI 没有操作时自动暂时消去屏幕显示，待机时间默认为 2min。

（4）调节器 HMI 主画面运行。

1）模拟量显示。

2）开关量显示。

3）故障报警。

（5）多功能选择画面。

1）开关量监测画面。

2）系统开关量画面。

3）励磁系统通信监视画面。

4）模拟量监测画面。

5）当前故障报警画面。

6）故障追忆画面。

7）信号灯定义画面。

8）运行方式设置画面。

（6）运行设置画面。在智能触摸屏上，提供了励磁系统的绝大部分功能设置。这些功能的投切都可以直接在相应的按钮上操作。功能投入后相应按钮变成红色，同时按钮上文字显示也会改变。

（7）调差设置画面。

（8）手动运行方式设置画面。

（9）PSS 投切操作画面。

（10）运行模式显示画面。

（11）系统设置画面。

（12）试验画面。

（13）继电器测试画面。

（14）起励操作画面。

五、注意事项

（1）操作必须两人以上进行。

（2）操作时出现异常情况应立即停止操作进行仔细检查。

（3）应详细记录操作过程中的检查、上电试验和运行情况，以供分析与总结。

【思考与练习】

1. 什么是人机界面？

2. 人机界面具有哪些特性？

3. 人机界面有哪些画面？

模块49　发电机电压调差率的测定
（新增 ZY5400205005）

【模块描述】本模块包含测定试验条件、发电机机端电流、电压测量操作及注意事项。通过对操作方法、步骤、注意事项的讲解和案例分析，掌握发电机电压调差率的测定方法及步骤。

【模块内容】

一、作业内容

发电机电压调差率的测定试验目的是检查调差极性是否符合设计或电网的要求，测量励磁调节器发电机电压调差率整定的正确性。

二、危险点分析与控制措施

（1）走错间隔。控制措施：监护人员监护到位，明确所在设备的工作任务，操作前，仔细核对设备铭牌和双重编号。

（2）误触电。控制措施：应按照电气作业规程，验电后作业，必要时断开盘内的交流和直流电源；防止金属裸露工具与低压电源接触，造成低压触电或电源短路；工作时站在绝缘垫上。

（3）误触碰。控制措施：应对可能引发误碰的回路、设备、元件设置防护带和悬挂警示牌。

（4）误整定。控制措施：应指定具有定值修改权限的人员修改定值，工作完成后应根据下达的整定单，复核正确后投入。

三、作业前准备

（1）作业前组织作业人员学习作业指导书，熟悉检查项目、步骤、注意事项。

（2）分配任务前，检查人员精神状态、疲劳程度等，适当调整人员作息，改善工作环境。

（3）准备并检查工器具是否满足要求，主要包括万用表、常用电工工具一套。

（4）确认工作组成员健康状况良好，安全帽、工作服等安全工器具完备、合格。

（5）作业前确认设备编号、位置和工作状态。

（6）作业前/后应按照工作票对隔离措施/恢复措施进行检查和确认。

（7）作业前应根据测量参量选择量程匹配、型号合适的仪表设备。

（8）作业前应检查仪器设备是否合格有效，对不合格的或有效使用期超期的应封存并禁止使用。

（9）作业前应检查、核对设备名称、编号、位置，发现有误或标识不清应立即停

止操作。

（10）作业前应检查确认与本装置相关的其他二次设备的隔离措施是否到位。

四、操作步骤

（1）确认设备编号。

（2）发电机并网运行，功率因数为零的情况下，将自动励磁调节器调差单元投入。

（3）自动励磁调节器投入"自动"位置，电压给定值固定。

（4）解除电压给定值回空功能。

（5）确认调差极性是否符合设计或电网的要求。

（6）发电机机端电流、电压测量方法一：

1）通过改变电厂内相邻机组的无功功率或电厂母线电压，使得试验发电机无功功率达到一定数值（越大越好）。

2）记录该点的发电机机端电流和该点的机端电压。

3）跳发电机出口断路器。

4）记录发电机机端电流和机端电压。

5）计算发电机电压调差率。

（7）发电机机端电流、电压测量方法二：

1）通过增加励磁将发电机无功带到额定。

2）记录该点的发电机机端电流和该点的机端电压。

3）跳发电机出口断路器。

4）记录发电机机端电流和机端电压。

5）将两点电流、电压值代入调差率公式进行计算。

（8）调差率的设置调整范围应符合有关标准的规定。

（9）试验拆线，检查所拆动过的端子或部件是否恢复，清理现场。

（10）根据试验数据（试验时间、天气、试验主要仪器及精度、试验数据、试验人等）、试验记录及分析，写出试验报告。

五、注意事项

（1）观察相邻运行机组的励磁电流，保证母线电压在合格范围内。

（2）现场作业文明生产要求。

1）现场使用材料、仪器仪表、工具摆放整齐、有序。

2）工作现场保持清洁，做到工完场清。

【**思考与练习**】

1. 电压调差率测定的目的是什么？

2. 如何计算电压调差率？

3. 电压调差率有哪几种测定方法？

▲ 模块 50　交流及尖峰过电压吸收装置应用测试 （新增 ZY5400205006）

【模块描述】本模块包含高能氧化锌压敏电阻保护、阻容吸收器保护、测量励磁变压器阳极电压、直流侧电压波形分析、直流侧尖峰计算。通过对操作方法、步骤、注意事项的讲解和案例分析，掌握交流及尖峰过电压吸收装置应用测试方法及步骤。

【模块内容】

一、作业内容

尖峰过电压吸收装置组成，采用压敏电阻（浪涌吸收器）与 RC 阻容保护相配合，接线方式为三角形接法，如图 2-2-29 所示。

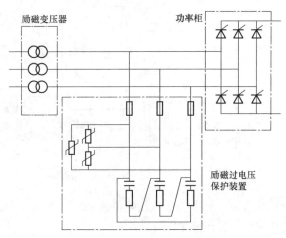

图 2-2-29　交流及尖峰过电压吸收装置接线图

阳极侧过电压保护方法：

在励磁系统采用静止式晶闸管自并励方式中，由于晶闸管在换相时交直流侧会出现换相尖峰过电压，这种过电压峰值高并具有三个特点：一是周期性很强，每个周期产生 6 个换相缺口，其中有 2 个是本相晶闸管换相产生，另外 4 个是其他相晶闸管换相产生；二是一致性也很强，换相过电压尖峰毛刺都是在晶闸管换相关断瞬间产生，这是由于晶闸管反向恢复电荷不能突变的原因；三是尽管每个尖峰毛刺能量不是很大，但每个周期产生 6 个尖峰，连续运行总能量很大。这样容易引起励磁变压器、功率柜和转子系统绝缘的软击穿，引发误强励和失磁故障，而这种故障一般情况下很难找到故障点，使发电机组安全运行受到威胁。所以，对于大型发电机组来说，其换向尖峰过电压的问题也越来越引起人们的关注。

励磁系统交流过电压及尖峰过电压保护原理：励磁系统大功率晶闸管整流桥交流侧选用高能容氧化锌压敏电阻，此压敏电阻的接线方式采用三角形接法，同时在励磁变压器副边并联阻容吸收器（采用集中式的阻容过电压保护）。

通过工程实践，目前励磁阳极过电压保护比较常用的主要有阳极电源回路装设压敏电阻和阳极电源回路装设阻容吸收器两种。

1. 高能氧化锌压敏电阻保护

在阳极回路装设压敏电阻，利用压敏电阻的非线性特性，限制交流侧尖峰过电压幅值。原理图如图 2-2-30 所示，RD 是保险，YM 是压敏电阻，可以采用三角形接线，也可采用星形接线。

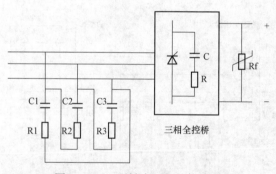

图 2-2-30　压敏电阻保护接线图

压敏电阻电压的选择，一般取阳极电压峰值的 1.5～2.0 倍，为防止压敏电阻击穿短路，在回路中还应串联快速保险 RD。

按照这种方式整定的过电压保护，可以保护励磁变压器及晶闸管不至于因电压过高造成绝缘损坏。压敏电阻过电压保护，无法吸收晶闸管换相过电压的尖峰毛刺，不能降低过电压的前沿陡度，必须采用阻容吸收装置加以限制。

2. 阻容吸收器保护

在晶闸管整流桥交流侧装设阻容吸收器，利用电容稳压和充电特性，吸收励磁阳极过电压尖峰毛刺达到保护目的。

如图 2-2-31 所示，由三组 R1、C1 组成普通型阻容保护，不仅能有效吸收阳极过电压尖峰毛刺，而且还能降低这些过电压尖峰毛刺的前沿陡度。阻容保护接线方式，依据电容电压水平选择三角形接线或星形接线。

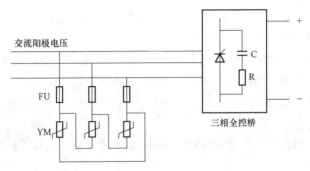

图 2-2-31　阻容过电压保护原理图

此种阻容保护器件少，电阻发热量小，可通过压敏电阻降低过电压的幅值，同时由阻容保护降低过电压的陡度。

按照这种方式整定的过电压保护，可以保护励磁变压器及晶闸管不至于因电压过高造成绝缘损坏。压敏电阻过电压保护，无法吸收晶闸管换相过电压的尖峰毛刺，不能降低过电压的前沿陡度，必须采用阻容吸收装置加以限制。

采用高能氧化锌压敏电阻及阻容保护相配合可以保护励磁变压器及晶闸管不至于因电压过高造成绝缘损坏，同时利用电容稳压和充电特性，吸收励磁阳极过电压尖峰毛刺，避免设备绝缘因尖峰电压遭受软击穿。

二、危险点分析与控制措施

（1）走错间隔。控制措施：监护人员监护到位，明确所在设备的工作任务，操作前，仔细核对设备铭牌和双重编号。

（2）误触电。控制措施：应按照电气作业规程，验电后作业，必要时断开盘内的交流和直流电源；防止金属裸露工具与低压电源接触，造成低压触电或电源短路；工作时站在绝缘垫上。

（3）误触碰。控制措施：应对可能引发误碰的回路、设备、元件设置防护带和悬挂警示牌。

（4）仪器仪表损坏。控制措施：测量时不得超过仪器仪表允许的最大量程范围，以免损坏仪器仪表。

三、作业前准备

（1）作业前组织作业人员学习作业指导书，熟悉检查项目、步骤、注意事项。

（2）分配任务前，检查人员精神状态、疲劳程度等，适当调整人员作息，改善工

作环境。

（3）准备并检查工器具是否满足要求，主要包括万用表、示波器、常用电工工具一套。

（4）确认工作组成员健康状况良好，安全帽、工作服等安全工器具完备、合格。

（5）作业前确认设备编号、位置和工作状态。

（6）作业前/后应按照工作票对隔离措施/恢复措施进行检查和确认。

（7）作业前应根据测量参量选择量程匹配、型号合适的仪表设备。

（8）作业前应检查仪器设备是否合格有效，对不合格的或有效使用期超期的应封存并禁止使用。

（9）作业前应检查、核对设备名称、编号、位置，发现有误或标识不清应立即停止操作。

（10）作业前应检查确认与本装置相关的其他二次设备的隔离措施是否到位。

四、操作步骤

（1）在停机状态下按照如图 2-2-32 所示试验接线进行接线。

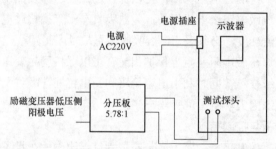

图 2-2-32　交流及尖峰过电压吸收装置测试接线

（2）发电机组开机，发电机转速至额定并保持稳定。

（3）发电机起励并维持机端电压额定。

（4）利用示波器测量励磁变压器阳极电压的电压波形如图 2-2-33 所示，并计算阳极电压有效值和尖峰值。

阳极电压有效值为 159.8×5.78=923.6（V）

阳极电压尖峰值为 $U_\triangle$=0.8×200×5.78=924.8（V）

（5）利用示波器录取未投交流及尖峰过电压吸收装置时直流侧电压波形如图 2-2-34 所示（空载额定），并计算直流电压尖峰值。

直流侧电压尖峰值 $U_\triangle$=9×（500/5）=900（V）（未用分压电阻）

（6）将尖峰过电压装置投入运行，在发动机组额定空载运行工况下利用示波器测量励磁变压器阳极电压的电压波形如图 2-2-35 所示，并计算阳极电压有效值和尖峰值：

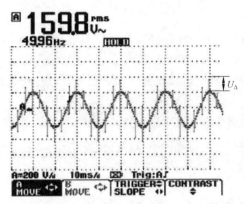

图 2-2-33　未投交流及尖峰过电压吸收装置
　　　　　交流侧电压波形（空载额定）

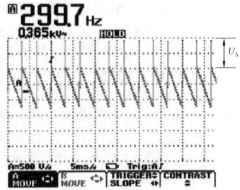

图 2-2-34　未投交流及尖峰过电压吸收装置
　　　　　直流侧电压波形（空载额定）

阳极电压尖峰值 U_Δ=0.4×100×5.78=231.2（V）

投入交流及尖峰过电压吸收装置后交流侧尖峰下降为（924.8-231.2）/924.8×100%=75%

（7）利用示波器录取未投交流及尖峰过电压吸收装置时直流侧电压波形（空载额定）如图 2-2-36 所示，并计算直流电压尖峰值：

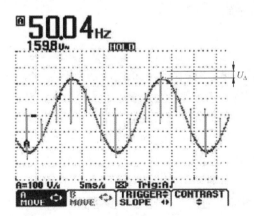

图 2-2-35　投入交流及尖峰过电压吸收装置
　　　　　交流侧电压波形（空载额定）

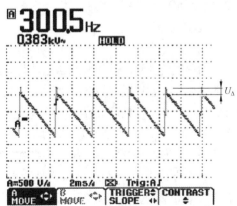

图 2-2-36　投入交流及尖峰过电压吸收装置
　　　　　直流侧电压波形（空载额定）

直流电压尖峰值 U_Δ=2×（500/5）=200（V）（未用分压电阻）

投入交流及尖峰过电压吸收装置后直流侧尖峰下降为（900-200）/900×100%=78%

交流及尖峰过电压吸收装置投入大大降低了换相过电压尖峰幅值。

五、注意事项

（1）示波器的工作电源用隔离变压器隔离。

（2）示波器的测试探头的测试极棒用耐高压的绝缘棒绑好。

（3）分压装置用绝缘的相色带吊着悬空。并保持安全距离。

（4）进入作业现场戴安全帽，穿绝缘鞋，测试时戴绝缘手套，必要时站在绝缘垫上。

（5）示波器调好后，两人分别拿绝缘测试极棒接触主励断路器或灭磁断路器正负极的导电部分，一人根据情况，调节示波器，并操作记忆示波器，将转子电压波形存储下来。

【思考与练习】

1. 交流侧氧化锌压敏电阻的接线方式是怎样的？

2. 阻容式过电压保护的原理图是怎样的？

3. 励磁系统为什么要设置过电压保护装置？

▲ 模块 51　励磁系统通信试验
（新增 ZY5400206001）

【模块描述】本模块包含通信试验的目的、通信连接方式。通过对操作方法、步骤、注意事项的讲解和案例分析，掌握通信试验方法及步骤。

【模块内容】

一、作业内容

通信试验的目的是检验励磁系统与监控系统之间的串行通信功能是否正常，借助于数字通信技术在励磁设备上实现大量数据的传递，包括模拟量、开关信号和控制信号的传递，其实用性和可靠性已经被接受。对于提高励磁系统监控水平和机组自动化水平起到了重要作用。励磁系统的通信是指励磁各个部件之间的通信，如调节器与可控整流柜之间，以及励磁系统与机组监控系统之间的通信。

通信方式可以分为点对点通信和多点之间的通信，通信媒介 RS-232（仅用于点对点通信）、RS-485、RS-422、CAN 网等，通信的配置（包括通信协议）要适合现场要求。

励磁系统与监控系统通信时采用的通信协议一般有 M0DBUS 常规协议，也可采用自定义协议，不同的系统有不同的设备和设计。

励磁系统要实现与监控系统之间的串行通信连接，最主要之处在于实现两者之间通信协议的兼容。一般有以下两种方式来实现调节器和监控系统的串行通信连接：

（1）通过励磁系统配置的可编程控制器（PLC）直接与监控系统通信。通信协议采用专用的通信协议——"MEWTOOL-COM"标准协议。监控系统厂家按照采用此协议的格式编辑指令，发送到励磁系统内的PLC，实现与励磁系统的串行通信连接。

（2）通过智能化通信适配器将PLC与监控系统通信相连，通信适配器实现两个系统通信协议之间的转换和翻译工作，这两种不同的连接方式分别对应不同的试验方法。

二、危险点分析与控制措施

（1）走错间隔。控制措施：监护人员监护到位，明确所在设备的工作任务，操作前，仔细核对设备铭牌和双重编号。

（2）误触电。控制措施：应按照电气作业规程，验电后作业，必要时断开盘内的交流和直流电源；防止金属裸露工具与低压电源接触，造成低压触电或电源短路；工作时站在绝缘垫上。

（3）误触碰。控制措施：应对可能引发误碰的回路、设备、元件设置防护带和悬挂警示牌。

（4）误整定。控制措施：应指定具有定值修改权限的人员修改定值，工作完成后应根据下达的整定单，复核正确后投入。

三、作业前准备

（1）作业前组织作业人员学习作业指导书，熟悉检查项目、步骤、注意事项。

（2）分配任务前，检查人员精神状态、疲劳程度等，适当调整人员作息，改善工作环境。

（3）准备并检查工器具是否满足要求，主要包括万用表、笔记本电脑、常用电工工具一套。

（4）确认工作组成员健康状况良好，安全帽、工作服等安全工器具完备、合格。

（5）作业前确认设备编号、位置和工作状态。

（6）作业前/后应按照工作票对隔离措施/恢复措施进行检查和确认。

（7）作业前应根据测量参量选择量程匹配、型号合适的仪表设备。

（8）作业前应检查仪器设备是否合格有效，对不合格的或有效使用期超期的应封存并禁止使用。

（9）作业前应检查、核对设备名称、编号、位置，发现有误或标识不清应立即停止操作。

（10）作业前应检查确认与本装置相关的其他二次设备的隔离措施是否到位。

四、操作步骤

（1）确认设备编号。

（2）与运行值班员联系，确认具备励磁调节器通电试验条件；将励磁用厂用电源投入，励磁直流操作电源断路器投入。

（3）对于采用 CAN 总线通信的方式，可以在未通电前用万用表测量 CAN 总线电阻值应为 60Ω 左右，表示 CAN 总线连接状态良好。

（4）调节器上电后检查调节器通信画面，通信正确。

（5）对应第一种连接方式。

1）将 PLC 通信口与调试电脑相连，调试电脑运行调试软件，直接和 PLC 进行通信，该软件通过专用的通信协议编辑的指令，可以实现读取 PLC 的输入输出状态量，设置 PLC 内部寄存器数值。

2）检测试验时对应的信号是否正确，通信控制是否正常。

3）如果发现 PLTAEST 软件无法与 PLC 连接，可以改变 PLC 程序内的系统设置，改变波特率、数据位长度等方式，实现二者之间的连接。

（6）对应第二种连接方式。

1）根据有关通信协议的要求，将编制的不同类型的通信协议转换程序输入通信适配器中。

2）将通信适配器中对应的通信口分别与调节器的 PLC 模块和调试电脑相连。

3）在调试电脑中运行调试软件，该软件向通信适配器发送指令，经过通信适配器实现协议转换后，向 PLC 输入指令，实现读取 PLC 的输入输出状态量，设置 PLC 内部寄存器数值。

4）检测试验时对应的信号是否正确，通信控制是否正常。

五、注意事项

在测试中，可能发生无法通信的情况，绝大多数是因为各通信程序之间串口定义、波特率、数据位长度、通信引线有误造成的，只需更改对应的设置或仔细检查通信引线即可解决。

【**思考与练习**】

1. 通信试验的目的是什么？

2. 励磁通信有哪几种方式？

3. 如何对两种连接方式进行通信试验？

▲ 模块 52　自动励磁调节器总体静态特性试验
（新增 ZY5400206002）

【模块描述】本模块包含总体静态特性试验目的、试验类别、出厂试验、现场试验。通过对操作方法、步骤、注意事项的讲解和案例分析，掌握自动励磁调节器总体静态特性试验方法及步骤。

【模块内容】

一、作业内容

1. 操作目的

（1）检查脉冲波形。

（2）检查调节器及三相全控整流桥小电流条件下输入输出特性是否满足设计要求，并检查励磁装置调节部分的正确性，为励磁控制系统闭环试验做准备。

（3）初步整定调节器相应参数。

（4）模拟调节器以及外部故障信号输入，调节器应能切换到备用通道正常运行。

2. 试验类别

试验项目可以根据实际设备进行调整。

（1）型式试验和出厂试验。对所有部件和组合进行检查，包括调节器调节功能的开环检查、调节器带晶闸管整流器的开环功能和小电流试验和大电流试验。

（2）交接试验。对重要部件和组合进行检查，输入调节器各输入信号，检查电压互感器二次电压。电压给定值和自动通道输出关系的正确性；检查手动测量信号、手动给定值和手动通道输出关系的正确性。

（3）大修试验。对调节器输入输出信号进行检查，对运行中出现的疑点进行检查，对运行中未出现的功能进行检查。

3. 试验条件

励磁装置各部分安装检查正确。

4. 试验方法

型式试验和出厂试验进行不带功率晶闸管整流器的开环调试，进行调节器带晶闸管整流器的小电流开环试验、高压小电流试验和高压大电流试验，交接试验要进行调节器带功率部分的开环测试。

二、危险点分析与控制措施

（1）走错间隔。控制措施：监护人员监护到位，明确所在设备的工作任务，操作前，仔细核对设备铭牌和双重编号。

（2）误触电。控制措施：应按照电气作业规程，验电后作业，必要时断开盘内的交流和直流电源；防止金属裸露工具与低压电源接触，造成低压触电或电源短路；工作时站在绝缘垫上。

（3）误触碰。控制措施：应对可能引发误碰的回路、设备、元件设置防护带和悬挂警示牌。

（4）误整定。控制措施：应指定具有定值修改权限的人员修改定值，工作完成后应根据下达的整定单，复核正确后投入。

（5）仪器仪表损坏。控制措施：测量时不得超过仪器仪表允许的最大量程范围，以免损坏仪器仪表。

三、作业前准备

（1）作业前组织作业人员学习作业指导书，熟悉检查项目、步骤、注意事项。

（2）分配任务前，检查人员精神状态、疲劳程度等，适当调整人员作息，改善工作环境。

（3）准备并检查工器具是否满足要求，主要包括万用表、示波器、笔记本电脑、常用电工工具一套。

（4）确认工作组成员健康状况良好，安全帽、工作服等安全工器具完备、合格。

（5）作业前确认设备编号、位置和工作状态。

（6）作业前/后应按照工作票对隔离措施/恢复措施进行检查和确认。

（7）作业前应根据测量参量选择量程匹配、型号合适的仪表设备。

（8）作业前应检查仪器设备是否合格有效，对不合格的或有效使用期超期的应封存并禁止使用。

（9）作业前应检查、核对设备名称、编号、位置，发现有误或标识不清应立即停止操作。

（10）作业前应检查确认与本装置相关的其他二次设备的隔离措施是否到位。

四、操作步骤

1. 出厂试验

（1）不带功率部分的开环实验。输入调节器各信号，检查自动和手动方式下输入量、给定量和输出量的关系。自动方式检查时在有无积分两种情况下进行，获得各静态放大倍数，应符合设计要求。

（2）小电流开环试验（见本章模块 27 晶闸管小电流试验）。

（3）高压小电流试验（见本章模块 27 晶闸管小电流试验）。

（4）低压大电流开环试验（见本章模块 28 晶闸管低压大电流试验）。

（5）高压大电流试验。

1）检查功率整流柜整流元件、换相阻抗和过电压吸收元件的发热情况。

2）检查同步信号受换相影响造成实际触发脉冲相位与调节器计算的控制角的偏差。

2. 发电厂试验

励磁磁调节装置各部分安装检查正确。

（1）试验接线。

1）从机端励磁电压互感器低压侧引线到调节器柜内的相应接线端子，调节器柜内端子的 2 励磁电压互感器与仪表电压互感器要并列运行。

2）做好防止向电压互感器一次侧倒送电的措施。

3）机组整流变压器二次侧引线到整流柜柜内的整流桥阳极断路器。

4）断开机组出口隔离开关，合上机端出口断路器（用倒送电的办法）让励磁电压互感器带电或者利用其他电源让互感器二次侧端子带电。

5）用临时电阻器代替转子接入整流桥输出侧作调试负荷。

6）在完成单板和单元试验，完成现场接线检查和绝缘耐压试验后进行以下工作。

（2）检查下载程序。

（3）输入模拟 TV 和 TA 以及调节器应有的测量反馈信号，柜内测量、同步变压器检查。

（4）检查各测量值的测量误差在要求的范围内，同时作 10%和 40%发电机额定电压对应的动作及返回值检查。

（5）模拟各个输入输出的开关量，检查开关量信号的接受和输出情况检查逻辑动作与设计一致。

（6）输入模拟信号检查励磁限制和保护。

（7）通道自动切换试验。模拟 TV 断线、丢脉冲、电源故障、调节器故障、调节器应能自动切换到备用通道。

（8）输入同步信号，移相控制工作。检查触发脉冲特性。检查少脉冲检测功能。

（9）检查各种控制方式下励磁调节正确性。自动方式下不改变给定，控制电压信号应能随 TV 电压增加而下降，调节器输出减少，控制角增加；保持 TV 电压值不变，给定增加，调节器输出增加，控制角减少。手动方式下，由于反馈为励磁电流，其控制电压信号不随 TV 电压的变化而变化，是恒励磁电流控制，励磁电流增加。调节器输出减少，控制角增大；给定增加，调节器输出增加控制角减少。无论在自动还是手动运行方式下，用示波器观察转子电压波形，励磁电压六相波头应无明显差别。移相范围内控制角无突变和不连续现象，并测量最大最小控制角。

（10）整流桥带轻负荷。对于自并励静止励磁系统将 50Hz 电源接入晶闸管整流桥。

对于励磁机励磁系统需要将副励磁机电压或者试验用中频机电压送入晶闸管整流桥的交流侧。同步信号与主电压相位关系正确。检查移相情况。观察整流输出波形，检查触发对称情况。

（11）对于励磁机系统，对整流桥带与励磁机励磁绕组电阻阻值相同的试验电阻或者带励磁机励磁绕组进行大电流试验。检查强励数值能否达到。检查换相引起的交流侧电压畸变对同步和移相范围的影响。检查调节器输出表计的准确度。

（12）模拟参数确认试验，测量并校核励磁调节器模型参数。

（13）试验拆线，检查所拆动过的端子或部件是否恢复，清理现场。

（14）根据试验数据（试验时间、天气、试验主要仪器及精度、试验数据、试验人等）、试验记录及分析，写出功率整流元件试验报告。

五、注意事项

（1）试验过程中注意观察试验设备和被试设备是否正常，防止过热引起上报损坏。

（2）试验必须两人以上进行，接线检查正确后方可通电试验，并防止触电。

（3）恢复接线时要按照记录进行。

【思考与练习】

1. 调节器整体静特性试验的目的是什么？

2. 调节器整体静特性试验分哪几类类别？

3. 大修后需要做哪些项目？

▲ 模块 53　起励、自动升降压及逆变灭磁特性试验
（新增 ZY5400206003）

【模块描述】 本模块包含逆变灭磁特性试验目的、逆变灭磁特性试验。通过对操作方法、步骤、注意事项的讲解和案例分析，掌握逆变灭磁特性试验方法及步骤。

【模块内容】

一、作业内容

起励、自动升降压及逆变灭磁特性试验目的是测试检修后的励磁系统励磁调节器零起升压、自动升压、软起励特性及检验励磁调节器升降压及逆变灭磁性能。测试时发电机为空载额定转速，然后对励磁系统进行手动升压、手动降压、自动升压、自动降压、起励、逆变灭磁特性的录波，录取起励时的发电机电压超调量、摆动次数、调节时间等。调节器起励方式有自动方式（恒机端电压调节）、手动方式（恒励磁电流调节）。

二、危险点分析与控制措施

（1）走错间隔。控制措施：监护人员监护到位，明确所在设备的工作任务，操作前，仔细核对设备铭牌和双重编号。

（2）误触电。控制措施：应按照电气作业规程，验电后作业，必要时断开盘内的交流和直流电源；防止金属裸露工具与低压电源接触，造成低压触电或电源短路；工作时站在绝缘垫上。

（3）误触碰。控制措施：应对可能引发误碰的回路、设备、元件设置防护带和悬挂警示牌。

（4）误整定。控制措施：应指定具有定值修改权限的人员修改定值，工作完成后应根据下达的整定单，复核正确后投入。

三、作业前准备

（1）作业前组织作业人员学习作业指导书，熟悉检查项目、步骤、注意事项。

（2）分配任务前，检查人员精神状态、疲劳程度等，适当调整人员作息，改善工作环境。

（3）准备并检查工器具是否满足要求，主要包括万用表、示波器、录波仪、笔记本电脑、常用电工工具一套。

（4）确认工作组成员健康状况良好，安全帽、工作服等安全工器具完备、合格。

（5）作业前确认设备编号、位置和工作状态。

（6）作业前/后应按照工作票对隔离措施/恢复措施进行检查和确认。

（7）作业前应根据测量参量选择量程匹配、型号合适的仪表设备。

（8）作业前应检查仪器设备是否合格有效，对不合格的或有效使用期超期的应封存并禁止使用。

（9）作业前应检查、核对设备名称、编号、位置，发现有误或标识不清应立即停止操作。

（10）作业前应检查确认与本装置相关的其他二次设备的隔离措施是否到位。

四、操作步骤

（1）零起升压。

1）首先起励电源退出，发动机灭磁断路器未合闸、其余操作已完成（如功率柜交、直流隔离开关已合，风机投入，TV 隔离开关已投入等）。

2）机组开机，转速在 0.95～1.05 倍额定转速范围内。

3）进入调节器 HMI，将调节器的起励方式设定为"零起升压模式"。

4）检查 A/B 套调节器处于等待状态，微机工作正常。

5）检查励磁调节器电压给定值 U_t 在最低值（如 $10\%U_t$）。

6）合脉放电源断路器，按调节器面板上的起励按钮起励，进行起励操作，通过残压发电机机端电压应自动上升到规定值。

7）如果残压过低，不足以满足建压条件，可以将起励电源投入，然后进行增磁操作。

8）将发电机机端电压逐渐上升至额定。要求发电机机端电压上升过程应平稳、无波动。

9）在发电机电压为 0.2、0.4、0.6、0.8、1.0、1.2 倍额定电压时，检查 A、B 柜 TV 回路正常，电压相序正确，电压采样 U_F、U' 值正确。

10）检查电压调节范围。

11）发电机电压至额定值后、检查各部分工作正常，标示空载额定位置，检查核对控制台指示与盘上指示和显示值应对应。

12）对试验过程的相关数据进行记录。录波器录波。

（2）自动升压。

1）调整励磁调节器电压给定值至额定值。

2）对励磁调节器进行开机起励操作，发电机机端电压应快速上升至额定值。

3）对试验过程的相关数据进行录波。

4）试验结果应满足电厂规程的要求。

（3）软起励。正常情况下，发电机励磁系统是在励磁调节器自动方式下起励建压的。软起励功能是为了防止在发电机起机建压过程机端电压的超调。

1）使用调试软件设定电压预置值，一般设定为发电机端电压的空载额定值。

2）励磁调节器接收到开机令后，首先置自动方式的电压给定值为设定初始值（一般为30%额定值）。

3）起励升压后，当机端电压大于设定初始值（30%额定值）后，调节器再以一个可调整的速度逐步增加电压给定值使发电机电压逐渐上升到预置值。

（4）升降压及逆变灭磁特性试验。

1）试验方法通过增磁、减磁操作增加或减少发电机机端电压，机端电压变化应平稳。

2）当发电机机端电压升至额定值后，通过励磁调节器发出手动逆变令及通过远方发出停机令进行逆变灭磁操作，励磁系统应可靠灭磁，无逆变颠覆现象。

3）对逆变灭磁试验进行录波。

（5）试验拆线，检查所拆动过的端子或部件是否恢复，清理现场。

（6）根据试验数据（试验时间、天气、试验主要仪器及精度、试验数据、试验人等）、试验记录及分析，写出试验报告。

五、注意事项

（1）示波器的工作电源用隔离变压器隔离。

（2）示波器的测试探头的测试极棒用耐高压的绝缘棒绑好。

（3）试验过程中注意观察试验设备和被试设备是否正常，防止过热引起上报损坏。

（4）试验必须两人以上进行，接线检查正确后方可通电试验，并防止触电。

（5）恢复接线时要按照记录进行。

【思考与练习】

1. 进行本试验时，机组应该在何种状态下？

2. 进行逆变灭磁特性试验的目的是什么？

3. 如何进行逆变灭磁特性试验？

模块 54　空载和额定工况下的灭磁试验
（新增 ZY5400206004）

【模块描述】本模块包含灭磁试验目的、试验接线、发电机空载额定电压下的灭磁试验、发电机额定负荷条件下灭磁试验、发电机空载强励灭磁试验、信号分析。通过对操作方法、步骤、注意事项的讲解和案例分析，掌握空载和额定工况下的灭磁试验方法及步骤。

【模块内容】

一、作业内容

通过发电机空载和额定工况下的灭磁试验可以检查发电机励磁系统脉冲装置，包括移相逆变压器、灭磁断路器（包括磁场断路器）、灭磁电阻等，在发电机空载和负载工况下的脉冲作用。

灭磁装置静态试验完毕，如正常停机逆变灭磁逻辑、事故停机跳灭磁断路器和其他设计的逻辑、现地和远方灭磁等，按照逻辑逐条检查；对于冗余磁场断路器方式的灭磁系统，进行单磁场断路器动作和双套逻辑控制情况的检查；对于磁场交流电源断路器灭磁系统检查各种灭磁要求下"封脉冲""分断路器"两种动作均按控制逻辑可靠发生。

测定灭磁时间常数，灭磁时间常数为发电机电压下降到 0.368 初始值的时间。转子绕组电流灭磁时间为转子绕组电流从初始值下降到 10 初始值的时间。

二、危险点分析与控制措施

（1）走错间隔。控制措施：监护人员监护到位，明确所在设备的工作任务，操作前，仔细核对设备铭牌和双重编号。

（2）误触电。控制措施：应按照电气作业规程，验电后作业，必要时断开盘内的交流和直流电源；防止金属裸露工具与低压电源接触，造成低压触电或电源短路；工作时站在绝缘垫上。

（3）误触碰。控制措施：应对可能引发误碰的回路、设备、元件设置防护带和悬挂警示牌。

（4）误整定。控制措施：应指定具有定值修改权限的人员修改定值，工作完成后应根据下达的整定单，复核正确后投入。

三、作业前准备

（1）作业前组织作业人员学习作业指导书，熟悉检查项目、步骤、注意事项。

（2）分配任务前，检查人员精神状态、疲劳程度等，适当调整人员作息，改善工作环境。

（3）准备并检查工器具是否满足要求，主要包括万用表、示波器、录波仪、笔记本电脑、常用电工工具一套。

（4）确认工作组成员健康状况良好，安全帽、工作服等安全工器具完备、合格。

（5）作业前确认设备编号、位置和工作状态。

（6）作业前/后应按照工作票对隔离措施/恢复措施进行检查和确认。

（7）作业前应根据测量参量选择量程匹配、型号合适的仪表设备。

（8）作业前应检查仪器设备是否合格有效，对不合格的或有效使用期超期的应封存并禁止使用。

（9）作业前应检查、核对设备名称、编号、位置，发现有误或标识不清应立即停止操作。

（10）作业前应检查确认与本装置相关的其他二次设备的隔离措施是否到位。

四、操作步骤

（1）确认设备编号。

（2）所有试验设备和仪器调试完毕处待试状态。

（3）机组开机，发电机额定转速下运行，机组为额定机端电压。

（4）记录试验前发电机 U_g、I_g、U_f、I_f、f、R_{ef}、α、U_y 参数。

（5）接到试验命令后，启动试验仪器，手动跳开磁场断路器，录制发电机断路灭磁过渡过程，包括发电机电压、励磁电压、励磁电流。

（6）发电机空载额定电压下的灭磁试验。

1）单逆变灭磁，每个通道进行一次。

2）单分灭磁断路器灭磁，进行一次。

3）远方正常停机操作灭磁，每个通道进行一次。

4）继电保护动作灭磁，进行一次。

5）对于双重磁场断路器灭磁系统，除了进行独立灭磁单元的灭磁性能试验外，还要进行通道联动性能、一通道拒动后启动另一通道灭磁的功能。

（7）发电机额定负荷条件下灭磁试验。

1）试验应在发电机调速、调压、发电机保护正常投运和较小负荷的甩负荷试验已完成的条件下，与发电机甩负荷试验合并实施。

2）调节器按正常方式设置。

3）继电保护动作时先切断发电机出口断路器，解列甩负荷，然后自动分灭磁断路器进行灭磁。

（8）发电机空载强励灭磁试验。

1）按照发电机空载特性曲线获得在发电机规定的强励电压或电流下的发电机电压数据，若果发电机电压达到130%额定电压而转子电流未达到强励电流值，可以降低发电机转速，但是发电机转速控制在许可的范围内。

2）确认试验时和发电机端相连接的所有电气设备具有承受 130%额定电压的能力。

3）静态模拟对调节器的控制，确认电压给定值可以大于130%额定值，确认在130%额定电压下调节电压给定值的控制角可以在整个移相范围工作内。

4）已完成发电机空载额定灭磁试验，未发现逆变灭磁和断路器灭磁存在问题。

5）分灭磁断路器（磁场断路器）同时略加延时进行逆变，电压给定值置零。

（9）需要时可以增加灭磁断路器断口电压，发电机转子绕组电流电压、调节器输出。整流桥触发脉冲、启动灭磁的命令信号、跨接器动作信号以及其他需要的信号等以便详细分析。

1）测定转子绕组承受的灭磁过电压，检查灭磁断路器灭弧栅和触头，不应有明显的灼痕，并应清除灼痕，灭磁电阻不应有损坏、变形和灼痕。

2）当采用跨接器或非线性电阻灭磁时，测量灭磁时跨接器动作电压值或非线性电阻两端的电压应符合设计要求。

3）转子过电压保护不应当动作。

（10）试验拆线，检查所拆动过的端子或部件是否恢复，清理现场。

（11）根据试验数据（试验时间、天气、试验主要仪器及精度、试验数据、试验人等）、试验记录及分析，写出试验报告。

五、注意事项

（1）防止触电。

（2）根据励磁系统具体设计的不同，在动态或静态下检查其特殊功能。比如对逆变保护功能的检查：用外部电源模拟 TV 电压升高至额定值，然后投入逆变灭磁控制信号，模拟逆变不成功，经 5s 后由逆变保护跳灭磁断路器，记录延时时间及动作结果。

（3）现场准备好灭火设备。

（4）现场作业文明生产要求。

1）现场使用材料、仪器仪表、工具摆放整齐、有序。

2）试验接线正确，记录数据清楚、完备。

3）工作现场保持清洁，做到工完场清。

【思考与练习】

1. 灭磁试验的目的是什么？

2. 如何进行空载灭磁试验？

3. 什么是灭磁时间常数？如何测定？

▲ 模块 55   电力系统稳定器 PSS 的投运试验
（新增 ZY5400206005）

【模块描述】本模块包含 PSS 的投运试验目的、PSS 整定试验标准、励磁调节器 AVR 的数学模型、试验接线、无补偿频率特性测试、有补偿频率特性测试、发电机负荷阶跃试验、整定 PSS 环节参数、测试 PSS 临界增益、测试 PSS 对有功低频振荡的抑制效果、检查 PSS 是否存在"反调"现象。通过对操作方法、步骤、注意事项的讲解和案例分析，掌握电力系统稳定器 PSS 的投运试验方法及步骤。

【模块内容】

一、作业内容

1. 试验目的

电力系统稳定器 PSS 的投运试验目的是整定 PSS 的相频特性和幅频特性。测试 PSS 对有功低频振荡抑制的有效性，考核 PSS 对抑制低频振荡的作用。

2. 试验原理

将发电机有功功率升至接近额定负荷，功率因数接近 1.0 的工况下运行，励磁系统及调器工作正常。

首先做 PSS 不投入情况下的励磁控制系统相频和幅频特性的测试，获得励磁系统在 0.1～2Hz 范围内的频率特性。

根据励磁控制系统的相频特性、可能发生的振荡频率（试验和仿真结果），整定 PSS 环节相频特性，也即整定 PSS 超前和滞后时间及回路增益。

然后投入 PSS 检验其抑制有功低频振荡的效果。可以用不同的方法来检验 PSS 的抑制有功低频振荡的效果。常用的方法有发电机负荷阶跃响应法、系统阻抗突变法和正弦扰动强迫振荡法三种，较常用的是发电机负荷阶跃响应法。

3. 试验条件

进行 PS 试验时，要求被试机组尽可能带满负荷运行，功率因数尽量接近 1；励磁系统运行状况正常；被试机组调速系统性能正常；与试验机组有关的继电保护投入运行。

4. 试验仪器

波形记录仪，频谱分析仪或动态信号分析仪，低延迟时间交流电压变送器等。

二、危险点分析与控制措施

（1）走错间隔。控制措施：监护人员监护到位，明确所在设备的工作任务，操作前，仔细核对设备铭牌和双重编号。

（2）误触电。控制措施：应按照电气作业规程，验电后作业，必要时断开盘内的交流和直流电源；防止金属裸露工具与低压电源接触，造成低压触电或电源短路；工作时站在绝缘垫上。

（3）误触碰。控制措施：应对可能引发误碰的回路、设备、元件设置防护带和悬挂警示牌。

（4）误整定。控制措施：应指定具有定值修改权限的人员修改定值，工作完成后应根据下达的整定单，复核正确后投入。

三、作业前准备

（1）作业前组织作业人员学习作业指导书，熟悉检查项目、步骤、注意事项。

（2）分配任务前，检查人员精神状态、疲劳程度等，适当调整人员作息，改善工作环境。

（3）准备并检查工器具是否满足要求，主要包括万用表、示波器、录波仪、笔记本电脑、常用电工工具一套。

（4）确认工作组成员健康状况良好，安全帽、工作服等安全工器具完备、合格。

（5）作业前确认设备编号、位置和工作状态。

（6）作业前/后应按照工作票对隔离措施/恢复措施进行检查和确认。

（7）作业前应根据测量参量选择量程匹配、型号合适的仪表设备。

（8）作业前应检查仪器设备是否合格有效，对不合格的或有效使用期超期的应封存并禁止使用。

（9）作业前应检查、核对设备名称、编号、位置，发现有误或标识不清应立即停止操作。

（10）作业前应检查确认与本装置相关的其他二次设备的隔离措施是否到位。

四、操作步骤

（1）试验接线。

1）将发电机 TV 三相电压信号、TA 三相电流信号、发电机转子电压及转子电流分流器信号接入录波仪，试验时记录发电机的电压、有功功率、无功功率、转子电压和转子电流等信号。

2）试验用的白噪声信号或扫频信号，从频谱分析仪输出，接入调节器专设的试验端子，即模拟量通道的 V1 输入端，为模拟量板 AP4 的 I1:4 和 I1:7 端子（7 号端子为信号地）。

3）模拟量板 AP4 上的 I1:4 端子接白噪声信号的正极性端，I1:7 端子应接白噪声信号的负极性端，切不可接反。

（2）无补偿频率特性测试。测量被试机组励磁系统 PSS 不投入情况下的相频特性。无补偿频率特性即励磁控制系统滞后特性，为自动电压调节器信号综合点（和点）到发电机端电压的相频特性。在自动电压调节器信号综合点加不同频率的小干扰信号（白噪声），用分析仪测量发电机机端电压，得到励磁控制系统 PSS 不投入情况下的相频特性。

1）发电机并网，带 90%～100%额定有功，无功功率小于 $10\%Q_n$，使用 A/B 通道自动方式运行，退出 PSS，退出"通道跟踪"功能。

2）白噪声信号（白噪声信号的幅值一般不要超过 0.3V，以确保机组安全）从模拟量通道 V1 输入，并接频谱仪的 CH1 通道，频谱仪的 CH2 通道通过专用变送器从 TV 取样或接调节器开关量板的 UG2 信号即 AP3 的 X5:15 端子。

3）通过调试软件观察 A/B 通道的波形监测画面监测频谱仪输出的白噪声信号，观察其输入励磁调节器后幅值是否正常，有无跳变或失真现象。

4）确认白噪声信号输入正常后，将该信号幅值置于零，通过调试软件向运行通道发"无补偿测试投"命令，将白噪声信号输入到 AVR 输入信号的叠加点上。观察机组电压、有功功率、无功功率是否运行稳定。

5）发"无补偿测试"命令前，先退出"通道跟踪"功能。若"无补偿测试投"后，机组立即运行不稳定，说明程序或者白噪声信号输入有问题，应立即进行通道切换。

6）从零逐步增加白噪声信号的电平至发电机有功、无功功率及发电机机端电压有明显变化，用频谱分析仪测量发电机电压对于白噪声信号输入迭加点的频率响应特性即励磁系统滞后特性。

7）测量完毕后，先逐步把白噪声信号降至 0，然后，通过调试软件向运行通道发无补偿测试退"命令。

（3）有补偿频率特性测试。

1）发电机并网，带 90%～100%额定有功，无功功率小于 $10\%Q_n$，使用 A/B 通道自动方式运行，退出 PSS，退出"通道跟踪"功能。将运行通道的 PSS 环节的参数 T8、T9 设为 0。非运行通道的 PSS 环节的参数 KS1 设为 0。

2）白噪声信号（白噪声信号的幅值一般不要超过 0.8V，以确保机组安全。）从模拟量通道 V1 输入，并接频谱仪的 CH1 通道，频谱仪的 CH2 通道通过专用变送器从 TV 取样或接调节器开关量板的 UG2 信号即 AP3 的 X5:15 端子。

3）通过调试软件观察 A/B 通道的波形监测画面监测频谱仪输出的白噪声信号，观察其输入调节器后幅值是否正常，有无跳变或失真现象。

4）确认白噪声信号输入正常后，将该信号幅值置于零，通过调试软件向运行通道发"有补偿测试投"命令（发"有补偿测试"命令前，要先退出 PSS），将白噪声信号输入 PSS 环节的 ΔP 信号输入端。

5）从零逐步增加白噪声信号的电平，用调试软件观察 PSS 环节的末级输出信号是否正常。确认上述 PSS 环节正常后，将白噪声信号幅值置于零，通过显示屏操作投入 PSS，观察机组电压、有功功率、无功功率是否运行稳定。

6）若投入 PSS 后，机组立即运行不稳定，说明程序或者白噪声信号输入有问题，应立即退出 PSS 或进行通道切换。

7）从零逐步增加白噪声信号的电平至发电机有功、无功功率及发电机机端电压有明显变化，用频谱分析仪测量发电机电压对于白噪声信号输入迭加点的频率响应特性即励磁系统有补偿频率响应特性。

8）测量完毕后，先逐步把白噪声信号降至 0，然后，先退出 PSS，再通过调试软件向运行通道发"有补偿测试退"命令。

9）由于各试验单位的频谱仪性能的差异，在进行有补偿频率响应特性测试时，有时需要将发电机电压输入到频谱分析仪的信号线互换一下，以便使有补偿特性测试和无补偿特性测试的频率特性波形保持一致，以便于记录分析。

（4）发电机负荷阶跃试验。

1）进行小阶跃量无 PSS 的阶跃试验。如有功功率波动不明显，应加大阶跃量再进行试验，阶跃量一般不超过额定电压的 4%。

2）进行同阶跃量下有 PSS 的阶跃试验，计算有功功率振荡频率和阻尼比。

3）当振荡频率不符合要求时应调整 PSS 相位补偿参数，当阻尼比不符合要求时应增大增益，再次进行有 PSS 的阶跃试验直至满足要求。

4）试验合格后，将最终的 PSS 参数写入另一套调节器。然后切换到另一套调节器运行，重复进行本项试验。

（5）PSS 参数整定计算。整定 PSS 环节参数。根据上面测量的结果和线路上有功功率低频振荡时的振荡频率，计算被试机组 PSS 的校正参数。要求在线路发生有功功率低频振荡时，PSS 输出的力矩向量对应在 W 轴在超前 10°～滞后 45° 以内，并使发电机本机有功功率振荡时 PSS 输出的力矩对应在 W 轴在 10°～滞后 30° 之间。

（6）校核被试机组励磁系统的相位校正特性。励磁控制系统 PSS 投入后的频率特性由无补偿频率特性、PSS 单元相频特性和 PSS 信号测量环节相频特性相加得到，其应有较宽的频带。

（7）测试 PSS 临界增益。

1）将发电机有功功率调整在某稳定值。

2）投入 PSS 和切除 PSS，观察机组各有关量应无扰动。

3）然后投入 PSS，将 PSS 增益从零逐渐增加，测试发电机励磁电压直到出现轻微持续的振荡为止，此时的增益即为 PSS 的临界增益。

4）一般取临界增益的 1/5～1/3 作为 PSS 的最终运行增益。

（8）测试 PSS 对有功低频振荡的抑制效果。常用的方法是发电机负荷阶跃响应法测试。

1）通过人为的机端电压不大于 5% 的额定值阶跃扰动，迫使机组的有功功率振荡。

2）然后录取投入 PSS 和没有投入 PSS 两种情况下的有功功率、机端电压等量的变化波形。

3）通过计算有功功率波形的衰减阻尼比及波形的振荡频率比较可以看出 PSS 抑制有功低频振荡的效果。

4）另外也可以使用系统阻抗突变法和强迫振荡响应。

（9）检查 PSS 是否存在"反调"现象。

1）电力系统稳定器投入 PSS。

2）按机组增减有功功率最快的速度调节机组出力，使之变化额定有功功率的10%。

3）测录调节中有功功率和无功功率的变化波形，PSS 应无明显的反调现象。一般可接受不超过 30% 的额定无功功率的波动。

五、注意事项

（1）无补偿特性测试时白噪声信号的幅值一般不要超过 0.3V。

（2）有补偿频率特性测试时白噪声信号的幅值一般不要超过 0.8V，以确保机组安全。

（3）现场作业文明生产要求。

1）现场使用材料、仪器仪表、工具摆放整齐、有序。

2）试验接线正确，记录数据清楚、完备。

3）工作现场保持清洁，做到工完场清。

【思考与练习】

1. 什么是 PSS？

2. PSS 试验的目的是什么？

3. 什么是白噪声？

▲ 模块 56　发电机无功负荷调整试验及甩负荷试验（新增 ZY5400206006）

【模块描述】本模块包含发电机无功负荷调整试验及甩负荷试验目的、试验过程。通过对操作方法、步骤、注意事项的讲解和案例分析，掌握发电机无功负荷调整试验及甩负荷试验方法及步骤。

【模块内容】

一、作业内容

试验通过励磁调节器调整无功负荷的能力，并测试励磁调节器在发电机甩无功时的调节特性。发电机并网运行，有功功率分别为 $0\%P_N$、$10\%P_N$ 下，调整发电机无功负荷到额定值（可加做一次 50%无功），调节器给定值固定。机组解列后灭磁断路器不跳，维持空载运行。

二、危险点分析与控制措施

（1）走错间隔。控制措施：监护人员监护到位，明确所在设备的工作任务，操作前，仔细核对设备铭牌和双重编号。

（2）误触电。控制措施：应按照电气作业规程，验电后作业，必要时断开盘内的交流和直流电源；防止金属裸露工具与低压电源接触，造成低压触电或电源短路；工作时站在绝缘垫上。

（3）误触碰。控制措施：应对可能引发误碰的回路、设备、元件设置防护带和悬挂警示牌。

（4）误整定。控制措施：应指定具有定值修改权限的人员修改定值，工作完成后应根据下达的整定单，复核正确后投入。

三、作业前准备

（1）作业前组织作业人员学习作业指导书，熟悉检查项目、步骤、注意事项。

（2）分配任务前，检查人员精神状态、疲劳程度等，适当调整人员作息，改善工作环境。

（3）准备并检查工器具是否满足要求，主要包括万用表、录波仪、常用电工工具一套。

（4）确认工作组成员健康状况良好，安全帽、工作服等安全工器具完备、合格。

（5）作业前确认设备编号、位置和工作状态。

（6）作业前/后应按照工作票对隔离措施/恢复措施进行检查和确认。

（7）作业前应根据测量参量选择量程匹配、型号合适的仪表设备。

（8）作业前应检查仪器设备是否合格有效，对不合格的或有效使用期超期的应封存并禁止使用。

（9）作业前应检查、核对设备名称、编号、位置，发现有误或标识不清应立即停止操作。

（10）作业前应检查确认与本装置相关的其他二次设备的隔离措施是否到位。

四、操作步骤

（1）确认设备编号。

（2）与运行值班员配合，发动机处于运行状态。

（3）通过手动跳出口断路器，机组甩负荷解列。

（4）记录甩负荷前、后发电机的有关数据。

（5）用示波器录制甩负荷时发电机电压、励磁电压和励磁电流波形。

（6）观测励磁调节器在发电机甩无功时的调节特性。

（7）通过甩负荷试验确定调节器能否满足发电机甩无功时将机端电压及时回到空载位置以及调节器调节性能能否满足规定，若不能满足则调整调节器有关参数。

五、注意事项

（1）示波器的工作电源用隔离变压器隔离。

（2）示波器的测试探头的测试极棒用耐高压的绝缘棒绑好。

（3）分压装置用绝缘的相色带吊着悬空，保持安全距离。

（4）示波器调好后，两人分别拿绝缘测试极棒接触阳极断路器处不同相的导电部分，一人根据情况，调节示波器，并操作记忆示波器，将阳极波形存储。

（5）现场作业文明生产要求。

1）现场使用材料、仪器仪表、工具摆放整齐、有序。

2）试验接线正确，记录数据清楚、完备。

3）工作现场保持清洁，做到工完场清。

【思考与练习】

1. 发电机无功负荷调整试验及甩负荷试验的目的是什么？

2. 如何进行甩负荷试验？

◢ 模块 57 大功率整流柜的检查试验
（新增 ZY5400206007）

【模块描述】本模块包含整流柜清扫检查、主回路检查、绝缘检查、耐压试验、晶闸管静止励磁开环特性试验、温升试验、智能化均流试验、风冷系统检查。通过对操作方法、步骤、注意事项的讲解和案例分析，掌握大功率整流柜的检查试验方法及步骤。

【模块内容】

一、作业内容

利用电力半导体器件可以进行电能的变换，其中整流电路可将交流电转变成直流电供给直流负荷，逆变电路又可将直流电转换成交流电供给交流负荷。晶闸管装置即可工作于整流状态，也可工作于逆变状态，我们称作为变流或换流装置。同步发电机的半导体励磁是半导体变流技术在电力工业方面的一项重要应用。

将从发电机端或交流励磁机端获得的交流电压变换为直流电压，供给发电机转子励磁绕组或励磁机磁场绕组的励磁需要，这是同步发电机半导体励磁系统中整流电路的主要任务。对于接在发电机转子励磁回路中的三相全控桥式整流电路，除了将交流变换成直流的正常任务之外，在需要迅速减磁时还可以将储存在转子磁场中的能量，经全控桥迅速反馈给交流电源，进行逆变灭磁。此外，在励磁调节器的测量单元中使用的多相（三相、六相或十二相）整流电路，则主要是将测量到的交流信号转换为直流信号。

检修前需做好下列安全措施：

（1）各屏阳极断路器及直流断路器在切位。

（2）风机交流 380V 电源切。

（3）调节器脉冲电源断路器切除。

（4）大功率柜交、直流工作电源断路器切。

二、危险点分析与控制措施

（1）走错间隔。控制措施：监护人员监护到位，明确所在设备的工作任务，操作前，仔细核对设备铭牌和双重编号。

（2）误触电。控制措施：应按照电气作业规程，验电后作业，必要时断开盘内的交流和直流电源；防止金属裸露工具与低压电源接触，造成低压触电或电源短路；工作时站在绝缘垫上。

（3）误触碰。控制措施：应对可能引发误碰的回路、设备、元件设置防护带和悬

挂警示牌。

（4）仪器仪表损坏。控制措施：测量时不得超过仪器仪表允许的最大量程范围，以免损坏仪器仪表。

三、作业前准备

（1）作业前组织作业人员学习作业指导书，熟悉检查项目、步骤、注意事项。

（2）分配任务前，检查人员精神状态、疲劳程度等，适当调整人员作息，改善工作环境。

（3）准备并检查工器具是否满足要求，主要包括毛刷、绝缘电阻表、万用表、示波器、录波仪、常用电工工具一套。

（4）确认工作组成员健康状况良好，安全帽、工作服等安全工器具完备、合格。

（5）作业前确认设备编号、位置和工作状态。

（6）作业前/后应按照工作票对隔离措施/恢复措施进行检查和确认。

（7）作业前应根据测量参量选择量程匹配、型号合适的仪表设备。

（8）作业前应检查仪器设备是否合格有效，对不合格的或有效使用期超期的应封存并禁止使用。

（9）作业前应检查、核对设备名称、编号、位置，发现有误或标识不清应立即停止操作。

（10）作业前应检查确认与本装置相关的其他二次设备的隔离措施是否到位。

四、操作步骤

（1）清扫。对于散热器内的灰垢，大修时可以考虑采用管道毛刷清洁。

（2）检查。

1）检修时，将连接晶闸管的大线打开，清扫完之后，进行彻底的全面检查，检查晶闸管、阻容保护及所连接的器件有无损坏或断线，如有应立即更换晶闸管元件，检查完认为无问题后，方可通电做试验。

2）主回路检查。

a）检查励磁变压器二次侧到晶闸管阳极的电缆线是否有破损或接触不好的地方，如果发现有破损的地方应立即进行处理。

b）检查与主回路所连接的到闸、阳极断路器、母线排接法是否可靠，动作是否灵活，接触部件有无异常等。

c）绝缘检查。测定主回路及控制回路与大地之间的绝缘电阻，主回路用 1000V 绝缘电阻表，测量的绝缘电阻值在 5MΩ以上，控制回路用 500V 绝缘电阻表，测量的绝缘电阻值在 2MΩ以上即为合格。

3）耐压试验。

a）安全措施：通知有关班组，组织专人临时看护，不许他人靠近试验设备，确定本回路无人后，方可进行。

b）耐压之前应将晶闸管控制极用保险丝短上，以免损坏晶闸管。

c）耐压试验符合整流屏检视大纲的要求，即交流耐压 2500V，1min（根据转子耐压水平而定）。

（3）晶闸管静止励磁开环特性试验（见本章模块 27、模块 28）。

（4）阳极断路器、直流隔离开关校验及分合试验。

1）阳极断路器检查。

a）先拆下消弧栅，查看主触点有无烧损。

b）一般烧损可用细砂纸擦拭，并用酒精清洗。

c）动、静触头排列整齐，触头表面光滑，无凹痕。

d）手动操作阳极断路器合闸、分闸，应无发卡现象，拉力弹簧、开口销及垫圈应无缺损。

e）手动合跳数次均应正常后，最后回装消弧栅。

f）辅助触点的检查：主要是在分、合闸状况下保证动断触点的接触应在中心位置，断开的触点要有相当的距离。

g）使用万用表或电桥测量阳极断路器线圈阻值在标准范围内。

h）绝缘检查，使用 1000V 绝缘电阻表测量线圈对地及绝缘电阻不低于 10MΩ。

2）直流输出隔离开关检查。

a）直流输出隔离开关电抗器、交、直流母线各紧固螺栓应紧固。

b）拉和直流输出隔离开关数次均应动作到位，无卡涩现象。

c）做好检查记录。

d）快速熔断器熔断信号检查。

（5）均流特性试验。试验时，在功率柜整流器的输出端（即整流桥的交流侧）施加一个较低的电压，输出短接一低阻抗负荷，输入的电压要能保证在该负荷下能输出需要的额定励磁电流，且输出波形与实际运行时的波形基本一致。在输出为发电机额定励磁电流工况下，至少运行 20min 后进行测定。采样方法同上述方法一样。

（6）温升试验。试验时，首先记录环境温度，然后让励磁系统输出额定励磁电流，（若励磁电流太大，也可平均到单个功率柜进行独立测试，如额定励磁电流为 1500A 配备 3 个功率柜，即可使每个功率柜输出 500A 电流进行独立测试），功率柜风机处于正常运行状态，每 10min 对功率柜进行一次测试。测试时使用红外线测温仪对温度进行探测，主要的采样点为散热器的表面。测试时应将相关数据仔细记录下来，以便进行比较。测试时间一般为 30～60min 直到温度处于稳定状态，温度处于稳定状态的判断依据为前后两个采样点数据的温差不大于1℃。然后，将功率柜的输出降为零，继续测试，直到功率柜内散热器与环境的温差不超过10℃，记录对应的时间。

一般情况下在整个励磁装置所处通风良好，功率柜风机正常运行的情况下，功率柜内散热器表面的温度不应超过环境温度30℃。否则即为通风效果不理想。

（7）智能化均流试验。采用控制每个晶闸管触发脉冲相位的方法，实现各个功率柜或各个并联元件电流均衡，称智能化均流。试验方法如下：

1）调整各支路电流实际值与测量值一致。

2）将所有并联的功率柜均投入运行，观察并记录各自的输出电流，计算均流系数。

3）若有 N 个功率柜并联时，任意分段某个功率柜的脉冲投切断路器，将该功率柜退出运行，观察并记录其余并联运行功率柜的输出电流，计算均流系数。

4）将退出的功率柜复归，重新观测并记录其余并联运行功率柜的输出电流，计算均流系数。

（8）风冷系统检查。

1）此项目除正常运行出故障需检修外，一般随机组大修进行。

2）风机控制回路查线、查线结果应是正确无误并校验图纸。

3）将检修机组的风机拆下，进行检查，特别要注意更换风机轴承润滑油。

4）投风机的磁力启动器及辅助触点进行清扫检查，做到动作灵活、可靠。

5）通电试验时，应注意风机振动声音有无异音，如响声与平常不同时，可以认为是某相不平衡或其他方面的问题，应立即查出原因，采取相应措施。

6）风机运转正常后，提别要注意风机转向应按顺时针转，另外风机入口空气温度不得超过40℃。

7）尤其是在夏季更应注意，尽量使热空气散到室外，防止暖气从出口循环到入口，并要防止有害气体和尘埃等进入整流屏。

（9）整流元件（或者风道）的测温原件检查以及报警信号传递情况检查。

（10）整流柜门开闭的电气闭锁检查。

（11）自动均流、缺触发脉冲报警和其他功能的检查。自动均流功能失效或者退出一个功率柜，均流系数应能满足标准，具有在线投退功率柜功能的，在投退一个功率柜时不应造成励磁电流的扰动，不应造成功率柜间电流振荡。

五、注意事项

（1）检修作业需要两人以上配合。

（2）使用示波器要注意以下几点：

1）示波器的工作电源用隔离变压器隔离。

2）示波器的测试探头的测试极棒用耐高压的绝缘棒绑好。

3）分压装置用绝缘的相色带吊着悬空。保持安全距离。

4）示波器调好后，两人分别拿绝缘测试极棒接触阳极断路器处不同相的导电部分，一人根据情况，调节示波器，并操作记忆示波器，将阳极波形存储。

（3）试验接线完毕后，必须经二人都检查正确无误后方可通电进行试验。

（4）所用仪表一般不应低于 0.5 级。

（5）所有使用接线应牢固可靠。

（6）上电源先应查看调压器、变阻器在适当的位置，严防大电流冲击，防止短路。

【思考与练习】

1. 大功率整流柜试验的目的是什么？

2. 大功率整流柜试验有哪些项目？

3. 如何进行温升试验？

模块 58 励磁调节器投运前校准试验
（新增 ZY5400206008）

【模块描述】本模块包含校准试验目的、机端 TV 电压校准、发电机电流校准、发电机功率校准、励磁电流校准、励磁电流调节范围预整定、模拟量总线板 R631、R639 信号动作值、10%、40%电压测量及安全注意事项。通过对操作方法、步骤、注意事项的讲解和案例分析，掌握励磁调节器投运前校准试验方法及步骤。

【模块内容】

一、作业内容

校准试验主要测试微机调节器的模拟量信号采集及转换功能是否正常。在发电机电流校准和励磁电流校准过程中，需要同时给机端 TV 回路加入额定 TV 电压信号，否则电流校准可能误差较大。下面以 EXC 9000 调节器介绍投运前具体校准试验方法。

二、危险点分析与控制措施

（1）走错间隔。控制措施：监护人员监护到位，明确所在设备的工作任务，操作前，仔细核对设备铭牌和双重编号。

（2）误触电。控制措施：应按照电气作业规程，验电后作业，必要时断开盘内的交流和直流电源；防止金属裸露工具与低压电源接触，造成低压触电或电源短路；工作时站在绝缘垫上。

（3）误触碰。控制措施：应对可能引发误碰的回路、设备、元件设置防护带和悬

挂警示牌。

三、作业前准备

（1）作业前组织作业人员学习作业指导书，熟悉检查项目、步骤、注意事项。

（2）分配任务前，检查人员精神状态、疲劳程度等，适当调整人员作息，改善工作环境。

（3）准备并检查工器具是否满足要求，主要包括继电保护校验仪、万用表、常用电工工具一套。

（4）确认工作组成员健康状况良好，安全帽、工作服等安全工器具完备、合格。

（5）作业前确认设备编号、位置和工作状态。

（6）作业前/后应按照工作票对隔离措施/恢复措施进行检查和确认。

（7）作业前应根据测量参量选择量程匹配、型号合适的仪表设备。

（8）作业前应检查仪器设备是否合格有效，对不合格的或有效使用期超期的应封存并禁止使用。

（9）作业前应检查、核对设备名称、编号、位置，发现有误或标识不清应立即停止操作。

（10）作业前应检查确认与本装置相关的其他二次设备的隔离措施是否到位。

四、操作步骤

（1）机端 1TV、2TV 及系统 3TV 电压校准。

（2）发电机电流校准。

（3）发电机功率校准。

（4）励磁电流校准。

（5）C 通道励磁电流调节范围预整定。

（6）C 通道 120%电压限制预整定按机端 TV 校准方法，加入 120%机端电压值，切至 C 通道运行。然后调整模拟量板的 C 通道 W2 电位器，使得显示屏上 C 通道控制信号的显示值为 50%左右。

（7）模拟量总线板 R631、R639 信号动作值及 10%、40%电压测量。

五、注意事项

（1）试验前要确定功率柜直流隔离开关在断开位置。

（2）校验工作至少应有二人参加，由一人操作、读表，一人监护和记录。

（3）电流互感器部分接线要注意，保证 A、C 相电流极性正确；电压回路，要保证相序正确。

（4）元件、仪器、仪表应放在绝缘垫上。

（5）试验接线完毕后，必须经二人都检查正确无误后方可通电进行试验。

（6）所有使用接线应牢固可靠。

【思考与练习】

1. 调节器投运前校准试验的目的是什么？
2. 校准试验有哪些项目？
3. 励磁调节器校准试验时有哪些危险点？

▲ 模块 59　负荷闭环试验（新增 ZY5400206009）

【模块描述】本模块包含并网检查、并网带负荷有功功率和无功功率及发电机电流校准检查、系统电压校准检查、调差极性检查、欠励限制试验、过励限制试验、恒无功调节试验、恒功率因数调节试验、甩负荷试验及发电机调压静差率测定。通过对操作方法、步骤、注意事项的讲解和案例分析，掌握负荷闭环试验方法及步骤。

【模块内容】

一、作业内容

励磁系统并网后检查试验项目。

二、危险点分析与控制措施

（1）走错间隔。控制措施：监护人员监护到位，明确所在设备的工作任务，操作前，仔细核对设备铭牌和双重编号。

（2）误触电。控制措施：应按照电气作业规程，验电后作业，必要时断开盘内的交流和直流电源；防止金属裸露工具与低压电源接触，造成低压触电或电源短路；工作时站在绝缘垫上。

（3）误触碰。控制措施：应对可能引发误碰的回路、设备、元件设置防护带和悬挂警示牌。

（4）误整定。控制措施：应指定具有定值修改权限的人员修改定值，工作完成后应根据下达的整定单，复核正确后投入。

三、作业前准备

（1）作业前组织作业人员学习作业指导书，熟悉检查项目、步骤、注意事项。

（2）分配任务前，检查人员精神状态、疲劳程度等，适当调整人员作息，改善工作环境。

（3）准备并检查工器具是否满足要求，主要包括继电保护校验仪、万用表、录波仪、常用电工工具一套。

（4）确认工作组成员健康状况良好，安全帽、工作服等安全工器具完备、合格。

（5）作业前确认设备编号、位置和工作状态。

（6）作业前/后应按照工作票对隔离措施/恢复措施进行检查和确认。

（7）作业前应根据测量参量选择量程匹配、型号合适的仪表设备。

（8）作业前应检查仪器设备是否合格有效，对不合格的或有效使用期超期的应封存并禁止使用。

（9）作业前应检查、核对设备名称、编号、位置，发现有误或标识不清应立即停止操作。

（10）作业前应检查确认与本装置相关的其他二次设备的隔离措施是否到位。

四、操作步骤

1. 并网检查

（1）空载升压到额定值后，即可投入自动准同期装置实现发电机组的并网。同期装置实现机组成功并网后，应立即检查调节器显示屏，确认"并网"指示灯点亮，同时观察调节器显示屏上的有功功率和无功功率显示是否正常。

（2）确信机端励磁用 TV 和 TA 的接线正确以及调节器主、备用通道的有功、无功功率测量值正确后，调节器再切换至自动方式下运行。

（3）发电机并网后，励磁系统暂时不进行增减磁操作，应立即观察并网后无功功率的大小，若并网后无功功率很大或者并网后无功功率为负值，则说明机组同期并网过程中，机端电压和电网电压存在较大的差值，并网时对系统和机组冲击较大，应对机端电压进行调整。

（4）当采用自动准同期装置调节机端电压方式并网时，此时应调节同期装置的压差设置，一般情况下应将压差缩小。

（5）当采用励磁系统的"系统电压跟踪"功能调节机端电压方式并网时，此时应利用调试软件修改励磁调节器参数中的系统电压系数（ID[5]）K_{ue}，使系统电压比机端电压略微偏小一点，保证并网时无冲击。

（6）第一次并网时，由于无法确定机端 TA 接线的正确性，最好在 C 通道或 A、B 通道的手动方式下进行。通过调试电脑分别检查调节器 A、B 通道的有功、无功功率测量值，如果与监控系统的检测值差别不大，说明发电机机端励磁用 TV 和 TA 的接线正确。若差别较大，可能有两方面原因：发电机参数、励磁用机端 TV 和 TA 的实际变比与装置出厂时采用的变比值不一致；发电机机端励磁用 TV 和 TA 的接线或者极性有问题。必须马上检查原因，必要时停机处理。

2. 并网带负荷

并网过程调整正常后，发电机组即可正常增加有功和无功负荷，记录有功功率、无功功率、功率柜电流、励磁电流等电气量。

3. 有功功率、无功功率、发电机电流校准检查

在发电机带较大负荷的情况下，校准调节器的有功功率、无功功率、发电机电流的显示。

4. 系统电压校准检查

5. 调差极性检查

（1）调差率的极性和大小，需根据现场的要求整定。

（2）检查 A 通道、B 通道调差率极性的正确性。

（3）调差极性和挡位可以通过调试软件或者调节柜显示屏上的功能按键设置，当调差极性设定为正调差时，随着调差挡位的增加，机组的无功功率将减小。

（4）当发电机组采用扩大单元接线模式时（即两台或两台以上机组共用 1 台主变压器单元），调节器只能采用负调差模式，否则机组之间将可能出现无功大幅波动甚至过负荷跳机现象。

6. 欠励限制试验

（1）根据现场情况，试验时可以暂时修改欠励限制整定值，减小进相无功值。

（2）当发电机有功接近为 0 时，减磁操作使得发电机无功为负，并直至调节器欠励限制功能起作用，发电机进相无功值不再增大。检查"欠励限制"的报警指示及其信号触点输出是否正确。

（3）保持发电机无功进相状态不变，逐渐增加发电机有功，检查发电机进相无功值应随之减小。

（4）欠励运行过程中，系统运行稳定，无功功率波形无明显的摆动，否则调整 ID[87]。ID[87]的有效范围是 0～32，无功调整的速度与该数值成反比。

（5）进行增励操作，调节器退出欠励限制。

（6）A 通道、B 通道分别作上述试验。

（7）欠励限制的定值，需根据现场的要求整定，整定数据填入表格。

（8）欠励限制曲线为 $Q^{*}=K_{ue}\times P^{*}-B_{ue}$（$P^{*}$、$Q^{*}$ 均为对应于机组额定视在容量的标幺值），出厂默认值 $K_{ue}=0.4$，$B_{ue}=0.4$，在现场可以根据用户实际要求修改调节器的 ID[85]、ID[86]参数进行调整。

7. 过励限制试验

当发电机有功为额定值时，增磁操作使励磁电流输出增大，直到励磁调节器"过励限制"信号动作，此时继续增磁操作将无效，机组无功功率将保持稳定。

8. 恒无功调节试验（恒 Q 调节）

（1）增磁使发电机无功为正，通过调试软件或者调节柜显示屏上的功能按键将调节器置为"恒 Q 调节"，励磁系统将以当前的无功值为设定值进行调节，增减机组有

功功率，无功仍保持不变，检查"恒 Q 调节"的状态显示及信号触点输出是否正确。

（2）退出恒 Q 调节，由监控系统通过串行通信口向励磁系统输入"恒无功调节"指令及设定无功数值，调节器将按照串行通信口下达的设定值进行调节，检查"恒 Q 调节"的状态显示及信号触点输出是否正确。

（3）若发现监控系统下达的无功设定值有误，励磁系统输出的无功功率不正常，应立即操作调节柜显示屏上"恒 Q 调节退出"按键退出恒无功调节。

9. 恒功率因数调节试验（恒 PF 调节）

（1）增磁使发电机无功为正，通过调试软件或者调节柜显示屏上的功能按键将调节器置为"恒 PF 调节"，励磁系统将以当前的功率因数值为设定值进行调节，增减机组有功功率，无功将随之不变，检查"恒 PF 调节"的状态显示及信号触点输出是否正确。

（2）退出恒 PF 调节，由监控系统通过串行通信口向励磁系统输入"恒 PF 调节"指令及设定功率因数数值，调节器将按照串行通信口下达的设定值进行调节，检查"恒 PF 调节"的状态显示及信号触点输出是否正确。

（3）特别注意：

1）C 通道运行时，恒 Q 调节及恒 PF 调节均无效。

2）当无功功率小于零时，恒 PF 调节无效。

3）恒 Q 调节或恒 PF 调节无效时，状态显示和触点输出也相应退出。

10. 甩负荷试验及发电机调压静差率测定

（1）发电机带到额定有功功率。把调节器的调差率设为 0。退出"系统电压跟踪"功能。

（2）通过增减磁操作把发电机无功功率调整到额定无功功率值。

（3）用数字万用表测量机端 TV 的 AB 相电压值 U_{abn} 并记录，同时记录此时运行通道的电压给定值 U_{gdn}。

（4）进行甩负荷试验并录取波形，并记录试验数据。

（5）调整率计算为

调整率（100%）=（甩后发电机电压−甩前发电机电压）/甩后发电机电压

（6）甩负荷成功后，在发电机空载状态，通过增减磁操作把调节器运行通道的电压给定值调整为前已记录的 U_{gdn} 值。

（7）用数字万用表测量此时机端 TV 的 AB 相电压值 U_{ab0} 并记录。

（8）计算发电机的调压静差率

$$静差率=（U_{ab0}−U_{abn}）/额定机端 TV 电压值×100\%$$

五、注意事项

（1）甩负荷试验时应将调节器的"系统电压跟踪"功能切除，否则甩后测量的机端电压将不准确。

（2）甩负荷试验不可用 C 通道进行，否则机端电压将可能直接上升到 C 通道的电压上限值。

（3）调差挡位设置为 0，以免影响静差率的计算。

（4）在进行恒 Q 调节时若发现监控系统下达的无功设定值有误，励磁系统输出的无功功率不正常，应立即操作调节柜显示屏上"恒 Q 调节退出"按键退出恒无功调节。

（5）在进行恒 PF 调节试验时，若发现监控系统下达的恒功率因数设定值有误，励磁系统输出的无功功率不正常，应立即操作调节柜显示屏上"恒 PF 调节退出"按键退出恒功率因数调节。

【思考与练习】

1. 如何进行调差极性检查？

2. 如何进行欠励限制试验？

3. 如何进行过励限制试验？

▲ 模块 60　发电机短路试验（新增 ZY5400206010）

【模块描述】本模块包含短路点在机端 TV 内侧的短路试验、短路点在机端 TV 外侧的短路试验、采用厂用电给励磁装置整流桥供电的短路试验。通过对操作方法、步骤、注意事项的讲解和案例分析，掌握发电机短路试验方法及步骤。

【模块内容】

一、作业内容

发电机组的短路干燥和短路特性试验实际上不属于励磁系统的试验范围，一般情况下都是采用可调压的整流电源为发电机提供励磁电源的方式进行的。但随着近年来发电机组容量的不断增大，可调压整流电源已无法满足发电机短路试验的要求，这就需要利用励磁系统来进行短路试验。由于发电机端已经短路，故励磁系统的励磁电源需要采用它励方式供电，有以下两种模式：

（1）系统倒送电后，由励磁变压器供电模式。

（2）通过厂用电接入励磁电源：通过 6kV 或 10kV 母线向励磁变压器供电模式，或采用厂用试验变压器代替励磁变压器供电模式。

必要时需 1～2 人配合，如安装或大修阶段。以 EXC9000 励磁调节器说明发电机短路试验的具体方法。

二、危险点分析与控制措施

（1）走错间隔。控制措施：监护人员监护到位，明确所在设备的工作任务，操作

前，仔细核对设备铭牌和双重编号。

（2）误触电。控制措施：应按照电气作业规程，验电后作业，必要时断开盘内的交流和直流电源；防止金属裸露工具与低压电源接触，造成低压触电或电源短路；工作时站在绝缘垫上。

（3）误触碰。控制措施：应对可能引发误碰的回路、设备、元件设置防护带和悬挂警示牌。

三、作业前准备

（1）作业前组织作业人员学习作业指导书，熟悉检查项目、步骤、注意事项。

（2）分配任务前，检查人员精神状态、疲劳程度等，适当调整人员作息，改善工作环境。

（3）准备并检查工器具是否满足要求，主要包括继电保护校验仪、万用表、录波仪、常用电工工具一套。

（4）确认工作组成员健康状况良好，安全帽、工作服等安全工器具完备、合格。

（5）作业前确认设备编号、位置和工作状态。

（6）作业前/后应按照工作票对隔离措施/恢复措施进行检查和确认。

（7）作业前应根据测量参量选择量程匹配、型号合适的仪表设备。

（8）作业前应检查仪器设备是否合格有效，对不合格的或有效使用期超期的应封存并禁止使用。

（9）作业前应检查、核对设备名称、编号、位置，发现有误或标识不清应立即停止操作。

（10）作业前应检查确认与本装置相关的其他二次设备的隔离措施是否到位。

四、操作步骤

1. 短路点在机端 TV 内侧的短路试验

（1）短路点设在机端 TV 内侧，机端母排在短路点外侧解开，发电机并网开关闭合，从电网倒送电后励磁变压器及机端 TV 同时带电。

（2）正式试验前，检查励磁电源的相序和调节器工作正常。检查项目方法如下：

1）将励磁调节柜对外端子排上的"并网令"解除。

2）灭磁断路器分闸，将输入到调节器的"分闸切脉冲"信号解除。

3）在灭磁断路器输入端并接一电炉或者电阻性负荷，并接好示波器探头，准备观察整流桥输出电压波形。

4）机组处于停机状态，励磁调节器断电，合发电机出口侧并网开关，给励磁变压器和 TV 供电。

5）测量励磁功率柜整流桥输入电源的相序，并确定为正相序。

6）断开并网开关后，励磁调节器重新上电，通过调节器显示屏上将 A/B 通道调节器均设为"恒励磁调节"模式，模拟量总线板上 C 通道调节器的 JP1 跳线器短接，将 C 通道设为"恒控制角调节"模式。

7）调节器切换到 C 通道运行。

8）重新合发电机出口侧并网开关，给励磁变压器和 TV 供电，C 套调节器将开始正常工作，并输出脉冲信号，此时由于 C 通道给定信号处于下限位置，励磁电压输出为零。

9）操作调节柜上的增磁按钮，增加 C 通道给定信号，C 通道控制信号也将随之减小，整流桥的输出电压也将逐渐增大，观察该电压波形在此过程中是否平稳，有无突变现象。

10）操作调节柜上的减磁按钮，减小 C 通道给定信号，C 通道控制信号也将随之增大，整流桥的输出电压也将逐渐减小，观察该电压波形在此过程中是否平稳，有无突变现象。

11）当输出电压最大时，将调节柜上的"整流/逆变"旋钮置于"逆变"位置，输出电压应很快下降到零，确认是否正常。

12）上述试验步骤完成后，则可以确定调节器和整流器工作正常，断开并网开关，将灭磁断路器闭合，"分闸切脉冲"信号线恢复正常。

（3）机组开机至额定转速，确定"并网令"信号已解除，确定"残压起励""系统电压跟踪"以及"通道跟踪"功能退出，断开起励电源断路器，确定模拟量总线板上 C 通道调节器的 JP1 跳线码已短接；

（4）调节器上电并切换到 C 通道运行；也可以采用 A/B 通道调节器"恒控制角模式"工作，但需要通过调试软件设定，当设定完成后，调节柜显示屏上运行模式菜单中的"恒控制角模式"指示灯将点亮。用调试软件先输入最大控制信号；

（5）合上并网开关从系统倒送电，操作调节柜上的增磁按钮，整流桥的输出电压也将逐渐增大，转子电流逐渐增大，发电机定子短路电流也逐渐增大。观察调节器的转子电流测量是否正常。然后配合发电机组试验部门，完成机组的短路干燥试验或者短路特性试验。

（6）试验完毕后，将 A/B 通道重新设置为"自动方式"，C 通道 JP1 跳线器拆除，准备进行它励方式下的发电机组空载特性试验。

2. 短路点在机端 TV 外侧的短路试验

（1）短路点设在机端 TV 外侧，机端母排在短路点外侧解开，发电机并网开关闭合，从电网倒送电后励磁变压器将带电，但机端 TV 将不带电。

（2）试验步骤同第一种接线模式基本一致，只是因为机端 TV 不带电，需要在系统倒送电后再给调节器一个 10%机端电压信号（R631 信号），调节器才能正常工作。

（3）R631 信号可以采取下列两种模式获得：

1）将调节柜开关量总线板（AP3 板）的 X2 端子排的 8 脚（R631）和 4 脚（R602）短接，则调节器即可接收到开机令信号，可以进入运行工况。此时 A/B/C 三个通道均可试验，其余的试验步骤同上述的第一种接线方式下的试验步骤完全一致。

2）A/B 调节器与调试软件相连后，通过调试软件使得 A/B 调节器进入"恒控制角模式"，再发出"强制开机"命令使 A/B 调节器工作，与调试电脑连接的该调节器接收到命令后，即可进入运行工况，其余的试验步骤同上述的第一种接线方式下的试验步骤完全一致。

（4）正式试验前，检查励磁电源的相序和调节器工作正常。检查项目方法如下：

1）将励磁调节柜对外端子排上的"并网令"解除。

2）灭磁断路器分闸，将输入到调节器的"分闸切脉冲"信号解除。

3）在灭磁断路器输入端并接一电炉或者电阻性负荷，并接好示波器探头，准备观察整流桥输出电压波形。

4）机组处于停机状态，励磁调节器断电，合发电机出口侧并网开关，给励磁变压器送电，测量励磁功率柜整流桥输入电源的相序，并确定为正相序。

5）断开并网开关后，励磁调节器重新上电，通过调节器显示屏上将 A/B 通道调节器均设为"恒励磁调节"模式，模拟量总线板上 C 通道调节器的 JP1 跳线器短接，将 C 通道设为"恒控制角调节"模式。

6）调节器切换到 C 通道运行。

7）重新合发电机出口侧并网开关，给励磁变压器送电。

8）给上 R631 信号，C 套调节器将开始正常工作，并输出脉冲信号，此时由于 C 通道给定信号处于下限位置，励磁电压输出为零。

9）操作调节柜上的增磁按钮，增加 C 通道给定信号，C 通道控制信号也将随之减小，整流桥的输出电压也将逐渐增大，观察该电压波形在此过程中是否平稳，有无突变现象。

10）操作调节柜上的减磁按钮，减小 C 通道给定信号，C 通道控制信号也将随之增大，整流桥的输出电压也将逐渐减小，观察该电压波形在此过程中是否平稳，有无突变现象。

11）当输出电压最大时，将调节柜上的"整流/逆变"旋钮置于"逆变"位置，输出电压应很快下降到零，确认是否正常。

12）上述试验步骤完成后，则可以确定调节器和整流器工作正常，断开并网开关，将灭磁断路器闭合，"分闸切脉冲"信号线恢复正常。

（5）机组开机至额定转速，确定"并网令"信号已解除，确定"残压起励""系统电压跟踪"以及"通道跟踪"功能退出，断开起励电源断路器，确定模拟量总线板上C通道调节器的JP1跳线码已短接。

（6）调节器上电并切换到C通道运行。

（7）合上并网开关从系统倒送电。

（8）给上R631信号，调节器开始正常工作，并输出脉冲信号。操作调节柜上的增磁按钮，整流桥的输出电压也将逐渐增大，转子电流逐渐增大，发电机定子短路电流也逐渐增大。观察调节器的转子电流测量是否正常。然后配合发电机组试验部门，完成机组的短路干燥试验或者短路特性试验。

（9）试验完毕后，将A/B通道重新设置为"自动方式"，C通道JP1跳线器拆除，准备进行它励方式下的发电机组空载特性试验。

3. 采用厂用电给励磁装置整流桥供电的短路试验

（1）可以在发电机出口任意设定短路点，不需要解开机端母排，发电机并网开关不闭合，不从电网倒送电，励磁变压器和机端TV均不带电。

（2）通过6kV或10kV母线向励磁变压器供电时，需要解开励磁变压器高压侧至机端的电缆，再把励磁变压器高压侧通过电缆接入6kV或10kV母线。

（3）采用厂用试验变压器代替励磁变压器供电模式时，需要将励磁变压器低压侧输出到励磁整流桥的母线或电缆拆除，将试验变压器低压侧输出的交流电缆接入整流桥。

（4）此模式下的试验步骤同第二种接线模式基本一致。也需要给调节器一个10%机端电压信号（R631信号），调节器才能正常工作。

（5）正式试验前，检查励磁电源的相序和调节器工作正常。检查项目方法如下：

1）灭磁断路器分闸，将输入到调节器的"分闸切脉冲"信号解除。

2）在灭磁断路器输入端并接一电炉或电阻性负荷，并接好示波器探头，准备观察整流桥输出电压波形。

3）机组处于停机状态，励磁调节器断电，送上励磁电源，测量励磁功率柜整流桥输入电源的相序，并确定为正相序。

4）断开励磁电源，励磁调节器重新上电，通过调节器显示屏上将A/B通道调节器均设为"恒励磁调节"模式，模拟量总线板上C通道调节器的JP1跳线器短接，将C通道设为"恒控制角调节"模式。

5）调节器切换到C通道运行。

6）重新送上励磁电源。

7）给上R631信号，C套调节器将开始正常工作，并输出脉冲信号，此时由于C通道给定信号处于下限位置，励磁电压输出为零。

8）操作调节柜上的增磁按钮，增加 C 通道给定信号，C 通道控制信号也将随之减小，整流桥的输出电压也将逐渐增大，观察该电压波形在此过程中是否平稳，有无突变现象。

9）操作调节柜上的减磁按钮，减小 C 通道给定信号，C 通道控制信号也将随之增大，整流桥的输出电压也将逐渐减小，观察该电压波形在此过程中是否平稳，有无突变现象。

10）当输出电压最大时，将调节柜上的"整流/逆变"旋钮置于"逆变"位置，输出电压应很快下降到零，确认是否正常。

11）上述试验步骤完成后，则可以确定调节器和整流器工作正常，断开励磁电源，将灭磁断路器闭合，"分闸切脉冲"信号线恢复正常。

（6）机组开机至额定转速，确定"残压起励""系统电压跟踪"以及"通道跟踪"功能退出，断开起励电源断路器，确定模拟量总线板上 C 通道调节器的 JP1 跳线码已短接。

（7）调节器上电并切换到 C 通道运行。

（8）送上励磁电源。

（9）给上 R631 信号，调节器开始正常工作，并输出脉冲信号。操作调节柜上的增磁按钮，整流桥的输出电压也将逐渐增大，转子电流逐渐增大，发电机定子短路电流也逐渐增大。观察调节器的转子电流测量是否正常。然后配合发电机组试验部门，完成机组的短路干燥试验或者短路特性试验。

（10）试验完毕后，将 A/B 通道重新设置为"自动方式"，C 通道 JP1 跳线器拆除，准备进行它励方式下的发电机组空载特性试验。

五、注意事项

（1）在短路试验时必须将调节器的"残压起励""系统电压跟踪"以及"通道跟踪"功能退出，并断开起励电源断路器，同时严禁操作起励按键和进行通道切换，以防止励磁系统出现误强励等异常工况。

（2）正式试验前，一定要先检查励磁电源的相序，确保是正相序。

（3）采用 A/B 通道调节器"恒控制角模式"方式试验时，调节器复位或断电重启，会自动退出"恒控制角模式"。因此试验时要注意确认 A/B 通道调节器已进入"恒控制角模式"。

（4）试验过程中不要进行通道切换操作，最好把三个通道都设为恒控制角模式。

【思考与练习】

1. 发电机短路特性试验的目的是什么？
2. 进行短路特性试验可以有哪几种方式？
3. 如何进行短路点在机端 TV 外侧的短路特性试验？

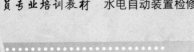

第三章

调速系统设备的维护与检修

▲ 模块 1　调速器电气部分检查（新增 ZY5400301001）

【模块描述】本模块包含调速器工作电源、接线端子排、面板按钮、步进电机、调速器信号、反馈电阻检查、设备清扫。通过对操作方法、步骤、注意事项的讲解，掌握调速器电气部分检查方法及步骤。

【模块内容】

一、作业内容

通过对调速器电源、可编程控制器、人机界面、操作元件、反馈元件、端子接线、步进电机、紧急停机电磁阀等电气部分的检查，清除电气设备上的灰尘，及时发现电气元件存在的问题，从而有效地预防元件接触不良，调速器拒动，电路板短路等问题的发生。

二、危险点分析与控制措施

（1）习惯性违章。控制措施：检修前交代作业内容、作业范围、安全措施和注意事项；戴安全帽、穿工作服（防静电服）、戴绝缘手套、穿绝缘鞋；加强监护，严格执行电力安全工作规程。

（2）误触电。控制措施：工作前必须确认调速器已停电、安全措施已完成；不停电时应防止金属裸露工具与低压电源接触，造成低压触电或电源短路；工作时戴绝缘手套，并设专人监护；工作时需站在绝缘垫上。

（3）仪器损坏。控制措施：使用万用表等注意选择正确的挡位，测量时不得超过仪器仪表允许的最大量程范围，避免仪器损坏或数据不正确。

三、作业前准备

（1）作业前应按照工作票所列安全措施对工作现场所做的安全措施进行检查和确认。

（2）工作前确认机组处于停机或退出系统备用状态，调速系统无人工作。

（3）根据测量参数选择量程匹配、型号合适的仪器仪表设备。

（4）工作前将上次检查数据整理成册，以便参考。

四、操作步骤

（1）电源断路器测试。用万用表分别测量电源断路器同极的两端，阻值应为零；将电源断路器断开，万用表显示开路，表明电源断路器完好，反之需更换断路器。

（2）检查调速器交、直流工作电源断路器接线是否牢固，线号标识是否清楚，接线是否整齐。

（3）测量面板各类开关触点接触良好、安装牢固、切换灵活、复位良好，无卡涩现象。

（4）检查可编程控制器（PLC）各模块与底板插接牢固、接触良好、标志清晰、引线整齐、端子无松动。

（5）检查调速器电气柜内接线整齐，绑扎牢固。

（6）检查步进电机反馈电阻安装牢固，接线不松动；滑动轴与引导阀的连接螺母紧固，滑动杆与反馈电阻垂直。

（7）检查步进电机各类引线绑扎整齐、牢固、无脱落。

（8）检查主配压阀动作监视接近开关安装位置正确、牢固。

（9）检查导叶反馈传感器安装牢固；反馈传感器钢丝绳（钢带无裂口）要平整、无损伤；反馈传感器钢丝绳挂钩安装端正，钢丝绳挂钩反锁，不应脱开。

（10）检查反馈电阻引出线插头与反馈传感器插座无损环，接触良好，固定插头的卡子应反锁。

（11）检查网络传输设备完好、安装牢固。

（12）检查面板各指示灯、表计指示正常。

（13）检查电源板、模板元件焊点无开焊、过热、变色现象，无灰尘。

（14）清扫调速器柜内电气部分，反馈电阻、电磁阀及二次回路。

五、注意事项

（1）电气部分检查应在调速器停电时进行。

（2）使用专用工具，避免用力过猛，损坏元件。

（3）作业前应检查仪器设备是否合格有效，对不合格的或有效使用期超期的应封存并禁止使用。

（4）作业前应检查、核对设备名称、编号、位置，发现有误或标识不清应立即停止操作。

（5）作业前应检查确认与本装置相关的其他二次设备的隔离措施是否到位。

【思考与练习】

1. 用万用表怎样检测电源断路器的好坏？

2. 怎么检查端子接线是否松动?

3. 导线上标号的编写规则是什么?

▲ 模块 2 紧急停机电磁阀线圈直流电阻及绝缘 电阻检测（新增 ZY5400301002）

【模块描述】本模块包含电磁阀线圈直流电阻绝缘电阻检测。通过对操作方法、步骤、注意事项的讲解，掌握紧急停机电磁阀线圈直流电阻及绝缘电阻检测方法及步骤。

【模块内容】

一、作业内容

紧急停机电磁阀检测线圈直流电阻是判断电磁阀线圈是否存在断线或短路的重要依据。利用绝缘电阻表检测线圈对地绝缘是否符合规定值，以此判断电磁线圈是否完好。

二、危险点分析与控制措施

（1）习惯性违章。控制措施：检修前交代作业内容、作业范围、安全措施和注意事项；戴安全帽、穿工作服（防静电服）、戴绝缘手套、穿绝缘鞋；加强监护，严格执行电力安全工作规程。

（2）误触电。控制措施：工作前必须确认调速器已停电、安全措施已完成；绝缘测试作业完成后，应将所测设备加压端对地放电，确认无电后方可恢复。

（3）仪器损坏。控制措施：使用绝缘电阻表时，注意所测设备或元件的电源等级，正确选择绝缘电阻表测量范围。

三、作业前准备

（1）作业前应检查、核对设备名称、编号、位置，避免走错工作地点。

（2）工作前确认机组处于停机或退出系统备用状态，调速系统无人工作，在调速器周围设警示遮栏。

（3）准备万用表（直流单臂电桥）、绝缘电阻表、电工常用工器具、测试导线、标签、尼龙扎带、工具包等工器具。

四、操作步骤

（1）用万用表检测电磁阀线圈回路是否带电。

（2）验明无电后，断开电磁线圈的控制回路接线，用万用表（或直流单臂电桥）测量紧急停机电磁阀线圈的直流电阻，所测量直流电阻值不超过名牌标注额定值的±10%。

（3）使用绝缘电阻表检测电磁线圈对地绝缘，检测后应将线圈对地放电。

（4）恢复断开的接线，并做好检测记录。

五、注意事项

（1）测量线圈直流电阻值时，将外回路断开，以防止外回路对测量电阻值产生影响。

（2）测量线圈直流电阻值时，应使用直流单臂电桥（或数字式万用表欧姆挡）。

（3）绝缘检测时，将外回路断开用 500V 绝缘电阻表测量线圈绕组绝缘，不小于 $50\text{M}\Omega$ 为合格。

【思考与练习】

1. 设备使用绝缘电阻表测量绝缘后必须要进行什么操作？

2. 用 500V 绝缘电阻表测量外回路线圈绕组绝缘多少为合格？

3. 电磁线圈直流电阻值不超过名牌标注额定值的多少？

▲ 模块 3　步进电机（电液转换器、比例阀）控制线圈检测（新增 ZY5400301003）

【模块描述】本模块包含步进电机控制线圈检测。通过对操作方法、步骤、注意事项的讲解，掌握步进电机控制线圈检测方法及步骤。

【模块内容】

一、作业内容

检测步进电机控制线及步进电机控制线圈有无短路和断路现象，用以检验线圈是否符合规定值。

二、危险点分析与控制措施

（1）误触电。控制措施：工作前必须确认调速器已停电、安全措施已完成。

（2）仪器损坏。控制措施：使用测量仪表时，注意所测设备或元件的电源等级，正确选择测量仪表的量程及范围。

三、作业前准备

（1）工作前确认机组处于停机或退出系统备用状态，调速系统无人工作，在调速器周围设警示遮栏。

（2）作业前应根据测量参量选择量程匹配、型号合适的仪表设备。如万用表、电工常用工器具、测试导线、标签、尼龙扎带、工具包等工器具。

四、操作步骤

（1）拉开调速器交、直流工作电源断路器。

（2）断开步进电机控制线，并做好记录。

（3）用万用表对步进电机控制线及电机线圈进行检测，其电阻值应在 2Ω。

（4）根据记录，恢复端子排上被断开的步进电机控制线。

（5）并做好检测记录报告。

（6）质量标准：步进电机控制线检测电阻值应在 2Ω。

五、注意事项

（1）测量线圈直流电阻值时，将外回路断开，以防止外回路对测量电阻值产生影响。

（2）测量线圈直流电阻值时，应使用数字精密仪器。

【思考与练习】

1. 步进电机线圈电阻值应在多少？

2. 测量线圈直流电阻值时为什么应将外回路断开？

3. 简述步进电机控制线圈检时的注意事项。

▲ 模块 4　调速器二次回路绝缘检测（新增 ZY5400301004）

【模块描述】本模块包含调速器二次回路绝缘检测。通过对操作方法、步骤、注意事项的讲解，掌握调速器二次回路绝缘检测方法及步骤。

【模块内容】

一、作业内容

调速器二次回路绝缘检测必须在设备无电的情况下进行，被检查的回路上确实无人工作后，方可进行工作。选择电压等级合适的绝缘电阻表进行检测工作，至少应有两人在一起工作。

二、危险点分析与控制措施

（1）误触电。控制措施：工作前必须确认调速器已停电、安全措施已完成；绝缘测试作业完成后，应将所测设备加压端对地放电，确认无电后方可恢复。

（2）仪器损坏。控制措施：使用绝缘测试仪器时，注意所测设备或元件的电源等级，正确选择绝缘测试仪的量程范围。

三、作业前准备

（1）工作前确认机组处于停机或退出系统备用状态，调速系统无人工作，在调速器周围设警示遮栏。

（2）准备绝缘测试仪器、电工常用工器具、测试导线、标签、尼龙扎带、工具包等工器具。

（3）工作前将上次检查数据整理成册，以便参考。

四、操作步骤

（1）对回路进行绝缘检测时，应将调速器交直流电源断路器拉开，信号输入回路接线从调速器端子排断开。

（2）调速器二次回路电压小于 100V 用 250V 电压等级的绝缘电阻表测定电气回路和大地间的绝缘电阻。

（3）调速器二次回路电压为 100～250V 时，用 500V 电压等级的绝缘电阻表测定电气回路和大地间的绝缘电阻。

（4）绝缘检测完毕，应将回路对地进行放电。

（5）填写绝缘检测报告。

（6）质量标准：在温度为 15～35℃、相对湿度为 45%～90%的环境中，其值不小于 1MΩ；如为单独盘柜，其值不小于 5MΩ。

五、注意事项

（1）检查回路绝缘应将调速器及回路停电。

（2）绝缘检测前应采取措施，防止电子元器件及表计损坏。

（3）绝缘检测时，使用绝缘电阻表的额定电压应根据各电路的额定工作电压进行选择。

【思考与练习】

1. 简述调速器二次回路绝缘检测标准。

2. 简述调速器二次回路绝缘检测注意事项。

3. 绝缘检测完毕，应将回路进行怎样的操作？

◢ 模块 5　微机调速器的电气维护（新增 ZY5400301005）

【模块描述】本模块包含调速器巡视检查、调速器的维护。通过对操作方法、步骤、注意事项的讲解，掌握微机调速器的电气维护方法及步骤。

【模块内容】

一、作业内容

调速器电气维护，可及时消除设备不良运行情况，保障机组安全稳定运行。此项工作一般在机组检修时进行，如若在运行中发现问题，也应积极进行处理，但必须做好安全措施保证机组安全运行，运行中不能处理的问题，应等待停机后进行处理。

二、危险点分析与控制措施

（1）误触电。控制措施：防止金属裸露工具与低压电源接触，造成低压触电或电源短路。

（2）仪器损坏。控制措施：使用万用表测量时，注意挡位和量程，避免仪表损坏。

（3）参数误整定。控制措施：应指定具有定值修改权限的人员修改定值，工作完成后应根据下达的整定单，复核正确后投入。

三、作业前准备

（1）工作前确认机组处于停机或退出系统备用状态，调速系统无人工作，在调速器周围设警示遮栏。

（2）作业前应检查、核对设备名称、编号、位置，发现有误或标识不清应立即停止操作。

（3）准备数字式万用表、电工常用工器具、测试导线、标签、尼龙扎带、工具包等工器具。

四、操作步骤

（1）检查接线端子以及元器件的接插件的接触是否牢固。

（2）检查导叶位置反馈电阻，核对导叶开度传感器的零点、满度。

1）反馈电阻安装牢固，钢丝绳固定端挂钩完好无损，拉绳式反馈电阻输出电流变化均匀，无卡涩、摩擦现象。

2）将导叶电流反馈接线端子在调速器柜端子排上断开一个端子接线。

3）将数字式万用表串入导叶电流反馈回路。

4）数字式万用表置直流电流 50mA 挡位，测量导叶开度电流反馈电流值，零点电流值为 4.02mA、满度电流值为 17.2mA。

5）在导叶电压反馈接线端子排上，用数字式万用表，测量导叶全关反馈装置触点电压正确。

（3）检查调速器各参数应与初始参数相同，不应发生变化，若运行中设备发生改变后，调整相应的参数时，应进行试验后再投入运行。

（4）检查调速器面板上的"远方/现地""手动/自动""增加/减少"转换开关切换灵活，无卡涩现象；检查面板上的"复归"按钮，按下后能自动弹起，无卡涩摩擦现象。用万用表欧姆挡检测切换开关、按钮触点接触良好。

（5）正常运行时，控制输出、开度给定、导叶开度的大小应该一致，平衡指示在 -1% 左右。

（6）调速器加入自动测量水头时，能够按当前水头，自动改变空载开度给定，空载开度限制。调速器没有加入自动测量水头时，应根据水头实际情况，及时修改水头值，使调速器按当前水头改变空载开度给定，空载开度限制。机组开机并网后，若水头较高，可人为减小负荷电气开限值，根据发电机满负荷所需开限设定。

（7）步进电机反馈电阻安装牢固，不松动，电阻引线焊接牢固，无氧化现象；固定在辅助配压阀引导阀上的滑动杆与反馈电阻应垂直，滑动过程不应有卡涩现象。用数字式万用表直流电压挡测量反馈电阻输出电压为 4.95～5.05V。

（8）定期使用数字式万用表检测电气柜接地情况，接地电阻应小于 0.2Ω。

（9）质量标准：各电器元件工作正常，参数设置正确，整个设备满足运行要求。

五、注意事项

（1）习惯性违章。检修前交代作业内容、作业范围、安全措施和注意事项；戴安全帽、穿工作服（防静电服）、戴绝缘手套、穿绝缘鞋；加强监护，严格执行电力安全工作规程。

（2）巡视设备时，至少应有两人在一起工作，与带电部位保持一定的距离，禁止对设备进行任何操作。

（3）巡视设备发现问题时，及时汇报有关人员，经同意后办理工作票再进行处理，如果在运行中不能进行处理，申请停机后再进行处理。

【思考与练习】

1. 检测电气柜接地情况时，接地电阻应小于多少？
2. 微机调速器的电气维护标准是什么？
3. 正常时导叶平衡值是多少？

▶ 模块 6 电源特性及交直流电源切换试验
（新增 ZY5400302001）

【模块描述】本模块包含电源特性及交直流电源切换试验方法及步骤。通过对操作方法、步骤、注意事项的讲解，掌握微机调速器试验方法。

【模块内容】

一、作业内容

电源特性试验是检验开关电源在输入电压变化后，开关电源工作特性是否稳定；在断路器电源稳压范围内，外部电压波将不影响调速器的正常工作。交流、直流电源切换试验是检验开关电源在电源切换过程是否有电压波动。

二、危险点分析与控制措施

（1）误触电。控制措施：工作时保持与带电设备保持足够的安全距离，符合电气安规的要求；防止金属裸露工具与低压电源接触，造成低压触电或电源短路。

（2）误触碰。控制措施：应对可能引发误碰的回路、设备、元件设置防护带和悬挂警示牌。

（3）仪器损坏。控制措施：测量时不得超过仪器仪表允许的最大量程范围，以免损坏仪器仪表。

三、作业前准备

（1）工作前确认机组处于停机或退出系统备用状态，调速系统无人工作，在调速器周围设警示遮栏。

（2）准备万用表、电工常用工器具、测试导线、标签、尼龙扎带、工具包等工器具。

（3）作业前应检查、核对设备名称、编号、位置，发现有误或标识不清应立即停止操作。

四、操作步骤

（1）拉开调速器交、直流工作电源断路器，拆除调速器原有的交、直流工作电源线。

（2）接入试验交流工作电源（试验交流工作电源可用继电保护测试仪或外接单项调压器提供）。

（3）将试验交流、直流电源分别经过断路器同时送入开关电源，交流或直流电源任意投入一种工作电源或在额定电压的±10%内变化时，开关电源输出电压应为输出额定电压。

（4）质量标准：在额定电压的±10%内变化时，开关电源输出电压应为输出额定电压。

五、注意事项

（1）试验接线须经第二人检查无误后，方可通电进行试验。

（2）防止交、直流电源短路或接地。

【思考与练习】

1. 简述电源特性及交直流电源切换试验质量标准。

2. 简述电源特性及交直流电源切换试验注意事项。

3. 外接实验交流工作电源由哪些仪器或设备提供？

▲ 模块 7　机手动/自动切换试验（新增 ZY5400302002）

【模块描述】本模块包含机手动/自动切换试验方法、步骤。通过对操作方法、步骤、注意事项的讲解，掌握机手动/自动切换试验方法。

【模块内容】

一、作业内容

在无水条件下模拟调速器负荷工况运行，验证调节系统在工作方式切换时的响应过程。检验手动/自动切换后调速器调整有无变化。

二、危险点分析与控制措施

（1）误触碰。控制措施：应对可能引发误碰的回路、设备、元件设置防护带和悬挂警示牌。

（2）误触电。控制措施：工作时保持与带电设备保持足够的安全距离，符合电气安规的要求；防止金属裸露工具与低压电源接触，造成低压触电或电源短路。

三、作业前准备

（1）工作前确认机组处于停机或退出系统备用状态，调速系统无人工作，在调速器周围设警示遮栏。

（2）准备电工常用工器具、测试导线、标签、尼龙扎带、工具包等工器具。

（3）作业前应检查、核对设备名称、编号、位置，发现有误或标识不清应立即停止操作。

四、操作步骤

（1）将机频和网频接线从端子上断开，包好绝缘，做好记录。

（2）提供 5V 工频信号模拟为机频和网频送入调速器的机频和网频输入端。

（3）将接力器开至任意开度。

（4）模拟机组断路器合，调速器处于并网负荷运行状态。

（5）操作调速器手/自动切换把手使调速器在自动–手动工况之间切换；记录切换前后接力器开度的稳态值并计算出差值所占接力器总行程的百分比。切换前后接力器开度变化应保持在误差范围内。

（6）操作调速器自动/电手动切换按钮，使调速器在自动–电手动工况之间切换；记录切换前后接力器开度的稳态值并计算出差值所占接力器总行程的百分比。切换前后接力器开度变化应保持在误差范围内。

（7）试验完毕，按记录恢复机频和网频接线。

（8）质量标准：切换前后接力器开度应保持不变。

五、注意事项

（1）试验时提供 5V 工频信号电源进行短接模拟输入机频、网频信号时，不得与AC220V、DC220V（或 DC110V）电源回路串接，否则会损坏元器件。

（2）步进电机调速器由自动和电手动切换至机手动时，首先将手动/自动切换把手切至手动位置，方可进行手动操作。

【思考与练习】

1. 机手动/自动切换试验质量票标准是什么？

2. 机手动/自动切换试验时调速器电源回路有何要求？

3. 机手动/自动切换试验前后需要记录接力器开度的什么值？

▲ 模块 8　紧急停机与复归试验（新增 ZY5400302003）

【模块描述】 本模块包含紧急停机与复归试验方法、步骤。通过对操作方法、步骤、注意事项的讲解，掌握紧急停机与复归试验方法。

【模块内容】

一、作业内容

紧急停机与复归试验是检验调速器在紧急停机时是否能可靠动作，防止机组过速和事故扩大。此试验应在无水条件下模拟调速器在负荷工况运行下，进行操作试验。

二、危险点分析与控制措施

（1）误触电。控制措施：工作时保持与带电设备保持足够的安全距离，符合电气安规的要求；防止金属裸露工具与低压电源接触，造成低压触电或电源短路。

（2）误入间隔。控制措施：作业前应检查、核对设备名称、编号、位置，避免走错间隔。

三、作业前准备

（1）工作前确认机组处于无水状态，导水机构无人作业，调速系统无人作业。

（2）工作前确认调速系统工作正常。

（3）工作前将上次检查数据整理成册，以便参考。

四、操作步骤

（1）将机频和网频接线从端子上断开，包好绝缘，做好记录。

（2）提供 5V 工频信号模拟为机频和网频送入调速器的机频和网频输入端，将接力器开至 30%开度。

（3）模拟机组断路器合，调速器处于并网负荷运行状态。

（4）将导叶开启 30%，按下"紧急停机"按钮，导叶应急关至全关，按"急停复归"按钮，紧急停机电磁阀应复归，导叶仍能恢复至 30%开度；

（5）试验完毕，按记录恢复机频和网频接线。

五、注意事项

（1）严禁 5V 工频信号电源与强电回路短接。

（2）导叶开度不要大于 30%。

（3）工作时必须设专职监护人。

【思考与练习】

1. 将工频信号模拟为机频和网频送入调速器的机频和网频输入端进应将开至多少？

2. 工频信号电压是多少？

3. 紧急停机与复归试验时应将哪几个信号断开？

▲ 模块 9　钢管充水后调速器手动开机、停机试验 （新增 ZY5400302004）

【模块描述】本模块包含钢管充水后调速器手动开机、停机试验方法、步骤。通过对操作方法、步骤、注意事项的讲解，掌握钢管充水后调速器手动开机、停机试验方法。

【模块内容】

一、作业内容

调速器在钢管充水后的手动开机、停机试验，一般采用机手动或电手动开机，通常是在机组 B 级以上检修或机组有重大设备更换后，首次开机进行的操作试验，此项操作在无励磁工况下进行，一般用于检验机械液压系统的动作情况，也可用以检查机械或发电机电气一次设备更换、检修后设备的运行情况。

二、危险点分析与控制措施

（1）误触电。控制措施：工作时保持与带电设备保持足够的安全距离，符合电气安规的要求；防止金属裸露工具与低压电源接触，造成低压触电或电源短路。

（2）误入间隔。控制措施：作业前应检查、核对设备名称、编号、位置，避免走错间隔。

三、作业前准备

（1）工作前确认机组导水机构无人作业，调速系统无人作业。

（2）工作前确认调速系统静态试验临时接线均恢复，试验数据正常。

（3）准备电工常用工器具、测试导线、工具包等工器具。

（4）工作前将上次检查数据整理成册，以便参考。

四、操作步骤

（1）确认发电机制动系统在解除状态。

（2）确认机组调速油系统装置工作正常，管路阀门位置正确，事故电磁阀已复归。

（3）确认机组导水机构无人作业，导叶处于全关状态。

（4）手动投入发电机组技术供水，并检查各部冷却水水压、流量正常。

（5）手动将接力器锁锭退出，并确认信号已正确反馈。

（6）将调速器"机手动/自动"切换油阀切至"手动"工作位置。

（7）调速器"机手动/自动"运行工况切换按钮切至"手动"工作位置。

（8）打开电气开限。

（9）在机手动操作模式下，手动旋转机械操作手柄，顺时针旋转为开方向，逆时针旋转为关机方向（以上操作为默认，具体开关方向以实际标注为准）。手动缓慢旋转机械操作手柄（或其他形式手动操作机构，如电液转换器手操把手），使缓缓导叶开启，机组转速逐渐升高，监视机组频率。

（10）如未现异常，应慢慢机组至空载运行状态，观察空载开度、水头和机组频率等参数是否正常，记录 3min 机组空载摆动值，观察频率值变化时，及时调整机组转速。

（11）在电手动操作模式下，将调速器"机手动/自动"切换油阀切至"自动"工作位置。先打开电气开限，再增加开度给定。

（12）开机试验完毕，手动操作步进电机手轮将导叶关闭，待机组转速下降至机组制动加闸转速时，手动进行制动加闸。

（13）机组停机完毕，将调速器"手动/自动"切换油阀切自"自动"工作位置，调速器"手动/自动"切换油阀切自"自动"工作位置。

（14）手动关闭发电机组技术供水。

（15）手动投入接力器锁锭。

（16）整理实验数据出具实验报告。

五、注意事项

（1）检查接力器锁定拔出，调速器面板"锁定拔出"指示灯亮。

（2）手动操作时，至少有两人操作，一人操作，另外一人做好监护，监视机组频率，防止机组过速。

（3）开机后，观察机频调整导叶开度使其稳定在 50Hz 左右，机组稳定在额定转速，此时的开度为空载开度，据此开度并参考当时的水头状况，设置调速器参数设定画面里的"空载最大开度"和"空载最小开度"。

（4）机械纯手动工况：机械纯手动控制模式增减导叶开度的精度为接力器全行程的 0.3%。当全厂供电源消失后，可人为手动操作，启、停机组，增减负荷；并接受紧急停机信号。

（5）机械纯手动-电手动运行工况一般适用于检查、判断和调整机械液压系统零位，校对导叶开度的零点和满度。当机组转速信号全部故障时，可人为启停机组、增减负荷；当系统甩负荷时，自动关到最小空载开度并接受紧急停机信号。

【思考与练习】

1. 微机调速器有何特点？
2. 调速器主令控制器的作用是什么？
3. 简述机械纯手动工况模式时对接力器精度的要求。

▲ 模块10　钢管充水后调速器自动开机、停机试验 （新增 ZY5400302005）

【模块描述】本模块包含钢管充水后调速器自动开机、停机试验方法、步骤。通过对操作方法、步骤、注意事项的讲解，掌握钢管充水后调速器自动开机、停机试验方法。

【模块内容】

一、作业内容

1. 停机备用

调速器切自动运行模式时，在停机备用工况设置有停机联锁保护功能。停机联锁的动作条件：无开机令、无油开关令、转速小于70%停机联锁动作时调速器电气输出一个约10%～20%的最大关机信号到机械液压系统，使接力器关闭腔始终保持压力油，确保机组关闭。

当接力器的开度大于5%（主令开关触点），紧急停机电磁阀动作。

2. 自动开机

机组处于停机等待工况，由中控室发开机令，调速器将接力器开启到1.5倍空载位置，等待机组转速上升，如果这时机频断线，自动将开度关至最低空载开度位置。

当机组转速上升到90%以上，调速器自动将开度回到空载位置（该空载位置随水头改变而改变），投入PID运算，进入空载循环，自动跟踪电网频率。

当网频故障或者孤立小电网运行，自动处于不跟踪状态，这时跟踪机内频率给定。调速器可实现现地开机或由电站计算机监控系统远方控制机组开机。

3. 空载运行工况

用线性差值法根据水头输入信号自动修改空载开度给定值和负荷出力限制，水头信号可自动输入或人为手动设置，调速器能控制机组在设定的转速和空载下稳定运行。在自动控制方式下，调速器能控制机组自动跟踪电网频率。当接受同期命令后，调速器应能快速进入同期控制方式。

在空载运行方式下，导叶开度限制应稍大于空载开度，机组在空载运行时使机组频率按预先设定的频差自动跟踪系统频率或自动跟踪频率给定值（"频率给定"调整范围 45~55Hz)。

自动或人为选择频率跟踪或不跟踪的状态,更利于机组与电网同步,调速器根据网频和孤立电网来自动选择设置频率跟踪或不跟踪状态(也可以人为手动设置)。它能控制机组发电机频率与电网频率(或频率给定)相接近。

4. 负荷调频率、调有功功率、确定开度运行工况

在负荷运行工况下调速器控制机组出力的大小,电气导叶开度限制位导叶的最大位置并接受电站计算机监控系统的控制信号,有负荷开度、功率、频率三种调节模式。现地(机旁手动)或远方(手动或自动)有功调节能满足闭环控制和开环控制来调整负荷。现地/远方具有互锁功能,在远方方式下能够接受电站计算机监控系统发出的负荷增减调节命令,具有脉宽调节(调速器开环控制)、数字量、模拟量定值调节有功功率和机组开度的功能。当功率调节模式下功率反馈故障自动切换到开度调节模式下运行。

当在开度调节或功率调节模式下,自动判断大小电网,当判断为小电网或电网故障(线路开关跳闸而出口开关未跳)自动切换到频率调节模式运行。根据频率的变化以及负荷或开度的调整对频率引起的变化作为判断大小电网的依据,自动改变运行模式:当在开度调节或功率调节模式下,当判断为小电网或电网故障自动切换到频率调节模式运行。当机组出口开关闭合而电网频率连续上升变化超过整定值时(整定值与用户协商,缺省值 50.3Hz)和机组功率突然大幅度下降时(突降 10%以上),可确定机组进入甩负荷或孤立电网工况,调速器自动切换到频率调节模式,迅速将导叶压到空载开度,机组转速稳定在额定转速运行。

5. 自动停机

主接力器在机组停机时有 10~15mm 的压紧行程,机组在正常停机状态下由调速器输出相应信号,使主接力器的关闭腔保持压力油以保证机组的导叶全关。调速系统在接收停机令后(停机令必须保持到机组转速小于 70%以下)在下列情况下使机组停机:

(1) 正常停机。在电手动或自动运行工况能实现现地或远方操作停机,断路器在零出力跳闸后,接受停机令停机。并网运行时可接收停机令。当关至空载开度(并网瞬间值)或机组零出力时由监控系统控制断路器跳闸后完全关闭导叶。当断路器未跳闸时,保持空载和零出力状态。

(2) 紧急停机。机组紧急停机时,外部系统下发紧急停机令或操作员手动操作紧急停机按钮时紧急停机电磁阀动作,调速器以允许的最大速率(调保计算的关机时间)关闭导叶。机组在事故情况下可由外部回路快速、可靠地动作紧急停机电磁阀,并同时由计算机监控系统启动紧急停机流程,当紧急停机电磁阀动作后有位置触点输出至

指示灯和上送计算机监控系统。

（3）事故配压阀停机。当调速器失灵时，事故配压阀动作，确保机组可靠停机。

（4）机械过速保护装置的调速系统，由机组转速上升值控制机组可靠停机。

（5）闭锁状态。在找到事故原因并加以消除以前，事故停机和紧急停机回路一直保持闭锁状态，只有通过手动操作复归程序才能复归。

二、危险点分析与控制措施

（1）误入间隔。控制措施：作业前应检查、核对设备名称、编号、位置，避免走错工作位置。

（2）误触电。控制措施：工作时保持与带电设备保持足够的安全距离，符合电气安规的要求；工作时戴绝缘手套、穿绝缘鞋；防止金属裸露工具与低压电源接触，造成低压触电或电源短路。

（3）误触碰。控制措施：应对可能引发误碰的回路、设备、元件设置防护带和悬挂警示牌。

三、作业前准备

（1）工作前确认机组处于正常工作状态，调速系统无人工作，在调速器周围设警示遮栏。

（2）准备万用表、电工常用工器具、测试导线、标签、尼龙扎带、工具包等工器具。

（3）工作前将上次检查数据整理成册，以便参考。

四、操作步骤

（1）机组压油装置油泵电动机电源在投入状态，油泵工作正常，油罐压力正常。

（2）将调速器"手动/自动"切换油阀切换至"自动"工作位置。

（3）调速器"手动/自动"运行工况切换按钮切换至"自动"工作位置。

（4）检查调速器面板状态显示。

1）机组备用工况调速器面板指示灯应显示为 "交流电源"灯亮，"直流电源"灯亮，"锁定拔出"灯亮、"停机联锁"灯亮； "开机"灯熄灭、"停机"灯熄灭、"断路器"灯熄灭、"调相"灯熄灭、"锁定投入"灯熄灭。

2）液晶屏幕显示导叶开度为0%、导叶平衡偏关1%～2%、机频为零、网频为50Hz、功率为零、电气开限为零。

3）液晶屏幕显示导叶控制为零、电气开限为零、开度给定为零、频率给定50Hz、功率给定为零、水头值显示当前水头值。

4）各切换按钮正确位置：自动、功率调节、跟踪网频。

（5）检查满足开机条件指示灯亮。

（6）发"开机"令，导叶先开到启动开度Ⅰ，经数秒钟后，当 $f_j > 45Hz$ 时导叶开度应关到启动开度Ⅱ，机组进入空载状态。在机组启动过程中，严密观察机组转速、导叶开度、机频及调速器调节状态。

（7）观察机组开机过程曲线。计算机组转速超调量和开机时间，即

$$超调量 = \frac{f_{max} - f_r}{f_r} \times 100\% \qquad (2\text{-}3\text{-}1)$$

式中　f_{max}——机组最大调节频率，Hz；

　　　f_r——机组额定频率，Hz。

（8）机组并网运行工况调速器面板指示灯显示。

1）"交流电源"灯亮，"直流电源"灯亮，"锁定拔出"灯亮、"断路器"灯亮。

2）"开机"灯熄灭、"停机"灯熄灭、"调相"灯熄灭、"锁定投入"灯熄灭、"停机联锁"灯熄灭。

（9）发"停机"令，使机组全停，并记录停机时间。

（10）整理试验数据填写试验报告。

五、注意事项

（1）检查开机条件满足指示灯是否点亮。

（2）检查网频信号是否正常。

（3）开机、停机试验操作由运行人员执行操作。

【思考与练习】

1. 写出机组转速超调量计算公式。

2. 开、停机试验中的操作由谁来操作？

3. 简述事故配压阀的作用。

▲ 模块 11　微机调速器监视关键参数（新增 ZY5400303001）

【模块描述】本模块包含调速器参数、运行参数监视、运行参数修正。通过对操作方法、步骤、注意事项的讲解，掌握微机调速器监视关键参数方法及步骤。

【模块内容】

一、作业内容

机组频率、控制输出与导叶接力器实际位置指示值、电转平衡指示、PID 调节参数、暂态转差系数 b_t、缓冲时间常数 T_d、加速度时间常数 T_n、永态转差系数 b_p、人工失灵区 E 等这些参数保证调速器稳定运行的重要因素，通过监视关键参数发现问题、采取措施，保障机组安全稳定运行。

二、危险点分析与控制措施

（1）误触电。控制措施：工作时保持与带电设备保持足够的安全距离，符合电气安规的要求；防止金属裸露工具与低压电源接触，造成低压触电或电源短路。

（2）仪器仪表损坏。控制措施：需要使用测量仪器时，要注意测量值不得超过仪器仪表允许的最大量程范围，以免损坏仪器仪表。

三、作业前准备

（1）工作前确认调速系统工作正常。

（2）准备万用表、电工常用工器具、工具包等工器具。

（3）作业前应检查、核对设备名称、编号、位置，发现有误或标识不清应立即询问清楚后方可进行工作。

四、操作步骤

（1）机组频率有不正常的大幅度波动，相应的"测频故障号出现"，如出现"测频故障"，检查测频环节及测频联络线电路并采取相应措施。如果网频长时间为 50.00Hz，则会出现"测频故障"后自动复归。

（2）控制输出与导叶接力器实际位置指示值偏差过大说明机械零位偏移，在机组检修时调整该零点。

（3）调速器稳定时电转平衡指针偏离中间平衡位置的含义。

1）调速器稳定时，指针偏离中间平衡位置过大，说明（电转装置零位）主配位置传感器中位偏移，在机组检修时调整该零点。

2）电转衡指示偏向开启（关闭）方向、而导叶接力器不向开启（关闭）方向运动，这说明电转装置卡阻，应进行拆装检查处理。

（4）PID 调节参数、b_t、T_d、T_n 及 b_p、E 等运行参数值改变，修正 b_t、T_d、T_n 及 b_p、E 等运行参数值；

（5）水头的设定值与实际值如有较大差别，自动水头工况时则检查水头变送器，手动水头工况时则手动修正水头的设定值。

五、注意事项

（1）调速器稳定时电转平衡指针偏离中间平衡位置处理一般应在停机无水工况下进行，试验无误后方可投入运行。

（2）带电进行故障处理时，调速器切机手动运行，检查完毕恢复自动运行时，检查开度给定值和导叶实际开度相同，导叶平衡指示应在零位，才能进行由机手动到自动的转换操作。

（3）工作时做好监护，确认导叶处无人工作。

【思考与练习】

1. PID 调节参数主要参数有哪些？
2. 调速器稳定时电转平衡指针偏离中间平衡位置有几种调整方法？
3. 调速器稳定时电转平衡指针偏离中间平衡位置处理一般应在什么工况下进行？

▲ 模块 12　微机调速器导叶接力器反馈传感器调整
（新增 ZY5400303002）

【模块描述】本模块包含导叶反馈传感器的调整分类、测量零点的调整、导叶位置传感器调整。通过对操作方法、步骤、注意事项的讲解，掌握微机调速器导叶接力器反馈传感器调整方法及步骤。

【模块内容】

一、作业内容

一般在无水条件下进行导叶反馈传感器的调整工作，以方便操作接力器开启或关闭进行导叶的零点和满度调整。

二、危险点分析与控制措施

（1）误触碰。控制措施：应对可能引发误碰的回路、设备、元件设置防护带和悬挂警示牌。

（2）误触电。控制措施：工作时保持与带电设备保持足够的安全距离，符合电气安规的要求。

（3）参数误整定。控制措施：应指定具有定值修改权限的人员修改定值，工作完成后应根据下达的整定单，复核正确后投入。

三、作业前准备

（1）工作前确认机组处于停机或退出系统备用状态，调速系统无人工作，在调速器周围设警示遮栏。

（2）作业前应根据测量参量选择量程匹配、型号合适的仪表设备。

四、操作步骤

1. 测量零点的调整

（1）在触摸屏上按"导叶反馈调整"按钮，输入密码，进入导叶零点、满度整定值调整界面，此界面的主要功能是将显示和 A/D 转换值一一对应。PLC 实测值是指有 A/D 通道读入的值，其范围为 0～4000。

（2）测量零点（导叶全关）。

1）机手动将导叶接力器全关，将电流表串接在反馈回路中，在此状态下调整反馈传感器"零点输出"旋钮，测量导叶反馈传感器电流输出为 4.2～4.3mA 即可。

2）测量零点（全关）：当导叶全关时，将 PLC 的实测值 D 中的测量数值，在测量零点（全关）D1 设置画面中设置。

3）显示零点（全关）：当导叶全关时，导叶的实际值，一般为 0%。

4）调整完毕，使液晶显示导叶开度在 0%，如不在 0%应重复进行测量零点调整步骤。

（3）满度调整（导叶全开）。

1）机手动将导叶接力器全开，导叶反馈传感器可输出较大电流值，接力器行程不同导叶反馈传感器输出电流值有所差别。

2）将电流表串接在反馈回路中，调整满度电位器时，导叶全开时反馈电流值在 17mA 左右（接力器行程为 500mm）。

3）测量增益（全开）：当导叶全开时，PLC 的实测值 D 中的测量数值，在测量增益（全开）D2 设置画面中设置。

4）显示增益（全开）：当导叶全开时，导叶的实际值，一般为 100%。

5）调整完毕，使液晶显示导叶开度在 99.9%，如不在 99.9%应重复进行满度调整步骤。

2. 通用型导叶位置传感器调整

通用型导叶位置传感器利用两个电位器组合把位移转化为电压信号，输入到 AD 转换模块转换为接力器的位置数据。电位器 1 为反馈增益调整，电位器 2 输出反映接力器位置，调整反馈零点。

（1）开、关接力器，确认反馈接线正确，即观察导叶反馈值变化是否与动作相符。若指示与运动方向相反，把电位器 2 的 1、3 两脚互换。

（2）机手动把接力器全关，松开电位器 2 与接力器的连接。调整反馈电位器 2，使电位器 2 的 2 脚输出电压为 0.08～0.15V，固定电位器 2 与接力器的连接，使电位器输出可以随接力器的开关相应变化。在触摸屏上导叶反馈调整画面设置测量零点（对应导叶全关时 PLC 实测值）和显示零点值（0.00%）。调整开度表面板螺栓，使指针指示 0.00%位置。

（3）手动把接力器全开，调整电位器 1 使 2 脚输出为 9.85～9.90V，在触摸屏上导叶反馈调整画面设置导叶测量增益（对应导叶全开时 PLC 实测值）和显示增益（99.99%或 100%）。调整开度表后电位器，使指针指示在 100%位置。

（4）质量标准：符合生产厂家的技术要求及相关规范要求。

1）导叶全关时调整反馈传感器"零点输出"旋钮，反馈电流为 4.2～4.3mA；导叶全开，反馈电流在 17mA 左右（接力器行程为 500mm）。

2）接力器全关，输出电压为 0.08～0.15V；接力器全开，为 9.85～9.90V。

五、注意事项

（1）检查开机条件满足指示灯是否点亮。

（2）检查网频信号是否正常。

（3）开机、停机试验操作由运行人员执行操作。

【思考与练习】

1. 接力器全关、全开的电压是多少？

2. 接力器怎样测量"零"点？

3. 接力器满度调整怎样进行？

◢ 模块 13 微机调速器步进电机反馈电阻调整（新增 ZY5400303003）

【模块描述】本模块包含微机调速器步进电机反馈电阻调整分类、反馈电阻调整。通过对操作方法、步骤、注意事项的讲解，掌握微机调速器步进电机反馈电阻调整方法及步骤。

【模块内容】

一、作业内容

步进电机反馈电阻固定在步进电机上，滑动部分通过滑臂安装在调速器引导阀上，滑动触头随引导阀上下移动来改变传感器输出电阻，把位移量转换为电压信号输出，步进电机反馈电阻输出 4～10V 电压。步进电机反馈电阻阻值变化是由调速器开、关使引导阀上下移动时改变电阻值，使输出电压发生改变。

传感器输出电阻与接力器反馈相配合，按开度给定值与导叶实际偏差调整接力器的开度，使开度给定值与导叶实际开度相等。

二、危险点分析与控制措施

（1）习惯性违章。控制措施：检修前交代作业内容、作业范围、安全措施和注意事项；戴安全帽、穿工作服（防静电服）、戴绝缘手套、穿绝缘鞋；加强监护，严格执行电力安全工作规程。

（2）误触电。控制措施：工作时保持与带电设备保持足够的安全距离，符合电气安规的要求；防止金属裸露工具与低压电源接触，造成低压触电或电源短路。

（3）仪器损坏。控制措施：使用仪表测量时，注意挡位和量程，避免仪表损坏。

（4）误触碰。控制措施：应对可能引发误碰的回路、设备、元件设置防护带和悬挂警示。

三、作业前准备

（1）工作前确认机组处于停机或退出系统备用状态，调速系统无人工作，在调速器周围设警示遮栏。

（2）准备万用表、电工常用工器具、测试导线、标签、尼龙扎带、工具包等工器具。

四、操作步骤

（1）设机械手/自动切换阀在自动位置，面板选择开关置于机手动位置，使接力器稳定（在 20%～80%之间任意位置）不变。

（2）调整反馈电阻滑动杆与引导阀的连接螺母，使反馈电阻输出为 4.95～5.05V（反馈电阻滑动杆与引导阀的连接要牢固）。

（3）某些调速器对电压数值无要求，只需调整反馈电阻的中间位置，其电压值为 4.95～5.05V 即可，原则是满足引导阀所有的行程在传感器的可用范围内，然后在触摸屏上的反馈设置画面中将电机反馈的 PLC 实测值，在步进电机反馈画面中设置即可。

（4）将引导阀带动反馈电阻滑动杆向下移动是调速器关方向时，反馈电阻输出电压值变大，如果变小将反馈电阻非中心头的两端导线互换。

（5）整理步进电机反馈电阻调整数据并填写报告。

（6）质量标准：步进电机反馈电阻输出为 4.95～5.05V。

五、注意事项

（1）反馈电阻滑动轴与引导阀的连接螺母紧固后，应使用油漆进行漆封。

（2）固定在辅助配压阀引导阀上的滑动杆与反馈电阻应垂直，滑动过程不应有卡涩现象。

【思考与练习】

1. 简述微机调速器步进电机反馈电阻调整的注意事项。
2. 简述微机调速器步进电机反馈电阻调整的质量标准。
3. 微机调速器步进电机反馈电阻调整时接力器的位置通常是多少？

▶ 模块 14 微机调速器步进电机驱动器的调整
（新增 ZY5400303004）

【模块描述】本模块包含电机驱动器调试、电机反馈放大倍数调整、系统放大倍数调整。通过对操作方法、步骤、注意事项的讲解，掌握微机调速器步进电机驱动器的调整方法及步骤。

【模块内容】

一、作业内容

在接力器稳态不动时，自动或电手动工况下，微调驱动器 low speed 及 grow time 电位器使得步进电机上的操作手柄有明显的微微颤动，以克服机械响应的滞后和死区。

二、危险点分析与控制措施

（1）习惯性违章。控制措施：检修前交代作业内容、作业范围、安全措施和注意事项；戴安全帽、穿工作服（防静电服）、戴绝缘手套、穿绝缘鞋；加强监护，严格执行电力安全工作规程。

（2）误触电。控制措施：工作时保持与带电设备保持足够的安全距离，符合电气安规的要求。

（3）仪器损坏。控制措施：使用仪表测量时，注意挡位和量程，避免仪表损坏。

三、作业前准备

（1）工作前确认机组处于停机或退出系统备用状态，调速系统无人工作，在调速器周围设警示遮栏。

（2）作业前应根据测量参量选择量程匹配、型号合适的仪表设备。

（3）作业前应检查、核对设备名称、编号、位置，避免走错工作地点。

四、操作步骤

（1）电机驱动器调试（仅步进电机）。

1）电机反馈放大倍数（仅步进电机和比例阀）调整：电手动工况下，增加开度给定，模拟接力器不跟随开度给定变化（如果机械开限限制接力器行程），改变反馈放大倍数使电机不向单一方向旋转。电机反馈放大倍数越大，系数放大倍数也相应增大。电机反馈放大倍数范围为3～10倍。

2）系统放大倍数调整：电手动工况下，开度给定突变10%，接力器响应开度给定变化的超调量较小。系统放大倍数太大，静特性死区小但会有交叉点，空载时接力器反复频率较高，频率摆动大。系统放大倍数范围3～25倍。

（2）调整两相步进电机通电后的转动方向，只需将电机与驱动器接线的 A+和 A–（或者 B+和 B–）对调即可。

（3）检查混合式步进电机驱动器的脱机信号 FREE，当脱机信号 FREE 为低电平时，驱动器输出到电机的电流被切断，电机转子处于自由状态（脱机状态）。在有些自动化设备中，如果在驱动器不断电的情况下要求直接转动电机轴（手动方式），就可以将 FREE 信号置低，使电机进行手动操作或调节。手动完成后，再将 FREE 信号置高，以继续自动控制。

五、注意事项

（1）步进电机驱动器的调整使用专用小螺丝刀，禁止使用不合适的螺丝刀进行调整，以防将调整螺栓拧脱扣。

（2）调整前后做好记录。

【思考与练习】

1. 微机调速器步进电机反馈倍数是多少？

2. 系统放大倍数调整怎样进行？

3. 怎样调整电机的旋转方向？

▶ 模块 15 微机调速器永态转差系数 b_p（调差率 e_p）校验（新增 ZY5400303005）

【模块描述】本模块包含设置参数、微机调速器永态转差系数 b_p（调差率 e_p）校验。通过对操作方法、步骤、注意事项的讲解，掌握微机调速器永态转差系数校验方法及步骤。

【模块内容】

一、作业内容

在无水情况下，改变输入频率信号，测量导叶接力器某两点输出值（或机组某两点功率输出值）及对应的输入频率信号值，计算各刻度下的实测永态转差系数（调差率）。

二、危险点分析与控制措施

（1）误触电。控制措施：应按照电气作业规程，验电后作业，必要时断开盘内的交流和直流电源；工作时保持与带电设备保持足够的安全距离，符合电气安规的要求；防止金属裸露工具与低压电源接触，造成低压控制措施触电或电源短路。

（2）仪器仪表损坏。控制措施：测量时不得超过仪器仪表允许的最大量程范围，以免损坏仪器仪表。

（3）参数误整定。控制措施：应指定具有定值修改权限的人员修改定值，工作完成后应根据下达的整定单，复核正确后投入；参数修正时需要经 2 个及以上人员确认无误后，方可进行。

三、作业前准备

（1）工作前确认机组处于停机或退出系统备用状态，调速系统无人工作，在调速器周围设警示遮栏。

（2）准备万用表、电工常用工器具、测试导线、标签、尼龙扎带、工具包等工器具。

（3）作业前应检查、核对设备名称、编号、位置，发现有误或标识不清应立即停止操作。

（4）作业前应按照工作票对隔离措施进行检查和确认。

四、操作步骤

（1）设置增益为整定值，频率给定为额定值，暂态转差系数 b_t、缓冲时间常数 T_d 设置为最小值。

（2）K_P 为中间值、K_I 为最大值，K_D 为最小值。

（3）置永态转差系数 b_p（调差率 e_p）=2%、6%。

（4）改变输入频率信号，选择 25%和 75%行程（或功率）位置附近作为实测点测量导叶接力器两点输出值（或机组某两点功率输出值）及对应的输入频率信号值。

（5）计算各刻度下的实际永态转差系数（调差率），与原始永态转差系数 b_p（调差率 e_p）比较。

（6）填写永态转差系数 b_p（调差率 e_p）校验报告。

五、注意事项

（1）选择 25%和 75%行程（或功率）位置附近作为实测点。

（2）加强对调试工具的专业管理，使用前应对调试用专用工具进行检查，确认其工作良好。

【思考与练习】

1. 简述微机调速器永态转差系数 b_p 校验的注意事项。

2. 微机调速器永态转差系数 b_p 校验时应设置哪些参数？

3. 微机调速器永态转差系数 b_p 校验时的频率怎么设定？

模块 16　微机调速器空载运行频率摆动值大故障处理（新增 ZY5400303006）

【模块描述】 本模块包含空载运行频率摆动、机组手动空载频率摆动大、接力器反应时间常数 T_y 值过大或过小、PID 调节参数 b_t、T_d、T_n 整定不合适、被控机组并入的电网是小电网、电网频率摆动大的故障处理和操作注意事项。通过对操作方法、步骤、注意事项的讲解，掌握微机调速器空载运行频率摆动值大故障处理方法及步骤。

【模块内容】

一、作业内容

（1）机组手动空载频率摆动达 0.5～1.0Hz，自动空载频率摆动为 0.3～0.6Hz。

(2) 机组手动空载频率摆动 0.3~0.4Hz，自动空载频率摆动达 0.3~0.6Hz，且调节 PID 调节参数暂态转差系数 b_t、缓冲时间常数 T_d、加速度时间常数 T_n 无明显效果。

(3) 机组手动空载频率摆动 0.2~0.3Hz，自动空载频率摆动小于上述值，但未达到要求。

(4) 机组手动空载频率摆动 0.2~0.3Hz，自动空载频率摆动大于等于上述值，调 PID 参数无明显改善。

(5) 被控机组频率跟踪待并电网频率，而电网频率摆动大导致机组频率摆动大。

二、危险点分析与控制措施

(1) 误触电。控制措施：工作时保持与带电设备保持足够的安全距离，符合电气安规的要求；防止金属裸露工具与低压电源接触，造成低压触电或电源短路。

(2) 误触碰。控制措施：应对可能引发误碰的回路、设备、元件设置防护带和悬挂警示牌。

(3) 误整定。控制措施：应指定具有定值修改权限的人员修改定值，工作完成后应根据下达的整定单，复核正确后投入；参数修正时需要经 2 个及以上人员确认无误后，方可进行。

(4) 仪器仪表损坏。控制措施：测量时不得超过仪器仪表允许的最大量程范围，以免损坏仪器仪表。

三、作业前准备

(1) 工作前确认机组处于停机或退出系统备用状态，调速系统无人工作，在调速器周围设警示遮栏。

(2) 作业前/后应按照工作票对隔离措施/恢复措施进行检查和确认。

(3) 作业前应根据测量参数选择量程匹配、型号合适的仪表设备。

(4) 作业前应检查仪器设备是否合格有效，对不合格的或有效使用期超期的应封存并禁止使用。

(5) 作业前应检查、核对设备名称、编号、位置，发现有误或标识不清应立即停止操作。

四、操作步骤

(1) 机组手动空载频率摆动大，进一步选择 PID 调节参数（暂态转差系数 b_t、缓冲时间常数 T_d、加速度时间常数 T_n）和调整频率补偿系数，尽量减小机组自动空载频率摆动值，如果自动频率摆动还大于手动频率摆动值，则增大 T_n。

(2) 接力器反应时间常数 T_y 值过大或过小。调整电液（机械）随动系统放大系数，从而减小或加大接力器反应时间常数 T_y。当调节过程中接力器出现频率较高的抽动和过调时，应减小系统放大系数；若接力器动作迟缓，则应增大系统放大系数。

（3）PID 调节参数 b_t、T_d、T_n 整定不合适。合理选择 PID 调节参数，适当增大系统放大系数，特别注意它们之间的配合。

（4）接力器至导水机构或导水机构的机械与电气反馈装置之间有过大的死区，处理机械与反馈机构的间隙减小死区。

（5）被控机组并入的电网是小电网，电网频率摆动大，调整 PLC 微机调速器的 PID 调节参数，b_t、T_d 向减小的方向改变，T_n 向稍大的方向改变。

五、注意事项

（1）短接输入信号指令时，首先查阅图纸，无误后再进行短接线工作。

（2）做好监护，防止短错端子，特别防止将强电回路端接到输入信号指令回路。

（3）做好试验记录。

【思考与练习】

1. 机组手动空载频率摆动大应做哪些调整？

2. 接力器反应时间常数不合适应怎样调整？

3. 被控机组并入小电网 PID 参数要怎样调整？

▲ 模块 17　微机调速器运行参数设置不合理故障处理 （新增 ZY5400303007）

【模块描述】本模块包含运行参数、水头有关的问题、开机达不到空载开度、机组频率达不到额定频率故障处理、电气开度限制值设置不合理、导叶接力器增不到合理最大开度故障的处理。通过对操作方法、步骤、注意事项的讲解，掌握微机调速器运行参数设置不合理故障处理方法及步骤。

【模块内容】

一、作业内容

开机过程中，开机达不到空载开度，机组频率达不到额定频率 50Hz。

自动电气开度限制值设置不合理，导叶接力器增大不到合理的最大开度。

机组效率低，运行中振动偏大。

二、危险点分析与控制措施

（1）误触电。控制措施：工作时保持与带电设备保持足够的安全距离，符合电气安规的要求；应按照电气作业规程，验电后作业，必要时断开盘内的交流和直流电源；防止金属裸露工具与低压电源接触，造成低压触电或电源短路。

（2）误触碰。控制措施：应对可能引发误碰的回路、设备、元件设置防护带和悬挂警示牌。

（3）误整定。控制措施：应指定具有定值修改权限的人员修改定值，工作完成后应根据下达的整定单，复核正确后投入；参数修正时需要经 2 个及以上人员确认无误后，方可进行。

（4）仪器仪表损坏。控制措施：测量时不得超过仪器仪表允许的最大量程范围，以免损坏仪器仪表。

三、作业前准备

（1）工作前确认机组处于停机或退出系统备用状态，调速系统无人工作。

（2）作业前应根据测量参数选择量程匹配、型号合适的仪表设备。

（3）作业前应检查仪器设备是否合格有效，对不合格的或有效使用期超期的应封存并禁止使用。

（4）作业前应检查、核对设备名称、编号、位置，发现有误或标识不清应立即停止操作。

（5）工作前将上次检查数据整理成册，以便参考。

四、操作步骤

（1）开机过程中，开机达不到空载开度，机组频率达不到额定频率 50Hz 故障处理方法：

1）运行参数中的最小、最大空载开度设置不合理，重新设置运行参数中的最小、最大空载开度。

2）当前水库水位过低，人工设定的水头值与实际水头不对应，需人为设定正确的参数和水头值。

3）人工设定的水头值不等于实际水头值，使差值得到的协联关系不正确，应人工设定正确水头值。

（2）电气开度限制值设置不合理，导叶接力器增大不到合理的最大开度故障的处理方法：

1）运行参数中的最小、最大负荷电气开限设置不合理，重新设置运行参数中的最小、最大负荷电气开限。

2）当前水库水位过低，人工设定的水头值与实际水头不对应，需人为设定正确的参数和水头值。

（3）填写故障处理报告，并做好参数修改记录。

五、注意事项

（1）检查参数时专人监护，防止误修改参数。

（2）做好故障检查记录，并做好参数修改记录。

【思考与练习】

1. 简述电气开度限制值设置不合理，导叶接力器增大不到合理的最大开度故障的处理方法。

2. 简述开机过程中，开机达不到空载开度，机组频率达不到额定频率 50Hz 故障处理方法。

3. 简述微机调速器运行参数故障处理时的注意事项。

◢ 模块 18　微机调速器采集信号故障处理
（新增 ZY5400303008）

【模块描述】本模块包含微机调速器采集信号显示"测频故障""位置反馈故障""功率反馈故障"及调速器交流（直流）电源指示灯灭故障处理。通过对操作方法、步骤、注意事项的讲解，掌握微机调速器采集信号故障处理方法及步骤。

【模块内容】

一、作业内容

采集信号故障有以下几种情况：

（1）显示"测频故障"。

（2）显示"位置反馈故障"。

（3）显示"功率反馈故障"。

（4）调速器交流（直流）电源指示灯灭。

二、危险点分析与控制措施

（1）误触电。控制措施：应按照电气作业规程，验电后作业，必要时断开盘内的交流和直流电源；防止金属裸露工具与低压电源接触，造成低压触电或电源短路。

（2）误触碰。控制措施：应对可能引发误碰的回路、设备、元件设置防护带和悬挂警示牌。

（3）误整定。控制措施：应指定具有定值修改权限的人员修改定值，工作完成后应根据下达的整定单，复核正确后投入。

（4）仪器仪表损坏。控制措施：测量时不得超过仪器仪表允许的最大量程范围，以免损坏仪器仪表。

三、作业前准备

（1）工作前确认机组处于停机或退出系统备用状态，调速系统无人工作，在调速器周围设警示遮栏。

（2）作业前应按照工作票对隔离措施进行检查和确认。

（3）作业前应根据测量参数选择量程匹配、型号合适的仪表设备。

（4）作业前应检查、核对设备名称、编号、位置，避免走错工作地点。

四、操作步骤

（1）测频环节故障或频率信号断线，检查测频环节的隔离变压器及频率信号的接线。

（2）接力器开度传感器断线，检查并修复导叶（轮叶）接力器开度传感器。

（3）功率变送器故障，检查机组功率变送器，必要时更换。

（4）直流电源消失，检查并恢复交流（直流）电源供电，必要时更换空气开关或者开关电源模块。

（5）填写故障处理报告。

五、注意事项

（1）带电进行故障处理时，调速器切机手动运行，检查完毕恢复自动运行时，检查开度给定值和导叶实际开度是否相同，导叶平衡指示应在零位，才能进行由机手动到自动的转换操作。

（2）做好监护，防止误动带电设备。

【思考与练习】

1. 测频环节故障或频率信号断线要检查哪个部分？

2. 接力器开度传感器断线检查哪个部分？

3. 功率变送器故障需要检查哪个装置？

▲ 模块 19 微机调速器空载达不到额定转速故障处理（新增 ZY5400303009）

【模块描述】 本模块包含微机调速器空载达不到额定转速故障处理方法及步骤。通过对操作方法、步骤、注意事项的讲解，掌握微机调速器达不到额定转速故障处理方法及步骤。

【模块内容】

一、作业内容

微机调速器在开机过程空载达不到额定转速，涉及开度限制未打开、机频故障、水头值设置不当等原因，应进行参数的检查，及时更改参数设置；在运行过程中导叶反馈断线，调速器将进入开环调节状态，中控室不能对调速器进行操作，因此运行中多注意检查导叶反馈回路是否正常。

二、危险点分析与控制措施

（1）误触电。控制措施：应按照电气作业规程，验电后作业，必要时断开盘内的交流和直流电源；防止金属裸露工具与低压电源接触，造成低压触电或电源短路。

（2）误触碰。控制措施：应对可能引发误碰的回路、设备、元件设置防护带和悬挂警示牌。

（3）误整定。控制措施：应指定具有定值修改权限的人员修改定值，工作完成后应根据下达的整定单，复核正确后投入。

（4）仪器仪表损坏。控制措施：测量时不得超过仪器仪表允许的最大量程范围，以免损坏仪器仪表。

三、作业前准备

（1）工作前确认机组处于停机或退出系统备用状态，调速系统无人工作，在调速器周围设警示遮栏。

（2）作业前应按照工作票对隔离措施进行检查和确认。

（3）作业前应根据测量参数选择量程匹配、型号合适的仪表设备。

（4）作业前应检查、核对设备名称、编号、位置，避免走错工作地点。

四、操作步骤

（1）检查开限是否限制接力器行程，打开开限值。

（2）检查开机过程中是否有机频故障信号发出，有机频故障信号，检查测频模块和开机机组残压电压。

（3）若上述检查正常，则减小水位差输入。

（4）检查电气开限是否限制控制输出。

（5）检查水位差信号是否与实际一致。

（6）若上述检查正常，把最小空载开度增大。

五、注意事项

（1）检查参数时专人监护，防止误修改参数。

（2）做好故障检查记录，并做好参数修改记录。

【思考与练习】

1. 简述微机调速器空载达不到额定转速故障处理步骤。

2. 简述微机调速器空载达不到额定转速故障处理时的注意事项。

3. 微机调速器空载达不到额定转速故障处理时至少有几个人同时进行？

▲ 模块 20 微机调速器导叶反馈故障处理
（新增 ZY5400303010）

【**模块描述**】本模块包含微机调速器导叶反馈故障处理方法及步骤。通过对操作方法、步骤、注意事项的讲解，掌握微机调速器导叶反馈故障处理方法和步骤。

【**模块内容**】

一、作业内容

微机调速器在开机过程空载达不到额定转速，涉及开度限制未打开、机频故障、水头值设置不当等原因，应进行参数的检查，及时更改参数设置；在运行过程中导叶反馈断线，调速器将进入开环调节状态，中控室不能对调速器进行操作，因此运行多将注意检查导叶反馈回路是否正常。

二、危险点分析与控制措施

（1）误触电。控制措施：应按照电气作业规程，验电后作业，必要时断开盘内的交流和直流电源；防止金属裸露工具与低压电源接触，造成低压触电或电源短路。

（2）误触碰。控制措施：应对可能引发误碰的回路、设备、元件设置防护带和悬挂警示牌。

（3）误整定。控制措施：应指定具有定值修改权限的人员修改定值，工作完成后应根据下达的整定单，复核正确后投入。

（4）仪器仪表损坏。控制措施：测量时不得超过仪器仪表允许的最大量程范围，以免损坏仪器仪表。

三、作业前准备

（1）工作前确认机组处于停机或退出系统备用状态，调速系统无人工作，在调速器周围设警示遮栏。

（2）作业前应按照工作票对隔离措施进行检查和确认。

（3）作业前应根据测量参数选择量程匹配、型号合适的仪表设备。

（4）作业前应检查、核对设备名称、编号、位置，避免走错工作地点。

四、操作步骤

（1）检查反馈传感器输入电源。

（2）检查反馈传感器输出电压是否与接力器位置对应，若超过范围，调整反馈传感器；若反馈传感器输出电压为电源电压或无输出信号，更换反馈传感器。

（3）检查 A/D 转换模块输入端电压是否超过范围，在范围内，更换 A/D 模块。

（4）填写故障处理报告。

五、注意事项

（1）检查参数时专人监护，防止误修改参数。

（2）做好故障检查记录，并做好参数修改记录。

【思考与练习】

1. 简述微机调速器导叶反馈故障处理步骤。

2. 简述微机调速器导叶反馈故障处理注意事项。

3. 如果 A/D 转换模块故障，但在范围内，应采取什么措施？

◢ 模块 21 微机调速器自行检出的故障处理 （新增 ZY5400303011）

【模块描述】本模块包含微机调速器自行检出的故障处理方法及步骤。通过对操作方法、步骤、注意事项的讲解，掌握微机调速器自行检出的故障处理方法及步骤。

【模块内容】

一、作业内容

微机调速器自行检出的故障有以下几种情况：

（1）微机调速器显示"测频不正常"。

（2）微机调速器显示"导叶不正常"。

二、危险点分析与控制措施

（1）误触电。控制措施：应按照电气作业规程，验电后作业，必要时断开盘内的交流和直流电源；防止金属裸露工具与低压电源接触，造成低压触电或电源短路。

（2）误触碰。控制措施：应对可能引发误碰的回路、设备、元件设置防护带和悬挂警示牌。

（3）误整定。控制措施：应指定具有定值修改权限的人员修改定值，工作完成后应根据下达的整定单，复核正确后投入。

三、作业前准备

（1）工作前确认机组处于停机或退出系统备用状态，调速系统无人工作。

（2）作业前应根据测量参数选择量程匹配、型号合适的仪表设备。

（3）作业前应检查、核对设备名称、编号、位置，避免走错工作地点。

（4）作业前准备好调速器定值手册以及相关技术资料。

四、操作步骤

（1）测频环节故障，检查测频环节及频率信号接线是否正常，故障恢复后可进行自动调节。

（2）检查导叶（桨叶）接力器变送器是否断线，A/D 转换模块是否故障，检查并修复导叶（轮叶）接力器开度变送器 A/D 转换模块。

（3）填写故障处理报告。

五、注意事项

（1）当机频故障时调速器保持当前开度不变化，首先查阅图纸，检查时注意不要误动其他带电部位。

（2）导叶（桨叶）接力器变送器断线报警后，调速器为开环调节状态，自动工况不能进行调节。

（3）故障处理期间，调速器切机手动运行，检查完毕恢复自动运行时，检查开度给定值和导叶实际开度相同，导叶平衡指示应在零位，才能进行由机手动到自动的转换操作。

【思考与练习】

1. 接力器采用两段关闭的作用是什么？

2. 什么是反馈、硬反馈、负反馈？

3. 简述微机调速器的液压系统的工作原理。

▲ 模块 22 微机调速器故障冗错试验（新增 ZY5400304001）

【模块描述】本模块包含微机调速器故障冗错试验方法、步骤。通过对操作方法、步骤、注意事项的讲解，掌握微机调速器故障冗错试验方法、步骤及操作注意事项。

【模块内容】

一、作业内容

模拟开机试验，检验调速器故障报警是否正确，观察接力器故障前和故障复归后接力器行程的变化量。

二、危险点分析与控制措施

（1）误触电。控制措施：应按照电气作业规程，验电后作业，必要时断开盘内的交流和直流电源；防止金属裸露工具与低压电源接触，造成低压触电或电源短路。

（2）误触碰。控制措施：应对可能引发误碰的回路、设备、元件设置防护带和悬挂警示牌。

（3）误整定。控制措施：应指定具有定值修改权限的人员修改定值，工作完成后应根据下达的整定单，复核正确后投入。

三、作业前准备

（1）工作前确认机组处于停机或退出系统备用状态，调速系统无人工作。

（2）作业前应根据测量参数选择量程匹配、型号合适的仪表设备。

（3）作业前应检查、核对设备名称、编号、位置，避免走错工作地点。

（4）作业前准备好调速器定值手册以及相关技术资料。

四、操作步骤

（1）提供 5V 工频信号电源并入机频和网频输入端子上，模拟机频和网频信号。

（2）调速器在自动位置，开度调节模式。

（3）用现地"增加/减少"开度操作把手将接力器开到任意开度。

（4）短接断路器合闸信号输入端子，模拟机组断路器合闸，调速器进入负荷运行状态。

（5）分别断开机频信号、网频信号、接力器位移反馈信号模拟机频故障、网频故障和导叶反馈断线故障。观察故障报警是否正确，观察机频、网频故障和接力器故障前和故障复归后接力器行程的变化量。

（6）将调速器直流工作电源、交流工作电源依次拉开，模拟电源消失，接力器开度保持不变。

（7）负荷工况，再依次投入交直流工作电源，接力器开度不变。

（8）将步进电机反馈电阻引线断开，模拟电机反馈故障，检查故障前与复归后的接力器行程变化。

（9）填写故障冗错试验报告。

（10）质量标准：试验结果要符合 GB/T 9652.1—2019《水轮机调速系统技术条件》对于大型电调和重要电站的中型电调的要求，即当测速装置输入信号消失时应能保证机组负荷，同时要求不影响机组的正常停机和事故停机。

五、注意事项

（1）短接机频和网频输入 5V 工频信号电源时，防止误接线或误碰强电回路。

（2）恢复接线时，防止接线压接在绝缘层上造成接触不良。

【思考与练习】

1. 简述微机调速器故障冗错试验时的注意事项。

2. 根据相关国家标准，当测束装置输入信号消失时对机组有怎样的要求？

3. 微机调速器的输入频率信号有几种？

◢ 模块 23 微机调速器模拟紧急停机试验
（新增 ZY5400304002）

【模块描述】本模块包含微机调速器模拟紧急停机试验方法、步骤。通过对操作方法、步骤、注意事项的讲解，掌握微机调速器模拟紧急停机试验方法。

【模块内容】

一、作业内容

模拟紧急停机操作，可以检验控制回路及调速器紧急停机部分工作的可靠性，在机组机械或电气保护引出动作后，保证机组迅速停机，防止机组事故扩大。

二、危险点分析与控制措施

（1）误触电。控制措施：使用绝缘工器具；防止金属裸露工具与低压电源接触，造成低压触电或电源短路。

（2）误触碰。控制措施：应对可能引发误碰的回路、设备、元件设置防护带和悬挂警示牌。

三、作业前准备

（1）工作前确认机组处于停机或退出系统备用状态，调速系统无人工作，在调速器周围设警示遮栏。

（2）作业前应根据测量参数选择量程匹配、型号合适的仪表设备。

（3）作业前应检查、核对设备名称、编号、位置，避免走错工作地点。

四、操作步骤

（1）提供 5V 工频信号电源并人机频和网频输入端子上，模拟机频和网频信号。

（2）设调速器在自动位置，开度调节模式。

（3）用现地"增加/减少"开度操作把手将接力器开到任意开度。

（4）短接断路器合闸信号输入端子，模拟机组断路器合闸，调速器进入负荷运行状态。

（5）短接机组油压装置低油压事故压力开关信号，模拟机组机械事故信号动作输出紧急停机令，调速器关闭导叶。

（6）机组停机后，在上位机或现地机旁盘及时复归事故按钮，进行事故信号复归。

（7）填写模拟紧急停机试验报告。

五、注意事项

（1）短接机频和网频输入 5V 工频信号电源时，防止误接线或误碰强电。

（2）恢复接线时，防止接线压接在绝缘层上造成接触不良。

【思考与练习】

1. 简述微机调速器模拟紧急停机试验的目的。

2. 简述微机调速器模拟紧急停机试验注意事项。

3. 机组停机后应及时做什么工作？

模块 24　微机调速器各工况间的试验
（新增 ZY5400304003）

【模块描述】本模块包含微机调速器各工况转换的试验方法、步骤。通过对操作方法、步骤、注意事项的讲解，掌握微机调速器各工况转换的试验方法、步骤及操作注意事项。

【模块内容】

一、作业内容

调速器交流、直流电源应能同时接入。交流、直流电源互为备用，其中之一故障时可自行切换并发出信号。电源转换时接力器开度变化值不应超过其全行程的 2%，调速器应保证机组在各种工况和运行方式下稳定运行。

二、危险点分析与控制措施

（1）误触电。控制措施：工作时保持与带电设备保持足够的安全距离，符合电气安规的要求；使用绝缘工器具；防止金属裸露工具与低压电源接触，造成低压触电或电源短路。

（2）误触碰。控制措施：应对可能引发误碰的回路、设备、元件设置防护带和悬挂警示牌。

三、作业前准备

（1）工作前确认机组处于停机或退出系统备用状态，调速系统无人工作，调速器系统工作正常。

（2）作业前应根据测量参数选择量程匹配、型号合适的仪表设备。

（3）作业前应检查、核对设备名称、编号、位置，避免走错工作地点。

（4）水轮机室入口装设警示遮栏或加锁。

（5）根据危险点辨识手册来分析危险点以及制定控制措施。

四、操作步骤

（1）断路器在合闸状态，断开机频信号时，导叶开度应保持不变。

（2）开机过程，断路器未合时，断开机频信号时，导叶开度应关到空载开度。

（3）调速器负荷工况下，断开输入测频信号时，机组应保持所带负荷，不影响机组正常停机和事故停机。

（4）拉开交流电源断路器，导叶开度应保持不变。

（5）拉开直流电源断路器，导叶开度应保持不变。

（6）在端子排上模拟电源消失时，开度保持不变。当电源恢复后，自动跟踪当前开度，无扰动的恢复到当前运行工况。

（7）断路器在合闸状态，中控室操作员站发调相令后调速器应进入调相运行工作工况。

（8）空载状态下模拟机频断线时，导叶保持最小空载开度，并有故障信号输出。

（9）负荷状态下模拟机频断线时，保持当前开度负荷不变化，并发出故障信号，故障恢复后可进行自动调节。

（10）在空载状态下模拟网频消失时，机频应跟踪频率给定。

（11）在负荷状态下模拟网频消失时，应保持当前导叶开度，并报出故障信号。

（12）模拟导叶反馈断线时，应保持当前导叶开度，并报出故障信号。

（13）模拟步进电机反馈断线时，应保持当前导叶开度，并报出故障信号。

（14）进行调速器自动–电手动、电手动–自动工况转换；导叶开度应保持不变。

（15）进行调速器自动–机手动、机手动–自动工况转换，导叶开度应保持不变。

（16）进行频率、功率、开度调节模式之间的切换，导叶开度应保持不变。

（17）填写调速器各工况间的转换试验报告。

（18）标准：调速器在各种故障工况下，调速器不误动；在工况转换时，调速器不误动。

五、注意事项

（1）合交流、直流电源断路器时，先投入交流电源断路器，再投入直流电源断路器；切交流、直流电源断路器时，先切直流电源断路器，再切交流电源断路器。

（2）在模拟断路器合闸、分闸，开机令，机频断线，步进电机反馈断线的操作时，注意信号电源与其他电源不要接触，特别注意严禁 5V 工频信号电源不得与 AC220V、DC220V（或 DC110V）回路串接，否则会损坏元器件。

（3）恢复接线时按照记录进行，接线完毕需经第二人检查。

【思考与练习】

1. 微机调速器各工况间的试验中进行调速器各种工况转换时，导叶开度有什么变化？

2. 微机调速器各工况间的试验应注意什么？

3. 负荷状态下模拟机频断线时，负荷有什么变化？

▲ 模块 25 微机调速器频率特性试验（新增 ZY5400304004）

【模块描述】 本模块包含微机调速器频率特性试验方法、步骤。通过对操作方法、步骤、注意事项的讲解，掌握微机调速器频率特性试验方法、步骤及操作注意事项。

【模块内容】

一、作业内容

将标准频率信号发生器输出的频率信号加入调速器的机频和网频信号输入端子，测量并绘制测频特性曲线，校核调速器 PLC 测量精度。

二、危险点分析与控制措施

（1）误触电。控制措施：工作时保持与带电设备保持足够的安全距离，符合电气安规的要求；使用绝缘工器具；防止金属裸露工具与低压电源接触，造成低压触电或电源短路。

（2）误触碰。控制措施：应对可能引发误碰的回路、设备、元件设置防护带和悬挂警示牌。

（3）参数误整定。控制措施：应指定具有定值修改权限的人员修改定值，工作完成后应根据下达的整定单，复核正确后投入；参数修正时需要经 2 个及以上人员确认无误后，方可进行。

三、作业前准备

（1）工作前确认机组处于停机或退出系统备用状态，调速系统无人工作，调速器系统工作正常。

（2）作业前应根据测量参数选择量程匹配、型号合适的仪表设备。

（3）作业前应检查、核对设备名称、编号、位置，避免走错工作地点。

（4）水轮机室入口装设警示遮栏或加锁。

（5）根据危险点辨识手册来分析危险点以及制定控制措施。

四、操作步骤

（1）检查钢管无水。

（2）检查标准频率信号发生器完好。

（3）调速器网频输入信号线断开或将调速器置于不跟踪工况。

（4）调速器机频输入信号线断开，外加标准频率信号。

（5）用标准频率信号发生器外加机频信号，所加机频信号分辨率应达到 0.001Hz 以上，频给信号给定范围为 45～55Hz。

（6）记录调速器机频测量显示值对应输人机频给定频率值见表 2-3-1。

表 2-3-1 调速器机频测量显示值对应输人机频给定频率值

频率给定	45.05	46.05	47.05	48.05	49.05	50.05	51.05	52.05	53.05	54.05	55.05
测量显示频率	4	4	4	4	4	5	5	5	5	5	5

(7) 试验时，按照表 2-3-1 所列频率给定值逐个将外加频率信号输入到调速器机频信号，待调速器测频稳定后，记录调速器机频显示值并填入表 2-3-1 的测量显示频率值一栏中，根据频率给定值与对应测量显示值绘制特性曲线。

(8) 绘制频率特性曲线，并填写频率特性试验报告。

(9) 质量标准：频率测量误差不超过 ±0.01Hz。

五、注意事项

(1) 标准频率信号发生器试验接线经第二人检查无误后，方可加电。

(2) 断开的机频、网频信号接线做好绝缘防护。

(3) 恢复接线时，防止接线压接在绝缘层上造成接触不良。

【思考与练习】

1. 微机调速器频率测量特性试验曲线应是什么样的？

2. 简述微机调速器频率测量特性试验的质量标准。

3. 用标准频率信号发生器外加机频信号，所加机频信号分辨率应达到多少？

▲ 模块 26 微机调速器 PID 特性试验（新增 ZY5400304005）

【模块描述】 本模块包含微机调速器 PID 特性试验方法、步骤。通过对操作方法、步骤、注意事项的讲解，掌握微机调速器 PID 特性试验方法。

【模块内容】

一、作业内容

模拟机组在负荷状态，用水轮机调速器和机组同期测试系统测试仪以及标准信号发生器，使频率给定阶跃变化至 $f_G=52.00Hz$，检验微机调速器 PID 特性参数。

二、危险点分析与控制措施

(1) 误触电。控制措施：工作时保持与带电设备保持足够的安全距离，符合电气安规的要求；使用绝缘工器具；防止金属裸露工具与低压电源接触，造成低压触电或电源短路。

(2) 误触碰。控制措施：应对可能引发误碰的回路、设备、元件设置防护带和悬挂警示牌。

(3) 参数误整定。控制措施：应指定具有定值修改权限的人员修改定值，工作完成后应根据下达的整定单，复核正确后投入；参数修正时需要经 2 个及以上人员确认无误后，方可进行。

三、作业前准备

(1) 工作前确认机组处于停机或退出系统备用状态，调速系统无人工作，调速器系统工作正常。

（2）作业前应根据测量参数选择量程匹配、型号合适的仪表设备。

（3）作业前应检查、核对设备名称、编号、位置，避免走错工作地点。

（4）根据危险点辨识手册来分析危险点以及制定控制措施。

（5）工作前将上次检查数据整理成册，以便参考。

四、操作步骤

（1）提供 5V 工频信号电源并入断路器合闸信号端子，模拟断路器合闸。

（2）永态转差系数 b_p=1%～10%，开度调节模式减少开度给定至最小值（与水头信号有关），设调速器为频率调节模式，使永态转差系数 b_p=0，暂态转差系数 b_t、缓冲时间常数 T_d、加速度时间常数 T_n 为校验值，频率给定 f_G=50.00Hz。

（3）使频率给定阶跃变化至 f_G=52.00Hz（即 Δ=4%），同时用水轮机调速器和机组同期测试系统测试。

（4）记录调速器输出变化波形，将理论值与试验值进行比较是否相符。

（5）填写调速器 PID 特性试验报告。

五、注意事项

（1）试验接线经第二人检查无误后方可通电，信号线与电源禁止串电。

（2）加强对调试工具的专业管理，使用前应对调试用专用工具进行检查，确认其工作良好。

【**思考与练习**】

1. 简述微机调速器 PID 特性试验注意事项。

2. 微机调速器 PID 特性试验注意事项中使频率给定阶跃变化至多少？

3. 微机调速器 PID 特性试验中永态转差系数 b_p 取值是多少？

◢ 模块 27　微机调速器模拟运行试验（新增 ZY5400304006）

【**模块描述**】本模块包含微机调速器模拟运行试验方法、步骤。通过对操作方法、步骤、注意事项的讲解，掌握微机调速器模拟运行试验方法。

【**模块内容**】

一、作业内容

对开机、并网、调相、甩负荷、停机模拟试验可以检验调速器各工况之间能否正确转换，也可检验控制回路接线的正确性，为调速器实际开机运行提供保证。

二、危险点分析与控制措施

（1）误触电。控制措施：工作时保持与带电设备保持足够的安全距离，符合电气安规的要求；使用绝缘工器具；防止金属裸露工具与低压电源接触，造成低压触电或电源短路。

（2）误触碰。控制措施：应对可能引发误碰的回路、设备、元件设置防护带和悬挂警示牌。

（3）参数误整定。控制措施：应指定具有定值修改权限的人员修改定值，工作完成后应根据下达的整定单，复核正确后投入；参数修正时需要经 2 个及以上人员确认无误后，方可进行。

三、作业前准备

（1）工作前确认机组退出系统备用状态，调速系统无人工作，调速器系统工作正常。

（2）作业前应根据测量参数选择量程匹配、型号合适的仪表设备；准备电工常用工器具、测试导线、工具包等工器具。

（3）作业前应检查、核对设备名称、编号、位置，避免走错工作地点。

四、操作步骤

（1）调速器交、直流工作电源投入，"急停复归"灯亮。

（2）将调速器设置为开度调节模式。

（3）由频率信号发生器模拟机频，网频信号仍为实际网频。

（4）在现地机旁盘操作"开机/停机"把手向调速器发出开机令，调速器进入空载运行状态。

（5）提供的 5V 工频信号电源并入断路器合闸信号端子上，模拟断路器合闸，调速器进入负荷运行状态。

（6）将 5V 工频信号电源并入调相信号输入接线端子上，模拟发电机由发电运行工况转调相运行工况，调速器按两段关闭将接力器关回，先快速将接力器关到 15%，然后慢速关到零。

（7）处于调相运行状态，如调相令解除，则自动将电开限按水头值打开到某开度，开度给定回到空载位置。

（8）调速器在负荷运行状态，在现地机旁盘操作"增加/减少"开度把手关闭导叶，将导叶关闭 5% 以下。

（9）将断路器合闸信号短接线断开，模拟断路器跳闸，调速器操作关导叶，调速器进入空载运行状态。

（10）在现地机旁盘操作"开机/停机"把手向调速器发出停机令，控制回路操作调速器关闭导叶进行停机。

（11）填写开机、并网、调相、甩负荷、停机模拟试验报告。

（12）质量标准：开机、并网、调相、甩负荷、停机操作过程中调速器动作及回路动作正确。

五、注意事项

（1）短接输入信号指令时，首先查阅图纸，无误后再进行短接线工作。

（2）做好监护，防止短错端子，特别防止将强电回路端接到输入信号指令回路。

【思考与练习】

1. 简述微机调速器模拟运行试验质量标准。

2. 简述微机调速器模拟运行试验注意事项。

3. 微机调速器模拟运行试验中将调速器设置为什么模式？

模块 28　微机调速器调节模式切换试验
（新增 ZY5400304007）

【模块描述】本模块包含微机调速器调节模式切换试验方法、步骤。通过对操作方法、步骤、注意事项的讲解，掌握微机调速器调节模式切换试验方法。

【模块内容】

一、作业内容

调节模式切换试验是检验调速器在非频率模式时，当机频超过 50Hz±0.5Hz 设定值时，自动切换到频率模式进行自动调节，以维持系统频率在规定范围内。在功率模式下，若功率反馈信号故障后，调速器自动切换到开度调节模式进行调节等各项模式切换，通过各种模式的切换检验调速器工作的正确性，使调速器在调节模式切换后能正常工作。

二、危险点分析与控制措施

（1）误触电。控制措施：工作时保持与带电设备保持足够的安全距离，符合电气安规的要求；使用绝缘工器具；防止金属裸露工具与低压电源接触，造成低压触电或电源短路。

（2）误触碰。控制措施：应对可能引发误碰的回路、设备、元件设置防护带和悬挂警示牌。

（3）参数误整定。控制措施：应指定具有定值修改权限的人员修改定值，工作完成后应根据下达的整定单，复核正确后投入；参数修正时需要经 2 个及以上人员确认无误后，方可进行。

三、作业前准备

（1）工作前确认机组退出系统备用状态，调速系统无人工作，调速器系统工作正常。

（2）作业前应检查、核对设备名称、编号、位置，避免走错工作地点。

（3）调试工具使用前应进行检查，确认其工作良好。

（4）作业前应选用合格并与被测量匹配的、型号合适的仪表设备，以确保数据的准确性。

四、操作步骤

（1）设置调速器工作在负荷状态。

（2）在非频率模式时，机频超过 50Hz±0.5Hz 设定值时，自动切换到频率模式。

（3）在功率模式下，模拟功率故障，将功率信号断开，即把模拟输入功率信号的 4～20mA 电流中断，调速器自动切换到开度调节模式。

（4）在调速器面板进行功率调节模式转至开度调节模式，开度调节模式转至功率调节模式，检查开度变化情况。

（5）填写调节模式切换试验报告。

（6）质量标准：调节模式切换正确，调节模式切换过程无扰动。

五、注意事项

（1）调频操作时防止机组频率波动过大。

（2）模拟功率故障时，4～20mA 输入信号注意防止误接线。

（3）调速器 CPU 读取有功功率变送器信号，断开网线时间不宜过长，做完试验立即恢复。

【思考与练习】

1 简述微机调速器调节模式切换试验时的注意事项。

2. 微机调速器调节模式切换试验中调速器应工作在什么状态下？

3. 在非频率模式时，机频超过多少设定值时，自动切换到频率模式？

◀ 模块 29　微机调速器电源消失试验（新增 ZY5400304008）

【模块描述】本模块包含微机微机调速器电源消失试验方法、步骤。通过对操作方法、步骤、注意事项的讲解，掌握微机调速器电源消失试验方法。

【模块内容】

一、作业内容

电源消失试验是检查调速器工作电源消失前、后对接力器行程变化幅度进行比较，当电源消失时，保持开度不变。当电源恢复后，自动跟踪当前开度，无扰动的恢复到当前运行工况。

二、危险点分析与控制措施

（1）误触电。控制措施：工作时使用绝缘工器具；防止金属裸露工具与低压电源接触，造成低压触电或电源短路。

（2）误触碰。控制措施：应对可能引发误碰的回路、设备、元件设置防护带和悬挂警示牌。

三、作业前准备

（1）工作前确认机组停机或退出系统备用状态，调速系统无人工作，调速器系统工作正常。

（2）作业前应检查、核对设备名称、编号、位置，避免走错工作地点。

（3）作业前应选用合格并与被测量匹配的、型号合适的仪表设备，以确保数据的准确性。

四、操作步骤

（1）设置调速器工作在负荷状态。

（2）先拉开调速器直流工作电源断路器，再拉开交流工作电源断路器，接力器保持不变。

（3）先投入调速器交流工作电源断路器，再投入直流工作电源断路器，接力器保持不变。

（4）填写工程终结报告。

（5）质量标准：电源切换后，接力器保持稳定。

五、注意事项

（1）操作时，首先切除直流电源，然后再切除交流电源。

（2）恢复电源操作时，首先投入交流电源，然后再投入直流电源。

（3）注意观察调速器开度变化。

【思考与练习】

1. 电源切换过程中，接力器在什么状态？

2. 电源切换试验后恢复电源时应注意什么？

3. 电源切换试验时，调速器处于什么状态？

▲ 模块 30　微机调速器运行时检查项目及处理方法（新增 ZY5400305001）

【模块描述】本模块包含微机调速器测频故障、微机调速器操作无响应故障处理方法。通过对操作方法、步骤、注意事项的讲解，掌握微机调速器运行时检查项目及处理方法。

【模块内容】

一、作业内容

不论空载或负载运行，对于机频、网频断线故障调速器都能容错处理，不影响机组的运行；操作无响应故障将直接影响调速器的自动操作，应在现地机手动（或电手动）进行调速器的操作。

二、危险点分析与控制措施

（1）误触电。控制措施：工作时使用绝缘工器具；防止金属裸露工具与低压电源接触，造成低压触电或电源短路。

（2）误触碰。控制措施：应对可能引发误碰的回路、设备、元件设置防护带和悬挂警示牌。

三、作业前准备

（1）工作前确认调速器系统工作正常。

（2）作业前应检查、核对设备名称、编号、位置，避免走错工作地点。

（3）作业前应选用合格并与被测量匹配的、型号合适的仪表设备，以确保数据的准确性。

四、操作步骤

（1）微机调速器测频故障处理方法。

1）检查端子机组残压是否正常。

2）检查开关量输入模块输入点指示灯是否闪动。

3）更换测频模块。

（2）微机调速器操作无响应故障处理方法。

1）检查开关量输入模块对应输入点指示灯是否变化，若开关量输入模块指示灯都不亮，检查开关量输入模块公共端与电源（或地）是否连接可靠。

2）若微机调速器单个操作无响应，检查按钮或选择开关是否损坏。

3）在调速器旁进行增加、减少操作，选择开关应在"现地位置"。

（3）填写故障处理报告。

五、注意事项

（1）当机频、网频断线故障时调速器保持当前开度不变化，首先检查测频模块及回路，检查时注意不要误动其他带电部位。

（2）微机调速器操作无响应，自动工况不能进行调节。

（3）故障处理期间，调速器切机手动（或电手动）运行，检查完毕恢复自动运行时，检查开度给定值和导叶实际开度相同，导叶平衡指示应在零位，才能进行由机手动到自动的转换操作。

【思考与练习】

1. 简述微机调速器测频故障处理方法。
2. 简述微机调速器操作无响应故障处理方法。
3. 微机调速器操作无响应，自动工况有何变化？

▲ 模块 31　调速器接力器抽动处理方法
（新增 ZY5400305002）

【模块描述】 本模块包含调速器接力器抽动处理方法。通过对操作方法、步骤、注意事项的讲解，掌握微机调速器接力器抽动故障处理方法。

【模块内容】

一、作业内容

机组运行中，调速器接力器抽动一般有以下几种原因：

（1）调速器外部功率较大的电气设备启动/停止，调速器外部直流继电器或电磁铁动作/断开。

（2）多出现于开机过程中，机组转速未达到额定转速，残压过低；或机组空载，未投入励磁；机组大修后第一次开机，残压过低。

（3）抖动现象无明显规律，似乎与机组运行振动区、运行人员操作有一定联系。

（4）调速器在较大幅度运动时主配压阀跳动、油管抖动、接力器出现超调现象。

二、危险点分析与控制措施

（1）误触电。控制措施：工作时使用绝缘工器具；防止金属裸露工具与低压电源接触，造成低压触电或电源短路。

（2）误整定。控制措施：应指定具有定值修改权限的人员修改定值，定值修改需经 2 个及以上人员确认无误后方可执行。

（3）误触碰。控制措施：应对可能引发误碰的回路、设备、元件设置防护带和悬挂警示牌。

三、作业前准备

（1）工作前确认机组处于停机状态，调速器系统工作正常；

（2）作业前应检查、核对设备名称、编号、位置，避免走错工作地点；

（3）作业前应选用合格并与被测量匹配的、型号合适的仪表设备，以确保数据的准确性，准备好电工常用工器具、测试线、工作包等。

四、操作步骤

（1）调速器外部功率较大的电气设备启动/停止，调速器外部直流继电器或电磁铁动作/断开使调速器接力器抽动故障处理方法：

1）调速器本体接地应与大地牢固连接，调速器的内部信号与大地之间的绝缘电阻应大于 50Ω。

2）直流继电器或电磁铁线圈加装反向并接（续流）二极管，触点两端并接阻容吸收器件（100Ω 电阻与 630V、0.1μF 电容器串联）。

（2）多出现于开机过程中，机组转速未达到额定转速，残压过低；或机组空载、未投入励磁、机组大修后第一次开机，残压过低使调速器接力器抽动故障处理方法：机组频率信号（残压信号/齿盘信号）均应采用各自的带屏蔽的双绞线至调速器，屏蔽层应可靠的一点接地。机频信号线不要与强动力电源线或脉冲信号线平行、靠近，机频隔离变压器远离网频隔离变压器和电源变压器。

（3）调速器在较大幅度运动时主配压阀跳动、油管抖动、接力器出现超调现象的故障处理方法：减小系统的放大系数，加大主配反馈放大倍数。

（4）填写故障处理报告，填写报定值修改申请，修订定值单。

五、注意事项

（1）机组频率信号屏蔽层可靠接地。

（2）检修时各接线端子接线应紧固，防止松动。

（3）并接阻容吸收器件、反向并接（续流）二极管参数选择合适，应有一定余量。

（4）当修改参数时时注意不要误改其他参数，不要超出参数设置规定范围。

【思考与练习】

1. 简述调速器在较大幅度运动时主配压阀跳动、油管抖动、接力器出现超调现象的故障处理方法。

2. 简述调速器外部功率较大的电气设备启动/停止，调速器外部直流继电器或电磁铁动作/断开使调速器接力器抽动故障处理方法。

3. 调速器本体接地应与大地牢固连接，调速器的内部信号与大地之间的绝缘电阻应大于多少？

▲ 模块 32　并网运行机组溜负荷故障处理
（新增 ZY5400305003）

【模块描述】本模块包含并网运行机组溜负荷故障处理。通过对操作方法、步骤、注意事项的讲解，掌握微机调速器溜负荷故障处理方法。

【模块内容】

一、作业内容

机组运行中，并网运行机组溜负荷一般有以下几种现象：

（1）接力器开度（机组所带负荷）与电网频率的关系正常，调速器由开度/功率调节模式自动切至频率调节模式工作。

（2）控制输出与导叶实际开度相差较大。

（3）机组负荷突降至零，并维持零负荷运行。

（4）控制输出与导叶反馈基本一致，导叶实际开度明显小于导叶电气指示值。

（5）调速器不能正常开启，但能关闭，平衡指示有开启信号。

二、危险点分析与控制措施

（1）误触电。控制措施：工作时使用绝缘工器具；防止金属裸露工具与低压电源接触，造成低压触电或电源短路。

（2）误整定。控制措施：应指定具有定值修改权限的人员修改定值，定值修改需经 2 个及以上人员确认无误后方可执行。

（3）误触碰。控制措施：应对可能引发误碰的回路、设备、元件设置防护带和悬挂警示牌。

三、作业前准备

（1）工作前确认机组处于停机状态，调速器系统无其他工作，调速系统退出运行状态。

（2）作业前应检查、核对设备名称、编号、位置，避免走错工作地点。

（3）作业前应选用合格并与被测量匹配的、型号合适的仪表设备，以确保数据的准确性；准备好电工常用工器具、测试线、工作包等。

四、操作步骤

（1）网频频率升高，调速器转入调差率（b_p）的频率调节，负荷减少故障处理方法。如果被控机组并入大电网运行，且不起电网调频作用，可取较大的永态转差系数 b_p 值或加大频率失灵区 E，尽量使调速器在开度模式或功率模式下工作。

（2）电液转换环节或引导阀卡阻故障处理方法。

1）切换并清洗滤油器；

2）检查电液转换器并排除卡阻现象；

3）检查引导阀，活塞，密封圈。

（3）机组断路器误动作故障处理方法。启动断路器容错功能，对断路器辅助触点采取可靠接触的措施。

（4）接力器行程电气反馈装置松动变位故障处理方法。重新校对导叶反馈的零点和满度，且可靠固定。

（5）调速器开启方向的器件接触不良或失效故障处理方法。检查或更换电气开启方向的元件，检查开方向的数字球阀和主配位置反馈，如果是主配反馈的问题，更换后需重新调整电气"0"点。

五、注意事项

（1）一般被控机组都并入大电网运行，永态转差系数 b_p 值或频率失灵区 E 经试验后投入运行。

（2）电液转换环节或引导阀卡阻时，首先对滤油器进行切换，若效果不明显，将调速器切机手动运行，检查引导阀、活塞、密封圈，此时机组带固定负荷。

（3）故障处理期间，调速器切机手动（或电手动）运行，检查完毕恢复自动运行时，检查开度给定值和导叶实际开度相同，导叶平衡指示应在零位，才能进行由机手动到自动的转换操作。

【思考与练习】

1. 简述接力器行程电气反馈装置松动变位故障处理方法。
2. 开始电液转换环节或引导阀卡阻故障处理方法。
3. 简述机组断路器误动作故障处理方法。

▲ 模块 33　并网运行机组甩负荷问题处理
（新增 ZY5400305004）

【模块描述】本模块包含并网运行机组甩负荷问题处理。通过对操作方法、步骤、注意事项的讲解，掌握微机调速器甩负荷问题处理方法。

【模块内容】

一、作业内容

调速器参数设置不合理时，在甩负荷时易发生以下问题：

（1）甩 100%负荷过程中，导叶接力器关闭到最小开度后，开启过快，使机组频率超过 3%额定频率的波峰过多，调节时间过长。原因是 PID 调节程序中负限幅值过于靠近导叶接力器零值。

（2）甩 100%负荷过程中，导叶接力器关闭到最小开度后，开启过于迟缓，使机组频率低于额定值的负波峰过大，调节时间过长。原因是 PID 调节程序中负限幅过于离开导叶接力器零值。

（3）甩大于 75%额定负荷过程中的水压上升值过大。原因是导叶接力器关闭时间过短。

（4）甩大于 75%额定负荷过程中的机组转速上升值过大。原因是导叶接力器关闭时间过长。

（5）甩大于 75%额定负荷过程中的水压上升或机组转速上升值过大。原因是分段关闭特性不合要求。

（6）甩大于 25%额定负荷时，导叶接力器的不动时间过长。原因是调速器转速死区偏大。

（7）机组同期点开关辅助触点故障，造成调速器信号反馈不正确，导致甩负荷或减负荷。

二、危险点分析与控制措施

（1）误触电。控制措施：工作时使用绝缘工器具；防止金属裸露工具与低压电源接触，造成低压触电或电源短路。

（2）误整定。控制措施：应指定具有定值修改权限的人员修改定值，定值修改需经 2 个及以上人员确认无误后方可执行。

（3）仪器仪表损坏。控制措施：测量时不得超过仪器仪表允许的最大量程范围，以免损坏仪器仪表。

（4）误触碰。控制措施：应对可能引发误碰的回路、设备、元件设置防护带和悬挂警示牌。

三、作业前准备

（1）工作前确认调速系统工作正常，水车室内无人工作，调速油系统正常。

（2）作业前应检查、核对设备名称、编号、位置，避免走错工作地点。

（3）作业前应选用合格并与被测量匹配的、型号合适的仪表设备，以确保数据的准确性。

（4）工作前将上次试验数据整理成册，以便参考。

四、操作步骤

（1）甩 100%负荷过程中，导叶接力器关闭到最小开度后，开启过快，使机组频率超过 3%额定频率的波峰过多，调节时间过长故障处理方法。对单调机组 PID 的负限幅值应设置为 10%～15%，使导叶接力器关闭到最小开度后的停留时间加长，缩短大波动过渡过程的时间。

（2）甩 100%负荷过程中，导叶接力器关闭到最小开度后，开启过于迟缓，使机组频率低于额定值的负波峰过大，调节时间过长故障处理方法。转桨式、灯泡式机组 PID 的负限幅值应设置为 0～5%，使导叶接力器关闭到最小开度后的停留时间缩短，抑制机组转速下降太多，避免失磁。

（3）甩大于 75%额定负荷过程中的水压上升值过大故障处理方法。按调节保证计算，加长导叶接力器关闭时间值。

（4）甩大于 75%额定负荷过程中的机组转速上升值过大故障处理方法。按调节保证计算，缩短导叶接力器关闭时间。

（5）甩大于 75%额定负荷过程中的水压上升或机组转速上升值过大故障处理方法。按调节保证计算，调整两段关机速度及拐点。

（6）甩大于 25%额定负荷时，导叶接力器的不动时间过长故障处理方法。检查机械液压系统的各级连接环节以减小死区，并加大 T_n（加速度时间常数），尽量在网频大于等于 50Hz 时甩负荷。

（7）机组油断路器未动作，仍在"合上"位置，但送给调速器的机组油断路器触点断开，导致甩负荷或减负荷故障处理方法。

1）组二次回路电源接线，防止机组油断路器辅助继电器误动作。

2）增加断路器容错功能，在调速器程序中对断路器辅助触点进行智能处理。

（8）整试验数据并填写试验报告。

五、注意事项

（1）当修改参数时时注意不要误改其他参数。

（2）参数的修改不要超出参数设置规定范围。

（3）参数修改完必须经过试验无误后方可投入运行。

【思考与练习】

1. 机组同期开关在"合"位，但调速器显示开关在"分"位，可能导致什么样的后果？

2. 简述甩大于 75%额定负荷过程中的水压上升值过大故障处理方法。

3. 简述甩大于 25%额定负荷时，导叶接力器的不动时间过长故障处理方法。

◢ 模块 34　调速器静态特性试验（新增 ZY5400306001）

【模块描述】本模块包含微机调速器静态特性试验。通过对操作方法、步骤、注意事项的讲解，掌握微机调速器静态特性试验方法。

【模块内容】

一、作业内容

调速器静态特性试验有用信号发生器做静特性试验、用调速器内置静特性试验软件试验两种方法。采用调速器内置静特性试验软件试验比较方便，试验完成后自动计算并显示转速死区。

二、危险点分析与控制措施

（1）误触电。控制措施：工作时使用绝缘工器具；防止金属裸露工具与低压电源接触，造成低压触电或电源短路。

（2）误触碰。控制措施：应对可能引发误碰的回路、设备、元件设置防护带和悬挂警示牌。

（3）误整定。控制措施：应指定具有定值修改权限的人员修改定值，定值修改需经 2 个及以上人员确认无误后方可执行。

（4）仪器仪表损坏。控制措施：测量时不得超过仪器仪表允许的最大量程范围，以免损坏仪器仪表。

三、作业前准备

（1）工作前确认调速器工作正常，调速系统无人工作。

（2）作业前应检查、核对设备名称、编号、位置，避免走错工作地点。

（3）作业前应选用合格并与被测量匹配的、型号合适的仪表设备，以确保数据的准确性。

（4）工作前将上次试验数据整理成册，以便参考。

四、操作步骤

1. 用信号发生器做静特性试验

（1）设置调速器为空载频率调节模式。

（2）在端子排上模拟发电机出口断路器合。

（3）设置永态转差系数 b_p=6%，PID 参数取最小值（暂态转差系数 b_t=3%、缓冲时间常数 t_d=2s、加速度时间常数 t_n=0s、频率死区 E_f=0Hz、频率给定 f_s=50.00Hz）。

（4）设置调速器为不跟踪状态。

（5）在调速器面板置电气开限 L=99.99%；开度给定 Y_s=50.00%，将接力器开至 50%左右。

（6）断开机组 TV 与调速器的连线，用稳定的频率信号发生器发出频率信号接至调速器机频信号输入端，频率信号发生器的输出信号频率至 51.2Hz。

（7）升高或降低频率使接力器全开或全关。

（8）调整信号值（变化值 0.3Hz），使之按一个方向单调升高或降低，在导叶接力器行程每次变化稳定后，记录信号频率值及相应的接力器行程值。

（9）分别绘制频率升高和降低时的调速器静态特性曲线。

2. 用调速器内置静特性试验软件试验操作

（1）设置调速器为空载频率调节模式。

（2）设置永态转差系数 b_p=6%、频率给定 f_s=50.00Hz、频率死区 E_f=0Hz、PID 参

数取最小值（暂态转差系数 b_t=3%、缓冲时间常数 t_d=2s、加速度时间常数 t_n=0s）。

（3）将调速器内部提供的 5V 工频信号电源并人机频和网频输入端子，模拟机频和网频输入。

（4）在端子排上模拟发电机出口断路器合。

（5）设置调速器为不跟踪状态。

（6）触摸"静特特试验"按钮可将画面切换至"静特性试验参数"画面。

（7）设置完参数后，触摸"下页"按钮后可将画面切换到"静特性试验"，在做静特性试验时，历史趋势图中的红色曲线表示导叶开度随时间的变化；绿色曲线表示频率给定随时间的变化。

（8）将主显画面中的"跟踪/不跟踪"按钮置于"不跟踪"状态。

（9）设置调速器为空载状态，或负荷状态频率调节模式（模拟发电机断路器合）。

（10）设置永态转差系数 b_p=6%，PID 参数取最小值 b_t=3%、t_d=2s、t_n=0s，频率给定值为 50Hz。

（11）将时间间隔设置为 30s。

（12）把电气开限开至全开。

（13）减少开度给定将导叶接力器全关。

（14）此时触摸静特性试验画面中的"开始/试验"按钮使调速器开始做静特性试验，此时"开始/试验"按钮显示为闪烁的"试验"，相应的曲线将显示在历史趋势图中，同时在"静特性试验结果"画面中记录相应频率下导叶开方向、关方向的开度值，同时计算出转速死区值。静特性试验完成的特征是"试验"按钮停止闪烁，按钮自动变为"开始"。"停止"按钮可将正在进行的试验停止。

（15）试验完成后试验程序软件自动计算和显示调速器的转速死区和非线性度的数值，若试验数值超出国标规定的范围，应修改调速器的运行参数，通过静特性试验寻找一组最佳参数。

（16）整理静特性试验数据，出具静特性试验报告。

五、注意事项

（1）做调速器静态特性试验参数设置时做好记录，防止误修改其他参数。

（2）做完静特性试验，应将参数改回原来参数值。

（3）做好试验记录。

【思考与练习】

1. 设置永态转差系数包括哪些参数？

2. 怎样设置电气开限参数？

3. 调整信号值变化值是多少？

模块 35 现场充水后的空载频率扰动试验
（新增 ZY5400306002）

【模块描述】本模块包含微机调速器现场充水后的空载频率扰动试验。通过对操作方法、步骤、注意事项的讲解，掌握微机调速器现场充水后的空载频率扰动试验方法。

【模块内容】

一、作业内容

空载频率扰动时，改变频率给定从 48Hz 跃变到 52Hz（上扰），稳定后再改变频率给定从 52Hz 跃变到 48Hz（下扰）。记录机组频率和接力器行程的过渡过程，检验 PID 参数设定是否满足超调量小、波动次数少、稳定快。

试验采用调速器内置的试验软件，在软件画面中触摸"空载频率扰动试验"按钮进入空载频率扰动试验画面。画面中历史趋势图中的红色的曲线表示导叶开度随时间的变化；绿色曲线表示机频随时间的变化。空载频率扰动试验的目的通过空载频率扰动寻找调速器最优运行参数。合格的参数组合应为调节时间 T_p、最大超调量 D_M、超调次数 M 均达到要求，但三者之间存在矛盾，如 T_d 增大，有效减小了 D_M 和 M，但同时加大了 T_p；而 T_n 增大则减小了 T_p，又同时加大了 D_M 和 M，所以此项试验的目的是寻找 b_t、T_d、T_n 的最佳组合。

二、危险点分析与控制措施

（1）误触电。控制措施：工作时使用绝缘工器具；防止金属裸露工具与低压电源接触，造成低压触电或电源短路。

（2）误触碰。控制措施：应对可能引发误碰的回路、设备、元件设置防护带和悬挂警示牌。

（3）误整定。控制措施：应指定具有定值修改权限的人员修改定值，定值修改需经 2 个及以上人员确认无误后方可执行。

三、作业前准备

（1）工作前确认调速器工作正常，调速系统无人工作。

（2）作业前应检查、核对设备名称、编号、位置，避免走错工作地点。

（3）作业前应选用合格并与被测量匹配的、型号合适的仪表设备，以确保数据的准确性。

（4）工作前将上次试验数据整理成册，以便参考。

四、操作步骤

采用调速器内置的试验软件进行试验方法：

（1）机组启动至空载状态。

（2）置调速器为"频率调节"模式、b_p=4%、水头值为实际值。

（3）在自动空载工况下，使用空载频率扰动试验画面中的"开始/试验"按钮使调速器开始做空载频率扰动试验。"开始/试验"按钮显示为闪烁的"试验"时，改变频率给定 52Hz→48Hz 和 48Hz→52Hz。

（4）相应的曲线将显示在历史趋势图中，当空载频率扰动试验做完时，记录最高频率、最低频率、调节时间及超调量。空载频率扰动试验完成的特征是"试验"按钮停止闪烁，按钮自动变为"开始"；"停止"按钮可将正在进行的试验停止。

（5）改变频率给定 f_G=48.00Hz→52.00Hz→48.00Hz，设定不同 b_t、T_d、T_n 值。

（6）用微机调速器试验台或光线示波器，记录各种情况下机组频率，导叶（轮叶）输出的扰动过程曲线。

（7）根据实际调节情况，找出 b_t、T_d、T_n 最优参数。

（8）填写空载频率扰动试验报告。

五、注意事项

（1）检查开机条件满足指示灯点亮。

（2）检查调速器工作正常，网频信号正常。

（3）检查机组调速油系统工作正常。

【思考与练习】

1. 现场充水后的空载频率扰动试验注意事项有哪些？

2. 现场充水后的空载频率扰动试验 B_p 值设为多少？

3. 绘制空载扰动曲线。

模块 36 现场充水后的空载频率摆动试验
（新增 ZY5400306003）

【模块描述】本模块包含微机调速器现场充水后的空载频率摆动试验。通过对操作方法、步骤、注意事项的讲解，掌握微机调速器现场充水后的空载频率摆动试验方法。

【模块内容】

一、作业内容

调速器切换到自动控制方式，机频不跟踪网频，寻找一组 PID 参数，以优化频率摆动。

b_t，即暂态转差系数。增大 b_t 值，能改善调节系统稳定性，减少调节过程最大超调量，减少振荡次数，有利于改善动态品质；b_t 过大，调速器动作过慢，反会增大超调量，调速器调节时间长；减小 b_t 值，使调速器调节灵敏，可降低空载频率摆动幅度，但过小会导致频率摆动频繁，接力器反复动作。

开、关放大倍数。开、关放大倍数越大，系统稳定性越好，但过大会导致超调，接力器反复频率高，恶化系统稳定性。开、关放大倍数之间要比例适当，否则会造成接力器动作相对控制输出偏开或偏关。

开度调节死区。死区大会减少接力器频繁动作，降低调节的灵敏度，改善系统稳定性。但是过大会导致接力器动作反应迟缓，造成频率摆动的幅度增大或则负荷状态下功率调节误差大。

PWM，即最小调节脉冲宽度。反映了接力器动作的最小反应脉宽以及每个脉宽动作的幅度。脉宽太小会导致接力器在小范围内拒动，过大会导致接力器超调、反复抽动。

发电机在空载运行工况，记录机组频率在 3min 内的最大值和最小值，以检验调速器在空载运行工况下的调节品质，一般在调速器新安装时进行空载频率摆动试验。

二、危险点分析与控制措施

（1）误触电。控制措施：工作时使用绝缘工器具；防止金属裸露工具与低压电源接触，造成低压触电或电源短路。

（2）误触碰。控制措施：应对可能引发误碰的回路、设备、元件设置防护带和悬挂警示牌。

（3）误整定。控制措施：应指定具有定值修改权限的人员修改定值，定值修改需经 2 个及以上人员确认无误后方可执行。

三、作业前准备

（1）工作前确认调速器工作正常，调速系统无人工作。

（2）作业前应检查、核对设备名称、编号、位置，避免走错工作地点。

（3）作业前应选用合格并与被测量匹配的、型号合适的仪表设备，以确保数据的准确性。

（4）工作前将上次试验数据整理成册，以便参考。

四、操作步骤

1. 空载频率摆动试验

（1）设置运行参数 b_p、b_t、T_d、T_n。

（2）设置频率给定 $f_G = 50.00\text{Hz}$。

（3）机组设置在空载工况下运行。

（4）调速器在自动工况，中控室下发自动开机指令。

（5）调速器置于"频率调节"模式。

（6）记录机组频率在 3min 内摆动的最大值和最小值。

（7）计算频差变化量

$$\Delta f = \pm f_{max} - \frac{f_{min}}{2f_r} \times 100\% \qquad (2-3-2)$$

式中　Δf ——频率变化值；

　　　f_{max} ——最大频率值；

　　　$\dfrac{f_{min}}{2f_r}$ ——最小频率值与 2 倍额定频率的比值。

（8）填写空载频率摆动试验报告。

2. 空载频率摆动试验应用举例

以 BWT–150 调速器为例，采用 TG2000 水轮机调速器和机组同期测试系统测试仪进行动态特性试验。

试验结果：最高频率 50.05Hz；最低频率 49.94Hz；最大频率摆动 0.06Hz。

标准：GB/T 9652.1—2019《水轮机调速系统技术条件》规定"水轮发电机组应能在手动各种工况下稳定运行。在手动空载工况下（发电机励磁调节器在自动方式下运行）运行时水轮发电机组转速摆动相对值对应大型调速器不超过±0.2%；对应中小型调速器不超过±0.3%；对应大型调速器转速摆动相对值不超过±0.15%；对应中小型调速器不超过±0.25%。如果手动空载转速摆动相对值大于规定值，其自动空载转速摆动值不得大于相应手动空载转速摆动值。"

五、注意事项

（1）检查开机条件满足指示灯点亮。

（2）检查检查调速器工作正常，网频信号正常。

（3）检查机组油压装置工作正常，油罐压力正常。

（4）检查机组漏油泵工作正常。

【思考与练习】

1. 列出计算频差变化量的公式。

2. 空载频率摆动试验运行参数主要是哪几个？

3. 空载频率摆动试验记录机组频率在多长时间内的频率变化？

▲ 模块 37　现场充水后的调速器带负荷调节试验、停机试验（新增 ZY5400306004）

【模块描述】本模块包含微机调速器现场充水后的调速器带负荷调节试验、停机试验。通过对操作方法、步骤、注意事项的讲解，掌握微机调速器现场充水后的调速器带负荷调节试验、停机试验方法。

【模块内容】

一、作业内容

调速器接到开机指令后，自动采取适应式变参数调节（适应式两段开机特性），即通过电气开度限制 L_0 将导叶开启至第一开机开度 Y_{KJ1} 经过一段时间开始测量机组转速（频率），设在 C 点机组频率已连续 2s 大于 45Hz，则通过电气开限 L 将导叶压至第二开机开度 Y_{KJ2}，调速器转入空载运行工况，由 PID 调节导叶至空载开度 Y_0。

二、危险点分析与控制措施

（1）误触电。控制措施：工作时使用绝缘工器具；防止金属裸露工具与低压电源接触，造成低压触电或电源短路。

（2）误触碰。控制措施：应对可能引发误碰的回路、设备、元件设置防护带和悬挂警示牌。

（3）误整定。控制措施：应指定具有定值修改权限的人员修改定值，定值修改需经 2 个及以上人员确认无误后方可执行。

三、作业前准备

（1）工作前确认调速器工作正常，调速系统无人工作。

（2）作业前应检查、核对设备名称、编号、位置，避免走错工作地点。

（3）作业前应选用合格并与被测量匹配的、型号合适的仪表设备，以确保数据的准确性。

四、操作步骤

（1）设置调速器为自动状态。

（2）设置运行参数 b_p、b_t、T_d、T_n。

（3）机组自动开机。

（4）调速器电气开限（包含机械开限）开启至机组启动开度。

（5）导叶接力器开启到启动开度。

（6）机组转速升高，当机组转速升高至 90%，电气开限自动关回至最小空载开度，导叶接力器也关至最小空载开度。此时，调速器开机控制动作正常，开机控制回路工作也正常。

（7）机组达到正常额定转速，发电机电压达到额定电压的80%时自动投入同步控制器，进行发电机同期并列。当发电机出口断路器合闸后，调速器电气开限自动开至100%（包含机械开限），此时，调速器并网操作正确。

（8）负荷调节试验过程。

1）调速器置功率调节位置，由中控室操作员站下发功率给定值，调速器按下发功率给定值进行调节，调速器面板显示功率值与实际功率值一致。

2）调速器置开度调节位置，由中控室操作员站下发增加或减少开度指令，调速器按下发增加或减少开度指令进行调节，调速器面板显示功率值与实际功率值一致。

（9）由中控室操作员站操作减发电机有功功率，当有功功率减至2000W以下时，跳开发电机出口断路器，然后由值班员操作下发机组停机指令，调速器电气开限（包含机械开限）自动关至全关，导叶接力器也自动关至全关。

（10）填写调速器带负荷调节试验、停机试验报告。

（11）标准：在负荷调整过程中，接力器应无来回摆动现象；机组带固定负荷运行时，机组运行应稳定。

五、注意事项

（1）机组油压装置工作正常，油罐压力正常。

（2）机组漏油泵工作正常。

（3）开机条件满足，允许开机指示灯应点亮。

（4）调速器网频信号显示正常；

（5）周期：部分检验，1次/0.5年；全部检验，1次/4年。

【思考与练习】

1. 调速器按设备检修周期是怎么规定的？

2. 机组达到正常额定转速，发电机电压达到额定电压的多少时自动投入同步控制器？

3. 简述负荷调节试验过程。

▲ 模块38 现场充水后的电源切换试验（新增 ZY5400306005）

【模块描述】本模块包含微机调速器现场充水后的电源切换试验。通过对操作方法、步骤、注意事项的讲解，掌握微机调速器现场充水后的电源切换试验方法。

【模块内容】

一、作业内容

提供 5V 工频信号作为模拟机频和网频送入调速器的机频、网频输入端，将接力器开至任意开度，模拟机组断路器合处于并网负荷运行状态，进行电源切换试验，检验调速器在工作电源和备用电源切换时的工作情况。

二、危险点分析与控制措施

（1）误触电。控制措施：工作时保持与带电设备保持足够的安全距离，符合电气安规的要求；防止金属裸露工具与低压电源接触，造成低压触电或电源短路。

（2）误触碰。控制措施：应对可能引发误碰的回路、设备、元件设置防护带和悬挂警示牌。

（3）仪器损坏。控制措施：测量时不得超过仪器仪表允许的最大量程范围，以免损坏仪器仪表。

三、作业前准备

（1）工作前确认机组处于停机或退出系统备用状态，调速系统无人工作，在调速器周围设警示遮栏。

（2）准备万用表、电工常用工器具、测试导线、标签、尼龙扎带、工具包等工器具。

（3）作业前应检查、核对设备名称、编号、位置，发现有误或标识不清应立即停止操作。

四、操作步骤

（1）将调速器交流、直流工作电源投入。

（2）提供 5V 工频电源信号输入到调速器机频和网频输入端，模拟机频和网频信号。

（3）设置操作调速器将接力器开至任意开度。

（4）短接断路器输入信号端子，模拟断路器合闸，使调速器处于并网负荷运行状态。

（5）切换调速器工作电源。

1）合直流，断交流，接力器行程应保持不变。

2）合交流，断直流，接力器行程应保持不变。

3）合直流，合交流，接力器行程应保持不变。

4）断交流，断直流，接力器行程应保持不变。

（6）分别记录下电源切换前后接力器行程的稳态值并计算其差，检验调速器在工作电源和备用电源切换时的工作情况。相互切换时接力器行程变化相对值不得大于

1%;

（7）填写电源切换试验报告。

五、注意事项

（1）合交、直流电源断路器时，先投入交流电源断路器，再投入直流电源断路器；切交、直流电源断路器时，先切直流电源断路器，再切交流电源断路器。

（2）机频、网频接入 5V 工频信号电源线时，注意信号电源与其他电源不要接触，特别注意严禁 5V 工频信号电源不得与 AC220V、DC220V（或 DC110V）回路串接，否则会损坏元器件。

（3）恢复接线时按照记录进行，接线完毕需经第二人检查。

【思考与练习】

1. 简述切换调速器工作电源接力器行程的变化情况。

2. 简述用万用表测量电源断路器好坏的方法。

3. 简述电源切换的顺序。

▲ 模块 39 现场充水后的调速器工作模式切换试验（新增 ZY5400306006）

【模块描述】本模块包含微机调速器现场充水后的调速器工作模式切换试验。通过对操作方法、步骤、注意事项的讲解，掌握微机调速器现场充水后的调速器工作模式切换试验方法。

【模块内容】

一、作业内容

提供 5V 工频信号电源并入网频输入端子，机频接入标准信号发生器，调整机频；模拟调速器处于并网负荷运行状态，进行模式切换试验，检查模式切换过程稳定性与切换精度。调速器测量输入有功功率信号根据采取的不同输入方式有功率变送器输出的 4～20mA 电流信号、有调速器通过 MB+协议由 MB+网直接读取机组百超表有功功率等不同形式，根据具体设备进行试验。

二、危险点分析与控制措施

（1）误触电。控制措施：工作时使用绝缘工器具；防止金属裸露工具与低压电源接触，造成低压触电或电源短路。

（2）误触碰。控制措施：应对可能引发误碰的回路、设备、元件设置防护带和悬挂警示牌。

（3）误整定。控制措施：应指定具有定值修改权限的人员修改定值，定值修改需经 2 个及以上人员确认无误后方可执行。

三、作业前准备

（1）工作前确认调速器工作正常，调速系统无人工作。

（2）作业前应检查、核对设备名称、编号、位置，避免走错工作地点。

（3）作业前应选用合格并与被测量匹配的、型号合适的仪表设备，以确保数据的准确性。

四、操作步骤

（1）将网频输入端子接线断开，包好绝缘并做记录。

（2）提供 5V 工频信号电源并入网频输入端子，模拟网频信号。

（3）调速器在自动位置，开度调节模式。

（4）机频接入标准信号发生器，调整机频。

（5）在非频率模式时，调整机频信号超过 50Hz±0.5Hz 设定值时，调速器应自动切换到频率调节模式。

（6）在功率模式下，模拟功率故障时，将模拟输入功率信号的 4～20mA 电流中断，调速器应自动切换到开度调节模式。

（7）切换调速器，分别在手动、电手动、自动情况下工作，记录下操作前后接力器行程的稳态值。

（8）计算出两次切换接力器行程之差占额定行程的百分比，用以检验调速器模式切换稳定性。

（9）填写调速器工作模式切换试验报告。

（10）质量标准：各种模式之间切换应无扰动。

五、注意事项

（1）将 5V 工频电源接至网频信号端子，防止与强电回路短接。

（2）模拟输入信号中断时，断开的线头防止与其他端子短接，必要时，断开的线头包好绝缘。

（3）恢复接线时，防止接线压接在绝缘层上造成接触不良。

【思考与练习】

1. 现场充水后的调速器工作模式切换试验的质量标准是什么？

2. 现场充水后的调速器工作模式切换试验的注意事项是什么？

3. 在非频率模式时，调整机频信号超过多少，调速器应自动切换到频率调节模式？

模块 40 现场充水后的机组甩负荷试验
（新增 ZY5400306007）

【模块描述】本模块包含微机调速器现场充水后的机组甩负荷试验。通过对操作方法、步骤、注意事项的讲解，掌握微机调速器现场充水后的机组甩负荷试验方法。

【模块内容】

一、作业内容

机组甩负荷试验主要作甩 25%额定负荷和甩 100%额定负荷试验。甩 25%额定负荷的目的是主要测量接力器的不动时间 T_q，检验调速器的速动性。甩 25%负荷接力器的不动时间是指断路器断开后转速开始上升到接力器开始关闭的时间间隔。甩 100%负荷的目的对于调速器来说主要是观察转速上升最大值和调节时间。另外还观察导水机构在甩负荷的过程中水压上升的最大值，以检验调节保证时间的合理性。

通常可以先甩 50%，根据机组转速上升值、水压上升值，确定是否甩 100%额定负荷。调速器在甩负荷试验过程中要处于自动方式的平衡状态。

二、危险点分析与控制措施

（1）误触电。控制措施：工作时使用绝缘工器具；防止金属裸露工具与低压电源接触，造成低压触电或电源短路。

（2）误触碰。控制措施：应对可能引发误碰的回路、设备、元件设置防护带和悬挂警示牌。

（3）误整定。控制措施：应指定具有定值修改权限的人员修改定值，定值修改需经 2 个及以上人员确认无误后方可执行。

三、作业前准备

（1）工作前确认调速器工作正常，调速系统无人工作。

（2）工作前在水车室入口装设遮栏或上锁。

（3）作业前应检查、核对设备名称、编号、位置，避免走错工作地点。

（4）作业前应选用合格并与被测量匹配的、型号合适的仪表设备，以确保数据的准确性。

四、操作步骤

1. 机组甩负荷试验

（1）设置 b_p=4%、、b_t、T_d、T_n 为运行参数。

（2）机组自动开机。

（3）机组有功分别带额定负荷的 25%、50%、75%，100%，机组运行稳定后，操作主变压器高压侧断路器（或发电机出口断路器）跳开，分别甩以上机组有功负荷，用微机调速器内置的甩负荷测试软件或使用 TG2000 发电机组调速器、同期装置测试仪，可以记录接力器的不动时间、频率上升的最大值、以及关回来调节过程中的频率下降最小值、调节时间、记录甩负荷机组转速变化曲线。

（4）记录试验有关数据，包括调节时间（T_s）、最大转速上升值（f_m）、波动次数（n）、蜗壳内水压上升值（p）。

2. 不同负荷下的试验参数

（1）甩负荷转速上升率的计算。

1）机组参数：额定转速 150r/min，机组额定功率 P=100MW，机组额定频率 f=50Hz，设计机组飞逸转速为额定转速的 140%N_e。

2）甩负荷前机组有功功率 P=80MW 负荷，甩后机组频率上升到 f=66Hz。

3）计算转速上升值为

$$(66-50)\times3=48（r/min）$$

4）计算转速上升率为

$$48/150=32\%＜40\%$$

5）甩掉有功功率 P=80MW 负荷时，机组转速上升为 132% N_e，小于 140%N_e。

（2）甩 25%额定负荷 GB/T 9652.1—2019《水轮机调速系统技术条件》规定：转速或指令信号按规定形式变化，接力器不动时间对电调不得大于 0.2s。

（3）甩 100%额定负荷时，超过额定转速 3%以上的波峰不超过两次。

（4）机组甩 100%负荷后，从接力器第一次向开启侧移动到机组转速摆动不超过额定转速 0.5%为止所经历的时间应不大于 40s。

（5）填写机组甩负荷试验报告。

五、注意事项

（1）甩负荷时注意观察机组频率上升值。

（2）做好防止机组过速的措施，如设专人监护，采取紧急停机措施。

（3）检查机组油压装置工作正常，机组漏油泵工作正常。

【思考与练习】

1. 简述甩 100%额定负荷的规定。

2. 简述甩 25%额定负荷的规定。

3. 写出计算转速上升值的公式。

◢ 模块 41 现场充水后的模拟紧急停机试验
（新增 ZY5400306008）

【**模块描述**】本模块包含微机调速器现场充水后的模拟紧急停机试验。通过对操作方法、步骤、注意事项的讲解，掌握微机调速器现场充水后的模拟紧急停机试验方法。

【**模块内容**】

一、作业内容

模拟机组在负荷状态，由二次回路发出紧急停机令，检验调速器紧急停机部分的工作可靠性。二次回路发出紧急停机令由机械保护引出紧急停机和电气保护引出紧急停机两部分组成。模拟机械或电气事故作用于调速器停机。

二、危险点分析与控制措施

（1）误触电。控制措施：工作时使用绝缘工器具；防止金属裸露工具与低压电源接触，造成低压触电或电源短路。

（2）误触碰。控制措施：应对可能引发误碰的回路、设备、元件设置防护带和悬挂警示牌。

三、作业前准备

（1）工作前确认调速器工作正常，调速系统无人工作，钢管已充水。

（2）工作前在水车室入口装设遮栏或上锁。

（3）作业前应检查、核对设备名称、编号、位置，避免走错工作地点。

（4）作业前应选用合格并与被测量匹配的、型号合适的仪表设备，以确保数据的准确性。

四、操作步骤

（1）提供 5V 工频信号电源并入机频和网频输入端子，模拟调速器在空载运行状态。

（2）在现地机旁盘操作"开机/停机"把手向调速器发出开机令。

（3）在机旁盘操作"增加/减少"开度把手将接力器开到任意开度。

（4）将调速器的 5V 工频信号电源并入断路器合闸信号端子，模拟断路器合闸，使调速器进入负荷运行状态。

（5）短接机组油压装置低油压事故压力开关信号，模拟机组机械事故信号动作输出紧急停机令，作用于调速器关闭导叶，事故信号输出动作停机回路后，调速器立即进入停机状态。

（6）机组停机后，在上位机或现地机旁盘及时复归事故按钮，进行事故信号复归。

五、注意事项

（1）检查机组油压装置工作正常，机组漏油泵工作正常。

（2）紧急停机令下发调速器动作停机后，应立即复归"紧急停机"电磁阀，以免下次开机开不起来。

【思考与练习】

1. 简述现场充水后的模拟紧急停机试验注意事项。

2. 调速器内部提供多少伏的工频信号电源？

3. 试验完成后，哪个信号应及时复归？

◢ 模块 42 微机调速器机组调节性能试验 （新增 ZY5400306009）

【模块描述】本模块包含微机调速器机组调节性能试验。通过对操作方法、步骤、注意事项的讲解，掌握微机调速器机组调节性能试验方法。

【模块内容】

一、作业内容

机组调节性能试验是机组并网带负荷运行，以检验调速器在调节过程的稳定性。

二、危险点分析与控制措施

（1）误触电。控制措施：工作时使用绝缘工器具；防止金属裸露工具与低压电源接触，造成低压触电或电源短路。

（2）误触碰。控制措施：应对可能引发误碰的回路、设备、元件设置防护带和悬挂警示牌。

（3）误整定。控制措施：应指定具有定值修改权限的人员修改定值，定值修改需经 2 个及以上人员确认无误后方可执行。

三、作业前准备

（1）工作前确认调速系统无人工作。

（2）作业前应检查、核对设备名称、编号、位置，避免走错工作地点。

（3）作业前应选用合格并与被测量相匹配、型号合适的仪表设备，以确保数据的准确性。

四、操作步骤

（1）机组带额定负荷的 50%左右。

（2）调速器频率人工失灵区设定为±0.05Hz。

（3）用 TG2000 水轮机调速器和机组同期测试系统测试仪记录电网频率变化时机组频率、机组出力、接力器行程变化过程曲线。

（4）质量标准：电网频率变化时调速器频率在超出人工失灵区设定值 ±0.05Hz 时，调速器应自动进行调整。

五、注意事项

（1）综合测试仪接线经第二人检查无误后再投入运行。

（2）调速器油压装置油泵启动时间间隔不应过短，油温不应有变化。

（3）做好微机调速器机组调节性能试验报告。

【思考与练习】

1. 简述机组调节性能试验注意事项。

2. 简述机组调节性能试验标准。

3. 调速器频率人工失灵区设定为多少频率？

▲ 模块 43 一次调频功能模拟试验（新增 ZY5400306010）

【模块描述】 本模块包含微机调速器一次调频功能模拟试验。通过对操作方法、步骤、注意事项的讲解，掌握微机调速器一次调频功能模拟试验方法。

【模块内容】

一、作业内容

在调速器软件中设置了一次调频的专用程序，设定了一次调频专用的转速死区和 PID 参数，并且具有一次调频投入后调节范围的限制，能有效的抑制一次调频过程中机组有功功率的变化幅度，转速死区设定和 PID 参数的选择能确定当电网频率波动机组由正常发电运行工况转为一次调频工况运行的响应时间及调节能力。

二、危险点分析与控制措施

（1）误触电。控制措施：工作时使用绝缘工器具；防止金属裸露工具与低压电源接触，造成低压触电或电源短路。

（2）误触碰。控制措施：应对可能引发误碰的回路、设备、元件设置防护带和悬挂警示牌。

（3）误整定。控制措施：应指定具有定值修改权限的人员修改定值，定值修改需经 2 个及以上人员确认无误后方可执行。

三、作业前准备

（1）工作前确认调速系统工作正常。

（2）作业前应检查、核对设备名称、编号、位置，避免走错工作地点。

（3）作业前应选用合格并与被测量匹配的、型号合适的仪表设备，以确保数据的准确性。

（4）工作前将上次检查数据整理成册，以便参考。

四、操作步骤

（1）调整速度变动率即永态转差系数 b_p 范围为 0～10%，实际值与设定值的相对偏差小于 5%。

（2）调整永态转差特性曲线的非线性度误差小于 5%。

（3）调整系统的迟缓率即转速死区小于 0.04%。

（4）机组参与一次调频的死区范围为 0.001～0.500Hz，分辨率 0.001Hz。

五、注意事项

（1）水电机组人工死区控制在±0.05Hz 内。

（2）当电网频率变化达到一次调频动作值到机组负荷开始变化所需的时间为一次调频负荷响应滞后时间额定水头大于 50m 的水电机应小于 4s，额定水头小于 50m 的水电机组应小于 8s。

（3）当电网频率变化超过机组一次调频死区时，机组能在 15s 内达到一次调频调整幅度（响应目标）的 90%。

（4）机组参与一次调频过程中，当电网频率稳定后，在 1min 内，机组负荷达到稳定所需的时间为一次调频稳定时间。该时间是剔除了机组投入机组协调（成组）控制系统或自动发电控制（AGC）运行时负荷指令变化因素的。

（5）在电网频率变化超过机组一次调频死区的前 45s 内，机组实际出力与机组响应目标偏差的平均值应在机组额定有功出力的±3%内。机组投入机组协调控制系统或自动发电控制（AGC）运行时，应剔除负荷指令变化的因素。

（6）一次调频的最大调整负荷限幅可以在±5%～±10%范围内设定。

【思考与练习】

1. 一次调频的最大调整负荷限幅可以多大范围内设定？

2. 水电机组人工死区控制在多少频率内？

3. 机组参与一次调频的死区范围为多少？

第四章

同期系统设备的维护与检修

▲ 模块1 同期控制器不带电检查（新增 ZY5400401001）

【模块描述】本模块包含同期控制器背面接线检查、同期控制器端子接线检查、电源熔丝管检查、待并侧及系统侧 TV 熔断器检查。通过对操作方法、步骤、注意事项的讲解和案例分析，掌握同期控制器不带电检查方法及步骤。

【模块内容】

一、作业内容

同期控制器不带电检查是防止装置端子接线松动从而造成接触不良，消除装置拒动的一项重要工作。本作业内容主要包括同期控制器清扫、接线端子检查与紧固以及熔断器导通检查。现以 SID-2CM 型同期控制器及回路检查为例进行操作说明，其装置背面接线布置如图 2-4-1 所示。

二、危险点分析与控制措施

（1）误触电。控制措施：应按照电气作业规程，验电后作业，必要时断开盘内的交流和直流电源；防止金属裸露工具与低压电源接触，造成低压触电或电源短路。

（2）误触碰。控制措施：应对可能引发误碰的回路、设备、元件设置防护带和悬挂警示牌。

（3）仪器仪表损坏。控制措施：测量时不得超过仪器仪表允许的最大量程范围，以免损坏仪器仪表。

三、作业前准备（包含器材、作业条件、场地、工器具）

（1）作业前/后应按照工作票对隔离措施/恢复措施进行检查和确认。

（2）作业前应根据测量参数选择量程匹配、型号合适的仪表设备。

（3）作业前应检查仪器设备是否合格有效，对不合格的或有效使用期超期的应封存并禁止使用。

（4）作业前应检查、核对设备名称、编号、位置，发现有误或标识不清应立即停止操作。

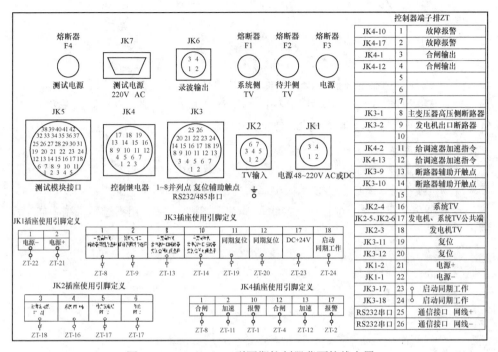

图 2-4-1　SID-2CM 型同期控制器背面接线布置

（5）作业前应检查确认与本装置相关的其他二次设备的隔离措施是否到位。

（6）需要准备的工器具包括电工组合工具、清洁工具包、数字万用表、验电笔、吸尘器、毛刷、试验电源盘、标签、尼龙扎带。

四、操作步骤

（1）对同期装置进行设备清扫。

（2）同期控制器工作电源端子接线牢固，无松动。

（3）系统侧、机组侧 TV 信号输入端子接线牢固，无松动。

（4）断路器同期点选择触点、断路器实测合闸时间选择触点端子接线牢固，无松动。

（5）同期控制器合闸继电器输出端子接线牢固，无松动。

（6）故障报警输出端子接线牢固，无松动。

（7）同频加速输出端子接线牢固，无松动。

（8）复位信号输入端子接线牢固，无松动。

（9）启动同期工作端子接线牢固，无松动。

（10）同期控制器外部接线插排与同期控制器插座连接牢固，接触良好，端子接线插排外观无损坏，引脚无变形。

（11）与同期控制器连接的电源插头、各航空插头，连接牢固，航空插头无裂纹、脱扣现象。

（12）同期控制器基础螺栓紧固、安装端正。

（13）同期控制器面板开关、元件检查工作正常，位置准确。

（14）同期控制器电源插座、航空插座、熔丝插座安装牢固，无损坏。

（15）使用数字式万用表欧姆挡 R×10 挡分别对电源熔断器、系统侧 TV 熔断器、待并侧 TV 熔断器进行检测，各熔丝管应为导通状态。

五、注意事项

（1）同期控制器接线检查注意接线端标号正确、现场接线与图纸相符，如发现图纸与现场接线不符，查明后需技术核实，并进行修改。

（2）使用专用螺丝刀进行端子接线紧固，用力适当，防止用力过猛将端子或螺栓损坏。

（3）端子接线重新上线时，防止压线皮，造成接触不良。

（4）同期控制器控制电缆屏蔽线须可靠接地。

【思考与练习】

1. 在对同期控制器接线端子进行紧固时需注意什么？

2. 对同期控制器熔断器进行检查时，所用万用表应选用什么挡位？

3. 同期控制器控制电缆屏蔽线需如何处理？

▲ 模块2 同期回路端子及元件接线检查
（新增 ZY5400401002）

【模块描述】本模块包含检查同期回路盘内接线端子、检查各端子接线标号。通过对操作方法、步骤、注意事项的讲解和案例分析，掌握同期回路端子及元件接线检查的方法及步骤。

【模块内容】

一、作业内容

同期回路接线检查是防止由于接线松动、端子螺栓损坏造成的接触不良，消除因同期回路接线松动、端子螺栓损坏而造成的装置拒动。本作业内容包括同期回路盘内接线检查、端子接线标号核查等项目。

二、危险点分析与控制措施

（1）误触电。控制措施：应按照电气作业规程，验电后作业，必要时断开盘内的交流和直流电源；防止金属裸露工具与低压电源接触，造成低压触电或电源短路。

（2）误触碰。控制措施：应对可能引发误碰的回路、设备、元件设置防护带和悬

挂警示牌。

（3）仪器仪表损坏。控制措施：测量时不得超过仪器仪表允许的最大量程范围，以免损坏仪器仪表。

三、作业前准备

（1）作业前/后应按照工作票对隔离措施/恢复措施进行检查和确认。

（2）作业前应根据测量参数选择量程匹配、型号合适的仪表设备。

（3）作业前应检查仪器设备是否合格有效，对不合格的或有效使用期超期的应封存并禁止使用。

（4）作业前应检查、核对设备名称、编号、位置，发现有误或标识不清应立即停止操作。

（5）作业前应检查确认与本装置相关的其他二次设备的隔离措施是否到位。

（6）需要准备的工器具包括电工组合工具、清洁工具包、验电笔、吸尘器、毛刷、试验电源盘、控制电缆、绝缘软导线、标签、尼龙扎带。

四、操作步骤

（1）进行同期回路盘清扫。

（2）同期回路盘内接线端子安装牢固、端正，接线紧固，端子螺栓无脱扣现象，剥开线皮的线头压接完毕后裸露的金属部分不宜过长，端子接线不应有形变现象。

（3）同期控制器与监控系统服务器通信线一般采用对绞线，在检查紧固螺栓时，不宜用力过大，防止把通信线芯线压伤或压断。

（4）各端子接线标号齐全、正确，端子接线标号方向一致，垂直接线端子标号采用从上向下书写顺序，水平接线端子标号采用从左向右书写顺序。

（5）同期表接线端子螺栓根部与同期表连接处无裂纹和松动现象，端子螺栓紧固，螺栓无脱扣现象。

（6）各中间继电器端子接线煨圈方向与继电器接线端子螺栓旋转方向一致，继电器接线端子螺栓根部与继电器连接处无裂纹和松动，无脱扣现象。

（7）检查同期闭锁继电器底座安装牢固，无裂纹，继电器与底座连接牢固，接线端子紧固无松动。

（8）检查同期回路隔离变压器安装牢固，端子接线紧固，变压器抽头引线无损坏、断裂现象，抽头位置正确。

（9）编写同期回路端子及元件接线检查工作报告。

五、注意事项

（1）使用专用螺丝刀进行端子接线紧固，用力适当，防止用力过猛将端子或螺栓损坏。

（2）端子接线重新上线时，防止压到线皮，造成接触不良。

（3）工作中确保同期回路控制电缆屏蔽线可靠接地。

（4）注意检查裸露部分的线头有无外伤，如有外伤，剪断带外伤部分的线头，须重新制作线头，并重新上线。回路检查时应逐条进行，端子接线在正常情况下不应受外力的影响，若线束松动，使用尼龙绑线重新绑扎。

【思考与练习】

1. 同期回路盘内端子接线质量标准是什么？

2. 对同期回路中通信线的接线检查时应注意什么？

3. 端子紧固时应注意什么？端子重新上线时应注意什么？

▶ 模块 3　同期控制器及回路带电检查（新增 ZY5400401003）

【模块描述】本模块包含同期控制器工作电源测量、同期控制器系统侧电压互感器（TV）二次电压信号测量、通信接口检查。通过对操作方法、步骤、注意事项的讲解和案例分析，掌握同期控制器及回路带电检查方法及步骤。

【模块内容】

一、作业内容

本作业内容包括同期控制器工作电源测量、同期控制器系统侧 TV 二次电压信号测量、通信接口检查。现以 SID–2CM 型同期控制器及回路带电检查为例进行操作说明。

二、危险点分析与控制措施

（1）误触电。控制措施：防止金属裸露工具与低压电源接触，造成低压触电或电源短路。

（2）误触碰。控制措施：应对可能引发误碰的回路、设备、元件设置防护带和悬挂警示牌。

（3）仪器仪表损坏。控制措施：测量时不得超过仪器仪表允许的最大量程范围，以免损坏仪器仪表。

三、作业前准备（包含器材、作业条件、场地、工器具）

（1）作业前/后应按照工作票对隔离措施/恢复措施进行检查和确认。

（2）作业前应根据测量参数选择量程匹配、型号合适的仪表设备。

（3）作业前应检查仪器设备是否合格有效，对不合格的或有效使用期超期的应封存并禁止使用。

（4）作业前应检查、核对设备名称、编号、位置，发现有误或标识不清应立即停止操作。

（5）作业前应检查确认与本装置相关的其他二次设备的隔离措施是否到位。

（6）需要准备的工器具包括电工组合工具、验电笔、数字式万用表一台。

四、操作步骤

（1）同期控制器工作电源测量。选择数字式万用表直流电压挡 500V（若同期控制器工作电源为交流时，注意选用合适的交流电压挡位），量测同期控制器工作电源接线端子极间电压，电压量测值与额定电压的差值不超过额定电压的±10%。

（2）同期控制器系统侧 TV 二次电压信号测量。选择数字式万用表交流电压挡 250V，在系统侧 TV 隔离开关投入时，系统侧 TV 二次侧电压信号将被引入同期回路，在同期控制器接线端子上或同期盘内中转端子上即可测得系统侧 TV 二次电压，所测电压与额定电压的差值应不超过额定电压的±10%。同期控制器机组侧 TV 二次电压应在机组开机时进行测量。

（3）通信接口检查。机组并列时检查同期控制器与监控系统服务器通信功能是否正常，操作员站同期操作画面、数据显示是否正确。

（4）编写同期控制器及回路带电检查工作报告。

五、注意事项

（1）带电测量同期控制器工作电源和同期控制器系统侧 TV 及二次交流电压时注意数字式万用表交流、直流电压挡位的选择，防止损坏万用表。

（2）在进行同期控制器系统侧 TV 和机组侧 TV 二次交流电压测量时，防止 TV 二次侧短路。

（3）作业时应专人监护，避免 TA 二次回路的开路、TV 二次回路短路。

（4）防止工作电源短路或接地。

（5）同期控制器带电时禁止插拔其背后的接线端子。

（6）带电检查时至少应有两人在一起工作，完成保证安全工作的组织措施和技术措施。

【思考与练习】

1. 简述同期控制器工作电源测量方法。

2. 简述同期控制器系统侧 TV 二次电压信号测量方法。

3. 在测量工作电源及 TV 二次侧电压时需要注意什么？

▲ 模块 4 同期控制器参数检查（新增 ZY5400401004）

【模块描述】本模块包含工作方式设置、同期控制器参数表。通过对操作方法、步骤、注意事项的讲解和案例分析，掌握同期控制器参数检查方法及步骤。

【模块内容】

一、作业内容

同期控制器参数检查的目的是校核同期参数是否符合定值，防止非同期合闸的一项重要工作。本作业内容包括同期装置参数检查等项目。现以 SID–2CM 型同期控制器参数检查为例进行操作说明，其操作面板如图 2–4–2 所示。

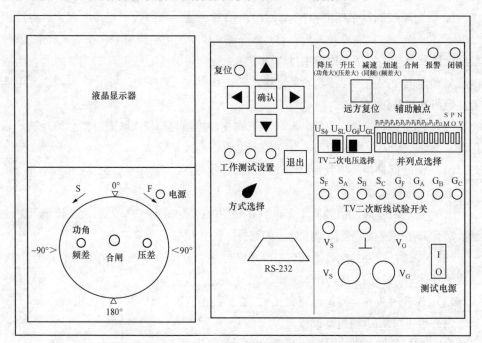

图 2–4–2　SID–2CM 型同期控制器操作面板

二、危险点分析与控制措施

（1）误触电。控制措施：应按照电气作业规程，验电后作业，必要时断开盘内的交流和直流电源；防止金属裸露工具与低压电源接触，造成低压触电或电源短路。

（2）误触碰。控制措施：应对可能引发误碰的回路、设备、元件设置防护带和悬挂警示牌。

（3）误整定。控制措施：应指定具有定值修改权限的人员修改定值，工作完成后应根据下达的整定单，复核正确后投入。

（4）仪器仪表损坏。控制措施：测量时不得超过仪器仪表允许的最大量程范围，以免损坏仪器仪表。

三、作业前准备（包含器材、作业条件、场地、工器具）

（1）作业前/后应按照工作票对隔离措施/恢复措施进行检查和确认。

（2）作业前应检查、核对设备名称、编号、位置，发现有误或标识不清应立即停止操作。

（3）作业前应检查确认与本装置相关的其他二次设备的隔离措施是否到位。

（4）准备好待检同期控制器参数定值单。

四、操作步骤

（1）在同期控制器通电状态下，将工作方式开关切至"设置"位，检查确认"设置"灯点亮，然后点按"复位"键；或在同期控制器未通电状态下，先将工作方式开关切至"设置"位，然后再接通电源。

（2）移动方向键，使显示屏上光标置于"参数查看"项，并点按"确认"键。

（3）移动光标选择参数选项，并点按"确认"键。

（4）参数检查应按同期参数表进行，见表2–4–1。

（5）检查同期参数的设置，同期控制器参数设定值与同期参数定值单相同，并符合设备固有动作时间。

（6）参数检查完毕，操作同期控制器复归按钮，回到主菜单。

（7）工作结束后，检查面板各选择开关工作位置，将"方式选择"开关切至"工作"位，检查其他开关选择位置正确。

（8）编制同期控制器参数检查工作报告。

五、注意事项

（1）参数写保护锁只能由专业授权人员解开，其他人员不得解锁。

（2）参数不得擅自修改。需要进行定值修改时，应有方案并经过定值异动审批手续。

（3）修改或查阅参数时应有专人监护，并做好记录，经由监护人检查无误，同期控制器经过试验后，方可投入运行。

（4）参数检查时须对照同期参数定值单，并有监护人在场，禁止单独作业。

【思考与练习】

1. 如何进行同期控制器的参数查看？

2. 同期控制器参数查看工作完成后需要对面板选择开关进行什么操作？

3. 同期控制器参数检查时需要注意哪些方面？

表 2–4–1 **SID–2CM 型同期控制器同期参数**

设置状态	原始密码	SZZN	使用密码	0000	通道 1	通道 2
	各通道参数整定	输入口令	输入通道号	对象类型	发电机	发电机
				合闸时间	100ms	95ms
				允许频差	±0.1Hz	±0.1Hz
				允许压差	±13%	±12%
				均频控制系数	0.30	0.30
				均压控制系数	0.30	0.30
				允许功角	30°	30°
				待并侧 TV 二次电压额定值	100V	100V
				系统侧 TV 二次电压额定值	100V	100V
				过电压保护值	115%	115%
				自动调频（YES/NO）	NO	NO
				自动调压（YES/NO）	NO	NO
				同频调频脉宽	100	100
				并列点代号	0001	0002
				系统侧应转角	0°	0°
				单侧无压合闸（YES/NO）	NO	NO
				无压空合闸（YES/NO）	NO	NO
				同步表（YES/NO）	YES	YES
	系统参数整定	输入口令		待并侧信号源（外部/内部）	外部	
				系统侧信号源（外部/内部）	外部	
				低压闭锁	80%	
				同频阈值（高/中/低）	中	
				控制方式（现场/遥控）	现场	
				设备号	01	
				波特率	9600	
				接口方式（RS–232/RS–485）	RS–232	

▲ 模块 5 同步检查继电器的检查（新增 ZY5400401005）

【**模块描述**】本模块包含同步检查继电器检查、电气特性检查。通过对操作方法、步骤、注意事项的讲解和案例分析，掌握同步检查继电器的检查方法及步骤。

【模块内容】

一、作业内容

同步检查继电器用于两端供电线路的自动重合闸线路中，其作用在于检查线路有无电压和线路电压向量间的相角差。其型号有多种，其中 BT-1CF 为集成电路式同步检查继电器，BT-1B 型、BT-1E 型均为晶体管式同步检查继电器。该类继电器虽在结构上有所不同，但其工作原理则完全一样，现以 BT-1B 型为例进行说明。

如图 2-4-3 所示，继电器由电压互感器 TV1、TV2、整流滤波回路、触发器及干簧继电器等环节组成，封装在组合插件式壳体里。

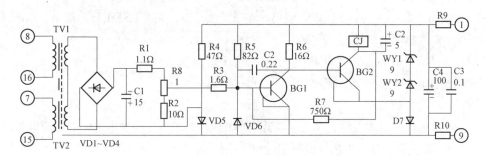

图 2-4-3　BT-1B 型同步检查继电器原理

本作业内容包括同步检查继电器检查、电气特性检查。

二、危险点分析与控制措施

（1）误触电。控制措施：应按照电气作业规程，验电后作业，必要时断开盘内的交流和直流电源；防止金属裸露工具与低压电源接触，造成低压触电或电源短路。

（2）误触碰。控制措施：应对可能引发误碰的回路、设备、元件设置防护带和悬挂警示牌。

（3）误整定。控制措施：应指定具有定值修改权限的人员修改定值，工作完成后应根据下达的整定单，复核正确后投入。

（4）仪器仪表损坏。控制措施：测量时不得超过仪器仪表允许的最大量程范围，以免损坏仪器仪表。

三、作业前准备（包含器材、作业条件、场地、工器具）

（1）需要准备的工器具包括端子螺丝刀一把、干布、异丙醇试剂、数字式万用表（直流单臂电桥）一台、继电器测试仪一台。

（2）作业前/后应按照工作票对隔离措施/恢复措施进行检查和确认。

（3）作业前应根据测量参数选择量程匹配、型号合适的仪表设备。

（4）作业前应检查仪器设备是否合格有效，对不合格的或有效使用期超期的应封

存并禁止使用。

（5）作业前应检查、核对设备名称、编号、位置，发现有误或标识不清应立即停止操作。

（6）作业前应检查确认与本装置相关的其他二次设备的隔离措施是否到位。

四、操作步骤

1. 同步检查继电器检查

（1）继电器外部检查。

1）继电器外壳完好，封闭严密，内无灰尘，继电器标志清晰。

2）继电器插座安装牢固，无裂痕，端子接线牢固，整齐，线头标志规范、清晰。

（2）继电器内部检查。

1）内部元件完好，焊点牢固，无虚焊，无灰尘。

2）继电器触点干净，无氧化层，接触良好。

2. 电气特性检查

（1）使用数字式万用表（直流单臂电桥）欧姆挡测量干簧继电器线圈直流电阻，其直流电阻值与铭牌数据的差值不超过铭牌数据的 ±10%。

（2）两线圈极性检验。当一次侧两电压（或电流）同相时，在电压互感器上所产生的电势相互抵消，二次侧输出电压为零（不平衡电压不超过 0.5V），触发器仍处于原始状态（BG1 导通、BG2 截止），干簧继电器不动作。当一次侧两电压（或电流）不同相时，在电压互感器上所产生的电势就不能互相抵消，而二次侧就产生电势，二次侧输出电压大小与一次侧两电压（或电流）相位差及幅值有关。当幅值一定时相位差越大，二次侧输出电压也越大，反之就越小，其矢量见图 2-4-4 所示。

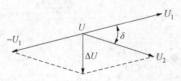

图 2-4-4　同步检查继电器矢量
U_1、U_2——次电压；ΔU——二次电压；
δ—U_1 与 U_2 的夹角

（3）直流回路检查。合上直流电源（注意正、负极性）将 BG1 基极和发射极短接，此时，干簧继电器应立即动作，证明直流回路完好。

（4）同步检查继电器的调整。二次侧输出电压经过整流滤波后加到触发器上，当信号电压达到一定值时，触发器翻转（BG1 截止，BG2 导通），干簧继电器动作，动断触点打开，动合触点闭合。当任何一个输入电压（或电流）为零或很低时，产生的效果与两电压（或电流）不同相时相同，继电器也应立即动作。继电器动作角度的整定，利用电位器 R8 来调整。

3. 编写同步检查继电器检查工作报告

五、注意事项

（1）防止直流电源短路、接地。

（2）注意所加电压不得超过继电器允许值，防止继电器损坏。

（3）做好试验记录。

【思考与练习】

1. 简述同步检查继电器检查质量标准。

2. BT-1B 型同步检查继电器由哪些环节组成？

3. BT-1B 型同步检查继电器动作角度调整是由哪个元件实现的？

◢ 模块6　同步控制器工作电源自动投入不良故障的处理（新增 ZY5400401006）

【模块描述】本模块包含同步控制器工作电源自动投入不良故障检查、故障处理及注意事项。通过对操作方法、步骤、注意事项的讲解和案例分析，掌握同期控制器工作电源自动投入不良故障的处理方法。

【模块内容】

一、作业内容

同步控制器工作电源自动投入不良主要表现为同步控制器无带电显示。检查及处理方法有两种：一种方式是将同期回路控制电源拉开，在没有电的情况下使用数字式万用表欧姆挡进行回路导通性检查处理；另一种方式是带电检查处理，带电检查处理时，需要使用绝缘工具，并戴手套，使用数字式万用表直流（或交流）电压挡进行回路电压检测，应注意防止电源短路或接地，以避免损坏元件。

二、危险点分析与控制措施

（1）误触电。控制措施：应按照电气作业规程，验电后作业，必要时断开盘内的交流和直流电源；防止金属裸露工具与低压电源接触，造成低压触电或电源短路。

（2）误触碰。控制措施：应对可能引发误碰的回路、设备、元件设置防护带和悬挂警示牌。

（3）仪器仪表损坏。控制措施：测量时不得超过仪器仪表允许的最大量程范围，以免损坏仪器仪表。

三、作业前准备（包含器材、作业条件、场地、工器具）

（1）作业前/后应按照工作票对隔离措施/恢复措施进行检查和确认。

（2）作业前应根据测量参数选择量程匹配、型号合适的仪表设备。

（3）作业前应检查仪器设备是否合格有效，对不合格的或有效使用期超期的应封

存并禁止使用。

（4）作业前应检查、核对设备名称、编号、位置，发现有误或标识不清应立即停止操作。

（5）作业前应检查确认与本装置相关的其他二次设备的隔离措施是否到位。

（6）需要准备的工器具包括电工组合工具、验电笔、数字式万用表一台。

四、操作步骤

（1）检查同期操作回路电源断路器是否在投入位置，若电源断路器未投入，经运行值班人员许可将电源断路器投入。

（2）选择数字式万用表交流电压挡或直流电压挡测量电源断路器进线侧是否有电压，测量时首先将断路器每极分别对地进行测量，若有电压值，然后再测量断路器两极电压。若无电压，检查电源或电源接线回路。

（3）选择数字式万用表交流电压挡或直流电压挡，测量电源断路器负荷侧是否有电压，以判断电源断路器是否接触不良。

（4）检查同步控制器电源引入中间继电器衔铁是否励磁，若没有励磁，电源回路带电时，根据电压等级，用数字式万用表直流电压挡测量中间继电器线圈两端对地电压。如直流 220V 电压等级的回路，万用表测得的线圈两端对地电压应分别为+110V或−110V；电源回路停电时，用万用表欧姆挡或单臂直流电桥测量中间继电器线圈直流电阻，所测量直流电阻不应超过继电器铭牌标注的±10%。

（5）在电源回路不带电时，检查同步控制器电源引入中间继电器触点是否接触不良，用人为按压的方法使继电器衔铁闭合，用万用表或对线灯测量继电器触点导通情况。

（6）检查电源回路接线端子连接是否紧固，同时用万用表欧姆挡检查回路是否导通。

（7）检查同步控制器电源插头与插座连接是否紧固、接触良好。

（8）检查监控系统投入同步控制器电源操作是否正确，以及机组现地 PLC 开出的投入同步控制器电源指令信号是否正确动作。

（9）编写故障处理报告。

五、注意事项

（1）断开的线头做好记录，按记录进行恢复接线。

（2）数字万用表挡位切换正确（需注意同步控制器工作电源是交流还是直流，以及电压等级），防止损坏仪表。

（3）防止电源短路或接地。

【思考与练习】

1. 同步控制器电源自动投入不良的检查处理方法为哪两种？

2. 如何检查电源断路器进线侧是否有电压？

3. 在电源回路停电时如何检查同步控制器电源引入中间继电器？

▲ 模块 7　同期闭锁继电器回路故障处理
（新增 ZY5400401007）

【模块描述】本模块包含同期闭锁继电器回路故障检查、故障处理及注意事项。通过对操作方法、步骤、注意事项的讲解和案例分析，掌握同期闭锁继电器回路故障的处理方法。

【模块内容】

一、作业内容

同期闭继电器如图 2–4–5 所示，它用于两端供电系统的自动重合闸线路中，作为判别有无电压和同期条件是否满足的元件。同期闭锁继电器是用于手动准同期并列中防止非同期并列的闭锁元件，同期闭锁继电器或回路发生故障，将影响机组的正常并列。

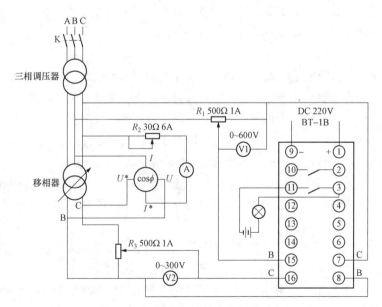

图 2–4–5　同期闭锁继电器回路示意

本作业内容包括同期闭锁继电器回路故障检查、故障处理及注意事项。

二、危险点分析与控制措施

（1）误触电。控制措施：应隔离屏柜中的 TV/TA 一次回路与二次回路，避免信号反送到二次侧伤人；应按照电气作业规程，验电后作业，必要时断开盘内的交流和直流电源；防止金属裸露工具与低压电源接触，造成低压触电或电源短路。

（2）误触碰。控制措施：应对可能引发误碰的回路、设备、元件设置防护带和悬挂警示牌。

（3）仪器仪表损坏。控制措施：测量时不得超过仪器仪表允许的最大量程范围，以免损坏仪器仪表。

三、作业前准备（包含器材、作业条件、场地、工器具）

（1）作业前/后应按照工作票对隔离措施/恢复措施进行检查和确认。

（2）作业前应根据测量参数选择量程匹配、型号合适的仪表设备。

（3）作业前应检查仪器设备是否合格有效，对不合格的或有效使用期超期的应封存并禁止使用。

（4）作业前应检查、核对设备名称、编号、位置，发现有误或标识不清应立即停止操作。

（5）作业前应检查确认与本装置相关的其他二次设备的隔离措施是否到位。

（6）需要准备的工器具包括电工组合工具、数字万用表、验电笔、试验电源盘、测试导线、标签、尼龙扎带。

四、操作步骤

（1）检查同期闭锁继电器工作电源引入中间继电器衔铁是否励磁，若无励磁，电源回路带电时，根据电压等级，用数字式万用表直流电压挡测量中间继电器线圈两端对地电压。如直流 220V 电压等级的回路，万用表测得的线圈两端对地电压应分别为 +110V 或−110V；电源回路停电时，用万用表欧姆挡或单臂直流电桥测量中间继电器线圈直流电阻，所测量直流电阻不应超过继电器铭牌标注的 ±10%。

（2）在电源回路不带电时，检查同期闭锁继电器电源引入中间继电器触点是否接触不良，用人为按压的方法使继电器衔铁闭合，用万用表或对线灯测量继电器触点导通情况。

（3）选用万用表交流电压挡分别测量同期闭锁继电器机组侧、系统侧 TV 二次侧电压是否正常，二次侧线电压值应为 100V。

（4）选用万用表直流电压挡测量同期闭锁继电器输出回路是否有电压，输出电压值应为同期控制回路电压（DC220V）或其他电压等级。

（5）选用万用表交流电压挡测量系统同期电压是否引入，二次侧线电压值应为 100V。

（6）启动机组发电空载运行，选用万用表交流电压挡测量机组同期电压是否引入，二次侧线电压值应为100V。

（7）编写同期闭锁继电器回路故障处理报告。

五、注意事项

（1）作业时应专人监护，避免 TA 二次回路开路、TV 二次回路短路。

（2）作业时应站在绝缘垫上，标注及记录 TA、TV 极性。

（3）数字万用表电压挡位选用正确，防止损坏仪表。

（4）做好故障检查记录。

【思考与练习】

1. 同期闭锁继电器输出回路电压是否与同期控制回路电压相同？

2. 如何测量机组侧 TV 二次侧电压？

3. 机组侧、系统侧电压互感器二次侧额定电压应为多少？

◢ 模块 8　手动投入同期故障处理（新增 ZY5400401008）

【模块描述】本模块包含手动投入同期故障检查、故障处理及注意事项。通过对操作方法、步骤、注意事项的讲解和案例分析，掌握手动投入同期故障的处理方法。

【模块内容】

一、作业内容

手动准同期装置作为自动准同期故障时的备用装置，或手动准同期回路进行试验时，进行断路器并列操作。手动准同期装置构成比较简单，由组合同步指示器、同期闭锁继电器、同期转换开关、控制回路组成。手动投入同期故障一般检查同期闭锁继电器、同期转换开关、电源引入回路。

二、危险点分析与控制措施

（1）误触电。控制措施：应隔离屏柜中的 TV/TA 二次回路与二次回路，避免信号反送到二次侧伤人；应按照电气作业规程，验电后作业，必要时断开盘内的交流和直流电源；防止金属裸露工具与低压电源接触，造成低压触电或电源短路。

（2）误触碰。控制措施：应对可能引发误碰的回路、设备、元件设置防护带和悬挂警示牌。

（3）仪器仪表损坏。控制措施：测量时不得超过仪器仪表允许的最大量程范围，以免损坏仪器仪表。

三、作业前准备

（1）作业前/后应按照工作票对隔离措施/恢复措施进行检查和确认。

（2）作业前应根据测量参数选择量程匹配、型号合适的仪表设备。

（3）作业前应检查仪器设备是否合格有效，对不合格的或有效使用期超期的应封存并禁止使用。

（4）作业前应检查、核对设备名称、编号、位置，发现有误或标识不清应立即停止操作。

（5）作业前应检查确认与本装置相关的其他二次设备的隔离措施是否到位。

（6）需要准备的工器具包括电工组合工具、数字万用表、对线灯、验电笔、试验电源盘、测试导线、绝缘软导线、绝缘硬导线、尼龙扎带。

四、操作步骤

（1）检查手动同期投入切换把手接触情况，使用数字万用表直流电压挡对试操作把手每一对触点。

（2）检查同期闭锁继电器工作电源引入中间继电器衔铁是否励磁。

（3）在不带电时，检查同步控制器电源引入中间继电器触点是否接触不良，用人为按压的方法使继电器衔铁闭合，用万用表或对线灯测量继电器触点接闭情况。

（4）检查回路接线端子、元件接线端子接线；用对线灯对试回路及元件每一对触点，回路及触点应可靠导通。

（5）选用万用表交流电压挡测量机组同期电压、系统同期电压是否引入，其二次侧电压值应为100V。

（6）带电检查同期闭锁继电器输出继电器动作情况时，选用数字万用表直流电压挡测量同期闭锁继电器输出继电器触点两端，若能测得回路电压值说明继电器触点在断开状态，反之触点在闭合状态。

（7）编写手动投入同期故障处理报告。

五、注意事项

（1）断开的线头做好记录，按记录进行恢复接线。

（2）数字万用表电压挡位选用正确，防止损坏仪表。

（3）电压互感器二次侧测量电压时，防止电源短路或接地。

【思考与练习】

1. 简述手动准同期装置构成。

2. 在处理手动投入同期故障时，一般需要检查哪些环节？

3. 如何判断同期闭锁继电器输出继电器触点状态？

模块 9　组合同步指示器工作不正常故障处理
（新增 ZY5400401009）

【模块描述】本模块包含组合同步指示器工作不正常故障检查、故障处理及注意事项。通过对操作方法、步骤、注意事项的讲解和案例分析，掌握组合同步指示器工作不正常故障的处理方法。

【模块内容】

一、作业内容

组合同步指示器是在机组进行手动并列时，用来指示待并机组和电网电压相序一致、相位相同、频率相等的装置。满足电压大小相等、相序一致、相位相同、频率相等条件时，称为待并机组和电网的同步。当同步条件满足时，由运行人员手动发断路器合闸脉冲进行同期并列。其中电压大小是否相等可用电压表进行监视，其他三个条件则需用组合同步指示器监视。并网操作时对电压相序的要求是绝对的，必须为同相序。其次是对电压相位差的要求。

组合同步指示器由电压差、频率差和同步指示器三个测量机构组成，三相和单相组合式同步指示器的电压差测量机构与频率差测量机构相同，同步指示器内部接线是在测量机构增加一个移相电路。三相式同步表接入待并机组的三相电压，单相式同步表则接入 A、B 两相电压经电容器分裂成三相电压。

在同步过程中，有"粗同步"与"细同步"之分时，A0、B0 接"粗同步"回路，A0′、B0′接"细同步"回路。当同期过程不分粗细时，则 A0 与 A0′、B0 与 B0′短接。

MZ10 型组合式同步指示器由频率差测量电路、电压差测量电路、同步指示器构成。频率差表的两个输入端接至不同的测量电源，一端接至待并发电机电压，一端接至系统电压。两个电压经稳压管削波整形并经电容器 C1 微分和整流器整流后，两个直流电流分别注入磁电系流比计的两个线圈。由于直流电流与频率成正比。当频率相等时，流比计两个线圈的转矩之和为零。当待并发电机的频率高于电网频率时，流比计的可动部分会产生一个偏转角，显示出频率差。当待并发电机的频率低于电网频率时，流比计的指针向另一个方向偏转，也显示出频率差。由此可以看出，频率表偏转的大小取决于频率之差的大小；偏转方向，取决于频率之差的符号。

电压差表测量机构采用整流电路，发电机和系统测两个电源分别经过全波桥式整流器变换成直流，并同时加于磁电系表头 M2，但方向相反。当两个电源电压相等时，加于仪表电路的电流差为零。指针偏转的方向取决于两个电源电压之差的符号，偏转角的大小，取决于电压差的大小。

MZ10 型组合式同步指示器是目前常用的一种同步指示器，现以 MZ10 型组合式同步指示器为例进行说明（见图 2–4–6 和图 2–4–7）。

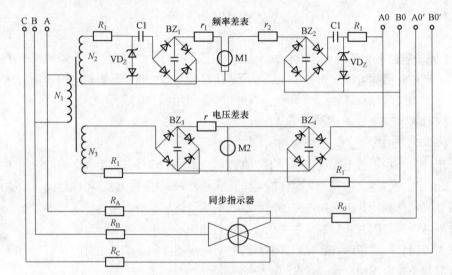

图 2–4–6 MZ10 型组合式同步指示器原理

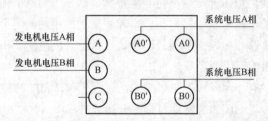

图 2–4–7 MZ10 型组合式同步指示器端子接线

二、危险点分析与控制措施

（1）误触电。控制措施：应隔离屏柜中的 TV/TA 一次回路与二次回路，避免信号反送到二次侧伤人；应按照电气作业规程，验电后作业，必要时断开盘内的交流和直流电源；防止金属裸露工具与低压电源接触，造成低压触电或电源短路。

（2）误触碰。控制措施：应对可能引发误碰的回路、设备、元件设置防护带和悬挂警示牌。

（3）仪器仪表损坏。控制措施：测量时不得超过仪器仪表允许的最大量程范围，以免损坏仪器仪表。

三、作业前准备（包含器材、作业条件、场地、工器具）

（1）作业前/后应按照工作票对隔离措施/恢复措施进行检查和确认。

（2）作业前应根据测量参数选择量程匹配、型号合适的仪表设备。

（3）作业前应检查仪器设备是否合格有效，对不合格的或有效使用期超期的应封存并禁止使用。

（4）作业前应检查、核对设备名称、编号、位置，发现有误或标识不清应立即停止操作。

（5）作业前应检查确认与本装置相关的其他二次设备的隔离措施是否到位。

（6）需要准备的工器具包括电工组合工具、数字万用表、验电笔、试验电源盘、测试导线、尼龙扎带。

四、操作步骤

（1）检查频率差表的两个输入端接入不同的测量电压，一端接入待并机组电压，一端接入系统电压。当待并机组的频率高于电网频率时，流比计的可动部分会产生一个偏转角，显示出频率差。当待并机组的频率低于电网频率时，流比计的指针向另一方向偏转，也显示出频率差。频率表偏转的大小取决于频率差的大小；偏转方向则取决于频率差的符号。手动操作时，要求不大于 20°，频率差一般要求控制在 0.2Hz 或 0.1Hz 以内。

（2）同步指示器可分为 0.1、0.2、0.3、0.5、1、1.5、2、2.5、3、5 等 10 个等级。确定准确度等级的基准值是电角度 90°，但是仅对同步指示标志处有准确度的要求。同步指示器应具有两个单独的输入线路，它们之间没有导线连接。

（3）对多相同步指示器，当施加于两组输入线路上的电压频率之一为参比频率或参比频率范围内（如有时）的任意频率，当其差减小到 1.5Hz（对单相同步指示器为 1.0Hz）时，指示器应按正确方向转动。

（4）对多相同步指示器，只要频率差在 1.5Hz（对单相同步指示器为 1.0Hz）以内时，用目测法观察指示器的转速，应该大体是均匀的。

（5）在参比条件下，将一组或两组线路断开，指示器在任何时候都不得指示在同步标志两侧各 30° 范围以内。同步表有电磁系、电动系、铁磁电动系、感应系和整流系等系列。

（6）编写组合同步指示器工作不正常故障处理报告。

五、注意事项

（1）断开的线头做好记录，按记录进行恢复接线。

（2）数字万用表电压挡位选用正确，防止损坏仪表。

（3）电压互感器二次侧测量电压时，防止电源短路或接地。

【思考与练习】

1. 什么是待并机组和电网的同步？

2. 组合同步指示器由哪几个测量机构组成？

3. 确定同步指示器准确度的基准值是多少？

◢ 模块 10 同步控制器液晶屏错误提示及处理方法（新增 ZY5400401010）

【模块描述】本模块包含同步控制器液晶屏错误提示故障检查、故障处理及注意事项。通过对操作方法、步骤、注意事项的讲解和案例分析，掌握同步控制器工作电源自动投入不良故障的处理方法。

【模块内容】

一、作业内容

同期装置常见故障可以从同期装置的操作显示板上直观显示出来，用简洁易懂的常用符号及英文缩写词显示参数定值、工况及故障信息。各种型号的同步控制器故障信息有所不同，以下介绍 SID–2CM 型同步控制器液晶屏错误提示信息及故障处理方法。

二、危险点分析与控制措施

（1）误触电。控制措施：应隔离屏柜中的 TV/TA 一次回路与二次回路，避免信号反送到二次侧伤人；应按照电气作业规程，验电后作业，必要时断开盘内的交流和直流电源；防止金属裸露工具与低压电源接触，造成低压触电或电源短路。

（2）误触碰。控制措施：应对可能引发误碰的回路、设备、元件设置防护带和悬挂警示牌。

（3）误整定。控制措施：应指定具有定值修改权限的人员修改定值，工作完成后应根据下达的整定单，复核正确后投入。

（4）仪器仪表损坏。控制措施：测量时不得超过仪器仪表允许的最大量程范围，以免损坏仪器仪表。

三、作业前准备

（1）作业前/后应按照工作票对隔离措施/恢复措施进行检查和确认。

（2）作业前应根据测量参数选择量程匹配、型号合适的仪表设备。

（3）作业前应检查仪器设备是否合格有效，对不合格的或有效使用期超期的应封存并禁止使用。

（4）作业前应检查、核对设备名称、编号、位置，发现有误或标识不清应立即停止操作。

（5）作业前应检查确认与本装置相关的其他二次设备的隔离措施是否到位。

（6）需要准备的工器具包括电工组合工具、数字万用表、验电笔、试验电源盘、测试导线、绝缘软导线、尼龙扎带。

四、操作步骤

（1）RAM 错误。表示 RAM 出错，检查 RAM。

（2）EEPROM 错误。表示 EEPROM 中的数据混乱，检查 EEPROM 中的数据。

（3）整定参数出错。表示 EEPROM 中的数据超范围，自检只检测并列点通道参数数据及系统参数数据的合法性，需要调整整定值。

（4）无并列点。表示并列点信号未上送，检查并列信号是否引入。

（5）并列点超过一个。表示有一个以上的并列点信号接入，如同时给同步装置的并列点选择输入端送上两个以上的开关量信号时，装置将会给出并列点大于等于 2 的出错信息，需检查并列信号是否引入。

（6）断路器合状态。在同频并网中，如检测到断路器处在合闸的状态即提示此信息，需检查断路器工作状态。

（7）TV 断线。两侧 TV 二次侧任一相或多相断线即显示此信息，需检查互感器连接情况。

（8）MOS 继电器故障。表示用于合闸的光隔 MOS 大功率继电器不受控，如果自检通过后，则进入并网控制过程，需检查 MOS 继电器工作状况。

（9）编写 SID–2CM 同步控制器液晶屏错误提示及处理报告。

五、注意事项

（1）查阅同期装置故障时，应有两人在一起工作，做好监护，防止误动参数设置。

（2）做好故障记录，以便于对故障进行分析及处理。

【思考与练习】

1. 简述同期控制器液晶屏出现"并列点超过一个"时的原因及故障处理方法。

2. 同期控制器液晶屏什么情况下会出现"断路器合状态"错误提示，并给出故障处理方法？

3. 同期控制器液晶屏什么情况下会出现"TV 断线"错误提示，并给出故障处理方法？

▲ 模块 11　同步控制器出现同频工况检查及处理（新增 ZY5400401011）

【模块描述】本模块包含同步控制器出现同频工况故障检查、故障处理及注意事项。通过对操作方法、步骤、注意事项的讲解和案例分析，掌握同步控制器出现同频工况故障的处理方法。

【模块内容】

一、作业内容

目前机组调速器均采用开机过程跟踪网频式调速器，开机后机组较快达到并稳定在系统频率上，在这种"同频"工况下同期装置是拒绝并网的。不论是否选择自动调频，同期装置都会对机组实施加速、减速控制使发电机脱离同频状态，创造并网条件。因此，即使不需同期装置参与并网过程中的自动调频，也必须敷设同期装置至调速器的加速、减速控制控制电缆。为避免同期装置遭遇同频工况，加速并网过程，应在有一定频差（≥0.3Hz）时投入同期装置。

本模块包含同步控制器出现同频工况故障检查、故障处理及注意事项。

二、危险点分析与控制措施

（1）误触电。控制措施：应隔离屏柜中的 TV/TA 一次回路与二次回路，避免信号反送到二次侧伤人；应按照电气作业规程，验电后作业，必要时断开盘内的交流和直流电源；防止金属裸露工具与低压电源接触，造成低压触电或电源短路。

（2）误触碰。控制措施：应对可能引发误碰的回路、设备、元件设置防护带和悬挂警示牌。

（3）仪器仪表损坏。控制措施：测量时不得超过仪器仪表允许的最大量程范围，以免损坏仪器仪表。

三、作业前准备（包含器材、作业条件、场地、工器具）

（1）作业前/后应按照工作票对隔离措施/恢复措施进行检查和确认。

（2）作业前应根据测量参数选择量程匹配、型号合适的仪表设备。

（3）作业前应检查仪器设备是否合格有效，对不合格的或有效使用期超期的应封存并禁止使用。

（4）作业前应检查、核对设备名称、编号、位置，发现有误或标识不清应立即停止操作。

（5）作业前应检查确认与本装置相关的其他二次设备的隔离措施是否到位。

（6）需要准备的工器具包括电工组合工具、数字万用表、验电笔、试验电源盘、测试导线、绝缘软导线、尼龙扎带。

四、操作步骤

（1）断开同步控制器同频输出端子，选用万用表欧姆挡测量同频输出继电器有无输出。

（2）检查同步控制器同频输出端子至调速器增频回路端子接线是否松动。

（3）并网过程若不能消除同频现象，由运行值班员在中控室监控系统操作员站或机旁盘操作"增加/减少"有功操作把手控制开度，消除同频现象。

（4）编写同步控制器出现同频工况检查及处理报告。

五、注意事项

（1）同步控制器出现同频工况时，禁止合闸。

（2）一般采用由同步控制器增、减频信号，使发电机转速变化，破坏同步控制器出现的同频工况。

【思考与练习】

1. 为避免同期装置遭遇同频工况，加速并网过程，应在频差为多少时投入同期装置？

2. 什么是同频现象？

3. 简述如何消除同步控制器出现的"同频"工况。

◢ 模块 12　自动准同期并列操作失败检查及处理（新增 ZY5400401012）

【**模块描述**】本模块包含自动准同期并列操作失败故障检查、故障处理及注意事项。通过对操作方法、步骤、注意事项的讲解和案例分析，掌握自动准同期并列操作失败故障的处理方法。

【**模块内容**】

一、作业内容

机组开机后进行同期并列，当电压、频率、相位满足时，若自动准同期并列操作失败，可复归同期装置后，再一次进行并列操作，如不成功，记录故障现象后，为使机组尽快并入系统，可立即将同期操作转为手动并列操作方式，待机组停机后，再进行自动准同期回路的检查工作。

二、危险点分析与控制措施

（1）误触电。控制措施：应隔离屏柜中的 TV/TA 一次回路与二次回路，避免信号反送到二次侧伤人；应按照电气作业规程，验电后作业，必要时断开盘内的交流和直流电源；防止金属裸露工具与低压电源接触，造成低压触电或电源短路。

（2）误触碰。控制措施：应对可能引发误碰的回路、设备、元件设置防护带和悬挂警示牌。

（3）误整定。控制措施：应指定具有定值修改权限的人员修改定值，工作完成后应根据下达的整定单，复核正确后投入。

（4）仪器仪表损坏。控制措施：测量时不得超过仪器仪表允许的最大量程范围，以免损坏仪器仪表。

三、作业前准备（包含器材、作业条件、场地、工器具）

（1）作业前/后应按照工作票对隔离措施/恢复措施进行检查和确认。

（2）作业前应根据测量参数选择量程匹配、型号合适的仪表设备。

（3）作业前应检查仪器设备是否合格有效，对不合格的或有效使用期超期的应封存并禁止使用。

（4）作业前应检查、核对设备名称、编号、位置，发现有误或标识不清应立即停止操作。

（5）作业前应检查确认与本装置相关的其他二次设备的隔离措施是否到位。

四、操作步骤

（1）检查同期切换开关在"自动准同期"位置。

（2）检查自准同期装置电源指示灯亮。

（3）检查自准同期装置运行指示灯闪烁正常。

（4）检查自准同期装置无异常告警信息。

（5）按"复归"键，重新进行并列操作。

（6）上位机发"自准装置故障"信号，自准装置面板各指示灯全灭，将同期切换开关投"切除"位置，检查自准同期装置工作电源情况。

（7）编写自动准同期并列操作失败检查及处理报告。

五、注意事项

（1）同期回路检查时，应将同期回路停电。

（2）防止误动运行设备。

（3）发电机、系统电压互感器二次侧带电，做好防护措施，作业时应站在绝缘垫上，标注及记录 TA、TV 极性。

（4）作业时应专人监护，避免 TA 二次回路开路、TV 二次回路短路。

【思考与练习】

1. 若机组两次并列均不成功，为使机组尽快并入系统，运行人员可采取什么操作？

2. 同期回路检查时应采取什么隔离措施？

3. 若发现上位机发"自准同期装置故障"信号，自准同期装置面板各指示灯全灭的现象后应采取哪些措施？

▲ 模块 13 同步控制器参数修改（新增 ZY5400402001）

【**模块描述**】本模块包含同步控制器操作面板、各通道参数整定、工作方式设置、系统参数整定、实测合闸时间查询、修改口令。通过对操作方法、步骤、注意事项的讲解和案例分析，掌握同步控制器参数修改方法及步骤。

【模块内容】

一、作业内容

当同步控制器参数需要重新设置时，应考虑机组是否满足同期并列的要求。因此，在电气一次设备或二次设备更换时，同期回路合闸导前时间必须经过实际测量，并修改同期控制器合闸导前时间，经过假并列试验无误后，再进行开机并列。现以 SID-2CM 型同步控制器及回路检查为例进行参数修改操作说明。

二、危险点分析与控制措施

（1）误触电。控制措施：应隔离屏柜中的 TV/TA 一次回路与二次回路，避免信号反送到二次侧伤人；应按照电气作业规程，验电后作业，必要时断开盘内的交流和直流电源；防止金属裸露工具与低压电源接触，造成低压触电或电源短路。

（2）误触碰。控制措施：应对可能引发误碰的回路、设备、元件设置防护带和悬挂警示牌。

（3）误整定。控制措施：应指定具有定值修改权限的人员修改定值，工作完成后应根据下达的整定单，复核正确后投入。

三、作业前准备（包含器材、作业条件、场地、工器具）

（1）作业前/后应按照工作票对隔离措施/恢复措施进行检查和确认。

（2）作业前应根据测量参数选择量程匹配、型号合适的仪表设备。

（3）作业前应检查、核对设备名称、编号、位置，发现有误或标识不清应立即停止操作。

（4）作业前应检查确认与本装置相关的其他二次设备的隔离措施是否到位。

四、操作步骤

（1）在同期控制器通电状态下，将工作方式开关切至"设置"位，检查确认"设置"灯点亮，然后点按"复位"键；或在同期控制器未通电状态下，先将工作方式开关切至"设置"位，然后再接通电源。

（2）首先进入设置主菜单，使用"上""下"键，选择菜单项，按"确认"键，进入相应的程序。

（3）各通道参数整定。

1）进入通道整定参数菜单后，用"上""下"键，选择"各通道参数设定"项，之后按"确认"键，此时显示屏显示如图 2-4-8 所示。

2）出厂设置口令为 0000，按"确认"键后进入"各通道参数设定"项，如按退出键可放弃该操作，退回到主菜单。如输入口令不对，也退回到主菜单。进入"各通道参数设定"项后，显示屏显示如图 2-4-9 所示。

各通道参数设定
系统参数整定
实测合闸时间查询
修改口令

图 2-4-8 显示屏显示 1

请输入口令
0000

图 2-4-9 显示屏显示 2

请输入通道号
1
按确认键确认

第一页

对象类型
合闸时间×××ms
允许频差±×.××Hz
允许频差±×××%

图 2-4-10 显示屏显示 3

3）按"上""下"键，输入通道号，按"确认"键，进入参数设置第一页，此时显示屏显示如图 2-4-10 所示。

4）按"左""右"键，选择各参数项，按"上""下"键修改参数值。当选择到当前页的最后一项时，再按"右"键，如果不是最后一页（第七页），则翻到下一页。当选择当前页的第一项，再按"左"键，若该页不是第一页则进入上一页。修改完所有的参数后，按"确认"键，此时屏幕显示"正在储存，请稍候"，在此期间按任何键都不起作用（"复位"键除外），几秒钟后屏幕显示"储存完毕"，按"退出"键退出"通道参数设定"操作。回到设置菜单，第二～五页显示菜单如图 2-4-11 所示。

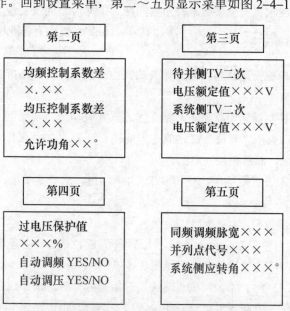

第二页
均频控制系数差
×.××
均压控制系数差
×.××
允许功角××°

第三页
待并侧TV二次
电压额定值×××V
系统侧TV二次
电压额定值×××V

第四页
过电压保护值
×××%
自动调频 YES/NO
自动调压 YES/NO

第五页
同频调频脉宽×××
并列点代号×××
系统侧应转角×××°

图 2-4-11 第二、三页显示菜单

5）均频、均压控制系数差无量纲。这两个参数决定调频调压的品质。数值越大，调整就越快。如果设置过大，会引起控制过程不稳定。如果不选择自动调频则不进行调频控制，自动调压也如此。这两个系数需要在机组开机后根据控制器进行自动调频和调压过程的品质来确定。"允许功角"仅用于同频并网的工况，此时自动停止调频和调压。

6）TV 二次电压的单位为"伏"，是指当 TV 一次电压为额定值时，TV 二次电压所对应的实际值。考虑到系统电压波动，系统侧 TV 二次额定值应以其可能出现的最低值和最高值的平均值输入。输入同步控制器的并列点 TV 电压可以一侧是线电压，另一侧是相电压，也可以是线电压或相电压。

"过电压保护值"只是指允许发电机过电压对额定电压的百分数。"自动调频""自动调压"选择 YES 表示需要控制器自动调频或调压，NO 表是不需要。

7）"同频调频脉宽"，无量纲。该参数决定在频差并网时出现同频后自动调频脉冲的正脉冲宽度。同频调频控制不受"自动调频"选择与否限制。

"并列点代号"有四位，可以是数字或字母，一般输入断路器号。

8）"系统侧应转角"用以取代转角变，可设置超前 30°、0°、滞后 30°三种，"系统侧应转角"是将系统测 TV 二次电压进行转角。第六页显示菜单如图 2-4-12 所示。

```
第六页

单侧无压合闸 YES/NO
双侧无压空合闸 YES/NO
同步表 YES/NO
```

图 2-4-12　第六页显示菜单

并列点有时只要求在并列点一侧有电压，而另一侧无电压时合上断路器，此时若无压合闸条件具备（TV 二次没断线），且通道整定参数项"单侧无压合闸"选为 YES，在同步控制器的 JK3-24 送了确认无压操作的开关量闭合信号，控制器上电后自动进行单侧无压合闸。如并列点两侧 TV 二次电压的数值都高于电压闭锁整定值，则同步控制器执行正常并网操作。

如需要对断路器作一次两侧无压空合闸，可将通道参数项"双侧无压空合闸"选为 YES，并在 JK3-25 送了确认"双侧无压空合闸"开关量闭合信号，控制器上电后自动进行双侧无压空合闸。

（4）系统参数整定。

1）进入参数设置菜单后用"上""下"键选择"系统参数整定"，按"确认"键后首先输入口令，口令正确后，显示屏显示第一页，如图 2-4-13 所示。

参数的修改方法与通道参数设置相同。

2）系统设置第二页为确定并列点两侧 TV 低压闭锁（为额定电压的百分值）；选择确定同频并网的同频阈值。

"系统侧信号源"用来选择现地或是远方（上位机）进行控制，设备号是挂在现场总线上的设备编号，可为1～99。第二页显示菜单如图2-4-14所示。

第一页
待并侧信号源 外部/内部 系统侧信号源 外部/内部

图2-4-13　第一页显示菜单

第二页	
低压闭锁	××%
同频阈值	高/中/低
系统侧信号源	现场/遥控
设备号	××

图2-4-14　第二页显示菜单

3）串行口波特率和接口方式，"波特率"可选择300、1200、2400、4800、9600，应与上位机一致。接口方式使用RS-232或RS-485接口。第三页显示菜单如图2-4-15所示。

（5）实测合闸时间查询。

1）进入实测合闸时间菜单，显示屏显示如图2-4-16所示。

第三页	
波特率	×××
接口方式	RS-232/RS-485

图2-4-15　第三页显示菜单

1 通道	
1.×××	2.×××
3.×××	4.×××
5.×××	6.×××
7.×××	8.×××

图2-4-16　通道显示菜单

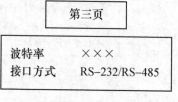

请输入原口令
0000
请输入新口令
0000

图2-4-17　修改口令显示菜单

2）按"下"或"右"键，依次显示2通道、3通道…的数据；按"上"或"左"键，显示前一通道的数据，按"退出"键退出查询。

（6）修改口令。进入修改口令后提示"更新口令"，如图2-4-17所示。

（7）修改完成，应及时恢复写保护，防止参数在运行中发生变动。

（8）查看已修改的参数并确认无误。

（9）按同步控制器"复归"键。

（10）编写同步控制器参数修改报告。

五、注意事项

（1）参数写保护锁只能由专业人员解开，其他人员不得解锁。

（2）参数不得擅自修改。

（3）工作完毕按记录检查面板各开关工作位置，无误后工作方告结束。

（4）修改定值时应有方案，修改或查阅参数时应有专人监护，做好记录，由第二人检查无误经试验后，方可投入运行。

【思考与练习】

1. 同期控制器的同期参数在什么情况下须重新进行整定？

2. 什么是单侧无压合闸？

3. 简述同期控制器中"均频""均压"参数的作用。

模块14　同期回路绝缘检查（新增 ZY5400402002）

【模块描述】本模块包含同期回路绝缘检查、结果分析。通过对操作方法、步骤、注意事项的讲解和案例分析，掌握同期回路绝缘检查方法及步骤。

【模块内容】

一、作业内容

绝缘电阻的测量采用绝缘电阻表，用以测量控制回路是否接地或其对地绝缘是否符合规定值。绝缘测量应在无电压下进行，并至少有两人一起工作。

本模块包含同期回路绝缘检查、结果分析。

二、危险点分析与控制措施

（1）误触电。控制措施：绝缘测试作业完成后，应将所测设备加压端对地放电，确认无电后方可恢复；应隔离屏柜中的 TV/TA 一次回路与二次回路，避免信号反送到二次侧伤人；应按照电气作业规程，验电后作业，必要时断开盘内的交流和直流电源；防止金属裸露工具与低压电源接触，造成低压触电或电源短路。

（2）误触碰。控制措施：应对可能引发误碰的回路、设备、元件设置防护带和悬挂警示牌。

（3）仪器仪表损坏。控制措施：测量时不得超过仪器仪表允许的最大量程范围，以免损坏仪器仪表。

三、作业前准备（包含器材、作业条件、场地、工器具）

（1）作业前/后应按照工作票对隔离措施/恢复措施进行检查和确认。

（2）作业前应根据测量参数选择量程匹配、型号合适的仪表设备。

（3）作业前应检查仪器设备是否合格有效，对不合格的或有效使用期超期的应封

存并禁止使用。

（4）作业前应检查、核对设备名称、编号、位置，发现有误或标识不清应立即停止操作。

（5）作业前应检查确认与本装置相关的其他二次设备的隔离措施是否到位。

（6）需要准备的工器具包括电工组合工具、清洁工具包、数字万用表、验电笔、绝缘电阻表、测试导线。

四、操作步骤

（1）绝缘测量前验电，证明回路确无电压后，方可进行检测工作。

（2）根据电压互感器二次电压和继电器控制回路电压等级，选择合适电压等级的绝缘电阻表，如继电器控制回路电压等级为24V，选择额定电压为 250V 的绝缘电阻表；电压互感器二次线电压为100V，选择 500V 电压等级的绝缘电阻表。

（3）将机组 TV 和系统 TV 二次电压接线从端子排上断开，断开前查阅图纸并核对现场接线，做好拆线记录。

（4）使用绝缘电阻表测量同期回路对地电阻，并做好测量数据记录。

（5）检测完毕后回路应对地进行放电，并记录所测量的绝缘电阻值，测量回路绝缘电阻应大于 $1M\Omega$。

（6）按记录进行恢复接线，接线完毕经第二人检查无误后工作结束。

（7）编写工程终结报告。

五、注意事项

（1）同期回路绝缘检测时，为防止电压互感器二次侧向一次侧反充电，应将机组侧电压互感器和系统侧电压互感器二次侧接线从端子上断开（或拉开电源断路器），经第二人复查无误并检查回路上确无人工作后，方可进行回路绝缘检测。

（2）做好绝缘测量记录。

【思考与练习】

1. 电压互感器二次侧回路绝缘检查应选用多少电压等级的绝缘电阻表？

2. 绝缘监测工作结束后需要如何处理测试回路？

3. 同期回路绝缘电阻合格标准是多少？

◢ 模块 15　发电机准同期装置电压整定
（新增 ZY5400402003）

【模块描述】本模块包含发电机同期装置工作过程、整定并列允许电压差及允许过电压值。通过对操作方法、步骤、注意事项的讲解和案例分析，掌握发电机准同期装置电压整定方法及步骤。

【模块内容】

一、作业内容

本模块包含发电机同期装置工作过程、整定并列允许电压差及允许过电压值。

1. 机组同期装置功能

机组同期装置除了具有线路同期装置的所有功能外，还有如下功能：

（1）自动测量机组和系统的频率差和电压差，能有效进行均压控制，尽快促成准同期条件。

（2）具有过电压保护功能，一旦机组电压超过整定的电压值，同期装置会立即输出一降压控制信号。

（3）不执行同期操作时，可以作为工频频率表使用。

线路同期装置和机组同期装置的原理框图一样，由于发电机同期装置工作程序相对复杂一些，这里仅简单介绍发电机准同期装置 SID-2V 的工作原理，如图 2-4-18 所示。

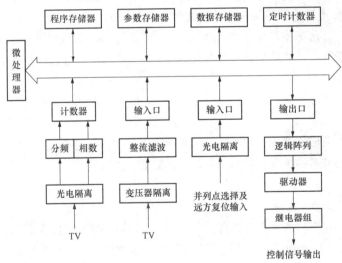

图 2-4-18　SID-2V 原理

2. 发电机同期装置工作过程

（1）选择待并机，将选择信号经光电隔离后送入控制器。控制器自动调出与该机有关的同期参数。

（2）将同期点两侧的电压经变压器和光电隔离引入控制器。

（3）控制器根据引入的电压量进行电压、频率、相位等参数的处理和比较。

（4）若同期条件不满足，闭锁合闸回路并发出相应的加速、减速、升压、降压信号。

（5）在满足同期条件时，发出合闸脉冲。

二、危险点分析与控制措施

（1）误触电。控制措施：应隔离屏柜中的 TV/TA 一次回路与二次回路，避免信号反送到二次侧伤人；应按照电气作业规程，验电后作业，必要时断开盘内的交流和直流电源；防止金属裸露工具与低压电源接触，造成低压触电或电源短路。

（2）误触碰。控制措施：应对可能引发误碰的回路、设备、元件设置防护带和悬挂警示牌。

（3）误整定。控制措施：应指定具有定值修改权限的人员修改定值，工作完成后应根据下达的整定单，复核正确后投入。

（4）仪器仪表损坏。控制措施：测量时不得超过仪器仪表允许的最大量程范围，以免损坏仪器仪表。

三、作业前准备（包含器材、作业条件、场地、工器具）

（1）作业前/后应按照工作票对隔离措施/恢复措施进行检查和确认。

（2）作业前应根据测量参数选择量程匹配、型号合适的仪表设备。

（3）作业前应检查仪器设备是否合格有效，对不合格的或有效使用期超期的应封存并禁止使用。

（4）作业前应检查、核对设备名称、编号、位置，发现有误或标识不清应立即停止操作。

（5）作业前应检查确认与本装置相关的其他二次设备的隔离措施是否到位。

（6）需要准备的工器具包括开发装置、电工组合工具、数字万用表、验电笔、测试导线。

四、操作步骤

（1）在机箱内输入板上方设有多个测试点，分别可测试内部各重要点的波形和电压信号，打开机箱，用示波器和电压表按照各测试点的定义（可见装置说明书）测试各点信号。

（2）测试信号从这些测针对装置 5V 电源的"地"取得。

（3）在输入板设有四个多圈精密电位器用以整定并列允许电压差及允许过电压值，其整定方法。

1）将装置 work/test 开关设定在 work 状态，开发装置模拟系统和发电机的电压（85～120VAC 可调）接入控制器，接通电源。

2）调节开发装置发电机电压为 1.15 倍额定电压，整定允许过电压值。

3）调节开发装置把模拟发电机和系统电压均调到 100V（确切地说，应为对应额定电压 U_e 时的值）使相应于发电机和系统电压测点的两点间电压差为零。

4）保持系统电压为 100V（确切地说，应为额定电压值 U_e），将发电机电压降到 80% U_e 以下，然后慢慢增至允许的最低电压值来整定电位器，如 95% U_e。把发电机电压调到所允许的最高电压值，如 105% U_e，然后再整定电位器。

五、注意事项

（1）发电机准同期装置电压整定调试步骤的顺序不能变动。

（2）考虑到输入准同期控制器的发电机及系统 TV 可能因熔断器熔断，或二次电缆断线等原因导致准同期控制器对发电机进行错误的控制，进而产生严重的并网冲击或使发电机过电压。控制器设置了当 TV 二次电压低于额定电压的 65%以下时进行低压闭锁的功能。为此，控制器必须在发电机和系统电压均达到 65%额定电压以上时才允许投入。

（3）如果在控制器工作过程中 TV 失电，控制器也将进入低压闭锁状态并报警。只有通过复位或断开控制器电源后再加电，控制器才能再次进入工作状态。

（4）加强对调试工具的专业管理，使用前应对调试用专用工具进行检查，确认其工作良好。

（5）电脑在进行下载操作前必须进行版本的比对，确认调试电脑中版本与设备上的一致，禁止使用非专业电脑进行程序下载等工作，避免病毒侵入。

【思考与练习】

1. 简述机组同期装置与线路同期装置的异同点。

2. 简述发电机同期装置工作过程。

3. 简述发电机准同期装置电压整定方法。

▲ 模块 16　同步控制器测量断路器导前时间 （新增 ZY5400402004）

【模块描述】本模块包含同期装置的导前时间、工作条件、合闸试验、导前时间参数修改。通过对操作方法、步骤、注意事项的讲解和案例分析，掌握同步控制器测量断路器导前时间方法及步骤。

【模块内容】

一、作业内容

在同步控制器及其合闸回路继电器或断路器更换后，合闸回路的固有动作时间发生改变，即同步控制器合闸导前时间将改变，为保证同期并列，必须重新测量合闸回路的导前时间，然后在同步控制器中对此参数进行重新设置，以满足设备运行的实际需要。同步控制器测量断路器主触头闭合时的反馈信号，是准确测量断路器合闸动作时间的一种方法，此方法比断路器辅助触点作为反馈信号的精确度要高。并网过程测试导前时间计算，如图 2-4-19 所示。

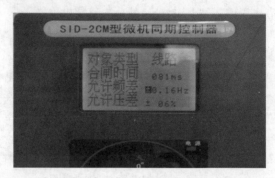

图 2-4-19　并网过程测试导前时间

同期装置的导前时间应按发电机出口断路器的合闸时间加上合闸引出回路时间，即

$$d_L = t_{zs} + t_{ks}　　　　（2-4-1）$$

式中　d_L——装置的导前时间整定值，ms；

　　　t_{zs}——装置合闸引出回路的总延时时间，ms；

　　　t_{ks}——断路器本身合闸时间实测值，ms。

二、危险点分析与控制措施

（1）误触电。控制措施：应隔离屏柜中的 TV/TA 二次回路与二次回路，避免信号反送到二次侧伤人；应按照电气作业规程，验电后作业，必要时断开盘内的交流和直流电源；防止金属裸露工具与低压电源接触，造成低压触电或电源短路。

（2）误触碰。控制措施：应对可能引发误碰的回路、设备、元件设置防护带和悬挂警示牌。

（3）误整定。控制措施：应指定具有定值修改权限的人员修改定值，工作完成后应根据下达的整定单，复核正确后投入。

（4）仪器仪表损坏。控制措施：测量时不得超过仪器仪表允许的最大量程范围，以免损坏仪器仪表。

三、作业前准备

（1）作业前/后应按照工作票对隔离措施/恢复措施进行检查和确认。

（2）作业前应根据测量参数选择量程匹配、型号合适的仪表设备。

（3）作业前应检查仪器设备是否合格有效，对不合格的或有效使用期超期的应封存并禁止使用。

（4）作业前应检查、核对设备名称、编号、位置，发现有误或标识不清应立即停止操作。

（5）作业前应检查确认与本装置相关的其他二次设备的隔离措施是否到位。

（6）需要准备的工器具包括电工组合工具、数字万用表、验电笔、专用屏蔽测试导线、绝缘杆、绝缘胶布。

四、操作步骤

（1）由运行值班员进行操作，拉开断路器两侧隔离开关。

（2）使用专用屏蔽测试线及测试挂钩。由变电班工作人员使用绝缘杆，在并列点断路器断口两端挂接断路器主触头闭合反馈信号试验接线。试验导线应为屏蔽导线，在同步控制器侧屏蔽导线的屏蔽层应可靠接地，防止外部干扰造成测量不准确。

（3）将原同步控制器测量导前时间端子接线断开，防止与其他带电部分接触，包好绝缘。

（4）在同步控制器的 JK3-9、JK3-10 端子接入断路器主触头闭合反馈信号导线。

（5）发电机 TV、系统 TV 投入。

（6）同期点断路器合闸操作 220V 直流电源投入。

（7）监控系统操作员站半自动开机，在发电机达到额定转速和额定电压后，由监控系统操作员站下发指令投入同期工作电源，同步控制器开始工作，在满足同期条件时，同步控制器发出合闸脉冲，断路器主触头闭合，将断路器闭合信号引入同步控制器，同步控制器自动记录合闸导前时间。

（8）连续进行 2 次合闸试验，观察同步控制器合闸情况。在同步控制器上查看自动测量导前时间，并与断路器、合闸继电器动作的固有时间之和进行比较。

（9）试验完毕，恢复接线，首先将断路器一侧的试验接线拆除，然后，再拆除同步控制器一侧的接线。

（10）将导前时间参数在同步控制器导前时间参数项中进行修改，修改完毕按"确认"键进行确认。

（11）导前时间参数修改完毕，除试验接线拆除外，其他安全措施保持不变，重新进行断路器的合闸试验，通过整步表观察并网过程及合闸效果，检查断路器合闸时的相位角。

（12）编写同步控制器测量断路器导前时间试验报告。

五、注意事项

（1）测量导线应为屏蔽导线，在同步控制器侧屏蔽导线的屏蔽层应可靠接地。

（2）并列点断路器断口两端挂试验接线时，防止误入带电间隔。

（3）试验接线应挂牢固，接线应进行固定，防止脱落。

（4）开机后，并列前测量发电机、系统电压互感器二次侧电压和相序时，禁止将电压互感器二次侧短路或接地。

（5）本装置采用微机控制，设有自动校正功能，当装置异常，或需要时，可将工作电源关闭，然后重新投入工作电源，并按"RESET"键即可自动校正。

（6）做好断引及接线记录。

【思考与练习】

1. 如何准确测量断路器合闸动作时间？

2. 列出并网过程测试导前时间计算公式。

3. 简述断路器导前时间测试工作操作步骤。

◢ 模块 17   同步检查继电器整组试验（新增 ZY5400402005）

【模块描述】本模块包含同步检查继电器整组试验目的、条件、试验过程。通过对操作方法、步骤、注意事项的讲解和案例分析，掌握同步检查继电器整组试验方法及步骤。

【模块内容】

一、作业内容

同步检查继电器是在两端供电系统的自动重合闸线路中作为有无线电压和同期的检查元件。其型号有多种，其中 BT-1CF 为集成电路式同步检查继电器，BT-1B 型、BT-1E 型均为晶体管式同步检查继电器。继电器在结构上有所不同，原理上完全一样，现以 BT-1B 型为例进行操作说明。

同步检查继电器整组试验通常有两种方法，一是采用传统的移相器接线方式，该方式使用试验仪器、仪表多，接线复杂，试验时间长；二是利用继电保护试验仪，该方式接线简单，角度变化直接在液晶屏上显示，使之图形化，动作角度直接在液晶屏上读出，使校验接线大大简化，节约了大量时间。

二、危险点分析与控制措施

（1）误触电。应隔离屏柜中的 TV/TA 一次回路与二次回路，避免信号反送到二次侧伤人；应按照电气作业规程，验电后作业，必要时断开盘内的交流和直流电源；防止金属裸露工具与低压电源接触，造成低压触电或电源短路。

（2）误触碰。控制措施：应对可能引发误碰的回路、设备、元件设置防护带和悬挂警示牌。

（3）误整定。控制措施：应指定具有定值修改权限的人员修改定值，工作完成后应根据下达的整定单，复核正确后投入。

（4）仪器仪表损坏。控制措施：测量时不得超过仪器仪表允许的最大量程范围，以免损坏仪器仪表。

三、作业前准备

（1）作业前/后应按照工作票对隔离措施/恢复措施进行检查和确认；

（2）作业前应根据测量参数选择量程匹配、型号合适的仪表设备。

（3）作业前应检查仪器设备是否合格有效，对不合格的或有效使用期超期的应封存并禁止使用。

（4）作业前应检查、核对设备名称、编号、位置，发现有误或标识不清应立即停止操作。

（5）作业前应检查确认与本装置相关的其他二次设备的隔离措施是否到位。

（6）需要准备的工器具包括电工组合工具、继电保护测试仪、笔记本电脑、数字万用表、验电笔、绝缘电阻表、测试导线、控制电缆。

四、操作步骤

1. 移相器法校验同步检查继电器

（1）动作角度的测定。加额定电压（或电流），将移相器调到 δ_1 使继电器动作，然后反方向转动移相器调到 δ_2 使继电器动作。继电器动作角度为

$$\delta_{cp} = \frac{1}{2}(\delta_1 + \delta_2)$$

（2）定值计算及整定范围。相位表读取的数值求反余弦函数，即为闭锁继电器的闭锁角度整定值，整定范围±15°。如闭锁角不合格可改变电位器即可改变动作角度。

2. 继电保护测试仪法校验

采用 PW436 A 型继电保护测试仪对 BT-1B 型同步检查继电器进行检测，外接笔记本电脑，通过操作继电保护测试仪专用测试软件进行检测工作。

（1）外部接线。

1）继电保护测试仪工作电源为交流 220V。

2）继电保护测试仪面板电压输出插孔的 V_a-V_n 接同步检查继电器的系统电压接线端子；V_b-V_n 接同步检查继电器的发电机电压接线端子。

3）继电保护测试仪面板接地插孔应可靠接地。

4）为读取同步检查继电器动作角度数值，也可将同步检查继电器触点接入继电保护测试仪面板开关量输入端子，当同步检查继电器动作时，画面中的发电机电压相量停止转动，即刻显示继电器动作角度数值。此种方法测量时需外部接线，一般采用软

件设置动作停止。

（2）软件设置。

1）电压数值的设置。在测试软件的"测试窗-新试验"视窗进行电压数值的设置（见表 2-4-2），U_a 为系统电压，U_b 为发电机电压。

表 2-4-2　　　　　　　　　　　　电 压 数 值 整 定

项目	幅值	相位	频率
U_a	100V	0°	50Hz
U_b	100V	0°	50Hz
U_a	0V	0°	0Hz
U_b	0V	0	0

2）变量选择 φ_b，对应发电机相位角度，变化步长选择 1°。

3）选择动作停止，以方便同步检查继电器动作时读取动作角度。

（3）PW436 A 型继电保护测试仪面板布置如 2-4-20 所示。

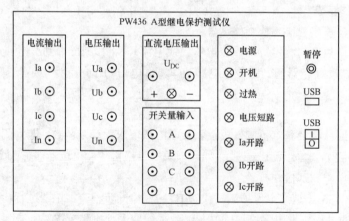

图 2-4-20　PW436 A 型继电保护测试仪面板布置

（4）同步检查继电器的检验全部是通过软件操作实现的，在测试软件操作界面选择"开始测量"，手动按"光标移动"键使输出角度幅值增加或减少，继电保护测试仪输出的角度幅值应选择较小值，使闭锁继电器动作更精确，观察模拟闭锁继电器系统电压和发电机电压向量动作过程，使继电器从不动作到动作，记录闭锁角度。

3. 编写同步检查继电器整组试验报告

五、注意事项

（1）试验用隔离开关应有熔丝并带罩，被检修设备及试验仪器禁止从运行设备上直接取用试验电源，熔丝配合要适当，试验接线应经第二人复查后，方可通电。

（2）试验接线鳄鱼夹包好绝缘，防止工作人员触电、电源短路。

（3）采用移相器法校验时，相位表选择正确，读数准确。

（4）采用继电保护测试仪法校验时，系统电压、发电机电压输出选择正确，变量及变化步长选择要小。

（5）防止直流电源短路、接地。

（6）加强对调试工具的专业管理，使用前应对调试用专用工具进行检查，确认其工作良好。

（7）电脑在进行下载操作前必须进行版本的比对，确认调试电脑中版本与设备上的一致，禁止使用非专业电脑进行程序下载等工作，避免病毒侵入。

（8）做好试验记录。

【思考与练习】

1. 比较同步检查继电器整组试验的两种方法。

2. 简述移相器法校验同步检查继电器的步骤。

3. 简述继电保护测试仪法校验同步检查继电器的步骤。

▲ 模块 18　同步控制器的调试（新增 ZY5400402006）

【模块描述】本模块包含试验接线、参数设置、通过控制器内置试验模块对控制器校验和检测、断路器合闸稳定性及准确性。通过对操作方法、步骤、注意事项的讲解和案例分析，掌握同步控制器的调试方法及步骤。

【模块内容】

一、作业内容

一般微机同步控制器内部都内置一块试验模块，可完成对控制器的无压空合闸、并网过程、被控对象传动、装置测试试验。无压空合闸是检验断路器及其合闸控制回路是否正常；并网过程是检验装置在正常情况下进行并网操作的全过程，包含对压差、频差、相角差的检测，均频均压的控制，合闸控制及测量断路器合闸时间等。被控对象传动是检验通过依次启动对外的控制继电器，检查外接电缆和中间继电器接线正确性。装置测试是校验装置对频率、电压相位角的测量精度，检查各输入开关量的接触是否良好和接线正确性。调试前，应先检查装置外观无破损，面板各按键、开关操作自如，背面板各航空插座内的连接针柱无弯曲或高低不一，各熔断器座内的保险管无熔断。现以 SID-2CM 型同步控制器为例进行操作说明。

二、危险点分析与控制措施

（1）误触电。控制措施：应隔离屏柜中的 TV/TA 一次回路与二次回路，避免信号反送到二次侧伤人；应按照电气作业规程，验电后作业，必要时断开盘内的交流和直流电源；防止金属裸露工具与低压电源接触，造成低压触电或电源短路。

（2）误触碰。控制措施：应对可能引发误碰的回路、设备、元件设置防护带和悬挂警示牌。

（3）误整定。控制措施：应指定具有定值修改权限的人员修改定值，工作完成后应根据下达的整定单，复核正确后投入。

（4）仪器仪表损坏。控制措施：测量时不得超过仪器仪表允许的最大量程范围，以免损坏仪器仪表。

三、作业前准备

（1）作业前/后应按照工作票对隔离措施/恢复措施进行检查和确认。

（2）作业前应根据测量参数选择量程匹配、型号合适的仪表设备。

（3）作业前应检查仪器设备是否合格有效，对不合格的或有效使用期超期的应封存并禁止使用。

（4）作业前应检查、核对设备名称、编号、位置，发现有误或标识不清应立即停止操作。

（5）作业前应检查确认与本装置相关的其他二次设备的隔离措施是否到位。

（6）需要准备的工器具包括电工组合工具、数字万用表、验电笔、试验电源盘、测试导线。

四、操作步骤

（1）试验之前将控制器从控制屏上拆下，应用随装置配备的试验电缆把背板上的 JK2、JK3、JK4、JK5 连通，JK1、JK7 接上 220VAC 电源，然后将面板的方式选择开关投向"测试"侧。合上 JK1、JK7 电源后装置即进入测试状态，如图 2-4-21 所示。

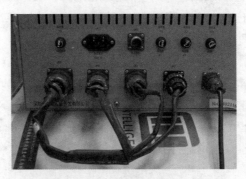

图 2-4-21 试验电缆背板接线

进入参数设置有两种方法：

1）在系统通电状态下，将工作方式开关投在"设置"位置（此时设置灯亮），然后按"复位"键。

2）在控制器未通电状态下，先将工作方式开关投在"设置"位置，然后再接通电源。

（2）通过控制器内置试验模块可完成对控制器如下校验和检测：

1）无压空合闸检验。按下"确认"键，装置发出一个持续 1s 的合闸脉冲，以检验断路器合闸回路是否完好，如图 2-4-22 所示。

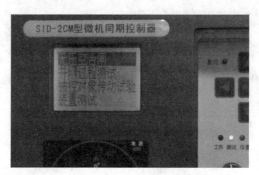

图 2-4-22　无压空合闸

2）并网过程测试：检测频差、压差、实施均频、均压控制，能否发出合闸命令。此时在液晶显示屏上将显示待并点两侧的频率及电压实测值，当满足并网条件时发出合闸命令，但显示屏上则显示"合闸出口已闭锁"，如图 2-4-23 所示。

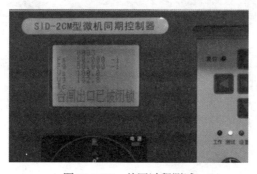

图 2-4-23　并网过程测试

3）被控对象传动试验：检测测量加速、合闸、报警、失电的电缆接线是否正确。进入菜单，此时降压继电器被启动，逐次按"下"键，加速继电器+F 启动、+F 继电器返回；合闸继电器 SW 启动、SW 继电器返回；报警继电器 ALM 启动、ALM 继电器返回。如驱动的外对象不对应，则应改正对外接线。按"退出"键可退出测试。失电信号继电器的测试是通过断开 JK1 送入控制器的电源实现的。同期并列断路器辅助触点应可靠接入。

4）装置测试。用以校验控制器对频率、电压、相位角的测量精度，检查各按键的完好性及各开关量信号的对称性。进入"装置测试"菜单，通过按"上""下"键选择菜单项，按"确认"键进入该菜单项。

a）测试频率、电压、相位角。在系统参数整定中的第一页确定待并侧及系统侧的信号来源，选择"外部"则为来自试验模块的市电信号，即接近 50Hz 的电压信号；或选择"内部"则为来自内部通过软件产生的电压信号。对于待并侧，此信号的频率可以通过"上""下"键调高或调低。测试前应合上测试模块的 8 个或 12 个并列点选择开关中的一个，以确定此次测试的通道。如果对该通道的系统侧 TV 二次侧电压已设置了转角（滞后 30°或超前 30°），则在显示图框中的 F_s 项末端显示+δ 或−δ。

b）测试开入各通道。进入菜单项，画面中的 P1～P12 对应 8 或 12 个并列点选择状况，当第 n 个并列点被试验模块的该并列点选中时（开关拨向上方），则该位 Pn 在显示屏上反转显示。

c）测试按键、开关。进入菜单项，可以检查的对象是"上""下""左""右""确认""退出"键，按"退出"键时程序能回到"测试按键、开关菜单"表明该按键正常。

d）测试 TV 二次断线。测试模块下部的 TV 二次断线试验开关 SF、SA、SB、SC、GF、GA、GB、GC 分别代表并列点系统侧及待并侧的 TV 二次电压输入端，开关拨向上方为断线，如断线，显示反转。

（3）编写同步控制器的调试报告。

五、注意事项

（1）试验用隔离开关应有熔丝并带罩，被检修设备及试验仪器禁止从运行设备上直接取用试验电源，熔丝配合要适当，试验接线应经第二人复查后，方可通电。

（2）试验时按照说明书进行操作，防止修改设置参数。

（3）"工作/测试/设置"工作方式切换把手，应切换至"测试"工作位置，调试完毕应切回"工作"位置。

（4）做好试验记录。

【思考与练习】

1. 同期控制器内的试验模块可完成哪四类试验？

2. 同期控制器调试试验开始前应做哪些准备工作？

3. 简述"装置测试"项功能。

▲ 模块 19　假并列试验（新增 ZY5400402007）

【模块描述】本模块包含假并列试验目的、条件、试验过程。通过对操作方法、步骤、注意事项的讲解和案例分析，掌握假并列试验方法及步骤。

【模块内容】

一、作业内容

在同期回路导前时间测量试验完成并将测量的导前时间设置在同步控制器内，拉开并列点断路器两侧隔离开关，使断路器与带电部分完全隔离；将系统电压互感器、发电机电压互感器投入，机组半自动开机，采用"假并网"法进行断路器合闸试验，以检验同期并列发电机电压和系统电压的频率、发电机电压和系统电压的相角差等参数符合同期并列要求，发电机电压和系统电压的相序相同。

二、危险点分析与控制措施

（1）误触电。控制措施：防止金属裸露工具与低压电源接触，造成低压触电或电源短路。

（2）误触碰。控制措施：应对可能引发误碰的回路、设备、元件设置防护带和悬挂警示牌。

（3）误整定。控制措施：应指定具有定值修改权限的人员修改定值，工作完成后应根据下达的整定单，复核正确后投入。

（4）仪器仪表损坏。控制措施：测量时不得超过仪器仪表允许的最大量程范围，以免损坏仪器仪表。

三、作业前准备

（1）作业前/后应按照工作票对隔离措施/恢复措施进行检查和确认。

（2）作业前应根据测量参数选择量程匹配、型号合适的仪表设备。

（3）作业前应检查仪器设备是否合格有效，对不合格的或有效使用期超期的应封存并禁止使用。

（4）作业前应检查、核对设备名称、编号、位置，发现有误或标识不清应立即停止操作。

（5）作业前应检查确认与本装置相关的其他二次设备的隔离措施是否到位。

（6）需要准备的工器具包括电工组合工具、数字万用表、验电笔、试验电源盘、测试导线、绝缘软导线。

（7）需要准备的技术资料包括 SID–2CM 型发电机线路复用微机同步控制器使用说明书、同期回路端子接线图、检修记录、现场检修记录。

四、操作步骤

（1）监控系统操作员站半自动开机，空载运行工况，在发电机达到额定转速、电压达到额定电压的 80% 以上时，将同期回路切至手动操作回路，观察整步表旋转方向，调整发电机频率大于系统频率时，整步表向"快"方向旋转，调整发电机频率小于系统频率时，整步表向"慢"方向旋转，以检查发电机电压互感器、系统电压互感器相序的正确性。

（2）监控系统操作员站手动将同步控制器工作电源投入，观察整步表旋转方向，为加快机组并网速度，可对发电机电压和机组转速作调节，当发电机转速、发电机电压满足同期并列的条件时同步控制器发出合闸脉冲，将断路器投入。

（3）断路器合闸后，检查断路器合闸时间、合闸相角等参数。

（4）进行两次断路器假并列试验，在监控系统操作员站计算机同期并网通信画面或在同步控制器液晶屏查看同期参数（系统频率、发电机频率、系统电压、发电机电压、导前时间、合闸相角等参数）。对比两次断路器合闸时间、合闸相角等参数，确认断路器合闸稳定性及准确性。

（5）编写假并列试验报告。

五、注意事项

（1）检查测量断路器导前时间试验线全部拆除，同步控制器断引的测量断路器导前时间接线已恢复为正常接线。

（2）由运行值班员进行操作，检修班组做好检查和试验工作。

（3）做好试验记录。

【思考与练习】

1. 简述假并列试验试验目的。

2. 假并列试验过程中将同期回路切至手动操作回路的前提条件是什么？

3. 在假并列试验过程中需要通过监控系统操作员站计算机同期并网通信画面或在同步控制器液晶屏查看哪些同期参数？

◢ 模块 20 开机并列试验（新增 ZY5400402008）

【模块描述】本模块包含开机并列试验目的、条件、试验过程、通信报文、断路器同期合闸录波图。通过对操作方法、步骤、注意事项的讲解和案例分析，掌握开机并列试验方法及步骤。

【模块内容】

一、作业内容

开机并列试验是同步控制器及其控制回路经过假并列试验无误后所进行的开机试验。假并列试验所做的一次设备安全措施应全部恢复到正常运行状态，具备发电机全自动开机条件。

二、危险点分析与控制措施

（1）误触电。控制措施：防止金属裸露工具与低压电源接触，造成低压触电或电源短路。

（2）误触碰。控制措施：应对可能引发误碰的回路、设备、元件设置防护带和悬挂警示牌。

（3）仪器仪表损坏。控制措施：测量时不得超过仪器仪表允许的最大量程范围，以免损坏仪器仪表。

三、作业前准备（包含器材、作业条件、场地、工器具）

（1）作业前/后应按照工作票对隔离措施/恢复措施进行检查和确认。

（2）作业前应根据测量参数选择量程匹配、型号合适的仪表设备。

（3）作业前应检查仪器设备是否合格有效，对不合格的或有效使用期超期的应封存并禁止使用。

（4）作业前应检查、核对设备名称、编号、位置，发现有误或标识不清应立即停止操作。

（5）需要准备的工器具包括电工组合工具、TG2000 系列水轮机调速器和机组同期测试系统测试仪、数字万用表、验电笔、测试导线。

四、操作步骤

（1）监控系统操作员站全自动开机，在发电机达到额定转速、电压达到额定电压的 80%以上时，自动投入同步控制器电源，同步控制器开始工作。

（2）若电压差相差较大时，及时调整发电机电压。有两种调整电压的操作方式：一是手动调整励磁调节器或励磁系统变阻器；二是根据现场设计，同步控制器设置自动调压功能时，由同步控制器发出调压脉冲，操作励磁调节器进行电压调节。

（3）发电机并网过程中出现同频时，同步控制器自动输出加速指令，使调速器增加导叶开度，破坏同步控制器同频状态。

（4）在满足同期条件时，同步控制器发出合闸脉冲。

（5）并网后在监控系统操作员站计算机同期并网通信画面或在同步控制器液晶屏查看系统频率、发电机频率、系统电压、发电机电压、导前时间、合闸相角等同期参数是否合格，做好记录。与假并列测量的导前时间进行比较，并同 TG2000 系列水轮机调速器和机组同期测试系统录制的断路器同期并列波形图对比，检查同期并列结果。

（6）断路器合闸试验 2 次，记录断路器合闸参数，并检查同步控制器与监控系统操作员站计算机通信报文画面数据。通信报文画面数据显示见表 2-4-3。

表 2-4-3　　　　　　　　　通 信 报 文 画 面 数 据

设置状态	原始密码	SZZN	使用密码	0000	通道 1	通道 2
	各通道参数整定	输入口令	输入通道号	对象类型	发电机	发电机
				合闸时间	100ms	95ms
				允许频差	±0.1Hz	±0.1Hz
				允许压差	±13%	±12%
				均频控制系数	0.30	0.30
				均压控制系数	0.30	0.30
				允许功角	30°	30°
				待并侧 TV 二次电压额定值	100V	100V
				系统侧 TV 二次电压额定值	100V	100V
				过电压保护值	115%	115%
				自动调频（YES/NO）	NO	NO
				自动调压（YES/NO）	NO	NO
				同频调频脉宽	100	100
				并列点代号	0001	0002
				系统侧应转角	0°	0°
				单侧无压合闸（YES/NO）	NO	NO
				无压空合闸（YES/NO）	NO	NO
				同步表（YES/NO）	YES	YES
	系统参数整定	输入口令		待并侧信号源（外部/内部）	外部	
				系统侧信号源（外部/内部）	外部	
				低压闭锁	80%	
				同频阈值（高/中/低）	中	
				控制方式（现场/遥控）	现场	
				设备号	01	
				波特率	9600	
				接口方式（RS-232/RS-485）	RS-232	

（7）断路器同期合闸录波图。利用"TG2000 系列水轮机调速器和机组同期测试系统"录制的断路器同期并列波形图，如图 2-4-24 所示。

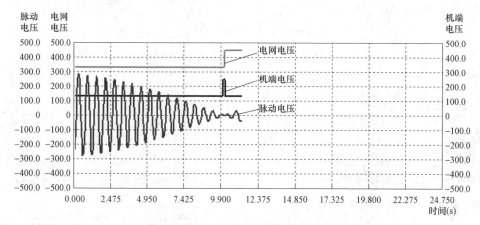

图 2-4-24　断路器同期并列波形

利用 TG2000 系列水轮机调速器和机组同期测试系统录制断路器同期并列波形图，有脉动电压、油断路器状态、合闸命令三条曲线。当同期条件满足时，从图 2-4-24 可以看出，脉动电压最小，同步控制器按设置的导前时间发出合闸命令，油断路器按延时导前时间合闸；

（8）编写开机并列试验报告。

五、注意事项

（1）检查断路器高低压侧隔离开关已恢复为正常运行状态。

（2）开机并列试验的所有操作由运行值班员进行操作，各项试验按试验方案进行。

（3）检修班组工作人员配合运行值班员进行试验工作，并做好试验记录。

【思考与练习】

1. 简述两种调整发电机电压的操作方式。

2. 当发电机并网过程中出现同频时，同步控制器将如何响应？

3. 当同期条件满足时，从所录波形图来看，脉动电压、油断路器和同步控制器各为什么状态？

▲ 模块 21　同期装置与上位机链接（新增 ZY5400402009）

【模块描述】本模块包含工作准备、同期装置的方式、通信协议、同步监控软件、串口通信、标准。通过对操作方法、步骤、注意事项的讲解和案例分析，掌握同期装置与上位机链接方法及步骤。

【模块内容】

一、作业内容

上位机的 RS–232 接口通过 RS–232/RS–485 接口转换器连接到屏蔽双绞线上，屏蔽双绞线引出的 RS–485 接口的 "+""–" 端和屏蔽地分别与同步控制器 RS–485 接口 "+""–" 端连接。SID–2CM 型同期装置采用 RS–485 转 RS–232 串行接口与监控系统 IOServer 服务器进行通信，并配有同期监控软件。其通信协议的构架采用主从方式，由上位机向同期装置发送命令，指定同期装置在接到上位机的命令后，向上位机发回响应数据，本协议符合 Modbus 标准 RTU 格式。同期装置通过通信电缆与 IOServer 服务器直连，监控系统操作员站 InTouch 读取 IOServer 服务器同期数据，同期操作画面可直观的显示在操作员站计算机屏幕上，使监控室操作员实时观察断路器合闸信息。RS–485 现场总线如图 2–4–25 所示。

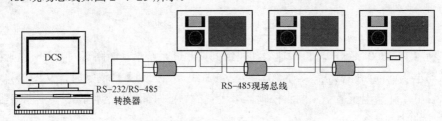

图 2–4–25 RS–485 现场总线连接

二、危险点分析与控制措施

（1）误触电。控制措施：防止金属裸露工具与低压电源接触，造成低压触电或电源短路。

（2）误触碰。控制措施：应对可能引发误碰的回路、设备、元件设置防护带和悬挂警示牌。

（3）误整定。控制措施：应指定具有定值修改权限的人员修改定值，工作完成后应根据下达的整定单，复核正确后投入。

（4）仪器仪表损坏。控制措施：测量时不得超过仪器仪表允许的最大量程范围，以免损坏仪器仪表。

三、作业前准备

（1）作业前/后应按照工作票对隔离措施/恢复措施进行检查和确认。

（2）作业前应根据测量参数选择量程匹配、型号合适的仪表设备。

（3）作业前应检查仪器设备是否合格有效，对不合格的或有效使用期超期的应封存并禁止使用。

（4）作业前应检查、核对设备名称、编号、位置，发现有误或标识不清应立即停止操作。

（5）作业前应检查确认与本装置相关的其他二次设备的隔离措施是否到位。

（6）需要准备的工器具包括电工组合工具、笔记本电脑、数字万用表、一条 RS–232 通信电缆、一台 RS–232/RS–485 转换器、转换器供电电源及屏蔽双绞线、验电笔、试验电源盘测试导线、绝缘软导线。

四、操作步骤

（1）使用 RS–485 接口的自动准同期装置可通过 RS–232 或 RS–485 串行接口与上位机通信。

（2）需要一条 RS–232 通信电缆和一个 RS–232/RS–485 转换器、转换器供电电源及屏蔽双绞线。

（3）同期装置的方式选择开关应切至"工作"状态，控制方式设置为"遥控"方式。

（4）上位机可对同步装置下达读并列点通道参数命令，读系统参数命令，发启动同步命令及读并网状态命令。当同步控制器方式选择开关切至"设置"或"测试"位置时可接收上位机发来的读通道参数命令和读系统参数命令。

（5）当上位机向同步装置发出启动同步令后装置即开始进入同步操作程序，在此期间上位机可以获取所有整定参数及随机参数（频率、电压、相角差等）的信息，直到同步装置发出合闸命令后（不论断路器合上与否），上位机收到相应的状态信息，通信即结束。

（6）用户可根据通信协议在上位机上做出数据表格和画面，使运行人员在显示器上能清晰看到并网的全过程。如果同步装置的控制方式设置为"现场"方式，在并网过程中上位机也能读到各种整定参数信息和随机参数信息。

（7）与 SID–2CM 同期装置配套使用的同步监控软件，可在上位机显示器上直接显示同步过程，中间为相位表，红色指针不动，代表系统侧电压相量，蓝色指针代表待并侧电压相量，在同步过程中它将按频差的大小及符号旋转，相位表的内圈半径与额定电压对应，当电压相量的长度超过或不足此半径时，其差值就反映该电压对额定值的压差。左边用一个刻度计表示频差，当不超过允许频差时，用绿色条块表示，当超过允许频差时，用红色条块表示。右边的刻度计表示压差。在同步装置合闸后，画面的下方还显示理想的合闸导前角和实际合闸角。

（8）上位机可选择与同步装置面板上的 RS–232 串口通信，例如用笔记本电脑就地设置或检查同步装置，通信电缆长度应不超过 15m。上位机也可通过 RS–485 现场总线与同步装置背板 JK3 插座上的 RS–485 串口通信。该总线一般使用 5 类屏蔽双绞线，可延伸 1.2km。在现场总线上可挂接 99 台智能仪表，其中也包含 SID–2CM 型同步装置。上位机的 RS–232 接口通过 RS–232/RS–485 接口转换器连接到屏蔽双绞线上，屏蔽双绞线引出的 RS–485 接口的"+""–"和屏蔽地分别与 SID–2CM 型同期装置的通信口连接。上位机操作员站通信界面如图 2–4–26 所示。

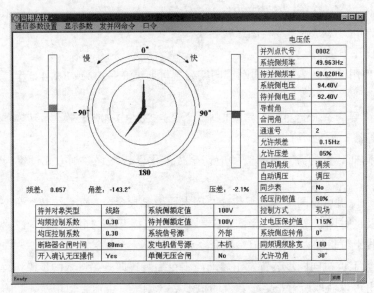

图 2–4–26　自动准同步控制器与监控系统通信界面

五、注意事项

（1）检查 RS–232/RS–485 转换器工作正常。

（2）通信屏蔽双绞线接线牢固。

（3）自动准同步控制器与监控系统通信画面数据与同步控制器显示数据一致，通信画面清晰。每次开机并列时，自动准同步控制器与监控系统通信画面自动更新。

（4）加强对调试工具的专业管理，使用前应对调试用专用工具进行检查，确认其工作良好。

（5）电脑在进行下载操作前必须进行版本的比对，确认调试电脑中版本与设备上的一致，禁止使用非专业电脑进行程序下载等工作，避免病毒侵入。

【思考与练习】

1. 简述上位机与同步控制器如何连接。

2. 同步控制器如何接收上位机发来的读通道参数命令和读系统参数命令？

3. RS–485 通信线缆采用何种电缆？其传输距离最长为多少？

第五章

监控系统设备的维护与检修

▲ 模块1 网络布线要求和方法（新增 ZY5400503001）

【模块描述】 本模块包含采用屏蔽线缆系统（STP）、采用金属桥架和管道做屏蔽层、采用光缆、双绞线和同轴电缆敷设、光缆敷设。通过对操作方法、步骤、注意事项的讲解和案例分析，掌握网络布线要求和方法及步骤。

【模块内容】

一、作业内容

计算机网络电缆布线一般采用综合布线系统。综合布线系统是指用通信电缆、光缆、各种软电缆及有关连接硬件构成的通用布线系统，它能支持多种应用系统。综合布线系统的标准有两个：一个是 EIA/TIA 568/569 民用建筑线缆标准/民用建筑通信通道和空间标准；另一个是 ISO/IEC 11801 用户楼群通用布线国际标准。

综合布线可采用的线缆主要有：同轴电缆、STP 电缆、5 类/超 5 类电缆、6 类电缆、光缆。由于电厂是电磁干扰比较严重的地方，在选择布线系统时应慎重考虑，一般来说有以下几种处理办法：

（1）采用屏蔽线缆系统（STP）。采用此种办法时应注意，从工作区信息插座、连接线缆一直到电信间的配线架和机柜，整个系统必须都是屏蔽的，且屏蔽层必须保证整体的电气性能连接，不能有断裂处，否则起不到屏蔽作用，这种办法价格高、施工困难。

（2）采用金属桥架和管道做屏蔽层，线缆仍使用非屏蔽双绞线（UTP）。这种办法要求整个桥架系统必须保持电气性能上的连接，而且必须有良好的接地措施。这种屏蔽措施既起到了屏蔽作用，又不增加成本。

（3）采用光缆。光缆具有极强的抗电磁干扰能力，但是因为光缆及端接设备价格较高，目前在综合布线工程中通常仅用做主干布线，光纤到桌面将成为未来的发展趋势。建议在电磁干扰严重的地方，主干采用光缆，水平干线采用光缆或者以金属桥架和管道做屏蔽层的 UTP 布线。

二、危险点分析与控制措施

（1）仪器仪表损坏。控制措施：制作网络接头的仪器在使用时，要注意介质性质，以免损坏仪器仪表。

（2）光纤伤人。控制措施：熔接光纤时需戴防护镜及手套，防止光纤碎片伤人。

三、作业前准备

（1）作业前应准备双绞线压线钳、双绞线剥线器、斜口钳、模块冲压工具、光纤熔接机、网线测度仪等工器具。

（2）作业前应准备好电缆、双绞线、RJ45接头、保护套、各类接线模块、酒精、标签、尼龙扎带等材料。

（3）作业前应根据测量参数选择量程匹配、型号合适的仪表设备。

（4）作业前应检查仪器设备是否合格有效，对不合格的或有效使用期超期的应封存并禁止使用。

四、操作步骤

（1）双绞线和同轴电缆敷设：

1）敷设时线要平直，顺线槽走，不扭曲。

2）两端点都要加标号。

3）室外部分加套管，严禁搭接在树干上。

4）考虑电缆自身的重量，加装电缆固定装置。

（2）光缆敷设：

1）光缆敷设时不应绞结。

2）两端点都要加标号。

3）在室内布线时走线槽。

4）在地下管道中穿过时要用PVC管。

5）光缆需要拐弯时，其曲率半径不能小于30cm。

6）室外裸露部分要加铁管保护。

7）光缆不能拉的太松或太紧，要有一定的膨胀收缩裕量。

8）光缆埋地时，要加铁管保护。

9）考虑光缆自身的位置，加装固定装置。

（3）EIA/TIA 606通信布线管理标准对电缆颜色标记的方案如表2-5-1所示。

五、注意事项

（1）双绞线和同轴电缆由于没有钢铠保护，牵引时施加的力量不能过大，防止损坏电缆。

（2）在截取光缆时，注意不要让玻璃纤维碎末落到眼睛里面。

表 2–5–1　　　　　　　颜 色 编 码 方 案

色标	用途	色标	用途
棕	楼宇间主干线	绿	网络连接
白	第一级主干电缆	紫	常用设备
灰	第二级主干电缆	黄	杂项（附件、警报等）
桔	分界点	黑	未指定
蓝	水平线缆终端	红	保留

【思考与练习】

1. 布线系统时应慎重考虑，一般来说有哪几种处理办法？
2. 简述双绞线和同轴电缆敷设方法。
3. 简述光缆敷设方法。

模块 2　系统设备接地要求和方法（新增 ZY5400503002）

【模块描述】本模块包含接地类型、接地原则、接地导线的要求、接地方法。通过对操作方法、步骤、注意事项的讲解和案例分析，掌握系统设备接地方法及步骤。

【模块内容】

一、作业内容

（一）接地的意义

（1）接地是提高电子设备电磁兼容性（EMC）的有效手段之一。电磁兼容性是指在给定的电磁环境中电气设备无故障运行、不受外部干扰以及不对外部设备造成干扰的能力。正确的接地，既能抑制电磁干扰的影响，又能抑制设备向外发出干扰；而错误的接地，反而会引入严重的干扰信号。

（2）接地能够减少短路或系统故障时的电击危险，保护人身和设备安全，同时接地也是设备正常运行的基本要求。

（二）接地类型

（1）直流工作接地：计算机系统本身的功能性逻辑地，接地电阻的大小、接法依设备具体要求配置。

（2）电缆屏蔽接地：电缆通过屏蔽可以衰减磁、电及电磁干扰对电缆的影响，将电缆屏蔽接地，可抑制高频和低频干扰。

（3）交流工作接地：电力系统中运行需要的接地，如中性点接地等，接地电阻不宜大于 4Ω。

（4）安全保护接地：电气设备的金属外壳等，由于绝缘被破坏有可能带电，为了防止这种电压危及人身和设备安全而设的接地，接地电阻不应大于 4Ω。

（5）防雷保护接地：为防止雷击而设的接地，接地电阻不应大于 10Ω。

（三）接地原则

计算机监控系统宜利用电厂的公用电气接地网接地，一般不设计算机监控系统专用接地网。为了避免产生接地环流和地噪声干扰，同时也为了设备的安全防护，计算机监控系统设备的外壳、交流电源、逻辑回路、信号回路和电缆屏蔽层必须接地，各种性质的接地应使用绝缘导体引至总接地板，由总接地板以电缆或绝缘导体与接地网连接，保证一点接地的原则，与计算机监控系统电气不直接相连的现地控制单元可单独接地。

二、危险点分析与控制措施

（1）人身安全。控制措施：检修前交代作业内容、作业范围、安全措施和注意事项；戴安全帽、穿工作服（防静电服）、戴绝缘手套、穿绝缘鞋；加强监护，严格执行电力安全工作规程。

（2）误触电。控制措施：需停电的设备已停电，安全措施已做好；不停电设备，需设专人监护与带电设备保护足够的安全距离。

（3）仪器损坏。控制措施：使用仪器测试时注意所测介质，确认仪器选择是否正确，避免仪器损坏。

三、作业前准备

（1）工器具。双绞线压线钳、双绞线剥线器、斜口钳、模块冲压工具、数字万用表、穿线器、接地电阻测量仪、干扰场强测试仪、波形失真仪等。

（2）材料。电缆、双绞线、RJ45 接头、保护套、各类接线模块、酒精、标签、尼龙扎带等。

（3）作业前应根据测量参数选择量程匹配、型号合适的仪表设备。

（4）作业前应检查仪器设备是否合格有效，对不合格的或有效使用期超期的应封存并禁止使用。

四、操作步骤

1. 接地导线的要求

各接地导线截面积选择如表 2-5-2 所示。

表 2-5-2　　　　　　　　　　接地导线截面积选择

序号	连接对象	接地线截面（mm^2）
1	总接地板—接地点	≥35
2	计算机监控系统—总接地板	≥16
3	机柜间链式连接	≥2.5

2. 接地方法

（1）大面积、低阻抗接地。为保证对干扰电流的钳制，要求采用星形方式接地，接地用的固定件（如平垫、弹簧垫等）无变形和保持清洁，必要时要除锈或除去表面绝缘。不能使用易腐蚀材料（例如铝）接地，确保固定件低阻抗接地、接触面积够大、接触良好。

（2）电缆屏蔽接地。在需要安装屏蔽电缆的场合，电缆屏蔽必须接地。为了抑制高频干扰，必须将电缆屏蔽的两端接地；为了抑制低频，将电缆屏蔽的一端接地。

（3）以下情况采用一端屏蔽接地：

1）不允许安装等电位导体时。

2）传送模拟量信号时。

3）使用静态屏蔽（薄膜频率）时。

4）数据电缆要求两端大面积接地。

5）等电位导体接地。

（4）各设备之间存在电位差，为了减少电位差，应安装等电位导体，建立均匀参考电位。等电位导体应使用低阻抗材料，等电位导体最佳截面积 $16mm^2$，信号电缆屏蔽两端接地导体的阻抗不能超过屏蔽阻抗的 10%。

3. 系统接地检查

（1）在设备的安装和检修阶段都要进行接地回路的检查。

（2）检查接线：接地导线截面符合要求，接法正确，符合一点接地原则。

（3）接地电阻测试：电阻数值应符合要求。

（4）设备对接地有具体规定时，可按设备本身要求进行检查。

五、注意事项

在进行接地检查时，要求设备退出运行，设备及相关回路的电源全部切除。

【思考与练习】

1. 简述系统接地检查方法。

2. 什么情况下采用一端屏蔽接地？

3. 简述电缆屏蔽接地的作用。

◢ 模块 3　双绞线类型和连接器压接（新增 ZY5400503003）

【模块描述】本模块包含双绞线分为屏蔽双绞线（STP）和非屏蔽双绞线（UTP）、RJ45 接头的压接、配线架接线模块和其他接线模块的压接。通过对操作方法、步骤、注意事项的讲解和案例分析，掌握双绞线类型和连接器压接方法及步骤。

【模块内容】

一、作业内容

1. 屏蔽双绞线

屏蔽双绞线（STP，Shield Twisted Pair）的塑胶外皮里面包覆了一层遮蔽的金属薄膜，还有一条接地的金属铜细线，可以防止电磁的干扰，在 1MHz 下阻抗值是 100Ω，有较高的传输速率；

2. 非屏蔽双绞线

非屏蔽双绞线（UTP，Unshield Twisted Pair）在 1MHz 下阻抗值是 100Ω，因为价格低，所以被广泛使用。UTP 双绞线的种类主要有 3 类、4 类、5 类、超 5 类、6 类等，最常用的是 5 类和超 5 类双绞线，常用双绞线的类型及其应用范围如表 2–5–3 所示。

表 2–5–3　　　　　　　　常用双绞线类型及应用范围

双绞线类型	常规用途
UTP3 类	10Base–T、4Mbps 令牌环
UTP4 类	16Mbps 令牌环
UTP5 类	100Base–TX、100Base–T4
UTP 超 5 类	100Base–TX、1000Base–T
UTP6 类	1000Base–T、1000 Base–TX 及以上网络
屏蔽双绞线（STP）	4Mbps、16Mbps 令牌环
网孔屏蔽双绞线（ScTP）	100Base–TX、1000Base–T

二、危险点分析与控制措施

（1）人身安全。控制措施：检修前交代作业内容、作业范围、安全措施和注意事项；戴安全帽、穿工作服（防静电服）、戴绝缘手套、穿绝缘鞋；加强监护，严格执行《电力（业）安全工作规程》；对系统和数据进行安全、完整、正确的备份；遵守国家有关计算机信息安全和保密的有关规定。

（2）仪器损坏。控制措施：使用仪器测试时注意所测介质，确认仪器选择是否正确，避免仪器损坏。

三、作业前准备

（1）工器具。双绞线压线钳、双绞线剥线器、斜口钳、模块冲压工具、数字万用表、穿线器、网络测试仪等。

（2）材料。电缆、双绞线、RJ45 接头、保护套、各类接线模块、酒精、标签、尼龙扎带等。

（3）作业前应根据测量参数选择量程匹配、型号合适的仪表设备。

四、操作步骤

1. RJ45 接头的压接

（1）利用双绞线剥线器将双绞线的外皮除去 2～3cm。一些双绞线电缆上含有一条柔软的尼龙绳，如果在剥除双绞线的外皮时，觉得裸露出的部分太短，而不利于制作 RJ45 接头时，可以紧握双绞线外皮，再捏住尼龙线往外皮的下方剥开，就可以得到较长的裸露线。

（2）将双绞线反向缠绕开，铰齐线头。

（3）双绞线水平连接时的排列标准有两个：EIA/TIA 568A 和 EIA/TIA 568B，其内容如表 2–5–4 所示。推荐使用 EIA/TIA 568B 标准。

表 2–5–4　　　　　双绞线水平连接时不同标准的颜色排列顺序

标准	引脚顺序	介质直接连接信号	双绞线排列顺序
EIA/TIA 568A	1	TX+（传输）	白绿
	2	TX−（传输）	绿
	3	RX+（接收）	白橙
	4	没有使用	蓝
	5	没有使用	白蓝
	6	RX−（接收）	橙
	7	没有使用	白棕
	8	没有使用	棕
EIA/TIA 568B	1	TX+（传输）	白橙
	2	TX−（传输）	橙
	3	RX+（接收）	白绿
	4	没有使用	蓝
	5	没有使用	白蓝
	6	RX−（接收）	绿
	7	没有使用	白棕
	8	没有使用	棕

（4）确定双绞线的每根线已经正确放置之后，用 RJ45 压线钳压接 RJ45 接头，需要在压接 RJ45 接头之前将保护套插在双绞线电缆上。

（5）制作另一端的 RJ45 接头，两端线的排列顺序完全一致。

2. 配线架接线模块和其他接线模块的压接

（1）大多数非屏蔽双绞线（UTP）、屏蔽双绞线（STP）的安装都要求有配线架，配线架上常用的接线模块有 110 型接线模块和 66 型接线模块，其他还有墙面板接线模块、模块式插孔和插头。模块接线时要使用专用冲压工具，才能将双绞线连接到模块的插槽上，模块接线的排列顺序和压接步骤与 RJ45 接头类似。

（2）配线架和墙面板接线时应注意路线清晰、排列整齐，长度不能过短，要留有余地，但也不能太长，保证双绞线总长度不能超过 100m。

五、注意事项

（1）对于屏蔽双绞线，要求使用金属屏蔽连接器和模块，同时屏蔽层之间要可靠连接。

（2）双绞线跳线的长度与其对应的外部双绞线长度的总和不能超过 100m。

【思考与练习】

1. 简述 EIA/TIA 568B 标准配置说明。

2. 简述配线架接线模块和其他接线模块的压接方法。

3. 网线压接注意事项有哪些？

模块 4　光纤系统日常维护（新增 ZY5400503004）

【模块描述】本模块包含光纤端面检查、光纤清洁、使用视频故障定位器快速检查光纤连通性和查找光纤故障点。通过对操作方法、步骤、注意事项的讲解和案例分析，掌握光纤系统日常维护方法及步骤。

【模块内容】

一、作业内容

光纤是指能以传递光信号实现通信的光导纤维，多根光导纤维合到一起就构成光缆。光纤用来通信有很多优势，比如重量轻、体积小、传输距离远、容量大、抗电磁干扰能力强等。

光纤根据工作模式的不同分为单模和多模光纤。单模光纤只能以单一模式传播、传输频带宽、传输容量大、传播距离远，但单模光纤本身和配套设备的成本较高。多模光纤以多种模式工作，传输速率相对于单模光纤为低、传输距离短、传输容量小，但成本较低。

常用的光纤元件有：光纤连接器、光纤收发器、光纤介质转换器、光纤耦合器等。

光纤系统的维护项目主要是外观检查、清洁和故障定位。

二、危险点分析与控制措施

（1）人身安全。控制措施：检修前交代作业内容、作业范围、安全措施和注意事项；戴安全帽、穿工作服（防静电服）、戴绝缘手套、穿绝缘鞋；加强监护，严格执行《电力（业）安全工作规程》；对系统和数据进行安全、完整、正确的备份；遵守国家有关计算机信息安全和保密的有关规定。

（2）仪器损坏。控制措施：使用仪器测试时注意所测介质，确认仪器选择是否正确，避免仪器损坏。

三、作业前准备

（1）工器具。双绞线压线钳、双绞线剥线器、斜口钳、模块冲压工具、光万用表、光纤测试仪等。

（2）材料。光缆、双绞线、RJ45接头、保护套、各类接线模块、酒精、标签、尼龙扎带等。

四、操作步骤

由于光纤材料特别精细，维护过程需要一些特定的工具和方法。

1. 光纤端面的检查

85%的光纤故障都是因为光纤端面被污染所致，所以每次端接时均必须检查，如有必要还要清洁端面。光纤端面使用检查显微镜进行检查，主要检查安装的光纤端接或确保端接平整、清洁，较新的检查显微镜如 Fluke FiberInspector Mini 视频显微镜，可通过不同的适配器检查光纤端面。

2. 光纤的清洁

光纤清洁包括光纤本身、端面、端口内侧、跳线的清洁，有干式清洁和湿式清洁两种方法。干式清洁法不使用清洁剂进行清洁，在有灰尘和碎片时不用清洁剂擦拭端面会让这些微粒刮伤或划伤端面，同时干式清洁会在连接器插入端口时生成静电，吸附更多灰尘至端面。所以，目前大都采用湿式清洁法，使用这种方法时要注意清洁剂不能过多，否则会使液体残留在端面，洁剂一般使用99%的工业酒精。

3. 使用视频故障定位器快速检查光纤连通性和查找光纤故障点

光纤属于易损材料，并且连续性要求很高，在施工工程中如果造成光纤破损、急弯现象，接续过程中如果出现不良熔接点和连接器接触不好现象，都会造成通信质量下降甚至通信中断情况发生。为了确定光纤的连通性和查找故障点，可以使用视频故障定位器来进行。FLUKE的光纤模块一般都带有视频故障定位功能。

五、注意事项

（1）切勿直视光学连接器内部。

（2）始终用防尘罩覆盖住光缆模块的输出（OUTPUT）端口或将基准测试线与端口

连接。即使没有在进行测试时，也要覆盖住端口可以降低意外暴露于危险辐射的风险。

（3）在光纤与端口连接之前，切勿测试或启动输出（OUTPUT）端口或视频故障定位器（VFL）端口。

（4）不要直视视频故障定位器输出端口。

（5）切勿使用放大镜来查看输出端口，查看时要使用适当的过滤装备。

【思考与练习】

1. 光纤端面的检查方法是什么？

2. 怎样使用视频故障定位器快速检查光纤连通性和查找光纤故障点？

3. 使用激光光源进行测试时，有什么要求？

▲ 模块 5 IP 网络地址分类及设置（新增 ZY5400503005）

【模块描述】本模块包含 IP 地址的分类、子网的划分、网络规划表、假定计算机监控系统仅有一个本地子网 10.163.215.0（以 WIndows XP Professional 为例）介绍 IP 地址配置过程、操作注意事项。通过对操作方法、步骤、注意事项的讲解和案例分析，掌握 IP 网络地址分类、设置方法及步骤。

【模块内容】

一、作业内容

1. IP 地址的分类

（1）TCP/IP 网络上的每一台主机都需要一个 IP 地址，这个 IP 地址在整个网络范围内必须是唯一的，主机可以是计算机、终端或者路由器。

（2）每一个 IP 地址都是由 32 位的 1 和 0 组成的流（本教材仅讨论 IPV4），但为了使用方便，常使用以点隔开的十进制来表示 IP 地址。由于二进制表示法是计算机逻辑和数学运算的基础，所以在讨论 IP 地址之前必须对二进制以及不同进制间的转换有所了解，这方面的知识请参阅进制与进制转换的相关内容。

（3）一个完整的 IP 地址由网络地址（即网络 ID）和主机地址（即主机 ID）构成，在同一网络段中，所有的主机使用相同的网络地址，段上的每一台主机拥有自己唯一的主机地址。IP 地址被划分成五类，即 A 类、B 类、C 类、D 类、E 类。其中，只有前三类能够被分配给网络上的主机，前三类 IP 地址的每一类都由这些地址的网络部分和主机部分组成。如图 2-5-1 显示了地址分类的详细情况。

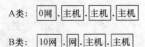

A类: [0网].[主机].[主机].[主机]

B类: [10网].[网].[主机].[主机]

C类: [110网].[网].[网].[主机]

D类: [1110 多点播地址]

E类: [11110 保留为将来使用]

图 2-5-1 五类 IP 地址的表示

1）A 类地址分配 8 位数字给其网络部分，24 位数字给其主机部分。A 类地址的第一个八位位组的值二进制在 00000001～01111110 之间，即 1～126 之间，这样，A 类网络就可使用 126 个不同的网络（127 被保留用于回环功能）。A 类地址剩下的 24 位用于主机地址，可用的主机地址范围为 1～16 774 214，即每个网络可拥有 16 774 214 台主机。

2）B 类地址分配 16 位数字给其网络部分，16 位数字给其主机部分，B 类地址的第一个八位位组的值在 128 和 191 之间，有 16 384 个不同的网络，每个网络拥有 65 534 台主机。

3）C 类地址分配 24 位数字给其网络部分，8 位数字给其主机部分。C 类地址的第一个八位位组的值在 192 和 223 之间。有 2 097 152 个不同的网络，每个网络拥有 254 个主机。

4）D 类地址保留给多点播送组使用，并且不分配给网络上的主机。IP 主机使用 IGMP 协议，能够动态地注册到多点播送组。

5）E 类地址是试验性的地址，它被保留给将来使用。

（4）IP 地址的通用准则是：

1）同一物理网络段的所有主机拥有相同的网络地址。

2）一个网络段的每一台主机都必须拥有唯一的主机地址。

3）网络地址不能为 127，它为回环功能保留。

4）网络和主机地址不能全部为 1 或 0。全部为 1 表示广播地址，全部为 0 表示是本地网络。

2. 子网的划分

（1）子网的划分依赖子网掩码，子网掩码用来确定 IP 地址的网络部分和主机部分，A、B、C 类 IP 地址的缺省子网掩码如下：

A 类——255.0.0.0

B 类——255.255.0.0

C 类——255.255.255.0

1）A 类子网掩码代表 IP 地址的头 8 位用来表示其网络部分。其余 24 位用来表示其网络部分。假设主机的 IP 地址是 11.25.65.32。使用缺省的子网掩码，网络地址将是 11.0.0.0，IP 地址的主机部分是 25.65.32。

2）B 类子网掩码代表 IP 地址的头 16 位用来表示其网络部分。其余 16 位用来表示其主机部分。假设主机的 IP 地址是 172.16.33.33。使用缺省的子网掩码，网络地址将是 172.16.0.0，IP 地址的主机部分是 33.33。

3）C 类子网掩码代表 IP 地址的头 24 位用来表示其网络部分。其余 8 位用来表示其主机部分。假设主机的 IP 地址是 192.168.2.3。使用缺省的子网掩码，网络地址将是192.168.2.0，IP 地址的主机部分是 3。

（2）由于 Internet 和 Intranet 发展迅速，网络地址成为宝贵资源，为了提高 IP 地址的利用率，将大型网络划分为若干个逻辑上相互独立的子网，原网络地址不变，但是原主机地址的一部分成为子网网络地址的一部分。

（3）IP 协议为每个网络接口分配一个 IP 地址，在有子网的 IP 地址中，其子网号是通过主机号字段的高几位二进制来表示的，所占位数与子网数对应。如果把该接口 IP 地址和其子网掩码相与，子网掩码将 IP 地址中主机字段主机号屏蔽掉，即可得到该接口所在网络的子网号。以 C 类地址为例，例如，子网掩码 255.255.255.192（11000000）表示有 4 个子网号，每个子网可以有 62 台主机，设 IP 地址为：

212.100.1.1　　　　主机地址为 000001

212.100.1.3　　　　主机地址为 000011

212.100.1.130　　　主机地址为 000010

1）将上述 IP 地址与子网掩码相与，可看出前两个 IP 地址的子网为 0 号，属于同一网段，而第三个 IP 地址的子网号为 2 号，属于另一网段。

2）如前所述，子网掩码用于确定主机是位于本地网上还是位于远程网上。使用 Ipconfig 实用程序和 Ping 实用程序来执行大多数的子网掩码的故障检测。

（4）在网络中不正确使用子网掩码的特征如下：

1）可以和本地主机通信，却不能和远程主机通信。

2）可以和所有的远程主机通信，除了一个特别的主机。当试图和那台特别主机进行通信时，接收到超时（Timed out）等警告信息。

3）不能和本地主机进行通信，因为源主机认为它位于远程网络上。

3. 网络规划表

在 IP 地址的分配过程中，要避免重复地址出现在同一个网段中，避免非同一网段的 IP 地址出现在同一个网段中，也就是说，对 IP 地址的使用和回收要有计划、有记录，因此需要建立网络规划表。一个典型的 TCP/IP 网络规划如表 2-5-5 所示。

表 2-5-5　　　　　　　　　　TCP/IP 网络规划表

序号	机器描述	计算机名	DNS 名称	IP 地址	子网掩码
1	主域控制器	Pdc	Pdc.system.com	10.163.215.1	255.255.255.0
2	额外域控制器	Bdc	Bdc.system.com	10.163.216.1	255.255.255.0
...	......	......	......	......	......

二、危险点分析与控制措施

（1）人身安全。控制措施：检修前交代作业内容、作业范围、安全措施和注意事项；戴安全帽、穿工作服（防静电服）、戴绝缘手套、穿绝缘鞋；加强监护，严格执行电力安全工作规程；对系统和数据进行安全、完整、正确的备份；遵守国家有关计算机信息安全和保密的有关规定。

（2）仪器损坏。控制措施：使用仪器测试时注意所测介质，确认仪器选择是否正确，避免仪器损坏。

三、作业前准备

（1）工器具。操作系统安装盘、安全软件、检测程序、应用程序、移动硬盘、U盘、软盘驱动器、刻录光驱、空白光盘、空白磁带、阵列硬盘、清洁工具包。

（2）材料。电缆、双绞线、RJ45接头、保护套、各类接线模块、酒精、标签、尼龙扎带等。

四、操作步骤

假定计算机监控系统仅有一个本地子网 10.163.215.0，这里以 Windows XP Professional 为例介绍 IP 地址配置过程。

（1）检查网卡是否符合计算机的要求，并检查有无损伤。

（2）计算机停电并打开机箱，选择合适的空余插槽，插入网卡并固定好。

（3）盖好机箱盖，接好网络电缆，计算机上电。

（4）操作系统启动后以本地管理员账户登录，系统将提示用户键入该网卡设备驱动程序的存储位置（URL）。按提示插入驱动光盘或软盘，并提供路径，确认后系统将执行安装过程。

（5）安装完毕后系统会重新启动以加载设备驱动程序。重新以本地管理员账户登录，在"开始"→"设置"→"网络和拨号连接"→"本地网络"上双击，选择"属性"按钮，在"常规"卡中双击"Internet 协议（TCP/IP）"（如果 TCP/IP 协议未能默认安装，先应安装该协议，然后再设置 IP 地址），出现一个模态窗口如图 2-5-2 所示。

（6）点击单选钮"使用下面的 IP 地址（S）"，用网络规划表中分配的 IP 地址填写四段 IP 地址项（本例采用的 IP 地址为 10.163.215.20），子网掩码填入"255.255.255.0"。因为已经假定只有一个本地子网，所以此处默认网关不填。

（7）点击单选钮"使用下面的 DNS 服务器地址（E）"，在"首选 DNS 服务器（P）"栏中填写上 DNS 服务器的 IP 地址，（这里假定 DNS 服务器地址为 10.163.215.1），然后点击"确定"按钮，此时计算机提示将重新启动。

（8）若无其他错误提示，则可使用网络连通性测试实用程序对网卡的 MAC 地址、协议、以及连接状况进行验证。

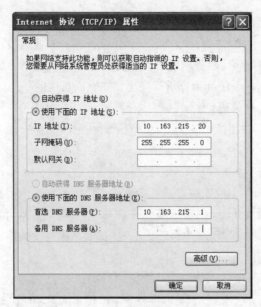

图 2-5-2 IP 地址的配置

（9）使用系统管理员授权的域账户（临时或永久账户）获得权限并使该计算机加入域，若成功加入，则注销本地管理员账户，使用域账户重新登录到域。

五、注意事项

在一台新设备接入计算机监控系统前，建议先确认其 IP 地址是唯一的之后，再接入系统，否则可能会中断正常运行网络设备的工作。

【思考与练习】

1. 怎样制作网络规划表？

2. 一个完整的 IP 地址由哪几部分构成？

3. 在网络中不正确使用子网掩码的特征有几哪些？

▲ 模块 6 使用常用命令进行网络连通性测试
（新增 ZY5400503006）

【模块描述】本模块包含 Ipconfig 命令、Ipconfig 命令的语法、Ping 命令、检测本机与网络中其他设备之间连通性、连通性检测实例。通过对操作方法、步骤、注意事项的讲解和案例分析，掌握使用常用命令进行网络连通性测试的方法及步骤。

【模块内容】

一、作业内容

在网络的检修和日常维护中，常常需要检查网络设备之间是否能够正常连接，这就是网络连通性测试。最常见的网络连通性测试方法是在计算机（工作站、服务器）上使用操作系统附带的实用工具（习惯上称为命令）检查本机与网络中其他设备之间的网络连接或者数据通信是否正常。

二、危险点分析与控制措施

（1）数据损坏。控制措施：检修前对系统和数据进行安全、完整、正确的备份；遵守国家有关计算机信息安全和保密的有关规定。

（2）误触电。控制措施：需停电的设备已停电，安全措施已做好；不停电设备，需设专人监护与带电设备保护足够的安全距离。

三、作业前准备

工器具：操作系统安装盘、安全软件、检测程序、应用程序、移动硬盘、U 盘、清洁工具包。

四、操作步骤

1. 检测本机与网络中其他设备之间连通性的一般步骤

（1）检查本机的 TCP/IP 配置。确保正在测试的 TCP/IP 配置的网卡不处于"禁用"或"断开"状态，打开命令提示符，然后在命令行状态下键入 Ipconfig，根据显示信息检查 TCP/IP 的配置是否正确。

（2）在命令提示行状态下，键入"Ping 127.0.0.1"测试环回地址的连通性。该 Ping 命令被送到本机的 IP 地址，该命令永远在本机执行。如果执行失败，就表示 TCP/IP 的安装或运行存在某些最基本的问题。

（3）使用 Ping 命令检测到本机 IP 地址的连通性。该命令被送到本机的 IP 地址，本机始终都应该对该 Ping 命令做出应答，如果执行失败，则表示本地配置或安装存在问题。出现此问题时，可以断开网络电缆，然后重新发送该命令进行检测。如果网线断开后命令执行正确，则表示本地网络内另一台计算机可能配置了相同的 IP 地址。

（4）使用 Ping 命令检测到本地计算机 IP 地址的连通性。该命令发送的数据包离开本机，经过网卡及网络电缆到达本地网络内其他计算机，再返回应答数据包。收到应答表明本地网络中的网卡和电缆运行正确。但如果没有收到应答，那么表示 TCP/IP 配置不正确或者网卡配置错误或者电缆系统有问题。

（5）使用 Ping 命令检测默认网关 IP 地址的连通性。该命令如果应答正确，表示本地网络网关（路由器）IP 地址正确并且已经正常运行。如果命令执行失败，请验证默认网关 IP 地址是否正确以及网关（路由器）是否运行。

（6）使用 Ping 命令检测远程主机 IP 地址的连通性。命令执行后，如果收到 4 个应答，表示成功地使用了缺省网关，路由配置正确，远程主机 IP 地址正确并且已经正确运行。如果 Ping 命令失败，请验证远程主机的 IP 地址是否正确，远程主机是否运行，以及该计算机和远程主机之间的所有网关（路由器）是否配置正确并且是否运行。

（7）使用 Ping 命令检测 DNS 服务器 IP 地址的连通性。如果命令执行成功，则表示 DNS 服务器的 IP 地址配置正确并且 DNS 服务器已正常运行。如果命令执行失败，请验证 DNS 服务器的 IP 地址是否正确，DNS 服务器是否运行，以及该本机和 DNS 服务器之间的网关（路由器）是否正确配置和运行，本机的 DNS 服务器地址配置是否正确。

2. 连通性检测实例

为了介绍连通性检测步骤，本例有如下假设条件：本机的 IP 地址为：10.163.215.4，子网掩码为 255.255.255.0；本地网络中另一台计算机的 IP 地址为：10.163.215.5，子网掩码为 255.255.255.0；默认网关 IP 地址为 10.163.215.254；DNS 服务器地址为 10.163.215.1；远程网络中一台计算机的 IP 地址为：10.163.216.1，在 DNS 中定义的主机名称为 Bdc.System.com。

（1）单击开始，单击运行，在打开框中键入 cmd，然后按 Enter 键（也可直接打开命令提示符）。

（2）键入命令 "Ipconfig/all"，然后按 Enter 键。如图 2-5-3 是该命令执行后的一个显示结果。

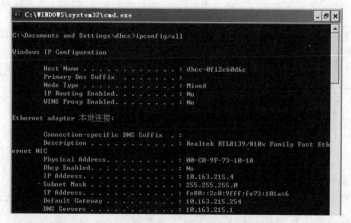

图 2-5-3　Ipconfig/all 命令执行结果示例

（3）键入命令 "Ping 127.0.0.1"，然后按 Enter 键，显示结果应与下面内容相似：
Pinging 127.0.0.1 with 32 bytes of data:

Reply from 127.0.0.1: bytes=32 time＜1ms TTL=128

Reply from 127.0.0.1: bytes=32 time＜1ms TTL=128

Reply from 127.0.0.1: bytes=32 time＜1ms TTL=128

Reply from 127.0.0.1: bytes=32 time＜1ms TTL=128

Ping statistice for 127.0.0.1:

Packets: Sent=4, Received =4, Lost =0(0% loss)

Approximate round trip times in milli−seconds:

Minimum=0ms, Maximum=0ms, Average=0ms

（4）键入命令"Ping 10.163.215.4"，然后按 Enter 键，显示结果应与下面内容相似：

Pinging 10.163.215.4 with 32 bytes of data:

Reply from 10.163.215.4: bytes=32 time＜1ms TTL=128

Reply from 10.163.215.4: bytes=32 time＜1ms TTL=128

Reply from 10.163.215.4: bytes=32 time＜1ms TTL=128

Reply from 10.163.215.4: bytes=32 time＜1ms TTL=128

Ping statistice for 10.163.215.4:

Packets: Sent=4, Received =4, Lost =0(0% loss)

Approximate round trip times in milli−seconds:

Minimum=0ms, Maximum=0ms, Average=0ms

（5）键入命令"Ping 10.163.215.5"，然后按 Enter 键，显示结果应与下面内容相似：

Pinging 10.163.215.5 with 32 bytes of data:

Reply from 10.163.215.5: bytes=32 time=1ms TTL=128

Reply from 10.163.215.5: bytes=32 time＜1ms TTL=128

Reply from 10.163.215.5: bytes=32 time＜1ms TTL=128

Reply from 10.163.215.5: bytes=32 time＜1ms TTL=128

Ping statistice for 10.163.215.5:

Packets: Sent=4, Received =4, Lost =0(0% loss)

Approximate round trip times in milli−seconds:

Minimum=0ms, Maximum=1ms, Average=0ms

（6）键入命令"Ping 10.163.215.254"，然后按 Enter 键，显示结果应与下面内容相似：

Pinging 10.163.215.254 with 32 bytes of data:

Reply from 10.163.215.254: bytes=32 time=1ms TTL=128

Reply from 10.163.215.254: bytes=32 time＜1ms TTL=128

Reply from 10.163.215.254: bytes=32 time＜1ms TTL=128

Reply from 10.163.215.254: bytes=32 time＜1ms TTL=128

Ping statistice for 10.163.215.254:

Packets: Sent=4, Received =4, Lost =0(0% loss)

Approximate round trip times in milli–seconds:

Minimum=0ms, Maximum=1ms, Average=0ms

（7）键入命令"Ping 10.163.216.1"，然后按 Enter 键，显示结果应与下面内容相似：

Pinging 10.163.216.1 with 32 bytes of data:

Reply from 10.163.216.1: bytes=32 time=2ms TTL=127

Reply from 10.163.216.1: bytes=32 time=1ms TTL=127

Reply from 10.163.216.1: bytes=32 time=1ms TTL=127

Reply from 10.163.216.1: bytes=32 time＜1ms TTL=127

Ping statistice for 10.163.216.1:

Packets: Sent=4, Received =4, Lost =0(0% loss)

Approximate round trip times in milli–seconds:

Minimum=0ms, Maximum=2ms, Average=1ms

（8）键入命令"Ping Bdc.system.com"，然后按 Enter 键，显示结果应与下面内容相似：

Pinging Bdc.system.com [10.163.216.1] with 32 bytes of data:

Reply from 10.163.216.1: bytes=32 time=2ms TTL=127

Reply from 10.163.216.1: bytes=32 time=1ms TTL=127

Reply from 10.163.216.1: bytes=32 time=1ms TTL=127

Reply from 10.163.216.1: bytes=32 time＜1ms TTL=127

Ping statistice for 10.163.216.1:

Packets: Sent=4, Received =4, Lost =0(0% loss)

Approximate round trip times in milli–seconds:

Minimum=0ms, Maximum=2ms, Average=1ms

3. 网络连通性错误

（1）如果存在网络连通性故障，在执行命令"Ping 10.163.216.1"后，会有与如下相似的错误提示：

Pinging 10.163.216.1 with 32 bytes of data

Request timed out

Request timed out

Request timed out

Request timed out

Ping statistice for 10.163.216.1:

Packets: Sent=4, Received =0, Lost=4(100% loss)

Approximate round trip times in milli-seconds

Minimum=0ms, Maximum=0ms, Average=0ms

（2）出现以上错误提示的情况时，要仔细分析网络故障出现的原因和可能有问题的网络设备。首先从以下几个方面来着手检查：一是看一下被测试的计算机是否已安装了 TCP/IP 协议并且正确配置；二是检查被测试计算机的网卡安装是否正确且是否已经连通；三是检查被测试计算机的 TCP/IP 协议是否与网卡有效的绑定；四是检查一下有关网络服务功能是否已经正确启动。如果通过以上四个步骤的检查还没有发现问题的症结，就需要对相关路径中的其他设备的配置以及物理连接进行检查。

五、注意事项

如果该计算机已经接入到运行中的计算机监控系统上，不允许使用 Ping 命令对其他设备进行不间断的大数据包测试。

【思考与练习】

1. 简述网络连通性错误检测方法。

2. 简述检测本机与网络中其他设备之间连通性的一般步骤。

3. 简述使用常用命令进行网络连通性测试的注意事项。

▲ 模块 7　工作站系统的备份和还原（新增 ZY5400503007）

【模块描述】本模块包含常规备份和还原方法、使用系统内置功能备份和还原系统、利用安全模式或者其他启动选项实现系统还原、自动系统故障恢复（ASR）、使用专门软件进行系统的备份和还原。通过对操作方法、步骤、注意事项的讲解和案例分析，掌握工作站系统的备份和还原方法及步骤。

【模块内容】

一、作业内容

工作站就是承担特定任务并能够完成特定功能的计算机，如操作员工作站、数据查询站、工程师站等，工作站一般安装客户端操作系统，如 Windows XP Professional、Windows XP Home Edition、Windows 2000 Professional、Windows Vista 等，工作站在监控系统中数量较多、地位非常重要。在日常运行中，工作站很有可能因操作失误或者其他无法预料的原因会导致其无法正常工作，尤其是当系统出现严重故障时，系统的恢复工作将会非常困难，甚至可能无法恢复到原来的状态，会造成监控系统停运，影响安全生产。因此，必须在系统出现故障之前，先采取相应的备份措施，在系统因故障需要恢复时利用已有的备份数据，对工作站系统进行正确和快速的恢复。

本模块将以 Windows XP 为例，介绍系统的备份与恢复过程。对于 Windows XP Professional，可直接使用内置的备份和还原实用程序，但对于 Windows XP Home Edition 则需要另外运行安装盘中的\VALUEADD\MSFT\NTBACKUP\Ntbackup.msi 安装备份实用程序。

二、危险点分析与控制措施

（1）数据损坏。控制措施：检修前对系统和数据进行安全、完整、正确的备份；遵守国家有关计算机信息安全和保密的有关规定。

（2）误触电。需控制措施：设专人监护与带电设备保护足够的安全距离。

三、作业前准备

（1）工器具。操作系统安装盘、安全软件、检测程序、应用程序、移动硬盘、U盘、清洁工具包。

（2）材料。刻录光盘。

四、操作步骤

1. 常规备份和还原方法

（1）一般用户资料的备份和还原。一般的用户资料包括用户程序、文档和数据，关于这些内容的备份，用户可以采取直接复制到存储媒体的方法进行备份。还原时则按照需要再复制到工作站的相应位置即可。

（2）硬件配置文件的备份和还原。硬件配置文件可在硬件改变时，指导 Windows XP 加载正确的驱动程序，如果用户进行了一些硬件的安装或修改，就很有可能导致系统无法正常启动或运行，这时用户就可以使用硬件配置文件来恢复以前的硬件配置。建议用户在每次安装或修改硬件之前都对硬件配置文件进行备份，这样可以非常方便地解决许多因硬件配置而引起的系统问题。

1）硬件配置文件的备份。鼠标右键单击"我的电脑"，在弹出的快捷菜单中选择"属性"命令，打开"系统属性"对话框，单击"硬件"选项卡，在出现的窗口中单击"硬件配置文件"按钮，打开"硬件配置文件"对话框，在"可用的硬件配置文件"列表中显示了本地计算机中可用的硬件配置文件清单，在"硬件配置文件选择"区域中，用户可以选择在启动 Windows XP 时（如有多个硬件配置文件）调用哪一个硬件配置文件。要备份硬件配置文件，单击"复制"按钮，在打开的"复制配置文件"对话框中的"到"文本框中输入新的文件名（本例中为 Profile2），然后单击"确定"按钮即可，如图 2-5-4 所示为"硬件配置文件"对话框。

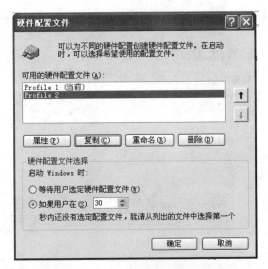

图 2-5-4　"硬件配置文件"对话框

2）硬件配置文件的还原。可以使用优先级按钮把要应用的硬件配置文件（本例中为 Profile2）调整到第一位，这样系统在重新启动时，如果用户在一定时间内（默认为30s）没有进行选择，那么系统会自动选择可用硬件配置文件列表中的第一个文件。当然也可以在系统重新启动时，用户从可用硬件配置文件列表中选择其中一个作为启动文件。系统正确启动后，在"硬件配置文件"对话框中删除旧的硬件配置文件。

（3）注册表文件的备份和还原。注册表是 Windows XP 系统的核心文件，它包含了计算机中所有的硬件、软件和系统配置信息等重要内容，因此用户有必要做好注册表的备份，以防不测；

1）注册表文件的备份。备份步骤为：首先在"运行"命令框中输入"Regedit.exe"打开注册表编辑器（注意：不同操作系统的注册表编辑器会有所区别，例如 Windows 2000 有 16 位和 32 位两个注册表编辑器，分别为 Regedit.exe 和 Regedt32.exe），如果要备份整个注册表，则选择根节点"我的电脑"，然后在"文件"菜单中选择"导出"命令，打开"导出注册表文件"对话框，在"文件名"文本框中输入新的名称，选择好具体路径，点击"保存"按钮。如果只备份注册表中的某一分支，则在"注册表编辑器"中选择一个分支，然后在"文件"菜单中选择"导出"命令，打开"导出注册表文件"对话框，在"文件名"文本框中输入新的名称，选择好具体路径，点击"保存"按钮。本例中所选分支为"HKEY_LOCAL_MACHINE\SYSTEM"，文件名为LMACHINE_SYSTEM.reg，如图 2-5-5 所示为"导出注册表文件"对话框。

图 2-5-5 "导出注册表文件"对话框

2）注册表文件的还原。还原步骤为：打开注册表编辑器，在"文件"菜单中选择"导入"命令，打开"导入注册表文件"对话框，在"文件名"文本框中输入新的名称，选择好具体路径，点击"打开"按钮，导入过程启动。一般情况下，如果有程序在使用注册表的相关内容，那么导入过程会失败，需要停用有关程序以后再执行导入过程。如图 2-5-6 所示为"导入注册表文件"对话框。

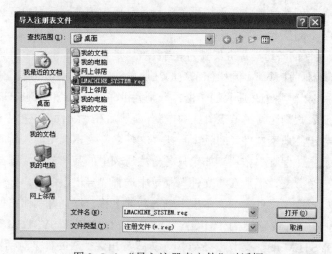

图 2-5-6 "导入注册表文件"对话框

（4）驱动程序的还原。如果在安装或者更新了驱动程序后，发现硬件不能正常工作，可以使用驱动程序的还原功能使用原来的驱动程序。方法是：在"控制面板""系统""硬件"选项卡的"设备管理器"中，选择要恢复驱动程序的硬件，双击打开"属性"窗口，选择"驱动程序"选项卡，然后选择"返回驱动程序"按钮。如图 2-5-7 为 Realtek RTL8139/810x Family Fast Ethernet NIC 网卡的驱动程序选项卡示例。

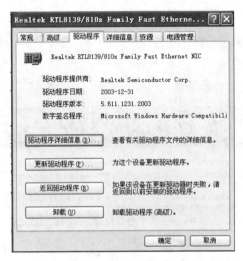

图 2-5-7　驱动程序选项卡示例

2. 使用系统内置功能备份和还原系统

（1）创建系统还原点和系统还原。"系统还原"是 Windows XP 的组件之一，用以在出现问题时将计算机还原到过去的状态,但同时并不丢失用户数据文件(如 Microsoft Word 文档、历史记录、收藏夹或电子邮件等)。"系统还原"可以监视对系统和一些应用程序文件的更改，并自动创建容易识别的还原点。这些还原点允许用户将系统还原到过去某一时间的状态。系统还原点包括：系统检查点、手动还原点、安装还原点。

1）创建系统还原点。打开"开始"菜单，选择"程序""附件""系统工具""系统还原"命令，打开系统还原向导，选择"创建一个还原点"，点击"下一步"按钮，为还原点命名后（本例为 restore081211），单击"创建"按钮即可创建还原点。如图 2-5-8 所示为创建手动还原点对话框。

2）系统还原。步骤为：打开"开始"菜单，选择"程序""附件""系统工具""系统还原"命令，打开系统还原向导，然后选择"恢复我的计算机到一个较早的时间"，单击"下一步"按钮，选择好系统还原点，单击"下一步"即可进行系统还原，如图 2-5-9 所示为还原点选择窗口。

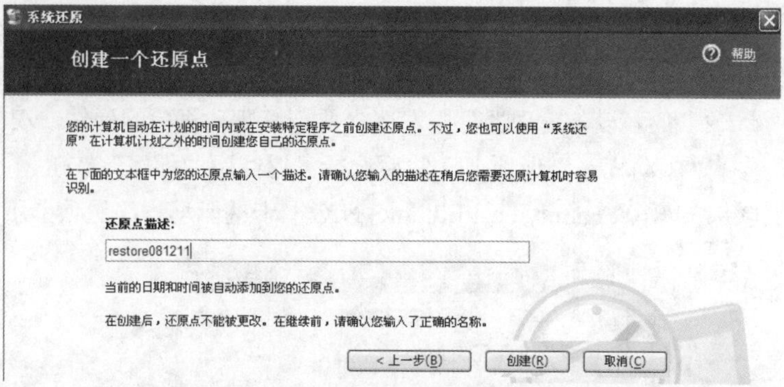

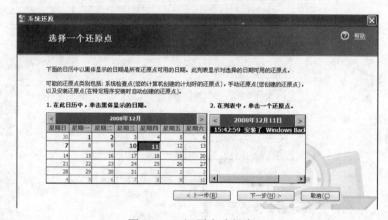

图 2-5-8 创建手动还原点对话框

图 2-5-9 还原点选择窗口

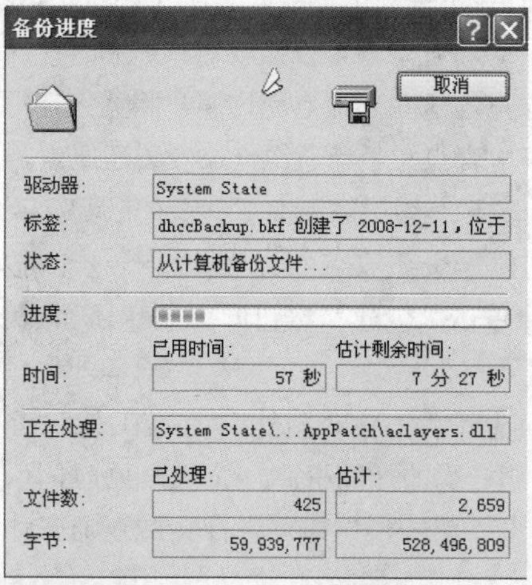

图 2-5-10 备份进度窗口

（2）指定文件和数据的备份和还原。

1）备份指定文件和数据。步骤为：打开"开始"菜单，选择"程序""附件""系统工具""备份"命令，运行"备份或还原向导"窗口，单击"下一步"按钮，单选"备份或还原"，单击"下一步"按钮，单选"让我选择要备份的内容"，单击"下一步"按钮，系统将打开"要备份的项目"对话框，在"要备份的项目"选项区域中选择要备份的项目，单击"下一步"按钮，选择好存储位置，定义好文件名后，按照后面的提示开始备份，备份进度窗口如图 2-5-10 所示。

2）还原指定文件和数据。当 Windows XP 出现数据破坏时，用户可以使用"备份"工具的还原向导，还原整个系统或还原被破坏的数据。要还原常规数据，可打开"备份"工具窗口的"欢迎"标签，然后单击"还原"按钮，进入"还原向导"对话框，单击"下一步"按钮，打开"还原项目"对话框，选择还原文件或还原设备之后，单击"下一步"按钮继续向导即可，如图 2-5-11 所示为系统数据还原示例。

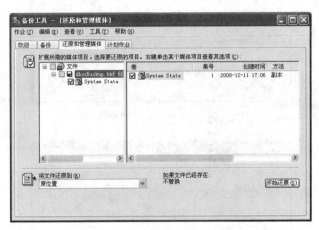

图 2-5-11 系统数据还原示例

（3）系统全部数据的备份和还原。

1）系统全部数据的备份。步骤为：打开"开始"菜单，选择"程序""附件""系统工具""备份"命令，打开"备份工具"窗口中的"欢迎"选项卡，单击"备份"按钮，打开"备份向导"对话框，单击"下一步"按钮，系统将打开"要备份的项目"对话框，在"选择要备份的项目"选项区域中选择"备份这台计算机的所有项目"单选按钮，然后单击"下一步"按钮。选择好存储位置，定义好文件名后，然后再插入一张空白软盘存储系统恢复数据，单击"下一步"按钮开始备份，如图 2-5-12 所示为备份内容选择窗口，图 2-5-13 所示为备份类型、目标和名称选择窗口。

2）系统全部数据的还原。用户可以使用"备份"工具的还原向导，还原整个系统或还原被破坏的数据。要还原常规数据，可打开"备份"工具窗口的"欢迎"标签，然后单击"还原"按钮，进入"还原向导"对话框，单击"下一步"按钮，打开"还原项目"对话框，选择还原文件或还原设备之后，单击"下一步"按钮继续向导即可，这期间可能需要按系统提示插入系统恢复磁盘。

3. 利用安全模式或者其他启动选项实现系统还原

如果计算机不能正常启动，可以使用"安全模式"或者其他启动选项来启动计算机，成功后我们就可以更改一些配置来排除系统故障，比如可以使用上面所说的"系

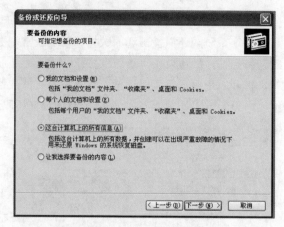

图 2-5-12 备份内容选择窗口

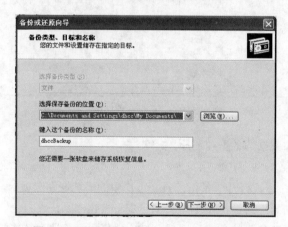

图 2-5-13 备份类型、目标和名称选择窗口

统还原""返回驱动程序"及使用备份文件来恢复系统。用户要使用"安全模式"或者其他启动选项启动计算机，在启动菜单出现时按下 F8 键，然后使用方向键选择要使用启动选项后按回车键即可。下面列出了 Windows XP 的高级启动选项的说明：

（1）基本安全模式：仅使用最基本的系统模块和驱动程序启动 Windows XP，不加载网络支持，加载的驱动程序和模块用于鼠标、监视器、键盘、存储器、基本的视频和默认的系统服务，在安全模式下也可以启用启动日志。

（2）带网络连接的安全模式：仅使用基本的系统模块和驱动程序启动 Windows XP，并且加载了网络支持，但不支持 PCMCIA 网络，带网络连接的安全模式也可以启用启动日志。启用启动日志模式：生成正在加载的驱动程序和服务的启动日志文件，该日志文件命名为 Ntbtlog.txt，被保存在系统的根目录下。

（3）启用 VGA 模式：使用基本的 VGA（视频）驱动程序启动 Windows XP，如果导致 Windows XP 不能正常启动的原因是安装了新的视频卡驱动程序，那么使用该模式非常有用，其他的安全模式也只使用基本的视频驱动程序。

（4）最后一次正确的配置：使用 Windows XP 在最后一次关机是保存的设置（注册信息）来启动 Windows XP，仅在配置错误时使用，不能解决由于驱动程序或文件破坏或丢失而引起的问题，当用户选择"最后一次正确的配置"选项后，则在最后一次正确的配置之后所做的修改和系统配置将丢失。

（5）目录服务恢复模式：恢复域控制器的活动目录信息，改选项只用于 Windows XP 域控制器，不能用于 Windows XP Professional 或者成员服务器。

（6）调试模式：启动 Windows XP 时，通过串行电缆将调试信息发送到另一台计算机上，以便用户解决问题。

4. 自动系统故障恢复（ASR）

（1）常规情况下应该创建自动系统恢复 ASR 盘，作为系统出现故障时整个系统恢复方案的一部分，ASR 应该是系统恢复的最后手段，在其他选项之后才可使用。当在设置文本模式部分中出现提示时，可通过按 F2 访问还原部分。ASR 将读取其创建的文件中的磁盘配置，并将还原启动计算机所需的全部磁盘签名、卷和最小磁盘分区，然后，ASR 安装 Windows XP 的简化版本，并使用 ASR 向导创建的备份自动启动系统还原过程；

（2）在工作站系统工作正常时创建系统紧急恢复盘，以便在系统出现问题时，使用它来恢复系统文件，这种方法可以修复基本系统，包括系统文件、引导扇区和启动环境等。步骤如下：打开"开始"菜单，选择"程序""附件""系统工具""备份"命令，打开"备份工具向导"窗口，可直接单击"高级模式"，打开"备份工具"窗口，在"欢迎"选项卡中，单击"自动系统恢复向导"按钮，将打开"自动系统故障恢复准备向导"对话框，单击"下一步"按钮，进入"备份目的地"对话框，在软驱中插入一张空白的软盘，然后单击"下一步"按钮，继续下去即可完成备份工作。如图 2-5-14 所示为自动系统故障恢复创建窗口。

5. 使用专门软件进行系统的备份和还原

如果使用了上述方法，系统还是不能恢复正常，那么只有选择重新安装系统。实际上就算使用故障恢复控制台、ASR 对系统进行了恢复，也可能出现丢失数据的现象，而重新安装系统在工作效率、系统一致性和完整性上都会存在问题，后续的试验和调试更是非常烦琐耗时。基于以上原因，在系统出现严重故障的情况下，可以选择映像软件进行系统的快速恢复。

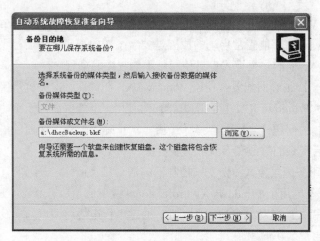

图 2-5-14 自动系统故障恢复创建窗口

五、注意事项

（1）每个备份必须有明确的标识和说明，不得混淆。

（2）系统的整体备份要进行还原试验。

（3）如果从光盘将 NtBackup 安装到 Windows XP Home Edition，则在备份会话过程中 ASR 功能看起来工作很正常。由于安装程序在 Windows XP Home Edition 中不支持 ASR，因此一旦发生故障将无法启动 ASR 还原。如果需要从此会话中还原，应手动安装 Windows XP Home Edition 然后使用 ASR 盘还原。

（4）如果决定备份到光盘上（例如 CDRW），则可能无法直接将该设备定为目标。必须先在硬盘上创建一个备份集合然后备份到文件。当文件完成后，再将该文件复制到光盘。

（5）虽然系统还原支持在"安全模式"下使用，但是计算机运行在安全模式下，"系统还原"不创建任何还原点。因此，当计算机运行在安全模式下时，无法撤销所执行的还原操作。另外，为了节省硬盘存储空间，要及时删除旧的还原点，只保留最近的还原点，但各个驱动器的"系统还原"监视功能不要取消。

【思考与练习】

1. 使用系统自带的备份/还原应怎样备份系统文件？

2. 系统备份有哪几种方式？

3. 系统的备份/还原注意事项有哪些？

模块 8　常见计算机故障的处理方法（新增 ZY5400503008）

【模块描述】本模块包含计算机产生故障的原因、常见故障的判断、计算机常见硬件故障、计算机常见软件故障。通过对操作方法、步骤、注意事项的讲解和案例分析，掌握常见计算机故障的处理方法及步骤。

【模块内容】

一、作业内容

1. 计算机故障的原因

计算机产生故障的原因有：

（1）机械的正常磨损、元件的老化、使用寿命引起的正常使用故障。

（2）硬件损坏或不兼容。

（3）软件本身错误或不兼容。

（4）病毒破坏引起的故障。

（5）人为操作不当引起的故障。

（6）电源故障。

2. 计算机故障的分类

计算机故障分为硬件故障和软件故障两大类。硬件故障是指由计算机硬件引起的故障，例如主机内的各种板卡、存储器、显示器、电源等不能正常工作引起的故障。软件故障一般是由计算机软件错误、人为操作不当或参数设置不正确引起的故障，软故障一般是可以恢复的。

二、危险点分析与控制措施

（1）数据丢失。控制措施：检修前对系统和数据进行安全、完整、正确的备份；遵守国家有关计算机信息安全和保密的有关规定。

（2）误触电。控制措施：与带电设备保持足够的安全距离。

三、作业前准备

工器具：操作系统安装盘、安全软件、检测程序、应用程序、移动硬盘、U 盘、软盘驱动器、刻录光驱、空白光盘、空白磁带、阵列硬盘、清洁工具包。

四、操作步骤

1. 常见故障的判断步骤

（1）首先判断是软件故障还是硬件故障，断开所有可断开的外设后，启动计算机，如果系统能够进行自检，并能显示自检后的系统配置情况，那么可以判定主机硬件基本上没有问题，应该判断故障是不是由软件引起的。

（2）如果当前的计算机故障确实是由软件引起的，则需要进一步确认是操作系统还是应用软件的原因，可以先将应用软件删除，然后重新安装。如果还有问题，则可以判断是操作系统的故障，这时需要重新安装操作系统。

2. 计算机常见硬件故障的处理方法

（1）清洁法。对于使用环境较差或使用较长时间的计算机，应首先进行清洁。可用毛刷轻轻刷去主板、外设上的灰尘，如果灰尘已清洁掉或无灰尘，那么进入下一步检查。

（2）观察法。观察法分为"看、听、闻、摸"4个步骤：

1）"看"即观察系统板卡的插头、插座是否歪斜，元件引脚是否相碰，表面是否烧焦，芯片表面是否开裂，主板上的铜箔是否烧断，是否有异物掉进主板的元器件之间造成短路。

2）"听"即监听CPU风扇、电源风扇、软硬盘电机或寻道机构、显示器、变压器等设备的工作声音是否正常。

3）"闻"即辨闻主机、板卡中是否有烧焦的气味，便于发现故障和确定短路所在处。

4）"摸"即用手按压管座的活动芯片，查看芯片是否松动或接触不良。另外，在系统运行时，用手靠近或触摸CPU、显示器、硬盘等设备的外壳，根据其温度可以判断设备运行是否正常，也可以用手触摸一些芯片的表面，如果发烫，该芯片可能已经损坏。

（3）拔插法。计算机故障产生的原因很多，例如，主板自身故障、I/O总线故障、各种插卡故障均可导致系统运行不正常。采用拔插法是确定主板或I/O设备故障的简捷方法，该方法的具体操作是，关机将插件板逐块拔出，每拔出一块板就开机观察机器运行状态，一旦拔出某块后主板运行正常，那么，故障原因就是该插件板有故障或相应I/O总线插槽及负荷有故障。若拔出所有插件板后，系统启动仍不正常，则故障很可能就在主板上。故障如果是由于一些芯片、板卡与插槽接触不良引起的，那么先将这些芯片、板卡拔出后再重新正确插入，便可找到和解决因安装接触不良引起的计算机故障。

（4）交换法。将同型号插件板与总线方式一致、功能相同的插件板相互交换，或者在同型号芯片之间相互交换，根据故障现象的变化情况，判断故障所在处。若芯片被交换后，故障现象依旧，说明该芯片正常；若交换后故障现象变化，则说明交换的芯片中有一块是坏的，可进一步通过逐块交换而确认故障部位。

（5）软件测试法。运行专用诊断程序来识别故障部位。

3. 计算机常见软件故障的处理

（1）计算机启动后提示计算机没有检测到硬盘（提示"DISK BOOT FAILURE, INSERT SYSTEM DISK AND PRESS ENTER"）处理。解决方法：重新启动计算机，进入 CMOS 设置，自动检测硬盘。如果没有检测到硬盘，则关机检测硬盘数据线是否完好、硬盘和主板是否连接正常、硬盘电源线连接是否正常、硬盘跳线是否正确。如果这些都正常，但还是检测不到硬盘，就有可能是硬盘或主板损坏。

（2）启动时找不到引导文件（提示"Invalid system disk"）的处理。解决方法：有可能是硬盘系统里面没有"io.sys"等系统引导文件引起的，用 Windows 的 DOS 启动软盘或光盘启动计算机，然后在 DOS 下用"SYS C:"命令给硬盘传送引导文件。

（3）系统检测完硬件后就死机，硬盘灯长亮，没有提示任何启动信息的处理。解决方法：出现这种问题的原因很多，一般情况下是硬盘主引导分区标识被改变，而造成计算机启动时找不到主引导分区，导致系统死机，可用软盘或光盘启动计算机后再用软件（如 DISK EDIT、DEBUG 等）来修复。

（4）操作系统启动过程中死机的处理。解决方法：可能是 Windows 文件损坏，使用操作系统故障恢复功能或者重新安装操作系统可以解决。

（5）关闭系统时死机的处理。解决方法：一般由驱动程序的设置不当引起，再次开机后进入"设备管理器"，在这里一般能找到出错的设备（前面有一个黄色的问号或惊叹号），删除它之后再重装驱动程序即可解决问题。也可以采用系统本身的"还原点"和"返回驱动程序"功能解决。

（6）应用程序运行时死机的处理方法：

1）可能是程序本身存在一些 BUG 或者与 Windows 的兼容性不好，存在冲突。可通过修改或者升级应用程序来解决问题。

2）不适当的删除操作可能会引起死机。这里的不适当指的是既没有使用应用软件自身的反安装程序卸载，也没有在"添加或删除程序"里删除这个软件，而是直接在资源管理器中把该软件的安装目录删除。可通过重新安装应用软件来恢复系统，也可通过修改"系统注册表"来避免对已删除软件的调用错误。

3）病毒导致死机。应进行病毒扫描和清除。

4）硬盘的剩余空间不足。应删除不必要的文件，然后使用"磁盘清理"和"磁盘碎片整理"功能优化硬盘，有条件时可更换大容量硬盘。

5）系统的资源不足。如果在系统中同时打开了多个大型软件，那么当系统资源耗尽时，很容易引起系统死机。应当避免同时运行多个大型软件，否则应升级系统，使之具备更充足的可用资源。

五、注意事项

（1）为防止静电危害计算机元件，工作之前人体要进行静电释放或穿静电防护服。

（2）在修改、优化计算机软件之前要进行系统备份。

（3）正常开机顺序为先打开显示器、音箱等外设的电源，然后再开主机电源。

（4）正常关机顺序为先关闭所有的程序，再关闭主机电源，最后关闭外设电源，关机时应避免强行关机操作，关机后距离下一次开机至少应有 10s 的时间间隔。

（5）不能在开机状态下对计算机的硬件设备进行安装、拆除、移动等。

（6）在拆装、移动、清洁配件的时候，要轻拿轻放。

【思考与练习】

1. 计算机故障有哪几种分类？

2. 计算机产生故障的原因有哪些？

3. 应用程序运行时死机应如何处理？

▲ 模块 9 UPS 单机系统的操作（新增 ZY5400503009）

【模块描述】本模块包含 UPS 运行方式、开机和加载、UPS 在维护旁路下的开机、UPS 正常运行及维护旁路、UPS 完全关机、UPS 复位。通过对操作方法、步骤、注意事项的讲解和案例分析，掌握 UPS 单机系统的操作方法及步骤。

【模块内容】

一、作业内容

小型水电厂的计算机监控系统一般配置为 UPS 单机系统，无论是 UPS 单机系统还是 UPS 双机系统甚至 UPS1+N 系统，UPS 单机系统的操作都是最重要的基础性操作。

UPS 可处于下列几种运行方式之一：

（1）正常运行：所有相关电源断路器闭合，UPS 带载。

（2）维护旁路：UPS 关断，负荷通过维护旁路断路器直接连接到旁路电源。

（3）关机：所有电源断路器断开，负荷断电。

（4）静态旁路：负荷由静态旁路厂用电供电，这种供电方式可以看作是负荷在逆变器供电和维护旁路供电之间相互转换的一种中间供电方式，或异常工作状态的供电方式。

（5）经济模式：所有相关电源断路器及电池开关均处于闭合状态，负荷通过 UPS 静态转换开关由旁路厂用电供电，逆变器处于后备状态。出于安全和可靠性考虑，建议水电厂计算机监控系统慎用经济模式，另外双机系统和 1+N 系统一般不支持经济模式。

二、危险点分析与控制措施

（1）人身安全。控制措施：检修前交代作业内容、作业范围、安全措施和注意事项；戴安全帽、穿工作服（防静电服）、戴绝缘手套、穿绝缘鞋；加强监护，严格执行电力安全工作规程。

（2）误触电。控制措施：需停电的设备已停电，安全措施已做好；不停电设备，需设专人监护与带电设备保护足够的安全距离。

（3）仪器损坏。控制措施：使用仪器测试时注意所测介质，确认仪器选择是否正确，避免仪器损坏。

三、作业前准备

工器具：斜口钳、模块冲压工具、数字万用表、验电笔、绝缘电阻表、电工常用工器具、清洁工具包。

四、操作步骤

1. 不中断负荷供电方式 UPS 开机

此方式用于 UPS 开机以及将负荷从外部维护旁路状态切换到逆变器供电状态。假设 UPS 已经安装和调试完毕，外部电源断路器已闭合，并且相序或极性正确。

（1）合维护旁路断路器及外部断路器（维护旁路内）合向负荷侧。

（2）合输出电源断路器及旁路电源断路器。此时面板上的旁路电源正常指示灯闪烁，约 20s（这里和后面的时间仅作为举例使用，具体的时间长度随 UPS 型号而定）后，旁路带载指示灯闪烁。

（3）合整流器输入断路器。

（4）等待约 20s 后合电池开关。面板上无电池指示灯灭，电池容量指示灯根据实际容量点亮，整流器逐步启动并稳定在浮充电压。

（5）断开维护旁路电源断路器，并上锁。面板上旁路带载指示灯闪烁。

（6）5s 后，面板上逆变器带载指示灯亮，旁路带载指示灯灭。

2. 无负荷方式 UPS 开机和加载过程

此方式用于 UPS 开机加载，即在 UPS 未对负荷进行供电的情况下，对 UPS 进行开机。假设已经安装和调试完毕，外部电源断路器已闭合，并且相序或极性正确。

（1）合整流器输入断路器。面板指示交流输入正常，约 20s 后，逆变器输出正常指示灯亮、无电池指示灯亮。

（2）合 UPS 输出电源断路器。面板上逆变器带载指示灯亮、无电池指示亮。

（3）合旁路断路器输入。面板上的旁路电源指示灯亮，20s 后，逆变器与厂用电旁路同步。

（4）在合电池开关前，检查直流母线电压。

（5）手动合电池开关。面板上无电池指示灯灭，电池容量指示根据实际容量点亮。

（6）观察逆变器工作稳定后，操作结束。

3. UPS 从正常运行到维护旁路的步骤

该步骤用于将负荷从 UPS 逆变器输出切换到维护旁路，这在 UPS 维护时可能会用到。

（1）检查旁路电源正常，并且逆变器与旁路同步，以免造成负荷供电中断。

（2）关闭逆变器，此时负荷被切换到旁路供电。面板上逆变器带载指示灯灭，旁路带载指示灯闪烁，通常情况下会同时伴有声音告警。

（3）给维护旁路电源断路器解锁，然后合上维护旁路电源断路器。

（4）拉开整流器输入电源断路器、输出电源断路器、旁路电源断路器和电池开关。此时，UPS 下电，负荷由维护旁路供电。

4. UPS 在维护旁路下的开机步骤

此步骤用于将负荷从外部维护旁路状态切换到 UPS 逆变器供电状态。假设 UPS 已经安装和调试完毕，外部电源断路器已闭合，并且相序或极性正确。

（1）合输出电源断路器及旁路电源断路器。此时面板上的旁路电源正常指示灯闪烁，约 20s（这里和后面的时间仅作为举例使用，具体的时间长度随 UPS 型号而定）后，旁路带载指示灯闪烁。

（2）合整流器输入断路器。

（3）等待约 20s 后合电池开关。面板上无电池指示灯灭，电池容量指示灯根据实际容量点亮，整流器逐步启动并稳定在浮充电压。

（4）断开维护旁路电源断路器，并上锁。面板上旁路带载指示灯闪烁。

（5）5s 后，面板上逆变器带载指示灯亮，旁路带载指示灯灭。

5. UPS 完全关机步骤

此步骤介绍 UPS 的完全关机，且使负荷断电的操作，所有电源断路器将断开，且不再对负荷供电。

（1）计算机监控系统退出运行，关闭计算机监控系统各设备电源。

（2）拉开 UPS 输出侧母线上的外部负荷配电断路器。

（3）断开 UPS 电池开关和整流器输入电源断路器，逆变器带载指示灯灭，旁路带载指示灯闪烁，无电池指示灯亮，电池容量的所有指示灯灭。

（4）断开 UPS 输出断路器和旁路电源断路器。经一段时间延时，内部辅助电源消失后，所有面板指示灯灭。

（5）若要 UPS 与厂用电完全隔离，则应断开外部所有厂用电配电断路器，此时，UPS 已完全下电。

（6）在厂用电配电屏悬挂标示牌，指明 UPS 处于维修状态。

6. UPS 复位步骤

当操作人员使用 UPS 紧急关机功能使 UPS 关机或因 UPS 出现故障（如逆变器温度过高、过负荷、电池过压，切换次数过多等）自动关机后，应该根据 UPS 提示采取措施排除故障后，进行复位操作，使 UPS 恢复正常工作状态。

（1）按照提示排除故障。

（2）通过 UPS 面板，输入正确的口令，进入操作状态。

（3）使用复位功能，对 UPS 报警进行复位。UPS 内部的逻辑电路将进行复位，整流器、逆变器和静态开关将重新正常运行。

（4）如果是紧急关机后的复位，还需手动合电池开关。

五、注意事项

（1）熟悉相关电源断路器的位置和作用，防止误操作。

（2）由于 UPS 型号间的差异，操作方式和方法会有所区别，所以操作之前应该掌握操作方式和方法。

（3）在标志不清楚和对负荷情况不了解的情况下，暂时不要操作，搞清楚以后再进行操作。

（4）操作时要保证各个电源断路器完全闭合或者完全切除。

（5）操作完成后应该悬挂标志牌的必须悬挂标志牌，应该加锁保护的一定要加锁（如维护旁路断路器）。

（6）合电池开关前，要先检查直流母线电压，当直流母线电压达到其规定的合格电压后才能合电池开关，否则有些型号的 UPS 会退出运行。

（7）如果要对 UPS 进行内部检查，应该等约 5min，使内部直流母线电容电压放电。UPS 关机状态下，如有需要，可随时合上维护旁路电源断路器，给负荷接通维护旁路电源。但是当负荷由维护旁路供电时，负荷无电源异常保护；

（8）如果要对 UPS 进行内部检查，应该等约 5min，使内部直流母线电容电压放电。同时 UPS 内部旁路交流输入端子和母线、维护旁路电源断路器、静态旁路电源断路器、UPS 输出端子和母线等部件带电，要做好防触电安全保护措施。

【思考与练习】

1. 简述 UPS 复位步骤。

2. 简述 UPS 完全关机步骤。

3. 简述 UPS 从正常运行到维护旁路的步骤。

▲ 模块 10　UPS 双机系统的操作（新增 ZY5400503010）

【模块描述】本模块包含双机系统、系统开机步骤、双机 UPS 从正常运行状态到外部维护旁路的操作、双机 UPS 在外部维护旁路下的开机、关断并分离运行中双机系统的其中一台 UPS、UPS 完全关机步骤。通过对操作方法、步骤、注意事项的讲解和案例分析，掌握 UPS 双机系统的操作方法及步骤。

【模块内容】

一、作业内容

计算机监控系统最常见的 UPS 配置方案是双机系统，即两个 UPS 并联运行的电源系统。两个 UPS 并联的情况下，既可给每台 UPS 配置独立的电池组，即分离电池系统；也可以两个 UPS 采用一组公共电池，即公共电池系统，此时一般配置公共电池开关。此公共电池开关内含两个开关，可用来切断一个 UPS 而不影响另一台 UPS 的运行。

多台容量相同、软件和硬件相同的 UPS 可以并列运行，并列运行时，由于系统中各 UPS 单机的输出并联在一起，系统会检查各逆变器控制电路是否相互同步，并且与厂用电旁路的频率及相位的完全同步性，同时保证它们各自输出电压是否完全相同，并列运行时负荷的供电电流自动由各 UPS 单机均衡承担。并列运行的 UPS 中若某个单机发生故障，该单机的静态转换开关自动将此单机退出系统。如系统中剩余的单机仍能满足负荷的供电要求，系统将继续给负荷供电，负荷电源不中断。如果剩余的单机不再能够满足负荷的供电要求，负荷将自动被切换到旁路厂用电。这种情况下的负荷切换，如果逆变器与电网同步，负荷电源不会中断，否则，负荷电源将中断。由于 UPS 不跟踪维护旁路电源，切换时不能保证逆变器与电网同步，所以配置有内部维护旁路断路器的 UPS 在并列运行时禁止使用内部维护旁路断路器。为了保证并列运行的 UPS 间同步，UPS 间还设有并机母线或同步通信电缆。如图 2-5-15 为带维护旁路断路器和分离电池系统的 UPS 双机系统。

由于 UPS 系统在日常的维护和检修中，由于负荷容量、类型、要求不同，要面临各种各样的操作，不同型号的 UPS 的功能有所区别，其操作步骤也会有些不同，但保证系统供电安全的目标却是一致的。下面以艾默生 HIPULSE UPS 系统为例，就带分离电池双机系统的操作步骤加以介绍，作为参考。

二、危险点分析与控制措施

（1）误触电。控制措施：需停电的设备已停电，安全措施已做好；不停电设备，需设专人监护与带电设备保护足够的安全距离。

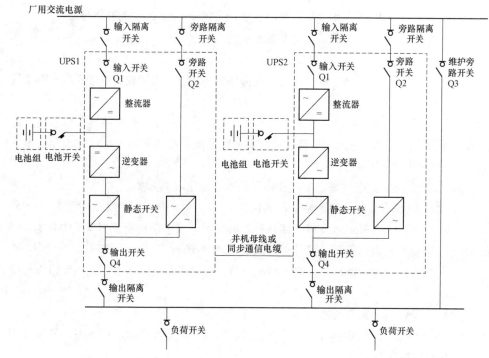

图 2-5-15　带维护旁路断路器和分离电池系统的 UPS 双机系统

（2）仪器损坏。控制措施：使用仪器测试时注意所测介质，确认仪器选择是否正确，避免仪器损坏。

三、作业前准备

（1）工器具。斜口钳、数字万用表、绝缘电阻表、电工常用工器具、清洁工具包。

（2）作业前应根据测量参数选择量程匹配、型号合适的仪表设备。

四、操作步骤

1. 系统开机步骤（开机前 UPS 不带负荷）

此步骤用于 UPS 完全下电状态下对 UPS 进行开机，即开机前 UPS 不带负荷。假设 UPS 安装完毕且调试正常，且外部电源断路器已闭合。

（1）合上旁路断路器，面板将显示旁路电源正常及旁路带载。

（2）合上整流器输入断路器和 UPS 输出断路器，等待片刻后，面板上逆变器带载指示灯亮，旁路带载指示灯灭。

（3）合电池开关前，检查直流母线电压，确认直流母线电压达到额定值。

（4）手动合电池开关，面板上无电池指示灯灭，电池容量指示灯根据实际容量点亮。

（5）第二台 UPS 开机步骤见后面"已关闭并脱离系统 UPS 的开机步骤"。

2. 双机 UPS 从正常运行状态到外部维护旁路的操作

用此步骤将负荷从逆变器输出切换到维护旁路。

（1）关闭 UPS 逆变器，负荷被切换到旁路供电。逆变器带载指示灯灭，旁路带载指示灯亮。

（2）检查外部维护旁路电源正常后，合上外部维护旁路电源断路器。拉开整流器输入电源断路器、输出电源断路器、旁路电源断路器和电池开关。此时，UPS 下电，负荷由外部维护旁路供电；

（3）要使 UPS 完全分离出来，应拉开输入、输出隔离开关。

3. 双机 UPS 在外部维护旁路下的开机

此步骤用于 UPS 开机以及将负荷从外部维护旁路状态切换到逆变器供电状态。假设 UPS 安装完毕且调试正常，且外部电源断路器已闭合。

（1）合输出电源断路器及旁路电源断路器，此时旁路电源指示灯亮，旁路带载指示灯亮。

（2）合整流器输入断路器。

（3）等待 20s 后合电池开关，无电池指示灯灭，电池容量指示灯点亮，整流器逐步启动并稳定在浮充电压。

（4）断开外部维护旁路电源断路器。旁路带载指示灯闪烁，数秒钟后，逆变器带载指示灯亮，旁路带载指示灯灭。

4. 关断并分离运行中双机系统的其中一台 UPS

（1）依次拉开该 UPS 输出断路器、整流器输入断路器和旁路输入断路器。

（2）拉开电池柜内的电池开关。

（3）为完全分离该 UPS，拉开各隔离开关。

5. 已关闭并脱离系统 UPS 的开机步骤

（1）合上被关闭 UPS 的外部配电断路器和隔离开关。

（2）合上 UPS 整流器输入断路器和旁路输入断路器。

（3）确认直流母线电压达到额定值，合上电池开关。

（4）合上 UPS 输出断路器，自动进入并列运行状态。

6. UPS 完全关机步骤

UPS 的完全关机是指使负荷断电的操作，所有电源断路器将断开，且不再对负荷供电。

（1）先停运所有计算机设备，然后依次分开 UPS 输出断路器以外的所有配电负荷断路器。

（2）拉开电池开关和整流器输入电源断路器，逆变器带载指示灯灭，旁路带载指示灯闪烁，无电池指示灯亮，电池容量指示灯灭。

（3）断开 UPS 输出断路器和旁路电源断路器；

（4）若要 UPS 与外部完全隔离，则应拉开外部所有配电断路器和隔离开关。

（5）等待几分钟，使直流母线电容电压放电。

（6）设置标志牌，UPS 进入维修状态。

五、注意事项

（1）熟悉相关电源断路器的位置和作用，防止误操作。

（2）由于 UPS 型号间的差异，操作方式和方法会有所区别，所以操作之前应该掌握操作方式和方法。

（3）在标志不清楚和对负荷情况不了解的情况下，暂时不要操作，搞清楚以后再进行操作。

（4）操作时要保证各个电源断路器完全闭合或者完全切除。

（5）操作完成后应该悬挂标志牌的必须悬挂标志牌，应该加锁保护的一定要加锁（如维护旁路断路器）。

（6）合电池开关前，要先检查直流母线电压，当直流母线电压达到其规定的合格电压后才能合电池开关，否则有些型号的 UPS 会退出运行。

（7）双机系统的操作要求必须一次执行一个步骤，只有在每个单机都完成了相同一个步骤以后，方能继续下一步骤。

（8）对于带公共电池双机系统的情况，和带分离电池双机系统的区别在于合/分电池开关时要求进行两个电池开关的操作，当某一个 UPS 要投运或退出时，要合/分对应的电池开关；当两个 UPS 要同时投运或退出时，要同时合/分对应的电池开关，其他和带分离电池双机系统的操作步骤一样。

【思考与练习】

1. 简述双机 UPS 完全关机步骤。

2. 简述双机 UPS 从正常运行状态到外部维护旁路的操作。

3. 简述双机 UPS 已关闭并脱离系统 UPS 的开机步骤。

▲ 模块 11 UPS 日常维护（新增 ZY5400503011）

【模块描述】 本模块包含 UPS 面板和外观检查、激活电池。通过对操作方法、步骤、注意事项的讲解和案例分析，掌握 UPS 日常维护方法及步骤。

【模块内容】

一、作业内容

UPS 蓄电池放电试验时应有两人以上，有报警或异常时禁止进行 UPS 蓄电池放电试验。

二、危险点分析与控制措施

（1）误触电。控制措施：需停电的设备已停电，安全措施已做好；不停电设备，需设专人监护与带电设备保护足够的安全距离。

（2）仪器损坏。控制措施：使用仪器测试时注意所测介质，确认仪器选择是否正确，避免仪器损坏。

三、作业前准备

（1）工器具。斜口钳、数字万用表、绝缘电阻表、电工常用工器具、清洁工具包。

（2）作业前应根据测量参数选择量程匹配、型号合适的仪表设备。

四、操作步骤

（1）通过 UPS 面板和外观检查，正常运行应满足下列条件：

1）电池运行温度范围：15～25℃。

2）UPS 交流输入和输出电压在要求范围内。

3）正常运行时，有下列指示：旁路电源正常但不允许旁路带载，输入电源正常且整流器工作，电池工作状态正常，逆变器输出正常，逆变器带载状态。无下列现象和指示：蜂鸣器警报声、放电声、异味、电池极板腐蚀、电池有漏夜、电池欠压指示、UPS 过载指示。

（2）为达到激活电池的目的，每隔 3 个月人为中断厂用电供电，让 UPS 的蓄电池放电 5min，注意不要让 UPS 深度放电。电池定期放电运行时，人员不能离开，同时有下列指示：电池放电状态，电池工作状态正常，逆变器输出正常，逆变器带载状态。

五、注意事项

（1）不要使用带剩余电流动作保护器的装置。

（2）电动工具、检修设备以及其他非计算机监控系统设备应使用检修电源，禁止以 UPS 作为电源。

（3）环境设备（如空调机）、环境检验设备不能以 UPS 作为电源。

（4）现地单元（如 PLC、现地工作站）的电源应使用单独的 UPS 供电或由厂内直流蓄电池供电的逆变装置，同时 UPS 的输入不能接到计算机监控系统 UPS 的输出端。

【思考与练习】

1. 通过 UPS 面板和外观检查，正常运行应满足哪些条件？

2. 为达到激活电池的目的，每隔多少个月人为中断厂用电供电？

3. 人为中断厂用电供电后应让 UPS 的蓄电池放电多少分钟？

▲ 模块 12　UPS 工作原理及安装（新增 ZY5400503012）

【模块描述】本模块包含 UPS 的优点、UPS 工作原理、UPS 系统的连接、UPS 极性检查、UPS 电气特性。通过对操作方法、步骤、注意事项的讲解和案例分析，掌握 UPS 工作原理及安装方法及步骤。

【模块内容】

一、作业内容

为保证计算机监控系统的电源高度可靠，系统应采用不间断电源系统（UPS）供电，对于全计算机监控系统和以计算机为主的监控系统，不间断电源应采取双重化等冗余措施，现地控制单元应采用不间断电源系统或由厂内直流蓄电池供电的逆变电源供电，电源质量应符合设备要求。

1. UPS 的优点

（1）提高供电质量。UPS 通过内部电压和频率调节器，使其输出不受其输入电源变化的影响。

（2）提高噪声抑制。输入电源中的杂波被有效地滤除，使负荷能得到干净的电源。

（3）厂用电（或市电）掉电保护。若输入电源断电，UPS 由电池供电，负荷供电无中断。

2. UPS 工作原理

（1）UPS 系统主要由整流器、充电器、逆变器、电池组、静态开关等构成，是一套具有自动控制功能的电源装置。电池组的充电器与逆变器前的整流器，功能相似。整流器承担着 UPS 的经常性负荷，充电器给电池组浮充电，且与电池并列作为整流器的后备，旁路电源则是逆变器的后备。逆变器和旁路之间转换时，若 UPS 旁路侧与逆变器输出侧电压的相位和频率不一致，转换瞬间将短路或因差压大而产生很大的冲击电流，导致掉电及元件损坏。所以，逆变器输出的交流电压与旁路电源的交流电压应该同步，才能实现无间断转换。不论旁路取自哪里，逆变器都应能够调整输出电压，与旁路电压同频同相。

（2）UPS 按照工作原理分为后备式 UPS 和在线式 UPS，后备式 UPS 在有厂用电时仅对交流电源进行稳压，逆变器不工作，处于等待状态，当交流电源异常时，后备式 UPS 会迅速切换到逆变状态，将电池组电能逆变成为交流电对负荷继续供电，因此后备式 UPS 在由交流电源转到电池组逆变工作时会有一段转换时间，一般小于 10ms。而在线式 UPS 开机后逆变器始终处于工作状态，因此在交流电源异常转电池放电时不需要转换时间。水电厂计算机监控系统供电系统多采用容量较大的在线式 UPS，而现地单元由于容量较小，可以选用在线式 UPS，也可以选用后备式 UPS，这里主要讲解在线式 UPS。

3. 在线式 UPS 的工作状态

在线式 UPS 的工作状态分为以下 4 种情况：

（1）厂用电（或市电）正常。在正常工作状态，由厂用电提供能量，整流器将交流电转化为直流电，逆变器将经整流后的直流电转化为交流电提供给负荷，同时电池组通过充电器浮充电。

（2）厂用电异常。厂用电断电或者厂用电的电压或频率超出允许范围，整流器自动关闭。此时，由电池组提供的直流电经逆变器转化为交流电提供给负荷。电池组维持 UPS 工作，直至电池电压降到电池放电终止电压而关机的时间，被称作后备时间。后备时间的长短取决于电池的容量和所带负荷的大小。

（3）厂用电恢复正常。当厂用电恢复到正常后，整流器重新提供经整流后的直流电给逆变器，同时由充电器对电池组充电。

（4）旁路状态。大、中功率 UPS 系统的静态旁路断路器是为提高 UPS 系统工作的可靠性而设置的，能承受负荷的瞬时过载或短路。因 UPS 的逆变器采用电子器件，过载能力有限，当 UPS 供电系统出现过载或短路故障时，UPS 将自动切换到旁路，以保护 UPS 的逆变器不会因过载而损坏。UPS 供电系统转入旁路供电后，是由厂用电直接供给负荷，待过载或短路故障消除后，旁路断路器将自动转换回由 UPS 继续向负荷供电。在下列两种情况下，UPS 处于旁路：

1）当负荷超载、短路或者逆变器故障时，为了保证不中断对负荷的供电，静态旁路断路器动作，由厂用电直接向负荷供电。

2）当 UPS 系统需维修或测试时，将维护旁路断路器闭合，由厂用电直接向负荷供电。一般情况下，UPS 除了带有旁路和整流器静态开关以外，还配置有整流器输入断路器、旁路输入断路器、UPS 输出断路器、内部维护旁路断路器、电池开关、单独配置充电器的还有充电器输入断路器，在此基础上，为了在检修时彻底分离出 UPS，还配有外部维护断路器和外部隔离开关。

二、危险点分析与控制措施

（1）误触电。控制措施：需停电的设备已停电，安全措施已做好；不停电设备，需设专人监护与带电设备保护足够的安全距离。

（2）仪器损坏。控制措施：使用仪器测试时注意所测介质，确认仪器选择是否正确，避免仪器损坏。

三、作业前准备

（1）工器具。斜口钳、数字万用表、绝缘电阻表、电工常用工器具、清洁工具包。

（2）作业前应根据测量参数选择量程匹配、型号合适的仪表设备。

（3）作业前应检查、核对设备名称、编号、位置，避免走错工作地点；发现有误或标识不清应立即停止操作。

四、操作步骤

（1）在合适的位置固定好 UPS 本体和电池柜（架）。

（2）把经过完好性检查的电池按每组单体间串联、组间并联按顺序连接，并置入电池柜（架）内，连接时要确保极性正确、连线和极板接触良好牢固，由于电池已经充电，还须防止电极间出现短路发生危险。

（3）连接 UPS 输入电缆、旁路电缆、输出电缆。连接时，应正确连接交流输入的极性。

（4）连接电池电缆，通过正负极的两根电缆把 UPS 与电池组相连接，连接时确保电池连接极性的正确性。

（5）把保护地线连接到保护地母线上，并与系统的各机柜相接，所有的柜体都应该按规定接地。

（6）UPS 双机系统的连接要确认各单机应具有相同的容量，软件和硬件也应相同。

（7）UPS 双机系统间电缆的连接，包括并机、通信等辅助电缆。

（8）如果 UPS 监控和设置端口，那么应该连接到管理工作站。

（9）UPS 极性检查。初次安装的 UPS，在进行 UPS 连接时，应正确连接交流输入的极性，以确保 UPS 电源无论是工作在厂用电供电状态，还是工作在逆变器供电状态，UPS 交流输出火线永远保持在输出插座的同一位置处（按规定，插座的左边为零线，右边是火线）。否则将影响计算机的安全运行。判断 UPS 交流输入极性的方法很简单，用一只试电笔插入 UPS 电源交流输出插座的任一插孔内，打开 UPS 电源 1～2min，待 UPS 电源的交流输出插孔对地电压稳定后，反复断开和接通 UPS 的厂内交流输入电源，如果试电笔的氖灯处于常灭或常亮状态，则说明厂用电的输入极性是正确的，否则就是厂用电的交流极性接反了。如果接反了，把交流输入插头换一个方向即可。

（10）安装完成后，为了日后的维护和检修，应记录下列 UPS 电气特性：

1）输入整流器：额定功率、额定电压、输入电源类型、频率。

2）逆变器输出：额定功率、额定电压、输出电源类型、频率。

3）直流中间环节：推荐的铅酸电池数量、电池单体的浮充电压、均充电压、放电中止电压及对应的直流母线电压、测试电压、手动最大充电电压及对应的直流母线电压、电池均充周期、最大均充时间。

五、注意事项

（1）确认 UPS 外部的所有输入和隔离配电断路器彻底断开，UPS 内部电源断路器全部断开。

（2）在这些断路器处贴上警告标识，以防他人对断路器进行操作。

（3）佩戴护眼罩，以防电弧造成意外伤害。

（4）取下身上的戒指、手表、项链、手镯及其他金属饰物。

（5）使用具有绝缘手柄的工具。

（6）操作电池时，应戴橡胶手套和围裙。如果出现电池漏液或损坏，应将电池置于抗硫酸的容器中，并按规定进行报废处理。如皮肤接触到电解液，应立即用水清洗。电池的报废处理应遵守环境保护规定。

【思考与练习】

1. UPS 按照工作原理分为哪几种形式？

2. 在线式 UPS 的工作状态分为哪几种情况？

3. UPS 的优点有哪些？

▲ 模块 13 UPS 试验（新增 ZY5400503013）

【模块描述】本模块包含 UPS 静态试验、UPS 动态试验。通过对操作方法、步骤、注意事项的讲解和案例分析，掌握 UPS 试验方法及步骤。

【模块内容】

一、作业内容

安装或大修阶段的 UPS 电气特性试验。

二、危险点分析与控制措施

（1）误触电。控制措施：需停电的设备已停电，安全措施已做好；不停电设备，需设专人监护与带电设备保护足够的安全距离。

（2）仪器损坏。控制措施：使用仪器测试时注意所测介质，确认仪器选择是否正确，避免仪器损坏。

三、作业前准备

（1）工器具。斜口钳、数字万用表、绝缘电阻表、电工常用工器具、清洁工具包。

（2）作业前应根据测量参数选择量程匹配、型号合适的仪表设备。

（3）作业前应检查、核对设备名称、编号、位置，避免走错工作地点；发现有误或标识不清应立即停止操作。

四、操作步骤

（1）计算机监控系统负荷转到维护旁路或监控系统停止运行，负荷断路器分开。

（2）UPS 输出断路器和输出隔离开关分开。

（3）如果计算机监控系统由维护旁路供电，为了不中断供电，可能需要在两台 UPS 的输出断路器的下端使用合适的电缆将其并联，重新构成一条"母线"，以进行后续试验，此时输出隔离断路器必须在分开位置。然后按照说明书将交流假负荷通过一个隔离断路器接入母线，隔离断路器分开。通过 UPS 输出断路器和隔离断路器的分合操作分别对两台 UPS 进行试验。

（4）投入一台 UPS 的输入、输出断路器，上电运行在正常工作状态，合上隔离断路器接入交流假负荷，调节交流假负荷使 UPS 工作在空载和满载位置，分别测量 UPS 的输出波形、频率、电压应符合技术要求。

（5）调节交流假负荷，突加或突减负荷（50%），若 UPS 输出瞬变电压变化幅度在 $-10\%\sim10\%$ 之间，且在 20ms 内恢复到稳态，则此 UPS 该项指标合格。

（6）调节交流假负荷在 UPS 满载位置，测试由逆变器供电转换到旁路供电或由旁路供电转换到逆变器供电时的转换特性，转换时使用示波器录波，切换时间应小于 10ms。

（7）对另一台 UPS 进行同样的试验，两台 UPS 试验合格后，调节交流假负荷模拟实际负荷（50%），两台 UPS 进行热备试验，使用示波器录波，分析同步过程、切换时间是否符合要求，有条件时，建议进行 UPS 过载试验。

（8）调节交流假负荷为实际负荷大小，分开 UPS 输入交流断路器，使其工作在电池放电状态，进行核对性放电试验，放电 30min，注意电池不能深度放电。

（9）调整电池开关的跳闸定值到高于电池终止电压位置，放电使其正确动作一次。然后恢复原来定值，合上 UPS 输入交流断路器和电池开关。

（10）分开 UPS 交流输出断路器，拆除所有试验接线和试验设备，然后检查 UPS 工作状态是否正常。

（11）确认 UPS 正常后，计算机监控系统负荷转 UPS 或者计算机监控系统投入运行。

（12）整理检修报告。

五、注意事项

（1）试验环境温度为 20℃。

（2）清洁和 UPS 内部检修时，要在 UPS 停运并拉开电池开关等待约 10min 后，使内部直流母线电容电压放电，然后才能对 UPS 内部进行检修。

（3）防止触电和误操作。

（4）电池不能深度放电。

【思考与练习】

1. UPS 试验的注意事项有哪些？

2. 调节交流假负荷，突加或突减负荷（50%），UPS 输出瞬变电压变化幅度在多少之间？

3. UPS 试验环境温度是多少？

▲ 模块 14 计算机运行场地环境检测（新增 ZY5400503014）

【模块描述】本模块包含温度测试、相对湿度测试、尘埃测试、噪声测试、无线电干扰环境场强测试、磁场干扰环境场强测试、照明测试、有害气体测试。通过对操作方法、步骤、注意事项的讲解和案例分析，掌握计算机运行场地环境检测方法及步骤。

【模块内容】

一、作业内容

本检测项目适用场所：计算机室、现地控制单元以及其他有环境要求的场所。值班人员所在的中央控制室由于设备较复杂、人员来往较频繁，环境条件可适当放宽，但不能对人员工作和设备运行造成影响。

由于环境监测技术的快速发展，目前已有针对部分环境参数的自动化监测设备投入实际应用，实现了环境参数的连续监视，使环境监测结果更准确、更及时。在实际应用中，应优先采用这类自动化和智能化程度较高的设备对环境进行全天候监测，同时对该设备应定期进行维护和校验。

对环境参数的检修可安排进行定期和不定期检修，不定期检修是指当设备变化时要进行一次环境参数的检修，定期检修可安排每年 1～2 次，环境参数的检修涉及计算机监控系统设备启停的，时间安排上应服从计算机监控系统设备的检修工期。环境调节设备（空调机、空气净化器、湿度调节器、环境自动化监测设备等）的检修随计算机监控系统设备检修周期安排大、小修，按照设备说明书进行简单清灰、保养，进一步的检修由设备供应商完成，检修周期应少于计算机监控系统设备的检修周期。

环境检测的主要的项目是：温度、相对湿度、尘埃和磁场干扰场强。

二、危险点分析与控制措施

（1）数据丢失。控制措施：检修前交对系统和数据进行安全、完整、正确的备份；遵守国家有关计算机信息安全和保密的有关规定。

（2）误触电。控制措施：需停电的设备已停电，安全措施已做好；不停电设备，需设专人监护与带电设备保护足够的安全距离。

（3）仪器损坏。控制措施：使用仪器测试时注意所测介质，确认仪器选择是否正确，避免仪器损坏。

三、作业前准备

工器具：操作系统安装盘、安全软件、检测程序、应用程序、移动硬盘、U 盘、软盘驱动器、刻录光驱、空白光盘、空白磁带、阵列硬盘、清洁工具包。

四、操作步骤

1. 温度

（1）技术要求。

1）计算机房：开机时温度为 20～24℃，停机时温度为 5～35℃。

2）现地控制单元：0～40℃。

3）温度变化率：<5℃/h，要不产生凝露。

（2）测试仪表。

1）水银温度计。

2）双金属温度计。

（3）测试方法。

1）开机时的测试应在计算机设备正常运行 1h 以后进行。

2）测点应选择在高度离地面 0.8m，距设备周围 0.8m 以外处，共测 5 点，并应避开出、回风口处。

3）测点分布如图 2-5-16 所示。

4）停机时的测试方法与开机时的测试方法相同（停机 1h 以后）。

（4）测试数据。每个测点数据均为该房间的实测温度，各点均应符合要求。

2. 相对湿度

（1）技术要求。

1）计算机房：40%～70%。

2）现地控制单元：20%～80%（无凝露）。

（2）测试仪表。

1）普通干湿球湿度计。

2）电阻湿度计。

（3）测试方法。

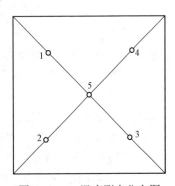

图 2-5-16 温度测点分布图

1）开机时的测试应在计算机设备正常运行 1h 以后进行。

2）测点应选择在高度离地面 0.8m，距设备周围 0.8m 以外处，共测 5 点，并应避开出、回风口处。

3）测点分布与温度测点相同。

4）停机时的测试方法与开机时的测试方法相同（停机后 1h 以后）。

（4）测试数据。测点数据均为该房间的实测湿度，各点均应符合要求。

3. 尘埃

（1）技术要求。粒度大于 0.5μm 的个数：计算机室≤10 000 粒/dm³；现地控制单元≤18 000 粒/dm³。

（2）试仪表。尘埃粒子计数器。

（3）测试方法。

1）开机时的测试应在计算机设备正常运行 24h 以后进行。

2）对粒径大于或等于 0.5μm 的尘粒计数，采用光散射粒子计数法。

3）粒子计数器每次采样量应为 1dm³。

4）采样注意事项：采样管必须干净，连接处严禁渗漏；管的长度应根据仪器允许长度，当无规定时不宜大于 1.5m，测试人员应在采样口的下风侧。

5）测点布置：每增加 20～50m²，增加 3～5 个测点。

（4）测试数据。每个测点连续 3 次测试，取其平均值为该点的实测数值，各测点的实测数值均代表房间内的含尘数量。

4. 噪声

（1）技术要求。开机时机房内的噪声，在中央控制台处测量应小于 60dB。设备在正常工作时，距离设备 1m 处产生的噪声应小于 70dB。

（2）试仪表。普通声级计。

（3）测试方法。机器运行后，在中央控制台处进行测量。

（4）测试数据。测量的稳定值即为该房间的噪声值。

5. 无线电干扰环境场强

（1）技术要求。无线电干扰场强，在频率范围为 0.15～1000MHz 时不大于 120dB。

（2）测试仪表。干扰场强测试仪。

（3）测试方法。在房间内一点进行测试。

（4）测试数据。测试 3 次，取最大值。

6. 磁场干扰环境场强

（1）技术要求。机房内磁场干扰场强不大于 800A/m，在磁场强度过强的地方，计算机如果是带屏蔽工业控制机，则其可耐磁场干扰场强可适当放宽，具体数值参照其性能手册而定。

（2）测试仪表。交直流高斯计。

（3）测试方法。在房间内一点进行测试。

（4）测试数据。测试 3 次，取最大值。

7. 照明

（1）技术要求。计算机机房内在离地面 0.8m 处，照度不应低于 200lx；计算机机房、终端室、已记录的媒体存放室，应设事故照明，其照度在距地面 0.8m 处不应低于 5lx；主要通道及有关房间依据需要应设事故照明，其照度在距地面 0.8m 处不应低于 1lx。

（2）测试仪表。照度计。

（3）测试方法。

1）在房间内距墙面 1m（小面积房间为 0.5m）、距地面为 0.8m 的假定工作面上进行测试；或在实际工作面上进行测试。

2）测试点选择 3～5 点，大面积房间可多选几点进行测试。

（4）测试数据。每个测点数据即为该房间的实际照度。

8. 有害气体

（1）技术要求。表 2-5-6 中所列数值为对有害气体含量限值的规定。

表 2-5-6　　　　　　　　有 害 气 体 列 表

有害气体 （mg/m²）	二氧化硫 （SO_2）	硫化氢 （H_2S）	二氧化氮 （NO_2）	氨 （NH_3）	氯 （Cl_2）
限值（≤）	0.15	0.01	0.15	0.15	0.3

1）有害气体主要测试二氧化硫（SO_2）和硫化氢（H_2S），有条件时可以测试其他有害气体。由于有害气体的影响在很大程度上受环境温度、湿度和尘埃量高低的影响，故技术标准要求取周围环境温度为 25±5℃、相对湿度为 40%～80% 时的测量值。

2）二氧化硫（SO_2）浓度 ≤0.15mg/m³；硫化氢（H_2S）浓度 ≤0.01mg/m³。

（2）二氧化硫（SO_2）和硫化氢（H_2S）浓度测试方法。二氧化硫气体的分析方法推荐采用副玫瑰苯胺比色法，硫化氢则推荐采用亚甲基蓝比色法。

（3）测试仪表。

1）多孔玻璃板吸收管或大型气泡吸收管。

2）采样器，流量范围为 0～2dm³/min。

3）具塞比色管，10cm³。

4）分光光度计。

（4）数据计算：

$$C = \frac{a}{V_0} \tag{2-5-1}$$

式中　C——二氧化硫或硫化氢浓度，mg/m^3；

　　　a——二氧化硫或硫化氢含量，μg；

　　　V_0——换算成标准状况下的采样体积，dm^3。

五、注意事项

当环境不符合标准时要对环境进行治理，对温度、湿度、腐蚀性气体要通过投入相应的设备，如空调机、空气净化器、湿度调节器来进行调节，尘埃过多时机柜采用密封机柜和带过滤器的通风孔，对电磁辐射采取隔离、屏蔽、滤波等衰减技术改善电磁环境，更换或加装灯具，改善照明条件。

【思考与练习】

1. 简述尘埃的测试方法。

2. 阐述二氧化硫（SO_2）和硫化氢（H_2S）浓度测试方法。

3. 无线电干扰环境场强应不超过多少？

▲ 模块 15　光纤熔接（新增 ZY5400503015）

【模块描述】本模块包含开剥光缆、熔接机开机、进行初始设置、光纤端面制备、放置光纤、熔接、热缩管加热、盘纤整理、接续质量检查。通过对操作方法、步骤、注意事项的讲解和案例分析，掌握光纤熔接方法及步骤。

【模块内容】

一、作业内容

光纤的接续质量直接关系到计算机监控系统网络的可靠运行和数据吞吐能力，但光纤是精密通信介质的现实，给光纤的接续工艺提出了非常苛刻的要求，因此，规范的操作方法将是保证光纤接续质量的必然要求，本模块介绍使用光纤熔接技术实现光纤接续的步骤和方法。

二、危险点分析与控制措施

（1）伤眼。控制措施：测试光纤通断时，人眼不得直接对着光纤，观察光源，避免伤眼。

（2）误触电。控制措施：需停电的设备已停电，安全措施已做好；不停电设备，需设专人监护与带电设备保护足够的安全距离。

（3）仪器损坏。使用仪器测试时注意所测介质，确认仪器选择是否正确，避免仪器损坏。

三、作业前准备

（1）工器具。剥线器、斜口钳、模块冲压工具、熔纤机、光纤测试仪。

（2）材料。光纤、跳线。

四、操作步骤

本例采用 FITEL S176 光纤熔接机进行讲解。

（1）开剥光缆，并将光缆固定到接续盒内。注意不要伤到束管，开剥长度取 1m 左右，用无尘纸将油膏擦拭干净，将光缆穿入接续盒，固定钢丝时一定要压紧，不能有松动。否则，有可能造成光缆打滚折断纤芯，把要熔接的光纤外护套、钢丝等视盘纤长度去除，查找出需要熔接的相对应的光纤。

（2）熔接机开机。从便携箱中将熔接机移出并平整放置，使用交流电源或使用电池，打开机器电源，机器显示出"FITEL"标志。

（3）进行初始设置。根据"FITEL"标志后出现的"安装程序"画面提示，选择程序。

1）在熔接程序中按"▲"或"▼"来显示画面。

2）根据光纤和工作波长来选择合适的熔接程序，并按"+"或"-"将熔接程序切换到加热程序，也可选用自动熔接程序，如图 2-5-17 为安装程序选择画面。

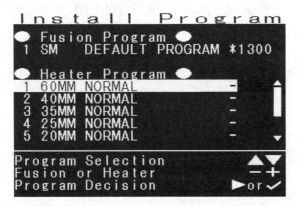

图 2-5-17　安装程序选择画面

3）按"√"确认选择。

4）监视器上显示"系统复位"，机器重置到初始状态，准备开始操作。

5）重置操作完成后，机器发出嘟嘟声，同时监视器上显示"准备好"。一旦 S176 型光纤熔接机开机，电弧检查程序结束后，就会出现系统待机画面，如图 2-5-18 所示。

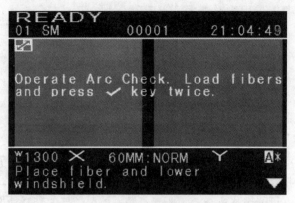

图 2-5-18　系统待机画面

（4）光纤端面制备。合格的端面制备是熔接的必要条件，端面质量好坏将直接影响到熔接质量。光纤端面的制备包括剥覆、清洁和切割 3 个环节。

1）光纤的剥覆。

a.用蘸有酒精的纱布清洁光纤涂覆层，长度大约为从断面起 100mm。

b.将光纤穿过热缩管。分纤将光纤穿过热缩管。将不同束管，不同颜色的光纤分开，穿过热缩管。剥去涂覆层的光纤很脆弱，使用热缩管，可以保护光纤熔接头。

c.用剥纤钳剥去涂覆层 30～40mm。左手拇指和食指捏紧光纤，使之成水平状，所露长度以 5cm 为准，余纤在无名指、小拇指之间自然打弯，以增加力度，防止打滑。要求剥纤要快，剥纤钳应与光纤垂直，上方向内倾斜一定角度，然后用钳口轻轻卡住光纤，右手随之用力，顺光纤轴向平向外推出去，整个过程要一气呵成，尽量一次剥覆彻底，不能犹豫停滞。操作完后，拿好光纤，以免损坏裸纤。

2）裸纤的清洁。首先要观察光纤剥除部分的涂覆层是否全部剥除，若有残留，应重新剥除。如有极少量不易剥除的涂覆层，可用另一块纱布沾适量酒精，一边浸渍，一边逐步擦除。清洁时，夹住已剥覆的光纤，顺光纤轴向擦拭，不能做往复运动。建议每次使用后要换新的纱布，可以防止裸纤再次污染。拿好光纤，以免损坏裸纤。

3）切割。切刀有手动和电动两种，外涂层 0.25mm 的光纤切割长度为 8～16mm，外涂层 0.9mm 的光纤切割长度为 16mm。切割时，切刀的摆放要平稳，切割动作要自然平稳、不急不缓，避免断纤、斜角、毛刺及裂痕等不良端面的产生，保证切割的质量。同时，要谨防端面污染。在接续中应根据环境，对切刀 V 形槽、压板、刀刃进行清洁。裸纤的清洁、切割和熔接应紧密衔接，不可间隔过长，特别是已制备好的端面，切勿放在空气中。移动时要轻拿轻放，防止与其他物件擦碰，切割后绝不能清洁光纤。

（5）放置光纤。

1）将剥好的光纤轻放在 V 形槽中。根据光纤切割长度调整光纤在压板中的位置，放置时光纤端面应处于 V 形槽端面和电极之间，确保光纤尖端被放置在电极的中央，V 形凹槽的末端，如图 2-5-19 所示。另外，光纤覆层为 900μm 厚度时须使用端面板。

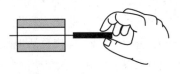

图 2-5-19　光纤的放置

2）轻轻地盖上光纤压板，然后合上光纤压脚。

3）盖上防风罩。

（6）熔接。按熔接键"▶"开始熔接。

（7）取出光纤的步骤。

1）取出光纤前先抬起加热器的两个夹具。

2）抬起防风罩。对光纤进行张力测试。测试过程中，屏幕上会出现"张力测试"。

3）等到张力测试结束后，在移除已接合光纤之前会显示出"取出光纤"字样。2s 后"取出光纤"会变为"放置光纤"。同时，S176 熔接机会自动为下一次接续重设发动机。

4）取出已接续光纤，轻轻牵引光纤，将其拉紧。

（8）热缩管加热。

1）将热缩管中心移至熔接点，然后放入加热器中。要确保熔接点和热缩管都在加热器中心、金属加强件处于下方、要确保光纤没有扭曲。

2）用右手拉紧光纤，压下接合后的光纤以使右边的加热器夹具可以压下去。

3）关闭加热器盖子。

4）按加热键"〰"激活加热器。监视器在加热程序中会显示出加热的过程，当加热和冷却操作结束后就会听到嘟嘟声。要停止加热操作可以按停止按钮。按下后，加热过程就会停止，冷却过程立刻开始，再次按停止按钮，冷风扇也会停止。加热器可使用 20mm 微型热缩套管和 40mm 及 60mm 一般热缩套管，20mm 热缩管需 40s，60mm 热缩管需 85s。

5）从加热器中移开光纤，检查热缩管以查看加热结果。

（9）盘纤整理。科学的盘纤方法，不仅可以避免因挤压造成的断纤现象，使光纤布局合理、附加损耗小，能够经得住时间和恶劣环境的考验，而且有利于以后的检查维修。

1）按先中间后两边顺序盘纤，即先将热缩后的套管逐个放置于固定槽中，然后再处理两侧余纤，这样有利于保护光纤接点，避免盘纤可能造成的损害。在光纤预留盘空间小、光纤不易盘绕和固定时，常用此种方法。

2）从一端开始盘纤，固定热缩管，然后再处理另一侧余纤。优点是可根据一侧余纤长度灵活选择光缆护套管安放固定位置，方便、快捷，可避免出现急弯、小圈现象。

3）根据实际情况采用多种图形盘纤。按余纤的长度和预留空间大小，顺势自然盘绕，千万不能生拉硬拽，应灵活地采用圆、椭圆、"～"形等多种图形盘纤（半径≥4cm），尽可能最大限度地利用预留空间和有效降低因盘纤带来的附加损耗。

（10）接续质量检查。在熔接的整个过程中，要用 OTDR 测试仪表加强监测，保证光纤的熔接质量、减小因盘纤带来的附加损耗和封盒可能对光纤造成的损害，决不能仅凭肉眼进行判断好坏。

1）熔接过程中，对每一芯光纤进行实时跟踪监测，检查每一个熔接点的质量。

2）每次盘纤后，对所盘光纤进行例检，以确定盘纤带来的附加损耗。

3）封接续盒前对所有光纤进行统一测定，以查明有无漏测和光纤预留空间对光纤及接头有无挤压。

4）封盒后，对所有光纤进行最后监测，以检查封盒是否对光纤有损害。

五、注意事项

（1）在使用中和使用后要清洁光纤熔接机的灰尘、特别是夹具，各镜面和 V 形槽内的粉尘和光纤碎末，以及切刀的 V 形槽、压板、刀刃等部位。

（2）切割时要保证切割端面垂直，光纤的端面不要接触任何地方，碰到则需要重新清洁和切割。

（3）在熔接的整个过程中，熔接机防风盖不能打开。

（4）加热热缩套管时，光纤熔接部位一定要放在正中间，加一定张力，防止加热过程出现气泡，固定不充分等现象，套管加热后拿出时注意不要接触以免烫伤。

（5）整理工具时防止碎光纤头飞入眼睛。

【思考与练习】

1. 光纤接续质量检查怎样判断？

2. 在光纤熔接过程中，熔接机防风盖应处于什么状态？

3. 整理工具时要特别注意什么？

▲ 模块 16　网络连通性检查及常见故障处理
（新增 ZY5400503016）

【模块描述】本模块包含网络连通性检查、常见网络连通性故障处理。通过对操作方法、步骤、注意事项的讲解和案例分析，掌握网络连通性检查及常见故障处理方法、步骤。

【模块内容】

一、作业内容

当所有网络设备调试独立完成后，就要进行网络的整体启动试验，在服务器、工作站、路由器、交换机、PLC 等设备启动后，可以在服务器或工作站上使用 Ipconfig、Ping、Tracert、系统性能监视器等应用程序对网络上的设备进行简单的连通性检查，也可以进一步利用第三方软件或网络检测设备对网络的流量、服务、端口及健康状况进行监视和分析，利用分析结果查找和纠正网络故障。另外，网络的连通性、健康状况等也是网络运行过程中的日常维护内容。

当一台网络设备初次投入运行或者网络出现连接错误时，首先要进行网络连通性检查，以确定故障发生在网络的哪一层。通常的作法是先检查网络协议是否安装、协议配置是否正确，如果能够排除网络层、传输层的问题，就可以继续检查应用层和物理链路层是否有问题。对于服务器、工作站、路由器、PLC 这些必须分配网络地址的设备来说，可以使用 Ping 命令检查有无 ICMP 回应（本教材所涉及的水电厂计算机监控系统网络均采用 TCP/IP 协议，其他协议如 NetWare SPX/IPX 请参阅有关资料）直接进行连通性检查，但对交换机（这里指二层交换）、集线器一类设备连通性的检查就有一些区别，除非其支持 SNMP 这样的管理协议（需要分配网络地址），否则对其连通性只能采用间接的检查手段，具体方法就是使用连在某个端口的设备去尝试和连在其他端口上的设备进行连接，如果连接成功，则说明交换机、集线器已经连通，否则说明未能连通。

在局域网内连通性检查的指标有：收发包丢失率、回应不能超时且往返时间（RTT）短、生命周期（TTL）。

二、危险点分析与控制措施

（1）数据损坏。控制措施：检修前对系统和数据进行安全、完整、正确的备份；遵守国家有关计算机信息安全和保密的有关规定。

（2）误触电。控制措施：需停电的设备已停电，安全措施已做好；不停电设备，需设专人监护与带电设备保护足够的安全距离。

（3）仪器损坏。控制措施：使用仪器测试时注意所测介质，确认仪器选择是否正确，避免仪器损坏。

三、作业前准备

（1）工器具。双绞线压线钳、双绞线剥线器、斜口钳、模块冲压工具、网络测试仪、穿线器、电工常用工器具。

（2）材料。电缆、双绞线、RJ45 接头、保护套、各类接线模块、酒精、标签、尼龙扎带等。

四、操作步骤

（一）网络连通性检查

以 FLUKE DTX-1800-MS 电缆认证测试仪为例说明网络连通性检查步骤。

（1）按照表 2-5-7 所示对已安装 DTX-NSM 或 DTX-SFP 模块的测试仪进行设置，设置方法见"双绞线测试"模块。

表 2-5-7　　　　　　　　　　　网络连通性测试设置

设置	说明
SETUP＞网络设置＞IP 地址分配	选择 Static（静态），手工输入测试仪的 IP 地址、子网掩码、网关地址。注意：该地址不能和其他设备的地址重复
SETUP＞网络设置＞Ping 次数	Ping 次数（3～50），建议设为 4 次
SETUP＞网络设置＞目标地址	输入要进行连通性检查的设备地址，如果地址少，可以手工输入；如果地址多，考虑日后维护过程要反复使用，可使用 LinkWare 软件按照网络规划表把所有设备的 IP 地址下载到测试仪中

（2）配置完成后，将安装了 DTX-NSM 或 DTX-SFP 模块的测试仪按图 2-5-20 所示接入运行中的网络。

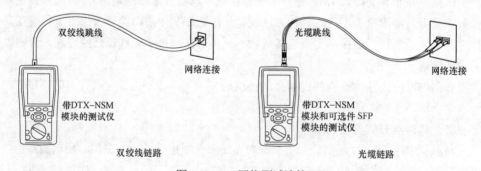

图 2-5-20　网络测试连接

（3）将旋转开关转至 MONITOR（监视器），然后选择网络连通性。

（4）按 TEST 键后，如果要连接一个设备，选中该设备后按 F3，要连接列表中的所有设备，按 F1 则连接全部设备。要查看设备的详细信息，先选中一个设备，然后按 ENTER 键。如图 2-5-21 所示为连通性检查结果实例。

（5）图 2-5-21 中① 表示网络连接速度是 10Mbps，半双工；② 表示设备的连接情况，绿色的"√"表示所有请求均收到回复，橙色的"√"表示有部分请求收到回复，"×"表示没有收到回复，说明连接存在问题。

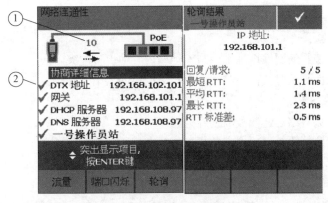

图 2-5-21　连通性检查结果实例

（二）常见网络连通性故障处理

1. 某台网络设备不能和网络中其他设备连通的一般检查步骤

（1）网络协议和地址检查。检查网络设备 TCP/IP 协议配置是否安装，IP 地址、子网掩码、网关地址配置是否正确。

（2）检查网卡工作情况。分别使用回环地址和本机 IP 地址验证本机协议和网卡启用后的运行情况。

（3）网络介质检查。网络介质两端是否正确接入网络，网络介质是否存在故障（开路、短路、串对等），必要时更换。

（4）检查网络安全配置。确认网络设备上 ICMP 消息未被防火墙或者 IPSec 安全策略配置为拦截和阻止状态。

2. 常见连通性故障解决办法

（1）速度不匹配。例如网络以 10Mbps 运行，而 PC 以 100Mbps 运行，这种速度不匹配问题会妨碍网络的连接。解决方法：使两种设备以同一速度运行，即可解决速度不匹配的问题。

（2）双工不匹配。一端以半双工运行，而另一端以全双工运行，这种不匹配问题会妨碍网络的连接。解决方法：重新配置设备，使双工设置匹配。

（3）极性反转。检测到的链路脉冲极性反转。解决方法：可能是线对反接，检查布线，确保接线正确。

（4）电平低。检测到设备链路脉冲电平过低，这可能对性能产生不良影响。解决方法：替换网卡或更换集线器/交换机连接端口。另外，也可能是传输介质衰减过大所致，需要进行介质检查。

（5）传输线对开路。用于传输的线对（1，2 或 3，6）开路，这一问题会妨碍网络连接。解决方法：找出电缆并更换。

五、注意事项

（1）测试装置的网络地址不能与本地网内其他设备冲突。

（2）连通性测试时要控制测试次数和数据块的大小。

【思考与练习】

1. 阐述常见网络连通性故障处理方法。

2. 检测到的链路脉冲极性反转应怎样处理？

3. 阐述常见连通性故障解决办法。

▲ 模块 17 病毒的清除与防护（新增 ZY5400503017）

【模块描述】本模块包含计算机病毒、病毒清除、病毒的防护、反病毒软件的运行时机。通过对操作方法、步骤、注意事项的讲解和案例分析，掌握病毒的清除与防护方法及步骤。

【模块内容】

一、作业内容

计算机病毒，就是指编制或者在计算机程序中插入的破坏计算机功能或者毁坏数据，影响计算机使用，并能自我复制的一组计算机指令或者程序代码。简单地说病毒就是一段恶意代码。病毒有破坏性、隐蔽性、潜伏性、传染性的特征，蠕虫和木马程序也属于病毒范畴。

由于病毒严重影响用户正常使用计算机，所以需要从系统中把病毒清除出去，清除病毒有手工清除和软件清除两种方法。手工清除法要求工作人员具备对系统和病毒机理的深刻认识，掌握识别和删除病毒代码的复杂方法，对人员有很高的要求，随着病毒技术的发展，其隐蔽性越来越强，破坏程度越来越大，手工清除病毒效率低下、力不从心，不到万不得已，不会有人采用这种方法。现在的反病毒工作通常由专门的研究机构和专业人员来从事，他们在深入研究病毒特征和原理的基础上开发出用于病毒扫描和清除的软件，授权给用户进行病毒的查杀，使得普通用户从病毒困扰中解脱出来，专心从事自己的生产生活，这就是软件清除法。

二、危险点分析与控制措施

（1）数据损坏。控制措施：检修前对系统和数据进行安全、完整、正确的备份；遵守国家有关计算机信息安全和保密的有关规定。

（2）误触电。控制措施：需停电的设备已停电，安全措施已做好；不停电设备，需设专人监护与带电设备保护足够的安全距离。

（3）仪器损坏。控制措施：使用仪器测试时注意所测介质，确认仪器选择是否正确，避免仪器损坏。

三、作业前准备

（1）工器具。操作系统安装盘、安全软件、检测程序、应用程序、移动硬盘、U盘、软盘驱动器、刻录光驱、空白光盘、空白磁带、阵列硬盘、清洁工具包。

（2）电脑在进行下载操作前必须进行版本的比对，确认调试电脑中版本与设备上的一致，禁止使用非专业电脑进行程序下载等工作，避免病毒侵入。

四、操作步骤

（一）病毒清除

1. 开始病毒清除之前的工作

（1）确认本机是否已经退出监控系统，并已停止本机所有用户应用程序的运行，例如数据库系统、监控软件、办公软件等。因为反病毒软件在病毒清除过程中可能会中止正常运行的监控程序，造成监控过程中断，从而酿成生产事故，所以为了生产安全，需要该机退出监控过程。另外，病毒代码也可能与正在运行的某些系统和用户模块有关联，如果不退出用户应用程序，会造成感染到这些模块上的病毒无法清除。

（2）拔掉网线等通信介质，断开本机与监控系统的网络连接。因为有些病毒会通过网络传播，已清除完病毒的计算机有可能通过网络被其他尚未进行病毒清除的计算机上的病毒再次感染，为防止这种现象，需要阻断该计算机与其他计算机的任何联系。

（3）确认系统是否需要安装补丁、升级或更新。有些系统被病毒感染是因为其在设计上存在缺陷和漏洞，在杀毒之前先安装系统的补丁程序将会自动弥补这些不足，而进行系统的升级或更新则是用户为了达到提升系统性能的目的对原有系统进行改动或替换。在执行反病毒程序之前安装补丁、升级或更新系统也是出于保证对系统实现全面病毒扫描和清除的考虑，可以避免出现反病毒死角。

（4）确认是否更新病毒数据库或者升级反病毒软件。目的是为了提高杀毒质量和效率。

（5）确认是否备份。反病毒软件就像一把双刃剑，既能清除病毒，也可能由于误判而破坏正常的系统数据。因此，应考虑对系统是否进行备份，对于规模较大、恢复困难的系统尤应如此。如果已经有一套系统的备份，应先核对该备份的可用性，然后再决定是否需要重新备份系统。

（6）确认是否创建应急盘。为了应对系统被破坏后系统启动和恢复的需要，反病毒软件一般都建议创建一套应急盘，Kaspersky 在创建应急盘时需要有操作系统安装盘，而金山毒霸则自带创建应急盘的工具。

2. 扫描

首先要设置反病毒软件将扫描哪些区域和对象，例如 Kaspersky 有启动对象、关键区域、我的电脑 3 种选择。在清除病毒时，建议进行至少一次全面扫描工作。

3. 杀毒

由于病毒感染文件方式的不同，现阶段常用的反病毒软件在杀毒过程中通常会涉及以下几种不同操作：

（1）清除。指把病毒代码彻底删从被感染文件中删除。例如，感染文件的如果是壳病毒，反病毒软件能够把病毒从被感染的文件剥离，并彻底删除病毒代码。

（2）删除。如果整个文件就是病毒（例如广告、木马等），杀毒软件会将其整体删除；如果文件被注入型病毒感染，因为病毒本身和被感染的文件无法剥离，则杀毒软件会将病毒和被感染的文件一起删除。为了删除病毒，有时可能需要按照提示重新启动计算机。

（3）隔离。病毒隔离是文件回退的一项技术，目的是为了避免误删安全文件。反病毒软件在扫描到怀疑被感染了病毒的文件时，如果该文件是系统或某个程序所需要的重要文件，就会提示用户，用户在不能确定该文件是否真的被感染或者担心删除该文件会影响系统或程序的运行时，就可以选择将其隔离。反病毒软件会把所有怀疑的有害文件发送指定的安全隔离区域。以加密方式存储以避免继续感染计算机。等到用户能够确认该文件的安全性或者认为该文件对系统或程序的运行不可或缺时，可以在隔离区域中使用还原功能将文件恢复到查杀前的文件形态；如果用户能够确认该文件确实不安全并且认为该文件对系统或程序的运行无关紧要时，就可以在隔离区域中使用删除功能将其删除。需要注意的是，隔离起来的病毒是不会发作的，但如果病毒被解除隔离、恢复到原状态，那么仍会具有感染能力。

（4）跳过。由用户选择对某种病毒报告不执行任何操作。

（二）病毒的防护

与查毒杀毒相比，防毒工作显得更加重要和必要。查毒杀毒是被动的安全防御措施，只能降低损失程度，是对损失的挽回和补救；而防毒则是主动的安全防御措施，利用各种方法规范工作人员行为，建立严格的安全准入制度，控制病毒的传染途径，做到防患于未然。

（三）反病毒软件的运行时机

反病毒软件为了能够截获病毒线程和发现病毒特征码，需要访问系统内核和对系统内部的各类信息流进行过滤，从安全上来说虽然是必要的，但从技术上来说和病毒的有些工作原理是一样的。由于反病毒软件会占用系统资源（如 CPU 时间片、内存等）和增加防御环节，在日常生产过程中，如果让反病毒软件实时运行在机器中，将会使机器的速度和效率出现明显下降。因此，在已通过全面、"干净"的病毒扫描和病毒清除的计算机上，建议平时不要实时运行反病毒软件，可选择在更改和大、小修期间运行反病毒软件清除病毒。另外，在硬盘存储容量容许的前提下，建议不要卸载反病毒软件，也不要取消或者修改反病毒软件的默认启动和加载方式，在进行完病毒的全面扫描和清除后，使用反病毒软件本身的"退出功能"使反病毒软件退出运行即可。

五、注意事项

（1）被执行免疫程序的计算机要退出监控过程。

（2）应断开被执行免疫程序计算机和监控系统的网络连接。

（3）做好被执行免疫程序计算机系统的备份工作。

【思考与练习】

1. 怎样做好病毒的防护？

2. 杀毒前操作系统应先做好什么工作？

3. 阐述系统杀毒的注意事项。

▲ 模块 18　监控系统与外部通信（新增 ZY5400503018）

【模块描述】 本模块包含外部通信连接、与调度自动化系统的通信、监控系统内部的同步时钟控制。通过对操作方法、步骤、注意事项的讲解和案例分析，掌握监控系统与外部通信方法及步骤。

【模块内容】

一、作业内容

这里的外部通信是指计算机监控系统与其他系统之间的通信。电力二次系统安全防护规定，为防范黑客及恶意代码等对电力二次系统的攻击侵害及由此引发电力系统事故，计算机监控系统、电力调度数据网以及其他系统之间通信时应当建立电力二次系统安全防护体系，保障电力系统的安全稳定运行。

电力二次系统安全防护工作应当坚持安全分区、网络专用、横向隔离、纵向认证的原则，保障监控系统和电力调度数据网络的安全。发电企业、电网企业、供电企业内部基于计算机和网络技术的业务系统，原则上划分为生产控制大区和管理信息大区。

生产控制大区可以分为控制区（安全区Ⅰ）和非控制区（安全区Ⅱ）。控制区是指由具有实时监控功能、纵向联接使用电力调度数据网的实时子网或专用通道的各业务系统构成的安全区域。非控制区是指在生产控制范围内由在线运行但不直接参与控制、是电力生产过程的必要环节、纵向联接使用电力调度数据网的非实时子网的各业务系统构成的安全区域。

管理信息大区内部在不影响生产控制大区安全的前提下，可以根据各企业不同安全要求划分安全区。

在生产控制大区与管理信息大区之间必须设置经国家指定部门检测认定认证的电力专用横向单向安全隔离装置。生产控制大区内部的安全区之间应当采用具有访问控制功能的设备、防火墙或者相当功能的设施，实现逻辑隔离。在生产控制大区与广域网的纵向交接处应当设置经过国家指定部门检测认证的电力专用纵向加密认证装置或者加密认证网关及相应设施。

安全区边界应当采取必要的安全防护措施，禁止任何穿越生产控制大区和管理信息大区之间边界的通用网络服务。生产控制大区中的业务系统应当具有高安全性和高可靠性，禁止采用安全风险高的通用网络服务功能。

二、危险点分析与控制措施

（1）信息安全。控制措施：严格执行《电力（业）安全工作规程》；对系统和数据进行安全、完整、正确的备份；遵守国家有关计算机信息安全和保密的有关规定。

（2）误触电。控制措施：需停电的设备已停电，安全措施已做好；不停电设备，需设专人监护与带电设备保护足够的安全距离。

（3）仪器损坏。控制措施：使用仪器测试时注意所测介质，确认仪器选择是否正确，避免仪器损坏。

三、作业前准备

（1）工器具。双绞线压线钳、双绞线剥线器、斜口钳、模块冲压工具、网络测试仪、干扰场强测试仪、操作系统安装盘、安全软件、检测程序、应用程序、移动硬盘、U盘、软盘驱动器、刻录光驱、空白光盘、空白磁带、阵列硬盘、清洁工具包。

（2）材料。电缆、双绞线、RJ45接头、光纤跳线、保护套、各类接线模块、酒精、标签、尼龙扎带等。

四、操作步骤

1. 外部通信连接方案

（1）计算机监控系统与其他系统建立通信时的电力二次系统安全防护实施方案，须经过上级信息安全主管部门和相应调度机构的审核，方案实施完成后应当由上述机构验收。接入电力调度数据网络时，其接入技术方案和安全防护措施须经直接负责的电力调度部门核准。

（2）如图2-5-22所示为计算机监控系统与其他系统的通信的一个例子。为实现水电厂经济运行，计算机监控系统需要与厂内水情自动化系统、流量系统、状态检修系统通信引入上下游水位、下游流量、机组振动状况等参数进行运算；为实现调度数据的实时传输，还需要与电力调度数据网进行通信连接；为实现对安全生产决策的有力支持，有时还需要监控系统实现和信息管理系统（MIS）的通信。

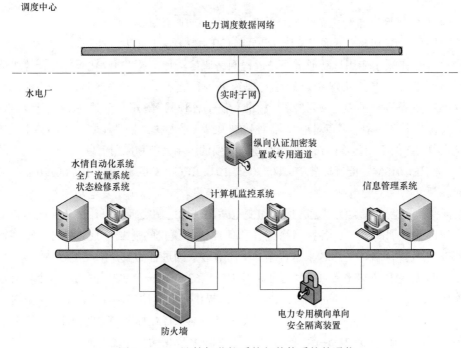

图 2-5-22　计算机监控系统与其他系统的通信

（3）计算机监控系统属于生产控制大区内的控制区，而水情自动化系统、状态检修系统、流量系统属于非控制区，监控系统与它们通信时，可以采用路由器、防火墙进行逻辑隔离。计算机监控系统与实时子网之间采用纵向加密认证装置或者专用通道实现与电力调度数据网的通信。计算机监控系统与 MIS 系统的通信应当采用经过有关部门认证的电力专用横向单向安全隔离装置。

（4）计算机监控系统与其他系统成功建立通信的指标有两个：一是数据能够正确、快速传输；二是安全性能符合电力二次系统安全防护规定和计算机信息系统安全保护条例。

2. 与调度自动化系统的通信

（1）计算机监控系统应能随时接受各级调度的控制命令、运行参数，并将这些命令、参数经过运算处理后传给相应的现地控制单元，由现地控制单元执行具体控制过程。计算机监控系统还应向调度自动化系统发送水电厂的实时工况、运行参数及有关信息，从而达到由调度中心直接监视和控制水电厂运行的目的，使水电厂能实现少人值守或无人值班。

（2）为实现上级调度自动化系统对水电厂的远动功能，计算机监控系统可采取以下的通信方式：

1）与上级调度自动化系统之间采用专用远动通道互联。

2）与电力调度数据网络之间实现网络远程通信，同时实现远动功能。

3）无论是采用专用远动通道还是远程网络通信，上级调度自动化系统与计算机监控系统两端都要通过实现统一的远动规约来进行会话。电力系统远动传输规约在 IEC60870-5 系列标准中定义，该系列标准涵盖了各种网络配置（点对点、多个点对点、多点共线、多点环型、多点星形），各种传输模式（平衡式、非平衡式），网络的主从传输模式和网络的平衡传输模式，电力系统所需要的应用功能和应用信息，是一个完整的集合，和 IEC61334、配套标准 IEC60870-5-101、IEC60870-5-104、IEC60870-5-102 一起。既可以用于变电站和控制中心之间交换信息，也可以用于变电站和配电控制中心之间交换信息、各类配电远方终端和变电站控制端之间交换信息，可适应电力自动化系统中各种调制方式、各种网络配置和各种传输模式的需要。随着网络的发展，IEC60870-5-104 规约应用越来越普遍，下面对该规约进行简要介绍。

a. 首先，IEC60870-5-101（行业标准 DL/T 634.5101—2002）规约为两个具有永久连接电路的主站与子站间传输基本远动信息提供了一套通信协议集，适用于点对点或多个点对点的非平衡式传输。而 IEC60870-5-104（行业标准 DL/T634.5104—2002）规约则规定了 IEC 60870-5-101 的应用层与 TCP/IP 提供的传输功能的结合，在 TCP/IP 框架内，可以运用不同的网络类型，包括 X.25、帧中继、ATM（异步传输模式）和 ISDN（综合服务数据网络）。由于实现了网络传输，此时应采用平衡式传输。该规约定义了开放的 TCP/IP 接口的使用，包含不同广域网类型（如 X.25、帧中继、ISDN 等）的路由器可通过公共的 TCP/IP 局域网接口互联，端口号为 2404，由 IANA（互联网数字分配授权）定义和确认。特别需要指出的是，被控站的时钟有与主站时钟同步的要求，但是按照 IEC60870-5-2 部分规定，只有链路层才能提供发送时钟命令的精确时间，因为 IEC60870-5-104 不使用链路层，所以 IEC60878-5-5 中定义的时钟同步过程无法应用于本规约中。然而，在最大网络延迟小于接收站要求的时钟精度时，仍然可以使用时钟同步。例如，如果网络提供者保证网络延迟不大于 400ms（X.25 广域网的典型值），并且被控站要求的精度为 1s，时钟同步过程就可以使用，从而避免了在几百甚至上千个被控站安装时钟同步接收器或类似的装置。

b. 从计算机监控系统的角度来说，对与上级调度自动化系统之间实现通信的方式并不关心，监控系统只是强调与上级调度自动化系统如何实现应用层会话，例如获取 AGC 控制量、维护和报告 AGC 工作状态。

c. 计算机监控系统一般要增加一台通信服务器或者通信终端负责作为与上级调

度自动化系统通信的桥梁，同时对通信过程进行监视和控制，例如在线显示和修改当前的通信参数、在线显示通信健康状态和通信报文。通信服务器或者通信终端应当封装多个电力系统远动规约，以方便用户在不同电气特性的通道接口之间进行选择和实现故障条件下的通道备份。

4）为提高效率，可以采用专业设备，其原因如下：

a. 当运行出现故障时，使用测试系统的主控功能进行测试，有助于快速判断究竟是厂站设备故障、通道故障，还是主站的故障。

b. 当主站收到的远动数据出现异常时，可使用测试系统的侦听功能，对主站与厂站设备之间的通信进行一段时间的侦听，并将有关的变化或变位信息记录下来，维护人员可对这些记录文件进行查询分析，判断故障根源，为正确排除故障提供依据。

c. 通信服务器或者通信终端如果进行了冗余或者热备配置，那么要进行模拟故障条件下的切换试验，成功的切换试验，应当不影响系统和控制对象的运行，故障解除后恢复运行时还应无冲突和其他扰动。

（3）监控系统内部的同步时钟控制。

1）监控系统（电站级和现地控制单元级）的时钟与调度自动化系统的时钟应能进行同步控制，这样它才能够提供具有正确时间顺序的带时标的事件和信息单元。同电力系统保护装置一样，时钟同步对于计算机监控系统来说也是至关重要的，时钟不同步可能造成由于安全策略的限制用户无法登录到服务器，数据库可能覆盖掉有用的数据而无法实现数据的完整性，精确而同步的时钟也能够让处在不同时区、不同地域的设备之间密切协同，在事故追忆过程中，同步时钟能让设备的动作次序和逻辑关系在时间轴上清晰地展现出来。

2）计算机监控系统的时钟可通过同步调度自动化系统主站得到（如果采用IEC60870–5–104远动规约，在最大网络延迟小于接收站要求的时钟精度时，仍然可以使用时钟同步），也可从卫星定位系统（GPS）中接收卫星时钟。监控系统与调度自动化系统或GPS装置通信读取时钟后，先对读取延时进行补偿，然后再向系统中的设备提供授时服务。

3）计算机监控系统内的时钟同步控制方案有多种，有的采用每周或每月逐个进行手工修改时钟的方式，有的采用一些部署到系统上的C/S系统实现自动时钟同步，计算机监控系统同步时钟的主要应用设备是服务器、工作站和PLC，一般采用服务器和工作站先进行时钟同步控制，然后再由某台工作站，例如操作员工作站向PLC授时的方法。

4）采用手工方式定期调整时钟在较大的系统中是不可取的，一是手工方式既费时又费力，二是手工调整时钟的精度达不到要求。而采用专门的C/S方案需要更多的资金和系统开销。下面介绍利用操作系统自身功能实现系统内部时钟同步的方案。

5）假定有一台计算机名称为 Timesrv，它负责从调度自动化系统或者 GPS 装置接收同步时钟，然后再向监控系统内部的其他设备发布同步时钟。另外，系统内所有计算机的操作系统要求为 Microsoft Windows XP/2000 及以上。

a. 启动所有需要实现时钟同步的服务器和工作站的时钟服务。以管理员或管理员组成员身份登录计算机，依次打开"控制面板""管理工具""服务"，选择"Windows Time"服务，双击后弹出"Windows Time 属性"窗口，在"常规"选项卡中"启动类型"设为"自动"，点击"启动"按钮后时钟服务启动，如图 2-5-23 为时钟服务设置窗口。

图 2-5-23　时钟服务设置窗口

b. 在各台服务器和工作站上建立包含时钟同步命令的批处理文件。在记事本中输入语句：NET TIME\\TimeSrv/SET/Y，然后以 timesysc.bat 作为文件名保存。

c. 把批处理文件加入任务计划。依次打开"控制面板""管理工具""任务计划""添加任务计划"，启动任务计划向导，选"下一步"，"浏览"，选中刚才建立的 timesysc.bat 文件后，选择"每天"，其他保持默认，按"下一步"到"输入用户名和密码"，输入完成后，按"下一步"，然后点击"完成"。双击任务 timesysc，在"设置"选项卡中取消"如超出⋯⋯"选项，按"确定"结束配置。如图 2-5-24 为任务 timesysc 的属性窗口。

图 2-5-24　任务 timesysc 的属性窗口

五、注意事项

（1）遵守电力二次系统安全防护和国家计算机信息安全的有关规定，严禁未经许可和未采取安全防护措施私自将计算机监控系统与其他系统进行物理连接。

（2）计算机监控系统与其他系统的通信连接设备不仅要符合电力二次系统安全防护要求，还要经过上级电力调度部门和本单位技术主管部门核准后才能实施。

（3）使用远动规约调测设备调试通道时要有调试方案，同时不能影响其他设备的正常运行。

【思考与练习】

1. 计算机监控系统可采取什么样的通信方式？

2. 计算机监控系统与其他系统的通信连接设备要符合哪些规定？

▲ 模块 19　设备的投运和退运（新增 ZY5400503019）

【模块描述】本模块包含监控系统设备投入运行、设备退出运行。通过对操作方法、步骤、注意事项的讲解和案例分析，掌握设备的投运和退运方法及步骤。

【模块内容】

一、作业内容

计算机监控系统设备投入运行是指通过必要的措施和步骤，使退出运行的设备重新加入运行中的计算机监控系统，占用系统资源，承担监控任务，同时不会导致运行系统出现故障。

计算机监控系统设备退出运行是指通过必要的措施和步骤，使某个运行设备部分或全部地脱离运行中的计算机监控系统，同时不能造成系统运行故障。

设备退出运行的含义分三层：

（1）设备应用功能关闭。如现地单元的远方功能、工作站上的 AGC 功能、AVC 功能、低周（频）自启动功能，交换机的虚拟局域网功能等。

（2）设备应用程序关闭。例如工作站上的监控程序、数据采集程序等。

（3）设备停电或系统关闭。设备或系统脱离监控系统，不再占用监控系统资源，例如网络地址、网络带宽、UPS 供电负荷等。

二、危险点分析与控制措施

（1）数据损坏。控制措施：检修前对系统和数据进行安全、完整、正确的备份；遵守国家有关计算机信息安全和保密的有关规定。

（2）误触电。控制措施：需停电的设备已停电，安全措施已做好；不停电设备，需设专人监护与带电设备保护足够的安全距离。

三、作业前准备

（1）工器具。操作系统安装盘、安全软件、检测程序、应用程序、移动硬盘、U 盘、软盘驱动器、刻录光驱、空白光盘、空白磁带、阵列硬盘、清洁工具包。

（2）电脑在进行下载操作前必须进行版本的比对，确认调试电脑中版本与设备上的一致，禁止使用非专业电脑进行程序下载等工作，避免病毒侵入。

四、操作步骤

1. 监控系统设备投入运行步骤

（1）开具工作票，与上级调度部门或运行部门进行联系，做好安全和技术措施。

（2）设备上电，系统启动，检查启动过程和网络连接是否正确。

（3）启动应用程序，启用监控功能，使该设备承担监控任务。

（4）按技术要求核对工况和数据是否正确，检查数据刷新速度是否符合要求。

（5）如果投运过程中出现设备故障应停止后续工作，在故障排除后重新执行以上步骤。

2. 设备退出运行步骤

（1）获得有关部门批准，开具工作票，与上级调度部门或运行部门进行联系。

（2）按技术要求进行软、硬件操作，做好隔离、切换或者替代措施。

（3）检查隔离、切换或者替代措施是否完善、正确，确认不会导致运行中的系统出现故障。

（4）设备退出运行（功能关闭、应用程序关闭、系统关闭）。

（5）为了设备随后能够顺利恢复，对于能够正常运行并且退出过程正确的操作系统、数据库系统的最近还原点不容许随意删除和修改（大修不受此限制）。

五、注意事项

严格遵循操作顺序，防止误操作现象，错误的操作会导致系统故障。

【思考与练习】

1. 阐述监控系统设备投入运行步骤。

2. 阐述设备退出运行步骤。

3. 阐述监控系统设备投入、退出时的注意事项。

▲ 模块 20 监控系统整体启动运行（新增 ZY5400503020）

【模块描述】本模块包含计算机监控系统整体启动条件、计算机监控系统整体启动运行。通过对操作方法、步骤、注意事项的讲解和案例分析，掌握监控系统整体启动运行方法及步骤。

【模块内容】

一、作业内容

计算机监控系统整体启动之前，应当确认满足下列条件：

（1）环境设备已投入运行、系统环境参数测试完毕。

（2）UPS 电源系统试验合格，维护旁路断路器在切除位置，无论 UPS 是否已经启动，交流输出断路器在切除位置。

（3）传输介质认证合格并已完成与网络设备的物理连接。

（4）网络设备已经分别调试完成。

（5）存储、备份和容灾设备可以运行。

（6）主域控制器和额外域控制器已配置和测试完成，活动目录和域名服务（DNS）安装并激活，控制器之间的切换试验已完成。

（7）本地工作组和全局域策略、用户账户、资源访问权限已设置和测试完成。

（8）数据库已经建立并完成部署，主备数据库的同步热备试验已完成，数据库系统已启动。

（9）各工作站已分别调试完毕。

（10）现地单元检修工作结束，能够独立完成本地监控任务。

（11）通信服务器（或通信终端）的上、下行通道已经单独调试完成。

（12）以上设备的本地网络地址已经设定，确认无冲突地址和非本地地址。

（13）如果是首次启用或者改动比较大，应该编制启动和试验大纲，获得技术管理部门批准。开具工作票，与上级调度部门或运行部门进行联系，做好安全和技术措施。

二、危险点分析与控制措施

（1）信息安全。控制措施：检修前对系统和数据进行安全、完整、正确的备份；遵守国家有关计算机信息安全和保密的有关规定。

（2）误触电。控制措施：需停电的设备已停电，安全措施已做好；不停电设备，需设专人监护与带电设备保护足够的安全距离。

（3）仪器损坏。控制措施：使用仪器测试时注意所测介质，确认仪器选择是否正确，避免仪器损坏。

三、作业前准备

（1）工器具。操作系统安装盘、安全软件、检测程序、应用程序、移动硬盘、U盘、软盘驱动器、刻录光驱、空白光盘、空白磁带、阵列硬盘、清洁工具包。

（2）电脑在进行下载操作前必须进行版本的比对，确认调试电脑中版本与设备上的一致，禁止使用非专业电脑进行程序下载等工作，避免病毒侵入。

四、操作步骤

计算机监控系统整体启动运行步骤如下：

（1）UPS 检查。检查计算机监控系统中除现地单元以外的所有设备电源断路器在切除位置，UPS 交流输出负荷断路器全部在切除位，负荷断路器以外绝缘测定合格（$\geqslant 5\text{M}\Omega$，500V)，无短路现象。启动 UPS，检查工作状态正确，合交流输出断路器，合各段负荷断路器。

（2）网络设备上电运行。

（3）启动域控制器（或服务器）。主域控制器开机并以管理员身份登录（外置式存储、备份与容灾设备应先开机），额外域控制器开机并以管理员身份登录，启用域控制器上的有关服务。

（4）启动数据库。启动主数据库服务器和备份数据库服务器，如有仲裁服务器也应启动，均以管理员身份登录（注意：全局域管理员账户和数据库管理员账户可能会有所不同）。

（5）启动各工作站和通信服务器（或通信终端）。如果计算机还没有加入域，应先以本地管理员身份登录，然后利用全局账户使该计算机加入全局域，注销本地账户后使用全局账户重新登录到计算机。

（6）现地单元启动。控制方式从本地切到远方。由于现地单元有独立的 UPS 电源系统，此步骤可提前进行。

（7）测试或者检查网络工作状态。

（8）检查域内计算机工作状态。在主域控制器和额外域控制器上检查所有域内计算机的连接和会话状况，并核对是否同步和一致。

（9）数据通信检查。启动工作站上的应用程序，进行服务器和工作站间数据库连接、数据存取、数据交换、数据采集测试，检查状态是否正确。

（10）核对设备状态与数据是否正确对应。对操作员站和现地单元（机组、厂用系统、开关站）的开关量状态、模拟量（电量和非电量）数值进行校验与核对。现地切换设备状态、现地模拟报警及事故信号、操作员站下发操作指令，观察操作员站是否能正确反映设备状况，检查监控画面与控制逻辑是否正确。操作员站冗余配置时，控制、调整、操作指令应当在每台操作员站上分别执行，同时观察各站的同步情况。站间如果定义了主从握手，应当进行正常情况下和故障模式下的主从切换，并观察对控制对象有无影响。

（11）故障模拟切换试验。如果是大修或者改造后的初次启动，在操作员站、SCADA服务器与现地单元、域控制器、数据库之间连接状态正确后，对于实现了冗余或热备配置的域控制器、数据库、网络、服务器、工作站等必须分别进行故障模拟切换试验；如果是正常启动，可按本地技术规定有选择性地进行切换试验。

（12）启用通信服务器（或者通信终端），实现上级调度自动化系统和厂内计算机监控系统的数据通信。操作厂内设备校核上行远动数据（遥信、遥测），调度系统下发控制指令校核下行远动数据（遥调、遥控），特别要对 AGC/AVC/AFC 控制量和AGC/AVC/AFC 状态（远方、本地、切除等）进行校核。

（13）检查与厂内其他系统的通信。检查与水情调度、状态检修、流量系统的通信，校验数据通信是否快速、正确和完整。

（14）检查 AGC 状态。启用经济运行功能工作站，观察 AGC 控制量通过运算后分配到各机组的负荷数值的总和是否与 AGC 控制量符合。

（15）启用计算机监控系统。在计算机监控系统上设置所有控制参数后，启用计算机监控系统进行机组和设备的监视控制，如果有常规监控系统，此时可退出常规监控。

（16）如果系统新启用或进行了设备改造，应该编制施工总结。计算机监控系统中一部分设备的启动可参照整体启动进行，但应保证不会影响系统中其他设备的运行。另外，新启用的计算机监控系统整体试运行期限为 12 个月。

五、注意事项

（1）严格遵循操作顺序，防止误操作现象，错误的操作会导致系统故障。

（2）严格按照设备的正常投运或开机步骤操作，确保一台设备正确投运或开机后才允许进行下一台设备的相关操作。

（3）为了使该全局账户能够访问本机资源、方便软件安装和维护，该全局账户可能需要本地管理权限。

【思考与练习】

1. 计算机监控系统整体启动之前对 UPS 有什么要求？
2. 计算机监控系统整体启动后的注意事项有哪些？
3. 新启用的计算机监控系统整体运行期限为多长时间？

▲ 模块 21　监控系统维护（新增 ZY5400503021）

【模块描述】本模块包含设备运行场所环境参数检查、服务器、工作站、数据库检查、容灾备份设备检查、通信服务器检查、网络设备检查、介质、网络配线柜检查、现地单元检查、电源盘及 UPS 工作状态检查。通过对操作方法、步骤、注意事项的讲解和案例分析，掌握监控系统维护方法及步骤。

【模块内容】

一、作业内容

水电厂监控系统是各种信息传输执行系统，一般不允许停运，故实际上一般不安排监控设备的停电定期检修工作，主要以加强监控设备的日常维护和定期检查来保证监控设备的正常运行。经验表明，一个复杂的电子设备长期保持通电运行状态将会增加它的可靠性，经常进行检查或投切电源，将会对稳定运行的水电厂监控系统产生外部干扰引起元件损坏，也可能产生一些不必要的故障。因此，竭力推荐水电厂监控系统应总是处于运行状态，以保证设备的稳定、正常运行。

要做好日常维护工作，必须加强对监控设备的日常巡视工作，及时了解监控装置的运行情况，发现缺陷，及时消除和处理。

二、危险点分析与控制措施

（1）信息安全。控制措施：检修前对系统和数据进行安全、完整、正确的备份；遵守国家有关计算机信息安全和保密的有关规定。

（2）误触电。控制措施：需停电的设备已停电，安全措施已做好；不停电设备，需设专人监护与带电设备保护足够的安全距离。

（3）仪器损坏。控制措施：使用仪器测试时注意所测介质，确认仪器选择是否正确，避免仪器损坏。

三、作业前准备

（1）工器具。接地电阻测量仪、视频故障定位器、尘埃粒子计数器、普通声级计、干扰场强测试仪、操作系统安装盘、安全软件、检测程序、应用程序、移动硬盘、U 盘、软盘驱动器、刻录光驱、空白光盘、空白磁带、阵列硬盘、清洁工具包。

（2）电脑在进行下载操作前必须进行版本的比对，确认调试电脑中版本与设备上的一致，禁止使用非专业电脑进行程序下载等工作，避免病毒侵入。

四、操作步骤

（1）设备运行场所环境参数检查：计算机设备运行场所的温度、相对湿度等环境参数应符合计算机运行环境要求。

（2）服务器、工作站、数据库检查：硬件外观无异常，软件无错误提示，无数据、画面停滞现象，无死机现象。

（3）容灾备份设备检查：磁带库、光盘库工作正常灯有指示，设备内有磁带、有光盘。阵列柜硬盘无松脱、无异音、报警灯无指示，各备份、容灾设备和服务器通信正确。

（4）通信服务器检查：应用程序上行、下行报文刷新快速、正确，AGC/AVC/AFC控制量下发有效，硬件外观无异常。

（5）网络设备（交换机、集线器、路由器、中继器、网桥、隔离装置、转换器等）检查：外观无异常，设备工作灯亮，连接端口数据通信灯闪烁，以太网碰撞灯或设备故障灯未频繁和长时间指示。

（6）介质、网络配线柜检查：网络配线架及插头检查无松动和脱落现象，介质无破损、断裂现象。

（7）现地单元（PLC、现地工作站、UPS）检查：屏内接线无脱落、连接器和模板插接正确，PLC和计算机有网络连接指示，运行灯有指示，无报警指示；UPS面板指示灯指示正确，无报警。

（8）电源盘及UPS工作状态检查：电源盘内电线接头无脱落，断路器投切位置正确，电压、电流表有指示；加电状态下，UPS面板各指示灯指示正确，无报警、无异音、无烧焦味，蓄电池温度在技术要求范围内，例如15～25℃，蓄电池电压指示在额定电压的±1V范围内。

五、注意事项

（1）设备停电后的再次上电时间间隔在10s以上。

（2）有些设备端口不容许直接带电插拔，要仔细阅读相关设备用户手册或者说明书进行安全操作。

（3）各项设置都要进行详细记录和试验。

（4）安全策略设置在保证安全的前提下不能影响正常的监控系统通信。

【思考与练习】

1. 阐述电源盘及UPS工作状态检查项目。

2. 阐述介质、网络配线柜检查内容。

3. 阐述通信服务器检查内容。

▲ 模块 22 监控系统常规检修（新增 ZY5400504001）

【模块描述】本模块包含设备清洁、外设检查、工作站、通信服务器检查、服务器、数据库检查、容灾备份设备检查、AGC/AVC 检查、低周自启动（或 AFC）检查、同步时钟校验、网络连接状态检查、网络配线架检查、电源盘、UPS 检查、病毒查杀。通过对操作方法、步骤、注意事项的讲解和案例分析，掌握监控系统常规检修方法及步骤。

【模块内容】

一、作业内容

水电厂监控系统是各种信息传输执行系统，一般不允许停运，故实际上一般不安排监控设备的停电定期检修工作，主要以加强监控设备的日常维护和定期检查，来保证监控设备的正常运行。经验表明，一个复杂的电子设备长期保持通电运行状态将会增加它的可靠性，经常进行检查或投切电源，将会对稳定运行的水电厂监控系统产生外部干扰引起元件损坏，也可能产生一些不必要的故障。因此，竭力推荐水电厂监控系统应总是处于运行状态，以保证设备的稳定、正常运行。

二、危险点分析与控制措施

（1）信息安全。控制措施：检修前对系统和数据进行安全、完整、正确的备份；遵守国家有关计算机信息安全和保密的有关规定。

（2）误触电。控制措施：需停电的设备已停电，安全措施已做好；不停电设备，需设专人监护与带电设备保护足够的安全距离。

（3）仪器损坏。控制措施：使用仪器测试时注意所测介质，确认仪器选择是否正确，避免仪器损坏。

三、作业前准备

（1）工器具。接地电阻测量仪、视频故障定位器、尘埃粒子计数器、普通声级计、干扰场强测试仪、操作系统安装盘、安全软件、检测程序、应用程序、移动硬盘、U盘、软盘驱动器、刻录光驱、空白光盘、空白磁带、阵列硬盘、清洁工具包。

（2）电脑在进行下载操作前必须进行版本的比对，确认调试电脑中版本与设备上的一致，禁止使用非专业电脑进行程序下载等工作，避免病毒侵入。

四、操作步骤

（1）程序和数据全面备份、整理，应急系统的制作、保存，使用应急系统进行恢复试验：要求备份完整，说明详细，标识清晰，并办理存档手续。模拟严重故障，使用备份或应急系统在试验服务器和工作站上进行一次模拟恢复试验。

（2）环境参数校验和环境调节设备检查：

1）测定计算机场地环境参数并分析。

2）对空调、空气净化器等设备的表面和过滤网（罩）清洁，对电源线路进行检查，大的故障处理和保养工作应联系供应商完成。

（3）服务器和工作站软件系统检查、性能测试，磁盘扫描、磁盘碎片整理、磁盘清理、数据清理：要求文件无损坏，执行速度快，操作性能无明显下降。必要时可在做好备份的基础上，重新安装软件系统。

（4）硬件、软件升级（含系统软件、安全软件补丁的安装）或更新：可操作性、安全性、稳定性、可靠性比升级或者更新之前明显增强，无功能失效和下降现象，并且与系统中其他设备有较好的集成度与兼容性。

（5）网络设备检修和性能测试：

1）对老化、陈旧、损坏的电缆、设备要进行更换。

2）对网络介质、网络设备、安全设备等进行鉴定和认证，对记录进行分析，并得出结论。

（6）电源盘、UPS 检修：

1）电源回路绝缘、介电强度测定，自动化元件、表计校验。

2）蓄电池放电试验及各单元电气特性试验。

3）UPS 工作状态切换试验。

（7）调度通道检修和试验：协议和数据校验，传送质量和速率校验，通道延时校验，同步时钟校验。

（8）主域控制器和额外域控制器（或者 FSMO 主机）角色切换和同步试验：

1）手工切换。

2）模拟故障切换。

3）切换两次后，主域控制器和额外域控制器（或者 FSMO 主机）恢复原来的角色。

4）主域控制器与额外域控制器（或者 FSMO 主机）系统数据（或活动目录数据库）同步检查。

（9）主、备数据库角色切换和同步试验：

1）主数据库模拟故障，启动镜像或备份数据库。

2）主数据库恢复运行，镜像或备份数据库退出运行。

3）通过集群部署或仲裁方式实现自动切换的要求基本无数据丢失，恢复后数据库要保持同步。

4）手动切换时间小于 180s，自动切换时间小于 90s。

（10）冗余或热备系统切换试验：冗余或热备系统的切换试验分为手工切换和模拟故障自动切换，可能的冗余或热备系统有：

1）冗余操作员工作站。

2）冗余通信服务器（或通信终端）。

3）冗余 SCADA 服务器（由于集成原因，切换试验可能会丢失部分数据）。

4）冗余网络（采用端口聚合时要求基本无数据丢失）。

5）热备 PLC（可在机组或设备大修阶段进行）。

（11）容灾备份系统维护：

1）保证历史备份安全的情况下，备份各类新软件系统和数据，备份过程应当正确。

2）在试验工作站和试验服务器上进行故障恢复试验，恢复过程和结果正确。

3）条件允许时，建议在运行设备上进行实际恢复试验。

（12）网络整体检查和试验：参数设置正确，网络运行正常，控制过程满足要求，机组和其他生产设备的运行状态正确。

五、注意事项

（1）监控系统整体检修包括维护和小修项目。

（2）注意监控系统整体检修顺序要求。

【思考与练习】

1. 容灾备份系统维护有哪些项目？

2. 主、备数据库角色切换和同步试验有哪些项目？

3. 网络设备检修和性能测试都包含哪些项目？

▲ 模块 23　可编程控制器 PLC 基本模板的识别
（新增 ZY5400504002）

【模块描述】本模块包含 PLC 的构成、PLC 的工作原理、主要的 PLC 生产厂家及型号、QUANTUM TSX PLC、SIMATIC S7–300 PLC。通过对操作方法、步骤、注意事项的讲解和案例分析，掌握可程控制器 PLC 基本模板的识别方法及步骤。

【模块内容】

一、作业内容

现地单元也就是现地控制单元（LCU），主要包括 PLC、现地工作站和 UPS，其中 UPS 为 PLC 和现地工作站提供后备电源保护，以小容量后备式 UPS 居多。

现地工作站和 PLC 之间一般实现本地对等通信或主从通信，现地工作站以图形化方式显示 PLC 的控制过程，并能通过 PLC 控制机组或设备的运行工况。现地工作站一般采用触摸屏工业计算机，在功能上仅实现了上位机中对应本机组或设备的软件系统，可以看作上位机的子集，检修方法和操作员站类似。

国际电工委员会（IEC）对可编程控制器（PLC）的定义是：可编程控制器是一种数字运算操作的电子系统，专为在工业环境下应用而设计。它采用可编程序的存储器，用来在其内部存储执行逻辑运算、顺序控制、定时、计数和算术运算等操作的指令，并通过数字的、模拟的输入和输出，控制各种类型的机械或生产过程。PLC 具有通用性强、使用方便、适应面广、可靠性高、抗干扰能力强、编程简单等特点。

二、危险点分析与控制措施

（1）人员违章。检修前交代作业内容、作业范围、安全措施和注意事项；戴安全帽、穿工作服（防静电服）、戴绝缘手套、穿绝缘鞋；加强监护，严格执行《电力（业）安全工作规程》；对系统和数据进行安全、完整、正确的备份；遵守国家有关计算机信息安全和保密的有关规定。

（2）误触电。控制措施：需停电的设备已停电，安全措施已做好；不停电设备，需设专人监护与带电设备保护足够的安全距离。

（3）仪器损坏。控制措施：使用仪器测试时注意所测介质，确认仪器选择是否正确，避免仪器损坏。

三、作业前准备

（1）工器具。接地电阻测量仪、视频故障定位器、尘埃粒子计数器、普通声级计、干扰场强测试仪、操作系统安装盘、安全软件、检测程序、应用程序、移动硬盘、U盘、软盘驱动器、刻录光驱、空白光盘、空白磁带、阵列硬盘、清洁工具包。

（2）电脑在进行下载操作前必须进行版本的比对，确认调试电脑中版本与设备上的一致，禁止使用非专业电脑进行程序下载等工作，避免病毒侵入。

四、操作步骤

以下以施耐德公司 QUANTUM TSX PLC 和西门子公司 SIMATIC S7-300 PLC 模板型号为例。

（1）QUANTUM TSX PLC。

1）CPU 模板：140CPU43412A、140CPU53414A、140CPU65160。

2）I/O 模板：开入 140DDI15310、140DDI35300，开出 140DRA84000、140DRC83000，模入 140ACI03000、140AVI03000，模出 140AVO02000、140ACO02000。

3）网络模板：以太网 140NOE77110 模板、ProfibusDP 140CRP81100 通信模板。

4）远程 I/O（RIO）模板：RIO 主站模板 140CRP93200，RIO 分站模板 140CRA93200。

5）电源模板（CPS）：140CPS12400、140CPS21100。

6）底板和底板扩展模板：140XBP10000、140XBE10000。

（2）SIMATIC S7–300 PLC。

1）CPU 模板：CPU 313C、CPU 314。

2）I/O 模板：开入 SM 321DI32×DC24V、SM321DI32×AC120V，开出 SM322DO32×DC 24V/0.5A、SM322DO32×AC120/230V/1A，模入 SM331AI8×16、SM331AI8×14，模出 SM332AO4×12、SM332AO8×12。

3）接口模板 IM360（0 号机架使用）、M360（1～3 号机架使用）。

4）电源模板（CPS）：PS305 2A、PS307 2A。

5）S7–300 模板机架（即导轨）。

（3）为了正确识别 PLC 模板，要熟悉常用的中英文专业术语、英文缩写和符号，至少掌握 1 种主要 PLC 厂商的产品。在接触到模板时，模板上面一般都有明显的标志或者简要说明，有的模板还印刷有接线原理图，这些能让检修维护人员对该模板有一个大致的轮廓，然后详细阅读模板的说明书，了解模板工作原理、机械性能和电气性能。

（4）PLC 模板的识别是一项非常重要的基本技能，具有较强的识别能力后，检修维护人员在遇到不同厂家、不同型号、手边没有 PLC 说明书的时候，可以熟练应用掌握的相关知识，从容不迫地应对碰到的问题，而不致贻误施工工期。

五、注意事项

（1）在拆装、移动、清洁配件的时候，要轻拿轻放。

（2）尽可能地详细阅读 PLC 模板说明书，熟悉模板的机械和电气特性。

【思考与练习】

1. 怎样才能正确识别 PLC 模板？

2. PLC 通常由哪几种模块组成？

3. 常用的 PLC 有哪几种？

▲ 模块 24　可编程控制器 PLC 编程（新增 ZY5400504003）

【模块描述】本模块包含创建一个项目结构、组态一个站、组态硬件、组态网络和通信连接、定义符号、创建程序、下载程序到可编程控制器、测试程序。通过对操作方法、步骤、注意事项的讲解和案例分析，掌握可程控制器 PLC 编程方法及步骤。

【模块内容】

一、作业内容

为了完成既定控制策略，用户需要把自己的控制思路赋予 PLC，这就需要对 PLC 进行编程。由于各厂家 PLC 的指令系统和编程方法不同，给用户使用带来很大不便，为此 IEC 制订了基于 Windows 的编程语言标准 IEC 61131-3，符合这个标准的编程语言的编程步骤基本相同。该标准规定了指令语言（IL）、梯形图（LD）、顺序功能控制（SFC）、功能块图（FBD）、结构化文本（ST）5 种编程语言，其中指令语言和结构化文本是文本化编程语言，梯形图和功能块图是图形编程语言，功能块图在这两类编程语言中均可使用。

现场用户最常用的编程语言是梯形图，因为它直观易懂。梯形图是通过连线把 PLC 的梯形图指令符号连接在一起的连通图，用以表达所使用 PLC 指令的执行顺序，它与电气原理图非常相似。为使用户能完成类似继电器线路的控制系统梯形图，PLC 厂家都会编制一套控制算法功能块，称为指令系统，固化在存储器 ROM 中，用户在编制应用程序时可以调用。指令系统大致可以分为两类，即基本指令和扩展指令。通常 PLC 的指令系统包括：内部继电器指令、逻辑运算指令、算术运算指令、定时器/计数器指令、寄存器指令、移位指令、传送指令、比较指令、转换指令等，为编程带来极大方便。

二、危险点分析与控制措施

（1）数据丢失。控制措施：检修前对系统和数据进行安全、完整、正确的备份；遵守国家有关计算机信息安全和保密的有关规定。

（2）误触电。控制措施：需停电的设备已停电，安全措施已做好；不停电设备，需设专人监护与带电设备保护足够的安全距离。

（3）仪器损坏。控制措施：使用仪器测试时注意所测介质，确认仪器选择是否正确，避免仪器损坏。

三、作业前准备

（1）工器具。接地电阻测量仪、视频故障定位器、尘埃粒子计数器、普通声级计、干扰场强测试仪、安全软件、检测程序、应用程序、清洁工具包。

（2）电脑在进行下载操作前必须进行版本的比对，确认调试电脑中版本与设备上的一致，禁止使用非专业电脑进行程序下载等工作，避免病毒侵入。

四、操作步骤

根据不同的型号的 PLC 采用不同的编程语言，利用厂家提供的编程软件以及说明书进行操作。

五、注意事项

（1）进行软件编程时应该采用先离线后在线的方式，待检查全部功能开发完成后再进行实际调试。

（2）要对 PLC 原程序进行备份。

【思考与练习】

1. 常用的 PLC 编程语言有哪几种？
2. 对 PLC 进行编程前应先做哪些工作？
3. 阐述可编程控制器编程时的注意事项。

▲ 模块 25 可编程控制器 PLC 检修和维护
（新增 ZY5400504004）

【模块描述】本模块包含检修条件、停电、与外部隔离、外回路通电检查、PLC 通电检查本地网络检查、输入信号校验、输出信号校验、实时性测试、逻辑回路模拟试验、自动开、停机试验、双机热备试验、PLC 的日常维护。通过对操作方法、步骤、注意事项的讲解和案例分析，掌握可程控制器 PLC 检修和维护方法及步骤。

【模块内容】

一、作业内容

检修前应检查具备下列条件：

（1）与 PLC 相连的其他系统，如励磁、同期、调速器、主阀（或快速闸门）、转速装置、压油装置、保护、表计、公共信号系统等已调试完成。

（2）各类接地符合要求。

（3）环境参数符合要求。

（4）外回路接线结束，且绝缘电阻和介电强度符合要求：1000V 绝缘电阻表测定交流回路外部端子对地的绝缘电阻应大于 $10M\Omega$，不接地直流回路对地的绝缘电阻不小于 1Ω。500V 以下、60V 及以上端子与外壳间应能承受交流 2000V 电压 1min，60V 以下端子与外壳间应能承受交流 500V 电压 1min。

（5）UPS 符合要求。

（6）现地工作站硬件符合要求，必要的软件已安装和配置。

（7）PLC 屏内的其他设备和回路已经过检查合格。

（8）网络设备和网络介质已经检测合格。

（9）部分操作需要运行和其他专业人员配合。

二、危险点分析与控制措施

（1）数据丢失。控制措施：检修前对系统和数据进行安全、完整、正确的备份；遵守国家有关计算机信息安全和保密的有关规定。

（2）误触电。控制措施：需停电的设备已停电，安全措施已做好；不停电设备，需设专人监护与带电设备保护足够的安全距离。

（3）仪器损坏。控制措施：使用仪器测试时注意所测介质，确认仪器选择是否正确，避免仪器损坏。

三、作业前准备

（1）工器具。双绞线压线钳、双绞线剥线器、斜口钳、模块冲压工具、网络测试仪、穿线器、接地电阻测量仪、视频故障定位器、尘埃粒子计数器、普通声级计、干扰场强测试仪、交直流高斯计、操作系统安装盘、安全软件、检测程序、应用程序、清洁工具包；

（2）电脑在进行下载操作前必须进行版本的比对，确认调试电脑中版本与设备上的一致，禁止使用非专业电脑进行程序下载等工作，避免病毒侵入。

四、操作步骤

（1）停电。所有直流、交流电源在切除状态，PLC 在停电状态。

（2）与外部隔离。拔出所有输入/输出（I/O）模板或其接线端子，使 PLC 与外部回路隔离。接线端子和模板无法与 PLC 分离时，应在未通电情况下仔细检查不同电源回路间有无短接现象。

（3）外回路通电检查。依次投入除 PLC 工作电源以外的其他电源，每投入一套电源，需要在 PLC 接线端子上检查电压是否合格，还要检查该电源在其他回路的端子上有无串电和干扰现象。无异常后，切除所有电源。

（4）PLC 通电检查。插入所有输入/输出（I/O）模板或其接线端子，使 PLC 与外部回路恢复连接。编程器与 PLC 通信电缆连接，UPS 上电，检查 UPS 输出电压正常后，现地工作站上电，PLC 上电且在非运行状态。编程器与 PLC 在线连接，检查组态和用户程序。必须采取以下措施之一对 PLC 输出进行限制：

1）仅进行模板组态，没有用户程序。

2）在模板组态中使输出模板无效。

3）在用户程序中屏蔽软继电器输出。

4）存在安全隐患的回路停电或者断引。

5）限制步骤的作用是：当 PLC 处于调试阶段的不确定状态时，防止有事故和操作信号输出引起设备动作和伤及人身。

6）限制步骤完成后，使 PLC 进入运行或调试状态，依次投入其他工作电源，每投入一套电源，观察 PLC 有无异常现象。

（5）本地网络检查。检查 PLC 本地和远程站连接模板活动状态，检查 PLC 现场总线通信，检查现地工作站与 PLC 通信状况，若不正常，则使用编程软件检查模板组态并进行调整，使其处于正确的活动状态。在编程器上进行 PLC 整体组态检查，确认 PLC 模板状态正确。

（6）输入信号校验。

1）模拟量输入校验。

2）开关量输入校验。

（7）输出信号校验。

1）模拟量输出校验。

2）开关量输出校验。

（8）实时性测试。现地控制单元级装置的响应能力应该满足对于生产过程的数据采集时间或控制命令执行时间的要求。

1）数据采集时间分类：

a. 状态和报警点采集周期：1s 或 2s。

b. 模拟点采集周期：电量为 1s 或 2s，非电量为 1~30s。

c. 事件顺序记录点（SOE）分辨率：1 级≤20ms，2 级≤10ms，3 级≤5ms。事件顺序记录的时钟同步精度应高于所要求的事件分辨率。

2）现地控制单元级装置接受控制命令到开始执行的时间应小于 1s。

（9）逻辑回路模拟试验。

（10）自动开、停机试验。

（11）接入计算机监控系统网络。对照网络规划表检查网络配置是否正确，保证地址唯一后，将 PLC 网络介质接入计算机监控系统，使 PLC 实现和上位机通信。如果该 PLC 的网络通信进行了冗余配置，应该进行冗余切换试验。

五、注意事项

（1）调速器切手动，导叶机械开度限制全关。

（2）引水钢管已充水时，主阀（或快速闸门）全关，控制方式切现地手动。

（3）与 PLC 相连的其他系统如果已经通电，并有电压引到 PLC 屏外部接线端子，应做好停电措施或防触电措施。

（4）在拆装、移动、清洁配件的时候，要轻拿轻放。

【思考与练习】

1. 输入信号校验包含哪几种模块？

2. 输出信号校验包含哪几种模块？

3. 现地控制单元级装置接受控制命令到开始执行的时间应小于几秒？

模块 26　双绞线测试（新增 ZY5400504005）

【模块描述】本模块包含双绞线的主要技术参数、双绞线的基本测试项目、初始设置、给双绞线布线设置基准、双绞线测试定值设置、自动测试。通过对操作方法、步骤、注意事项的讲解和案例分析，掌握双绞线测试方法及步骤。

【模块内容】

一、作业内容

（一）双绞线的主要技术参数

1. 直流环路电阻

直流环路电阻会消耗一部分信号，并将其转变成热量。它是指一对导线电阻的和，ISO11801 规格的双绞线的直流电阻不得大于 19.2Ω。每对间的差异不能太大（小于 0.1Ω），否则表示接触不良，必须检查连接点。

2. 特性阻抗

特性阻抗包括电阻及频率为 $1\sim100MHz$ 的电感阻抗及电容阻抗，它与一对电线之间的距离及绝缘体的电气性能有关。各种电缆有不同的特性阻抗，而双绞线电缆有 100Ω、120Ω 及 150Ω 几种。特性阻抗是线缆对通过的信号的阻碍能力，它受直流电阻，电容和电感的影响，要求在整条电缆中必须保持是一个常数。

3. 近端串扰

近端串扰（NEXT，Near–End–Cross–Talk）是判断网络布线系统性能的最重要的参数，由于双绞线铜芯线传输时，信号强的会去干扰信号弱的，NEXT 就是传送跟接收的铜芯线因为信号强弱不同所引起的，近端串扰就是一条 UTP 链路中一对线与另一对线的信号耦合。对于 UTP 链路，NEXT 是一个关键的性能指标，也是最难精确测量的一个指标。串扰分为 NEXT（近端串扰）与 FEXT（远端串扰），但 TSB–67 标准只要求进行 NEXT 的测量。NEXT 并不表示在近端点所产生的串扰值，它只是表示在近端点所测量到的串扰值。这个量值会随电缆长度不同而变，电缆越长，其值变得越小。同时，发送端的信号也会衰减，对其他线对的串扰也相对变小。试验证明，只有在 40m 内测量得到的 NEXT 是较真实的。如果另一端是远于 40m 的信息插座，它会产生一定程度的串扰，但测试仪可能无法测量到这个串扰值。

4. 衰减

衰减是又一个信号损失度量，是指信号在一定长度的线缆中的损耗。衰减与线缆的长度有关，随着长度增加，信号衰减也随之增加，衰减也是用 dB 作为单位，同时，衰减随频率而变化，所以应测量应用范围内全部频率上的衰减。

5. 结构性回波损耗

结构性回波损耗（SRL）是衡量线缆阻抗一致性的标准，阻抗的变化引起反射、噪声的形成，并使一部分信号的能量被反射到发送端。SRL 是测量能量的变化的标准，由于线缆结构变化而导致阻抗变化，使得信号的能量发生变化。

6. 等效远端串扰

等效远端串扰（ELFEXT）与衰减的差值以 dB 为单位，是信噪比的另一种表示方式，即两个以上的信号朝同一方向传输时的情况。

7. 综合远端串扰

综合近端串扰（PSNEXT）和综合远端串扰（PSELFEXT）的指标正在制定过程中，有许多公司推出自己的指标。

8. 回波损耗

回波损耗（Return Loss）是关心某一频率范围内反射信号的功率，与特性阻抗有关，影响回波损耗数值的主要因素包括：电缆制造过程中的结构变化；连接器；安装。

9. 衰减串扰比

在某些频度范围，串扰与衰减量的比例关系是反映电缆性能的另一个重要参数。衰减串扰比（ACR, Attenuation Cross-talk Ratio）有时也以信噪比（SNR, Signal-Noise ratio）表示，它由最差的衰减量与 NEXT 量值的差值计算，用公式可表示为：ACR=衰减的信号-近端串扰的噪声。ACR 值较大，表示抗干扰的能力更强，一般系统要求至少大于 10dB，它不属于 TIA/EIA568A 标准的内容，但它对于表示信号和噪声串扰之间的关系有着重要的价值。实际上，ACR 是系统信噪比衡量的唯一衡量标准，它是决定网络正常运行的一个因素，ACR 包括衰减和串扰，它不是系统性能的标志。

（二）双绞线的基本测试项目

（1）为了测试 UTP 布线系统，水平连接被假设为包括一个电信插座/连接器，一个转换点，90m 的 UTP5 类、超 5 类和 6 类电缆，一个包含两个模块或配线面板的交叉连接组件，以及总长 10m 的接插电缆，然后将电缆的水平连接分为基本链路（Basic Link，也叫永久链路）和通道链路（Channel Link）。基本链路包括水平分布电缆、电信插座/连接器或交换点，和水平交叉部件。基本链路被假设为链路中的永久部分，只包括建筑物中固定电缆部分，不包含插座至网络设备末端的连接电缆。通道链路则由基本链路和交叉连接设备、用户设备、交叉连接跳线组成。

（2）电脑在进行下载操作前必须进行版本的比对，确认调试电脑中版本与设备上的一致，禁止使用非专业电脑进行程序下载等工作，避免病毒侵入。

（3）测试标准定义了级别Ⅰ和级别Ⅱ两个级别的电缆性能要求，后者要求更为严格。使用自动电缆测试器来测试和认证双绞线电缆的安装是否合乎标准之前，应该知道该装置支持哪一个级别的性能。

二、危险点分析与控制措施

（1）装置违章。控制措施：作业前应根据测量参数选择量程匹配、型号合适的仪表设备；作业前应检查仪器设备是否合格有效，对不合格的或有效使用期超期的应封存并禁止使用。

（2）仪器损坏。控制措施：使用仪器测试时注意所测介质，确认仪器选择是否正确，避免仪器损坏。

三、作业前准备

（1）工器具。网络测试仪、检测程序、应用程序、工具包。

（2）禁止使用非专业电脑进行程序下载等工作，避免病毒侵入。

四、操作步骤

（1）安装好连接器后，就要使用网络测试器来测试网线，以确保连接的正确。如果网线不能运行或不能通过测试的要求，就要更换或重新连接网络。

（2）填写测试报告。

五、注意事项

（1）将测试仪连接网络时，确认将要使用的功能不会中断网络运行。

（2）不要将 RJ45 以外的其他连接器插入适配器插孔，不然会损坏插孔。

（3）在进行线缆测试期间，不要操作如对讲机及移动电话等便携式传输设备。

（4）在连接或拆除模块前，先将测试仪关闭。

【思考与练习】

1. 影响回波损耗数值的主要因素有哪些？

2. 检测其他连接器，可以用 RJ45 的适配器吗？为什么？

3. 在进行线缆测试期间可以使用对讲机及移动电话等便携式传输设备吗？

▲ 模块 27　线缆查找和定位（新增 ZY5400504006）

【模块描述】 本模块包含确定链路的另一端运行在交换机或集线器的哪一个端口上、从隐蔽处和杂乱的线缆中查找某一根铜缆、对双绞线链路进行识别。通过对操作方法、步骤、注意事项的讲解和案例分析，掌握线缆查找和定位的方法及步骤。

【模块内容】

一、作业内容

线缆查找和定位是日常维护工作的重要内容，为了提高工作效率和安全性，常常要使用一些专用设备来协助检修维护人员，本模块将介绍几种利用常用设备进行故障线缆查找和定位的方法和步骤。

二、危险点分析与控制措施

（1）装置违章。控制措施：作业前应根据测量参数选择量程匹配、型号合适的仪表设备；作业前应检查仪器设备是否合格有效，对不合格的或有效使用期超期的应封存并禁止使用。

（2）仪器损坏。控制措施：使用仪器测试时注意所测介质，确认仪器选择是否正确，避免仪器损坏。

（3）误触电。需停电的设备已停电，安全措施已做好；不停电设备，需设专人监护与带电设备保护足够的安全距离。

（4）强光伤眼。测试光纤时，不能直接用人眼直接观看光纤光源，避免眼睛损伤。

三、作业前准备

工器具：线缆测试仪、光纤测试仪、检测程序、应用程序、工具包。

四、操作步骤

1. 确定链路的另一端运行在交换机或集线器的哪一个端口上

在检修过程中，常常会碰到一台机器网络的物理连接需要转移到别的网段，或者为了处理网络连通问题而需要确定另一端连接到哪一个运行交换机或集线器的哪一个端口，但由于中间环节过多，传输介质有可能是双绞线和光纤，也可能是二者混合，这种情况下不允许检修人员简单地通过拔下连接器来排查，因为这种做法有可能造成其他设备的网络故障。此时最安全有效的方法就是利用测试设备的端口闪烁功能来确定，其工作原理就是测试设备会在有关线对上产生链路脉冲，使端口的活动 LED 指示灯闪烁。下面仍以 FLUKE DTX–1800–MS 电缆认证测试仪为例进行说明。

（1）首先给电缆认证测试仪安装 DTX–NSM 网络服务模块，如果开始端是双绞线连接器，则用跳线直接连接，如果是光纤连接器，还需要 SFP 模块再经合适的跳线连接，如图 2–5–25 所示。

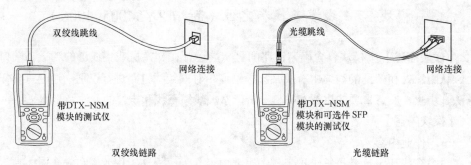

图 2–5–25 网络测试连接

（2）将旋转开关转至 MONITOR（监视器），选择网络连通性，然后按 TEST 键。

（3）按 F2 端口闪烁。当端口闪烁功能处于活动状态时，网络连通性屏幕上的交换机/集线器图标中的方框会闪烁。

（4）查找集线器或交换机上正在闪烁的活动 LED 指示灯，则说明链路连接的端口是该指示灯对应的端口。

2. 从隐蔽处和杂乱的线缆中查找某一根铜缆

确定某一根铜缆的位置和走向是检修中常常碰到的问题，由于铜缆往往混杂在大量的电缆中，或者是隐藏在地板、天花板、墙壁等一些看不到的地方，确定起来非常困难，风险也很大，这时就要用到音频发生器。其工作原理是音频发生器通过在某一根铜缆上加载音频信号后，通过探针检测从铜缆上辐射出来的音频电磁波从而找到要找的铜缆。音频发生器产生的模拟音频信号如果施加在和运行网络连接的铜缆上，那么音频脉冲就会被吸收，这时探针很难检测到信号，FLUKE IntelliTone Pro 200 智能数字查线仪克服了这个缺点，它能够发出同步数字音频，使用数字音频探针进行检测。下面简要介绍利用该设备查线的方法。

（1）把要查找的铜缆用跳线接入数字查线仪的音频发生器，然后将旋转开关设置到"服务"，然后按下"数字音频"发射键施加数字音频。

（2）旋转数字音频探针的开关到"定位"位置。

（3）移动探针，当探测到信号时会发出声音，同时同步灯会有所指示，表明要查找的目标就在附近。

（4）定位查找过程中，可通过在探针的"定位"和"隔离"之间切换来实现。"定位"是指通过最大的辐射测量法定位距离稍远一些的线缆，"隔离"是指通过最小的辐射测量法隔离在一捆线缆中的一根线缆。

3. 对双绞线链路进行识别

双绞线链路进行识别是指对于已经完成施工的布线系统，需要对每条线路进行核实和确认敷设位置是否正确。一般的电缆鉴定仪和测试仪都有双绞线链路识别功能，使用时要求有 ID 定位器，每个 ID 定位器都有唯一的编号，使用多个 ID 定位器可以同时识别多条双绞线链路。下面以 FLUKE DTX–1800–MS 电缆认证测试仪及其 ID 定位器附件为例说明双绞线链路识别的方法。

（1）给测试仪安装 DTX–NSM 网络服务模块后，将测试仪和 ID 定位器依照图 2–5–26 所示进行连接。

（2）将旋转开关转至 MONITOR（监视器），选择 ID 定位器，然后按 TEST 键。

（3）将测试仪连接到不同的插座，每次按 TEST 进行重新扫描，直到显示找到线缆 ID 并且识别编号。

五、注意事项

（1）要仔细核对和分析设备情况，不要随意从运行设备上拔出网线，避免出现人为责任事故

（2）查找线缆时不能使用蛮力，防止牵动或损坏正常运行的线缆。

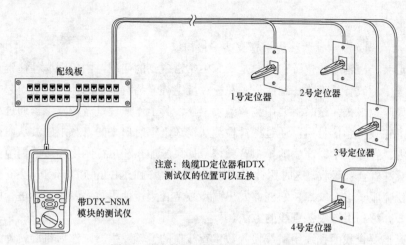

注意：线缆ID定位器和DTX
测试仪的位置可以互换

图 2-5-26 利用 ID 定位器来识别链路

【思考与练习】

1. 线缆查找和定位工作时的注意事项有哪些？

2. 常规线缆测试工具有哪些？

3. 简述如何识别双绞线链路？

模块 28　光纤测试（新增 ZY5400504007）

【模块描述】本模块包含光纤的种类、光纤网络中所需的元件、光纤的交叉连接和互联、光纤的主要技术指标、光纤的测试标准、光纤布线认证、光时域反射计（OTDR）测试。通过对操作方法、步骤、注意事项的讲解和案例分析，掌握光纤测试方法及步骤。

【模块内容】

一、作业内容

1. 光纤的定义

光纤是指能以传递光信号实现通信的光导纤维，多根光导纤维构成光缆。光纤用来通信有很多优势，例如重量轻、体积小、传输距离远、容量大、抗电磁干扰能力强。

2. 光纤的分类

光纤根据工作模式的不同分为单模光纤和多模光纤。单模光纤以单一模式传播，传输频带宽、传输容量大、传播距离远，但单模光纤本身和配套设备的成本高。多模光纤以多种模式工作，传输速率相对于单模光纤为低、距离短、传输容量小，但成本较低，两者区别如表 2-5-8 所示。

表 2–5–8 　　　　　　　　　　　　　　单模光纤和多模光纤的区别

单模光纤	工作模式：只带有一种模式或者不同路径的光束； 光源类型：激光； 工作波长：1310nm、1550nm
多模光纤	工作模式：传输多种模式或者多种不同路径的光束； 光源类型：发光二极管 LED； 工作波长：850nm、1300nm

3. 光纤网络中所需的元件

(1) 光纤连接器：在计算机网络的连接中，光纤可以通过 SC、ST、FC 或者 LC 光纤连接器与网络设备连接。

(2) 光纤收发器：光纤收发器包含光发射和光接收装置，允许在两个端点之间进行双向信息传递。

(3) 光纤介质转换器：同时使用了双绞线和光缆的网络结构需要一个光纤介质转换器；该转换器允许一个网段从双绞线过渡到光缆，或者从光缆过渡到双绞线。

(4) 光纤耦合器：接收光纤连接器的硬件。

(5) 光纤连接器面板：可安装多个耦合器。

(6) 光纤连接器嵌板：固定光纤互连装置中耦合器用的嵌板。

(7) 交叉连接模块：光纤跳线的端接器，可通过光纤跳线灵活变动传输通道。

(8) 光纤互连装置：可直接端接多根光纤。

4. 光纤的交叉连接和互联

(1) 光纤交叉连接：光纤交叉连接与铜线交叉连接相似，它为设备传输管理提供一个集中的场所。交叉连接模块允许用户利用光纤跳线（两头有端接好的连接器）来为线路重新安排路由，增加新的线路和拆去老的线路。

(2) 光纤互连：光纤互连是直接将来自不同光缆的光纤互连起来而不必通过光纤跳线。当主要需求不是线路的重新安排，而是要求适量的光能量的损耗时，就使用互连模块，互连的光能量损耗比交叉连接要小。这是由于在互连中光信号只通过一次连接，而在交叉连接中光信号要通过 2 次连接。

5. 光纤的主要技术指标

(1) 光纤材料特性。在光纤的应用中，光纤种类虽然多，但是测试仪器基本相同，测试内容主要是衰减性能。光纤材料为玻璃和塑料，有单模、多模之分。

(2) 光纤的连续性。光纤的连续性是对光纤的基本要求，因此对光纤的连续性进行测试是最基本的测量之一。进行测量时，通常是把红色激光、发光二极管或者其他可见光注入光纤,并在光纤的末端监视光的输出。如果光纤中由断裂或者不连续点,则光纤的输出端功率会减小或者根本没有光透出。

(3)光纤的衰减。光纤的衰减主要是光纤本身的固有吸收和散射造成的,衰减系数越大,光信号在光纤中衰减得越严重。在特定的波长下,从光纤输出端的功率中减去输入端的功率,再除以光纤的长度即可得到光纤的衰减系数。光纤通道可允许的最大衰减应不超出表2-5-9所列的数值。

表 2-5-9   光纤通道可允许的最大衰减

链路长度(m)	多模衰减值(dB)		单模衰减值(dB)	
	850nm	1300nm	1310nm	1550nm
100	2.5	2.2	2.2	2.2
150	3.9	2.2	2.7	2.7
1500	7.4	3.6	3.6	3.6

(4)光纤波长窗口参数。综合布线通道光纤波长窗口参数应符合表2-5-10的规定。

表 2-5-10   光 纤 波 长 窗 口 参 数

光纤模式及标称波长	(nm)	(nm)	(nm)	(nm)
多模 850nm	790	910	850	50
多模 1300nm	1285	1330	1300	150
单模 1310nm	1288	1339	1310	10
单模 1550nm	1525	1575	1550	10

(5)光纤连接硬件。最大衰减0.5dB;最小回波损耗为多模20dB,单模26dB。

(6)光纤的带宽。带宽是光纤系统的重要参数之一,带宽越宽,信息传输速率越高,各种光纤传输速率也不尽相同。带宽主要受到色散的影响,光纤的色散越小,其带宽就越宽。一般用两种方法测量高频信号在传输过程中的模式色散效应。第一种是采用频域测量方法,将扫频的正弦波信号加到光纤的发射器,然后在接收端测量光的输出。信号的幅度较峰值下降3dB的频率点即是系统的带宽。第二种是采用时域测量方法,测出脉冲通过光纤后被展宽的程度来确定系统的带宽。

(7)反射损耗。光纤传输系统中的反射是由多种因素造成的,其中包括由光纤连接器和光纤接续等引起的反射。对于单模光纤来说,反射损耗尤其重要,因为光源的性能能会受反射光的影响。综合布线光纤通道任一接口的光纤反射损耗,应满足:

1) 多模光纤（标称波长 850nm 或 1300nm）的最小回波损耗限值≥20dB。

2) 单模光纤（标称波长 1310nm 或 1550nm）的最小回波损耗限值≥26dB。

（8）传输延迟。有些应用系统对光缆布线通道的最大传输延迟有专门的要求，可按照 GB/T 8401 规定的相移法或脉冲时延法进行测量。

6. 光纤的测试标准

（1）影响光纤传输性能的主要参数是光功率损耗，损耗主要是由光纤本身、接头和熔接点造成的。但由于光纤的长度、接头和熔接点数目的不定，造成光纤链路的测试标准不像双绞线那样是固定的，因此对每一条光纤链路测试的标准都必须通过计算才能得出。具体计算公式为：

式：光纤链路的损耗极限=(光纤长度×衰减系数)+(接头衰减×数量)+

(熔接点衰减×数量)　　　　　　　　　　　　　　　　　（2-5-2）

（2）标准中要求多模光纤只需测试一个波长即可，而单模光纤两个波长都要测到，公式中的各种损耗系数如表 2-5-11 所示。

表 2-5-11　　　　　　　　　　不同光纤的衰减系数

光纤类型	衰减系数
多模 1	3.75dB/km@850nm
多模 2	1.50dB/km@1300nm
单模室外 1	0.50dB/km@1310nm
单模室外 2	0.50dB/km@1550nm
单模室内 1	1.00dB/km@1310nm
单模室内 2	1.00dB/km@1550nm

（3）在测试完由光缆路径所产生的光功率损耗之后，将结果与光缆的损失预算（OLB）相比较，以确定安装是否在性能参数内。损失预算基于 3 个量而得到的，这 3 个量是电缆路径中的，包括连接器数量、分段的数量和电缆的长度。OLB 的基本计算公式如下：

OLB=电缆损失+分段损失+连接器损失　　　　　　　　（2-5-3）

（4）在计算 OLB 的时候，将实际的光缆的长度、分段和连接器的数量都要乘上预先定义好的系数。这些系数随使用的光缆类型、网络使用的波长所采用的标准和参考的来源变化而变化。对于连接器而言，相关系数变动的范围为 0.5～0.75dB，对于分段而言，相关系数取值 0.2dB 或 0.3dB。而对于电缆长度的相关系数，使用表 2-5-12 中所列出的值。

表 2-5-12 光纤链路预算中使用的电缆相关系数

光纤类型	850nm	1300nm	1550nm
多模光纤	3to3.76dB/km	1to1.5dB/km	
单模光纤		0.4dB/km	0.3dB/km

二、危险点分析与控制措施

（1）信息安全。控制措施：检修前对系统和数据进行安全、完整、正确的备份；遵守国家有关计算机信息安全和保密的有关规定。

（2）误触电。控制措施：需停电的设备已停电，安全措施已做好；不停电设备，需设专人监护与带电设备保护足够的安全距离。

（3）仪器损坏。控制措施：使用仪器测试时注意所测介质，确认仪器选择是否正确，避免仪器损坏。

三、作业前准备

工器具：接地电阻测量仪、视频故障定位器、尘埃粒子计数器、普通声级计、干扰场强测试仪、操作系统安装盘、安全软件、检测程序、应用程序、移工具包。

四、操作步骤

根据 TIA/ISO 和国家标准，测试光纤需要用两个波长测试。多模光缆要用波长为850nm/1300nm（或者 850nm/1310nm）的 LED 光源，单模光纤要用波长为 1310nm/1550nm 的激光光源。而且测试方向应与应用时的光传输方向一致。新的标准要求，光纤的完整认证要经过两个阶段，即基本的光纤损耗或网络连通性测试（光纤布线认证）、更严格的光时域反射计（OTDR）测试。下面以 FLUKE DTX-1800-MS 电缆认证测试仪为例分别介绍。

1. 光纤布线认证

（1）附件安装。首先要求给测试仪安装适当的光纤模块，光纤模块有 DTX-MFM2 多模模块、DTX-GFM2 千兆多模模块、DTX-SFM2 单模模块，可根据需要选装。另外，使用 DTX-MFM2 多模模块认证多模光纤时，为了改善测量结果的可重复性及一致性，应当使用心轴。由于光纤类型和接口的复杂性，还需要适当的连接适配器、基准测试线、跳线等。

（2）任务设置。开启测试仪将旋转开关转至 SPECIAL FUNCTIONS，检查内存空间可用后，将旋转开关转至 SETUP 创建任务文件夹、设置测试人员、地点、单位名称以及测试日期和时间。

（3）设置测试值。将旋转开关转至 SETUP 开始设置，使用上、下、左、右箭头键选择或设置，按 ENTER 键确认。光纤布线测试设置值如表 2-5-13 所示。

表 2-5-13　　　　　　　　　光纤布线测试设置

设置值	说　明
SETUP>光纤损耗>光纤类型	选择被测的光纤类型
SETUP>光纤损耗>测试极限	为测试任务选择适当的测试极限。测试仪将光纤测试结果与所选的测试极限相比较，以产生通过或失败的测试结果
SETUP>光纤损耗>远端端点设置	用智能远端模式来测试双重光纤布线。用环回模式来测试基准测试线与光缆绕线盘。用远端信号源模式及光学信号源来测试单独的光纤
SETUP>光纤损耗>双向	在"智能远端"或"环回"模式中启用"双向"时，测试仪提示要在测试半途切换测试连接。在每组波长条件下，测试仪可对每根光缆进行双向测量（850nm/1300nm，850nm/1310nm 或 1310nm/1550nm）
SETUP>光纤损耗>适配器数目 SETUP>光纤损耗>接续点数目	如果所选的极限值使用计算的损耗极限值，输入在设置参考后将被添加至光纤路径的适配器数目
SETUP>光纤损耗>连接器类型	选择用于布线的连接器类型
SETUP>光纤损耗>测试方法>方法 A、B、C	损耗结果包含设置基准后添加的连接。基准及测试连接可决定将哪个连接包含于结果当中。测试方法指所含端点连接数： 方法 A：损耗结果包含链路一端的一个连接。 方法 B：损耗结果包含链路两端的连接。 方法 C：损耗结果不包含链路各端的连接，仅测量光纤损耗
SETUP>光纤损耗>折射率（n）>用户定义或默认值	测试仪使用目前选定的光纤类型所定义的默认折射率（n）或用户定义的值。若要测定实际值，更改折射率，直到测得的长度符合光纤的已知长度，此时对应的折射率就是实际值
SPECIAL FUNCTIONS>设置基准和跳线长度	设置基准可以设置损耗测量的基准电平。设置基准后，输入所用的基准测试线的长度

（4）后面将以"远端信号源"模式认证一根光纤为例说明认证的过程，"智能远端"和"环回"模式与此类似。

（5）按照（3）中的操作步骤，设置参数如表 2-5-14 所示。

表 2-5-14　　　　　　　　　光纤布线测试设置例表

参数	设置值
光纤类型	多模 62.5μm（850nm/1300nm）
测试极限	按 F1 键查看选择多模光纤极限值，也可输入计算损耗（OLB，也叫损失预算）作为测试极限
远端端点设置	远端信号源
双向	不用

续表

参数	设置值
适配器数目 接续点数目	不用 不用
连接器类型	通用类型
测试方法	B
折射率	默认
设置基准	设置基准,在(3)中进行
跳线长度	2m,在(4)中进行

(6)检查智能远端信号源。在 850nm 波长条件下,按住智能远端光缆模块上的按钮 3s 来启动输出端口,LED 指示灯亮红灯;再按一次可切换至 1300nm 波长,LED 指示灯亮绿灯。

(7)设置基准。开启测试仪及智能远端(已安装 DTX–MFM2 多模模块),因为光纤模块的测量准确度受温度的影响比较大,保持模块测试期间的温度稳定有助于测量结果的稳定,所以在开启测试仪及智能远端后,要先进行一段时间的预热,使模块温度逐渐稳定在环境温度上,如果模块使用前的保存温度高于或低于环境温度,则等待更长时间使模块温度稳定。预热 5min 后,把准备使用的基准测试线和心轴连接到测试仪及智能远端上,如图 2–5–27 所示。转开关转至 SPECIAL FUNCTIONS(特殊功能),然后开启智能远端;选中"设置基准",按 ENTER 键确认。如果同时连接了光纤模块及铜缆适配器,接下来选择"光纤模块",最后按 TEST 键进行基准设置。

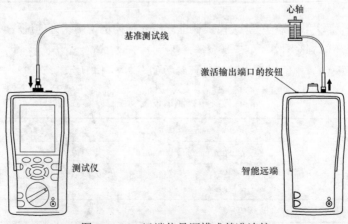

图 2–5–27 远端信号源模式基准连接

（8）设置基准后，输入所用的基准测试线的长度。

2. 测试连接及检查

清洁待测光纤的连接器，然后将测试仪及智能远端连接至光纤，连接如图 2-5-28 所示，测试仪将会显示该测试方向上的连接。

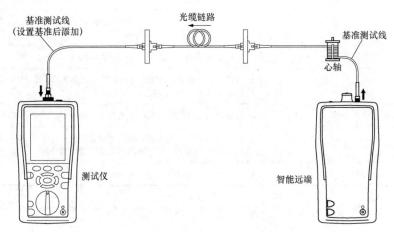

图 2-5-28 远端信号源模式测试连接

（1）将旋转开关转至 AUTOTEST，按 TEST 键，然后选择智能远端上的波长组。

（2）要保存测试结果，按 SAVE 键，建立光纤标识码后再按一下 SAVE 键。

（3）给通过认证的每根光纤填上校验日期，如果有光纤未能通过仪器认证，则应该对该线缆进行仔细检查和处理，然后重复"1. 光纤布线认证"中步骤（5）～（8）。

3. 光时域反射计（OTDR）测试

（1）附件安装。安装 DTX Compact OTDR 模块，预备发射光缆和接收光缆，清洁将要使用的连接器、适配器。

（2）任务设置。开启测试仪将旋转开关转至 SPECIAL FUNCTIONS，检查内存空间可用后，将旋转开关转至 SETUP 创建任务文件夹、设置测试人员、地点、单位名称以及测试日期和时间。

（3）选择自动 OTDR 模式。将旋转开关转至 AUTOTEST，按 F3 更改测试方式，然后选择自动。

（4）设置测试值。将旋转开关转至 SETUP 开始设置，给测试选取设置。将旋转开关转至 SETUP，然后选择 OTDR，开始设置。主要的设置项如表 2-5-15 所示。

表 2-5-15   OTDR 测 试 设 置

设置	说　明
自动/手动	在自动测试屏幕上，按 F3 更改测试。在自动模式下，测试仪会根据布线的长度及总损耗来选择特定的设置值
OTDR 端口	多模或单模
测试极限	测试仪将 OTDR 测试结果与设定测试极限值相比较，以产生通过/失败结果
光缆类型	给将要测试的光缆选择一种适合的类型
波长	可以在一个波长、OTDR 模块支持的全部波长、设定的测试极限支持的全部波长下测试布线
发射补偿	可以消除发射光缆及接收光缆对 OTDR 测试结果的影响
测试位置	测试仪所处的光缆端点。根据该设置，测试仪将 OTDR 的结果分为端点 1 或端点 2 来指示所测试的是布线的哪一端
端点 1、端点 2	分配给布线端点的名称

（5）测试极限可以从仪器列表中选择，也可以使用损失预算（OLB）作为测试极限。

（6）建议使用发射光缆和接收光缆，并启用发射补偿。在使用发射光缆和接收光缆时，总损耗和长度包括发射光缆和接收光缆的损耗和长度，为了消除这些光缆对 OTDR 测量值的影响，应启用发射补偿功能，方法如下：

1）将旋转开关转至 SETUP，选择 OTDR，然后选择将要测试的 OTDR 端口（多模或单模）。

2）将旋转开关转至 SPECIAL FUNCTIONS，然后选择设置发射光缆补偿。

3）在设置发射方式屏幕上，选中想要采用的补偿类型。

4）按照测试仪屏幕上所示将光缆连接到测试仪的光时域反射计（OTDR）端口，然后按 TEST 键。

5）测试仪将发射光缆的结束端和接收光缆的起始端（如果选择了接收光缆补偿）显示在事件表中。

6）按 SAVE 键，然后按 F2 确定。

7）如果需要禁用发射补偿功能，将旋转开关转至 SETUP，选择 OTDR，然后将发射补偿在选项卡 2 中设为禁用。

8）如图 2-5-29 所示将测试仪的 OTDR 端口连接至布线系统。另外，OTDR 也可从一端测试未敷设的光缆。

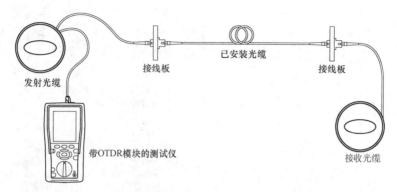

图 2-5-29　将 OTDR 模块与已安装的光缆连接

9）按 TEST 键后将得到 OTDR 测试结果和曲线屏幕，如图 2-5-30 所示为 OTDR 测试结果示例，如图 2-5-31 所示为典型 OTDR 曲线。

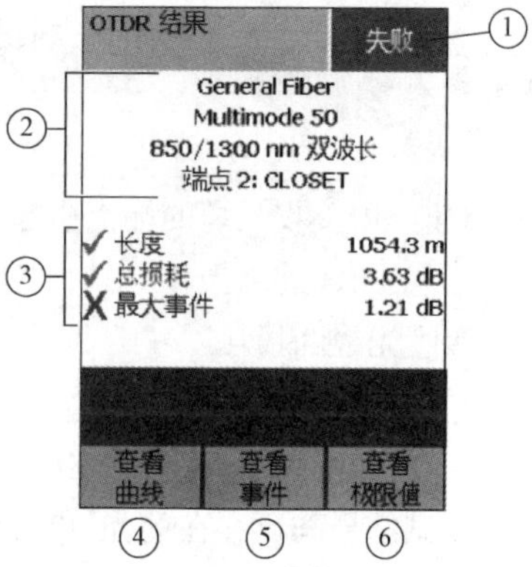

10）图 2-5-30 中注意：

① 测试总体结果。PASS（通过）：所有测量值在极限值之内；FAIL（失败）：一个或多个测量值超出极限值。

② 测试所用的极限值、光缆类型、波长和光缆端点编号 "1" 或 "2"。

③ 所做的测量及每个测量的状态。√：测量值在极限范围内；i：测量在选定的测试极限内无通过/失败限制；×：测量值超出极限范围。

④ 显示 OTDR 曲线。

⑤ 显示事件表。

⑥ 显示测试所用的极限值。

11）图 2-5-31 中注意：

① OTDR 端口连接引起的反射事件。

② 由布线中第一个连接引起的反射事件。该曲线是在使用发射光缆补偿的情况下生成的，因此发射光缆的端点用一条虚线标记，并且作为长度测量的 0m 点。

③ 光缆锐弯引起的细小事件。

④ 由布线中最后一个连接引起的反射事件，虚线标记了被测光缆的结束端和接收光缆的起始端。

图 2-5-30　OTDR 测试结果示例

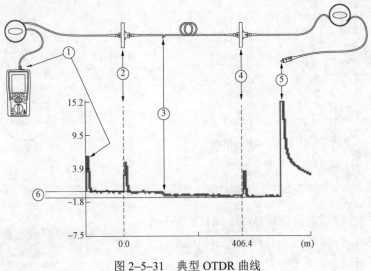

图 2-5-31　典型 OTDR 曲线

⑤ 由接收光缆的端点引起的反射事件。

⑥ 布线的总损耗。由于采用了发射光缆和接收光缆补偿，总损耗不包括发射光缆和接收光缆的损耗。

4. 测试结果保存

要保存测试结果，按 SAVE 键，建立光纤标识码后再按一下 SAVE 键。如果要将本测试结果与已存的光纤布线认证结果一起保存，输入现有结果的光纤标识码后然后按 SAVE 键即可。

5. 测试报告生成

测试完成后，将电缆认证测试仪的 USB 接口与计算机连接，将认证结果传到计算机上，使用测试仪携带的 Linkware 软件进行分析和整理，最后生成测试报告。

五、注意事项

由于激光会对眼睛造成伤害，所以在使用激光光源进行测试（单模光纤测试）时，有下列要求：

（1）切勿直视光学连接器内部。

（2）始终用防尘罩覆盖住光缆模块的输出（OUTPUT）端口或将基准测试线与端口连接。即使没有在进行测试时，也要覆盖住端口可以降低意外暴露于危险辐射的风险。

（3）在光纤与端口连接之前，切勿测试或启动输出（OUTPUT）端口或视频故障定位器（VFL）端口。

（4）不要直视视频故障定位器输出端口。

（5）切勿使用放大镜来查看输出端口时，查看要使用适当的过滤装备。

【思考与练习】

1. 用激光光源有哪些需要特别注意的地方？

2. 切勿使用什么物品直接查看输出端口？

3. 测试光纤常用哪些设备？

▲ 模块 29　工作站检修（新增 ZY5400504008）

【模块描述】本模块包含退出系统、硬件检修、软件检修、试验、确认是否需要重新备份系统、保存备份。通过对操作方法、步骤、注意事项的讲解和案例分析，掌握工作站检修方法及步骤。

【模块内容】

一、作业内容

在计算机监控系统中被赋予一定功能和任务的计算机就是工作站，比如操作员工作站、数据采集工作站、报表查询工作站等。工作站检修是涉及知识面较广、对检修技能要求较高、与生产环节联系较为紧密的综合性工作，所以要求在进行人员配备时，结构上要合理、数量上要足用，在配备软硬件设备时也要力求全面和完善。另外，在工作站检修时，一定需要一个本地管理员账户，还可能需要一个经过授权的全局账户。

二、危险点分析与控制措施

（1）信息安全。控制措施：检修前对系统和数据进行安全、完整、正确的备份；遵守国家有关计算机信息安全和保密的有关规定。

（2）误触电。控制措施：需停电的设备已停电，安全措施已做好；不停电设备，需设专人监护与带电设备保护足够的安全距离。

（3）仪器损坏。控制措施：使用仪器测试时注意所测介质，确认仪器选择是否正确，避免仪器损坏。

三、作业前准备

（1）工器具。操作系统安装盘、安全软件、检测程序、应用程序、移动硬盘、U盘、软盘驱动器、刻录光驱、空白光盘、空白磁带、阵列硬盘、清洁工具包。

（2）电脑在进行下载操作前必须进行版本的比对，确认调试电脑中版本与设备上的一致，禁止使用非专业电脑进行程序下载等工作，避免病毒侵入。

四、操作步骤

1. 退出系统

（1）安全性检查。如果该工作站是冗余或热备配置，检查负担的任务是否已经正确切换到其他工作站上，如果该工作站是单点配置，则核对现场设备运行情况，确认工作站停用不会影响安全生产。

（2）停用工作站上的监控功能，监控程序退出。

（3）断开工作站与系统的网络通信连接。

（4）系统备份。如果系统原来有备份，并且本次检修不会有改动，那么保持原备份；如果系统将要有所改动，那么无论原来是否已经有备份都应该重新对系统备份（注意：系统备份可能需要本地管理权限）。

（5）工作站关机。正常的关机顺序为先关闭所有的程序，再关闭主机电源，最后关闭外设电源，关机时应避免强行关机操作。

（6）把工作站从控制台拆除。由于将要进行清洁工作，为防止污染其他设备，应将工作站搬到检修间或者与其他运行设备隔离的环境。

（7）核对历史记录，检查有无遗留设备缺陷。

2. 硬件检修

（1）分解。要按照产品说明书或者检修规程的要求进行分解，同时做好记录，分解后的元件和板卡应放置在绝缘、干燥的软垫上；

（2）清洁。不能把腐蚀性清洁剂用于工作站硬件的清洁，不能使用尖锐和坚硬的工具擦拭元件和板卡，已清洁过的元件和板卡应该单独放置。

（3）组装。把清洁过的元件和板卡遵照记录依次安装，保证正确、牢固和可靠。

（4）替换缺陷硬件。若有硬件缺陷需要替换元件和板卡时，应使用同一型号进行替换，若使用兼容型号，可能需要驱动程序或者操作系统安装盘。另外，对关键设备进行替换时，应仔细核对产品说明书上有关硬件兼容性的认证信息，没有明确指出与本系统兼容性能相符的硬件不允许使用。

3. 软件检修

（1）上电开机。正常的开机顺序为先打开显示器、音箱等外设的电源，然后再开主机电源。

（2）检查引导和启动过程是否正确。引导或者启动过程不正常，说明硬件损坏或者硬件安装有错误，需要重新进行硬件部分检查；引导或者启动过程正常，则进行本地登录，如果更换了硬件，系统会提示安装驱动，可按照提示插入驱动程序或者操作系统安装盘执行安装过程。

（3）卸载无用程序，删除无用数据文件和文档。程序的卸载一定要使用程序本身的反安装功能，也可以使用操作系统"控制面板"中"添加或删除程序"，不可直接手工删除。一般数据文件和文档可在核对确实无用或者已经备份后，直接以手工方式删除。卸载和删除过程可能会遇到操作失败的提示，应在中止关联程序的运行后重新尝试。

（4）磁盘清理。磁盘清理程序的作用是清理磁盘中的垃圾文件和临时文件，以提高磁盘的容量和存储速度。系统通过长期的运行，会产生一些垃圾文件和临时文件，这些文件对系统今后的运行已经没有任何用处，但却占据着一定的存储空间。系统本身不会自动删除这些文件，但为了优化性能，系统提供了一个称为"磁盘清理"的功能，供用户删除这些垃圾文件和临时文件，为系统回收更多的可用磁盘空间。

（5）磁盘碎片整理。当用户创建和删除文件和文件夹、安装新软件或从 Internet 下载文件时，在磁盘卷中就会形成碎片。通常情况下，计算机会在对文件来说足够大的第一个连续可用空间上存储文件，如果没有足够大的可用空间，计算机会将尽可能多的文件保存在最大的可用空间上，然后将剩余数据保存在下一个可用空间上，并依此类推。当卷中的大部分空间都被用作存储文件和文件夹后，大部分的新文件则被存储在卷中的碎片中。当一些文件被删除后，再存储新文件时就会在剩余的空间里随机填充。磁盘碎片的存在，降低了磁盘读写的性能，减少了可用的磁盘空间，导致整个系统的运行效率下降。

（6）升级或更新系统。根据系统的历史运行状况和系统的最新发展情况，确定是否对系统进行升级或者更新，系统升级或更新的主要内容有：操作系统、驱动程序、应用程序、数据库等。

（7）病毒清除。本步骤要求在系统完成升级或更新，再没有其他需要的变动后进行，目的是避免出现反病毒死角。要求使用最新的病毒数据库或者反病毒软件对系统进行病毒清除，同时要保证对系统执行了至少一次全面扫描。

4. 试验

（1）关机。由于进行了系统的升级、更新和病毒清除，需要重新检查系统的开、关机过程，以确认对系统有无造成影响或者损坏。

（2）开机。开机时刻应距离上一次关机时刻至少有 10s 的时间间隔，重新启动后，检查引导和启动过程是否正确，有无错误和告警提示。

（3）系统检查。以本地管理员身份登录工作站，检查系统、网络序、应用程的安装和配置是否正确，检查完成后再次关机。

（4）把工作站安装回控制台。工作站经检查没有错误后，按照要求重新安装到控制台，安装过程不能影响其他正常运行的设备。

（5）网络连通性检查。把工作站重新接入监控系统网络，然后开机启动，先以本地管理员身份登录，使用常用命令检查工作站的网络连通性。

（6）加入监控系统。网络连通性检查正确后，使用全局账户加入并登录监控域，要求登录过程无中断现象且登录成功。

（7）启动监控应用程序。要求加载过程正确、无错误提示（注意：该全局账户可能需要本地管理权限）。

（8）数据通信检查。检查与数据库或者 I/O 驱动程序的连接状态是否正确，检查数据通信速度是否满足要求，检查数据通信是否完整和正确。

（9）监控功能检查。分别打开各个画面，检查画面布置、逻辑关系、数值显示、操作和控制功能与现场工况正确对应。

（10）切换试验。如果该工作站是冗余或热备配置，应当进行切换试验。切换试验分为手工切换和模拟故障切换两种情况，切换时要求过程平稳，实时任务不中断，不引起新的冲突，机组或设备运行状态无变化，网络通信无中断现象。

5. 确认是否需要重新备份系统

如果系统有所改变，应该重新备份系统。备份时，工作站应退出监控过程。备份完成后，在试验机（或本机）上使用新系统备份进行系统恢复过程测试，测试合格后，给新系统备份注明编号、名称、日期、工作人员、说明，并进行登记和保存。值得注意的是，系统备份和恢复试验虽然烦琐，但却是非常必要的。

6. 交代检修内容和结果

交代的内容包括检修的主要项目、系统有何变化、设备缺陷处理情况、遗留问题以及工作站是否可以运行等。

7. 建立或者整理检修记录

合理建立或整理检修记录，主要包括：

（1）检修任务通知单管理。

（2）换件明细表、材料明细表管理。

（3）图纸管理。

（4）检修作业指导书管理。

（5）设备检修信息、流程管理。

8. 保存备份

如果此前该系统已经有备份，应在新系统正常运行 6 个月以后，保留最近一次对系统的成功备份，废弃此前对该系统的所有较旧备份。

五、注意事项

（1）为防止静电危害工作站元件，工作之前人体要进行静电释放或穿静电防护服。

（2）不能在开机状态下对工作站的硬件设备进行安装、拆除、移动等。

（3）在拆装、移动、清洁配件的时候，要轻拿轻放。

（4）工作站退出监控过程并断开与监控系统的网络连接。

（5）做好工作站系统的备份工作。

【思考与练习】

1. 新系统正常运行多长时间后进行一次系统备份？

2. 软件检修包括哪些项目？

3. 硬件检修包括哪些项目？

▲ 模块 30　监控系统整体检修（新增 ZY5400504009）

【模块描述】本模块包含程序和数据全面备份、整理，应急系统的制作、保存，使用应急系统进行恢复试验、环境参数校验和环境调节设备检查、服务器和工作站软件系统检查、性能测试，磁盘扫描、磁盘碎片整理、磁盘清理、数据清理、硬件/软件升级，网络设备检修和性能测试，电源盘、UPS 检修、调度通道检修和试验、主域控制器和额外域控制器（或者 FSMO 主机）角色切换和同步试验、主/备数据库角色切换和同步试验、冗余或热备系统切换试验、容灾备份系统维护。通过对操作方法、步骤、注意事项的讲解和案例分析，掌握监控系统整体检修方法及步骤。

【模块内容】

一、作业内容

水电厂监控系统是各种信息传输执行系统，一般不允许停运，故实际上一般不安排监控设备的停电定期检修工作，主要以加强监控设备的日常维护和定期检查，来保证监控设备的正常运行。经验表明，一个复杂的电子设备长期保持通电运行状态将会增加它的可靠性，经常进行检查或投切电源，将会对稳定运行的水电厂监控系统产生外部干扰引起元件损坏，也可能产生一些不必要的故障。因此，竭力推荐水电厂监控系统应总是处于运行状态，以保证设备的稳定、正常运行。

二、危险点分析与控制措施

（1）信息安全。控制措施：检修前对系统和数据进行安全、完整、正确的备份；遵守国家有关计算机信息安全和保密的有关规定。

（2）误触电。控制措施：需停电的设备已停电，安全措施已做好；不停电设备，需设专人监护与带电设备保护足够的安全距离。

（3）仪器损坏。控制措施：使用仪器测试时注意所测介质，确认仪器选择是否正确，避免仪器损坏。

三、作业前准备

（1）工器具。操作系统安装盘、安全软件、检测程序、应用程序、移动硬盘、U

盘、软盘驱动器、刻录光驱、空白光盘、空白磁带、阵列硬盘、清洁工具包。

（2）电脑在进行下载操作前必须进行版本的比对，确认调试电脑中版本与设备上的一致，禁止使用非专业电脑进行程序下载等工作，避免病毒侵入。

四、操作步骤

（1）程序和数据全面备份、整理，应急系统的制作、保存，使用应急系统进行恢复试验：要求备份完整，说明详细，标识清晰，并办理存档手续。模拟严重故障，使用备份或应急系统在试验服务器和工作站上进行一次模拟恢复试验。

（2）环境参数校验和环境调节设备检查：

1）测定计算机场地环境参数并分析。

2）对空调、空气净化器等设备的表面和过滤网（罩）清洁，对电源线路进行检查，大的故障处理和保养工作应联系供应商完成。

（3）服务器和工作站软件系统检查、性能测试，磁盘扫描、磁盘碎片整理、磁盘清理、数据清理：要求文件无损坏，执行速度快，操作性能无明显下降。必要时可在做好备份的基础上，重新安装软件系统。

（4）硬件、软件升级（含系统软件、安全软件补丁的安装）升级或更新：可操作性、安全性、稳定性、可靠性比升级或者更新之前明显增强，无功能失效和下降现象，并且与系统中其他设备有较好的集成度与兼容性。

（5）网络设备检修和性能测试：

1）对老化、陈旧、损坏的电缆、设备要进行更换。

2）对网络介质、网络设备、安全设备等进行鉴定和认证，对记录进行分析，并得出结论。

（6）电源盘、UPS 检修：

1）电源回路绝缘、介电强度测定，自动化元件、表计校验。

2）蓄电池放电试验及各单元电气特性试验。

3）UPS 工作状态切换试验。

（7）调度通道检修和试验：协议和数据校验，传送质量和速率校验，通道延时校验，同步时钟校验。

（8）主域控制器和额外域控制器（或者 FSMO 主机）角色切换和同步试验：

1）手工切换。

2）模拟故障切换。

3）切换两次后，主域控制器和额外域控制器（或者 FSMO 主机）恢复原来的角色。

4）主域控制器与额外域控制器（或者 FSMO 主机）系统数据（或活动目录数据

库）同步检查。

（9）主、备数据库角色切换和同步试验：

1）主数据库模拟故障，启动镜像或备份数据库。

2）主数据库恢复运行，镜像或备份数据库退出运行。

3）通过集群部署或仲裁方式实现自动切换的要求基本无数据丢失，恢复后数据库要保持同步。

4）手动切换时间小于 180s，自动切换时间小于 90s。

（10）冗余或热备系统切换试验：冗余或热备系统的切换试验分为手工切换和模拟故障自动切换，可能的冗余或热备系统有：

1）冗余操作员工作站。

2）冗余通信服务器（或通信终端）。

3）冗余 SCADA 服务器（由于集成原因，切换试验可能会丢失部分数据）。

4）冗余网络（采用端口聚合时要求基本无数据丢失）。

5）热备 PLC（可在机组或设备大修阶段进行）。

（11）容灾备份系统维护：

1）保证历史备份安全的情况下，备份各类新软件系统和数据，备份过程应当正确。

2）在试验工作站和试验服务器上进行故障恢复试验，恢复过程和结果正确。

3）条件允许时，建议在运行设备上进行实际恢复试验。

（12）网络整体检查和试验：参数设置正确，网络运行正常，控制过程满足要求，机组和其他生产设备的运行状态正确。

五、注意事项

（1）监控系统整体检修包括维护和小修项目。

（2）注意监控系统整体检修顺序要求。

【思考与练习】

1. 容灾备份系统维护包括哪几个项目？

2. 网络设备检修和性能测试包括哪些项目？

3. 环境参数校验和环境调节设备检查由哪几个项目组成？

▲ 模块 31　上位机及软件编程（新增 ZY5400505001）

【模块描述】 本模块包含操作员工作站的主要功能、操作员工作站的配置要求、操作员工作站监控画面分类、GE Intellution IFIX 的特点和功能、GE Intellution IFIX 编程。通过对操作方法、步骤、注意事项的讲解和案例分析，掌握上位机及软件编程方法及步骤。

【模块内容】

一、作业内容

通常情况下，数据采集工作站（或 SCADA 服务器）负责收集现地单元运行数据，进行初步转换处理后提供给报表查询工作站、图形工作站或者数据库服务器等其他计算机，数据采集工作站也能作为生产过程的监视终端。数据采集工作站是电站单元级非控制数据采集设备，它没有向现地单元发送操作和控制命令的权限。

操作员工作站是计算机监控系统的主要组成部分，它不仅从现地单元接收设备的主要运行工况数据，还是计算机监控系统中唯一能够向现地单元发送远方控制和操作命令的计算机。运行人员能够通过操作员工作站对设备实现电站级远方操作、控制和调节，调度自动化系统能够通过操作员工作站对水电厂设备实现调度端远方操作、控制和调节。

二、危险点分析与控制措施

（1）信息安全。控制措施：工作前对系统和数据进行安全、完整、正确的备份；遵守国家有关计算机信息安全和保密的有关规定。

（2）误触电。控制措施：需停电的设备已停电，安全措施已做好；不停电设备，需设专人监护与带电设备保护足够的安全距离。

（3）仪器损坏。控制措施：使用仪器测试时注意所测介质，确认仪器选择是否正确，避免仪器损坏。

三、作业前准备

（1）工器具。操作系统安装盘、安全软件、检测程序、应用程序、移动硬盘、U盘、软盘驱动器、刻录光驱、空白光盘、空白磁带、阵列硬盘、清洁工具包。

（2）电脑在进行下载操作前必须进行版本的比对，确认调试电脑中版本与设备上的一致，禁止使用非专业电脑进行程序下载等工作，避免病毒侵入。

四、操作步骤

下面以过程控制中使用最广泛的 HMI/SCADA 软件 GE Intellution iFIX 3.5 为例阐述上位机编程软件的功能和编程步骤。

1. GE Intellution iFIX 的特点和功能

（1）iFIX 是 Intellution 自动化软件产品系列中的一个基于 Windows 的 HMI/SCADA 组件。iFIX 分为 SCADA 和 HMI 两部分，SCADA 部分提供了监视管理、报警、控制和数据采集功能，能够实现数据的绝对集成和实现真正的分布式网络结构。HMI 部分是监视控制生产过程的窗口，也是开发和运行监控画面的工具。SCADA 和 HMI 既能以集成方式部署在一台计算机上，也能以分布方式部署在多台计算机上，如图 2-5-32 所示为 IFIX 以分布方式部署的示例。

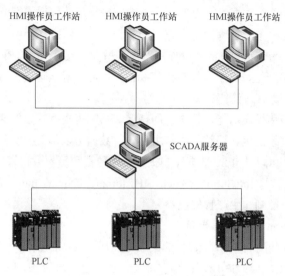

图 2-5-32　IFIX 以分布方式部署

（2）iFIX 的组件 iFIX WorkSpace 是一个集成开发环境界面。iFIX WorkSpace 中包含两个全集成的环境，即配置环境和运行环境。配置环境中提供了创建监控画面所需的图形、文本、数据、动画和图表工具。运行环境提供了观看这些画面所必需的方法。配置环境和运行环境之间可随意切换，能够迅速地测试实时报警和数据采集的变化情况。切换到配置环境时，生产过程不会被打断，报警、报表和调度等监控程序会在后台不间断运行。

（3）拥有强大的脚本编制功能。完全内置的 VBA 脚本集成开发环境，能够快速方便地生成各类复杂的操作任务和自动化解决方案。

（4）具有强大的数据库访问能力。支持以 DAO、RDO、ADO 方式访问数据库，也支持用结构化查询语言 SQL 访问 ODBC 数据库，另外 iFIX 还提供了一个 VisiconX 控件，用来快速访问关系数据库或非关系数据库。

（5）提供广泛的高性能 I/O 驱动器，可以支持最畅销和特殊的 I/O 驱动器。还以插入式组件形式提供了一个 iFIX 的 OPC 工具包，用来编写高性能、可靠的 I/O 服务器。iFIX 能够以 DDE、OPC、ActiveX 等数据访问技术与 I/O 驱动器、第三方应用程序进行数据交换。

（6）支持功能强大的实时 SCADA 过程数据库。iFIX 从现场设备读取数据，保存在 SCADA 服务器上的过程数据库中，作为大部分 iFIX 应用程序过程数据的来源，用户可通过访问过程数据库实现对设备工况的操作、控制、查询、报表工作。过程数据库的数据能被写入关系数据库，也能从关系数据库写回过程数据库。

（7）iFIX 的各个节点能够冗余配置，当一个节点或网络连接中断时，iFIX 能自动地从一个路径转到另一路径，从一个连接切换到另一个连接，保障控制过程平稳运行。

（8）iFIX 能够产生、显示和储存报警和消息，能够确认远端报警、挂起报警、延时报警、和对报警进行过滤等。

（9）数据归档和报表功能。系统中的任何数据都可根据指定的速率采样存储，归档的数据是进行系统优化和调整的强有力工具。数据可以从数据文件中取出生成历史趋势数据显示，也可以从 iFIX 数据库中提取当前数据和历史数据来生成各类报表。

（10）iFIX 能够与 Intellution iBatch、iHistorian、iDownTime、iWebServer 组合实现全方位生产过程控制和生产管理决策。

2. GE Intellution iFIX 编程步骤

（1）创建或打开画面。启动 iFIX 的集成开发环境 Intellution Workspace，创建或者打开一个画面，如图 2-5-33 所示。

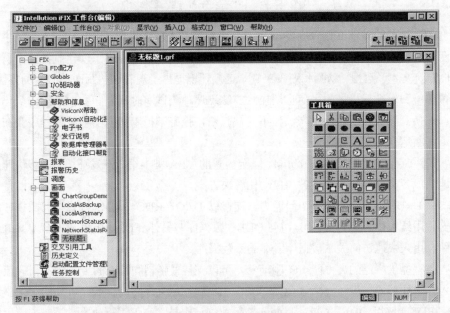

图 2-5-33　Intellution Workspace 集成开发环境

（2）使用对象构造画面。从对象工具栏中选择合适的图形、图像、组件等添加到画面中，常见的对象有椭圆、矩形、直线、圆弧、多边形、文本、按钮、位图、组件等，可以通过绘图光标调整对象的位置、大小、颜色和形状。

（3）为对象的动画属性设置数据源。调出对象的动画属性窗口，通过属性设置使对象的位置、大小、颜色和形状随数据源数据的变化而变化。因此，为了实现对象的动画过程，必须连接数据源，数据源可以来自 I/O 地址中的实时数据、iFIX 标签，也可能来自 OPC 服务器。

（4）要选择数据源，必须在"动画"对话框的"数据源"域中输入其名称，同时应遵守相应的语法要求，告诉 iFIX 使用了哪种类型数据源。

1）以一个 I/O 地址作为数据源时，语法为：server.io_address。其中，server 是 OPC 服务器名称，io_address 是服务器的 I/O 地址。

2）以一个 iFIX 标签作为数据源时，语法为：Fix32.node.tag.field。其中，node 是要连接的 iFIX SCADA 服务器名称，tag 是数据库中的标签名，field 是数据库域名。

3）编制用户脚本。使用 iFIX VBA 编辑器编制实现用户控制逻辑的程序代码。

（5）配置 I/O 驱动器或 SCADA 服务器过程数据库。使用 I/O 驱动配置程序配置 I/O 驱动器，iFIX 启动时可以装载 8 个 I/O 驱动器。配置驱动器的第一步就是告诉 iFIX 要用哪一个驱动器，然后填写合适的通信参数。使用数据库管理器为 SCADA 服务器创建过程数据库，SCADA 服务器运行时要加载过程数据库。过程数据库由数据块构成，数据块有以下功能：

1）从 OPC 服务器、I/O 驱动或其他数据块接收数值，在 SCADA 服务器与设备通信之前，必须至少定义及配置一个驱动器。

2）依据配置处理数据值。

3）处理数据实现控制策略。

4）设定报警限值。

5）完成计算功能。

6）输出数值到 I/O 驱动或 OPC 服务器。

（6）调试。分为画面调试和 VBA 脚本调试两种：

1）调试画面时，点击"标准工具栏"中的"切换至运行"按钮或按下键盘上的 Ctrl+W 键组合在运行环境中显示画面，选择 Workspace 菜单中的"切换至配置"按钮，切换到配置环境。

2）调试 VBA 脚本时，在 VBA 编辑器中将指针定位在程序的位置，并从运行菜单中选择运行 Sub/User 窗体。VBA 调试也能显示正在运行的 VBA 窗体，执行窗体中的任何事件程序。

（7）配置运行环境。在 iFIX 程序文件夹中单击系统配置来启动系统配置程序 SCU，SCU 能够配置 iFIX 站点的网络连接、iFIX 路径。任务配置、在 SCADA 服务器中配置 SCADA 和 I/O 驱动程序选项、报警路径和目标文件。当启动 SCU 文件时，它将自动打开本地启动选项所指定的 SCU 文件。例如，通过在 SCU 工具箱上单击任务按钮和显示任务配置对话框，能指定自动启动的任务，当运行 iFIX 启动程序时这些任务将启动。如图 2-5-34 表示当启动 iFIX 时，如果想始终使用 I/O 控制，则配置 SCU 来自动地启动 IOCNTRL.EXE。

图 2-5-34 SCU 的任务配置对话框

注：星号（*）表示任务启动后为最小化；百分号（%）表示任务启动后在后台运行。

（8）运行用户监控程序。当 iFIX 运行时对 SCU 文件所做的修改不会立即生效，需要保存 SCU 文件，然后重新启动 iFIX 才能加载修改后的 SCU 文件。启动 iFIX 之前，还需要在 Windows 注册表中指定本地服务器名、本地逻辑节点名和 SCU 文件名。如图 2-5-35 为 iFIX 启动对话框。

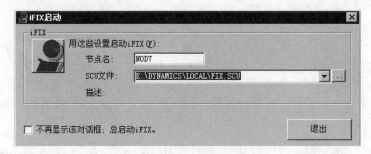

图 2-5-35 iFIX 启动对话框

五、注意事项

（1）为防止对正常运行的监控系统造成干扰，使用 HMI/SCADA 软件编程的计算机应该和监控系统隔离，待全部功能和画面开发完成后调试阶段再接入监控系统。

（2）为防止病毒感染监控系统，编程用的计算机应该是专用的工程师站。

（3）软件在安装到监控系统上时要经过上级技术主管部门认可的病毒免疫程序，并经其同意后才能安装和使用。

（4）要对相关的系统、程序、数据备份。

【思考与练习】

1. 常用的上位机软件有哪几款？

2. 上位机由哪几部分组成？

3. 上位机进行检修必须进行哪项工作？

▲ 模块 32　上位机常见故障处理（新增 ZY5400505002）

【模块描述】 本模块包含程序不能运行或者数据刷新停顿、机组潜动、开机不成功、操作和控制命令下发失败、全厂负荷大幅度摇摆。通过对操作方法、步骤、注意事项的讲解和案例分析，掌握上位机常见故障处理方法及步骤。

【模块内容】

一、作业内容

由于上位机的复杂性和多样性，造成上位机的故障现象、故障后果、处理方法也各种各样，本模块介绍了几种水电厂计算机监控系统常见的故障现象和处理方法。

二、危险点分析与控制措施

（1）信息安全。控制措施：工作前对系统和数据进行安全、完整、正确的备份；遵守国家有关计算机信息安全和保密的有关规定。

（2）误触电。控制措施：需停电的设备已停电，安全措施已做好；不停电设备，需设专人监护与带电设备保持足够的安全距离。

（3）仪器损坏。控制措施：使用仪器测试时注意所测介质，确认仪器选择是否正确，避免仪器损坏。

三、作业前准备

（1）工器具。操作系统安装盘、安全软件、检测程序、应用程序、移动硬盘、U盘、软盘驱动器、刻录光驱、空白光盘、空白磁带、阵列硬盘、清洁工具包。

（2）电脑在进行下载操作前必须进行版本的比对，确认调试电脑中版本与设备上的一致，禁止使用非专业电脑进行程序下载等工作，避免病毒侵入。

四、操作步骤

1. 程序不能运行或者数据刷新停顿

这是上位机最常见的故障，导致该类故障的可能原因如下：

（1）授权问题。首先检查密钥硬件安装是否正确，然后检查对应的硬件密钥授权是否过期或无效。如果仍然不能运行时，应检查文件是否受损，较简单的方法是退出程序重新启动，如果文件确实受损，程序在文件加载过程中会提示错误，要求更换文件。

（2）网络会话丢失。当打开大量的画面时，造成 CPU 和网络资源被过分占用，那么客户端上对于服务的请求将不能获得足够的 CPU 时间，会发生因网络超时可能丢失通信会话的现象，此时数据不能被及时发送和接收，画面的数据刷新出现停顿。可以使用网络状态服务器（NSS）或者诊断显示程序监视和控制网络的运行状态，但是最根本的解决办法还是要避免在一台工作站上同时运行过多的画面或者用户任务。

（3）驱动程序错误。驱动程序的通信参数配置错误或者驱动程序没有启动运行。检查驱动程序的通信参数配置是否完整和正确，然后手动启动 I/O 驱动器，检查 I/O驱动程序读取的数据报文是否正确。

2. 上位机引起的可能故障及处理

（1）机组潜动。导致机组在停机后又莫名其妙自动开机的原因，除了开机重复继电器没有正确复归以外，还有一个就是上位机开机指令的状态未复位。处理方法很简单，就是对 I/O 驱动器或者程序重新初始化即可。

（2）开机不成功。造成开机不成功的原因很多，但从上位机角度来看，可能是存在停机指令对开机指令的闭锁，只需要检查停机令是否正确复归即可。由于上位机的停机令反映的是现地单元的实际工况，当出现开机失败现象时，可能还需要配合检查现地单元，如 PLC、调速器、励磁调节器本身的停机令或者停机继电器是否正确复归。

（3）操作和控制命令下发失败。操作人员在进行机组工况转换、功率调节、倒闸操作时虽然画面上按钮、滑动块等状态正常，但现场设备却没有任何反应。此类故障通常并非由网络和程序本身引起，而是由于操作人员启动了两个同样的操作画面造成的。由于控制画面一般是无标题栏的弹出式非模态窗口，开发人员通常会在画面上设置一个"退出"方式作为该画面的正常退出途径。如果操作人员没有正常退出该画面，而是用鼠标点击了其他画面，那么该画面在失去焦点后就会"隐含"在后台继续运行。当操作人员因需要再次调出同一个画面时，就会有两个一样的画面在前、后台同时运行。这样一来，当操作人员按照正常程序发出指令时，就会出现系统仲裁问题，导致指令不能顺利下发。解决这种现象的方法：一是开发人员在程序中增加画面状态维护代码，确保同一个画面只能有一个线程（也可能是进程）运行在内存中；二是设置供操作人员选择的画面清理功能，由操作人员可随时对"隐含"画面进行手工关闭。

（4）全厂负荷大幅度摇摆。该种情况一般出现在 AGC（或经济运行）控制方式下，由 AGC（或经济运行）负荷分配算法错误或者程序运行错误引起。处理方法是停止 AGC（或经济运行）控制方式，待全厂负荷运行平稳后再次投入 AGC（或经济运行）功能。

五、注意事项

（1）在进行系统设置修改时要求修改记录。

（2）对重要程序、文件、数据要进行备份。

（3）由于上位机直接控制现场设备的运行工况，还要求做好除监控系统本身以外的设备与人身安全防护措施。

【思考与练习】

1. 出现全厂负荷大幅度摇摆的可能原因是什么？

2. 驱动程序错误应该怎样进行检查？

3. 程序不能运行或者数据刷新停顿的主要原因有哪些？

◢ 模块 33　服务器管理与维护（新增 ZY5400505003）

【模块描述】 本模块包含服务器、服务器操作系统、服务器的安装、服务器的管理、服务器的维护。通过对操作方法、步骤、注意事项的讲解和案例分析，掌握服务器管理与维护方法及步骤。

【模块内容】

一、作业内容

（一）服务器

服务器（Server）是指在网络环境下为客户机（Client）提供某种服务的专用计算机，服务器安装有网络服务操作系统（如 Windows Server 2003、Unix 等）和各种服务器应用系统软件（如 DNS 服务、IIS 服务及 Mail 服务等）的计算机。客户机是指安装有客户端操作系统（如 Windows 98，Windows XP Professional、Windows XP Home Edition、Windows 2000 Professional、Windows Vista 等）的计算机，一般情况下，客户机就是工作站。一个完整的服务器系统由硬件和软件两部分组成。

1. 服务器硬件

因为服务器在网络中一般是连续不间断地工作，重要数据和网络服务都部署在服务器上，如果服务器发生故障，将会丢失大量的数据，甚至造成网络的瘫痪，所以服务器硬件的处理速度和可靠性都要比普通计算机高得多。

按照不同的分类标准，服务器分为多种类型。

（1）按网络规模划分，服务器分为工作组级、部门级及企业级服务器，其中工作组级服务器对处理速度和系统可靠性等要求较低，而企业级服务器要求最高。

（2）按微指令系统划分，服务器分为 CISC（复杂指令集）和 RISC（精简指令集）服务器。RISC 服务器的性能比 CISC 服务器要高，但价格也高出很多，所以用户基本上倾向于选择 CISC 服务器。

（3）按用途划分，服务器分为通用型和专用型服务器。

（4）按外部结构划分，服务器分为台式服务器、机架式服务器以及刀片服务器。刀片服务器其实是指在标准高度的机架式机箱内可插装多个卡式的服务器单元（即刀片，其实际上是符合工业标准的板卡，上有处理器、内存和硬盘等，并安装了操作系统，因此一个刀片就是一台小型服务器），这一张张的刀片组合起来，进行数据的互通和共享，在系统软件的协调下同步工作就可以变成高可用和高密度的新型服务器。

2. 服务器软件

服务器的软件一般来说可以分为系统软件和应用软件，服务器操作系统是系统软件中最基础且最核心的部分，目前，服务器操作系统主要有以下 4 大系列：

（1）Microsoft Windows 系列。

（2）UNIX 系列。

（3）Novell Netware 系列。

（4）Linux 系列。

3. 服务器操作系统

目前国内外应用最普遍的服务器操作系统是 Microsoft Windows 系列，本模块将以 Microsoft Windows Server 2003 Enterprise Edition（以下简称"Windows Server 2003"）为例进行介绍。

Windows Server 2003 使用活动目录（Active Directory）管理网络资源，活动目录是 Windows Server 2003 内置的目录服务，是其网络体系的基本结构模型及核心支柱，也是中心管理机构。

Windows Server 2003 的活动目录是一个全面的目录服务管理方案，也是一个企业级的目录服务，具有很好的可伸缩性，它采用 Internet 的标准协议，与操作系统紧密地集成在一起。活动目录不仅可以管理基本的网络资源，也具有很好的扩充能力，允许应用程序定制目录中对象的属性或者添加新的对象类型。活动目录也是一个分布式的目录服务，由于信息可以分散在多台计算机上，为了各计算机用户快速访问和容错，它集成了 Windows 服务器的一些关键服务，如域名服务（DNS）、消息队列服务（MSMQ）及事务服务（MTS）等。在应用方面，活动目录集成了电子邮件、网络管理及 ERP 等关键应用。

（二）活动目录的有关术语

1. 名字空间

从本质上讲，活动目录就是一个名字空间，可以把名字空间理解为任何给定名字的解析边界，这个边界指这个名字所能提供或关联及映射的所有信息范围。通俗地说，是在服务器上通过查找一个对象可以查到的所有关联信息总和，例如 Windows 的文件系统也形成了一个名字空间，每一个文件名都可以被解析到文件本身。

2. 对象

对象是活动目录中的信息实体，即通常所说的"属性"。但对象是一组属性的集合，往往代表了有形的实体，如用户账户和文件名等。对象通过属性描述其基本特征，如一个用户账户的属性中可能包括用户姓名、电话号码、电子邮件地址和家庭住址等。

3. 容器

容器是活动目录名字空间的一部分，与目录对象一样，它也有属性。与目录对象不同，它不代表有形的实体，而是代表存放对象的空间，所以它比名字空间小。例如一个用户，它是一个对象，但这个对象的容器就仅限于从这个对象本身所能提供的信息空间。如它仅能提供用户名和用户密码，而诸如工作单位、联系电话及家庭住址等不属于这个对象的容器范围。

4. 目录树

在任何一个名字空间中，目录树指由容器和对象构成的层次结构。树的叶子和节点往往是对象，树的非叶子节点是容器。目录树表达了对象的连接方式，也显示了从一个对象到另一个对象的路径。在活动目录中，目录树是基本的结构。从每一个容器作为起点，层层深入都可以构成一棵子树。一个简单的目录可以构成一棵树，一个计算机网络或者一个域也可以构成一棵树，与 DOS 中路径的概念一样，目录树也是一种路径关系。

5. 活动目录的逻辑结构

活动目录的逻辑结构非常灵活，它为活动目录提供了完全的树状层次结构视图，活动目录中的逻辑单元包括域、树（也叫域树）及林（也叫域林、树林或者森林）等。

（三）域

域是 Windows Server 2003 网络系统的逻辑组织单元，也是对象（如计算机、用户等）的容器，这些对象一般具有相同的安全策略和管理策略。一个域可以分布在多个物理位置上，同时一个物理位置又可以划分不同网段作为不同的域。

域是安全边界，每个域都有自己的安全策略，一个域的管理员只能管理域的内部，除非其他的域赋予其管理权限，才能够访问或管理其他域。域与域之间可以建立一定的信任关系，使得一个域中的用户由另一个域中的域控制器进行验证后才能访问另一个域中的资源。在 Active Directory 中，每个域名系统（DNS）的域名标识为一个域，每个域由一个或多个域控制器管理。例如域名为"system.com"的域，必须要有一个具有域控制器功能的服务器。

域的作用包括：

（1）使用域账户可以登录本域中的任何主机。

（2）使用域账户登录可以访问本域中的所有授权资源。

（3）本域中的系统管理员可以通过委派授权域账户来提高系统的安全性，便于账户集中管理。

（四）树

树是 Windows Server 2003 域的集合。

（1）当多个域通过信任关系连接之后，所有的域共享公共的表结构（Schema）、配置和全局目录（Global catalog），从而形成树。树由多个域组成，这些域共享同一个表结构和配置，形成一个连续的名字空间，活动目录可以包含一个或多个树。

（2）树中域的层次越深，其级别越低。一个"."代表一个层次，例如域 uk.microsoft.com 比 microsoft.com 域级别低。因为它有两个层次关系，而 Microsoft.com 只有一个层次。而域 sls.uk.microsoft.com 比 uk.microsoft.com 级别低，因为它有 3 个层次关系，而 uk.microsoft.com 只有两个。

（3）树中的域通过双向可传递信任关系连接在一起，由于这些信任关系是双向且可传递的，因此在树或林中新创建的域可以立即与树或林中的其他域建立信任关系。这些信任关系允许单一登录过程，在树或林中的所有域上对用户进行身份验证。但这不一定意味着经过身份验证的用户在树的所有域中都拥有相同的权限，因为域是安全界限，所以必须在每个域的基础上为用户指定相应的权限。

（五）林

由多个树构成的一个非连续的名称空间称为林。例如，水电厂有 system.com、management.com 两个根域，它们分别代表一个实体，这些实体的域结构结合在一起就成了林。林的作用如下：

（1）林的一个树中的用户能够访问林中另一个树中的资源。

（2）林中所有的成员域可以共享信息。

（六）域控制器

（1）域控制器（Domain Controller，简称 DC）指使用活动目录安装向导配置的运行 Windows Server 2003 的服务器，它保存目录数据并管理用户域的交互关系，包括用户登录过程、身份验证和目录搜索等。

（2）Windows Server 2003 的域结构与 Windows NT 不同，域中所有的域控制器都是平等的关系，没有主次之分，不再区分主域控制器和额外域控制器。活动目录采用了多主机复制方案，每一个域控制器都有一个可写入的目录副本，尽管在某一个时刻，不同域控制器中的目录信息可能有所不同，但一旦活动目录中的所有域控制器执行同步操作之后，最新的变化信息就会一致，Windows Server 2003 在复制时会自动比较活动目录的新旧版本，并用新版本覆盖旧版本。

（3）当一台计算机接入网络时，域控制器首先要鉴别这台电脑是否是属于这个域的，用户使用的登录账户是否存在、密码是否正确。如果以上信息有一样不正确，那么域控制器就会拒绝这个用户从这台电脑登录。不能登录，用户就不能访问服务器上有权限保护的资源，这在一定程度上保护了网络上的资源。

二、危险点分析与控制措施

（1）信息安全。控制措施：工作前对系统和数据进行安全、完整、正确的备份；遵守国家有关计算机信息安全和保密的有关规定。

（2）误触电。控制措施：需停电的设备已停电，安全措施已做好；不停电设备，需设专人监护与带电设备保护足够的安全距离。

（3）仪器损坏。控制措施：使用仪器测试时注意所测介质，确认仪器选择是否正确，避免仪器损坏。

三、作业前准备

（1）工器具。操作系统安装盘、安全软件、检测程序、应用程序、移动硬盘、U盘、软盘驱动器、刻录光驱、空白光盘、空白磁带、阵列硬盘、清洁工具包。

（2）电脑在进行下载操作前必须进行版本的比对，确认调试电脑中版本与设备上的一致，禁止使用非专业电脑进行程序下载等工作，避免病毒侵入。

四、操作步骤

（一）服务器的安装

1. Windows Server 2003 操作系统的安装

（1）全新安装。在安装过程中，Windows Server 2003 完全继承了 Windows XP 安装方便、快捷及高效的特点，几乎不需要多少手工参与即可自动完成硬件的检测、安装和配置等工作。在 Windows Server 2003 的安装过程中，系统收集的信息包括区域或语言、个人注册信息、产品序列号、计算机/管理员基本信息，以及网络基本信息等。

（2）升级安装 Windows Server 2003。Windows Server 2003 Enterprise 版只能基于 Windows NT Server 4.0+SP5 或更高版本，以及 Windows 2000 Server 的各个版本升级安装，如果未使用上述版本，则会显示不支持升级的信息提示框。

2. 域控制器的安装

要将服务器用做域控制器，必须安装活动目录，活动目录安装向导可将服务器配置为域控制器或额外域控制器，如果网络中没有其他域控制器，可将服务器配置为域控制器，否则可配置为额外域控制器。每个域必须有一个域控制器，活动目录可安装在任何成员或独立服务器上。域控制器是通过安装活动目录来创建的。执行安装活动目录的账户必须是本地计算机 Administrators 组的成员，或者是被委派有 Administrators

的权限。如果将此计算机加入域，Domain Admins 组的成员也可以执行此过程。

3. 活动目录的安装步骤

（1）选择菜单"开始"→"所有程序"→"管理工具"→"管理你的服务器"命令（或者选择菜单"开始"→"运行"命令，并在文本框中输入"dcpromo"，单击"确定"按钮执行输入的命令），出现如图 2-5-36 所示的"Active Directory 安装向导"。

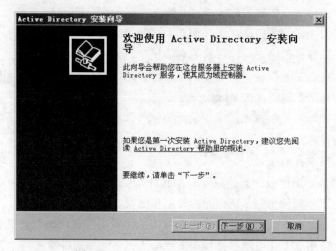

图 2-5-36　Active Directory 安装向导

（2）单击"下一步"按钮，出现如图 2-5-37 所示的"操作系统兼容性"提示对话框。

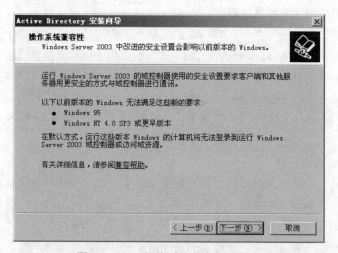

图 2-5-37　"操作系统兼容性"提示

（3）系统提示 Windows Server 2003 增强的安全设置会影响以前 Windows 版本的使用，如果这些低版本需要登录域控制器，需要进行必要的设置。单击"兼容帮助"链接可获得帮助。

（4）单击"下一步"按钮，出现如图 2-5-38 所示的"域控制器类型"对话框，选中"新域的域控制器"单选按钮。

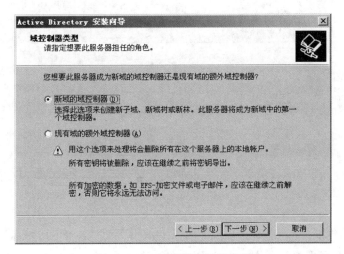

图 2-5-38　选择域控制器类型

（5）单击"下一步"按钮，出现如图 2-5-39 所示的"创建一个新域"对话框，选中"在新林中的域"单选按钮。

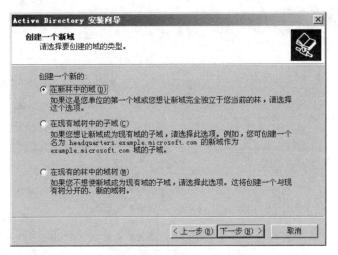

图 2-5-39　选择建新域的类型

（6）单击"下一步"按钮，出现如图 2-5-40 所示的"新的域名"对话框，在"新域的 DNS 全名"文本框中，输入完整的 DNS 名称，如"system.com"；

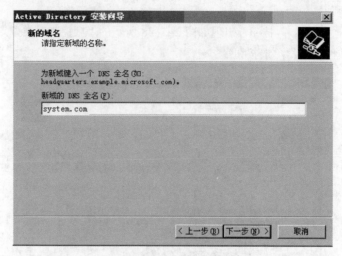

图 2-5-40 输入新域的 DNS 全名

（7）单击"下一步"按钮，出现如图 2-5-41 所示的"NetBIOS 域名"对话框，系统自动将 DNS 名称的前部分作为 NetBIOS 名称。

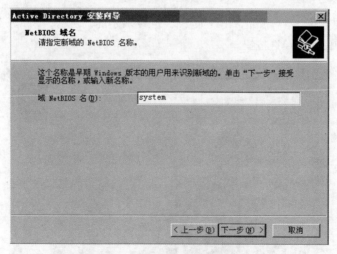

图 2-5-41 输入 NetBIOS 域名

（8）单击"下一步"按钮，出现如图 2-5-42 所示的"数据库和日志文件夹"对话框。

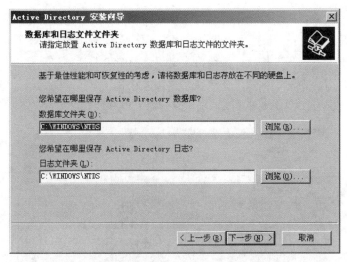

图 2-5-42　选择数据库文件夹和日志文件夹

（9）从数据安全和磁盘管理角度考虑，最好把域数据库和日志文件放在不同的磁盘分区上。这里可以指定数据库文件夹和日志文件夹的位置。

（10）单击"下一步"按钮，出现如图 2-5-43 所示的"共享的系统卷"对话框。

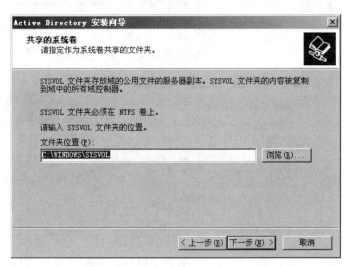

图 2-5-43　输入"共享的系统卷"的位置

（11）SYSVOL 文件夹是存放域公用文件的服务器副本。可在文本框中输入SYSVOL 文件夹的位置，或者单击"浏览"按钮并选择 SYSVOL 文件夹的位置。

（12）单击"下一步"按钮，出现如图 2-5-44 所示"DNS 注册诊断"对话框。通过诊断结果可以查看产生的错误，并可以单击列表框中的"帮助"链接获得纠正错误的步骤。错误问题纠正后，选中"我已经更正了错误，再次执行 DNS 诊断测试"单选按钮，并单击"下一步"按钮，系统再次出现诊断结果对话框。重复以上操作，直到诊断结果没有错误提示。选中"在这台计算机上安装并配置 DNS 服务器，并将这台 DNS 服务器设为这台计算机的首选 DNS 服务器"单选按钮。

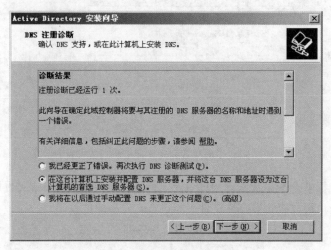

图 2-5-44 "DNS 注册诊断"对话框

（13）单击"下一步"按钮，出现如图 2-5-45 所示的"权限"对话框。

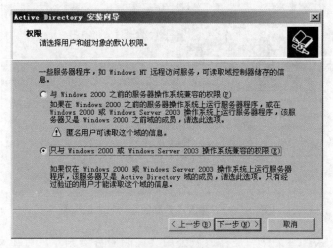

图 2-5-45 选择兼容权限

（14）如果域中有 Windows 2000 之前的服务器操作系统，选中"与 Windows 2000

之前的服务器操作系统兼容的权限"单选按钮；如果域中不需要与 Windows 2000 之前的服务器操作系统兼容，则选中"只与 Windows 2000 或 Windows Server 2003 操作系统兼容的权限"单选按钮。

（15）单击"下一步"按钮，出现如图 2-5-46 所示的"目录服务还原模式的管理员密码"对话框。输入"还原模式密码"和"确认密码"。还原模式的密码在该服务器目录服务还原时使用。

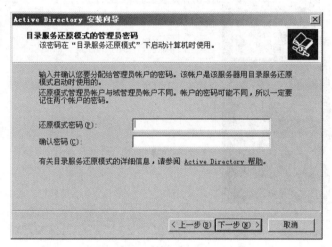

图 2-5-46　密码输入对话框

（16）单击"下一步"按钮，出现如图 2-5-47 所示的"摘要"信息对话框。可查看域服务器的配置内容，如果需要修正，可单击"上一步"按钮返回。

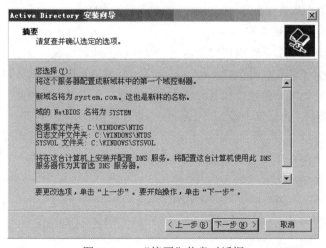

图 2-5-47　"摘要"信息对话框

（17）单击"下一步"按钮，开始配置 Active Directory，可以在配置 Active Directory 的同时，安装和配置 DNS，也可以单击"跳过 DNS 安装"按钮，这里先选择跳过 DNS 安装。

（18）完成 Active Directory 配置后，出现如图 2-5-48 所示的"正在完成 Active Directory 安装向导"对话框。

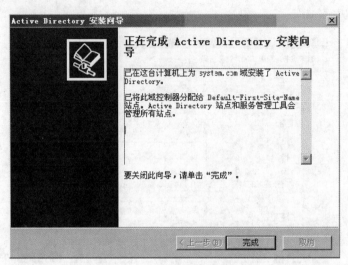

图 2-5-48　完成安装向导对话框

（19）单击"完成"按钮，出现重新启动计算机对话框。单击"立即重新启动"按钮，重新启动 Windows 系统，完成 Active Directory 和域控制器的安装。

（20）计算机重新启动后，可以选择安装和配置 DNS。

4. 额外域控制器的安装

将客户端加入域后，如果域控制器处于关闭状态或者出现系统故障，则客户机无法登录到域。为了防止这种情况，可以建立另一台域控制器，即额外域控制器。将另一台服务器提升为额外的域控制器的操作方法与建立域控制器的相似，步骤如下：

（1）在"运行"对话框中输入"dcpromo"命令后按回车键，打开"Active Directory 安装向导"对话框。

（2）单击"下一步"按钮，在"域控制器类型"对话框中选择"现有域的额外域控制器"单选按钮。

（3）单击"下一步"按钮，显示如图 2-5-49 所示的"网络凭据"对话框。在其中输入域管理员账户的密码，在"域"文本框中输入域名"system.com"。

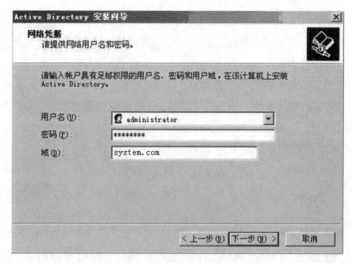

图 2-5-49　"网络凭据" 对话框

（4）单击"下一步"按钮，显示"额外的域控制器"对话框。在其中输入现有域的 DNS 全名，如图 2-5-50 所示。

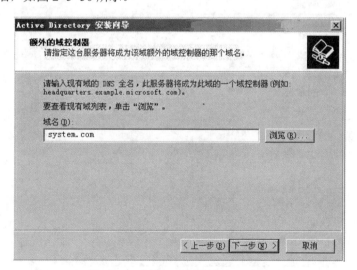

图 2-5-50　输入现有域的 DNS 全名

5. 域控制器的删除

使用"Active Directory 站点和服务"可以删除域控制器。为此，请按照下列步骤操作：

（1）启动"Active Directory 站点和服务"。

（2）展开"站点"，展开服务器的站点。默认站点为"Default–First–Site–Name"。

（3）展开"服务器"，右键单击域控制器，然后单击"删除"。

（二）服务器的管理

（1）域控制器的最重要功能是管理账户，由于域中的账户能登录本域中所有的计算机，如果不能很好地管理用户和组的权限，用户可能会滥用权限，破坏其他计算机上的网络资源，对整个域造成不可估计的损失。因此，域管理员要根据管理和业务需求，合理配置域用户账户和域组账户，加强域账户的管理。

（2）配置域用户账户。当用户需要访问域中的网络资源时，首先要将其加入域中。只有域管理员才能为用户创建一个能实现对域访问的域账户，配置域用户账户的步骤如下：

1）选择菜单"开始"→"所有程序"→"管理工具"→"Active Directory 用户和计算机"命令，出现 "Active Directory 用户和计算机"控制台窗口。

2）选中域名"system.com"，然后单击鼠标右键，并在弹出的快捷菜单中选择"新建→用户"命令，在出现的如图 2–5–51 所示的"新建对象用户"对话框中输入姓、名、用户登录名等信息。

图 2–5–51　设置新建用户对象

3）单击"下一步"按钮，出现如图 2–5–52 所示的对话框，用以输入密码和确认密码。根据需要可对该域名账户设置下面的选项。

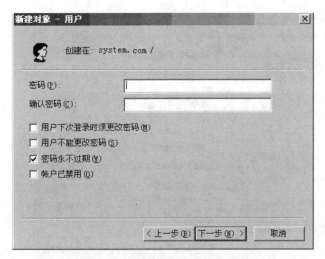

图 2-5-52　输入用户的密码和确认密码

4）单击"下一步"按钮，出现如图 2-5-53 所示的账户创建信息。列表框中显示了新创建的账户信息的全称、用户登录名和密码设置情况。单击"完成"按钮，完成域账户创建。

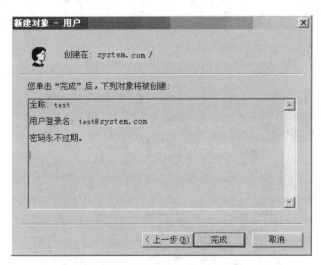

图 2-5-53　确认创建账户的信息

5）选中新创建的域账户，单击鼠标右键，并在弹出的快捷菜单中选择"属性"命令，出现选择"常规"选项卡，如图 2-5-54 所示。可在此选项卡中修改账户的属性，如姓、名、登录名、描述等。

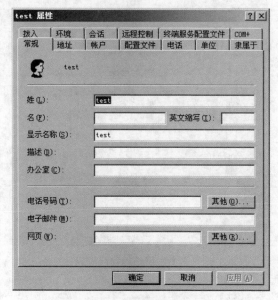

图 2-5-54 "常规"选项卡

6）选择"账户"选项卡，如图 2-5-55 所示，在此选项卡中描述了账户的基本信息。用户可以对账户的登录名称、密码和账户进行设置，如设置账户到期时间、密码是否过期等。

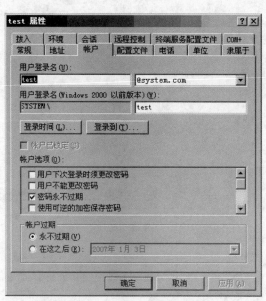

图 2-5-55 "账户"选项卡

7）选择"隶属于"选项卡，打开账户权限设置对话框。域管理员通过设置账户所隶属的组，来设置账户不同的权限，还可以对其他选项卡进行必要的设置。

8）完成设置后，分别单击"应用"和"确定"按钮后退出。

（3）配置域组账户。根据业务和管理需要，管理员可以创建新的组账户，并授予相应的访问权限，使其具有域控制器内部域组账户相似的功能，配置域组账户的步骤如下：

1）选择菜单"开始"→"所有程序"→"管理工具"→"Active Directory 用户和计算机"命令，进入控制台，选中控制台左侧目录树中相应的"组"，单击鼠标右键，然后从弹出的快捷菜单中选择"操作"→"新建"→"组"命令，出现如图 2-5-56 所示的"新建对象—组"对话框。

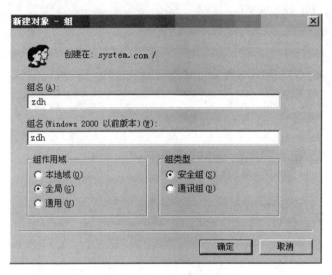

图 2-5-56　设置组对象

2）单击"确定"按钮，返回控制台，此时组账户"zdh"已经在列表中。

3）选中组名"zdh"，单击鼠标右键，并在弹出的快捷菜单中选择"属性"命令，出现如图 2-5-57 所示的组属性对话框。在"常规"选项卡中，可更改组的名称、组的作用域和组类型。注意，更改组类型会导致组的权限丢失。

4）选择"成员"选项卡，在如图 2-5-58 所示的对话框中，可将其他的 Active Directory 对象作为这个组的成员，这个成员将继承这个组的权限。

5）选择"隶属于"选项卡，在如图 2-5-59 所示的对话框中，可将这个组设置为隶属于其他组的成员。

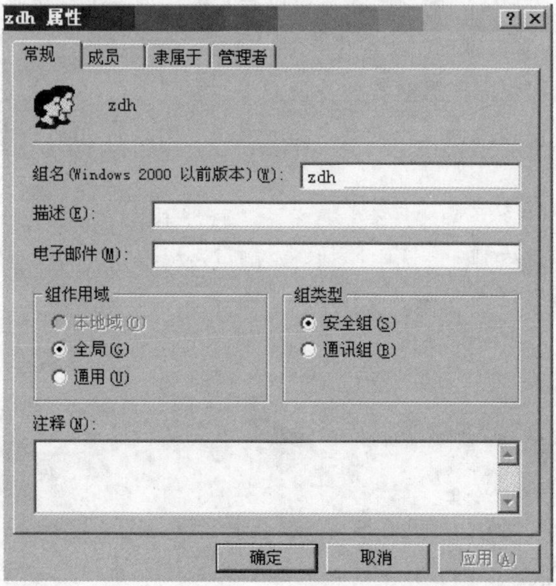

图 2-5-57 "常规"选项卡

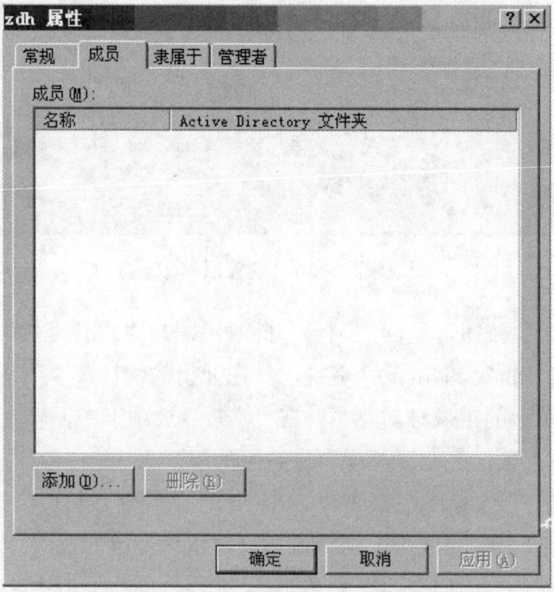

图 2-5-58 为组添加成员

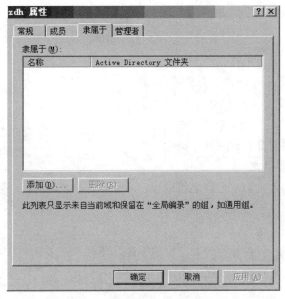

图 2-5-59 为组添加隶属成员

6）选择"管理者"选项卡，在如图 2-5-60 所示的对话框中，可选择这个组的管理者。管理者可为该组更新成员。

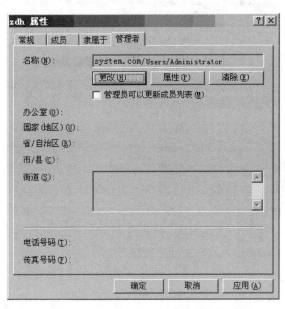

图 2-5-60 为组设置管理者

7）完成设置后，分别单击"应用"和"确定"按钮后退出。

（4）将计算机加入域中。在把一台 Windows 2000 或 Windows XP 计算机加入一个域之前，必须满足以下条件：

1）有一个用于登录域的计算机账户。

2）网络上至少有一台 DNS 服务器存在且可用。

3）考虑到网络安全性，应尽量少使用域管理员账户登录。而是在域控制器上建立一个委派账户，用其来登录到域控制器。

（三）系统进程监视

可以通过任务管理器来监视系统进程、服务器的系统性能，并获得服务器的系统信息。进程与系统性能有着很大的关系，执行一个应用程序将产生一个进程，并占用服务器系统的资源，进程越多，占用的系统资源也就越多。任务管理器可以查看正在运行的程序的状态，并终止已停止响应的程序。还可以使用多个参数评估正在运行进程的活动，查看反映 CPU 和内存使用情况的图形和数据。使用任务管理器监视系统进程的方法如下：

（1）在 Windows Server 2003 正常运行的情况下，按下组合键 Ctrl+Alt+Del，出现 Windows 安全管理窗口，单击"任务管理器"按钮，出现如图 2-5-61 所示的窗口。

图 2-5-61　进程管理窗口

（2）在 Windows 任务管理器的"进程"选项卡中，可查看系统正在运行的进程情

况，如用户名、CPU、内存使用等信息。同时，在窗口的底端显示了当前的进程数、
CPU 使用率和内存使用等情况。

（3）选择菜单"查看"→"选择列"命令，
出现如图 2-5-62 所示的对话框。选择其中需要
显示的选项，可以在列表框中列出多达几十个有
关进程的信息。最好选中"基本优先级"复选框，
方便查看正在运行程序的优先级。单击"确定"
按钮返回 Windows 任务管理器。根据进程列表
中的信息，分析进程是否需要更改优先级或者结
束运行。

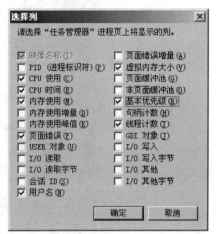

图 2-5-62　进程显示选项

（4）在"进程"选项卡中，选中想要终止的
进程，单击鼠标右键，并在弹出的快捷菜单中选
择"结束进程"命令，如图 2-5-63 所示。如果
结束应用程序，将丢失未保存的数据，如果结束
系统服务，则系统的某些部分可能无法正常工作。如果要结束某个进程以及由它直接
或间接创建的所有进程，则在弹出的快捷菜单中选择"结束进程树"命令。

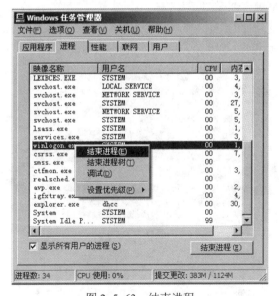

图 2-5-63　结束进程

（5）在"进程"选项卡中，选中要更改优先级的选项，单击鼠标右键，并在弹出
的快捷菜单中选择"设置优先级"下的子选项，如图 2-5-64 所示。设置提升或降低优

先级，可以使进程运行更快或更慢，但也可能对其他进程的性能有相反影响。

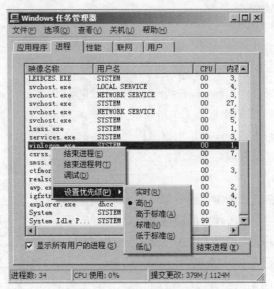

图 2-5-64 设置程序运行优先级

（6）在"Windows 任务管理器"窗口中，选择"性能"选项卡，出现如图 2-5-65 所示的窗口。可以查看 CPU、PF 和内存的使用情况，同时以曲线图形的形式动态地显示 CPU 和 PF 的变化情况。

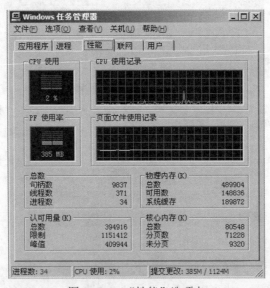

图 2-5-65 "性能"选项卡

（7）选择"联网"选项卡，出现如图 2-5-66 所示的窗口。在此窗口中，可以查看网络连接的相关信息，如网络应用、网络速度和状态等。

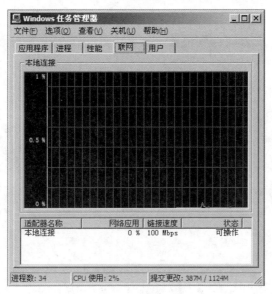

图 2-5-66　"联网"选项卡

（8）如果需要显示与联网相关的更多信息，可以选择菜单"查看→选择列"命令，出现如图 2-5-67 所示的对话框，通过该对话框，可以选择发送字节数和接收字节数等更多的与网络有关的重要信息。

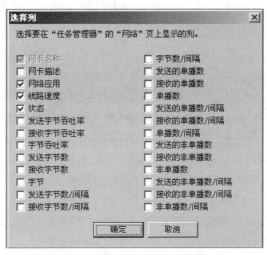

图 2-5-67　"选择列"对话框

（9）选择"用户"选项卡，出现如图 2-5-68 所示的窗口。在此窗口中，选中活动用户，再单击"断开""注销"和"发送消息"按钮，可使用户断开、注销或者发送消息。

图 2-5-68 "用户"选项卡

（四）系统性能监视

通过 Windows Server 2003 所提供的"性能"管理工具，可以查看与系统性能相关的信息，其步骤如下：

（1）选择菜单"开始"→"管理工具"→"性能"，出现如图 2-5-69 所示的"性能"管理窗口。

1）性能管理工具窗口中的控制台根节点由系统监控器、性能日志和警报组成。其中系统监控器以图表、直方图和报告的方式显示系统的状态。性能日志和警报用于追踪系统的性能参数，并提供自动报警。

2）性能日志和警报由计数器日志、跟踪日志和警报 3 项组成。通过选择其中一项，然后单击鼠标右键，并在弹出的快捷菜单中选择"新建日志设置"或"新建警报设置"命令可以添加监控项，这里以"警报"为例说明如何添加监控项。

（2）在 Windows 性能管理窗口中，选中"警报"选项，单击鼠标右键，并在弹出的快捷菜单中选择"新建警报设置"命令，如图 2-5-70 所示。

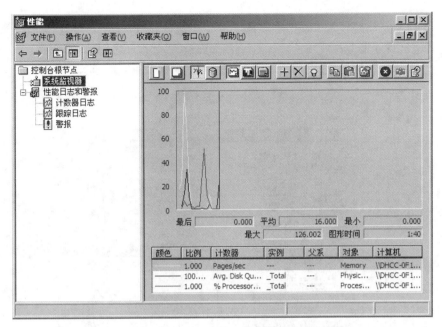

图 2-5-69　Windows 性能管理窗口

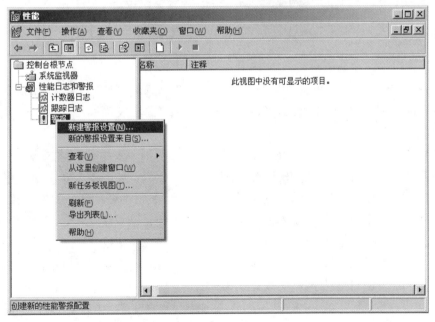

图 2-5-70　选择"新建警报设置"命令

1）选择"新建警报设置"命令后，出现 "新建警报设置"对话框，输入报警名称，如"远程连接"，单击"确定"按钮，会出现 "远程连接"对话框。

2）在"远程连接"对话框中，单击"添加"按钮，出现如图 2-5-71 所示的"添加计数器"对话框。

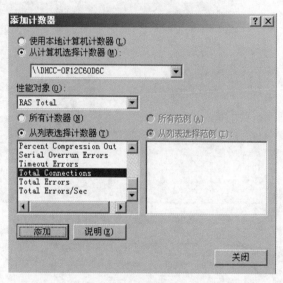

图 2-5-71 添加计数器

3）在"性能对象"下拉列表框中选择"RAS Total（远程访问汇总）"，然后在"从列表选择计算器"列表框中选择"Total Connections（总连接数）"，然后单击"添加"按钮。

4）单击"关闭"按钮，返回到"远程连接"对话框。在"限制"文本框中输入"10"，即限制用户的连接数，即用户的连接数超过 10 个则报警，如图 2-5-72 所示。

5）选择"操作"选项卡，出现如图 2-5-73 所示的对话框。选中"发送网络信息到"复选框，然后在下面的文本框中输入服务器 IP 地址或系统管理员的计算机 IP 地址；选中"启动性能数据日志"复选框，并从下拉列表框中选择日志文件"System Overview"。也可以选中"执行这个程序"复选框，并选择一个出错后运行的报警文件，报警文件可以是可执行文件、文本文件或声音文件等。

6）完成设置后，单击"确定"按钮，完成新建报警设置。当远程连接用户数达到 10 个后，就会发出报警信息。

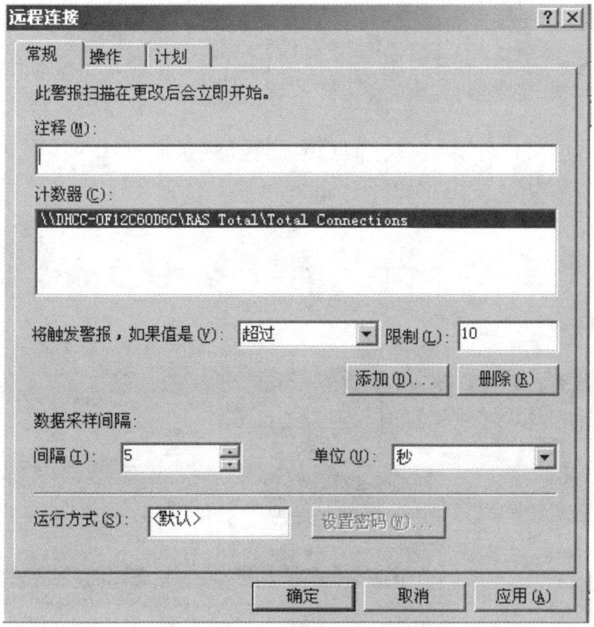

图 2–5–72　设置连接数限制

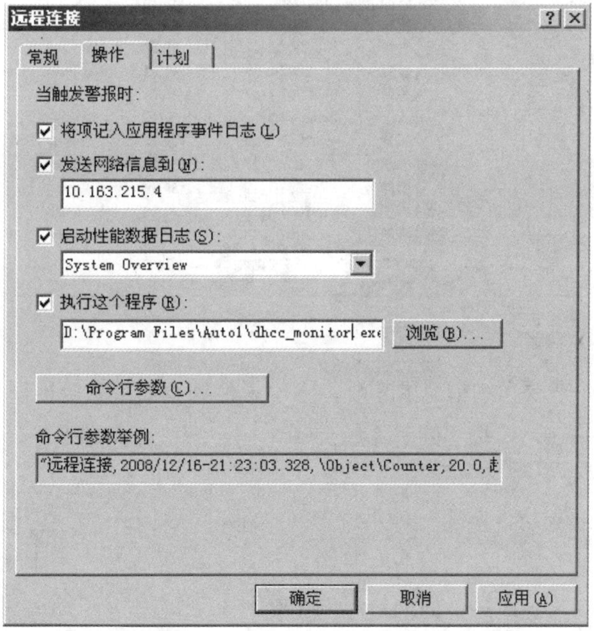

图 2–5–73　设置触发警报时的选项

（五）事件日志监视

在 Windows Server 2003 中启用安全审核策略后，管理人员应该经常查看各类事件日志记录，以及时发现系统存在的隐患和故障。使用"事件查看器"可以监视事件日志中记录的事件。通常，计算机会存储"应用程序""安全性"和"系统"日志。根据计算机的角色和所安装的应用程序，还可能包括其他日志，使用事件查看器进行事件日志监视的步骤如下：

（1）选择菜单"开始"→"管理工具"→"事件查看器"命令，出现如图 2-5-74 所示的事件查看器窗口。

图 2-5-74 事件查看器窗口

（2）双击需要查看详细信息的事件，出现事件的详细信息对话框。在此对话框中，可以查看此事件的描述信息，同时系统会提示用户解决此问题的操作方法。

（六）系统安全管理

组策略是基于活动目录的一种系统管理技术，用来定义自动应用到网络中特定用户和计算机的默认设置，这些设置包括安全选项、软件安装、脚本文件设置、桌面外观和用户文件管理等。在基于活动目录的 Windows 网络中，可通过组策略来实现用户和计算机的集中配置和管理。例如，管理员可为特定的域用户或计算机设置统一的安全策略。组策略设置存储在域控制器中，只能在活动目录环境下使用，适用于组策略对象所作用的站点、域或组织单位中的用户和计算机。可以使用"Active Directory 用户和计算机"或"Active Directory 站点和服务"控制台来配置组策略，前者适合域或组织单位的组策略设置，后者适合站点的组策略设置，这里"Active Directory 用户和计算机"控制台为例讲解如何配置组策略对象。

（1）在"Active Directory 用户和计算机"控制台树中，右键单击要设置组策略的域或组织单位（这里以域"system.com"为例），从快捷菜单中选择"属性"命令，打开属性设置对话框。

（2）切换到"组策略"选项卡，在组策略对象链接列表中已有一个默认的组策略对象。选中该对象，单击"编辑"按钮，打开要编辑的组策略对象。

（3）如图 2-5-75 所示，每个组策略对象包括计算机配置和用户配置两个部分，分别对应所谓的计算机策略和用户策略，图中显示的是账户的密码策略。

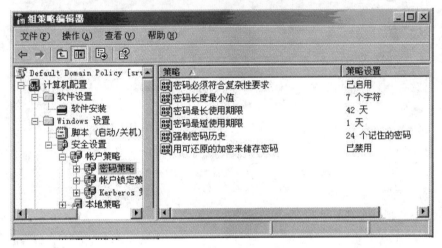

图 2-5-75　编辑组策略

（4）设置相应的组策略对象后，返回到"组策略"选项卡，再单击"确定"按钮。新建和编辑组策略对象后，还要添加组策略对象链接，即将当前容器（域或组织单位）链接到已有的组策略对象。在"组策略"选项卡中单击"添加"按钮打开组策略对象选择对话框，从现存于站点、域或组织单位的组策略对象中选择。

（七）共享连接管理

计算机资源的共享设置可能被非法入侵和破坏行为所利用，因此，监视本机的共享连接是非常重要的。监视本机共享连接的具体步骤如下：

（1）选择菜单"开始"→"管理工具"→"计算机管理"命令，出现"计算机管理"窗口。

（2）展开"共享文件夹"，单击"共享"选项，从窗口右边的列表框中，可以检查是否有新的可疑共享，如图 2-5-76 所示。

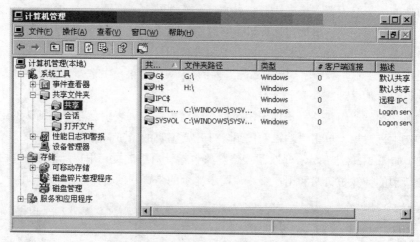

图 2-5-76　计算机管理的"共享"窗口

（3）选中不需要共享的名称，单击鼠标右键，并在弹出的快捷菜单中选择"停止共享"命令。

（4）监视开放的端口和连接。为了发现正在进行的非法入侵和破坏行，可以使用一些网络实时监视命令或者实用程序来监视端口和连接的情况，例如 netstat 命令可以进行会话状态的检查，并查看已经打开的端口和已经建立的连接。

（八）服务器的维护

1. 备份活动目录数据库

（1）点击"开始"→"程序"→"附件"→"系统工具"→"备份"，在打开的"备份或还原向导"对话框中点击"下一步"按钮进入"备份或还原"选择对话框。

（2）在选择"备份文件和设置"项后，点击"下一步"按钮进入"要备份的内容"对话框，选择"让我选择要备份的内容"项并点击"下一步"按钮。在"要备份的项目"对话框中依次展开"桌面"→"我的电脑"，选择"System State"项。

（3）在"备份类型、目标和名称"对话框中根据提示选择好备份文件的存储路径，并设置好备份文件的名称，点击"下一步"按钮。接着在打开的对话框中点击"完成"按钮，活动目录数据库的备份操作就会开始。

2. 还原活动目录数据库

（1）进入目录服务还原模式。重新启动计算机，按 F8 键进入 Windows Server 2003 高级选项菜单界面，可以通过键盘上的上、下方向键选择"目录服务还原模式（只用于 Windows）"项，回车确认后，使用具有管理员权限的账户登录系统，此时系统处于安全模式。

（2）在进入目录服务还原模式后，依次点击"开始"→"程序"→"附件"→"系统工具"→"备份"，在打开的"备份或还原向导"对话框中点击"下一步"按钮。

（3）在进入"备份或还原"选择对话框后，选择"还原文件和设置"，在"还原项目"对话框中选择备份文件。

（4）在弹出的画面中点击"完成"按钮，系统将弹出一个警告提示框，点击"确定"按钮，确认活动目录数据库的还原。

（5）在完成还原操作后，点击对话框中的"关闭"按钮，会弹出一个"备份工具"提示框，点击"是"按钮，计算机重新启动。

五、注意事项

（1）在实施服务器管理时，不允许中断服务器的网络服务。

（2）备份重要数据。

【思考与练习】

1. 实施服务器管理时，是否允许中断服务器的网络服务？

2. 实施服务器管理时，应对服务器数据及系统进行怎样的工作？

3. 还原活动目录数据库的操作步骤是什么？

▲ 模块 34 数据库管理与维护（新增 ZY5400505004）

【模块描述】本模块包含数据库管理与维护内容、SQL Server 基本操作、SQL 数据库维护、管理数据库、主/备数据库切换试验。通过对操作方法、步骤、注意事项的讲解和案例分析，掌握数据库管理与维护方法及步骤。

【模块内容】

一、作业内容

数据库就是有组织的数据集合，在水电厂计算机监控系统中可以使用数据库来存储历史和实时生产数据。大型企业普遍使用的关系数据库系统如 Microsoft SQL Server、Oracle、Sybase，工厂实时历史数据库系统如 Wonderware ActiveFactory InSQL Server、GE Intellution iHistorian 等，本模块将以 Microsoft SQL Server 2000 为例介绍数据库的管理与维护。

SQL Server 2000 的完整数据库文件包括数据文件和事务日志文件两部分，比如有一个叫做 Factory 的工厂数据库，在默认情况下它会以 Factory_data.mdf 和 Factory_log.ldf 两个文件的格式存储在磁盘上。事务日志就是记录对数据库进行修改的历史记录，不管何时创建数据库，SQL 都自动地创建一个对应的数据库事务日志，SQL Server 2000 使用该日志来确认事件的完整性和逐步恢复经过修改的数据。SQL Server 2000 自动使用预写类型的事务日志，也就是说数据库内容的变化首先要写入事务日志中，接着再把数据写入数据库。

数据库管理与维护的中心工作是确保数据库服务器正常运行并在需要访问数据库时能提供相应的服务，而核心任务是使数据损失的可能性降到最低。

二、危险点分析与控制措施

（1）信息安全。控制措施：检修前对系统和数据进行安全、完整、正确的备份；遵守国家有关计算机信息安全和保密的有关规定。

（2）误触电。控制措施：需停电的设备已停电，安全措施已做好；不停电设备，需设专人监护与带电设备保护足够的安全距离。

（3）仪器损坏。控制措施：使用仪器测试时注意所测介质，确认仪器选择是否正确，避免仪器损坏。

三、作业前准备

（1）工器具。接地电阻测量仪、视频故障定位器、尘埃粒子计数器、普通声级计、干扰场强测试仪、操作系统安装盘、安全软件、检测程序、应用程序、移动硬盘、U 盘、软盘驱动器、刻录光驱、空白光盘、空白磁带、阵列硬盘、清洁工具包。

（2）电脑在进行下载操作前必须进行版本的比对，确认调试电脑中版本与设备上的一致，禁止使用非专业电脑进行程序下载等工作，避免病毒侵入。

四、操作步骤

1. SQL Server 基本操作

（1）启动、暂停或退出 SQL Server。在 SQL Server 程序组窗口中双击 Service Manager 图标将显示 SQL Server 服务管理器对话框，在该对话框中可以执行启动、暂停或退出 SQL Server 的操作。

（2）运行 SQL Server 企业管理器。双击 Microsoft SQL Server 程序组中的 Enterprise Manager 图标可启动该管理器，在该管理器中可以图形化界面方式实现对数据库系统的大多数管理和维护工作。

（3）对服务器进行注册。注册服务器需要向企业管理器提供服务器名称和用户登录名来与 SQL Server 数据库引擎建立连接，下面是注册一个服务器所需的步骤：

1）在企业管理器中单击 Register Server 图标，打开注册 SQL Server 服务器向导对话框。

2）在对话框中单击 Next 按钮。

3）在 SQL Server 对话框中选择一个服务器名并单击 Add 按钮来把该服务器加入

到服务列表中，接着单击 Next 按钮。

4）选择要使用的身份认证方式：Windows 身份认证或 SQL Server 身份认证。Windows 身份认证的优点是只需维护一个网络登录账户和口令。如果选择 SQL Server 身份认证方式，则管理员就必须在维护一个网络账户的同时还要维护一个 SQL Server 账户和口令。如果使用了 SQL Server 身份认证方式，则要输入登录 ID 和口令。

5）输入合法的身份认证信息后，单击 Next 按钮进入下一步。

6）选择一个服务器组或创建一个新的服务器组，接着单击 Next 按钮。

7）在对话框中单击 Finish 按钮来结束 SQL Server 服务器的注册。

8）在注册 SQL Server 结束对话框中，单击 Close 按钮来结束操作。

（4）连接服务器。在打开注册 SQL Server 企业管理器并运行 SQL Server 后，执行下列操作来建立与服务器的连接：

1）单击位于 SQL Server 文件夹旁的加号（+）。

2）单击位于包括希望与其连接的已注册服务器在内的程序组附近的加号（+）。

3）单击该服务器名称附近的加号（+）。如果成功地实现了连接，则服务器文件夹中将显示该服务器名称。

（5）断开服务器连接。为了断开与某个服务器的连接，选择并右击该服务器，接着从显示的快捷菜单中选择 Disconnect。

（6）启动、退出及配置 SQL Server 代理：

1）在 SQL Server 企业管理器中单击该服务器旁的加号（+）来展开 SQL Server 代理。

2）单击 Management 文件夹。

3）右击 SQL Server 代理图标，从显示的菜单中选择 Start 来运行该服务，或选择 Stop 来退出该服务，如果选择 Properties 命令，则可对 SQL Server 代理属性对话框中的服务属性进行配置。

（7）启动、退出及配置 SQL Mail 邮件程序：

1）在 SQL Server 企业管理器中单击位于该服务器附近的加号（+）来选择邮件程序。

2）单击 Support Services 文件夹。

3）右击 SQL Mail 图标，在其显示的快捷菜单中选择 Start 来运行服务，或选择 Stop 来结束该服务，如果选择 Properties 命令，则可对 SQL Mail 属性对话框中的服务属性进行配置。

（8）配置服务器：

1）在企业管理器中右击要配置的服务器。

2）从显示的右键菜单中选择 Properties，从弹出的 SQL Server 属性对话框中通过选择相应的标签来配置该服务器的属性。

（9）管理登录：

1）在企业管理器中单击所选服务器旁的加号（+）展开管理登录文件夹。

2）单击 Security 文件夹。

3）单击 Logins 图标，这时显示的结果窗格将给出登录信息。在该窗格中右击相应的图标可实现登录信息的追加、编辑和删除等操作。

（10）管理数据库：

1）在企业管理器中单击位于服务器旁边的加号（+）。

2）单击 Database 文件夹旁边的加号（+）打开数据库文件夹，在该文件夹中，右击数据库可创建新数据库、对现存的数据库进行编辑或删除该数据库。

（11）管理数据库用户和对象：

1）在企业管理器中单击服务器旁边的加号（+）来展开数据库用户和对象的管理目录。

2）单击 Database 文件夹旁边的加号（+）来打开数据库文件夹，接着单击对应数据库旁边的加号（+）来打开包含希望处理对象的数据库。

3）借助于该文件夹，可对数据库图表、数据库表、视图、存储过程、用户、角色、规则、默认、自定义数据类型和全文目录等进行操作。例如，单击 Tables 文件夹可对数据库表进行管理，在结果窗格中双击某个表，并在所显示的菜单中选择所需的表处理项将会打开一个可创建新表或修改表结构的设计图表对话框。

（12）生成 SQL 脚本：

1）在企业管理器中单击服务器旁边的加号（+）。

2）单击 Database 文件夹旁边的加号（+）来展开数据库文件夹，右击包括希望处理对象的数据库。

3）在接着显示的菜单中选中 All Tasks。

4）在 All Tasks 选项中选择生成 SQL 脚本，该选择将激活生成 SQL 脚本对话框。接着可利用该对话框来生成相应的语法，单击上述对话框中的 Preview 命令按钮可预览已经生成的 SQL 脚本。

2. 管理数据库

（1）对数据库和日志进行扩充。由 SQL Server 自动对数据库和日志进行扩充。可以通过配置来使数据库及其日志根据需要自动进行扩充，这种配置免去了手工调整数据库长度的操作。当需要数据库和日志自动增长时，从属性对话框中选择 Automatically Grow file 选项。当该项被选中，该对话框将显示文件增长设置项以兆字节或百分比的形式接收指定的参数。

（2）手工扩展数据库和日志的长度：

1）在 SQL Server 企业管理器中单击希望浏览或设置参数的数据库所属服务器旁的加号（+）。

2）单击某个数据库文件夹旁的加号（+）来展开该数据库。

3）右击该数据库，接着从其右键菜单中选择 Properties 菜单项，这时将显示该数据库的属性对话。

4）在该对话框中选择 Data Files 或 Transaction Log 标签，在所选的标签中的 Space Allocate 部分指定文件的长度。

5）单击 OK 键按钮来保存修改。

（3）指定一个新的文件扩展数据库和日志的长度：

1）从 SQL Server 企业管理器中单击希望浏览或设置参数的数据库所属服务器旁的加号（+）。

2）单击该数据库文件夹旁的加号（+）来打开该数据库。

3）右击该数据库。接着从其右键菜单中选择 Properties 菜单项，这时将显示该数据库的属性对话框。

4）在该对话框中选择 Data Files 或 Transaction Log 标签，在所选的标签中输入一个或多个附加文件名称。

5）单击 OK 按钮来保存修改。

（4）实现数据库备份：

1）在 SQL 企业管理器的主菜单中选择 Tools 项以及 Wizards 项。

2）选择向导对话框并单击向导管理来扩展向导的清单，在向导清单中选择 Backup Wizard 并单击 OK 按钮，这时将显示创建数据库备份向导的对话框。

3）单击 Next 按钮，在弹出的选择备份数据库对话框中，应用组合框选择要备份的数据库并单击 Next 按钮。

4）在备份文件名和描述对话框中输入备份数据库的名称和对该备份的简单说明信息，然后单击 Next 按钮。

5）在选择备份类型对话框中单击相应的单选按钮来选择希望使用的备份类型，单击 Next 按钮。

6）在选择备份目标和方式对话框中选择要创建的备份文件的位置或复选 Backup device 单选按钮来选择存储所选择数据库的备份设备，复选给出的单选按钮中的任意一个来选择将备份文件追加到该备份设备上或覆盖该备份设备，为了确认所选的备份设备是否合法且可以读写，选择 Backup 复选框后面的 Read and Verify the Integrity of the Backup After Backup 复选框，单击 Next 按钮继续。

7）接下来会显示备份验证和调度对话框，该对话框让用户确认所选的备份设备是否已过期并且确定是否可写。除此之外，还可以为该备份指定一个介质组名称以及对该备份进行预定，在完成上述选择后，单击 Next 按钮。

8）此时将显示已选项目对话框，该对话框列出了用户选择的所有选项。如果要对这些项目进行调整，可单击 Back 按钮来倒退进向导并做出修改。单击 Finish 按钮将开始执行备份任务。向导会向用户显示备份进度对话框，如果选择了 Verify Backup 选项，还将显示一个校验对话框。

（5）实现数据库恢复：

1）在 SQL 企业管理器中选择 Tools 并选择要恢复的数据库，屏幕上将显示恢复数据库对话框。

2）使用恢复数据库组合框选择要恢复的数据库。

3）为了选择恢复数据库的类型，可以在恢复标签中选择相应的备份类型单选按钮。

4）在参数框中，使用数据库备份下拉组合框来选择，其中会显示最近进行了数据库备份操作的数据库。

5）单击 Options 标签来设置其他的恢复选项。

6）该选择标签可以有如下的设置选择：在恢复每个数据库后弹出磁带、在开始恢复每个备份之前提示、强迫覆盖现存的数据库、变更数据库文件属性、恢复结束状态图文框。

7）在选择了备份文件和设置选项之后，单击 OK 按钮开始恢复数据库。当数据库成功恢复后，屏幕上将显示一个恢复结束的对话框。

（6）报警管理：

1）所谓报警就是对发生的错误和预定义条件进行通报。报警信息可以借助于电子邮件和预定义条件的页面来通知操作人员，SQL Server 代理强对报警进行管理，报警的目的就是提醒管理人员采取预防途径。

2）报警管理器可定义在事件发生时自动执行的警报，报警执行时，能够通知工作人员，还能够执行作业，报警管理器可以创建 3 种类型的警报：事件警报、性能条件警报、常规警报。

3. SQL 数据库维护

（1）在 SQL Server 数据库引擎一级的维护内容有：监视错误日志、记录配置参数、登录管理。

（2）其中使用频率最高的是监视错误日志，经常查看 SQL Server 错误日志的内容是管理人员的主要任务之一。

（3）在浏览错误日志的过程中要注意那些在正常状态下不应出现的错误消息，由于错误日志的内容不只是提供错误消息，该日志中还带有大量有关事件状态、版权信息等各类消息。

4. 主、备数据库切换试验

（1）主数据库模拟故障，启动镜像或备份数据库。

（2）主数据库恢复运行，镜像或备份数据库退出运行。

（3）通过集群部署或仲裁方式实现自动切换的要求基本无数据丢失，恢复后数据库要保持同步。

（4）手动切换时间小于 180s，自动切换时间小于 90s。

五、注意事项

（1）在实施数据库管理时，不允许中断数据库服务器的数据服务。

（2）备份重要数据。

【思考与练习】

1. 试验对各数据库数据有怎样的要求？

2. 手动、自动切换时间各是多少？

3. Windows 的维护内容包括哪些？

▲ 模块 35　容灾备份系统维护（新增 ZY5400505005）

【模块描述】 本模块包含容灾备份、容灾备份技术、备份硬件和软件、高可用系统配置技术、磁盘阵列维护、磁带库维护、光盘库维护。通过对操作方法、步骤、注意事项的讲解和案例分析，掌握容灾备份系统维护方法及步骤。

【模块内容】

一、作业内容

（一）容灾备份

数据是企业的命脉，数据安全的重要性不言而喻。为了保证数据的安全和系统的可用性，发展出了许多技术，例如 RAID 技术、高可用系统、数据备份等。

导致系统崩溃、数据丢失的灾难包括自然灾害，如地震、洪水、火灾、飓风等，也包括人为破坏以及错误操作失误。容灾的本质是对数据的备份，根据数据备份介质的不同，容灾可以分为离线容灾（磁带备份）和在线容灾（磁盘备份）。例如，采用离线磁带备份，备份后的磁带一般要运到数据中心以外的其他地方存放，人们在实践中发现这种磁带备份的方式经常到了关键时刻需要恢复时由于种种原因而失败，比如磁带介质的保存条件不妥就会造成介质失效，同时即使从磁带可以顺利恢复数据，但其恢复时间也往往较长，这只能算作数据级容灾。

在线容灾要求生产中心和灾备中心同时工作，生产中心和灾备中心之间有传输链路连接，数据自生产中心实时复制传送到灾备中心。在此基础上，可以在应用层进行集群管理。在生产中心现场整体发生瘫痪故障，备份中心不但保证数据的完整性和一致性，还要以适当方式接管生产中心工作，从而保证业务连续性的一种解决方案。这也可以称为系统级容灾系统。系统级容灾要求数据在本地和远程之间做到实时镜像、完全同步，一旦灾难发生，整个系统还要完成网络、主机及应用系统等在远程中心对生产中心的接管。

（二）容灾备份技术

1. 存储技术

目前存储主要有 3 种技术，分别是直接连接存储（DAS）、网络连接存储（NAS）和存储区域网（SAN）。其中，SAN 比较适合大数据量的存储，这是因为：

（1）可利用存储设备的大容量 Cache 提高磁盘阵列的性能，现代存储阵列可以配置大容量 Cache，提升性能。

（2）多平台之间的数据共享。SAN 存储可以支持多主机平台之间的数据共享，可以配置整个 SAN 统一作为备用磁盘。在 SAN 中，当任何一台主机的磁盘需要扩容时候，直接将磁盘空间调拨给那个主机，业务不中断，磁盘阵列不停机。

（3）更高的可用性。一般情况下，SAN 存储的结构都是冗余的，配置内置电源，大大提高了可靠性，其可用性随着存储设备硬件结构的冗余大幅提高。

2. 备份技术

（1）远程镜像技术。

1）远程镜像技术在实现主数据中心和备援中心之间的数据备份时用到。镜像是在两个或多个磁盘或磁盘子系统上产生同一个数据的镜像视图的信息存储过程，一个叫主镜像系统，另一个叫从镜像系统。按主从镜像存储系统所处的位置可分为本地镜像和远程镜像，远程镜像又叫远程复制，是容灾备份的核心技术，同时也是保持远程数据同步和实现灾难恢复的基础。远程镜像按请求镜像的主机是否需要远程镜像站点的确认信息，又可分为同步远程镜像和异步远程镜像。

2）同步远程镜像是指通过远程镜像软件，将本地数据以完全同步的方式复制到异地，每一个本地的 I/O 事务均需等待远程复制操作的完成确认信息，方予以释放。异步远程镜像保证在更新远程存储视图前完成向本地存储系统的基本 I/O 操作，而由本地存储系统给请求镜像主机的 I/O 操作提供完成确认信息。

（2）快照技术。远程镜像技术往往同快照技术结合起来实现远程备份，即通过镜像技术把数据备份到远程存储系统中，再用快照技术把远程存储系统中的信息备份到远程的磁带库、光盘库中。

（3）互连技术。主数据中心和备援数据中心之间的数据备份一是基于 SAN 的远程复制（镜像），即通过光纤通道 FC，把两个 SAN 连接起来，进行远程镜像，当灾难发生时，由备援数据中心代替主数据中心保证系统工作的连续性；二是基于 IP SAN 的互连协议，将主数据中心 SAN 中的信息通过现有的 TCP/IP 网络，远程复制到备援中心 SAN 中，当备援中心存储的数据量过大时，可利用快照技术将其备份到磁带库或光盘库中。

（三）磁盘阵列（RAID）技术

RAID 是英文独立磁盘冗余阵列（Redundant Array of Independent Disks）的缩写，现在常被简称为磁盘阵列。简单地说，RAID 技术是一种把多块硬盘按不同的方式组合起来形成一个磁盘组，从而提供比单个硬盘更高的存储性能和数据存储安全性的技术。但从用户的角度看起来，组成的磁盘组就像是一个硬盘，用户可以对它进行分区、格式化等操作，RAID 技术通常是由硬盘阵列中的控制器或计算机中的 RAID 卡来实现的。

RAID 技术有两大特点：一是速度快；二是安全性好。正是由于这两项优点的促进，RAID 技术早期被应用于高级服务器中的 SCSI 接口硬盘系统中，随着近年来计算机技术的发展，一些厂商又相继推出了 IDE 接口的 RAID 技术，例如 ATA66 和 ATA100 硬盘。

组成磁盘阵列的不同方式称为 RAID 级别，随着 RAID 技术的不断发展，目前已有 RAID 0~RAID 7 八个 RAID 基本级别。另外，还有一些由 RAID 基本级别组合而成的技术，如 RAID 0 与 RAID 1 组合形成的 RAID 10（也叫做 RAID 0+1），RAID 0 与 RAID 5 组合形成的 RAID 50 等。不同 RAID 级别代表着不同的存储性能、数据安全性和存储成本。最常用的 RAID 级别有 RAID 0、RAID 1、RAID 10、RAID 5，下面分别介绍它们的特点：

（1）RAID 0。这种级别连续以位或字节为单位分割数据，并行读/写于多个磁盘上，因此具有很高的数据传输率，但它没有数据冗余，因此并不能算是真正的 RAID 结构。RAID 0 只是单纯地提高性能，并没有为数据的可靠性提供保证，而且其中的一个磁盘失效将影响到所有数据，因此，RAID 0 不适合应用于数据安全性要求高的场合。

（2）RAID 1。RAID 1 通过磁盘数据镜像实现数据冗余，在成对的独立磁盘上产生互为备份的数据。当一个磁盘失效时，系统可以自动切换到镜像磁盘上读写，而不需要重组失效的数据。RAID 1 把用户写入硬盘的数据百分之百地自动复制到另外一个硬盘上，由于对存储的数据进行百分之百的备份，在所有的 RAID 级别中，RAID 1 提供最高的数据安全保障，同样，由于数据的百分之百备份，备份数据占用了总存储空间的一半，因而磁盘空间利用率低，存储成本也高。由于 RAID 1 具有较高的数据安全性，特别适合用于存放重要数据的场合，如服务器和数据库的存储。

（3）RAID 10。该级别也称为 RAID 0+1 标准，是将 RAID 0 和 RAID 1 标准结合的产物，即存储性能和数据安全兼顾的方案。在连续地以位或字节为单位分割数据并且并行读/写多个磁盘的同时，为每一块磁盘生成磁盘镜像冗余。它在提供与 RAID 1 一样的数据安全保障的同时，也提供了与 RAID 0 近似的存储性能，但是对 CPU 的占用率同样也更高，而且磁盘的利用率也比较低。RAID 0+1 的特点使其特别适用于既有大量数据需要存取，同时又对数据安全性要求严格的场合。

（4）RAID 5。RAID 5 是一种存储性能、数据安全和存储成本兼顾的存储解决方案。RAID 5 不对存储的数据进行备份，而是把数据和相对应的奇偶校验信息存储到组成 RAID 5 的各个磁盘上，并且奇偶校验信息和相对应的数据分别存储于不同的磁盘上。当 RAID 5 的一个磁盘数据发生损坏后，可以利用剩下的数据和相应的奇偶校验信息去恢复被损坏的数据。在 RAID 5 中有"写损失"，即每一次写操作将产生 4 个实际的读/写操作，其中两次读旧的数据及奇偶信息，两次写新的数据及奇偶信息。

（5）RAID 虽然具备诸多优点，但也不可避免地有自己的局限性，例如 RAID 0 虽然读写速度最快，磁盘利用率最高，但却不提供数据冗余，所以可靠性最差，其中任何一块硬盘损坏的损坏都会造成整个磁盘阵列的故障。最常用的 RAID 5，在一块硬盘发生故障后，磁盘阵列的读写不受影响，但如果在第一块硬盘故障未处理之前又有第二块硬盘故障，那么整个磁盘阵列的数据将丢失。所以在实际应用中，应综合考虑各方面的性能与安全要求，选择合适的配置方式。

（四）备份硬件和软件

1. 备份硬件

（1）磁盘阵列柜。较典型的磁盘阵列柜如 HP StorageWorks 2000fc 模块化智能阵列，这是一款具有最新功能和技术且价格经济的 SAN 产品，可以实现高效的存储整合。它允许用户根据需要扩展存储容量，MSA2000fc 能够兼容 3.5 英寸企业级双端口 SAS 硬盘和存档级别的 SATA 硬盘，基本机柜中的最大原始容量为 3.6TB SAS 或者 9TB SATA，最高可扩展至 14.4TB SAS 或 36TB SATA。MSA2000fc 的每个控制器都配备了两个 4Gb 的光纤通道接口，光纤通道连接最多可支持 64 个主机。MSA2000fc 支持 HP 的相关快照软件，该软件提供了基于控制器的快照和克隆功能，无需占用主机资源。MSA2000fc 也支持用户可更换的热插拔组件，如驱动器、控制器、风扇和电源等。

（2）磁带库。其代表为 HP StorageWorks MSL6000 磁带库，当采用多单元堆栈时，该磁带库最多可扩展至 16 台磁带机和 240 个插槽，能够满足不断变化的存储需求。最大容量（压缩可达到）384TB，借助易于使用的 GUI 控制面板和 Web 界面，用户可以轻松从远程或本地站点对磁带库进行管理，该磁带库支持 SCSI 接口或者 4Gb 光纤通道接口，支持从 SCSI 迁移至光纤 SAN 环境。

（3）光盘库。HP surestore 磁光盘库系统可以读取工业标准为 5.25 英寸的磁光介质（包括 650MB 和 1.3GB 光盘），并可读写 2.6GB、5.2GB 和 9.1GB 的光盘。可同时支持可擦写和 WORM（一次写入多次读取）光盘格式，可擦写光盘只允许写入，并使用永久性嵌入编码，可防止擦除或覆盖操作，无需预防性的保护措施，支持 SCSI 接口以及使用光纤通道 SCSI 桥产品的光纤通道连接。

（4）SAN 交换机。HP StorageWorks 4/16 SAN 交换机和 4/16 SAN 交换机 Power Pack 能够为 SAN 提供灵活的 4Gb/s 连接速率，两种交换机都配有 16 个高性能自适应 1、2 或 4Gb/s 的光纤通道接口，新的互联功能可以使之集成到核心架构或置于 SAN 基础设施架构的边缘。

2. 备份软件

（1）远程复制和灾难恢复软件。HP Continuous Access License 是高度可用的远程复制和灾难恢复解决方案，可以在 HP 磁盘阵列之间进行独立于主机的实时远程数据复制。通过与全面的基于远程复制的解决方案实现无缝集成，HP Continuous Access License 软件可以在数据迁移、高可用性服务器集群等多种解决方案中进行部署。

（2）数据备份与恢复软件。HP Data Protector 软件能够实现自动化的高性能备份与恢复，支持通过磁盘和磁带进行备份和恢复，并且没有距离限制，可实现每周 7 天并且每天 24h（即 24×7）全天候业务连续性，提高 IT 资源利用率。借助快速安装、日常任务自动化以及易于使用等特性，Data Protector 能够大大简化复杂的备份和恢复流程。

（3）本地快照软件。HP Business Copy License 软件可以创建本地数据拷贝，满足企业在业务连续性方面的需求，同时帮助企业降低数据备份成本，加快故障恢复速度，简化部署和测试过程。

（五）提高可用系统配置技术

从应用实践来看，磁盘阵列和数据备份都很重要的。但是，磁盘阵列技术只能解决硬盘的问题，备份只能解决系统出现问题后的恢复问题，而一旦服务器本身出现问题，不论是设备的硬件问题还是软件问题，都会造成网络服务的中断。可见，磁盘阵列和数据备份技术不能解决网络服务中断的问题，对于需要持续可靠地提供网络服务的系统，双机热备就成为一个必然的选择。

常见的双机热备应用有：主域控制器与额外域控制器、主数据库与备份数据库等。双机热备作为一种有效的故障转移方法已经历了很长的应用周期，但双机热备从网络负荷平衡和资源整合利用上来说却显得乏善可陈，因此随着技术的发展，一种新的可以大幅提高服务器的安全性和高可用性的故障转移方法就应运而生，这就是集群（Cluster，也译作群集）。

集群技术定义如下：一组相互独立的服务器在网络中表现为单一的系统，并以单一系统的模式加以管理，此单一系统能够为客户工作站提供高可靠性的服务。

一个集群包含多台（至少两台）拥有共享数据存储空间的服务器，任何一台服务器运行一个应用时，应用数据都被存储在共享的数据空间内，但每台服务器的操作系统和应用程序文件存储在其各自的本地储存空间上。集群内各节点服务器通过内部局域网相互通信，当一台节点服务器发生故障时，这台服务器上所运行的应用程序将在另一节点服务器上被自动接管，同样，当一个应用服务发生故障时，应用服务将被重新启动或被另一台服务器接管。

集群服务器的共享数据存储空间一般采用磁盘阵列，例如 IBM、HP 等公司生产的磁盘阵列柜，在磁盘阵列柜中安装有磁盘阵列控制卡，阵列柜可以直接将柜中的硬盘配置成为逻辑盘阵。磁盘阵列柜通过 SCSI 电缆或者光纤通道与服务器相连，维护人员可以直接在磁盘柜上配置磁盘阵列。

集群技术必须由专门的集群软件来实现，例如基于 NT 平台的集群软件，有Microsoft 的 MSCS、VINCA 的 STANDBY SERVER 以及 NSI 的 DOUBLE TAKE 等。

二、危险点分析与控制措施

（1）信息安全。控制措施：检修前对系统和数据进行安全、完整、正确的备份；遵守国家有关计算机信息安全和保密的有关规定。

（2）误触电。控制措施：需停电的设备已停电，安全措施已做好；不停电设备，需设专人监护与带电设备保护足够的安全距离。

（3）仪器损坏。控制措施：使用仪器测试时注意所测介质，确认仪器选择是否正确，避免仪器损坏。

三、作业前准备

（1）工器具。操作系统安装盘、安全软件、检测程序、应用程序、移动硬盘、U盘、软盘驱动器、刻录光驱、空白光盘、空白磁带、阵列硬盘、清洁工具包。

（2）电脑在进行下载操作前必须进行版本的比对，确认调试电脑中版本与设备上的一致，禁止使用非专业电脑进行程序下载等工作，避免病毒侵入。

四、操作步骤

1. 磁盘阵列维护

（1）开、关机顺序。开机顺序：SAN 交换机、SCSI 桥接器、磁盘阵列柜、服务器。

（2）关机顺序：服务器、磁盘阵列柜、SAN 交换机、SCSI 桥接器。

（3）注意：这里的开关机顺序未考虑服务器的角色和软件因素，有关服务器的开、关机顺序可参考"服务器管理与维护"的相关内容。另外,服务器内置的硬盘阵列由服务器自行管理。

2. 通道检查

包括 SCSI 通道、光纤通道、SCSI 桥接器、SAN 交换机等,无论是本地通道还是远程通道都不能中断。分别检查通道介质是否完好、接口插件是否牢固,同时应通过其面板指示和管理软件检查通道的连通性。

3. 工作状态检查

通过服务器管理控制台程序、专用管理程序检查工作状态正确无异常,还必须观察磁盘阵列柜上的警示灯有没有报警指示,如果有报警指示应确认是否有硬盘损坏以及哪一个硬盘损坏。

4. 清洁

磁盘阵列柜的清洁应在停机状态进行,清洁时要使用合格的清洁剂,不能使用腐蚀性清洁剂,硬盘轻拿轻放、防止静电。如果磁盘阵列有顺序要求,将硬盘取出做清洁时一定要要做好顺序标记,并以原来的排列顺序将硬盘插回磁盘阵列中。

5. 阵列扩容

扩容之前建议必须做好可靠的数据备份和运行安全措施,然后核对磁盘阵列配置级别,确定是否具有扩容功能。如果当前阵列具有扩容功能并且阵列中还有空余的插槽,那么对阵列进行扩容。注意:禁止在阵列扩容还没有完成时就往阵列写数据(例如 RAID 0 的情况),否则会导致阵列崩溃。

6. 硬盘故障处理

(1)在排除故障前,建议做好可靠的数据备份。

(2)一旦出现硬盘故障,必须更换该硬盘,更换下来的硬盘绝对不能再次在阵列中使用,有时虽然硬盘警示灯不再报警,但是该硬盘已经是极不可靠的了。

(3)更换损坏硬盘前,必须查看阵列的当前状态,除损坏的硬盘外,确认其他硬盘处于正常的在线状态。

(4)更换时要使用同型号的硬盘,并且更换的新硬盘必须是完好的。

(5)操作步骤要规范。冗余级别阵列一般允许硬盘的热插拔,在更换损坏的硬盘时,首先拔下硬盘托架(硬盘固定在托架上),从托架上卸下损坏的硬盘,然后把完好的硬盘安装在托架上,再把托架插入阵列。如果一切正常,这时阵列会马上自动进入数据重建状态(例如 RAID 5),这个过程可能会持续几到几十个小时。

(6)及时更换故障硬盘。确定故障现象后,应及时进行故障硬盘的更换,防止阵列中出现故障的硬盘达到两块及以上(例如 RAID 5),造成磁盘阵列崩溃。

(7)在阵列数据重建完成之前,不能插拔任何硬盘。

（8）即使磁盘阵列有防掉电功能，在故障处理过程中，也要防止突然断电造成 RAID 磁盘阵列卡信息的丢失。

（9）出现故障时需要恢复数据时，尽量不要自行做数据恢复尝试，应该保持原状，并联系磁盘阵列厂商或者专业数据恢复公司进行数据恢复工作。

（10）只有经过培训的专业人员才能进行故障情况下磁盘的更换、重构和同步等操作，非专业人员绝对不允许进行这些操作。

7. 磁带库维护

（1）开、关机顺序。开机顺序：SAN 交换机、SCSI 桥接器、磁带库、服务器。

（2）关机顺序：服务器、磁带库、SAN 交换机、SCSI 桥接器。

（3）注意：这里的开关机顺序未考虑服务器的角色和软件因素，有关服务器的开、关机顺序可参考"服务器管理与维护"的相关内容。另外，服务器内置的磁带机由服务器自行管理。

（4）通道检查。包括 SCSI、光纤通道、SCSI 桥接器、SAN 交换机等，无论是本地通道还是远程通道都不能中断。分别检查通道介质是否完好、接口插件是否牢固，同时应通过其面板指示和管理软件检查通道的连通性。

（5）工作状态检查。通过服务器管理控制台程序、专用管理程序检查磁带库及其驱动程序的工作状态是否正确无异常，还必须磁带库上的警示灯有没有报警指示，如果有报警指示应检查是磁带剩余容量不足、还是没有磁带或者出现内部故障等，如果是磁带问题，应及时放入空白磁带，并将已经存满数据的磁带做好标记和记录。磁带备份应异地存放，存放条件要符合环境、安全方面的要求。

（6）清洁。应定期使用清洗带清洗每一个磁带机，磁带库清洗可以在运行状态下进行，但要尽量安排在没有备份任务的时间段内进行，有恢复任务时暂停磁带库清洗工作。

（7）备份。定期检查自动备份任务是否能够完整、正确执行，还要定期进行手工备份试验，要求执行一次成功备份过程；

（8）恢复。恢复试验一般安排在大修阶段，在试验服务器或者实际运行的服务器上进行，并确保恢复过程不被随意中断。

8. 光盘库维护

（1）与磁带库相比，光盘库的存储介质是光盘、且单张光盘容量比磁带要小。

（2）光盘库的清洁要求在停机状态下进行。

（3）其他维护步骤可参考磁带库维护内容。

五、注意事项

（1）在进行容灾与备份设备检修时，不允许中断网络服务和生产数据存储任务；

（2）备份重要数据。

【思考与练习】

1. 在进行容灾与备份设备检修时，是否允许中断网络服务和生产数据存储任务？
2. 容灾备份工作前对系统及数据要进行什么样的工作？
3. 阐述磁带库维护时的开、关机顺序。

▲ 模块 36　网络设备运行管理（新增 ZY5400505006）

【模块描述】本模块包含网络设备运行的管理内容、简单网络管理协议（SNMP）的工作原理、给网络设备配置 SNMP 协议、使用网络管理软件管理网络设备。通过对操作方法、步骤、注意事项的讲解和案例分析，掌握网络设备运行管理方法及步骤。

【模块内容】

一、作业内容

计算机监控系统运行过程中，技术人员的日常维护工作是必不可少的，同时由于设备分布场所分散、型号不一并且数量众多，仅凭简单的外观检查和状态检查远远不够，需要采取更深入、更专业的管理手段对整个网络中的设备实施集中、高效地管理，以便及时了解网络设备的运行状况、及时发现设备隐患和及时进行处理。

二、危险点分析与控制措施

（1）信息安全。控制措施：检修前对系统和数据进行安全、完整、正确的备份；遵守国家有关计算机信息安全和保密的有关规定。

（2）误触电。控制措施：需停电的设备已停电，安全措施已做好；不停电设备，需设专人监护与带电设备保护足够的安全距离。

（3）仪器损坏。控制措施：使用仪器测试时注意所测介质，确认仪器选择是否正确，避免仪器损坏。

三、作业前准备

（1）工器具。接地电阻测量仪、视频故障定位器、尘埃粒子计数器、普通声级计、干扰场强测试仪、安全软件、检测程序、应用程序、清洁工具包。

（2）电脑在进行下载操作前必须进行版本的比对，确认调试电脑中版本与设备上的一致，禁止使用非专业电脑进行程序下载等工作，避免病毒侵入。

四、操作步骤

1. 给网络设备配置 SNMP 协议

（1）服务器和工作站配置方法。以 Microsoft Windows 2000 操作系统为例说明配置过程，其他操作系统的配置过程与此类似。

1）以管理员或管理员组成员的身份登录服务器和工作站，必要时修改网络策略设置以允许完成此步骤。

2）在"控制面板"中，双击"添加或删除程序"，单击"添加/删除 windows 组件"，弹出如图 2-5-77 所示对话框。

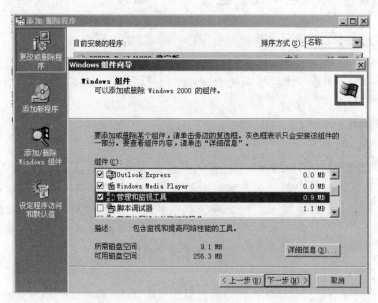

图 2-5-77 添加/删除 windows 组件对话框

3）选中"管理和监视工具"，单击"详细信息"，弹出如图 2-5-78 所示对话框。

4）选中"简单网络管理协议"复选框后单击"确定"→"下一步"，并按照提示插入操作系统光盘进行安装，安装完成后重新启动计算机。

5）在该计算机上安装完 SNMP 之后，就要配置 SNMP 代理属性、陷阱目标和安全属性。在"控制面板""管理程序""服务"中双击"SNMP Service"在"代理"选项卡中选择需要的服务，如"点对点""物理"等；在"安全"选项卡中添加权利为"只读"的团体名"public"，选中"接受来自这些主机的 SNMP 包"，添加网络管理工作站主机名或 IP 地址；在"陷阱"项卡中添加团体名"public"，陷阱目标主机填写网络管理工作站主机名或 IP 地址。

（2）其他网络设备的配置方法。以 Cisco Catalyst 2950 交换机为例说明配置过程，其他设备的配置过程与此类似。

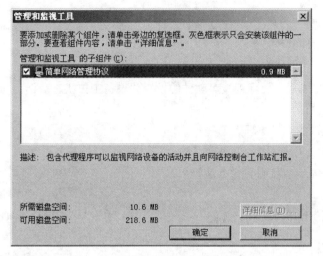

图 2-5-78　管理和监视工具对话框

1）Switch#configure terminal（进入配置模式）。

2）Switch（config）#snmp-server community public RO（使用 public 为只读团体名，RO 表示操作权限为"只读"）。

3）Switch（config）#snmp-server community private RW（使用 private 为读写团体名，RW 表示操作权限为"读写"）。

4）Switch（config）#exit（退出配置模式）；

5）Switch#write memory（保存配置）。

2. 使用网络管理软件管理网络设备

（1）给网络设备配置完 SNMP 协议后，这些网络设备就支持远程实时管理，负责收集和处理设备信息的工作由管理软件来承担，管理软件一般配置在专门的网络管理工作站上。由于操作系统不提供 SNMP 网络管理软件，所以需要使用第三方软件来实现网络管理，网络管理软件的基本监测项目有：

1）网络的连通性。

2）网络设备的状态。如端口、CPU、内存等。

3）网络接口流量。网络接口流量是网络监测中非常重要的一个指标，它包括 4 个衡量网络性能的参数：输入流量、输出流量、输入丢包率、输出丢包率。

（2）要特别指出的是，为了让网络管理软件能够在接收网络设备信息的同时，能够接收其他代理发送的陷阱消息，应在网络管理工作站上启动"SNMP Trap Service"服务。

五、注意事项

（1）首次调试网络设备管理软件时，计算机监控系统应停止担负监控任务，监控方式可切换到常规监控或者现地监控。

（2）网络设备管理软件的操作要经过周密考虑，防止造成不良后果。

（3）试验完成后，要仔细核对软件的设置和设备工作状态是否正确。

【思考与练习】

1. 网络维护的注意事项有哪些？

2. IP–MAC 地址绑定的要求有哪些？

3. 实时监测端口状态的要点是什么？

◢ 模块 37　系统安全管理（新增 ZY5400505007）

【模块描述】本模块包含未用功能和风险功能的关闭、安全策略管理、用户权限与账户管理、反病毒和反侵入检查、软件管理。通过对操作方法、步骤、注意事项的讲解和案例分析，掌握系统安全管理方法及步骤。

【模块内容】

一、作业内容

本模块介绍维护系统安全运行的主要项目和要求，维护人员应经常检查这些项目，及时发现设备安全漏洞和管理漏洞，并向上级技术主管部门提出合理化建议，改善设备运行状况，保证系统的安全稳定运行。

二、危险点分析与控制措施

（1）信息安全。控制措施：检修前对系统和数据进行安全、完整、正确的备份；遵守国家有关计算机信息安全和保密的有关规定。

（2）误触电。控制措施：需停电的设备已停电，安全措施已做好；不停电设备，需设专人监护与带电设备保护足够的安全距离。

（3）仪器损坏。控制措施：使用仪器测试时注意所测介质，确认仪器选择是否正确，避免仪器损坏。

三、作业前准备

（1）工器具。接地电阻测量仪、视频故障定位器、尘埃粒子计数器、普通声级计、干扰场强测试仪、操作系统安装盘、安全软件、检测程序、应用程序、移动硬盘、U盘、软盘驱动器、刻录光驱、空白光盘、空白磁带、阵列硬盘、清洁工具包。

（2）电脑在进行下载操作前必须进行版本的比对，确认调试电脑中版本与设备上的一致，禁止使用非专业电脑进行程序下载等工作，避免病毒侵入。

四、操作步骤

1. 未用功能和风险功能的关闭

（1）为了计算机监控系统运行的安全性和稳定性，应限制一些带有风险和与本设备运行和检修无关的软、硬件的使用，具体如下：

1）运行过程未使用的硬件应当拆除（如声卡、音箱等）。

2）不必要的软件应当卸载（如额外的操作系统、应用程序、协议等）。

3）未使用的内置功能应当禁用。

4）为了隔离外部移动无线设备的恶意连接和侵入，如果系统未要求启用该设备的红外（IrDA）、蓝牙（BlueTooth）、无线网卡（Wireless）、射频（HomeRF）等无线功能，就应当禁止这些功能。方法是进入"控制面板""网络连接"，在要禁止的设备上按鼠标右键，选择"停用"，或者在"设备管理器"中选中要禁止的设备，按鼠标右键，选择"停用"。

（2）及时关闭各类资源共享设置：

1）关闭默认共享。

2）关闭"文件和打印共享"。用鼠标右击"网络邻居"，选择"属性"，然后单击"文件和打印共享"按钮，在弹出的"文件和打印共享"对话框中取消两个复选框选中状态。

3）关闭用户文件夹共享。用鼠标右击用户共享文件夹，在"属性""共享"中取消复选框"在网络上共享这个文件夹" 的选中状态，按"确定"按钮。

（3）如果网络管理软件未对防火墙设置作特殊要求，本设备的防火墙应当启用。

（4）除管理和运行以外，未使用的设备端口（如交换机、路由器）应当关闭。

（5）设备运行未要求的网络服务（如 NetDDE、NetDDE DSDM 等）和端口服务（如 FTP、Telnet、HTTP 等）应当禁用。

2. 安全策略管理

（1）安全策略就是为了维护系统的安全，对用户账户、权限、角色、系统安全、网络访问等各类事件或者行为进行监视和限制。

（2）可以使用"组策略"来为组织单元的系统服务设置安全性，执行系统服务方面的安全措施时，可以控制谁能够在工作站、成员服务器或域控制器上管理服务。目前，更改系统服务的唯一方法是通过使用"组策略"计算机设置。如果将"组策略"作为"默认域策略"实施，该策略就会应用到域内的所有计算机。如果将"组策略"作为"默认域控制器策略"实施，该策略将只应用于域控制器的组织单元内的服务器，也可以创建包含可应用策略的工作站计算机的组织单元。

（3）维护人员应经常使用网络管理软件或者事件查看器对系统、应用程序、安全日志和事件进行审核，发现警告和错误事件后要进行具体分析和情况汇总，对各类故障和错误进行处理，有时可能需要对安全策略进行必要的调整。

（4）要查看事件的详细信息，可在"管理工具"中打开事件查看器，在控制台树中，单击要查看的日志。在详细信息窗格中，单击要查看的事件。在"操作"菜单上，单击"属性"。查看事件时，注意以下几个方面：

1）"事件 ID"，这些编号与消息文件中的说明匹配，它可以由产品支持代表使用以了解系统中所发生的情况；"硬件问题"，如果怀疑系统问题是硬件组件引起的，请筛选系统日志只显示由该组件产生的事件；"系统问题"如果某个事件看上去与系统问题有关，请搜索该事件日志查找该事件的其他实例，或判断错误出现的频率。

2）为避免历史事件日志过多地占用存储空间，察看完成后要及时清除事件日志。方法是：打开事件查看器，在控制台树中，单击要清除的日志。在"操作"菜单上，单击"清除所有事件"。单击"是"在清除之前保存该日志。单击"否"永久丢弃当前事件记录，并开始记录新的事件。

3. 用户权限与账户管理

（1）在系统安装阶段或者安装完成后要对默认管理员账户 Administrator 重新配置，首先是为管理员账户设置一个健壮的密码，然后重命名 Administrator 账户。

（2）系统管理人员应根据工作任务和性质的不同，给不同级别的用户账户赋予相应级别的权限，同时用户账户的数量要严格控制。

（3）加强对各类用户账户的安全和保密管理，防止泄漏给无关人员。特别是管理员账户，应当严格保密，使用范围仅限于系统管理员或网络管理员。

（4）临时账户应当及时、主动撤销，来宾账户 Guest 应当禁用。

（5）建立和撤销用户账户、为账户分配权限的工作只能由系统管理员来实施，禁止其他人员以管理员身份进行用户账户的相关操作。

（6）经常使用系统管理工具检查用户权限和账户，确保没有非法账户存在，确保没有权限被非法变更的行为。

4. 反病毒和反侵入检查

（1）为了保证监控系统的安全运行，严禁在监控系统上使用盗版软件，严禁私自安装与控制无关的软件，在监控系统上安装的每一套软件都要进行登记注册，只有经过上级主管部门书面批准、并使用上级主管部门书面确认的查毒、杀毒软件经过病毒检测后的软件才能在监控系统上安装运行。

（2）反病毒和反侵入检查的内容包括病毒、木马、广告、非法访问、系统安全漏洞扫描。

（3）使用反病毒软件对系统进行定期或不定期扫描，对于扫描到的病毒（包括木马、广告等）要进行清除。同时，对病毒的名称、发生时间、感染文件类型（可选）、破坏程度（可选）、查杀结果、工作人员等进行详细记录，作为日后维护的参考。对不能准确识别的疑似病毒或者虽然能够识别但无法清除的病毒要进行分析和记录，及时向上级主管部门汇报，以确定下一步处理方案。对于发现的系统安全漏洞要使用最新的软件补丁进行修补，然后再次进行漏洞扫描，确保漏洞已被弥补，同时进行详细记录。

（4）经过反病毒和反侵入检查后，要对工作站和服务器的完整性和主要功能进行核对和试验，确保安全生产的正常运行。

5. 软件管理

软件包括存储在永久媒体（如磁盘、磁鼓、光盘、磁带、闪存等）上的操作系统、应用程序、安全软件、用户数据、电子文档，还包括纸媒体上的图纸、产品说明书、试验记录等技术资料。

五、注意事项

（1）要对相关的系统、程序、数据进行备份。

（2）安全设置要经过试验，确保不影响正常的监控系统通信。

【思考与练习】

1. 系统安全管理要核对哪些数据？

2. 软件管理包括哪些内容？

3. 为什么要进行反病毒和反侵入检查？

▲ 模块 38　高级网络设备检修（新增 ZY5400506001）

【模块描述】本模块包含路由器、网关、防火墙、路由器的配置、安装与检修、网关的配置、安装与检修、防火墙的配置、安装与检修、网络设备的维护和检查。通过对操作方法、步骤、注意事项的讲解和案例分析，掌握高级网络设备检修方法及步骤。

【模块内容】

一、作业内容

1. 路由器

（1）路由器用于连接多个逻辑上分开的网络，所谓逻辑网络是一个单独的网络或者一个子网。路由器分本地路由器和远程路由器，本地路由器是用来连接本地传输介质的，如光纤、同轴电缆、双绞线等；远程路由器是用来连接远程传输介质的，如电话线、无线通信等，远程传输要求相应设备的配合，如电话线要配调制解调器，无线通信要有无线接收机、发射机。

（2）一般说来，异种网络互联与多个子网互联都应采用路由器来完成，路由器的主要工作就是为经过路由器的每个数据帧寻找一条最佳的传输路径，并将该数据有效地传送到目的站点。由此可见，选择最佳路径的策略（即路由选择算法）是路由器的关键所在，为了完成这项工作，在路由器中保存着各种传输路径的相关数据——路由表，供路由选择时使用。路由表中保存着子网的标志信息、网络上路由器的个数和下一个路由器的名字等内容，路由表可以由管理人员手工设置，也可以由路由器动态修改和自动调整。

（3）路由表分为静态路由表和动态路由表，静态路由表由管理人员在系统安装时就根据网络的配置情况预先设置好，不会随未来网络结构的改变而改变。动态路由表是路由器根据网络系统的运行情况而自动调整和维护的路由表，路由器根据路由协议提供的功能，自动学习和记忆网络运行情况，在需要时自动计算数据传输的最佳路径。

（4）路由器的主要作用有：

1）在网络间截获发送到远地网段的报文，起转发的作用。

2）选择最合理的路由，引导通信。

3）路由器可以连接使用不同通信协议的网络段，作为不同通信协议网络段通信连接的平台。

4）路由器的主要任务是把通信引导到目的地网络，然后到达特定的节点站地址。

2. 网关

（1）网关能够用来互联完全不同的网络，可以将具有不同体系结构的计算机网络连接在一起，网关属于应用层的设备，它能提供中转中间接口，将一种协议变成另一种协议，将一种数据格式变成另一种数据格式，将一种速率变成另一种速率，以求网络之间的统一。

（2）在 TCP/IP 网络中，网关是一台计算机设备，可以根据用户通信用的计算机的 IP 地址，界定是否将用户发出的信息送出本地网络，同时还将外界发送给本地网络计算机的信息接收。

（3）网关涉及的主要协议如下：

1）网关–网关协议 GGP：主要用于进行路由选择信息的交换。

2）外部网关协议 EGP：是用于两个自治系统（如局域网）之间选择路径信息的交换，自治系统采用 EGP 协议向 GGP 协议通报内部路径。

3）内部网关协议 IGP：如 HELLO 协议、GATE 协议等，是讨论自治系统内部各网络路径信息交换的机制。

3. 防火墙

（1）设置防火墙的目的就是阻止那些来自外部网络的未授权信息进入本地网络，但能保证本地网络对外部网络的正常访问。

（2）大多数防火墙就是一些路由器，能够根据数据包的源地址、目的地址、高级协议、安全策略过滤进入网络的数据包。但防火墙并不是绝对有效的，它只能增强网络的安全性，但不能保证网络安全。

二、危险点分析与控制措施

（1）信息安全。控制措施：检修前对系统和数据进行安全、完整、正确的备份；遵守国家有关计算机信息安全和保密的有关规定。

（2）误触电。控制措施：需停电的设备已停电，安全措施已做好；不停电设备，需设专人监护与带电设备保护足够的安全距离。

（3）仪器损坏。控制措施：使用仪器测试时注意所测介质，确认仪器选择是否正确，避免仪器损坏。

（4）参数错误。控制措施：高级网络设备内部参数修改后，需经 2 人确认无误后，方可保存并执行。

三、作业前准备

（1）工器具。操作系统安装盘、安全软件、检测程序、应用程序、工具包。

（2）电脑在进行下载操作前必须进行版本的比对，确认调试电脑中版本与设备上的一致，禁止使用非专业电脑进行程序下载等工作，避免病毒侵入。

四、操作步骤

1. 路由器的配置、安装与检修

（1）路由器配置的一般步骤。

1）在配置路由器之前，需要将组网需求具体化、详细化，内容包括：组网目的、路由器在网络互连中的角色、子网的划分、广域网类型和传输介质的选择、网络的安全策略和网络可靠性需求等。

2）然后根据以上要素绘出一个清晰、完整的组网图。

3）配置路由器的广域网接口，首先根据选择的广域网传输介质，配置接口的物理工作参数（如串口的同/异步、波特率和同步时钟等），然后根据选择的广域网类型，配置接口封装的链路层协议以及相应的工作参数。

4）根据网络划分，配置路由器各接口的 IP 地址。

5）配置静态和动态路由。

6）如果有特殊的安全性和可靠性需求，则需进行路由器的安全性、可靠性配置。

（2）路由器配置实例（以 Cisco 2600 系列路由器为例）。

1）将运行终端仿真软件的计算机与路由器配置端口连接，进入特权命令状态。

2）配置本地以太网端口：

config terminal（进入全局设置状态）

interface type e0（进入端口 E0 设置状态）

ip address 10.163.215.1　255.255.255.0（为以太网端口设置 IP 地址）

no shutdown（激活 E0 口）

exit（退出局部设置状态）

3）配置广域网协议：

（广域网协议在这里假定配置为帧中继多点映射方式）

config terminal（进入全局设置状态）

interface type s0（进入端口 S0 设置状态）

interface serial 0.1 multipoint（进入子端口 0.1 设置状态）

ip address 10.163.216.1　255.255.255.0（为子端口 0.1 设置 IP 地址）

frame-relay map ip 10.163.216.2 201 broadcast（映射 IP 地址 10.163.216.2 与数据链路连接标识符 201，并支持路由广播，下同）

frame-relay map ip 10.163.216.3　301 broadcast

frame-relay map ip 10.163.216.4　401 broadcast

no shutdown（激活本端口）

exit（退出局部设置状态）

4）配置静态路由：

config terminal（进入全局设置状态）

ip route 10.163.218.64　255.255.255.255　10.163.216.2（建立静态路由，其中（10）16（3）21（8）64 为所要到达的目的网络，25（5）25（5）25（5）192 为子网掩码，（10）16（3）21（6）2 为相邻路由器的端口地址）

exit（退出局部设置状态）

5）配置动态路由：

config terminal（进入全局设置状态）

router rip（指定使用 RIP 协议）

version 2（指定 RIP 版本）

network 10.163.215.0（指定与该路由器相连的网络）

network 10.163.216.0（指定与该路由器相连的网络）

exit（退出局部设置状态）

6）配置完成后要保存配置，并且退出全局设置状态。

（3）路由器调试。

1）确保路由器所有要使用的以太网端口、广域网端口都激活。

2）将和路由器相连的主机加上缺省路由。

3）使用 Ping 命令连接路由器本机的以太网端口，若不通，可能以太网端口没有激活或不在一个网段上；连接路由器本机的广域网端口，若不通，可能是没有加缺省路由，连接对方广域网端口，若不通，可能是路由器配置错误，双方需要检查配置参数。

4）使用 Tracert 命令对路由进行跟踪，以确定不通网段。

（4）路由器的安装和检修步骤。

1）停电状态下连接通信介质，固定好连接器。

2）在通电状态下，使用软件对路由器进行端口、地址、协议、安全策略等设置。

3）各侧网络启动后，检查各工作灯指示正常。

4）在路由器各侧网络上进行连通性检查。

5）在路由器各侧网络上进行安全策略检查。

2. 网关的配置、安装与检修

在 TCP/IP 网络中，网关角色一般由路由器来担当，配置、安装与检修方法可参照路由器的相关内容。

3. 防火墙的配置、安装与检修

（1）防火墙的配置（以 cisco 的 PIX 501 型防火墙为例）。

1）启动防火墙。将 PIX 安放至机架，经检测电源系统后接上电源，并加电主机。将 CONSOLE 口连接到 PC 的串口上，运行超级终端程序进入 PIX 防火墙系统，如果是第一次启动 PIX 防火墙时，选择通过命令而不是顺序提示来进行防火墙配置。此时系统提示 pixfirewall>，处在 PIX 用户模式。输入命令 enable，进入特权模式，此时系统提示为 pixfirewall#。

pixfirewall> enable

Password：

pixfirewall#

输入命令 configure terminal，进入通用配置模式，对系统进行初始化配置。

pixfirewall# config terminal

pixfirewall（config）#

2）配置主机名：

pixfirewall（config）# hostname PIX1

PIX1（config）#

3）配置登录和启动口令：

配置登录口令，这是除了管理员之外获得访问 PIX 防火墙权限所需要的口令。

PIX1（config）# password cisco

PIX1（config）#

配置启动口令，用于获得管理员模式访问权限。

PIX1（config）# enable password cisco

PIX1（config）#

4）配置接口的 IP 地址：

PIX1（config）# ip address inside 0.160.215.1　255.255.255.0

PIX1（config）#

配置外部接口的 IP 地址：

PIX1（config）# ip address outside 10.160.216.1　255.255.255.0

PIX1（config）#

（2）命名端口与安全级别。

1）PIX 防火墙使用自适应性安全算法为接口分配安全等级，在没有规则许可下，任何通信都不得从低等级接口流向高等级接口。默认情况下，ethernet0 是外部接口的名字，安全等级是 0（安全级别最高）。ethernet1 是内部接口的名字，安全等级是 100，使用 nameif 命令命名端口与配置安全级别。

PIX1（config）#nameif ethernet0 outside security0

PIX1（config）#nameif ethernet1 inside security100

2）激活内部和外部以太网接口：

PIX1（config）# interface ethernet0 auto

PIX1（config）# interface ethernet1 auto

PIX1（config）#

3）配置默认路由：

使发送到防火墙的所有通信都指向相邻的出口路由器。

PIX1（config）# route outside 0 0（10）160.21（6）254

PIX1（config）#

4）网络地址解析：

使用网络地址解析让内部网络连接到外部网络，所有内部设备都共享外部 IP 地址。

PIX1（config）# nat（inside）1　10.160.215.0　255.255.255.0

PIX1（config）# global（outside）1　202.98.0.3

PIX1（config）#

5）防火墙规则：

使内部网络仅能访问外部网络的 Web 服务器（端口号 80）。

PIX1（config）# access−list outbound permit tcp 10.160.215.0　255.255.255.0 any eq 80

PIX1（config）# access−group outbound in interface inside

PIX1（config）#

6）存储配置结果：完成 PIX 防火墙的配置，使用 wr mem 命令保存配置，如果没有保存，当关闭 PIX 防火墙电源的时候，配置就会丢失。

（3）防火墙的安装和检修步骤。

1）停电状态下连接通信介质，固定好连接器。

2）通电后设置防火墙地址、协议、安全策略等。

3）两侧网络启动后，工作灯指示正常。

4）在防火墙两侧网络上进行连通性检查。

5）在防火墙两侧网络上进行安全策略检查。

4. 网络设备的维护和检查

（1）外观检查。检查是否有严重积尘、连接器是否松动、工作指示灯是否正常等现象。

（2）健康状况监测。利用网络管理工作站或者检测设备检查各设备的数据通信是否正常，分析各项性能指标有何变化，评价其健康状况和处理能力是否能够满足日益增多的业务需求。

（3）根据运行年限和工作状况及时提出设备升级和更换建议

五、注意事项

（1）设备停电后的再次上电时间间隔在 10s 以上。

（2）有些设备端口不容许直接带电插拔，要仔细阅读相关设备用户手册或者说明书进行安全操作。

（3）各项设置都要进行详细记录和试验。

（4）安全策略设置在保证安全的前提下不能影响正常的监控系统通信。

【思考与练习】

1. 设备停电后的再次上电时间间隔应为多少？

2. 安全策略如何保障正常的监控系统通信？

3. 网络设备日常维护和检查的内容有哪些？

模块 39　上位机调试（新增 ZY5400506002）

【模块描述】本模块包含数据采集和处理、传送操作、控制命令、画面检查、冗余切换试验、实时性要求。通过对操作方法、步骤、注意事项的讲解和案例分析，掌握上位机调试方法及步骤。

【模块内容】

一、作业内容

上位机调试的前提条件为：

（1）现地单元及其 PLC 控制逻辑已单独调试完成，并且能够实现本地正常运行。

（2）现地单元在停运状态，已做好各项安全措施。

（3）上位机软、硬件安装完成。

（4）现地单元到上位机的网络通信正常。

（5）上位机的调试工作不会影响其他现地单元的正常运行。

二、危险点分析与控制措施

（1）信息安全。控制措施：检修前对系统和数据进行安全、完整、正确的备份；遵守国家有关计算机信息安全和保密的有关规定。

（2）误触电。控制措施：需停电的设备已停电，安全措施已做好；不停电设备，需设专人监护与带电设备保护足够的安全距离；

三、作业前准备

（1）工器具。操作系统安装盘、安全软件、检测程序、应用程序、移动硬盘、U盘、软盘驱动器、刻录光驱、空白光盘、空白磁带、阵列硬盘、清洁工具包。

（2）电脑在进行下载操作前必须进行版本的比对，确认调试电脑中版本与设备上的一致，禁止使用非专业电脑进行程序下载等工作，避免病毒侵入。

四、操作步骤

（一）数据采集和处理

1. 输入开关量的采集及处理

（1）输入开关量包括：

1）机组部分。机组的运行工况（包括停机、发电、调相、抽水等），机组水车、励磁、调速、同期、保护、表计等重要回路和装置的工作状态。

2）开关站、厂用系统部分。5kV 及以上电压断路器位置信号，反映系统运行状况的隔离开关的位置信号，反映厂用电源情况的断路器和自动开关位置信号。

3）主要设备的事故及故障信号，总事故及总故障信号。

4）监控系统的故障信号。

（2）以下开关量必须实现顺序记录：

1）发电机电压及其以上电压断路器的位置信号。

2）分析系统事故需要的继电保护及系统安全自动装置的动作信号。

3）校对画面状态和设备实际状态是否对应。对于引入 PLC 中的开关量，因为在现地单元 PLC 调试中，已经过校对，为节省时间和提高效率，可以在 PLC 编程软件的变量强制表中通过对开关量的设置进行点量校对。对于通过其他途径采集的开关量，应通过设备的实际动作进行校对。对于故障和事故信号，要求运行画面上要有掉牌显示，同时还应驱动语音装置或者音响装置进行声响报警。

2. 输入模拟量的采集及处理

（1）电气量包括（其中部分项目可选）：

1）开关站各段母线及各条出线的频率；三相电流、电压、有功功率、无功功率、功率因数、正送和反送有功电度、正送和反送无功电度。

2）机组频率或转速；发电机转子电流、转子电压；发电机三相电流、电压、有功功率、无功功率、功率因数、正送和反送有功电度、正送和反送无功电度等。

3）非电气量包括（其中部分项目可选）：机组各轴承的油温、瓦温；机组定子绕组和铁芯温度，机组空气冷却器冷、热风温度；机组的流量、振动、摆度；机组油、水、风管路或容器的压力；机组油槽油位、顶盖水位；操作机构的位移和行程；主变压器油温度；水库上、下游水位；需监视起闭过程或位置的闸门的开度等。

（2）以下电气量必须实现事故追忆：

1）220kV 及以上电压的各段母线的频率及三相电压。

2）220kV 及以上电压的出线的三相电流。

3）发电机的三相电压、三相电流。

4）校对画面显示和设备是否对应。检查数值大小、工程单位、曲线、棒图显示是否正确，采样精度是否符合要求。

3. 现地单元控制方式

现地单元控制方式分别切换到远方、现地，在两种方式下均不影响上位机对数据的采集。

（二）传送操作、控制命令

1. 操作、控制命令试验

（1）机组的工况转换命令。根据预定的决策原则及运行人员输入或上级调度发来的命令发出机组工况转换命令并完成工况的自动转换，在机组工况转换过程中，监控系统可显示各主要阶段依次推进的过程，过程受到限制时应指出原因，并将机组转到安全工况。机组工况转换命令有停机令、开机令、调相令、抽水令等。

（2）断路器跳、合，隔离开关分、合，变压器有载分解头有载调节和自动顺序倒闸等操作。

（3）用增减命令或改变给定值方式调节机组的出力。当上位机发出频率或有功功率增减命令时，调速器频率或有功功率增减指示灯对应闪烁，随动机构作用于接力器改变导水叶和桨叶开度；当上位机发出增减磁命令时，励磁调节器增减磁指示灯对应闪烁，励磁电流大小相应变化。当上位机向现地单元下发给定值时，机组出力在现地单元（PLC、调速器、励磁调节器）控制下实现调整过程。

2. 自动发电控制（AGC）试验

根据负荷曲线或预定的调节准则或上级调度系统发来的有功功率给定值，以节水多发为目标，并考虑到最低限度旋转备用，在躲开振动、气蚀等条件的约束下，确定最优开机组合及最优负荷控制，如果监控系统开环运行，应通过屏幕见信号通知运行人员，如果监控系统闭环运行，则应通过机组现地控制单元将信号作用于起停装置及调速器。有功功率控制有下列几种方式：

（1）按系统调度给定的日负荷曲线调整功率。

（2）按系统 AGC 定周期设定值自动调整功率。

（3）按运行人员给定总功率调整功率。

（4）按水位控制方式。

（5）按等功率、等开度或等微增率等优化方式进行有功功率的自动分配和调整。

（6）对于采用的控制方式应分别进行试验，有功功率无论由操作员手动给定还是自动调节，都要求调节过程快速、平稳，并且超调量和调整精度均在要求的范围内。AGC 在远方（上级调度）控制和本地（电站级）控制两者之间切换时要求全厂和各机组的有功和无功两类负荷平稳无扰动现象。

3. 自动电压控制（AVC）试验

根据预定的全厂无功功率或本厂高压母线的电压给定值给出每台机组的无功功率调节信号，如果监控系统开环运行，应通过屏幕见信号通知运行人员，如果监控系统闭环运行，则应通过机组现地控制单元将信号作用于励磁调节装置；在主变压器为有载调压时还应作用于变压器分接头，使分接头调节与机组励磁调节实现最优组合。

无功功率或电压控制有下列几种方式：

（1）按系统调度给定的电厂高压母线电压日调节曲线进行调节。

（2）按运行人员给定的高压母线电压值进行调节。

（3）按发电机出口母线电压给定值进行调节。

（4）按等无功功率或等功率因数进行调节。

（5）对于采用的控制方式应分别进行试验，无功功率无论由操作员手动给定还是自动调节，都要求调节过程快速、平稳，并且超调量和调整精度均在要求的范围内。AVC在远方（上级调度）控制和本地（电站级）控制两者之间切换时要求全厂和各机组的有功和无功两类负荷平稳无扰动现象。

4. 自动频率控制（AFC）

自动频率控制包括低频控制和高频控制，根据系统频率降低和升高的程度以及机组的运行方式，自动改变机组的运行方式以恢复系统的频率到正常状态。

频率控制中应用最多的是低周（频）自启动功能，即计算机监控系统按照低频启动准则，自动启动备用机组参与系统调频，试验方法如下：

（1）在操作员工作站上调出保护整值设置画面，检查低周启动定值设置（例如Ⅰ档为49.75Hz，Ⅱ档为49.50Hz），并在各档置入规定的调频机组。

（2）把低频信号发生器输出端与系统频率测量装置输入端相连，调节信号发生器的输出频率使之从高到低连续变化，观察当频率降低到相应动作值时，被置入对应档的调频机组应正确启动，同时还要校验启动时间和误差是否符合要求，必要时可对系统频率测量装置或者控制程序进行调整。

（3）小修或功能性核对试验可通过修改低周启动定值到高于当前系统正常频率的方法进行试验。例如，当前系统频率为50.01Hz，可将Ⅰ档启动频率修改为50.02Hz，观察机组启动过程正确后恢复原来的启动值，然后再用同样的方法进行其他档位的试验。注意：首次试验或大修试验不能采用该方法。

5. 操作、控制命令的安全性与可靠性检查

（1）每项操作和控制命令进行3次及以上试验，确保命令执行正确、可靠。

（2）操作权限验证。不同的操作人员有不同的操作权限，或者不同的设备按照重要程度划分不同的操作权限，同时对于每一项重要的操作要求有确认提示。

（3）现地单元控制方式分别切换到远方、现地，在现地方式进行控制操作时，上位机发出的远方命令不起作用。

（三）画面检查

（1）检查下列画面显示顺序是否符合现场要求、状态是否和实际工况对应、数值是否正确：电气接线图、油水气系统图、曲线图、棒图、机组工况转换流程图、负荷调整、机构操作、继电保护整定值、故障/事故掉牌、模拟量显示等画面。

（2）查询和报表功能检查，要求能够查询各类生产过程的工况数据，能够生成、显示和打印有关规定要求的格式化生产报表。

（四）冗余切换试验

冗余配置的上位机，例如数据采集工作站（或SCADA服务器）、操作员工作站必

须进行切换试验，方法和要求如下：

（1）模拟一台设备故障退出运行，要求另一台设备能够平稳负担全部任务，实时任务不中断，未引起其他故障，机组或设备运行状态无变化，没有负荷扰动现象，网络通信无中断现象。

（2）把已排除故障的设备重新投入运行，启动监控程序后，要求该设备能够平稳负担部分任务，实时任务不中断，未引起新的冲突，机组或设备运行状态无变化，没有负荷扰动现象，网络通信无中断现象。

（3）每台设备都要分别进行切换试验。

（五）实时性要求

对电站级计算机监控系统实时性要求如下：

（1）上位机数据采集时间包括现地控制单元级数据采集时间和相应数据再采入数据库的时间，后者应不超过 $1\sim2s$。

（2）人机接口响应时间分类。

1）调用新画面的响应时间：半图形显示 $\leqslant2s$（90%画面），全图形显示 $\leqslant3s$（90%画面）。

2）在已显示画面上实时数据刷新时间从数据库刷新后算起不超过 $1\sim2s$。

3）从操作命令发出到现地控制单元回答显示的时间不超过 $1\sim3s$。

4）报警或事件产生到画面字符显示和发出音响的时间不超过 $2s$。

（3）上位机控制功能的响应时间分类。

1）AGC 控制任务执行周期 $3\sim15s$。

2）AVC 控制任务执行周期 6s、12s、3min。

（4）上位机对调度系统数据采集和控制的响应时间应满足调度的要求。

五、注意事项

（1）调试过程中发现设备故障和程序错误时要及时修改，然后重新试验，直到符合要求为止。

（2）程序在修改之前要先对原来的程序进行备份。

（3）使用上位机进行远方操作试验时，设备现场要有足够的检修和运行人员监护。

（4）不要在上位机和现地单元附近使用移动电话和对讲机。

【思考与练习】

1. 不要在上位机和现地单元附近使用哪几种通信设备？

2. AVC 控制任务执行周期是多少？

3. AGC 控制任务执行周期是多少？

第六章

水力机械自动化系统设备的维护与检修

▲ 模块 1 感温、感烟灭火装置的维护、检修 （新增 ZY5400601001）

【模块描述】本模块包含感温、感烟灭火装置的动作测试，灭火装置检修，灭火装置的动作试验。通过对操作方法、步骤、注意事项的讲解和案例分析，掌握感温、感烟灭火装置的维护、检修方法及步骤。

【模块内容】

一、作业内容

感温、感烟灭火装置是构成安全生产的基本元素，其自动化元件能否正常运行，关系到人身、设备及水电厂的安危，对其检修和调试是自动化元件工作可靠性的重要保证。

感温、感烟灭火装置的检修方法与试验内容应按照厂家说明书中有关规定进行。安装或检修后应进行装置的动作试验。

二、危险点分析与控制措施

（1）防高处坠落。控制措施：维护检修时，严格按照《电力（业）安全工作规程》规定系好安全带、正确使用登高设备。

（2）误触发联动设备。控制措施：进行感温、感烟灭火装置测试时，应可能对误触发的设备做好防范措施，避免引起对设备、人身造成的危害。

（3）防止发生火灾。控制措施：在禁止烟火的区域进行作业时，做好防范发生火灾的措施。

三、作业前准备

（1）作业前/后应按照工作票对隔离措施/恢复措施进行检查和确认。

（2）作业前应根据测量参数选择量程匹配、型号合适的仪表设备。

（3）作业前应检查仪器设备是否合格有效，对不合格的或有效使用期超期的应封存并禁止使用。

（4）作业前应检查、核对设备名称、编号、位置，发现有误或标识不清应立即停

止操作。

（5）作业前应检查确认与本装置相关的其他二次设备的隔离措施是否到位。

（6）需要准备的工器具：万用表、行灯、验电笔、电工工具、电吹风、灭火器。

四、操作步骤

（1）核对设备名称及编号正确无误。

（2）将感温探测器、感烟探测器与电气控制装置按要求接上连线，分别拨动或按动感温、感烟探测器开关或按钮进行测试，其电气控制装置应发出故障信号。

（3）感温、感烟灭火装置检修：

1）将探测器的顶盖旋下，用毛刷清扫顶盖。

2）观察电路板无虚焊及烧焦现象。

3）将探测器的顶盖恢复。

（4）感温、感烟灭火装置的动作试验：

1）点燃一张纸或烟，放在距离感烟探测器下方 30cm 处，当烟雾达到一定浓度时，探测器应发出报警声音信号。

2）使用电吹风，接通电源，将其放在距离感温探测器下方 30cm 处直吹，当温度达到整定值时，探测器应发出报警声音信号。

（5）填写设备维护记录，出具检修工作报告。

五、注意事项

（1）若测量结果与额定值误差超过规定值，则应更换自动化元件。

（2）开工前须核对设备名称、型号，检修中必须注意安全。分解元件（或装置）时，要注意各零部件的位置和方向，并做好标记。需要打开线头时，首先应核对图纸与现场是否相符，并做好记录，检修完毕后必须进行恢复和验收。

（3）检修后的元件（或装置）应进行系统检查和试验，确认正确可靠后方可投入运行。

【思考与练习】

1. 如何进行感温、感烟灭火装置检修？

2. 简述感温、感烟灭火装置的动作试验操作步骤。

3. 简述感温、感烟灭火装置的重要性。

▲ 模块 2 桥式起重机电气部分的维护、检修
（新增 ZY5400601002）

【模块描述】本模块包含桥式起重机的电气系统、桥式起重机电气部分的日常维护检查，桥式起重机电气部分的定期检查，变频器各零部件的定期保养。通过对操作

方法、步骤、注意事项的讲解和案例分析，掌握桥式起重机电气部分的维护、检修方法及步骤。

【模块内容】

一、作业内容

桥式起重机的电气系统由 PLC、人机界面装置、变频器、主副钩回馈单元、大小车制动电阻、编码器、主令手柄开关、主令按钮开关、主令选择开关、限位开关、超速开关、抱闸制动器、空气开关、交流接触器及中间继电器等组成。下面对各组成元件进行简要介绍：

（1）可编程控制器（PLC）：全系统的控制中心，判断控制指令的来源，输出相应的指令驱动变频器，检测系统的故障内容并进行相应的保护动作。

（2）人机界面：是操作人员与控制系统之间的接口设备。主要用来显示 PLC 的输入、输出状态，显示系统当前的主要故障信息，显示各变频器的状态信号，显示吊钩的高度等。

（3）变频器：是桥机运行的主要装置，通过输入端子接收 PLC 的控制信号，通过输出端子将变频器的状态发给 PLC 信号，通过 U、V、W 端子驱动电动机并进行调速。

（4）主、副钩回馈单元：在吊钩下降及减速停车过程中将变频器直流母线上的多余能量回馈到电网中，防止变频器直流母线上的电压泵升。

（5）大、小车制动电阻：在大、小车减速停车过程中将变频器直流母线上的多余能量通过热能的形式散发掉，防止变频器直流母线上的电压泵升。

（6）编码器：是变频器闭环矢量控制的检测元件，安装在电机的尾部，将电机的转速信号转换成脉冲信号，通过 PG–B2 反馈卡送到变频器内部，变频器通过它来检测电机的转速是否正常。

（7）主令手柄开关、主令按钮开关、主令选择开关：是操作桥机的主要元件，通过它可以启动、停止、急停桥机。

（8）限位开关：对设备进行限位保护，主、副钩有 2 级上限开关，大车有左、右限位开关，小车有前、后限位开关。

（9）超速开关：主、副钩电机的尾部均有超速开关，当电机的转速超过 800r/min 时，此开关动作，系统将切断相应抱闸的电源，进行吊钩保护。

本模块包含桥式起重机的电气系统、桥式起重机电气部分的日常维护检查，桥式起重机电气部分的定期检查，变频器各零部件的定期保养。

二、危险点分析与控制措施

（1）防高处坠落。控制措施：维护检修时，严格按照《电力（业）安全工作规程》规定系好安全带、正确使用登高设备。

（2）误触电。控制措施：应按照《电力（业）安全工作规程》，验电后作业，必要时断开盘内的交流和直流电源；防止金属裸露工具与低压电源接触，造成低压触电或电源短路。

（3）误触碰。控制措施：应对可能引发误碰的回路、设备、元件设置防护带和悬挂警示牌。

（4）无证作业。控制措施：桥机设备检修、操作需要具有特种作业资格，严禁无证作业。

三、作业前准备

（1）作业前/后应按照工作票对隔离措施/恢复措施进行检查和确认。

（2）作业前应根据测量参数选择量程匹配、型号合适的仪表设备。

（3）作业前应检查仪器设备是否合格有效，对不合格的或有效使用期超期的应封存并禁止使用。

（4）作业前应检查、核对设备名称、编号、位置，发现有误或标识不清应立即停止操作。

（5）作业前应检查确认与本装置相关的其他二次设备的隔离措施是否到位。

（6）需要准备的工器具：万用表、行灯、验电笔、电工工具、电吹风、吸尘器、清洁工具包。

四、操作步骤

（1）桥式起重机电气部分的日常维护检查：

1）检查电机是否有异常声音及振动。

2）检查电机是否异常发热。

3）检查环境温度是否过高。

4）检查输出电流监视是否与正常值相差很大。

5）检查变频器下部安装的冷却风扇是否正常运转。

（2）桥式起重机电气部分的定期检查：

1）检查外部端子连接，单元、插件的螺丝和连接是否松动，如有松动拧紧或重装。

2）检查散热片是否有灰尘，使用吸尘器清洁。

3）检查印刷电路板是否有导电灰尘及油腻吸附，清洁印刷电路板。

4）检查冷却风扇的声音、振动是否异常（累计运行时间超过 2 万 h 后需要更换）。

5）检查功率元件是否有灰尘，清洁功率元件。

6）检查滤波电容是否有异常，如变色、异味。如果不能去除，应更新印刷基板。

（3）变频器各零部件的定期保养：

1）冷却片在使用 2～3 年应更换新的。

2）滤波电介电容在使用 5 年要进行试验，并根据试验结果决定是否更换。

3）制动继电器根据特性试验结果决定是否更换。

4）熔丝在损坏的情况下更换。

5）由于电厂的使用条件（环境温度、负荷系数、工作时间）都远远优于变频器的正常工作要求，所以上述周期标准可以进行适当延长或根据各厂、局制定的要求进行。

（4）填写设备维护记录，出具检修工作报告。

五、注意事项

（1）桥式起重机电气部分的日常维护检查工作属于高处作业，上、下传递物件用绳索拴牢传递，严禁上下抛掷物品。

（2）工作时应使用工具袋。

（3）检查时应注意一定要切断电源并待表面的 LED 灯全部熄灭后，等待 1min（30kW 以上的变频器 3min 以上）后再进行。若切断电源后立刻触摸端子，会有触电的危险。

（4）变频器有很多零部件组装构成，为了使变频器能够长时期持续正常动作，有必要根据这些零部件的使用寿命进行定期检查、保养及更换。

【思考与练习】

1. 简述桥式起重机电气系统的组成。

2. 简述桥式起重机电气部分的日常维护检查项目。

3. 简述变频器各零部件的更换周期。

▲ 模块 3　微机测速装置的维护、检修
（新增 ZY5400601003）

【模块描述】本模块包含转速信号、检测输出信号、参数显示方式。通过对操作方法、步骤、注意事项的讲解和案例分析，掌握微机测速装置的维护、检修方法及步骤。

【模块内容】

一、作业内容

微机测速装置由测速单元及测速传感器两部分组成。测速装置单元由独立的转速测量和控制系统组成。

微机测速装置一般配有机械转速传感器和电气转速传感器，同时测量机械转速脉冲信号和发电机机端电压频率，实现对发电机组转速的测量和保护控制。在一套装置中同时采用机械、电气两种测速原理，它们既可有机结合，又可单独使用。装置通过

可靠的机械转速传感器和电气转速传感器测量，实现对发电机组转速进行监视，并根据机组不同的转速发出不同的转速信号对机组进行保护和自动控制。

水电厂机组控制中，在以下方面必须用转速信号：

（1）无论何种情况机组处于非停机态，只要机组转速急速上升至额定转速的140%时，测速装置都会发出紧急事故停机和关闭快速闸门（球阀）的过速保护信号。

（2）当机组处于非停机态，转速达到额定转速的 115%，并且遇到有调速器失灵信号时，发出事故停机信号。

（3）当机组转速达到 80%～90%时（机组不同，要求不尽相同），发送给励磁装置启励信号。

（4）机组开机并网的条件之一为机组转速达到 90%～95%（机组不同，要求不尽相同）。

（5）机组停机过程中，当转速下降到额定转速的 50%时，发出电气制动信号进行电气制动；当转速下降到额定转速的 5%～25%（机组不同，要求不尽相同）时发出制动信号进行机组刹车加闸。

二、危险点分析与控制措施

（1）误触电。控制措施：应隔离屏柜中的 TV/TA 一次回路与二次回路，避免信号反送到二次侧伤人；应按照《电力（业）安全工作规程》，验电后作业，必要时断开盘内的交流和直流电源；防止金属裸露工具与低压电源接触，造成低压触电或电源短路。

（2）误触碰。控制措施：应对可能引发误碰的回路、设备、元件设置防护带和悬挂警示牌。

（3）防止机械伤害。控制措施：安装、调试机械测速装置，应安装牢固；作业人员防止机械转动部件伤人。

三、作业前准备

（1）作业前/后应按照工作票对隔离措施/恢复措施进行检查和确认。

（2）作业前应根据测量参数选择量程匹配、型号合适的仪表设备。

（3）作业前应检查仪器设备是否合格有效，对不合格的或有效使用期超期的应封存并禁止使用。

（4）作业前应检查、核对设备名称、编号、位置，发现有误或标识不清应立即停止操作。

（5）作业前应检查确认与本装置相关的其他二次设备的隔离措施是否到位。

（6）需要准备的工器具：万用表、行灯、验电笔、电工工具、测试导线。

四、操作步骤

（1）确认设备名称及编号。

（2）使用数字万用表测量工作电源，交流电源电压应为 85～265V，单相 50Hz；直流电源电压应为 120～360V。

（3）检测测速信号，电压信号幅值应为 0.2～250V，电压信号频率应为 0.5～150Hz，机械转速≤5000r/min，测量精度为 0.01Hz。

设备在正常情况下长期通电，装置由面板电源开关控制。水（抽水蓄能）电站的机组作用是调峰、填谷、调频、调相，机组应当随时在备用状态下，该装置适用于长期通电，随机组的开、停而自动投入工作。

（4）检测输出信号：刻度输出共 8 路，每路 2 副动合触点。其中，1 副为独立的动合触点，而另 1 副为公用公共端。

1）公用公共端的触点检查方法：用万用表或查线器检查触点，万用表（带蜂鸣器的电阻挡）的一只表笔连接在公共端，用另一只表笔分别测量触点，万用表应显示开路；用查线器检测的方法与万用表基本相同，观察查线器的指示灯不应点亮并没有声音。

2）独立触点检查：用表笔或查线器的两端测量对应触点，成对检查，结果现象应与公用公共端的检查相同（注意当装置上电后，只能用万用表的直流电压挡检查，且小于额定转速 5%、25%、35%、80%的 4 个触点为动断触点）。

（5）检查触点容量：AC 220V/3A，阻性负荷。

（6）测量环境温度：-10～55℃。

（7）CM-200 与外部设备的连接均通过装置背部插头/座实现，所有电缆屏蔽层必须可靠与大地相连。

（8）显示方式的查看：通过面板切换按钮切换以下 3 种方式（循环切换方式）：

1）转速百分比显示%N_e。

2）转速实际值显示 n（r/min）。

3）频率实际值显示 Hz。

（9）填写设备维护记录，出具检修工作报告。

五、注意事项

（1）防止触电及短路。

（2）拆除的裸露部分应用绝缘胶布包好。

【思考与练习】

1. 简述微机测速装置的组成。

2. 在水电厂机组控制中，哪些方面须用转速信号？

3. 如何检测测速信号？

4. 简述测速装置输出触点中公用公共端的触点检查方法。

◢ 模块 4　液位监测元件的维护、检修
（新增 ZY5400601004）

【模块描述】 本模块包含浮子式信号器维护、检修，电极式信号器维护、检修。通过对操作方法、步骤、注意事项的讲解和案例分析，掌握液位监测元件的维护、检修方法及步骤。

【模块内容】

一、作业内容

液位监测元件是用来对机组推力轴承油槽和其他油槽内油位进行监视，以及集水井、顶盖漏水水位、厂房集水井水位、调相时水轮机转轮室以下尾水管水位的自动控制。目前广泛应用的有浮子式液位信号器和电极式信号器。

浮子式液位信号器的结构由浮子和触点机构组成。其中浮子是带有磁钢的浮体或玻璃泡。触点机构有的用干簧触点或湿簧触点，也有用水银开关的。随着液位的升降，浮子使导向管的触点动作，发出相应的液位信号，以达到自动控制的目的。

电极式水位信号器主要用于当水轮发电机组做调相运行时，监视水轮机转轮室的水位。以 DJ–02 型电极式水位信号器为例，它由电极、底座和盖组成，共有两个，分别对应上、下限水位。

本模块包含浮子式信号器维护、检修，电极式信号器维护、检修。

二、危险点分析与控制措施

（1）防滑倒跌落。控制措施：由于在机械空间作业，应穿耐油防滑作业鞋防止滑倒跌落，避免造成人身及设备的伤害。

（2）误触碰。控制措施：应对可能引发误碰的回路、设备、元件设置防护带和悬挂警示牌。

（3）自动化元件损坏。控制措施：安装、拆卸自动化元件应轻拿轻放，以免损坏仪器仪表。

三、作业前准备

（1）作业前/后应按照工作票对隔离措施/恢复措施进行检查和确认。

（2）作业前应根据测量参数选择量程匹配、型号合适的仪表设备。

（3）作业前应检查仪器设备是否合格有效，对不合格的或有效使用期超期的应封存并禁止使用。

（4）作业前应检查、核对设备名称、编号、位置，发现有误或标识不清应立即停止操作。

（5）作业前应检查确认与本装置相关的其他二次设备的隔离措施是否到位；

（6）需要准备的工器具：万用表、绝缘电阻表、行灯、验电笔、电工工具、测试导线、尼龙扎带、清洁工具包。

四、操作步骤

（1）浮子式信号器维护、检修：

（1）检查触点，触点表面不应有氧化、烧伤和尘土油污。

（2）检查浮筒内有无因破漏而进入液体。

（3）传动机构无异常。浮子信号器检修后，用手按下或抬起浮子，传动机构应不发卡，触点切换正确，并能自行复位。

（4）远传式水位计如发现读数不规律或不正确时，应将仪表进行检查清洗或更换零部件。

（2）电极式信号器维护、检修：

1）电极应无腐蚀、脱层、污垢，电极管道内无杂物。

2）电极各固定螺丝完好，无氧化和松动。

3）电缆完好，连线接触良好。

（3）检测导电回路的绝缘电阻，应符合要求。

（4）动作值测试：随机组的检修在现场校核其动作液位，随着液位的高低，能在规定的液位发出信号，并计算其动作误差。

（5）吹气式、压力式水位计和电容式油位计的检修试验，应按照厂家说明书的规定进行。

（6）填写设备维护记录，出具检修工作报告。

五、注意事项

（1）检修后的元件（或装置）应进行系统检查和试验，确认正确可靠后方可投入运行。

（2）液位监测元件动作误差不得超过厂家规定值。

（3）数字水位计应随水位的变化显示正确。

【思考与练习】

1. 简述浮子式液位信号器的结构及测量原理。

2. 简述浮子式信号器的检修方法。

3. 简述电极式信号器的检修方法。

▲ 模块 5 变压器冷却系统控制回路的维护、检修
（新增 ZY5400601005）

【**模块描述**】本模块包含变压器冷却系统、控制回路的维护、检修。通过对操作方法、步骤、注意事项的讲解和案例分析，掌握变压器冷却系统控制回路的维护、检修方法及步骤。

【**模块内容**】

一、作业内容

冷却系统控制回路的主要功能是控制冷却主变压器的温度，使变压器能够安全稳定地运行，遇到变压器长时间过负荷或者温度升高到危害变压器安全运行时，发出跳闸信号，使主变压器三相断路器跳闸，达到保护变压器的目的。

主变压器控制回路控制的设备有潜油泵、冷却用的风机（水冷却）。

本作业内容包含变压器冷却系统、控制回路的维护、检修。

二、危险点分析与控制措施

（1）误触电。控制措施：绝缘测试作业完成后，应将所测设备加压端对地放电，确认无电后方可恢复；应按照《电力（业）安全工作规程》，验电后作业，必要时断开盘内的交流和直流电源；防止金属裸露工具与低压电源接触，造成低压触电或电源短路。

（2）误触碰。控制措施：应对可能引发误碰的回路、设备、元件设置防护带和悬挂警示牌。

（3）仪器仪表损坏。控制措施：测量时不得超过仪器、仪表允许的最大量程范围，以免损坏仪器仪表。

三、作业前准备

（1）作业前/后应按照工作票对隔离措施/恢复措施进行检查和确认。

（2）作业前应根据测量参数选择量程匹配、型号合适的仪表设备。

（3）作业前应检查仪器设备是否合格有效，对不合格的或有效使用期超期的应封存并禁止使用。

（4）作业前应检查、核对设备名称、编号、位置，发现有误或标识不清应立即停止操作。

（5）作业前应检查确认与本装置相关的其他二次设备的隔离措施是否到位。

（6）需要准备的工器具：万用表、绝缘电阻表、行灯、验电笔、电工工具、测试导线、尼龙扎带、吸尘器、软毛刷、清洁工具包。

四、操作步骤

（1）确认设备名称及编号。

（2）全回路清扫、检查，保证清洁、线头无松动、标号齐全。

（3）检查主变压器冷却器各分箱端子接线螺丝应无松动并全面紧固良好，引线接触可靠。

（4）检查主变压器冷却器各接触器、继电器、示流器触点可靠无烧损，直流电阻满足要求。

（5）进行主变压器冷却器控制回路绝缘测试，符合要求。

（6）检查主变压器冷却器运行中出现的和检修中发现的各种异常现象，要求查明原因并做好妥善处理。

（7）分解各断路器、按钮，清除各触点的烧损，弹簧弹性良好，机构清洁良好，动作正确，机构灵活可靠，触点接触良好，引线螺丝坚固。

（8）各种继电器、磁力启动器、接触器按有关规程检验、检查，测试直流电阻。

（9）填写设备维护记录，出具检修工作报告。

五、注意事项

（1）如果设备在运行，进行操作时，出现冷却器全停现象，必须在 20min 内恢复运行。

（2）所有工作必须由 2 人以上完成。

【思考与练习】

1. 简述冷却系统控制回路的主要功能。

2. 如遇主变压器冷却器全停，须在多长时间内恢复运行？

3. 简述主变压器冷却系统检修操作的步骤。

▲ 模块 6　测温系统的维护、检修（新增 ZY5400601006）

【模块描述】本模块包含测温系统的维护、检修。通过对操作方法、步骤、注意事项的讲解和案例分析，掌握测温系统的维护、检修方法及步骤。

【模块内容】

一、作业内容

DAS-Ⅳ型测温系统由多功能巡测子站、各个测点的测温元件组成。

运行人员实时监视定子绕组、上导轴承、上导瓦、推力瓦、上导油槽、推力油槽、冷风、热风等的温度，有利于掌控机组的运行状况。水电厂一般根据机组的设计都设有温度过高作用于事故停机跳闸的保护，所以对测温元件的选择、安装、设置等就显得尤为重要了，经过多年的运行实践证明，由于测温元件自身质量、安装不牢靠、监控系统逻辑设置等原因可能会造成机组误跳闸的问题，因此现今的水电站采取温度过高停机跳闸的回路，避免上述因素，提高机组运行的可靠性。

AS-Ⅳ型测温装置具有温度巡测及温度升高和过高的报警功能，且具有现地显示功能，通过串口与上位机交换数据，能够直接与各种 PLC 或其他监控系统实现通信，便于运行及维护人员的监视。

本作业内容包含测温系统的维护、检修。

二、危险点分析与控制措施

（1）防滑倒跌落。控制措施：由于在机械空间作业，应穿耐油防滑作业鞋防止滑倒跌落，避免造成人身及设备的伤害。

（2）误触碰。控制措施：应对可能引发误碰的回路、设备、元件设置防护带和悬挂警示牌。

（3）自动化元件损坏。控制措施：安装、拆卸自动化元件应小心谨慎，并做好防护，以免损坏仪器仪表。

三、作业前准备

（1）作业前/后应按照工作票对隔离措施/恢复措施进行检查和确认。

（2）作业前应根据测量参数选择量程匹配、型号合适的仪表设备。

（3）作业前应检查仪器设备是否合格有效，对不合格的或有效使用期超期的应封存并禁止使用。

（4）作业前应检查、核对设备名称、编号、位置，发现有误或标识不清应立即停止操作。

（5）作业前应检查确认与本装置相关的其他二次设备的隔离措施是否到位。

（6）需要准备的工器具：万用表、绝缘电阻表、过程校准仪、温度测试仪、行灯、验电笔、电工工具、测试导线、尼龙扎带、吸尘器、软毛刷、清洁工具包。

四、操作步骤

（1）确认设备名称及编号。

（2）检查运行中的测温系统各通道应无报警信号。

（3）机组停电检修前，记录温度巡测仪各测点的温度值。

（4）对温度巡测仪进行外观检查。

（5）进行温度巡测仪的室内校验。

（6）检查测温系统热电阻有无断路或短路。

（7）检查测温系统回路中各端子排的连接情况。

（8）使用绝缘电阻表进行测温系统绝缘电阻的测量。

（9）现场调试测温仪表。

（10）填写设备维护记录，出具检修工作报告。

五、注意事项

（1）仪表必须放在干燥、通风的地方使用或保存，不要接触腐蚀性气体。

（2）仪表可以连续工作，无需经常切断电源。

（3）仪表运行不正常时，检查仪表的设置、接线是否正确，必要时可对仪表重新校准。

【思考与练习】

1. 简述测温系统组成。

2. 现今水电站为何都取消了温度过高停机跳闸的回路？

3. 简述测温系统检修操作的步骤。

▲ 模块 7　压油装置控制回路的维护、检修 （新增 ZY5400601007）

【模块描述】 本模块包含压油装置控制回路的维护、检修。通过对操作方法、步骤、注意事项的讲解和案例分析，掌握压油装置控制回路的维护、检修方法及步骤。

【模块内容】

一、作业内容

压油装置控制回路主要是用来控制压油系统中，压油罐的油位在正常的工作范围内，为水轮发电机组油系统的安全运行提供可靠的压力油源。根据设定的压力启动、停止、备用启动自动化元件定值，自动完成对压油泵的启动、停止的控制，使压油罐压力和油位在整定范围内。

压油装置控制回路由可小型编程控制器 PLC、压力开关、软启动器、操作把手、中间继电器、压力表、压力传感器、差压传感器、磁翻柱液位计组成。

以小型可编程控制器 PLC 为控制中心，采集压力开关和压力表的触点，来控制油压装置的压力和油位。当油压降低到启动定值时，PLC 启动压油泵将集油槽的油补充到压力油罐，当油压降低到过低位置定值时，启动备用油泵，两台同时工作。压力传感器、差压传感器采集的数据直接上送至监控系统供运行人员监视，磁翻柱液位计直观地显示油罐的油位，便于巡检人员检查。

本作业内容包括压油装置控制回路的维护、检修。

二、危险点分析与控制措施

（1）误触电。控制措施：绝缘测试作业完成后，应将所测设备加压端对地放电，确认无电后方可恢复；应按照《电力（业）安全工作规程》，验电后作业，必要时断开盘内的交流和直流电源；防止金属裸露工具与低压电源接触，造成低压触电或电源短路。

（2）误触碰。控制措施：应对可能引发误碰的回路、设备、元件设置防护带和悬挂警示牌。

（3）误整定。控制措施：应指定具有定值修改权限的人员修改定值，工作完成后应根据下达的整定单复核，复核正确后投入。

（4）仪器仪表损坏。控制措施：测量时不得超过仪器仪表允许的最大量程范围，以免损坏仪器仪表。

三、作业前准备

（1）作业前/后应按照工作票对隔离措施/恢复措施进行检查和确认。

（2）作业前应根据测量参数选择量程匹配、型号合适的仪表设备。

（3）作业前应检查仪器设备是否合格有效，对不合格的或有效使用期超期的应封存并禁止使用。

（4）作业前应检查、核对设备名称、编号、位置，发现有误或标识不清应立即停止操作。

（5）作业前应检查确认与本装置相关的其他二次设备的隔离措施是否到位。

（6）需要准备的工器具：万用表、绝缘电阻表、行灯、验电笔、电工工具、测试导线、尼龙扎带、吸尘器、软毛刷、棉布、清洁工具包。

四、操作步骤

（1）确认设备名称及编号。

（2）压力表断引：打开表头盖，拆除端子引线，做好记录和标记，并用绝缘胶布将引线裸露部分包好，防止接地或短路，以备检修后恢复。进行压力表校验。

（3）压力开关接线断引：松开面板4个螺丝，取下面板，断开接线，并用绝缘胶带分别包好，防止接地或短路，恢复面板紧固4个螺丝。进行压力开关定值整定。

（4）传感器接线断引：打开接线侧端盖，测量端子有、无电压，分别拆除接线，并用绝缘胶带分别包好，防止接地或短路，恢复接线侧端盖。进行传感器校验。

（5）控制回路清扫、检查：用毛刷清扫控制回路，用查线器或万用表检查控制回路。

（6）设备表面清洁：用吸尘器、毛刷、棉布进行灰尘清扫及设备表面清洁。

（7）设备接线应无断折，绝缘无硬化、破裂，接线螺丝无松动。

（8）继电器线圈的测量：断开继电器线圈引线或取下继电器，用万用表电阻挡测量线圈阻值。

（9）PLC输入、输出量检查：输入量采集可靠，状态量反应正确；输出量动作可靠。

（10）监控系统LCU状态量反应正确。

（11）操作把手检查：

1）外部检查。

2）把手型式和切换位置正确，标志清晰。

3）触点清洁，接触良好，切换灵活明显。

4）销钉不脱落，各部螺丝紧固。

5）各元件无缺损。

（12）填写设备维护记录，出具检修工作报告。

五、注意事项

（1）PLC 输入、输出量检查时，设专人核对并做记录。

（2）拆接线缆做好记录和标记，恢复时仔细核对记录。

（3）定值整定须履行异动审批手续，并更新定值单台账。

【思考与练习】

1. 压油装置控制回路由哪些部分组成？

2. 简述压力表检修方法。

3. 简述传感器检修方法。

模块 8 主令开关的检修（新增 ZY5400601008）

【模块描述】本模块包含主令开关的检修。通过对操作方法、步骤、注意事项的讲解和案例分析，掌握主令开关的检修、调试方法及步骤。

【模块内容】

一、作业内容

主令开关由传动钢丝绳、永久磁铁、不锈钢钢管、磁记忆开关、旋转变送器组成。

当导叶动作时，传动钢丝绳带动永久磁铁产生位移，当永久磁铁接近磁记忆开关时，磁记忆开关触点动作产生信号，同时，带动旋转变送器，输出与转角成正比例的 4～20mA 信号。当导叶反向动作时，传动钢丝绳带动永久磁铁反向位移，当永久磁铁接近磁记忆开关时，磁记忆开关触点复归产生信号。

主令开关的作用是反映水轮机导叶动作位置，是机组开机、停机流程中非常重要的条件，导叶的位置关系到机组的状态。

二、危险点分析与控制措施

（1）误触电。控制措施：应按照《电力（业）安全工作规程》，验电后作业，必要时断开盘内的交流和直流电源；防止金属裸露工具与低压电源接触，造成低压触电或电源短路。

（2）误触碰。控制措施：应对可能引发误碰的回路、设备、元件设置防护带和悬挂警示牌。

（3）自动化元件损坏。控制措施：安装、拆卸自动化元件应小心谨慎，并做好防护，以免损坏仪器仪表。

三、作业前准备

（1）作业前/后应按照工作票对隔离措施/恢复措施进行检查和确认。

（2）作业前应根据测量参数选择量程匹配、型号合适的仪表设备；

（3）作业前应检查仪器设备是否合格有效，对不合格的或有效使用期超期的应封存并禁止使用。

（4）作业前应检查、核对设备名称、编号、位置，发现有误或标识不清应立即停止操作；

（5）作业前应检查确认与本装置相关的其他二次设备的隔离措施是否到位。

（6）需要准备的工器具：万用表、行灯、验电笔、电工工具、测试导线、绝缘胶带、尼龙扎带、吸尘器、软毛刷、棉布、清洁工具包。

四、操作步骤

（1）确认设备名称及编号。

（2）用吸尘器、毛刷、棉布清洁设备表面。

（3）检查磁记忆开关触点，用磁钢或者移动永久磁铁使磁记忆开关动作。

（4）在动作触点上用查线器或万用表检测通断状况。

（5）检查旋转变送器，用万用表测量导叶全关和全开输出的电流值，分别对应 4～20mA 信号。

（6）出具检修、调试工作报告。

五、注意事项

（1）禁止传感器接线短路和接地，拆除后使用绝缘胶带包好。

（2）工作时戴手套。

【思考与练习】

1. 主令开关由哪些部分组成？

2. 简述主令开关的作用。

3. 简述主令开关的检修方法。

▲ 模块 9　示流信号器的维护、检修（新增 ZY5400601009）

【模块描述】本模块包含示流信号器的维护、检修。通过对操作方法、步骤、注意事项的讲解和案例分析，掌握示流信号器的维护、检修方法及步骤。

【模块内容】

一、作业内容

示流信号器主要用于监视机组轴承油槽冷却水、水导轴承润滑水及冷却水等的流态，水导轴承润滑水示流信号器不仅用来测量水流流速（流量），当其值发生改变，不在正常定值范围时发出信号，使备用水源投入或延时使机组停机，示流信号是机组运行当中的一个非常重要的保护信号。

示流信号器的型式有挡板式、磁钢浮子式、差压式等，常用的有 SLX 型挡板式和 SX 型浮子式。

示流信号器主要由壳体、挡板、磁铁、湿簧触点、指针等部件组成。

当水流流通时，由水流冲动挡板，使挡板产生位移，在水流达到一定的流速时，使挡板的永久磁钢接近湿簧触点，触点接通发出水流正常信号，水流小于定值时挡板在自重和弹簧力作用下，逐渐返回，湿簧触点断开，发出不畅或中断信号；示流信号器的指针可以指示水的流量。在润滑水的示流信号器上需要有两对触点，分别指示水流的正常、不畅和中断。其他型号的示流信号器虽然机械结构上有所不同，但基本原理是相同的。

本作业内容包括示流信号器的维护、检修。

二、危险点分析与控制措施

（1）触碰。控制措施：应对可能引发误碰的回路、设备、元件设置防护带和悬挂警示牌。

（2）误整定。控制措施：应指定具有定值修改权限的人员修改定值，工作完成后应根据下达的整定单复核，复核正确后投入；

（3）自动化元件损坏。控制措施：安装、拆卸自动化元件应小心谨慎，并做好防护，以免损坏仪器仪表。

三、作业前准备

（1）作业前/后应按照工作票对隔离措施/恢复措施进行检查和确认。

（2）作业前应根据测量参数选择量程匹配、型号合适的仪表设备。

（3）作业前应检查仪器设备是否合格有效，对不合格的或有效使用期超期的应封存并禁止使用。

（4）作业前应检查、核对设备名称、编号、位置，发现有误或标识不清应立即停止操作。

（5）作业前应检查确认与本装置相关的其他二次设备的隔离措施是否到位。

（6）需要准备的工器具：万用表、绝缘电阻表、行灯、验电笔、电工工具、测试导线、绝缘胶带、尼龙扎带、吸尘器、软毛刷、棉布、清洁工具包。

四、操作步骤

（1）确认设备名称及编号。

（2）控制回路清扫：用毛刷清扫回路端子。

（3）用毛刷、棉布清扫设备表面。

（4）端子排端子及各部分螺丝紧固：用螺丝刀先将螺丝逆时针方向稍微松动，再顺时针紧固接触可靠，端子如有锈蚀现象则需要更换。

（5）控制回路绝缘检查：用 500V 绝缘电阻表检查回路绝缘状况。

（6）检查外罩是否严密，标记是否清晰。

（7）触点有无损伤，连线是否良好。

（8）填写设备维护记录，出具检修工作报告。

五、注意事项

（1）操作前，确认机组工作状态为停机状态。

（2）需要 2 人以上完成检修及试验工作。

【思考与练习】

1. 列举示流信号器的型式。

2. 示流信号器由哪些部分组成？

3. 简述示流信号器的检修方法。

▲ 模块 10 温度信号器的维护、检修（新增 ZY5400601010）

【模块描述】 本模块包含温度信号器的维护、检修。通过对操作方法、步骤、注意事项的讲解和案例分析，掌握温度信号器的维护、检修方法及步骤。

【模块内容】

一、作业内容

温度信号器主要用于监视发电机推力、上下导轴承的温度、水轮机导轴承的温度，监视发电机定子绕组、铁芯温度和监视发电机空气冷却器进出口气温、轴承油槽油温、主变压器温度等。当温度升高至允许上限值时，发出故障信号。

由于铂热电阻 Pt100 稳定性好，精度高，现场普遍应用该种温度信号器元件，另外锰铜热电阻 Cu50、G53 也有应用。

主变压器温度一般有两种方式监测：一种是膨胀式温度计，随着温度的变化，感温包内的气体收缩、膨胀改变温度计的指示；另一种是铂热电阻或锰铜热电阻通过温度巡检装置上送至监控系统，进行报警监视。

温度信号器元件铂热电阻或锰铜热电阻本身不具备报警功能，报警功能是由温度巡检装置或温度显示仪装置完成。

二、危险点分析与控制措施

（1）误触碰。控制措施：应对可能引发误碰的回路、设备、元件设置防护带和悬挂警示牌。

（2）误整定。控制措施：应指定具有定值修改权限的人员修改定值，工作完成后应根据下达的整定单复核，复核正确后投入。

（3）自动化元件损坏。控制措施：安装、拆卸自动化元件应小心谨慎，并做好防护，以免损坏仪器仪表。

三、作业前准备

（1）作业前/后应按照工作票对隔离措施/恢复措施进行检查和确认。

（2）作业前应根据测量参数选择量程匹配、型号合适的仪表设备。

（3）作业前应检查仪器设备是否合格有效，对不合格的或有效使用期超期的应封存并禁止使用。

（4）作业前应检查、核对设备名称、编号、位置，发现有误或标识不清应立即停止操作。

（5）作业前应检查确认与本装置相关的其他二次设备的隔离措施是否到位。

（6）需要准备的工器具：万用表、绝缘电阻表、标准温度计、电动恒温器、行灯、验电笔、电工工具、测试导线、绝缘胶带、尼龙扎带、吸尘器、软毛刷、棉布、清洁工具包。

四、操作步骤

（1）确认设备名称及编号。

（2）清扫信号器内、外尘土和污垢。

（3）检查引出导线无断股和短路。

（4）检查触点无氧化物和尘土，并光滑和接触良好。

（5）膨胀型温度计应检查毛细管无挤压和死弯。

（6）用绝缘电阻表测定感温元件的绝缘电阻值，应不小于规定值（热电阻的感温元件与保护管之间的绝缘电阻应不小于100MΩ/100V；铜热电阻应不小于50MΩ/100V）。

（7）动作值测试：

1）用电动恒温器或用盛有油的铁桶（在箱底加温并不断搅拌），将测温的感温包插入，同时在铁桶平面内插标准温度计多只，进行核对监视。

2）分5次读取被测温度信号器与标准温度计的数值，计算其准确度。校验合格的测温元件其温度误差应不大于±0.5℃。

3）将温度信号器整定到报警位置，记录温度信号器的动作值和标准温度计的指示值。

（8）填写设备维护记录，出具检修工作报告。

五、注意事项

（1）动作值测试时校核的温度信号器精度应不低于1.5级。

（2）标准温度计的精度应不低于0.5级。

【思考与练习】

1. 简述温度信号器在水电厂的作用。

2. 简述主变压器温度的两种监测方式。

3. 感温元件的绝缘电阻值的合格标准为多少？

▶ 模块 11 压力信号器的维护、检修（新增 ZY5400601011）

【模块描述】本模块包含压力信号器的维护、检修、整定值的测试。通过对操作方法、步骤、注意事项的讲解和案例分析，掌握压力信号器的维护、检修方法及步骤。

【模块内容】

一、作业内容

压力信号器在水电厂的油、水、气系统应用非常广泛，信号器的种类、形式多种多样。压力信号器的作用是当压力变化时，根据不同的要求进行报警、启动或停止设备等。

压力信号器一般分为电触点压力信号器和 YX 型压力信号器。电触点压力信号器是有刻度指示还能发出信号的仪表，由弹簧管、连杆传动机构、电触点等组成；YX型压力信号器是一种无刻度仪表，利用弹簧管的变形，通过连杆带动开关动作发出相应的信号（触点为可调型）。

本作业内容包括压力信号器的维护、检修、整定值的测试。

二、危险点分析与控制措施

（1）误触碰。控制措施：应对可能引发误碰的回路、设备、元件设置防护带和悬挂警示牌。

（2）误整定。控制措施：应指定具有定值修改权限的人员修改定值，工作完成后应根据下达的整定单复核，复核正确后投入。

（3）自动化元件损坏。控制措施：安装、拆卸自动化元件应小心谨慎，并做好防护，以免损坏仪器仪表。

三、作业前准备

（1）作业前/后应按照工作票对隔离措施/恢复措施进行检查和确认。

（2）作业前应根据测量参数选择量程匹配、型号合适的仪表设备。

（3）作业前应检查仪器设备是否合格有效，对不合格的或有效使用期超期的应封存并禁止使用。

（4）作业前应检查、核对设备名称、编号、位置，发现有误或标识不清应立即停止操作。

（5）作业前应检查确认与本装置相关的其他二次设备的隔离措施是否到位。

（6）需要准备的工器具：压力校验台、万用表、行灯、验电笔、电工工具、测试导线、绝缘胶带、尼龙扎带、吸尘器、软毛刷、棉布、异丙醇试剂、清洁工具包。

四、操作步骤

（1）内外清扫擦拭干净，外罩严密。

（2）查各机构有无异常。分解信号器弹簧管（包括波纹管）、拆卸游丝时要小心仔细，避免人为损坏，发现的设备缺陷应全部消除。

（3）检查触点有无烧损、氧化或烧黑现象。

（4）信号器为水银触点时，检查其触点转换角度应合适，在整定动作压力下，触点应能可靠地闭合和断开。

（5）信号器为机械触点时，检查其触点机构应动作灵活，触点应平整光滑，切换正确可靠。触点闭合后，要有一定的压缩行程；触点断开后，要有适当的距离。

（6）指针型信号器刻度盘的刻度线及数字、符号标志应齐全清晰，刻度盘应清洁、无龟裂及剥落现象。

（7）检查指针型信号器，其触点应端正，游丝应平整均匀；可动触点在压力指针（黑针）上的位置，当正面目视时应在压力指针的正中间，转动时应无抖动及摩擦。

（8）检查弹簧管（包括波纹管）及胶皮垫有无老化或变形，表头连接处不能有泄漏现象。

（9）检查各螺丝有无松动。

（10）检查接线是否完整、有无断股或卡坏现象。

（11）测定导电回路绝缘电阻值。

（12）整定值的测试：

1）年度小修时，在现场校核其动作值，同整定值比较，没有明显变化。

2）机组大修时，应将压力信号器拆下放在专用的油压校表台上用标准压力表校验，测量其精度或动作误差值。

（13）填写设备维护记录，出具检修工作报告。

五、注意事项

（1）校验工作至少应有 2 人参加，由一人操作、读表，一人监护和记录.

（2）检查要仔细，校验要认真，宜先了解自动化元件触点的形式等。

（3）若测量结果与额定值误差超过规定值，则更换自动化元件。

（4）各元件（或装置）的检修，通常随机组的大小修同时进行。不允许在检修中擅自改变元件（或装置）的结构及系统的连接。

（5）各元件（或装置）的检修，应严格执行检修计划。检修、校验和调试均应按有关规程和产品说明书等要求进行，并符合检修工艺要求。

（6）开工前，必须核对设备名称、型号；检修中，必须注意安全；分解元件（或装置）时，要注意各零部件的位置和方向，并做好标记；需要打开线头时，首先应核对图纸与现场是否相符，并做好记录；检修完毕后，必须进行验收。

（7）对隐蔽的元件，应按计划检修周期随机组检修时进行检查，并做详细的检查记录。

（8）各元件（或装置）在检修后，有关部门应严格按规程和有关规定进行分级验收。

（9）检修后的元件（或装置）应进行系统检查和试验，确认正确可靠后方可投入运行。

【思考与练习】

1. 简述压力信号器的作用。

2. 如何检查压力信号器的触点？

3. 如何进行压力信号器整定值的测定？

▲ 模块 12 剪断销剪断信号器的维护、检修
（新增 ZY5400601012）

【模块描述】 本模块包含剪断销剪断信号器的维护、检修。通过对操作方法、步骤、注意事项的讲解和案例分析，掌握剪断销剪断信号器的维护、检修方法及步骤。

【模块内容】

一、作业内容

剪断销剪断信号器的作用是监视水轮机导水叶连杆的剪断销是否断裂，在剪断销孔内装设一个剪断销剪断信号器。

剪断销剪断信号器一般有两种触点形式，动合触点和动断触点，水轮机导叶剪断销内的信号器一般分成一组或两组送至监控系统进行监视。

本作业内容包括剪断销剪断信号器的维护、检修。

二、危险点分析与控制措施

（1）防滑倒跌落。控制措施：由于在机械空间作业，应穿耐油防滑作业鞋防止滑倒跌落，避免造成人身及设备的伤害。

（2）误触碰。控制措施：应对可能引发误碰的回路、设备、元件设置防护带和悬挂警示牌。

（3）自动化元件损坏。控制措施：安装、拆卸自动化元件应小心谨慎，并做好防护，以免损坏仪器仪表。

（4）误整定。控制措施：应指定具有定值修改权限的人员修改定值，工作完成后应根据下达的整定单复核，复核正确后投入。

三、作业前准备

（1）作业前/后应按照工作票对隔离措施/恢复措施进行检查和确认。

（2）作业前应根据测量参数选择量程匹配、型号合适的仪表设备。

（3）作业前应检查仪器设备是否合格有效，对不合格的或有效使用期超期的应封存并禁止使用。

（4）作业前应检查、核对设备名称、编号、位置，发现有误或标识不清应立即停止操作。

（5）作业前应检查确认与本装置相关的其他二次设备的隔离措施是否到位。

（6）需要准备的工器具：万用表、绝缘电阻表、行灯、验电笔、电工工具、测试导线、绝缘胶带、尼龙扎带、吸尘器、吹尘器、软毛刷、棉布、清洁工具包。

四、操作步骤

（1）确认设备名称及编号。

（2）清扫剪短销剪断信号器的脏污和尘土。

（3）检查各连线无断股、外皮无损伤，辅助触点及信号继电器符合要求。

（4）检查剪断销信号器无外伤、无断裂、无错位，固定良好。

（5）用绝缘电阻表测定导电回路的绝缘电阻，应不小于规定值。

（6）气动式或其他类型的剪断销剪断信号器的检修，应按有关厂家说明书规定进行。

（7）填写设备维护记录，出具检修工作报告。

五、注意事项

（1）除机组检修期内，在维护和故障处理剪断销剪断信号器时，严禁站在活动导水叶上。

（2）信号器与连接线的连接，应进行焊接，禁止缠绕（一般情况下，连接线多为多股软芯线）。

【思考与练习】

1. 简述剪断销剪断信号器的作用。
2. 剪断销剪断信号器有几种触点形式？分别是什么？
3. 简述剪断销剪断信号器的检修方法。

▲ 模块 13 磁翻柱液位计的维护、检修
（新增 ZY5400601013）

【模块描述】本模块包含外观检查、磁翻柱液位计外部检查、液位计变送器检查、磁记忆开关的功能。通过对操作方法、步骤、注意事项的讲解和案例分析，掌握磁翻柱液位计的维护、检修方法及步骤。

【模块内容】

一、作业内容

磁翻柱液位计一般应用在油位指示，如油压装置、集油槽、漏油槽、推力油位等处。磁翻柱液位计给运行及维护人员以明显的油位指示，并把模拟量信号和开关量信号输出给监控系统。

本作业内容包括外观检查、磁翻柱液位计外部检查、液位计变送器检查、磁记忆开关的功能。

二、危险点分析与控制措施

（1）防滑倒跌落。控制措施：由于在机械空间作业，应穿耐油防滑作业鞋防止滑倒跌落，避免造成人身及设备的伤害。

（2）误触碰。控制措施：应对可能引发误碰的回路、设备、元件设置防护带和悬挂警示牌。

（3）自动化元件损坏。控制措施：安装、拆卸自动化元件应小心谨慎，并做好防护，以免损坏仪器仪表。

（4）误整定。控制措施：应指定具有定值修改权限的人员修改定值，工作完成后应根据下达的整定单复核，复核正确后投入。

三、作业前准备

（1）作业前/后应按照工作票对隔离措施/恢复措施进行检查和确认。

（2）作业前应根据测量参数选择量程匹配、型号合适的仪表设备。

（3）作业前应检查仪器设备是否合格有效，对不合格的或有效使用期超期的应封存并禁止使用；

（4）作业前应检查、核对设备名称、编号、位置，发现有误或标识不清应立即停

止操作；

（5）作业前应检查确认与本装置相关的其他二次设备的隔离措施是否到位；

（6）需要准备的工器具：万用表、行灯、验电笔、电工工具、测试导线、绝缘胶带、尼龙扎带。

四、操作步骤

（1）确认设备名称及编号。

（2）外观检查：

1）传感器接线正确，输出毫安值正确。

2）磁记忆开关安装牢固，定值标志位正确（对照规程规定的实际定值）。

3）用磁铁检查磁记忆开关应能正确动作（动合、动断触点的转换）。

（3）磁翻柱液位计外部检查：

1）磁记忆开关安装牢固，接线牢固，端子完好无损。

2）各磁记忆开关中心线箭头对应液位计液面高度定值所在的标高位置。

（4）液位计变送器检查：

1）端子接线正确、牢固。

2）电源电压为+24V，两线制接线。端子"+"接+24V，端子"−"为电流输出端。

3）运行上限、下限值对应变送器输出 4mA、20mA 电流。

（5）磁记忆开关的功能：

1）需要安装液位控制的装置，将其触点接入控制回路（注意其触点的容量）。

2）磁记忆开关还有报警的作用，将其接入监控系统可用作报警（增加报警的准确性）。

（6）填写设备维护记录，出具检修工作报告。

五、注意事项

（1）模拟量检查时，严禁短路和接地。

（2）磁记忆开关不够灵敏时，需要进行更换。

【思考与练习】

1. 简述磁翻柱液位计的作用。

2. 简述磁翻柱液位计外部检查的方法。

3. 简述液位计变送器的检查方法。

模块 14　顶盖泵控制回路的维护、检修
（新增 ZY5400601014）

【模块描述】本模块包含顶盖泵控制回路的维护、检修。通过对操作方法、步骤、

注意事项的讲解和案例分析，掌握顶盖泵控制回路的维护、检修方法及步骤。

【模块内容】

一、作业内容

顶盖泵控制回路的用途是当机组顶盖水位上升到规定值时，启动顶盖泵，将水排出。顶盖泵控制回路由小型可编程控制器 PLC、电机保护器、接触器、操作把手、传感器、中间继电器、浮子组成。

以小型可编程控制器（PLC）为控制中心，采集浮子触点信号来控制顶盖泵的启动、停止。当顶盖水位上升到启动水位时，浮子触点接通，小型可编程控制器（PLC）动作，启动接触器，由自保持回路控制接触器始终励磁，顶盖泵排水。当水位降低到停止位置时，浮子触点断开，小型可编程控制器（PLC）断开电机自保持回路，使接触器失磁停泵。当顶盖漏水量很大时，顶盖水位过高浮子触点接通，小型可编程控制器（PLC）启动备用顶盖泵，两台顶盖泵同时工作。

自动控制方式：由可编程控制器 PLC 来完成，两台顶盖泵互为轮流启动，因此控制把手位置全部在自动位置。

手动控制方式：每台顶盖泵在现地控制盘上都有控制把手，可分别进行自动、停止、手动（启动）3 个控制位置，按照把手位置可实现手动控制。

本作业内容包括顶盖泵控制回路的维护、检修。

二、危险点分析与控制措施

（1）误触电。控制措施：应按照《电力（业）安全工作规程》，验电后作业，必要时断开盘内的交流和直流电源；防止金属裸露工具与低压电源接触，造成低压触电或电源短路。

（2）误触碰。控制措施：应对可能引发误碰的回路、设备、元件设置防护带和悬挂警示牌。

（3）误整定。控制措施：应指定具有定值修改权限的人员修改定值，工作完成后应根据下达的整定单复核，复核正确后投入。

（4）仪器仪表损坏。控制措施：测量时不得超过仪器仪表允许的最大量程范围，以免损坏仪器仪表。

三、作业前准备

（1）作业前/后应按照工作票对隔离措施/恢复措施进行检查和确认。

（2）作业前应根据测量参数选择量程匹配、型号合适的仪表设备。

（3）作业前应检查仪器设备是否合格有效，对不合格的或有效使用期超期的应封存并禁止使用。

（4）作业前应检查、核对设备名称、编号、位置，发现有误或标识不清应立即停

止操作。

（5）作业前应检查确认与本装置相关的其他二次设备的隔离措施是否到位。

（6）需要准备的工器具：万用表、行灯、验电笔、电工工具、测试导线、绝缘胶带、尼龙扎带、吸尘器、软毛刷、棉布、清洁工具包。

四、操作步骤

（1）确认设备名称及编号。

（2）用毛刷清扫控制回路。

（3）用吸尘器、毛刷、棉布进行灰尘清扫及设备表面清洁。

（4）用查线器或万用表检查控制回路。

（5）外回路接线应无断折，绝缘无硬化、破裂，接线螺丝无松动。

（6）检查各端子排接线是否紧固。

（7）检查电机保护器接线是否牢固。

（8）检查接触器触点是否有烧灼现象，如有应用砂纸处理。

（9）检查动力电源接线是否紧固。

（10）操作把手检查：

1）把手型式和切换位置正确，标志清晰。

2）触点清洁，接触良好，切换灵活明显。

3）销钉不脱落，各部螺丝紧固。

4）各元件无缺损。

（11）填写设备维护记录，出具检修工作报告。

五、注意事项

（1）顶盖泵控制回路因故全停时，应注意机组顶盖的水位情况，不能及时恢复的情况下，应装设临时水泵。

（2）控制导线绝缘检查时，应断开与模件的连接。

【思考与练习】

1. 简述顶盖泵控制回路的组成。

2. 什么情况下顶盖泵控制系统会启动备用顶盖泵？

3. 简述顶盖泵控制操作把手的检查方法。

◢ 模块 15　低压气机控制回路的维护、检修
（新增 ZY5400601015）

【模块描述】 本模块包含低压气机控制回路的维护、检修。通过对操作方法、步

骤、注意事项的讲解和案例分析，掌握低压气机控制回路的维护、检修方法及步骤。

【模块内容】

一、作业内容

低压气机控制回路控制低压气机，当气系统压力降低到规定启动值时，补充压力气罐的压力。保证在机组停机过程中，当机组转速降低到规定转速时，对机组进行加闸制动。

低压气机的控制回路由小型欧姆龙 PLC、手动控制把手、SJ-10 型中间继电器、指示灯组成。

本作业内容包括低压气机控制回路的维护、检修。

二、危险点分析与控制措施

（1）误触电。控制措施：绝缘测试作业完成后，应将所测设备加压端对地放电，确认无电后方可恢复；应按照《电力（业）安全工作规程》，验电后作业，必要时断开盘内的交流和直流电源；防止金属裸露工具与低压电源接触，造成低压触电或电源短路。

（2）误触碰。控制措施：应对可能引发误碰的回路、设备、元件设置防护带和悬挂警示牌。

（3）误整定。控制措施：应指定具有定值修改权限的人员修改定值，工作完成后应根据下达的整定单复核，复核正确后投入。

（4）仪器仪表损坏。控制措施：测量时不得超过仪器仪表允许的最大量程范围，以免损坏仪器仪表。

三、作业前准备

（1）作业前/后应按照工作票对隔离措施/恢复措施进行检查和确认。

（2）作业前应根据测量参数选择量程匹配、型号合适的仪表设备。

（3）作业前应检查仪器设备是否合格有效，对不合格的或有效使用期超期的应封存并禁止使用。

（4）作业前应检查、核对设备名称、编号、位置，发现有误或标识不清应立即停止操作。

（5）作业前应检查确认与本装置相关的其他二次设备的隔离措施是否到位。

（6）需要准备的工器具：万用表、绝缘电阻表、行灯、验电笔、电工工具、测试导线、绝缘胶带、尼龙扎带、吸尘器、软毛刷、棉布、清洁工具包。

四、操作步骤

（1）低压气机的启动、停止操作：

1）复查确认开机（停机）命令。

2）手动匀力垂直迅速按下低压气机控制面板的启动/停止按钮（或在低压气机控

制盘的盘面可通过低压气机操作把手控制低压气机的启停。操作把手动作迅速果断、用力均匀，严禁用力过猛而损坏），设备启动/停止指示灯亮。

3）观察设备运行现象（听声音、看震动、闻气味、设备是否加载），设备运行正常。

（2）用毛刷清扫控制回路。用吸尘器、毛刷、棉布进行设备表面清扫；

（3）用查线器或万用表检查控制回路，检查端子接线是否牢固。

（4）继电器线圈的测量：断开继电器线圈引线或取下继电器，用万用表电阻挡测量线圈阻值。

（5）将压力表头端子接线断开，做好记录，并用绝缘胶布将引线裸露部分包好，防止接地或短路，进行压力表校验。

（6）打开传感器端盖，测量回路是否带电，将传感器端子接线断开，做好记录，并用绝缘胶布将引线裸露部分包好，防止接地或短路，进行传感器校验。

（7）端子排端子及各部分螺丝紧固：用螺丝刀先将螺丝逆时针方向稍微松动，再顺时针紧固接触可靠，端子如有锈蚀现象则需要更换。

（8）控制回路绝缘检查：用500V绝缘电阻表检查回路绝缘。

（9）动力电源检查：检查动力电源接线是否良好，检查接触器触点及线圈接触情况。

（10）检查压力表定值是否符合规程要求。

（11）检查控制装置PLC工作状态，有无故障信号。

（12）检查开入、开出信号的正确性。

（13）检查设备启动、停止定值是否改变。

（14）填写设备维护记录，出具检修工作报告。

五、注意事项

（1）严禁传感器的外回路接线短路和接地，避免烧坏电源。

（2）设备检修、维护时，必须确认另一台设备运行正常。

（3）使用带金属物的清洁工具时，应将金属部分用绝缘胶带包好。

【思考与练习】

1. 简述低压气机控制回路的组成。

2. 简述低压气机的启动、停止操作。

3. 简述动力电源的检查方法。

模块 16　电磁阀控制回路的维护和检修
（新增 ZY5400601016）

【模块描述】本模块包含电磁阀控制回路的维护和检修。通过对操作方法、步骤、注意事项的讲解和案例分析，掌握电磁阀控制回路的维护、检修方法及步骤。

【模块内容】

一、作业内容

电磁阀（电磁阀、电磁空气阀、电磁配压阀）的用途是通过电磁机构控制阀体来改变管路的通断，从而达到对油、气、水管路的控制，以完成机组正常运行及事故停机过程的控制。水电站常用的电磁阀有：DF1 型电磁阀、DF-50 型电磁阀、DK 型电磁空气阀、电磁配压阀。

电磁阀由电磁机构和阀体两部分组成，通过改变电磁机构的通电和断电，改变电磁机构的磁场力，进而改变阀体内部的动态，阀体内部的改变有许多要借助于实际介质来动作。

本作业内容包括电磁阀控制回路的维护和检修。

二、危险点分析与控制措施

（1）误触电。控制措施：应按照《电力（业）安全工作规程》，验电后作业，必要时断开盘内的交流和直流电源；防止金属裸露工具与低压电源接触，造成低压触电或电源短路。

（2）误触碰。控制措施：应对可能引发误碰的回路、设备、元件设置防护带和悬挂警示牌。

（3）自动化元件损坏。控制措施：安装、拆卸自动化元件应小心谨慎，并做好防护，以免损坏仪器仪表。

（4）误整定。控制措施：应指定具有定值修改权限的人员修改定值，工作完成后应根据下达的整定单复核，复核正确后投入。

三、作业前准备

（1）作业前/后应按照工作票对隔离措施/恢复措施进行检查和确认。

（2）作业前应根据测量参数选择量程匹配、型号合适的仪表设备。

（3）作业前应检查仪器设备是否合格有效，对不合格的或有效使用期超期的应封存并禁止使用。

（4）作业前应检查、核对设备名称、编号、位置，发现有误或标识不清应立即停止操作。

（5）作业前应检查确认与本装置相关的其他二次设备的隔离措施是否到位。

（6）需要准备的工器具：万用表、行灯、验电笔、电工工具、测试导线、绝缘胶带、尼龙扎带、金相砂纸、无水酒精、清洁工具包。

四、操作步骤

（1）确认设备名称及编号。

（2）检查接线：接线应无断折，绝缘无硬化、破裂，接线螺丝无松动。

（3）检查电磁铁线圈：线圈无过热现象，导电部分应干燥，无进水和油浸现象。

（4）检查触点：动合、动断辅助触点应正确反映状态。

（5）检查内部元件：内部元件接线应良好，无短路现象。

（6）续流二极管及消弧电容的检查：用万用表检查二极管、电容，应性能良好。

（7）电磁机构清洁：各导电连接部分的油污或积垢应用无水酒精清洗干净，触点有氧化或烧毛时用零号砂纸或金相砂纸打磨至光滑发亮，或者更换新备品。

（8）填写设备维护记录，出具检修工作报告。

五、注意事项

（1）试验时，对不允许长期通电的电磁阀，其通电时间应尽可能缩短，以防烧坏线圈。

（2）注意试验设备的容量。

【思考与练习】

1. 简述电磁阀的用途。

2. 简述电磁阀的组成。

3. 如何对电磁阀电磁机构进行清洁？

◢ 模块 17　快速闸门的维护、检修（新增 ZY5400601017）

【模块描述】本模块包含快速闸门的维护、检修。通过对操作方法、步骤、注意事项的讲解和案例分析，掌握快速闸门的维护、检修方法及步骤。

【模块内容】

一、作业内容

正常运行情况下，快速闸门处于全开位置。在机组需要检修时关闭快速闸门，排除闸门至机组中间的水便于检修工作。机组在紧急事故的情况下，自动快速关闭闸门，防止机组飞逸，对机组造成更大的破坏。快速闸门是水轮发电机组的一个很重要的保护。

快速闸门装置控制回路一般由两套 PLC、一对通信模块、绝对式编码器（842D）、光纤转换器、中间继电器、双位置继电器、电接点压力表、电磁阀等组成。控制回路的工作由小型的 PLC 完成。

二、危险点分析与控制措施

（1）误触电。控制措施：绝缘测试作业完成后，应将所测设备加压端对地放电，确认无电后方可恢复；应按照电力安全工作规程，验电后作业，必要时断开盘内的交流和直流电源；防止金属裸露工具与低压电源接触，造成低压触电或电源短路。

（2）误触碰。控制措施：应对可能引发误碰的回路、设备、元件设置防护带和悬挂警示牌。

（3）仪器仪表损坏。控制措施：测量时不得超过仪器仪表允许的最大量程范围，以免损坏仪器仪表。

三、作业前准备

（1）作业前/后应按照工作票对隔离措施/恢复措施进行检查和确认。

（2）作业前应根据测量参数选择量程匹配、型号合适的仪表设备。

（3）作业前应检查仪器设备是否合格有效，对不合格的或有效使用期超期的应封存并禁止使用。

（4）作业前应检查、核对设备名称、编号、位置，发现有误或标识不清应立即停止操作。

（5）作业前应检查确认与本装置相关的其他二次设备的隔离措施是否到位。

（6）需要准备的工器具：万用表、绝缘电阻表、行灯、验电笔、电工工具、测试导线、绝缘胶带、尼龙扎带、吸尘器、软毛刷、棉布、清洁工具包。

四、操作步骤

（1）确认设备名称及编号。

（2）控制回路清扫、检查：用毛刷清扫控制回路，用吸尘器、毛刷、棉布进行设备表面清洁。

（3）用查线器或万用表检查控制回路。

（4）继电器线圈的测量：断开继电器线圈引线或取下继电器，用万用表电阻挡测量线圈阻值。

（5）压力表断引：在表头端子拆除引线，做好记录并用绝缘胶布将引线裸露部分包好防止接地或短路，并做好记录和标记，以备检修后恢复，校验压力表。

（6）绝对式编码器（842D）检查：用一字螺丝刀松开传感器固定位移钢丝绳，旋转指示盘使输出量与闸门实际位置相符，再用一字螺丝刀紧固传感器固定位移钢丝绳。

（7）端子排端子及各部分螺丝紧固：用螺丝刀先将螺丝逆时针方向稍微松动，再顺时针紧固接触可靠，端子如有锈蚀现象则需要更换。

（8）控制回路绝缘检查：用 500V 绝缘电阻表检查回路绝缘。

（9）动力电源检查：检查动力电源接线是否良好。

（10）检查接触器触点及线圈。

（11）打开电磁阀上端螺丝，拔除电磁阀接线端盖，用万用表检查电磁阀支流线圈是否符合要求。

（12）现地操作把手检查：

1）外部检查。

2）把手型式和切换位置正确，标志清晰。

3）触点清洁，接触良好，切换灵活明显。

4）销钉不脱落，各部螺丝紧固。

5）各元件无缺损。

（13）检查控制装置 PLC 工作状态，有无故障信号。

（14）检查开入、开出信号的正确性，对照装置开入、开出点量表，查看各部分信号是否正常。

（15）检查快速闸门位置是否改变，绝对式编码器（842D）的指示灯在亮。

（16）检查快速闸门与 PLC 之间的通信是否正常。

（17）检查双位置继电器的位置是否正确。

（18）观察设备运行现象（听声音、看震动、闻气味），设备运行正常。

（19）快速门升、降控制操作：

1）快速门升、降控制操作前一般要检查油箱油位正常，压油泵运行正常（① 电源正常；② 两台油泵的操作把手位置正确，一台自动一台备用；③ 各油回路阀门位置正确；④ PLC 工作正常），操作把手 3 个位置（升、切除、降位置）正确。

2）在现地可以通过控制盘操作把手进行操作。快速门控制继电器在落门位置时闭锁现地提门回路，现场操作把手操作时，该继电器必须在提门位。

3）在机组间可通过快速闸门控制继电器进行快速门的提起、降落操作。

4）通过操作阀门控制油源进行手动落门（一般由运行人员操作）。

5）可手动在快速闸门控制盘的盘面通过快速闸门操作把手控制快速闸门升、降，直至快速闸门全开（快速闸门指针指示为全开 6m）或全关（快速闸门指针指示到零）指示灯亮；或者在机旁盘匀力垂直按下快速闸门控制继电器进行快速闸门的提起、降落操作（提门条件：现地无防提门措施）。快速闸门控制继电器在落门位置时闭锁现地提门回路。

（20）填写设备维护记录，出具检修工作报告。

五、注意事项

（1）检修时，做好必要的检查，防止误落门情况发生。

（2）工作中需要设专人监护。

（3）由于每台机组都有自己对应的快速闸门，控制快速闸门的 PLC 只有一组，所以随对应机组的检修，只能对相应的控制回路及相关设备进行检修。

（4）PLC 不能因为一台机组的检修而停电，退出工作状态，这就要求在检修时必须对其他快速闸门的控制回路做必要的防范措施。

【思考与练习】

1. 简述快速闸门装置控制回路的组成。

2. 简述快速闸门装置现地操作把手的检查方法。

3. 简述快速门升、降控制操作步骤。

▲ 模块 18 测温系统检验（新增 ZY5400601018）

【模块描述】本模块包含测温系统检验。通过对操作方法、步骤、注意事项的讲解和案例分析，掌握测温系统检验方法及步骤。

【模块内容】

一、作业内容

DAS-Ⅳ型测温系统由多功能巡测子站、各个测点的测温元件组成。

运行人员实时监视定子卷线、上导轴承、上导瓦、推力瓦、上导油槽、推力油槽、冷风、热风等的温度，有利于控制机组的运行状况。水电厂一般根据机组的设计都设有温度过高作用于事故停机跳闸的保护，所以对测温元件的选择、安装、设置等就显得尤为重要，经过多年的运行实践证明，由于测温元件自身质量、安装不牢靠、监控系统逻辑设置等原因可能会造成机组误跳闸的问题，因此现今的水电站采取温度过高停机跳闸的回路，一定程度上避免上述因素，提高机组运行的可靠性。

DAS-Ⅳ型测温装置具有温度巡测及温度升高和过高的报警功能，且具有现地显示功能，通过串口与上位机交换数据，能够直接与各种 PLC 或其他监控系统实现通信，方便运行及维护人员的监视和及时发现机组的运行状况，便于运行及维护人员的监视。

本作业内容包括测温系统的检验。

二、危险点分析与控制措施

（1）误触电。控制措施：绝缘测试作业完成后，应将所测设备加压端对地放电，确认无电后方可恢复；应按照《电力（业）安全工作规程》，验电后作业，必要时断开盘内的交流和直流电源；防止金属裸露工具与低压电源接触，造成低压触电或电源短路。

（2）误触碰。控制措施：应对可能引发误碰的回路、设备、元件设置防护带和悬挂警示牌。

（3）仪器仪表损坏。控制措施：测量时不得超过仪器仪表允许的最大量程范围，以免损坏仪器仪表。

三、作业前准备

（1）作业前/后应按照工作票对隔离措施/恢复措施进行检查和确认。

（2）作业前应根据测量参数选择量程匹配、型号合适的仪表设备。

（3）作业前应检查仪器设备是否合格有效，对不合格的或有效使用期超期的应封存并禁止使用。

（4）作业前应检查、核对设备名称、编号、位置，发现有误或标识不清应立即停止操作。

（5）作业前应检查确认与本装置相关的其他二次设备的隔离措施是否到位。

（6）需要准备的工器具：万用表、绝缘电阻表、行灯、验电笔、电工工具、测试导线、绝缘胶带、尼龙扎带。

四、操作步骤

（1）采用两种不同的测温元件（铂热电阻 Pt100 和锰铜热电阻 Cu50、G53）与多功能巡测子站配置，均采用三线制接线方式。

（2）DAS-Ⅳ 系列多功能巡测仪对不同类型的被测信号需要分别调整零点和满度。

（3）同类信号只要调其中一个就可以了。如电阻信号只要将锰铜热电阻（Cu50）的零点和满度调准即可，铂热电阻（Pt100）和锰铜热电阻（G53）就不需要再调准。

（4）对存在测温元件断线、短路及回路电阻时大时小的现象时，应对其各部端子排进行检查紧固处理。

（5）用 100MΩ/100V 绝缘电阻表测量测温系统绝缘强度，应不小于 10MΩ。

（6）若测温系统的绝缘不合格，则应采用分段测量回路的方法进行绝缘检查。

1）如果是测温元件绝缘不好，则更换测温元件。

2）如果是回路绝缘不好，则应检查其回路并处理。

（7）测温系统检验项目全部合格后，恢复正常接线。

（8）最后测试回路整体绝缘，合格后即可投入运行。

（9）填写设备维护记录，出具检修工作报告。

五、注意事项

（1）DAS-Ⅳ型多功能巡测子站严禁带电插、拔模件。

（2）DAS-Ⅳ型多功能巡测子站通信口如果使用的是 RS-232 型通信口，禁止带电插、拔。

（3）测量绝缘时，严格执行技术规程的规定，且必须将与巡检仪连接部分断开或者将巡检仪的插件拔出。

【思考与练习】

1. 存在测温元件断线、短路及回路电阻时大时小的现象时，应如何处理？

2. 若测温系统的绝缘不合格，应如何检查处理？

3. 在进行绝缘测量时应注意什么？

▶ 模块 19　水泵控制回路的检修和试验
（新增 ZY5400601019）

【**模块描述**】本模块包含水泵控制回路、水泵控制回路的维护和检修、水泵控制系统设备控制回路试验。通过对操作方法、步骤、注意事项的讲解和案例分析，掌握水泵控制回路的检修和试验方法及步骤。

【**模块内容**】

一、作业内容

该控制回路的主要功能是完成水泵启、停控制，以及保护水泵工作电机的作用。通过设定启动、停止定值，使水泵按照定值需求进行启动、停止运行，来控制水压或者水位完成水电厂消防、检修工作、机组供水等。

水泵控制回路一般由小型可编程控制器 PLC、电机保护器、接触器、操作把手、传感器、中间继电器、浮子、传感器等组成。

一般情况下都是以小型可编程控制器 PLC 为控制中心，通过采集传感器、压力表触点、浮子等输出触点，来控制完成水泵的启动、停止。正常状况都设有自动控制和现地手动两种方式。自动控制状态时，控制把手在自动位置，是由可编程控制器 PLC 来完成水泵的自动控制。手动控制时，每台水泵在现地控制盘上都有控制把手，操作人员可按照把手位置实现手动控制。

本作业内容包括水泵控制回路、水泵控制回路的维护和检修、水泵控制系统设备控制回路试验。

二、危险点分析与控制措施

（1）误触电。控制措施：绝缘测试作业完成后，应将所测设备加压端对地放电，确认无电后方可恢复；应按照《电力（业）安全工作规程》，验电后作业，必要时断开盘内的交流和直流电源；防止金属裸露工具与低压电源接触，造成低压触电或电源短路。

（2）误触碰。控制措施：应对可能引发误碰的回路、设备、元件设置防护带和悬挂警示牌。

（3）误整定。控制措施：应指定具有定值修改权限的人员修改定值，工作完成后应根据下达的整定单复核，复核正确后投入。

（4）仪器仪表损坏。控制措施：测量时不得超过仪器仪表允许的最大量程范围，以免损坏仪器仪表。

三、作业前准备

（1）作业前/后应按照工作票对隔离措施/恢复措施进行检查和确认。

（2）作业前应根据测量参数选择量程匹配、型号合适的仪表设备。

（3）作业前应检查仪器设备是否合格有效，对不合格的或有效使用期超期的应封存并禁止使用。

（4）作业前应检查、核对设备名称、编号、位置，发现有误或标识不清应立即停止操作。

（5）作业前应检查确认与本装置相关的其他二次设备的隔离措施是否到位。

（6）需要准备的工器具：万用表、绝缘电阻表、行灯、验电笔、电工工具、测试导线、绝缘胶带、尼龙扎带、吸尘器、软毛刷、棉布、清洁工具包。

四、操作步骤

（1）确认设备名称及编号。

（2）水泵控制回路的维护和检修：

1）控制回路清扫、检查：用毛刷清扫控制回路。

2）用查线器或万用表检查控制回路。

3）设备表面清洁：用吸尘器、毛刷、棉布进行灰尘清扫及设备表面清洁。

4）接线应无断折，绝缘无硬化、破裂，接线螺丝无松动。

5）继电器线圈的测量：断开继电器线圈引线或取下继电器，用万用表电阻挡测量线圈阻值。

6）传感器接线断引：打开接线侧端盖，测量端子有、无电压，分别拆除接线，并用绝缘胶带分别包好，防止接地或短路，校验传感器。

7）检查各端子排接线是否紧固。

8）检查电机保护器接线是否牢固，整定值是否正确（根据现场电机的铭牌进行整定）。

9）检查接触器触点是否有烧灼现象，进行处理，损坏严重的进行更换。

10）检查动力电源接线是否紧固。

11）操作把手检查：

a. 外部检查。

b. 把手型式和切换位置正确，标志清晰。

c. 触点清洁，接触良好，切换灵活明显。

d. 销钉不脱落，各部螺丝紧固。

e. 各元件无缺损。

（3）水泵控制系统设备控制回路试验操作：

1）控制回路绝缘检查：用 500V 绝缘电阻表检查回路绝缘。

2）模拟相应的启动触点、动作操作把手，观察 PLC 开关量反应是否正确，开出量是否动作正确。

（4）填写设备维护记录，出具检修工作报告。

五、注意事项

（1）绝缘检查时，断开与模件的连接。

（2）传感器检查时，禁止短路或接地。

【思考与练习】

1. 简述水泵控制回路的组成。

2. 简述水泵控制回路的维护和检修方法。

3. 简述水泵控制系统设备控制回路试验操作步骤。

▲ 模块 20　尾水门机的检修和调试（新增 ZY5400601020）

【模块描述】本模块包含信号检测系统布置、穿销、就位传感器的检查、重量传感器的检查、高度传感器检查、检测计算机处理系统参数设置。通过对操作方法、步骤、注意事项的讲解和案例分析，掌握尾水门机的检修、调试的方法及步骤。

【模块内容】

一、作业内容

尾水门机能够正确完成电厂机组检修前将尾水门落下的控制，保证检修时电厂尾水不会进入到尾水管及机组蜗壳，以保证设备检修工作的安全进行；当检修作业完成后，尾水门机能够安全顺利的将尾水门提升到水面以上。尾水门机在运行工况良好的情况下可以不进行检修，只需进行正常的维护及缺陷处理。

尾水门机由显示系统、信号传输及转换系统组成。显示系统包括传感器、主机、显示屏、键盘和控制箱等，信号传输及转换系统包括信号传输电缆和控制电缆等。信号检测系统布置如图 2-6-1 所示。

本作业内容包括信号检测系统布置，穿销、就位传感器的检查，重量传感器的检查，高度传感器检查，检测计算机处理系统参数设置。

二、危险点分析与控制措施

（1）误触电。控制措施：应按照《电力（业）安全工作规程》，验电后作业，必要时断开盘内的交流和直流电源；防止金属裸露工具与低压电源接触，造成低压触电或电源短路。

（2）误触碰。控制措施：应对可能引发误碰的回路、设备、元件设置防护带和悬

挂警示牌。

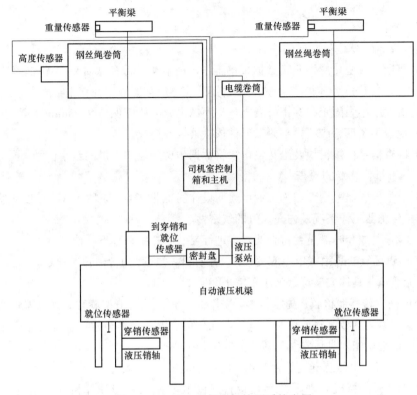

图 2-6-1 尾水门机信号检测系统布置

（3）误整定。控制措施：应指定具有定值修改权限的人员修改定值，工作完成后应根据下达的整定单复核，复核正确后投入。

（4）仪器仪表损坏。控制措施：测量时不得超过仪器仪表允许的最大量程范围，以免损坏仪器仪表。

三、作业前准备

（1）作业前/后应按照工作票对隔离措施/恢复措施进行检查和确认。

（2）作业前应根据测量参数选择量程匹配、型号合适的仪表设备。

（3）作业前应检查仪器设备是否合格有效，对不合格的或有效使用期超期的应封存并禁止使用。

（4）作业前应检查、核对设备名称、编号、位置，发现有误或标识不清应立即停止操作。

（5）作业前应检查确认与本装置相关的其他二次设备的隔离措施是否到位。

（6）需要准备的工器具：万用表、行灯、验电笔、电工工具、测试导线、绝缘胶带、尼龙扎带。

四、操作步骤

（1）穿销、就位传感器的检查：

1）穿销、就位传感器负责数据采集工作，由滑块（带有磁体）、不锈钢感应棒、信号传输模块和信号传输电缆组成。不锈钢感应棒应牢固固定在穿销缸壳上。

2）滑块应牢固固定在穿销外套上，与不锈钢感应棒应保持 2～3mm 距离。

3）检查不锈钢感应棒内部磁敏元件依次被触发情况。

4）检查信号传输模块及沿传输电缆将数据传送到控制主机的数字信号。

（2）重量传感器的检查：

1）重量传感器采用专门为工业用途而设计的工业 A 级 LF 型压式高精度传感器。检测密封传感器工作情况及内充氮气的气密性。

2）检查温漂和时漂是否符合要求，进行灵敏度补偿和零点补偿。

3）检查环氧酚醛箔式电阻应变计，使用标准：温度范围为 $-40～60℃$，$1×10^6$ 次工作循环无故障，具体安装位置为小车室平衡梁支座下面。

（3）高度传感器检查：高度传感器采用德国 P+F 绝对值型旋转式光电编码器。检测绝对值型编码器数字输出信号，编码器在任何位置都有唯一的数字输出与其对应，具有断电记忆功能。具体安装位置在卷筒轴端中心处。

（4）检查浸水传感器（是否进水）的信号输出。

（5）检测计算机处理系统参数设置。PC104 是工业级计算机处理系统（包括 80486CPU、RS232 串行口、显示输出接口、键盘输入接口等），作用是采集传感器传送的数字信号，通过数据处理折算为穿销移动的实际位置（以实际穿出的长度显示），再通过应用程序转换为图形信号传送到显示屏；同时 PC104 主机还根据设置参数判断穿销是否到位或者回位，到位或者回位后输出控制信号到控制箱，用来控制油泵电机启动（停止）和电磁换向阀开（关）。

（6）检查显示屏上显示各种设置数据及穿销的实际位置的正确性。

（7）检查控制箱开关电源、控制面板及输出控制信号。

（8）检查深水电缆、信号传输电缆和控制电缆是否连接牢固可靠。

（9）打开控制箱电源开关，待主机启动显示正常后方可进行操作，在坝面上操作穿销和退销各一次，如果门机综合监测仪显示正常，则可正常使用。

（10）使用完毕，关闭控制箱电源。

（11）填写设备维护记录，出具检修工作报告。

五、注意事项

（1）操作门机时，服从指挥人员的指挥，抓梁下不能有人。

（2）各传感器检查时，需要系安全带。

（3）在操作穿销和退销过程中，打开时先接启动油泵电机，再接通电磁换向阀，关闭时先接断开油泵电机，再断开电磁换向阀。

【思考与练习】

（1）简述尾水门机的组成。

（2）简述穿销、就位传感器的检查方法。

（3）简述重量传感器的检查方法。

◢ 模块 21　状态监测装置的维护
（新增 ZY5400601021）

【模块描述】本模块包含状态监测装置、软件系统、预处理机的操作、传感器电源、开启数据采集及预处理单元、日常维护检查、传感器检查和标定、客户端软件组成。通过对操作方法、步骤、注意事项的讲解和案例分析，掌握状态监测装置的检修和调试方法及步骤。

【模块内容】

一、作业内容

为了提高水电机组的经济效益，延长检修周期，减少检修费用，增加可发电时间，状态检修已经成为发展趋势。开展水电机组的状态检修需要可靠的在线监测装置，凭借人们的经验，充分利用现代化工具和手段，即在线监测分析软件，准确地判断机组的各部件故障、运行状况和劣化趋势。

1. 状态监测装置 PSTA2000 硬件系统硬件组成及体系结构

PSTA2000 系统体系结构如图 2-6-2 所示。从网络结构上看，PSTA2000 系统由状态监测局域网和电厂局域网两套 TCP/IP 局域网组成，虽然电厂局域网并非属于本项目的建设内容（它采用了电厂已建立的 MIS 系统的硬件和网络平台），但也是 PSTA2000 系统的重要组成部分。

从信号处理的角度看，PSTA2000 系统由传感器层、信号采集层、信号预处理层、服务器层、BS 浏览器终端 5 层结构组成。在某些地方，信号采集和信号预处理两层功能可能由同一个硬件完成。

各预处理计算机与服务器之间的网络通信关系如图 2-6-3 所示。

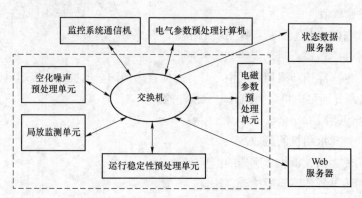

图 2-6-2 PSTA2000 系统体系结构

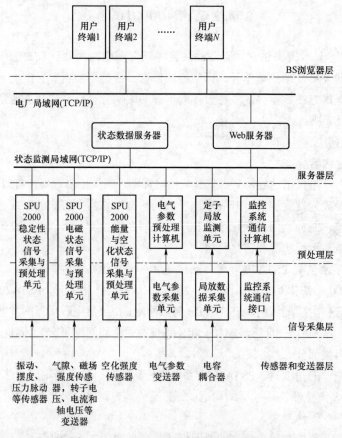

图 2-6-3 PSTA2000 系统网络通信关系

2. 状态监测装置 PSTA2000 软件系统组成

PSTA2000 系统的软件主要有以下几个模块组成：数据采集及预处理、网络通信及数据转换、应用服务程序模块、系统配置程序模块、客户端软件模块、组态工具模块等。

现地单元分别由信号采集及预处理单元（SPU）、传感器工作电源箱、液晶显示器、共享器和 UPS 等单元组成。

本作业内容包括状态监测装置、软件系统、预处理机的操作，传感器电源通电，开启数据采集及预处理单元，日常维护检查，传感器检查和标定，客户端软件组成。

二、危险点分析与控制措施

（1）误触电。控制措施：应按照《电力（业）安全工作规程》，验电后作业，必要时断开盘内的交流和直流电源；防止金属裸露工具与低压电源接触，造成低压触电或电源短路。

（2）误触碰。控制措施：应对可能引发误碰的回路、设备、元件设置防护带和悬挂警示牌。

（3）误整定。控制措施：应指定具有定值修改权限的人员修改定值，工作完成后应根据下达的整定单复核，复核正确后投入。

（4）仪器仪表损坏。控制措施：测量时不得超过仪器仪表允许的最大量程范围，以免损坏仪器仪表。

三、作业前准备

（1）作业前/后应按照工作票对隔离措施/恢复措施进行检查和确认。

（2）作业前应根据测量参数选择量程匹配、型号合适的仪表设备。

（3）作业前应检查仪器设备是否合格有效，对不合格的或有效使用期超期的应封存并禁止使用。

（4）作业前应检查、核对设备名称、编号、位置，发现有误或标识不清应立即停止操作。

（5）作业前应检查确认与本装置相关的其他二次设备的隔离措施是否到位。

（6）需要准备的工器具：万用表、行灯、验电笔、电工工具、测试导线、绝缘胶带、尼龙扎带。

四、操作步骤

（1）预处理机的操作：

1）开启逆变电源。整个系统通过逆变电源供电，在插好 UPS 的电源插头后，按一下上方"逆变开关"按钮，逆变电源将自动进行自检。此时交流灯点亮，如果一切均为正常，一段时间后，逆变灯变亮，表示逆变电源已将直流 220V 逆变为交流 220V，即逆变电源工作正常，逆变电源开始向设备提供交流 220V 电源。当直流 220V 电源掉电后，逆变电源自动转为交流 220V 旁路供电，同时逆变灯灭，旁路灯亮。当交流 220V 电源掉电，而只有直流 220V 时，直流灯亮，交流灯灭，逆变电源仍然会工作正常。

负荷条形图显示逆变电源所带负荷量，各指示灯自下而上为：25%、50%、75%、100%、125%、150%。

2）关闭逆变电源。正常情况先关闭各计算机及电源箱，再按下"逆变开关"按钮关闭逆变电源，若有紧急情况，可直接关闭机柜内交、直流空气开关。

3）电源故障：当故障灯亮时，即表示逆变电源存在故障。

（2）接通传感器电源箱电源。电源箱的作用是对各传感器、开关量信号提供工作电源，其位置设在机柜的最上部，以便于观察供电是否正常，电源箱的供电开关放置于端子排，为单相接地开关。如果传感器或电缆损坏需要检查或更换，必须先切断电源箱的电源，然后再进行下一步操作，禁止带电操作，以防发生短路损坏电源设备。

（3）开启数据采集及预处理单元（SPU）。当（1）、（2）步操作及显示均正常后，即可打开 SPU，将 SPU 电源开关至开位，SPU 自动运行。运行正常后单元面板如图 2-6-4 所示。

图 2-6-4　预处理机面板图

（4）日常维护检查：

1）检查传感器电源：观察传感器电源箱表头的显示数值是否与标称值吻合，必要时用万用表复查电源箱输出。如果传感器电源箱工作异常，应及时与生产厂家联系，也可考虑用备用电源箱替换。

2）检查逆变电源：观察逆变电源面板显示情况，检查逆变电源工作是否正常。

3）各信号采集和预处理单元工作情况检查：经常切换显示器共享器工作按钮，检查各台预处理计算机是否正常运行，观察预处理程序的监视窗口，检查各计算机之间的通信是否畅通，检查各传感器通道的某一监测数据（振动、摆度、压力脉动、气隙、磁场强度等），判断传感器工作是否异常。

（5）传感器检查和标定：

1）每次小修时检查传感器安装支架是否有松动现象。若小修中拆卸过传感器，重新安装后应检查安装质量并调整间隙。

2）传感器应在每次大修时送往电力试验研究院所进行标定，原则上传感器一年标定一次，若条件有限，应坚持 2~3 年标定一次。更换新的传感器之前，必须对新传感器进行标定，并修改预处理机上的标定数据。传感器标定后，若没有发现超标现象，不必修改预处理计算机上的通道标定数据。

（6）每次大修时，应对信号采集单元的所有测试通道进行重新标定，若发现差异太大，应进行维修。

（7）客户端软件组成及操作。客户端可以是专用计算机，也可以是个人使用的计算机，电厂工作人员可通过 MIS 网在各自的终端机上对机组的运行状态进行监测分析、报告制作、邮件发送等。操作平台为 Windows 10 及其以上操作系统。

1）用户可自己定义计算机名和工作组。

2）网络 IP 地址设置没有特别要求，一般只要可以任意访问 MIS 系统即可。

3）鼠标双击桌面状态监测客户端软件图标启动程序，通过用户名和密码认证，进入服务器选择界面。

4）选定特定主机，点击"登录"进入检测分析主界面。

5）根据需要进行实时检测、数据分析、自动/手动报告制作、邮件发送等工作，根据不同的部门或分工，使用不同的模块。

（8）填写设备维护记录，出具检修工作报告。

五、注意事项

（1）除差压传感器外，其余传感器的检修需要在机组停机状态下进行。

（2）信号采集单元的检修遵守计算机检修规程进行。

（3）逆变电源的检修按照逆变电源维护手册进行。

（4）软件操作由厂家完成。

【思考与练习】

1. 简述 PSTA2000 系统的五层结构。

2. 如果传感器或电缆损坏需要检查或更换，需要进行什么隔离措施？

3. 简述传感器检查和标定方法。

◢ 模块 22 机组检修后启动试验（新增 ZY5400601022）

【模块描述】本模块包含现地无励手动开、停机试验，现地无励自动开、停机试验，远方无励自动开、停机试验，机组自动开机启励试验，机组启动试验结束工作。

通过对操作方法、步骤、注意事项的讲解和案例分析，掌握机组检修后启动试验方法及步骤。

【模块内容】

一、作业内容

机组经过检修，各个部件重新安装测试后，需要整体检验机组运行状况。启动预试验是检验修后机组整体运行状况的重要项目。在试验过程中，需要检测各个部件及各装置的工作运行情况，判断机组是否符合交入系统运行的标准。启动预试验是对机组修后状态的一次全面检查和校验。

本作业内容包括现地无励手动开、停机试验，现地无励自动开、停机试验，远方无励自动开、停机试验，机组自动开机启励试验，机组启动试验结束工作。

二、危险点分析与控制措施

（1）误触电。控制措施：应按照《电力（业）安全工作规程》，验电后作业，必要时断开盘内的交流和直流电源；防止金属裸露工具与低压电源接触，造成低压触电或电源短路。

（2）误触碰。控制措施：应对可能引发误碰的回路、设备、元件设置防护带和悬挂警示牌。

（3）仪器仪表损坏。控制措施：测量时不得超过仪器仪表允许的最大量程范围，以免损坏仪器仪表。

三、作业前准备

（1）作业前/后应按照工作票对隔离措施/恢复措施进行检查和确认。

（2）作业前应根据测量参数选择量程匹配、型号合适的仪表设备。

（3）作业前应检查仪器设备是否合格有效，对不合格的或有效使用期超期的应封存并禁止使用。

（4）作业前应检查、核对设备名称、编号、位置，发现有误或标识不清应立即停止操作。

（5）作业前应检查确认与本装置相关的其他二次设备的隔离措施是否到位。

（6）需要准备的工器具：万用表、点温仪、行灯、验电笔、电工工具、测试导线、绝缘胶带、尼龙扎带、吸尘器、软毛刷、干布、清洁工具包。

四、操作步骤

（一）现地无励手动开、停机试验

（1）检查确认机组模拟试验交票，运行恢复措施操作完毕。

（2）各部位人员到位，振动、摆度等测量仪器仪表准备齐全。

（3）检查各单元冷却水、润滑水投入，水压、流量正常，气系统、操作油系统工作正常，各油槽油位正常。

（4）做好机组手动无励开机措施。切除励磁调节器交、直流工作电源，切开励磁机断路器，切开发电机灭磁断路器。检查监控系统完全恢复，投入发电机、变压器保护。

（5）断开监控系统"开机启励"回路，退出励磁装置"强励强减"功能，确认监控系统测速装置已校验正常。

（6）操作调速器"电手动"方式无励开机，待机组开始转动后，将导叶关回，检查和确认机组转动与静止部件之间无摩擦或碰撞情况。

（7）确认各部正常后，继续"电手动"无励开机，将转速缓慢升至50%额定值时，暂停升速，观察各单元运行情况。无异常后继续增大导叶开度，使转速升至额定值。

（8）在升速过程中测量升速绝缘。

（9）机组启动达到额定转速后，现地监视调速器，保证机组运行在额定转速，监测所辖设备有无问题，发现异常立即停机。

（10）测量机组轴承摆度，监视各部瓦温。

（11）测量发电机残压，并做记录。

（12）以上工作结束后手动停机，进行停机后检查。

（13）在机组运行过程中，重点观察推力瓦、上导瓦温度升高以及水导轴承运行情况，如发现推力瓦、上导瓦温度异常升高，水导轴承运行异常，机组摆度过大等不正常现象，应立即停机检查。

（二）现地无励自动开、停机试验

（1）检查确认机组模拟试验交票，运行恢复措施操作完毕。

（2）将调速器置于"自动"位置，做好机组现地无励自动开机措施，切开励磁调节器交、直流工作电源，切开励磁机断路器，切断发电机灭磁断路器。

（3）断开监控系统"开机启励"回路，短接监控系统灭磁断路器触点，退出励磁装置"强励强减"功能。

（4）在现地监视调速器运行情况。

（5）在现地 LCU 侧自动开机至额定转速，检查机组自动开机流程是否正确，电磁阀动作是否可靠，检查测速装置工作是否正常。

（6）以上试验结束后，在现地 LCU 侧无励自动停机，检查自动停机程序是否正确，各自动化元件动作是否正确可靠；检查机械制动装置自动投入是否正确，记录加闸至机组全停的时间。

（7）在自动开机和停机过程中，检查调速器性能，检查调速器开机、停机工作过程是否正常。

（三）远方无励自动开、停机试验

（1）检查确认机组模拟试验交票，运行恢复措施操作完毕。

（2）做好机组远方无励自动开机措施，切除励磁调节器交、直流工作电源，切开励磁机断路器，切开发电机灭磁断路器。

（3）断开监控系统"开机启励"回路，短接监控系统灭磁断路器触点，退出励磁装置"强励强减"功能。

（4）用计算机远方开机至额定转速，检查机组自动开机流程是否正确，电磁阀动作是否可靠。

（5）以上试验结束后，用计算机远方无励自动停机，检查自动停机程序是否正确，各自动化元件动作是否正确可靠。

（四）机组自动开机启励试验

（1）检查确认机组模拟试验交票，运行恢复措施操作完毕。

（2）将励磁调节器各参数设置正确，监控系统、励磁调节器、调速器控制回路恢复正常接线。

（3）做好机组自动开机启励措施。

（4）用计算机自动开机至空载，进行机组"自动启励试验"，记录励磁调节器、发电机各参数，记录励磁电压超调量、振荡次数和调节时间。

（5）自动启励试验结束后，将调速器切"手动"，手动升速至$115\%N_e$，利用机械事故作用机组停机。

（五）机组启动试验结束工作

（1）试验拆线，检查所拆动过的端子或部件是否恢复，清理现场。

（2）整理试验数据（试验时间、天气、试验主要仪器及精度、试验数据、试验人）记录及分析。

（3）出具机组启动试验报告。

五、注意事项

（1）做各项措施时，应对照图纸。

（2）此项工作应由2人以上完成。

【思考与练习】

（1）简述现地无励手动开、停机试验步骤。

（2）简述远方无励自动开、停机试验步骤。

（3）机组启动试验结束后需要进行哪些工作？

▲ 模块 23　空气压缩机基本操作和故障处理
（新增 ZY5400601023）

【模块描述】本模块包含空气压缩机不能启动、空气压缩机运行中停机、空气压缩机气系统压力低的处理。通过对操作方法、步骤、注意事项的讲解和案例分析，掌握空气压缩机基本操作和故障处理方法及步骤。

【模块内容】

一、作业内容

空气压缩机的控制回路由小型 PLC、手动控制把手、SJ-10 型中间继电器、指示灯组成。

当气系统压力降低到规定启动值时，补充压力气罐的压力。空气压缩机正常运行时启动、停止的控制是由空气压缩机内部压力决定的，当设置启动、停止压力值后，空气压缩机按照检测的压力值进行启、停控制。压力降低到启动值时启动；压力升高到停止值时卸载停机。

当安装两台空气压缩机时，一般情况下要求两台空气压缩机轮流工作，轮流工作需要外部小型 PLC 通过流程控制，当 1 号空气压缩机工作后，由 PLC 接收停止信号并发出 2 号空气压缩机备用指令，断开 1 号空气压缩机的启动触点，接通 2 号空气压缩机启动触点，当压力降低触点接通时，构成 2 号空气压缩机启动回路。

本作业内容包括空气压缩机不能启动、空气压缩机运行中停机、空气压缩机气系统压力低的处理。

二、危险点分析与控制措施

（1）误触电。控制措施：应按照《电力（业）安全工作规程》，验电后作业，必要时断开盘内的交流和直流电源；防止金属裸露工具与低压电源接触，造成低压触电或电源短路。

（2）误触碰。控制措施：应对可能引发误碰的回路、设备、元件设置防护带和悬挂警示牌。

（3）误整定。控制措施：应指定具有定值修改权限的人员修改定值，工作完成后应根据下达的整定单复核，复核正确后投入。

（4）仪器仪表损坏。控制措施：测量时不得超过仪器仪表允许的最大量程范围，以免损坏仪器仪表。

三、作业前准备

（1）作业前/后应按照工作票对隔离措施/恢复措施进行检查和确认。

（2）作业前应根据测量参数选择量程匹配、型号合适的仪表设备；

（3）作业前应检查仪器设备是否合格有效，对不合格的或有效使用期超期的应封存并禁止使用。

（4）作业前应检查、核对设备名称、编号、位置，发现有误或标识不清应立即停止操作。

（5）作业前应检查确认与本装置相关的其他二次设备的隔离措施是否到位。

（6）需要准备的工器具：万用表、行灯、验电笔、电工工具、测试导线、绝缘胶带、尼龙扎带。

四、操作步骤

（1）空气压缩机不能启动的处理：

1）分析空气压缩机不能启动的原因，如110/120V控制电压消失、启动器损坏、紧急停机、风扇电机过载、压力传感器损坏、温度传感器损坏时，空气压缩机不能启动。

2）检查熔丝是否熔断。

3）检查变压器引线接头接触情况。

4）检查接触器是否励磁及接触良好。

5）将紧急停机按钮旋到断开位置，连按 SET 按钮 2 次.

6）手动使主过载继电器复位，并连按 SET 按钮 2 次；

7）检查传感器接头和导线的连接及接通情况。

8）检查温度传感器工作情况，损坏时更换温度传感器。

（2）空气压缩机运行中停机的处理：

1）分析空气压缩机运行中停机的原因，如主机温度高、气压高、油池压力低、电机旋转方向不对、主电机过载、风扇电机过载、启动器损坏等。

2）如发生停机，按一次显示查看按钮（DISPLAY），通过上、下选择箭头显示停机前最新一条，可用于故障排除。

3）主机温度高：检查安装区域的通风冷却风扇。

4）复位箱内断路器检查冷却油位，必要时添加。

5）冷却器芯子脏污，清洗冷却器芯子，必要时进行更换。

6）气压高时，检查放气阀或最小压力阀是否受阻或无动作。

7）油池压力低时，检查筒体或放气管路是否漏气。

8）电机旋转方向不对时，将启动器接头任意调换 3 个中的 2 个。

9）主电机过载时，检查导线是否松动，检查供给电压，检查加热器尺寸。

10）检查启动器接触器导线是否松动。

（3）空气压缩机气系统压力低的处理：

1）分析空气压缩机气系统压力低的原因，如空气压缩机在卸载运行、控制器起跳压力设定点过低、空气滤芯脏、漏气、水分离气排水阀打开后卡死、进气阀未开足、系统用气量超过空气压缩机输出等。

2）空气压缩机在卸载运行：按卸载/加载按钮，使空气压缩机停止卸载运行方式，进行加载运行。

3）控制器起跳压力设定点过低：按卸载/加载按钮，使空气压缩机加载运行到最高值，按"DISPLAY"按钮改变显示窗口，进入设定点程序界面进行查看，起跳压力低时，按箭头向上方向的"ARROWS"按钮，升高起跳点定值（必须在控制器为设定模式），显示屏闪烁表示确认，按"DISPLAY/SELECT"按钮可退出设定点，或者等30s自动退出设定点。另一种设定起跳点的方法是，直接按"SET"按钮直接进入参数设定程序，设定方法同上。

4）空气滤芯脏时，清洗空气滤芯，必要时换滤芯。

5）空气系统管道漏气时，检查空气系统管道，必要时换管道。

6）水分离气排水阀打开后卡死时，分解检修水分离气排水阀。

7）进气阀未开足时，检修并检查控制系统情况。

8）系统用气量超过空气压缩机输出时，安装额定容量大的空气压缩机或加装一台空气压缩机。

（4）出具空气压缩机故障处理报告。

五、注意事项

（1）设备故障处理时，不能影响另一台气机的正常运行。

（2）必要时手动启动另一台气机，给气系统补气。

【思考与练习】

1. 简述空气压缩机控制回路的组成。

2. 列举空气压缩机不能启动的原因。

3. 简述空气压缩机气系统压力低的处理方法。

▲ 模块 24　火灾报警系统的安装（新增 ZY5400602001）

【模块描述】 本模块包含火灾报警控制器的安装及布线、光电感烟探测器的安装及布线、智能缆式线型感温探测器的安装、非编码光电感烟探测器。通过对操作方法、步骤、注意事项的讲解和案例分析，掌握火灾报警系统的安装方法及步骤。

【模块内容】

一、作业内容

火灾报警系统由安装于控制室的彩色 CRT 系统、现地控制器、各种类型的探测器、试验开关组成。火灾报警系统应能够及时发现整个厂房的各个部位是否出现火灾情况，做到及时发现、及时处理，减小火灾带来的损失。

火灾报警系统采用火灾探测器，探测器本身应能对采集到的环境参数信号进行分析判断，降低误报率。火灾报警控制器采用大屏幕汉字液晶显示，可显示各种报警信息，方便值班人员的判断。探测器与控制器采用无极性信号二总线。

火灾报警系统设备型号有彩色 CRT 系统、JB–QB–GST200 型汉字液晶显示火灾报警控制器、JTY–GD–G3 型智能光电感烟探测器、JTW–LDB–100 型智能缆式线型感温探测器、JTY–GF–GST104 非编码光电感烟探测器等。

二、危险点分析与控制措施

（1）误触电。控制措施：应按照《电力（业）安全工作规程》，验电后作业，必要时断开盘内的交流和直流电源；防止金属裸露工具与低压电源接触，造成低压触电或电源短路；

（2）误触碰。控制措施：应对可能引发误碰的回路、设备、元件设置防护带和悬挂警示牌；

（3）防高处坠落。控制措施：维护检修时，严格按照《电力（业）安全工作规程》规定系好安全带、正确使用登高设备。

三、作业前准备

（1）作业前/后应按照工作票对隔离措施/恢复措施进行检查和确认。

（2）作业前应根据测量参数选择量程匹配、型号合适的仪表设备。

（3）作业前应检查仪器设备是否合格有效，对不合格的或有效使用期超期的应封存并禁止使用。

（4）作业前应检查、核对设备名称、编号、位置，发现有误或标识不清应立即停止操作。

（5）作业前应检查确认与本装置相关的其他二次设备的隔离措施是否到位。

（6）需要准备的工器具：万用表、行灯、验电笔、电工工具、电动工具、测试导线、绝缘胶带、尼龙扎带。

四、操作步骤

（1）JB–QB–GST200 型汉字液晶显示火灾报警控制器的安装和布线。

1）JB–QB–GST200 火灾报警控制器（联动型）的外形尺寸如图 2–6–5 所示。

2）JB–QB–GST200 型汉字液晶显示火灾报警控制器为壁挂式结构，安装时直接明装在墙壁上。

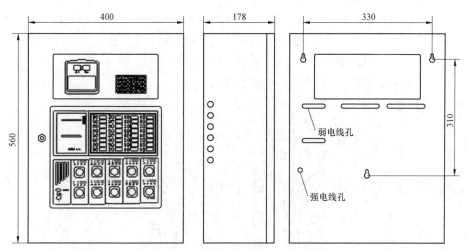

图 2-6-5　JB–QB–GST200 火灾报警控制器外形（单位：mm）

3）JB–QB–GST200 火灾报警控制器外部接线：其外部接线端子排如图 2-6-6 所示。

a. 将 RS–485 网络通信线连接到第一对 A、B 端子上。

b. 将火灾显示单元通信线连接到第二对 A、B 端子上。

c. 将无极性信号二总线（RVS 双绞线）连接到 Z1、Z2 端子上。

d. 将火灾报警输出连接到 OUT1、OUT2 端子上（无源常开控制点，报警时闭合）。

e. 将彩色 CRT 系统的接线连接到 RXD、TXD、GND 端子上。

f. 多线制控制点外接线连接到 CN1、CN2（N=1～10）端子上。

g. 将交流 220V 电源连接到 L、N 端子上。

h. 将接地线连接到 G 接地端子上。

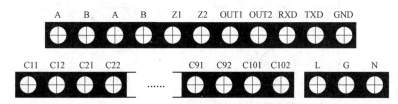

图 2-6-6　JB–QB–GST200 火灾报警控制器接线端子示意图

4）JB–QB–GST200 型汉字液晶显示火灾报警控制器的布线。

a. 信号二总线 Z1、Z2 选用截面积≥1.0mm² 的 RVS 双绞线进行合理布置。

b. 通信总线 A、B 选用截面积≥1.0mm² 的 RVVP 屏蔽线进行合理布置。

c. 多线制控制点外接线 CN1、CN2 选用截面积≥1.0mm² 的 BV 线进行合理布置。

d. 与彩色 CRT 系统通过 RS–232 标准接口连接，最大连接线长度不宜超过 15m。

（2）JTY–GD–G3 型智能光电感烟探测器的安装及布线。

1）JTY–GD–G3 型智能光电感烟探测器的安装。

a. 探测器的外形结构如图 2–6–7 所示。

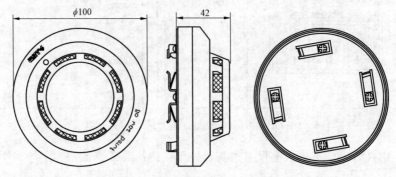

图 2–6–7　探测器外形示意图（单位：mm）

b. 将接线盒（可采用 86H50 型标准预埋盒）预埋，其结构尺寸如图 2–6–8 所示。

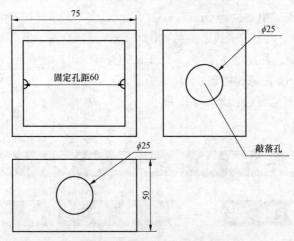

图 2–6–8　86H50 预埋盒外形示意图（单位：mm）

c. 将布线管进行预埋。

d. 按照如图 2-6-9 所示探测器安装图进行合理安装。

e. 按照如图 2-6-10 所示探测器 DZ-02 通用底座安装图，进行合理安装。底座上有 4 个导体片，片上带接线端子，底座上不设定位卡，便于调整探测器报警指示灯的方向。

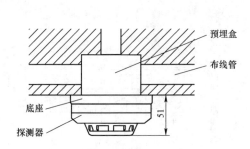

图 2-6-9　探测器安装示意图（单位：mm）

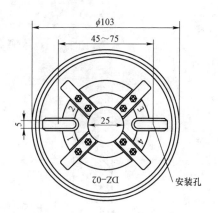

图 2-6-10　探测器通用底座外形示意图（单位：mm）

f. 预埋管内的探测器总线分别接在任意对角的 2 个接线端子上（不分极性），另一对导体片用来辅助固定探测器。

g. 待底座安装牢固后，将探测器底部对正底座顺时针旋转，即可将探测器安装在底座上。

2）JTY-GD-G3 型智能光电感烟探测器的布线。

a. 探测器二总线选用截面积≥1.0mm² 的 RVS 双绞线。

b. 探测器二总线穿金属管或阻燃管敷设。

（3）JTW-LDB-100 型智能缆式线型感温探测器的安装和布线。

1）JTW-LDB-100 型智能缆式线型感温探测器的安装。

a. 终端外形安装示意图如图 2-6-11 所示。

b. 终端底壳与上盖之间采用插接方式，安装在电缆铺架上如图 2-6-12 所示。

c. 底壳安装时注意方向，底壳上标有安装向上标志如图 2-6-13 所示。

d. 终端接线端子如图 2-6-14 所示，端子 LZ1、LZ2 接感温电缆，无极性。

2）JTW-LDB-100 型智能缆式线型感温探测器的安装和布线，无极性信号二总线 Z1、Z2 采用阻燃屏蔽铜芯线，截面积≥1.0mm²，合理布置。

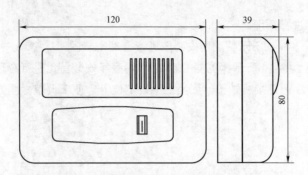

图 2-6-11　终端外形示意图（单位：mm）

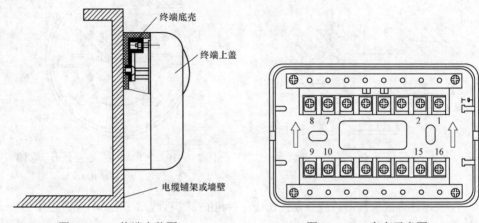

图 2-6-12　终端安装图　　　　　　　图 2-6-13　底壳示意图

图 2-6-14　终端盒接线
端子示意图

（4）JTY-GF-GST104 非编码光电感烟探测器。该探测器的安装与 JTY-GD-G3 型智能光电感烟探测器相同，这里不再详述。

（5）出具火灾报警系统安装项目工作终结报告。

五、注意事项

（1）火灾报警系统的安装必须配合相关专业部门进行。

（2）彩色 CRT 系统与 JB-QB-GST200 型汉字液晶显示火灾报警控制器的通信采用标准的 RS-232 接口，两者之间的通信线最大长度不能超过 15m。

（3）JB-QB-GST200 型汉字液晶显示火灾报警控制器配有光纤传输设备，通过该设备可以远距离传输最大距离 30km。

【思考与练习】

1. 简述火灾报警系统的组成。

2. 信号二总线 Z1、Z2 应选用何种线缆？

3. 简述 JTY–GD–G3 型智能光电感烟探测器的布线方法。

◢ 模块 25　测速装置的安装（新增 ZY5400602002）

【模块描述】本模块包含测速装置的安装、测速脉冲传感器轴端方式安装、测速脉冲传感器轴侧方式安装、机械脉冲信号引入测速装置。通过对操作方法、步骤、注意事项的讲解和案例分析，掌握测速装置的安装方法及步骤。

【模块内容】

一、作业内容

微机测速装置由测速装置单元及外设机械转速传感器组成。测速装置单元由独立的转速测量和控制系统组成。

本作业内容包括测速装置的安装、测速脉冲传感器轴端方式安装、测速脉冲传感器轴侧方式安装、机械脉冲信号引入测速装置。

二、危险点分析与控制措施

（1）防止机械伤害。控制措施：安装、调试机械测速装置，应安装牢固；作业人员防止机械转动部件伤人。

（2）误触碰。控制措施：应对可能引发误碰的回路、设备、元件设置防护带和悬挂警示牌。

（3）误整定。控制措施：应指定具有定值修改权限的人员修改定值，工作完成后应根据下达的整定单复核，复核正确后投入。

（4）仪器仪表损坏。控制措施：测量时不得超过仪器仪表允许的最大量程范围，以免损坏仪器仪表。

三、作业前准备

（1）作业前/后应按照工作票对隔离措施/恢复措施进行检查和确认。

（2）作业前应根据测量参数选择量程匹配、型号合适的仪表设备。

（3）作业前应检查仪器设备是否合格有效，对不合格的或有效使用期超期的应封存并禁止使用。

（4）作业前应检查、核对设备名称、编号、位置，发现有误或标识不清应立即停止操作。

（5）作业前应检查确认与本装置相关的其他二次设备的隔离措施是否到位。

（6）需要准备的工器具：万用表、行灯、验电笔、电工工具、常用工期就、测试导线、绝缘胶带、尼龙扎带。

四、操作步骤

（1）测速装置的安装。

CM-200 在结构上设计为 19 英寸标准插箱，可方便地安装于标准机柜中，结构及安装尺寸分别如图 2-6-15 所示。

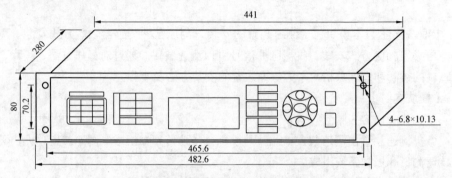

图 2-6-15　CM-200 微机测速装置结构（单位：mm）

将机箱开口，开口尺寸如图 2-6-16 所示，放入测速装置单元，紧固固定螺丝。

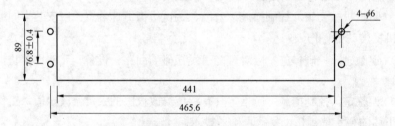

图 2-6-16　CM-200 微机测速装置安装开孔尺寸（单位 mm）

（2）测速脉冲传感器轴端方式安装。

1）机械测速传感器安装在发电机大轴顶端，测速传感器探头轴端装配如图 2-6-17 所示。

2）安装时尽量使转盘靠近大轴端部以减少摆动。

3）轴端方式探头顶端面与六叶转盘（或动片）之间的距离小于 8mm。

（3）测速脉冲传感器轴侧方式安装。

1）轴侧方式机械测速传感器安装在发电机大轴侧面，如图 2-6-18 所示。

2）动片（导磁体，宽 16mm 或工字钢）数量由机组转速确定，当机组转速高于 500r/min 时动片数量为 2～3 片，低转速（100r/min 以下）也可以装 10～12 片。

3）安装前，根据安装位置的大轴直径，计算周长，裁取钢带，装入适当数量的动片（导磁体，宽 16mm 或工字钢），不必要求绝对等距。

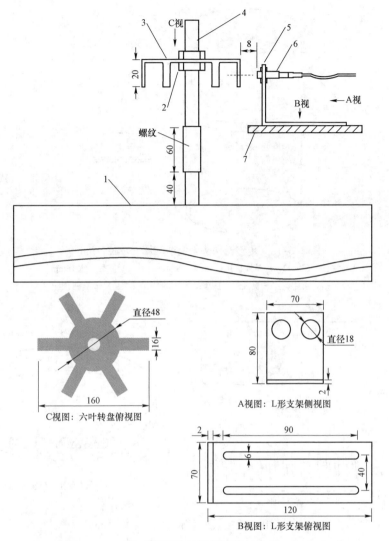

图 2-6-17　传感器探头轴端装配图（单位：mm）

1—大轴顶端；2—锁紧螺母；3—六叶转盘；4—安装支轴、M8 外螺纹，长 250mm；

5—L 形支架；6—探头；7—现场固定支持体

4）将连接器的左侧件和右侧件分别扣进钢带的两头，如图 2-6-19 所示。

5）安装时先在右侧件上套装尾扣，再将连接器的左侧件穿进右侧件，通过收紧螺杆逐渐收紧钢带，直到完全紧固为止。

6）最后将左扣件插入尾扣内并将尾扣上的螺钉拧紧。

7）传感器安装支架及旋转部件要安装牢固、可靠和稳定。

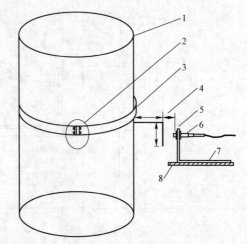

图 2-6-18 传感器探头轴侧装配图（单位：mm）

1—机组大轴；2—钢带连接块；3—钢带；4—动片（导磁体，宽16mm）；

5—固定螺母；6—机械测速探头；7—L形固定支架；8—现场固定体

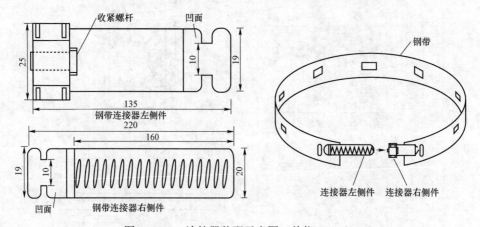

图 2-6-19 连接器装配示意图（单位：mm）

（4）拆除机械部分方法与安装相反。

（5）电气测速信号输入：电气测速信号自现场电压互感器二次侧引入，正常值为100V AC，直接接入测速装置的 J2 触点。

（6）机械脉冲输入：机械脉冲信号由脉冲传感器引入测速装置。脉冲传感器有两个探头，每个探头有 3 根引出线，棕线为+V，蓝线为地线，黑线为脉冲量信号输出线。安装时要求将两个探头的+V 并接后引入测速装置，两个探头的地线并接后引入测速装置，两根黑线分别接入测速装置。

（7）出具测速装置安装项目工作终结报告。

五、注意事项

（1）防止触电及短路。

（2）拆除的裸露部分应用绝缘胶布包好。

【思考与练习】

（1）简述微机测速装置的组成。

（2）简述测速脉冲传感器轴端方式安装方法。

（3）简述机械脉冲传感器的接线方法。

▲ 模块 26　测温系统的安装（新增 ZY5400602003）

【模块描述】 本模块包含测温系统、固定支架、盘柜嵌入式安装。通过对操作方法、步骤、注意事项的讲解和案例分析，掌握测温系统的安装方法及步骤。

【模块内容】

一、作业内容

DAS–Ⅳ型测温系统由多功能巡测子站、各个测点的测温元件组成。

DAS–Ⅳ型测温装置具有温度巡测及温度升高和过高的报警功能，且具有现地显示功能，通过串口与上位机交换数据，能够直接与各种 PLC 或其他监控系统实现通信，便于运行及维护人员的监视。

本作业内容包括测温系统、固定支架、盘柜嵌入式安装。

二、危险点分析与控制措施

（1）误触电。控制措施：应按照《电力（业）安全工作规程》，验电后作业，必要时断开盘内的交流和直流电源；防止金属裸露工具与低压电源接触，造成低压触电或电源短路。

（2）误触碰。控制措施：应对可能引发误碰的回路、设备、元件设置防护带和悬挂警示牌。

（3）误整定。控制措施：应指定具有定值修改权限的人员修改定值，工作完成后应根据下达的整定单复核，复核正确后投入。

（4）仪器仪表损坏。控制措施：测量时不得超过仪器仪表允许的最大量程范围，以免损坏仪器仪表。

三、作业前准备

（1）作业前/后应按照工作票对隔离措施/恢复措施进行检查和确认。

（2）作业前应根据测量参数选择量程匹配、型号合适的仪表设备。

（3）作业前应检查仪器设备是否合格有效，对不合格的或有效使用期超期的应封存并禁止使用。

（4）作业前应检查、核对设备名称、编号、位置，发现有误或标识不清应立即停止操作。

（5）作业前应检查确认与本装置相关的其他二次设备的隔离措施是否到位。

（6）需要准备的工器具：万用表、行灯、验电笔、电工工具、开孔器、测试导线、绝缘胶带、尼龙扎带。

四、操作步骤

（1）固定支架，仪表采用盘柜嵌入式安装。

（2）在表盘开孔 211mm×130mm（注意：宽度 211mm 只能±0.2mm，高度 130mm 只能+0.5mm，否则影响安装效果）。

（3）将仪表从开孔推入盘柜，仪表后面板有 4 个螺丝固定机壳，仪表安装后视图如图 2-6-20 所示，下面两个螺丝用来固定，支架安装侧视图如图 2-6-21 所示，将这两个螺丝拧下，把支架安好后用这两个螺丝固定，就完成了仪表的安装。

（4）出具测温装置安装项目工作终结报告。

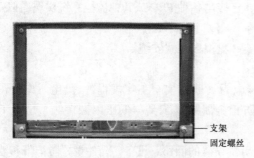

图 2-6-20 仪表安装后视图

图 2-6-21 支架安装侧视图

五、注意事项

（1）仪表必须放在干燥、通风的地方使用或保存，不要接触腐蚀性气体。

（2）仪表在安装、调试、使用过程中，严禁在输入信号端子上串入交直流高压，否则将导致仪表损坏。

（3）不熟悉仪表的非技术人员不要操作仪表或打开仪表。

（4）仪表可以连续工作，无需经常切断电源。

（5）仪表运行不正常时，可检查仪表的设置、接线是否正确，必要时可对仪表重新校准。

【思考与练习】

（1）表盘开孔时应注意什么？

（2）简述仪表安装步骤。

（3）仪表在安装、调试、使用过程中应注意什么？

▲ 模块 27　磁翻柱液位计的检修（新增 ZY5400602004）

【模块描述】 本模块包含安装浮球、变送器接线、磁记忆开关的接线。通过对操作方法、步骤、注意事项的讲解和案例分析，掌握磁翻柱液位计的检修方法及步骤。

【模块内容】

一、作业内容

磁翻柱液位计应用于油位指示，如油压装置、集油槽、漏油槽、推力油位等。磁翻柱液位计给运行及维护人员以明显的油位指示，并把模拟量信号和开关量信号输出给监控系统。

本作业内容包括安装浮球、变送器接线、磁记忆开关的接线。

二、危险点分析与控制措施

（1）误触电。控制措施：应按照《电力（业）安全工作规程》，验电后作业，必要时断开盘内的交流和直流电源；防止金属裸露工具与低压电源接触，造成低压触电或电源短路。

（2）误触碰。控制措施：应对可能引发误碰的回路、设备、元件设置防护带和悬挂警示牌。

（3）误整定。控制措施：应指定具有定值修改权限的人员修改定值，工作完成后应根据下达的整定单复核，复核正确后投入。

（4）仪器仪表损坏。控制措施：测量时不得超过仪器仪表允许的最大量程范围，以免损坏仪器仪表。

三、作业前准备

（1）作业前/后应按照工作票对隔离措施/恢复措施进行检查和确认。

（2）作业前应根据测量参数选择量程匹配、型号合适的仪表设备。

（3）作业前应检查仪器设备是否合格有效，对不合格的或有效使用期超期的应封存并禁止使用。

（4）作业前应检查、核对设备名称、编号、位置，发现有误或标识不清应立即停

止操作。

（5）作业前应检查确认与本装置相关的其他二次设备的隔离措施是否到位。

（6）需要准备的工器具：万用表、行灯、验电笔、电工工具、测试导线、绝缘胶带、尼龙扎带、吸尘器、软毛刷、干布、清洁工具包。

四、操作步骤

（1）安装浮球。

1）区分常压及高压浮球（光面浮球为高压浮球）。

2）将标有 TOP 的一端先插入液位计体（即带磁环一侧朝上）。

3）辅助工人在工作负责人指导下安装，或者遵循按拆除时的方向安装。

（2）变送器接线。

1）变送器内部有 3 个内部接线端子，GND 端子无须接线。

2）变送器为 DC24V 供电，两线制输出，外部端子共 2 个，分别标有"+""−"，其中"+"接+24V，"−"为电流输出端，接可编程控制器（PLC）模块输入端。

3）检修时可编程控制器（PLC）侧停电，维护时一般不停电，严禁 DC24V 接地，发生接地现象有可能造成 PLC 侧电源损坏，在穿线时应将裸露部用绝缘胶带包好，接线时分别拆开胶带，进行接线。

（3）磁记忆开关的接线。

1）磁记忆开关共有 4 根导线，其中绿色线不接。剩余 3 根，以其中一根（一般情况下为黑色）为公共端组成一对动合、动断触点。

2）磁记忆开关固定在磁翻柱浮子的侧滑道上，磁记忆开关的中心箭头为液位上升或下降时，浮子磁环使磁记忆开关的位置触点动作反映液位的限值，且浮子磁环带动翻柱外旋转部分，红色表示液位实际位置。磁翻柱液位计的量程（即工程值）分别对应 4mA、20mA。

3）磁记忆开关一旦启动，其动合触点将保持，只有当浮子返回磁记忆开关的动作点位置 5mm 后磁记忆开关解除自保持，恢复常开状态（动断触点与之相同）。

4）用磁铁在磁记忆开关的侧面敏感区滑动，用对线灯或万用表测量其引线，即可正确判断区分动合触点、动断触点，注意磁铁的极性为使磁翻柱由下至上滑动变红色端。

（4）试验拆线，检查所拆动过的端子或部件是否恢复，清理现场。

（5）整理试验数据（试验时间、天气、试验主要仪器及精度、试验数据、试验人）记录及分析。

（6）出具磁翻柱液位计检修报告。

五、注意事项

（1）模拟量检查时，严禁短路和接地。

（2）磁记忆开关不够灵敏时，需要更换。

【思考与练习】

1. 简述磁翻柱液位计的应用范围。

2. 简述变送器的接线操作步骤。

3. 简述磁记忆开关的接线操作步骤。

▲ 模块 28　状态监测装置的检修和调试（新增 ZY5400602005）

【模块描述】本模块包含状态监测装置、网络通信关系、软件系统、摆度传感器安装、键相信号传感器安装、振动速度传感器安装、压力脉动变送器安装、差压变送器安装、接力器行程传感器安装、开关量信号接入。通过对操作方法、步骤、注意事项的讲解和案例分析，掌握状态监测装置的检修和调试方法及步骤。

【模块内容】

一、作业内容

为了提高水电机组的经济效益，延长检修周期，减少检修费用，增加可发电时间，状态检修已经成为发展趋势。开展水电机组的状态检修需要可靠的在线监测装置，凭借人们的经验，充分利用现代化工具和手段，即在线监测分析软件，准确地判断机组的各部件故障、运行状况和劣化趋势。

1. 状态监测装置 PSTA2000 硬件系统硬件组成及体系结构

PSTA2000 系统体系结构如图 2-6-22 所示。从网络结构上看，PSTA2000 系统由状态监测局域网和电厂局域网两套 TCP/IP 局域网组成，虽然电厂局域网并非属于本项目的建设内容（它采用了电厂已建立的 MIS 系统的硬件和网络平台），但也是 PSTA2000 系统的重要组成部分。

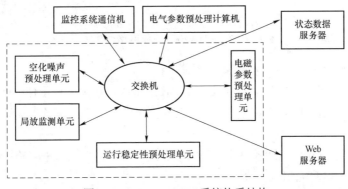

图 2-6-22　PSTA2000 系统体系结构

从信号处理的角度看，PSTA2000 系统由传感器层、信号采集层、信号预处理层、服务器层、BS 浏览器终端 5 层结构组成。在某些地方，信号采集和信号预处理两层功能可能由同一个硬件完成。

各预处理计算机与服务器之间的网络通信关系如图 2-6-23 所示。

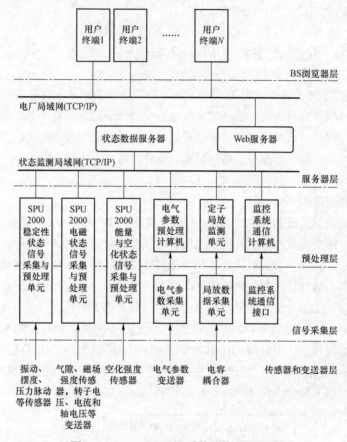

图 2-6-23 PSTA2000 系统网络通信关系

2. 状态监测装置 PSTA2000 软件系统组成

PSTA2000 系统的软件主要有以下几个模块组成：数据采集及预处理、网络通信及数据转换、应用服务程序模块、系统配置程序模块、客户端软件模块、组态工具模块等。

现地单元分别由信号采集及预处理单元（SPU）、传感器工作电源箱、液晶显示器、共享器和 UPS 等单元组成。

本作业内容包括摆度传感器安装、键相信号传感器安装、振动速度传感器安装、压力脉动变送器安装、差压变送器安装、接力器行程传感器安装、开关量信号接入。

二、危险点分析与控制措施

（1）误触电。控制措施：应按照《电力（业）安全工作规程》，验电后作业，必要时断开盘内的交流和直流电源；防止金属裸露工具与低压电源接触，造成低压触电或电源短路。

（2）误触碰。控制措施：应对可能引发误碰的回路、设备、元件设置防护带和悬挂警示牌。

（3）误整定。控制措施：应指定具有定值修改权限的人员修改定值，工作完成后应根据下达的整定单复核，复核正确后投入。

（4）仪器仪表损坏。控制措施：测量时不得超过仪器仪表允许的最大量程范围，以免损坏仪器仪表。

三、作业前准备

（1）作业前/后应按照工作票对隔离措施/恢复措施进行检查和确认。

（2）作业前应根据测量参数选择量程匹配、型号合适的仪表设备。

（3）作业前应检查仪器设备是否合格有效，对不合格的或有效使用期超期的应封存并禁止使用。

（4）作业前应检查、核对设备名称、编号、位置，发现有误或标识不清应立即停止操作。

（5）作业前应检查确认与本装置相关的其他二次设备的隔离措施是否到位。

（6）需要准备的工器具：万用表、行灯、验电笔、电工工具、常用工器具、塞尺、测试导线、绝缘胶带、496 胶水、砂纸、尼龙扎带、棉布。

四、操作步骤

（1）摆度传感器安装。

1）探头的选用如表 2-6-1 所示。

表 2-6-1　　　　　　　探头规格（输出电压：-2～-18V）

测点名称	传感器型号	前置器型号	有效量程
摆度	CWY-DO-810804-01-06-90-02	CWY-DO-810800-90-03-01-01	2mm
键相信号	CWY-DO-811104-01-06-90-02	CWY-DO-811104-90-03-01-01	4mm

2）电涡流传感器安装。

a. 传感器的选用：首先根据测点类型确定传感器量程。

b. 安装时保证探头、延长电缆、前置器为同一套传感器，记录该测点所使用的探头、延长电缆、前置器编号。

3）延长电缆必须安装，不得因探头距前置器较近而不使用延长电缆，否则会造成传感器输出信号严重失真。

4）探头安装间隙：探头安装时，应考虑传感器的线性测量范围，要求将探头的安装间隙设在传感器的线性中点，如传感器有效测量范围为 0.4～2.4mm，安装时传感器探头距离大轴为 1.4mm。

5）调整探头安装间隙方法。

a. 在探头端面和被测面之间塞入设定安装间隙厚度的塞尺，当探头端面和被测面压紧塞尺时，紧固探头即可。

b. 将探头、延长电缆、前置器连接起来，给传感器系统接通电源，通过万用表监测传感器输出（OUT 与 COM 端），同时调节探头与被测面的间隙，当前置器的输出等于安装间隙所对应的电压时，紧固探头即可。

c. 不论采用以上哪种方式安装，安装结束后都必须记录传感器安装间隙及输出电压。

6）传感器内部接线。电涡流传感器系统包括探头、铠装延伸电缆、前置三部分组成，传感器与前置器安装完成后，通过延伸电缆将探头及前置器相连，延伸电缆的两端接头不同，带阳螺纹的接头与探头连接，带阴螺纹的接头与前置器连接。

7）传感器外部接线。传感器正常工作需要外部提供电源信号，同时向外输出电压信号，在前置器上设有 3 个接线端子，分别为 UT（电源）、COM（公共端）、OUT（信号输出），接线时采用 4 芯屏蔽电缆，红线对应电源 UT，黄线对应信号输出 OUT，蓝线及绿线同时接于 COM 端，具体如图 2-6-24 所示。

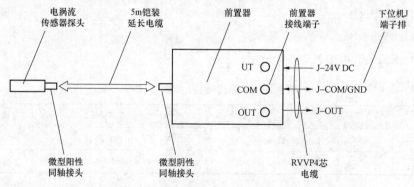

图 2-6-24　电涡流传感器系统接线

（2）键相信号传感器安装。

1）键相传感器传的选用。

探头型号：CWY-DO-811104-00-90-10-02。

前置器型号：CWY-DO-811100-90-03-01-01。

该传感器为 $\phi11$ 探头，4mm 有效量程。

具体安装注意事项与电涡流传感器要求相同，安装方向必须是机组大轴的 X 方向。而传感器在有效量程内输出电压为-2～-18V，最大输出电压为-22V，为保证有效键相信号幅值，需选用45号钢或40铬钼钢作为键相块材料。

2）键相块的规格为 25mm×12mm×8mm（长×宽×厚）；键相调节块规格为 25mm×12mm×9.4mm（长×宽×厚）。

3）传感器探头的安装。

a. 安装的探头须对正键相块中心。

b. 探头距键相块距离为1.2～1.5mm，此时传感器输出电压应为-5～-8V，而当大轴经过传感器时，由于探头距离大轴9.2～9.5mm，因此传感器输出电压为-20V，从而保证键相信号输出脉冲峰—峰值至少为10V，符合API670标准。

4）键相块安装步骤。

a. 首先确定键相块位置。

b. 通过传感器具体量程选择键相调节块，将探头顶住调节块，使调节块可以平稳抽出，此位置即为探头安装位置。

c. 在探头顶紧调节块情况下固定传感器探头。

d. 抽出调节块，通过496胶水将键相块粘贴牢固。

5）现场键相块的安装方式。

a. 焊接或粘贴。采用粘贴方式必须将大轴表面处理干净，用砂纸磨掉大轴表面涂层，擦掉表面油污，通过496胶水保证粘贴牢靠，以免机组运转时将键相块甩掉。

b. 采用焊接方式时，必须采用上下点焊方式，如果采用左右点焊会造成键相块左右边缘有毛刺，此毛刺会造成键相信号的干扰，甚至会产生无信号影响正常转速；上下点焊时，焊点必须打磨，不能过大，否则会对与键相传感器安装于同一支架的摆度测点造成干扰。

（3）振动速度传感器安装。

1）记录该测点所使用的传感器编号。

2）水平振动速度传感器安装时必须保证传感器的水平度，不允许有斜度，传感器通过M6×20螺栓紧固在安装支架上，传感器与安装支架绝缘。

3）垂直振动速度传感器安装时必须保证传感器的垂直度，不允许有斜度，传感器通过M6×20螺栓紧固在安装支架上，传感器与安装支架绝缘。

4）传感器采用完全密封，电缆密封引出；传感器底端固定螺丝不能突出底座，并用硅胶密封，传感器固定螺栓不得与传感器壳体短接。

5）电缆接线如图 2-6-25 所示。

6）由于顶盖水平传感器受垂直冲击较大，影响传感器精度，因此选用速度型振动传感器。

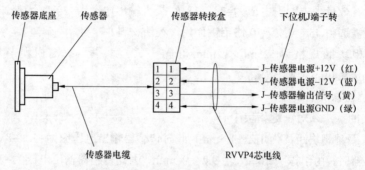

图 2-6-25 振动速度传感器电缆接线

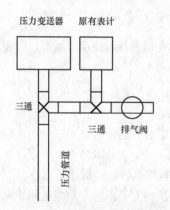

图 2-6-26 压力变送器安装示图

（4）压力脉动变送器安装。

1）压力脉动传感器安装时必须根据现场具体情况确定相应传感器量程范围，一般传感器采用二线制接法，机械接口采用 M20×1.5 公制螺纹。输出信号为 4～20mA。

2）确定测点传感器量程。

3）确定现场测点所配置的管道螺纹是否与传感器螺纹相匹配，根据现场螺纹配置三通。

4）测点通过三通与传感器直接相连，传感器垂直安装，压力变送器安装示图如图 2-6-26 所示。

5）测压管道经常会含有气体，因此必须安装排气阀。

6）传感器接口采用防水胶带。

7）传感器安装完成后通过排气阀将管道内气体全部排出。

8）对比系统显示压力值与现场压力表计值的一致性。

（5）差压变送器安装。

1）由于差压变送器本身自带排气阀，因此安装时不必安装排气阀门。

2）差压变送器安装时必须确定好高压侧（标记 H）及低压侧（标记 L），不得接反。

3）差压变送器安装必须使用三阀组。

4）先打开三阀组中间阀门，使变送器两个输入端达到均压。

5）再打开高压及低压阀门。

6）关闭中间阀。

7）打开变送器两侧排气阀门进行管道排气。

8）排气完成后关闭排气阀门。

（6）接力器行程传感器的安装。

参考调速器接力器传感器说明书的安装步骤。

（7）开关量信号接入。

1）开关量测点：系统一般包含励磁断路器、发电机出口断路器两路开关量，开关量信号采用独立无源动合触点，接于盘柜端子。机柜内为每一开关量设计 4 个接线端子，定义如表 2-6-2 所示。

表 2-6-2　　　　　　　　　　　开 关 量 信 号

端子号	信号定义
1	+24V
2	IN+
3	IN−
4	GND

2）开关量输入采用两芯屏蔽电缆。

3）连接方法一：信号电缆分别接于端子 1 和端子 2，同时端子 3 和端子 4 通过短路条短接使之构成回路。

4）连接方法二：信号电缆分别接于端子 3 和端子 4，同时端子 1 和端子 2 通过短路条短接使之构成回路，开关量信号接入原理如图 2-6-27 所示。

（8）试验拆线，检查所拆动过的端子或部件是否恢复，清理现场。

（9）整理试验数据（试验时间、天气、试验主要仪器及精度、试验数据、试验人）记录及分析。

（10）出具状态监测装置安装项目工作终结报告及状态监测装置调试报告。

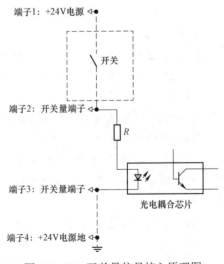

端子1：+24V电源

开关

端子2：开关量端子

R

端子3：开关量端子

光电耦合芯片

端子4：+24V电源地

图 2-6-27　开关量信号接入原理图

五、注意事项

（1）传感器安装时保证探头、延长电缆、前置器为同一套传感器。

（2）延长电缆必须安装，不得因探头距前置器较近而不使用延长电缆，否则会造成传感器输出信号严重失真。

（3）水平振动速度传感器安装时必须保证传感器的水平度，不允许有斜度。

（4）垂直振动速度传感器安装时必须保证传感器的垂直度，不允许有斜度。

（5）压力脉动变送器必须安装排气阀。

（6）差压变送器安装必须使用三阀组。

【思考与练习】

1. 摆度传感器安装时如何调整探头安装间隙？

2. 简述键相信号传感器探头的安装步骤。

3. 简述差压变送器的安装步骤？

◢ 模块 29　电磁阀控制回路的检修和调试
（新增 ZY5400602006）

【模块描述】本模块包含电磁阀、检查接线、检查电磁铁线圈、检查触点、检查内部元件、续流二极管、消弧电容的检查、电磁机构清洁。通过对操作方法、步骤、注意事项的讲解和案例分析，掌握电磁阀控制回路的检修和调试方法及步骤。

【模块内容】

一、作业内容

电磁阀（电磁阀、电磁空气阀、电磁配压阀）的用途是通过电磁机构控制阀体来改变管路的通断，从而达到对油、水、气管路的控制，完成机组正常运行及事故停机过程的控制。水电站常用的电磁阀有：DF1 型电磁阀、DF-50 型电磁阀、DK 型电磁空气阀、电磁配压阀。

电磁阀由电磁机构和阀体两部分组成，通过改变电磁机构的通电和断电，改变电磁机构的磁场力进而改变阀体内部的动态，阀体内部的改变有许多要借助于实际介质来动作。

本作业内容包括电磁阀、检查接线、检查电磁铁线圈、检查触点、检查内部元件、续流二极管、消弧电容的检查、电磁机构清洁。

二、危险点分析与控制措施

（1）误触电。控制措施：应按照《电力（业）安全工作规程》，验电后作业，必要时断开盘内的交流和直流电源；防止金属裸露工具与低压电源接触，造成低压触电

或电源短路。

（2）误触碰。控制措施：应对可能引发误碰的回路、设备、元件设置防护带和悬挂警示牌。

（3）仪器仪表损坏。控制措施：测量时不得超过仪器仪表允许的最大量程范围，以免损坏仪器仪表。

三、作业前准备

（1）作业前/后应按照工作票对隔离措施/恢复措施进行检查和确认。

（2）作业前应根据测量参数选择量程匹配、型号合适的仪表设备。

（3）作业前应检查仪器设备是否合格有效，对不合格的或有效使用期超期的应封存并禁止使用。

（4）作业前应检查、核对设备名称、编号、位置，发现有误或标识不清应立即停止操作。

（5）作业前应检查确认与本装置相关的其他二次设备的隔离措施是否到位。

（6）需要准备的工器具：万用表、行灯、验电笔、电工工具、测试导线、金相砂纸、无水酒精、绝缘胶带、尼龙扎带、棉布、清洁工具包。

四、操作步骤

（1）确认设备名称及编号。

（2）检查接线：接线应无断折，绝缘无硬化、破裂，接线螺丝无松动。

（3）检查电磁铁线圈：线圈无过热现象，导电部分应干燥，无进水和油浸现象。

（4）检查触点：动合、动断辅助触点应正确反映状态。

（5）检查内部元件：内部元件接线应良好，无短路现象。

（6）续流二极管及消弧电容的检查：用万用表检查二极管、电容应性能良好。

（7）电磁机构清洁：各导电连接部分的油污或积垢，应用无水酒精清洗干净，触点有氧化或烧毛时，用零号砂纸或金相砂纸打磨至光滑发亮，或者更换新备品。

（8）填写设备维护记录，出具检修工作报告。

五、注意事项

（1）试验时，对不允许长期通电的电磁阀，其通电时间应尽可能缩短，以防烧坏线圈。

（2）注意试验设备的容量。

【思考与练习】

1. 简述电磁铁线圈检查标准。

2. 简述触点检查标准。

3. 如何进行电磁机构清洁？

▲ 模块 30　漏油泵控制回路的检修和调试
（新增 ZY5400602007）

【模块描述】本模块包含油泵控制回路继电器线圈的测量、传感器接线断引、控制回路绝缘检查、操作把手检查、PLC 开关量。通过对操作方法、步骤、注意事项的讲解和案例分析，掌握漏油泵控制回路的检修和调试方法及步骤。

【模块内容】

一、作业内容

漏油泵电动机的控制是用液位信号器反映油箱的油位实现的。由小型可编程控制器 PLC、操作把手、电机保护器、中间继电器、磁翻柱液位计组成漏油泵控制回路。

小型可编程控制器 PLC 为控制中心，由磁翻柱液位计的开关触点控制油泵的启动、停止。当油位升高至启动值时，PLC 动作启动油泵接触器，由自保持回路控制接触器始终励磁，将漏油槽的油打回到集油箱；当油位降低到停止位定值时，触点接通 PLC 断开电机自保持回路，使接触器失磁停泵。磁翻柱液位计的传感器采集的数据直接上送至监控系统供运行人员监视，磁翻柱液位计直观地显示油槽的油位便于巡回人员检查。

自动控制：当操作把手在自动位置时，由可编程控制器 PLC 来完成。

手动控制：每台压油泵在现地都装有控制把手，3 个位置分别是自动、停止、启动。

本作业内容包括油泵控制回路继电器线圈的测量、传感器接线断引、控制回路绝缘检查、操作把手检查、PLC 开关量测试。

二、危险点分析与控制措施

（1）误触电。控制措施：绝缘测试作业完成后，应将所测设备加压端对地放电，确认无电后方可恢复；应按照《电力（业）安全工作规程》，验电后作业，必要时断开盘内的交流和直流电源；防止金属裸露工具与低压电源接触，造成低压触电或电源短路。

（2）误触碰。控制措施：应对可能引发误碰的回路、设备、元件设置防护带和悬挂警示牌。

（3）仪器仪表损坏。控制措施：测量时不得超过仪器仪表允许的最大量程范围，以免损坏仪器仪表。

三、作业前准备

（1）作业前/后应按照工作票对隔离措施/恢复措施进行检查和确认。

（2）作业前应根据测量参数选择量程匹配、型号合适的仪表设备。

（3）作业前应检查仪器设备是否合格有效，对不合格的或有效使用期超期的应封存并禁止使用。

（4）作业前应检查、核对设备名称、编号、位置，发现有误或标识不清应立即停止操作。

（5）作业前应检查确认与本装置相关的其他二次设备的隔离措施是否到位。

（6）需要准备的工器具：万用表、绝缘电阻表、金相砂纸、行灯、验电笔、电工工具、测试导线、绝缘胶带、尼龙扎带、吸尘器、软毛刷、棉布、清洁工具包。

四、操作步骤

（1）确认设备名称及编号。

（2）控制回路清扫、检查：用毛刷清扫控制回路，用查线器或万用表检查控制回路。

（3）设备表面清洁：用吸尘器、毛刷、棉布进行灰尘清扫及设备表面清洁。接线应无断折，绝缘无硬化、破裂，接线螺丝无松动。

（4）继电器线圈的测量：断开继电器线圈引线或取下继电器，用万用表电阻挡测量线圈阻值。

（5）传感器接线断引：打开接线侧端盖，测量端子有无电压，分别拆除接线，并用绝缘胶带分别包好，防止接地或短路。校验传感器。

（6）控制回路绝缘检查：用500V绝缘电阻表检查回路绝缘。

（7）检查电机保护器接线是否牢固。

（8）检查接触器触点是否有烧灼现象，如有应用砂纸处理。

（9）动力电源检查：检查动力电源接线是否紧固。

（10）操作把手检查：

1）把手型式和切换位置正确，标志清晰。

2）触点清洁，接触良好，切换灵活明显。

3）销钉不脱落，各部螺丝紧固。

4）各元件无缺损。

（11）各端子排接线检查，检查接线是否紧固。

（12）可编程控制器PLC上电，检查装置运行正常。

（13）模拟磁记忆开关触点、动作操作把手，观察PLC开关量反应是否正确，开出量是否动作正确。

（14）试验拆线，检查所拆动过的端子或部件是否恢复，清理现场。

（15）整理试验数据（试验时间、天气、试验主要仪器及精度、试验数据、试验人）记录及分析。

（16）出具漏油泵控制回路检修、调试报告。

五、注意事项

（1）使用带金属物的清洁工具时，应将金属物部分进行绝缘处理。

（2）绝缘检查时断开与模件连接。

【思考与练习】

1. 简述漏油泵控制回路的组成。

2. 简述继电器线圈的测量方法。

3. 如何检查 PLC 开关量测点？

◢ 模块 31　水位计的检修和调试（新增 ZY5400602008）

【模块描述】 本模块包含水位差测控仪、预置定值、水位的校验。通过对操作方法、步骤、注意事项的讲解和案例分析，掌握水位计的检修和调试方法及步骤。

【模块内容】

一、作业内容

水位差测控仪由浮子式水位传感器（上、下游各一套）、变送器显示处理单元、水位差仪表组成。常见的水位差测控仪是靠接收 RS–485 信号传感器来测量水位的。采用微电脑控制技术，水位使用浮子式水位传感器，将浮子的高度转变为传输信号后，输入到变送器显示处理，具有上游水位、下游水位、水位差实时 LED 数字显示，通用的上游 4～20mA、下游 4～20mA 输出接口电路，上、下游海拔高度的预置，上、下游 BCD 码输出，RS–485 输出等功能。正确显示水库及发电厂尾水的水位及上、下游水位差。为运行人员对所辖机组的工况提供准确的数据；上送至调度，便于调度掌控、调整、调用系统机组的负荷，达到合理利用水资源，提高能源利用率的作用。以型号 SCC–3 型水位差测控仪为例，其前、后面板如图 2–6–28 所示。

本作业内容包括水位差测控仪、预置定值、水位的校验。

二、危险点分析与控制措施

（1）误触电。控制措施：应按照《电力（业）安全工作规程》，验电后作业，必要时断开盘内的交流和直流电源；防止金属裸露工具与低压电源接触，造成低压触电或电源短路。

（2）误触碰。控制措施：应对可能引发误碰的回路、设备、元件设置防护带和悬挂警示牌。

（3）误整定。控制措施：应指定具有定值修改权限的人员修改定值，工作完成后应根据下达的整定单复核，复核正确后投入。

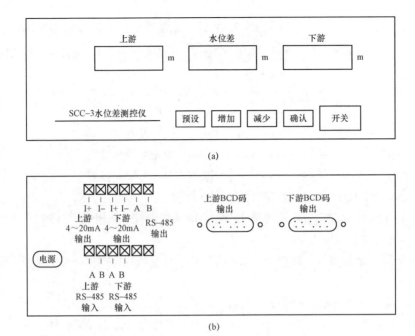

图 2-6-28 SCC-3 型水位差测控仪前面板、后面板

(a) 前面板；(b) 后面板

（4）仪器仪表损坏。控制措施：测量时不得超过仪器仪表允许的最大量程范围，以免损坏仪器仪表。

三、作业前准备

（1）作业前/后应按照工作票对隔离措施/恢复措施进行检查和确认。

（2）作业前应根据测量参数选择量程匹配、型号合适的仪表设备。

（3）作业前应检查仪器设备是否合格有效，对不合格的或有效使用期超期的应封存并禁止使用。

（4）作业前应检查、核对设备名称、编号、位置，发现有误或标识不清应立即停止操作。

（5）作业前应检查确认与本装置相关的其他二次设备的隔离措施是否到位。

（6）需要准备的工器具：万用表、行灯、验电笔、电工工具、电焊工具、测试电源盘、测试导线、绝缘胶带、尼龙扎带、吸尘器、软毛刷、棉布、清洁工具包。

四、操作步骤

（1）开机后，检查仪器工作状态，上、下游水位值和水位差值显示正常。

（2）预置定值：

1）在开机后，按住"预置"键 2s 后进入系统设置，上游显示窗显示设置值代号，水位差显示窗显示设置值。进入系统设置后每按一次"预置"键改变一次参数设置对应值。

"00001" ——————————————上游海拔设置

"00002" ——————————————下游海拔设置

"00003" ——————————————RS–485 栈号设置

"00004" ——————————————上游 4～20mA 量程设置

"00005" ——————————————下游 4～20mA 量程设置

2）按"增加"或"减少"键对此数据进行设定。

3）以上参数设定完后，按"确认"键完成系统设置。数据保存直到下一次修改，如想再次修改预置数据，需重新开机操作。

4）数据保存直到下一次修改，如想再次修改预置数据，需重新按"预置"键进入设置。

（3）清扫装置回路及各端子的灰尘。

（4）检查各端子接线螺丝无松动，并应全面紧固良好，引线应接触可靠。

（5）检查各焊接点应无脱焊、假焊、虚焊处，如有不可靠的焊点应重焊。

（6）检查各个插件，应插接牢固。

（7）检查浮筒、铅垂及转盘，转动应灵活，转盘槽与浮筒拉线要吻合，转动应可靠。

（8）测试几点水位，现场应与中控室显示一致。

（9）水位的校验：SCC–3 型水位计可直接转动转轮来调整水位。

（10）运行前必须检查水位显示值，应与实际水位显示一致。

（11）检查水位计上限，下限设定参数，应与实际情况相符，不当处做调整。

（12）检查水位计与远动装置传输情况，应显示一致、可靠。

（13）检查计算机监控系统的上、下游水位显示应正确。

（14）试验拆线，检查所拆动过的端子或部件是否恢复，清理现场。

（15）整理试验数据（试验时间、天气、试验主要仪器及精度、试验数据、试验人）记录及分析。

（16）出具水位计调试报告。

五、注意事项

（1）尽量保持控制室内干燥和干净。

（2）仪器不能正常工作或损坏时，应由专业技术人员维修。

（3）信号传输电缆和仪器应避免在阳光下长期暴晒及老鼠等动物咬断。

（4）电源电压等级必须与仪器相符。

【思考与练习】

1. 简述水位差测控仪的组成。

2. 如何进行水位的校验?

3. 如何进行水位差测控仪的定值与预置?

▲ 模块 32　变压器冷却系统控制回路中元件的
检修和调试（新增 ZY5400602009）

【模块描述】本模块包含变压器冷却系统控制回路各种继电器的检验、线圈测试及电磁系统检修、接触器位置、接触器的试验。通过对操作方法、步骤、注意事项的讲解和案例分析，掌握变压器冷却系统控制回路中元件的检查和调试方法及步骤。

【模块内容】

一、作业内容

变压器冷却系统控制回路的主要功能是用来冷却主变压器的油，降低主变压器的温度，使变压器能够安全稳定地运行，遇到变压器过负荷或者温度升高到危害变压器安全运行时，发出跳闸信号，使主变压器三侧断路器跳开来达到保护变压器的目的。

主变压器控制回路控制的设备包括潜油泵、冷却用的风机。

本作业内容包括变压器冷却系统控制回路各种继电器的检验、线圈测试及电磁系统检修、接触器位置、接触器的试验。

二、危险点分析与控制措施

（1）误触电。控制措施：绝缘测试作业完成后，应将所测设备加压端对地放电，确认无电后方可恢复；应按照《电力（业）安全工作规程》，验电后作业，必要时断开盘内的交流和直流电源；防止金属裸露工具与低压电源接触，造成低压触电或电源短路。

（2）误触碰。控制措施：应对可能引发误碰的回路、设备、元件设置防护带和悬挂警示牌。

（3）误整定。控制措施：应指定具有定值修改权限的人员修改定值，工作完成后应根据下达的整定单复核，复核正确后投入。

（4）仪器仪表损坏。控制措施：测量时不得超过仪器仪表允许的最大量程范围，以免损坏仪器仪表。

三、作业前准备

（1）作业前/后应按照工作票对隔离措施/恢复措施进行检查和确认。

（2）作业前应根据测量参数选择量程匹配、型号合适的仪表设备。

（3）作业前应检查仪器设备是否合格有效，对不合格的或有效使用期超期的应封存并禁止使用。

（4）作业前应检查、核对设备名称、编号、位置，发现有误或标识不清应立即停止操作。

（5）作业前应检查确认与本装置相关的其他二次设备的隔离措施是否到位。

（6）需要准备的工器具：万用表、绝缘电阻表、行灯、验电笔、电工工具、测试导线、绝缘胶带、尼龙扎带、吸尘器、软毛刷、白布、无水酒精、清洁工具包。

四、操作步骤

（1）各种继电器的检验。

1）清除触头氧化物，主触头若氧化严重可用锉刀打平，不能用砂布擦，以免砂粒留在触头间。辅助触头只能用白布带蘸酒精擦拭。

2）主触头的调整：铜触头磨损到原来厚度的 2/3 以下或银（银合金）触头磨损到原来厚度的 1/4 以下时应更换。三相触头中两相完全接触，一相接触间隙小于 0.5mm 视为合格。如超过此范围，应调动触头下部的调整螺丝以满足要求。

（2）线圈测试及电磁系统检修。

1）线圈电阻的测试，实测值在线圈标称值的 ±10% 之间。

2）线圈对衔铁之间的绝缘应不大于 1.5MΩ。

3）衔铁各接触面应用酒精擦净，检查短路环是否有断裂现象。对于衔铁下部装有减振弹簧的接触器，应检查弹簧是否固定好。

（3）接触器位置与水平面垂直，偏差不超过 ±5° 之间。灭弧罩牢固，灭弧罩内壁与触头应无摩擦现象。

（4）接触器的试验。接触器试验接线如图 2-6-29 所示，通入电源后，调整调压器至线圈额定电压的 85%，按下 AN，接触器应能启动，且与衔铁额定电压时的动作位置相同。降低电压时接触器返回，且最低返回电压应大于 5% 额定电压。接触器启动电压大于 85% 额定电压动作 10 次，每次间隔不小于 5s，无异常现象为合格。

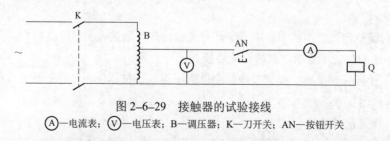

图 2-6-29　接触器的试验接线

Ⓐ—电流表；Ⓥ—电压表；B—调压器；K—刀开关；AN—按钮开关

（5）分解各断路器、按钮，清除各触点的氧化物，检查弹簧弹性良好，机构清洁良好，装置正确，机构灵活可靠，触点接触良好，引线螺丝坚固。

（6）试验拆线，检查所拆动过的端子或部件是否恢复，清理现场。

（7）整理试验数据（试验时间、天气、试验主要仪器及精度、试验数据、试验人）记录及分析。

（8）出具变压器冷却系统控制回路调试报告。

五、注意事项

（1）如果设备在运行，进行操作时，出现冷却器全停现象，必须在 20min 内恢复运行。

（2）所有工作必须由 2 人以上完成。

【思考与练习】

1. 简述变压器冷却系统控制回路的主要功能。

2. 简述继电器的检验方法。

3. 简述线圈测试及电磁系统的检修方法。

▲ 模块 33　顶盖泵控制回路的检修和调试
（新增 ZY5400602010）

【模块描述】 本模块包含顶盖泵控制回路的检修和调试。通过对操作方法、步骤、注意事项的讲解和案例分析，掌握顶盖泵控制回路的检修和调试方法及步骤。

【模块内容】

一、作业内容

顶盖泵控制回路的用途是当机组顶盖水位上升到规定值时，完成启动顶盖泵，将水排出。顶盖泵控制回路由小型可编程控制器 PLC、电机保护器、接触器、操作把手、传感器、中间继电器、浮子组成。

以小型可编程控制器（PLC）为控制中心，采集浮子触点信号来控制顶盖泵的启动、停止。当顶盖水位上升到启动水位时，浮子触点接通小型可编程控制器（PLC）动作启动接触器，由自保持回路控制接触器始终励磁，顶盖泵排水；当水位降低到停止位置时，浮子触点接通小型可编程控制器（PLC）断开电机自保持回路，使接触器失磁停泵；当顶盖漏水量很大时，顶盖水位过高浮子触点接通，小型可编程控制器（PLC）启动备用顶盖泵，两台同时工作。

自动控制方式：由可编程控制器 PLC 来完成，两台顶盖泵互为轮流启动，因此控制把手位置全部在自动位置。

手动控制方式：每台顶盖泵在现地控制盘上都有控制把手，分别有，自动、停止、手动（启动）3 个控制位置，按照把手位置可实现手动控制。

本作业内容包括顶盖泵控制回路的检修和调试。

二、危险点分析与控制措施

（1）误触电。控制措施：绝缘测试作业完成后，应将所测设备加压端对地放电，确认无电后方可恢复；应按照《电力（业）安全工作规程》，验电后作业，必要时断开盘内的交流和直流电源；防止金属裸露工具与低压电源接触，造成低压触电或电源短路。

（2）误触碰。控制措施：应对可能引发误碰的回路、设备、元件设置防护带和悬挂警示牌。

（3）仪器仪表损坏。控制措施：测量时不得超过仪器仪表允许的最大量程范围，以免损坏仪器仪表。

三、作业前准备

（1）作业前/后应按照工作票对隔离措施/恢复措施进行检查和确认。

（2）作业前应根据测量参数选择量程匹配、型号合适的仪表设备。

（3）作业前应检查仪器设备是否合格有效，对不合格的或有效使用期超期的应封存并禁止使用。

（4）作业前应检查、核对设备名称、编号、位置，发现有误或标识不清应立即停止操作。

（5）作业前应检查确认与本装置相关的其他二次设备的隔离措施是否到位。

（6）需要准备的工器具：万用表、绝缘电阻表、行灯、验电笔、电工工具、测试导线、绝缘胶带、尼龙扎带。

四、操作步骤

（1）断开继电器线圈引线或取下继电器，用万用表电阻挡测量线圈阻值。

（2）打开接线侧端盖，测量端子有无电压，分别拆除接线，并用绝缘胶带分别包好，防止接地或短路，校验传感器。

（3）控制回路绝缘检查：用 500V 绝缘电阻表检查回路绝缘。

（4）可编程控制器 PLC 上电，检查装置运行正常。

（5）模拟浮子触点、动作操作把手，观察 PLC 开关量反应是否正确，开出量是否动作正确。

（6）试验拆线，检查所拆动过的端子或部件是否恢复，清理现场。

（7）整理试验数据（试验时间、天气、试验主要仪器及精度、试验数据、试验人）记录及分析。

（8）出具顶盖泵控制调试报告。

五、注意事项

（1）断开的线头做好记录，按记录进行恢复接线。

（2）数字万用表挡位切换正确，防止损坏仪表。

（3）防止电源短路或接地。

【思考与练习】

1. 简述顶盖泵控制回路的组成。

2. 简述顶盖泵 PLC 控制逻辑。

3. 简述顶盖泵控制回路的检修、调试步骤。

◢ 模块 34　主令开关现场实际的检修和调试
（新增 ZY5400602011）

【模块描述】本模块包含主令开关的检修和调试。通过对操作方法、步骤、注意事项的讲解和案例分析，掌握主令开关的检修和调试方法及步骤。

【模块内容】

一、作业内容

主令开关由传动钢丝绳、永久磁铁、不锈钢钢管、磁记忆开关、旋转变送器组成。

当导叶动作时，传动钢丝绳带动永久磁铁产生位移，当永久磁铁接近磁记忆开关时，磁记忆开关触点动作产生信号，同时，带动旋转变送器，输出与转角成正比例的 4～20mA 信号。当导叶反向动作时，传动钢丝绳带动永久磁铁反向位移，当永久磁铁接近磁记忆开关时。磁记忆开关触点复归产生信号。

主令开关的作用是反映发电机导叶动作位置，是机组的开机、停机流程中非常重要的条件，导叶的位置关系到机组的状态。

二、危险点分析与控制措施

（1）误触电。控制措施：应按照《电力（业）安全工作规程》，验电后作业，必要时断开盘内的交流和直流电源；防止金属裸露工具与低压电源接触，造成低压触电或电源短路。

（2）误触碰。控制措施：应对可能引发误碰的回路、设备、元件设置防护带和悬挂警示牌。

（3）误整定。控制措施：应指定具有定值修改权限的人员修改定值，工作完成后应根据下达的整定单复核，复核正确后投入。

（4）仪器仪表损坏。控制措施：测量时不得超过仪器仪表允许的最大量程范围，以免损坏仪器仪表。

三、作业前准备

（1）作业前/后应按照工作票对隔离措施/恢复措施进行检查和确认。

（2）作业前应根据测量参数选择量程匹配、型号合适的仪表设备。

（3）作业前应检查仪器设备是否合格有效，对不合格的或有效使用期超期的应封存并禁止使用。

（4）作业前应检查、核对设备名称、编号、位置，发现有误或标识不清应立即停止操作。

（5）作业前应检查确认与本装置相关的其他二次设备的隔离措施是否到位。

（6）需要准备的工器具：万用表、行灯、验电笔、电工工具、测试导线、绝缘胶带、尼龙扎带。

四、操作步骤

（1）确认设备名称及编号。

（2）置导叶在全关位置。

（3）确认导叶全关位置，该位置是第一个磁记忆开关的位置。

（4）手动调整导叶至空载位置，传动钢丝绳带动永久磁铁产生位移，永久磁铁的位置是第二个磁记忆开关的位置。

（5）导叶位置的作用。

1）导叶全关：是反应机组导叶在全关位置，是机组停机的一个标志。

2）导叶空载位置：是机组空载或空转状态的一个标志。

3）导叶空载位置以上：是机组在发电状态的一个标志。

（6）试验拆线，检查所拆动过的端子或部件是否恢复，清理现场。

（7）整理试验数据（试验时间、天气、试验主要仪器及精度、试验数据、试验人）记录及分析。

（8）出具主令开关调试报告。

五、注意事项

（1）禁止传感器接线短路和接地，拆除后使用绝缘胶带包好。

（2）工作时戴手套。

【思考与练习】

1. 简述主令开关的作用。

2. 简述主令开关的工作原理。

3. 简述导叶位置的作用。

模块 35　低压气机的静态、动态试验
（新增 ZY5400602012）

【模块描述】本模块包含低压气机的静态、动态试验。通过对操作方法、步骤、注意事项的讲解和案例分析，掌握低压气机的静态、动态试验方法及步骤。

【模块内容】

一、作业内容

低压气机的用途是当气系统压力降低到规定启动值时，补充压力气罐的压力。保证在机组停机过程中，当机组转速降低到规定转速时，对机组进行加闸制动。

低压气机的控制回路由小型欧姆龙 PLC、手动控制把手、SJ–10 型中间继电器、指示灯组成。

本作业内容包括低压气机的静态、动态试验。

二、危险点分析与控制措施

（1）误触电。控制措施：绝缘测试作业完成后，应将所测设备加压端对地放电，确认无电后方可恢复；应隔离屏柜中的 TV/TA 二次回路，避免信号反送到二次侧伤人；应按照《电力（业）安全工作规程》，验电后作业，必要时断开盘内的交流和直流电源；防止金属裸露工具与低压电源接触，造成低压触电或电源短路。

（2）误触碰。控制措施：应对可能引发误碰的回路、设备、元件设置防护带和悬挂警示牌。

（3）误整定。控制措施：应指定具有定值修改权限的人员修改定值，工作完成后应根据下达的整定单复核，复核正确后投入。

（4）仪器仪表损坏。控制措施：测量时不得超过仪器仪表允许的最大量程范围，以免损坏仪器仪表。

三、作业前准备

（1）作业前/后应按照工作票对隔离措施/恢复措施进行检查和确认。

（2）作业前应根据测量参数选择量程匹配、型号合适的仪表设备。

（3）作业前应检查仪器设备是否合格有效，对不合格的或有效使用期超期的应封存并禁止使用。

（4）作业前应检查、核对设备名称、编号、位置，发现有误或标识不清应立即停止操作。

（5）作业前应检查确认与本装置相关的其他二次设备的隔离措施是否到位。

（6）需要准备的工器具：万用表、查线器、行灯、验电笔、电工工具、测试导线、

绝缘胶带、尼龙扎带。

四、操作步骤

（1）确认设备名称及编号。

（2）静态试验：

1）现地控制单元 PLC 上电。

2）检查触点是否接触良好，用螺丝刀拨动压力表动触头，在端子上用查线器测量接触状态，并观察 PLC 开入灯是否点亮。

3）切换控制把手观察 PLC 对应开入灯是否点亮。

（3）动态试验：

1）在控制盘通过手动把手进行操作，打开排气阀门进行排气，使气压降低至设定启动值（观察压力表值及气机启动值），观察气机是否启动。

2）当气机启动后气压达到设定停止值是否停止。

3）经试验气机运行一切正常方可结束。

（4）试验拆线，检查所拆动过的端子或部件是否恢复，清理现场。

（5）整理试验数据（试验时间、天气、试验主要仪器及精度、试验数据、试验人）记录及分析。

（6）出具低压气机的静态、动态试验报告。

五、注意事项

（1）工作时戴手套。

（2）设专人监护。

【思考与练习】

1. 简述低压气机控制回路的组成。

2. 简述低压气机静态试验的步骤。

3. 简述低压气机动态试验的步骤。

▲ 模块 36 快速闸门的试验（新增 ZY5400602013）

【模块描述】本模块包含快速闸门静态试验、动态试验。通过对操作方法、步骤、注意事项的讲解和案例分析，掌握快速闸门的试验方法及步骤。

【模块内容】

一、作业内容

正常运行情况下快速闸门处于全开位置。在机组需要检修时关闭快速闸门，排除闸门至机组中间的水便于检修工作。机组在紧急事故的情况下自动快速关闭闸门，防止机组飞逸，对机组造成更大的破坏。快速闸门是水轮发电机组的一个很重要的保护。

快速闸门装置控制回路一般由两套 PLC、一对通信模块、绝对式编码器（842D）、光纤转换器、中间继电器、双位置继电器、电触点压力表、电磁阀等组成。控制回路的工作由小型的 PLC 完成。

本作业内容包括快速闸门静态试验、动态试验。

二、危险点分析与控制措施

（1）误触电。控制措施：应按照《电力（业）安全工作规程》，验电后作业，必要时断开盘内的交流和直流电源；防止金属裸露工具与低压电源接触，造成低压触电或电源短路。

（2）误触碰。控制措施：应对可能引发误碰的回路、设备、元件设置防护带和悬挂警示牌。

（3）误整定。控制措施：应指定具有定值修改权限的人员修改定值，工作完成后应根据下达的整定单复核，复核正确后投入。

（4）仪器仪表损坏。控制措施：测量时不得超过仪器仪表允许的最大量程范围，以免损坏仪器仪表。

三、作业前准备

（1）作业前/后应按照工作票对隔离措施/恢复措施进行检查和确认。

（2）作业前应根据测量参数选择量程匹配、型号合适的仪表设备。

（3）作业前应检查仪器设备是否合格有效，对不合格的或有效使用期超期的应封存并禁止使用。

（4）作业前应检查、核对设备名称、编号、位置，发现有误或标识不清应立即停止操作。

（5）作业前应检查确认与本装置相关的其他二次设备的隔离措施是否到位。

（6）需要准备的工器具：万用表、行灯、验电笔、电工工具、测试导线、绝缘胶带、尼龙扎带。

四、操作步骤

（1）静态试验。

1）关闭快速门提门油源阀。

2）进行输入量传动试验，用短接线短接平压接点，观察输入量灯是否点亮。

3）动作操作把手，观察开入点是否正确；同时检查输出量，动作后电磁阀的指示灯是否点亮。

（2）动态试验。

机组检修后，在运行人员进行引水洞充水时同步进行，运行人员恢复安全措施后，由运行人员实际操作。

1）检查现地控制继电器在提门位置。

2）控制装置无异常。

3）将操作把手切至提升位。

4）检查门的位置升起高度是否符合要求（提升高度为 30cm）。

5）当闸门前后的水压达到平衡时，自动启动提门程序，将门提升至开位（提升高度为 600cm）。

6）提门过程中进行提门时间计时，与原始记录进行校对。

7）提门过程中，发现问题及时处理。

（3）试验拆线，检查所拆动过的端子或部件是否恢复，清理现场。

（4）整理试验数据（试验时间、天气、试验主要仪器及精度、试验数据、试验人）记录及分析。

（5）出具快速闸门试验报告。

五、注意事项

（1）检修或者故障处理时，必须做好必要的检查，防止发生，误落门情况发生。

（2）工作中需要设专人监护。

【思考与练习】

1. 简述快速闸门装置控制回路的组成。

2. 简述快速闸门静态试验的步骤。

3. 简述快速闸门动态试验的步骤。

▲ 模块37　压油装置控制系统设备控制回路修后试验
（新增 ZY5400602014）

【模块描述】本模块包含压油泵手动控制、自动控制、静态试验、动态试验。通过对操作方法、步骤、注意事项的讲解和案例分析，掌握压油装置控制系统设备控制回路试验方法及步骤。

【模块内容】

一、作业内容

手动控制：每台压油泵在现地控制盘上都有控制把手，分别有备用、自动、停止、手动（启动）4 个控制位置，按照把手位置可实现手动控制。

自动控制：由可编程控制器 PLC 来完成，由于 2 台油泵互为备用，自动运行时操作把手位置为一台自动，另一台为备用。

静态试验的目的：检查 PLC 及控制回路的静态特性是否良好。

动态试验的目的：检验 PLC 及控制回路实际动作正确性和控制目标的运行状态，动态试验在压油罐充油时进行。

本作业内容着重介绍压油泵的静态试验、动态试验。

二、危险点分析与控制措施

（1）误触电。控制措施：绝缘测试作业完成后，应将所测设备加压端对地放电，确认无电后方可恢复；应隔离屏柜中的 TV/TA 二次回路，避免信号反送到二次侧伤人；应按照《电力（业）安全工作规程》，验电后作业，必要时断开盘内的交流和直流电源；防止金属裸露工具与低压电源接触，造成低压触电或电源短路。

（2）误触碰。控制措施：应对可能引发误碰的回路、设备、元件设置防护带和悬挂警示牌。

（3）误整定。控制措施：应指定具有定值修改权限的人员修改定值，工作完成后应根据下达的整定单复核，复核正确后投入。

（4）仪器仪表损坏。控制措施：测量时不得超过仪器仪表允许的最大量程范围，以免损坏仪器仪表。

三、作业前准备

（1）作业前/后应按照工作票对隔离措施/恢复措施进行检查和确认。

（2）作业前应根据测量参数选择量程匹配、型号合适的仪表设备。

（3）作业前应检查仪器设备是否合格有效，对不合格的或有效使用期超期的应封存并禁止使用。

（4）作业前应检查、核对设备名称、编号、位置，发现有误或标识不清应立即停止操作。

（5）作业前应检查确认与本装置相关的其他二次设备的隔离措施是否到位。

（6）需要准备的工器具：万用表、绝缘电阻表、查线器、行灯、验电笔、电工工具、测试导线、绝缘胶带、尼龙扎带。

四、操作步骤

（1）静态试验。

1）控制回路检修完毕，可编程控制器 PLC 装置上电，一次设备不恢复供电。

2）控制回路绝缘检查：用 500V 绝缘电阻表测量绝缘不能小于 20MΩ。

3）检查动力电源接线是否良好。

4）PLC 电源检查：工作电源在合格范围内（交流 220V±10%）。

5）PLC 程序检查：可编程控制器 PLC 上电，检查装置运行正常，对照原始资料检查程序的正确性。

6）PLC 输入、输出量状态检查：模拟压力开关、压力表定值触点、动作操作把手，观察 PLC 开关量反应是否正确，开出量是否动作正确。

（2）动态试验。

1）压力油系统全部检修完毕，管路及各元件均安装好，经检查验收合格。

2）调速装置检修完毕，其各部件均可投入使用状态。

3）漏油槽的所有设备已检修完毕，油位及油泵的控制系统投入使用。

4）集油槽已充好油。

5）投入水力机械系统的控制电源。

6）分别手动启动单台压油泵，观察压油泵电机运行状况。

7）在压油罐充油结束后，手动打开排油阀（油泵启动后关闭排油阀），查看油泵启动、停止值是否符合标准（在各个压力开关的节点上并接查线器。根据压力油油压的额定值，观察查线器的状态，对照压油装置的压力表数值）。

8）备用泵启动试验，打开排油阀使油罐压力降低到备用泵启动值，观察备用泵启动状况。

9）在试验过程中还需要检查油位指示器是否正常，监控系统模拟量是否正确。

10）试验结果无异常后，恢复到正常运行状态。

（3）试验拆线，检查所拆动过的端子或部件是否恢复，清理现场。

（4）整理试验数据（试验时间、天气、试验主要仪器及精度、试验数据、试验人）记录及分析。

（5）出具压油装置控制回路试验报告。

五、注意事项

（1）设专人记录启动、停止值。

（2）检查导水叶在全关位置，其锁锭在投入状态。

（3）检查快速门操作用油的总阀门，其应处于关闭状态。

【思考与练习】

1. 简述如何实现压油泵的手动、自动控制。

2. 简述压油装置控制系统静态试验的步骤。

3. 简述压油装置控制系统动态试验的步骤。

▲ 模块 38 磁翻柱液位计磁记忆开关模拟试验
（新增 ZY5400602015）

【模块描述】本模块包含磁翻柱液位计磁记忆开关模拟试验。通过对操作方法、步骤、注意事项的讲解和案例分析，掌握磁翻柱液位计磁记忆开关模拟试验方法及步骤。

【模块内容】

一、作业内容

磁翻柱液位计一般应用在油位指示，如油压装置、集油槽、漏油槽、推力油位等处。磁翻柱液位计给运行及维护人员以明显的油位指示，并把模拟量信号和开关量信号输出给监控系统。

本作业内容包括磁翻柱液位计磁记忆开关模拟试验。

二、危险点分析与控制措施

（1）误触电。控制措施：应按照《电力（业）安全工作规程》，验电后作业，必要时断开盘内的交流和直流电源；防止金属裸露工具与低压电源接触，造成低压触电或电源短路。

（2）误触碰。控制措施：应对可能引发误碰的回路、设备、元件设置防护带和悬挂警示牌。

（3）误整定。控制措施：应指定具有定值修改权限的人员修改定值，工作完成后应根据下达的整定单复核，复核正确后投入。

（4）仪器仪表损坏。控制措施：测量时不得超过仪器仪表允许的最大量程范围，以免损坏仪器仪表。

三、作业前准备

（1）作业前/后应按照工作票对隔离措施/恢复措施进行检查和确认。

（2）作业前应根据测量参数选择量程匹配、型号合适的仪表设备。

（3）作业前应检查仪器设备是否合格有效，对不合格的或有效使用期超期的应封存并禁止使用。

（4）作业前应检查、核对设备名称、编号、位置，发现有误或标识不清应立即停止操作。

（5）作业前应检查确认与本装置相关的其他二次设备的隔离措施是否到位。

（6）需要准备的工器具：万用表、条形磁铁、行灯、验电笔、电工工具、测试导线、绝缘胶带、尼龙扎带。

四、操作步骤

（1）确定试验设备序号。

（2）准备一块条形磁铁。

（3）用磁铁在磁记忆开关侧面敏感区由下至上滑动到上限动作值时，观察 PLC 模块上的 LED 灯是否动作，此时 PLC 模块上的上限动作 LED 灯应点亮。

（4）用磁铁在磁记忆开关侧面敏感区由上至下滑动到下限动作值时，观察 PLC 模块上的 LED 灯是否动作，此时 PLC 模块上的下限动作 LED 灯应点亮。

（5）复归磁记忆开关时，应将磁铁在磁记忆开关侧面敏感区向动作方向相反的方向滑动。

（6）注意磁铁极性，磁铁极性在磁翻柱表面上下滑动时能使其变为红色则是磁铁的正确极性；

（7）试验拆线，检查所拆动过的端子或部件是否恢复，清理现场。

（8）整理试验数据（试验时间、天气、试验主要仪器及精度、试验数据、试验人）记录及分析。

（9）出具磁翻柱液位计试验报告。

五、注意事项

（1）模拟量检查时，严禁短路和接地。

（2）磁记忆开关不够灵敏时，需要更换。

【思考与练习】

1. 简述磁翻柱液位计的应用范围。

2. 如何测试磁翻柱液位计上限动作值？

3. 如何复归磁记忆开关？

▲ 模块 39 示流信号器的试验（新增 ZY5400602016）

【模块描述】本模块包含示流信号器静态试验、动态试验。通过对操作方法、步骤、注意事项的讲解和案例分析，掌握示流信号器的试验方法及步骤。

【模块内容】

一、作业内容

1. 示流信号器用途

示流信号器主要用于监视机组轴承油槽冷却水和水导轴承润滑水及冷却水等的流态，用来测量水流流速（流量）发生改变，不在正常定值范围时发出信号，使备用水源投入或延时使机组停机，是机组运行当中的一个非常重要的保护信号。

2. 示流信号器的型式

示流信号器可分为挡板式、磁钢浮子式、差压式等。常用的有 SLX 型挡板式和 SX 型浮子式两种。

3. 示流信号器的组成

示流信号器主要由壳体、挡板、磁铁、湿簧触点、指针等部件组成。

4. 示流信号器的原理

当水流流通时，由水流冲动挡板，使挡板产生位移，在水流达到一定的流速时，使挡板的永久磁钢接近湿簧触点，触点接通发出水流正常信号。水流小于定值时，挡板在自重和弹簧力作用下，逐渐返回，湿簧触点断开，发出不畅或中断信号。示流信号器的指针可以指示水的流量。在润滑水的示流信号器上需要有两对触点，分别指示水流的正常、不畅或中断。其他型号的示流信号器虽然机械结构上有所不同，但基本原理是相同的。

本作业内容包括示流信号器静态试验、动态试验。

二、危险点分析与控制措施

（1）误触电。控制措施：绝缘测试作业完成后，应将所测设备加压端对地放电，确认无电后方可恢复；应按照《电力（业）安全工作规程》，验电后作业，必要时断开盘内的交流和直流电源；防止金属裸露工具与低压电源接触，造成低压触电或电源短路。

（2）误触碰。控制措施：应对可能引发误碰的回路、设备、元件设置防护带和悬挂警示牌。

（3）误整定。控制措施：应指定具有定值修改权限的人员修改定值，工作完成后应根据下达的整定单复核，复核正确后投入。

（4）仪器仪表损坏。控制措施：测量时不得超过仪器仪表允许的最大量程范围，以免损坏仪器仪表。

三、作业前准备

（1）作业前/后应按照工作票对隔离措施/恢复措施进行检查和确认。

（2）作业前应根据测量参数选择量程匹配、型号合适的仪表设备。

（3）作业前应检查仪器设备是否合格有效，对不合格的或有效使用期超期的应封存并禁止使用。

（4）作业前应检查、核对设备名称、编号、位置，发现有误或标识不清应立即停止操作。

（5）作业前应检查确认与本装置相关的其他二次设备的隔离措施是否到位。

（6）需要准备的工器具：万用表、绝缘电阻表、行灯、验电笔、电工工具、测试导线、绝缘胶带、尼龙扎带。

四、操作步骤

（1）确认设备名称及编号。

（2）测定导电回路的绝缘电阻值：用 500V 绝缘电阻表测量各接线端子对阀体的绝缘电阻应在 10～20MΩ以上。

（3）静态试验：在示流信号器尚未安装时进行，模拟水流使示流信号器的挡板产生位移，当示流信号器指示到额定值时，调整触点，使触点闭合或断开（触点闭合或断开因各现场使用的触点类型不同）。示流信号器的作用各有不同，如水导润滑水示流信号器为 2 个触点，根据定值分别模拟水流使示流信号器的挡板产生位移，调整 2 个触点（触点的通断测试使用查线器或万用表）。

（4）动态试验：

1）在安装管路有水后进行。

2）打开示流器的端盖，在示流信号器的输出触点上分别接查线器或万用表。

3）慢慢开启示流信号器前的阀门，调整管路内水的流量（根据示流器指示，同时观察水压值也应符合定值），使之达到定值时，观察查线器或万用表的指示是否符合要求，如有偏差调整示流信号器的触点，使之符合定值要求；继续开启阀门使流量达到定值以上，查看触点是否符合要求。

4）慢慢关闭示流信号器前的阀门，降低管路内水的流量，观察流量降低到定值时触点的状况是否符合要求，直到阀门完全关闭。

5）反复测量 5 次，其动作值与返回值的误差不得超过整定值的±10%；调整结束后恢复示流信号器的端盖或上盖，将调整水流的阀门恢复到原始状态。

（5）试验拆线，检查所拆动过的端子或部件是否恢复，清理现场。

（6）整理试验数据（试验时间、天气、试验主要仪器及精度、试验数据、试验人）记录及分析。

（7）出具示流信号器试验报告。

五、注意事项

（1）操作前，确认机组工作状态。

（2）需要由 2 人以上完成检修及试验工作。

【思考与练习】

1. 简述示流信号器的原理。

2. 列举示流信号器的型式。

3. 简述示流信号器动态试验的步骤。

▲ 模块 40　桥式起重机检修后的整机运行试验
（新增 ZY5400602017）

【模块描述】本模块包含桥式起重机启动、并车、急停。通过对操作方法、步骤、注意事项的讲解和案例分析，掌握桥式起重机检修后的整机运行试验方法及步骤。

【模块内容】

一、作业内容

桥式起重机的电气系统由 PLC、人机界面装置、变频器、主副钩回馈单元、大小车制动电阻、编码器、主令手柄开关、主令按钮开关、主令选择开关、限位开关、超速开关、抱闸制动器、空气开关、交流接触器及中间继电器等组成。

（1）可编程控制器（PLC）：全系统的控制中心，判断控制指令的来源，输出相应的指令驱动变频器，检测系统的故障内容并进行相应的保护动作。

（2）人机界面：是操作人员与控制系统之间的桥梁，显示 PLC 的输入、输出状态，系统当前的主要故障信息，显示各变频器的备好信号，显示吊钩的高度等。

（3）变频器：是桥机运行的主要装置，通过输入端子接收 PLC 的控制信号，通过输出端子将变频器的状态信号发给 PLC，通过 U、V、W 端子驱动电动机并进行调速。

（4）主、副钩回馈单元：在吊钩下降及减速停车过程中将变频器直流母线上的多余能量回馈到电网中，防止变频器直流母线上的电压泵升。

（5）大、小车制动电阻：在大、小车减速停车过程中将变频器直流母线上的多余能量通过热能的形式散发掉，防止变频器直流母线上的电压泵升。

（6）编码器：是变频器闭环矢量控制的检测元件，安装在电机的尾部，将电机的转速信号转换成脉冲信号，通过 PG-B2 反馈卡送到变频器内部，变频器通过它来检测电机的转速是否正常。

（7）主令手柄开关、主令按钮开关、主令选择开关：是操作桥机的主要元件，通过它可以启动、停止、急停桥机。

（8）限位开关：对设备进行限位保护，主、副钩有 2 级上限开关，大车有左、右限位开关，小车有前、后限位开关。

（9）超速开关：主、副钩电机的尾部均有超速开关，当电机的转速超过 800r/min时，此开关动作，系统将切断相应抱闸的电源，进行吊钩保护。

本作业内容包括桥式起重机启动、并车、急停试验。

二、危险点分析与控制措施

（1）误触电。控制措施：绝缘测试作业完成后，应将所测设备加压端对地放电，确认无电后方可恢复；应隔离屏柜中的 TV/TA 一次回路与二次回路，避免信号反送到二次侧伤人；应按照《电力（业）安全工作规程》，验电后作业，必要时断开盘内的交流和直流电源；防止金属裸露工具与低压电源接触，造成低压触电或电源短路。

（2）误触碰。控制措施：应对可能引发误碰的回路、设备、元件设置防护带和悬挂警示牌。

（3）误整定。控制措施：应指定具有定值修改权限的人员修改定值，工作完成后应根据下达的整定单复核，复核正确后投入。

（4）仪器仪表损坏。控制措施：测量时不得超过仪器仪表允许的最大量程范围，以免损坏仪器仪表。

三、作业前准备

（1）作业前/后应按照工作票对隔离措施/恢复措施进行检查和确认。

（2）作业前应根据测量参数选择量程匹配、型号合适的仪表设备。

（3）作业前应检查仪器设备是否合格有效，对不合格的或有效使用期超期的应封存并禁止使用。

（4）作业前应检查、核对设备名称、编号、位置，发现有误或标识不清应立即停止操作。

（5）作业前应检查确认与本装置相关的其他二次设备的隔离措施是否到位。

（6）需要准备的工器具：万用表、行灯、验电笔、电工工具、测试导线、绝缘胶带、尼龙扎带。

四、操作步骤

（1）由安全门进入行车，并关好各道门及门联锁断路器，合上受电柜上的主断路器，观察主电压表的电压应为 380V±10%（否则请检查滑触线及供电系统）。

（2）将行车钥匙插入联动台上的启动钥匙孔，并置于"ON"位。

（3）先按联动台上的启动按钮，给系统供电，联动台上的电源灯可以指示启动是否成功。如无法启动，请检查各主令是否在零位，急停是否解除，安全门是否关好。

（4）联动台的电源指示灯点亮，提示启动成功。此时观察备好指示灯是否点亮，如无备好指示则系统有异常，请按复位按钮进行复位。备好指示灯亮，表示变频器已上电并准备就绪，等待主令运行（如按复位按钮却无备好指示灯响应，说明系统存在异常，具体异常信息参照侧屏上的显示）。

（5）联动台备好指示灯点亮，即可以依照程序要求，通过主令操作各机构运行。先用一挡启动，这样冲击较小，待启动稳定后依次加挡提速运行，减速反之（行车各机构均为变频调速，各挡位启动转矩相同，所以不需要采用高速挡启动）。

（6）行车具有并车联动功能，并车的操作为：

1）将 2 台车的 2 个主钩人工调好水平。

2）将 1 号车上的 2 条并车线接在 2 号车上相应的插头上。

3）将 1 号车上的选择开关旋至"并车"。

4）将 2 号车上的选择开关旋至"并车"。

5）将人机上的画面切换到"并车监控画面"，当该画面上的"本车备好""2 号车备好""并车正常"均为绿色指示时表明并车成功。

6）并车成功后，即可以在 1 号行车同时操控 2 台行车运行。

7）通过"并车监控画面"，可以监视 2 只钩的高度。

（7）如遇到紧急问题，请按联动台上的急停按钮，即可以利用电气断路器及主回路接触器切断行车的电源，此时联动台上的电源指示灯应该熄灭（按下急停后，先旋转急停按钮，解除急停，然后将主空气开关手柄按下，再抬起，对主空气开关进行复位）。

（8）起重机试验完毕后，应将主令回零位，30s 后使用停止按钮关断主电源，将钥匙开关置"OFF"位，取出钥匙由专人保管，确认断电成功，锁好各门，方可离车。

（9）试验拆线，检查所拆动过的端子或部件是否恢复，清理现场。

（10）整理试验数据（试验时间、天气、试验主要仪器及精度、试验数据、试验人）记录及分析。

（11）出具桥式起重机整机运行试验报告。

五、注意事项

（1）桥式起重机的基本操作属于高处作业，上下传递物件应用绳索拴牢传递，严禁上下抛掷物品。

（2）工作时应使用工具袋。

【思考与练习】

1. 简述桥式起重机的电气系统的组成。

2. 什么是桥式起重机变频器？

3. 简述并车操作的步骤。

▲ 模块 41　机组模拟试验（新增 ZY5400602018）

【模块描述】模块包含机组模拟试验试验条件检查、机组"空载—开机"静态试验、机组"空载—停机"静态试验、润滑水中断作用机组紧急事故停机试验、机组过速 $150\%N_e$ 作用于机组紧急事故停机试验、其他事故信号作用于机组事故停机试验。通过对操作方法、步骤、注意事项的讲解和案例分析，掌握机组模拟试验方法及步骤。

【模块内容】

一、作业内容

在检修工作完成后，检测机组调速器导水叶的动作状况，水车控制部分所有回路工作是否正常，辅助设备工作是否正常，试验过程中发现设备故障须及时处理，为机组动水试验做准备。

本作业内容包括机组模拟试验试验条件检查、机组"空载—开机"静态试验、机组"空载—停机"静态试验、润滑水中断作用机组紧急事故停机试验、机组过速 $150\%N_e$

作用于机组紧急事故停机试验、其他事故信号作用于机组事故停机试验。

二、危险点分析与控制措施

（1）误触电。控制措施：防止金属裸露工具与低压电源接触，造成低压触电或电源短路。

（2）误触碰。控制措施：应对可能引发误碰的回路、设备、元件设置防护带和悬挂警示牌。

（3）误整定。控制措施：应指定具有定值修改权限的人员修改定值，工作完成后应根据下达的整定单复核，复核正确后投入。

（4）仪器仪表损坏。控制措施：测量时不得超过仪器仪表允许的最大量程范围，以免损坏仪器仪表。

三、作业前准备

（1）作业前/后应按照工作票对隔离措施/恢复措施进行检查和确认。

（2）作业前应根据测量参数选择量程匹配、型号合适的仪表设备。

（3）作业前应检查仪器设备是否合格有效，对不合格的或有效使用期超期的应封存并禁止使用。

（4）作业前应检查、核对设备名称、编号、位置，发现有误或标识不清应立即停止操作。

（5）作业前应检查确认与本装置相关的其他二次设备的隔离措施是否到位。

（6）需要准备的工器具：信号发生器1台、万用表2块、手电筒、验电笔、试验用工作电源、电工工具、测试导线、绝缘胶带、尼龙扎带。

四、操作步骤

（1）检查试验条件。

1）进口门在落门位。

2）水车控制系统直流恢复正常。

3）油、水、气系统恢复正常。

4）机组出口断路器在分位。

（2）机组"空载—开机"静态试验。

1）检查无水车控制系统直流消失信号、无剪断销剪断信号、无事故低油压信号、无过速 $115\%N_e$ 信号、锁锭投入信号、空气围带无压力信号、刹车无压力信号、事故电磁阀未投信号、电制动未投信号是否正常。

2）对于不满足条件的开入点，可用短接线短接有关信号。

3）以上条件满足后，将测速装置设置为电气测速。

4）在测速装置电气输入端子接入工频电源，用于模拟发电机转速的升/降。

5）启动开机流程，对照流程注意观察有关开入、开出信号动作正确与否。

a. 合灭磁断路器：若灭磁断路器未动作，检查现场原因；若灭磁断路器合，程序跳过。

b. 拔锁锭：条件为灭磁断路器合、锁锭投入，若未动作，延时 60s 上报"锁锭未拔出"，检查现场原因；若锁锭拔出，程序跳过。

c. 投蜗壳供水电磁阀：条件为锁锭拔出、冷却水流中断，开出动作，延时 20s，检查冷却水建立，若蜗壳供水电磁阀未动作现场检查原因；若蜗壳供水电磁阀投入，程序跳过。

d. 投坝上供水电磁阀：条件 1 为锁锭拔出，条件 2 为润滑水正常，条件 3 为冷却水流建立或蜗壳供水（41DP）电磁阀投入动作。现地控制单元开出动作坝上供水电磁阀，延时 5s，查水导水压正常和润滑水正常动作，若坝上供水（43DP）电磁阀未动作，检查现场原因；若坝上供水（43DP）电磁阀投入，程序跳过。

e. 给调速器开机令：条件 1 润滑水正常，条件 2 水导水压正常，条件 3 锁锭已拔出，条件 4 转速小于 $95\%N_e$，条件 5 灭磁断路器合闸，开出动作；若导水叶未打开，延时 5min，报"开限打不开流程退出"。

f. 起励信号：条件 1 润滑水正常，条件 2 转速大于 $95\%N_e$，开出动作；若励磁装置电压未建立（达到机端电压的 80% 以上），延时 1min，报"建压失败"。

g. 电压建立，转速大于 $95\%N_e$，上报"停机至空载控制完成"。

（3）机组"空载—停机"静态试验。

1）发电机出口断路器在分闸位置，压油泵直流电源未消失，转速大于 $95\%N_e$。

2）由上位机或控制把手发停机令，或模拟机组事故，启动停机流程后，频率计缓慢降低转速，观察机组停机流程动作情况，在转速低于 $25\%N_e$ 时，注意观察加闸过程。做机组事故停机试验时，需分别模拟如下事故信号：事故低油压信号、无过速 $150\%N_e$ 信号、机组过速 $115\%N_e$ 遇调速器失灵信号、润滑水中断信号、保护出口继电器 BCJ 动作信号，注意观察 LCU 触摸屏控制流程执行情况。如需模拟润滑水中断信号作用于机组事故停机，则须将投备用润滑水的电磁阀开出信号拆除，并将事故信号持续 5s 以上。事故停机过程完成后，需将现场设备恢复正常（复归事故电磁阀、事故配压阀）。

3）停机过程中，对照流程注意观察开入、开出点动作正确与否。

a. 停机投逆变，开出是否动作。

b. 给调速器停机令，开出是否动作，若转速未小于 $50\%N_e$，延时 3min，上报信息"转速未下降流程退出"；若转速未小于 $25\%N_e$，延时 5min，上报信息"转速未下降流程退出"。

c. 转速小于 $25\%N_e$ 投机械制动，开出是否动作。

d. 转速小于 5%，投锁锭，切蜗壳供水电磁阀，切润滑水电磁阀，如备用润滑水电磁阀在投位，切备用润滑水电磁阀。

e. 检测机组转速小于 $5\%N_e$，机械制动已复归，蜗壳供水电磁阀、润滑水电磁阀、投锁锭、备用润滑水电磁阀在关。

f. 开机条件（机组出口断路器在分位、转速小于 $5\%N_e$、导水叶全关）满足，机组显示停机态。

4）停机过程完成后恢复接线。

（4）润滑水中断作用机组紧急事故停机试验。

1）机组非停机态，事故联片投；将投备用润滑水（44DP）电磁阀开出信号拆除。

2）模拟润滑水中断信号，观察是否投备用润滑水电磁阀。

3）润滑水中断信号持续 5s 后作用于机组事故停机，投事故电磁阀。

4）停机后复归事故电磁阀，复归投备用润滑水电磁阀开出信号。

（5）机组过速 $150\%N_e$ 作用于机组紧急事故停机试验。

1）机组非停机状态，相应事故联片投入。

2）模拟机组过速 $150\%N_e$ 信号。

3）作用于机组事故停机，投事故电磁阀，投事故配压阀，落快速门。

4）事故停机过程完毕，复归事故电磁阀、事故配压阀、提快速闸门，恢复试验接线。

（6）其他事故信号作用于机组事故停机试验（事故低油压、保护出口继电器 BCJ 动作、机组过速 $115\%N_e$ 遇调速器失灵、事故遇剪断销剪断）。

1）机组非停机态，相应事故联片投。

2）试验步骤同机组过速 $150\%N_e$ 试验。

（7）试验拆线，检查所拆动过的端子或部件是否恢复，清理现场。

（8）整理试验数据（试验时间、天气、试验主要仪器及精度、试验数据、试验人员）记录及分析。

（9）出具机组模拟试验报告。

五、注意事项

（1）当事故不遇剪断销剪断时只作用于事故停机，不动作事故配压阀，不落快速门（调速器失灵除外）。

（2）恢复测速装置机械使能开关至"NO"位。

（3）设专人检查流程和现场所有开入量、开出量动作正确性检查核对。

（4）测速模拟操作派有经验的人操作。

【思考与练习】

1. 简述润滑水中断作用机组紧急事故停机试验的步骤。

2. 简述机组"空载—停机"静态试验的步骤。

3. 简述机组模拟试验的条件。

◢ 模块 42　机组检修后启动运行试验（新增 ZY5400602019）

【模块描述】本模块包含机组检修后变压器冲击合闸试验、机组出口断路器假并试验、带负荷试验、甩负荷试验、机组试运行、机组启动试验结束工作。通过对操作方法、步骤、注意事项的讲解和案例分析，掌握机组检修后启动运行试验方法及步骤。

【模块内容】

一、作业内容

机组经过检修并且各个部件重新安装测试后，需要整体检验机组运行状况。启动运行试验是为检验机组修后整体运行状况，在试验中检测各个部件及各装置的工作运行情况是否符合系统运行的标准，是一次全面的检查和校验。

本作业内容包括机组检修后变压器冲击合闸试验、机组出口断路器假并试验、带负荷试验、甩负荷试验、机组试运行、机组启动试验结束工作。

二、危险点分析与控制措施

（1）误触电。控制措施：应按照《电力（业）安全工作规程》，验电后作业，必要时断开盘内的交流和直流电源；防止金属裸露工具与低压电源接触，造成低压触电或电源短路。

（2）误触碰。控制措施：应对可能引发误碰的回路、设备、元件设置防护带和悬挂警示牌。

（3）误整定。控制措施：应指定具有定值修改权限的人员修改定值，工作完成后应根据下达的整定单复核，复核正确后投入。

（4）仪器仪表损坏。控制措施：测量时不得超过仪器仪表允许的最大量程范围，以免损坏仪器仪表。

三、作业前准备

（1）作业前/后应按照工作票对隔离措施/恢复措施进行检查和确认。

（2）作业前应根据测量参数选择量程匹配、型号合适的仪表设备。

（3）作业前应检查仪器设备是否合格有效，对不合格的或有效使用期超期的应封存并禁止使用。

（4）作业前应检查、核对设备名称、编号、位置，发现有误或标识不清应立即停

止操作。

（5）作业前应检查确认与本装置相关的其他二次设备的隔离措施是否到位。

（6）需要准备的工器具：万用表、测试仪表、验电笔、电工工具、测试导线、绝缘胶带。

四、操作步骤

（一）试验项目：变压器冲击合闸试验

（1）机组模拟试验交票，运行恢复措施操作完毕，试验前将系统倒出一条空母线。

（2）一次系统接线如图 2-6-30 所示，检查机组在停机状态，644 断路器在分位，604 断路器及 604 甲、乙隔离开关在分位，643 隔离开关在分位，主变压器中压侧 3014 断路器及甲、乙隔离开关在分位，主变压器高压侧 0624 断路器在分位，合上 4B 号主变压器高压侧 0624 下隔离开关，联系调度，合上主变压器中性点隔离开关。

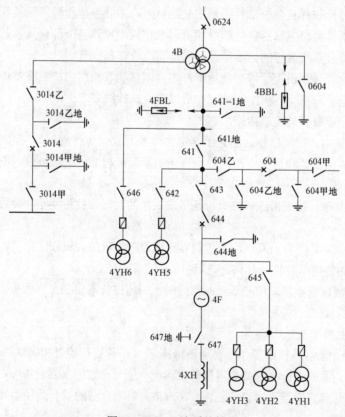

图 2-6-30 一次系统接线

（3）投入变压器冷却系统装置，投入变压器所有保护，将母差保护退出运行。

（4）将主变压器高压侧过负荷保护定值改为 1A，延时时间改为 0s，准备用该保护动作录制变压器励磁涌流。

（5）联系调度，合主变压器高压侧断路器，冲击合闸 3 次，每次间隔约 10min，现场监视主变压器有无异常，检查主变压器差动保护及瓦斯保护的工作情况，检查主变压器差动保护躲避励磁涌流的能力，录制主变压器冲击合闸时的励磁涌流波形图，检查母线差动保护工作情况。

（6）冲击试验后，对主变压器取油样进行色谱分析，做好相关措施，将主变压器高压侧过负荷保护定值改回原定值。

（二）试验项目：机组出口断路器假并试验

（1）机组模拟试验交票，运行恢复措施操作完毕。

（2）做好出口断路器假并试验各项准备工作及措施。

（3）检查发电机出口 644 断路器在分位，643 隔离开关在分位，641 隔离开关在合位，604 断路器及 604 甲、乙隔离开关在分位，主变压器中压侧 3014 断路器及甲、乙隔离开关在分位。合上主变压器高压侧 0624 下隔离开关。

（4）断开励磁调节器控制回路中的出口断路器触点，断开调速器控制回路中出口断路器触点。

（5）将试验用"羊角变"二次侧接线完成，二次电压引至机旁外接电压表，将同期装置滑差电压引至机旁另一只外接电压表。

（6）试验接线检查无误后，用计算机自动开机至空载，运行稳定后，进行转子接地保护测量整定，进行轴电压测量。

（7）测量完成后，合上 0624 断路器。

（8）现地启动 644 断路器同期装置，合 644 断路器，观察同期装置发合闸脉冲瞬间电压表 2 指针是否在零位。

（9）出口断路器合闸后，将"羊角变"一次侧接至 643 隔离开关两侧，在机旁盘观察两块电压表摆动幅度是否一致，若不一致，必要时停机检查。

（10）试验结束后，自动停机。准备开机带负荷措施，将所有试验接线拆除，所有措施恢复，各设备恢复备用状态。

（三）试验项目：带负荷试验

（1）机组模拟试验交票，运行恢复措施操作完毕。

（2）先进行主变压器高压侧带负荷试验，检查确认主变压器中压侧 3014 断路器及甲、乙隔离开关在分位，604 断路器及甲、乙隔离开关在分位，做好其他开机带负荷相关措施。

（3）带负荷前将发电机、变压器差动保护退出，后备保护投入。

（4）联系调度，用计算机自动开机至发电。

（5）机组并网后，根据系统情况带 20%左右负荷。

（6）检查发电机、变压器差动保护差流是否异常，测量母线保护差压、差流是否正常，无异常后将发电机、母线差动保护投入；在中性点隔离开关处外接接地电阻，进行发电机 3W 定子接地保护现场整定。

（7）整定试验结束后，合上主变压器中压侧 3014 甲、乙隔离开关和中压侧 3014 断路器。

（8）检查变压器差动保护差流是否异常，无异常后将变压器差动保护投入。

（9）检查发电机和变压器各侧二次电压、电流幅值、相位、相序是否正确。

（10）检查故障录波器所录变压器电流是否正常，检查监控系统百抄表显示是否正常。

（11）进行功率调节试验，分别用监控系统进行手动增减方式和数字给定方式功率调节试验。按额定负荷的 25%、50%、75%、100%进行调节，在不同的负荷点进行推力、上导轴瓦温度及振动、摆度、压力数值等的测量。

（12）在最大负荷运行时，选择机组并网调速器最优运行参数。

（13）进行调速器开度模式和频率模式切换试验。

（四）试验项目：甩负荷试验

（1）机组模拟试验交票，运行恢复措施操作完毕。

（2）甩负荷前，切开主变压器中压侧 3014 断路器及甲、乙隔离开关。

（3）检查发电机各部无异常后，将机组负荷调整到额定负荷的 25%。

（4）做好甩负荷试验准备，记录各有关数据，通过试验获得接力器行程、转速的上升率，测接力器不动时间。

（5）机组进行甩 25%额定负荷试验。

（6）将机组并网带 50%额定负荷，进行甩负荷试验。

（7）将机组并网带 100%额定负荷（以定子电流为基准），进行甩负荷试验。

（8）进行机组相关数据测量和记录，包括机组的稳定性、调速系统的动态调节品质，记录转速、导叶、轮叶的接力器行程的过渡过程，同时观察蜗壳水压上升情况以及定子电压、主轴摆度、水导水压情况。

（9）甩负荷试验过程中，要严密监视各设备运行情况，遇有异常情况立即停止试验进行检查。

（10）试验结束后，对设备进行全面检查。

（11）将 220kV 系统恢复固定连接方式。

（五）机组试运行

（1）机组模拟试验交票，运行恢复措施操作完毕。

（2）以上全部试验结束后，用计算机自动开机并网，调整机组负荷至额定。

（3）严密监视水导瓦运行情况，监视并记录机组各测点、各部件温度，开始每10min 记录一次，待稳定后，每 1h 记录一次，遇有温度异常升高或水导瓦运行异常立即停机检查。

（4）试运行 72h 后，联系调度停机，进行缺陷故障检查处理。

（5）全部检查无异常后，经批准交付系统。

（六）机组启动试验结束工作

（1）试验拆线，检查所拆动过的端子或部件是否恢复，清理现场。

（2）整理试验数据（试验时间、天气、试验主要仪器及精度、试验数据、试验人）记录及分析。

（3）出具机组启动运行试验报告。

五、注意事项

（1）调速器试验按照制定方案和调速器试验操作标准进行。

（2）励磁系统试验按照励磁相关试验操作进行。

（3）假并试验按照监控系统试验的操作要求进行。

【思考与练习】

1. 简述机组修后启动运行试验的作用。

2. 如何进行带负荷试验？

3. 如何进行甩负荷试验？

模块 43　自动化元件振动、摆度及轴向位移监测装置的检测（新增 ZY5400603001）

【模块描述】本模块包含自动化元件振动、摆度及轴向位移监测装置的检测。通过对操作方法、步骤、注意事项的讲解和案例分析，掌握自动化元件振动、摆度及轴向位移监测装置的检测方法及步骤。

【模块内容】

一、作业内容

为了提高水电机组的经济效益，延长检修周期，减少检修费用，增加可发电时间，状态检修已经成为发展趋势。开展水电机组的状态检修需要可靠的在线监测装置，凭借人们的经验，充分利用现代化工具和手段，即在线监测分析软件，准确地判断机组的各部件故障，运行状况和劣化趋势。

监测装置组成分为硬件和软件两个部分，其中硬件包括各种传感器层、信号采集装置、信号处理装置、服务器层、BS 浏览器终端等。

本作业内容包括自动化元件振动、摆度及轴向位移监测装置的检测。

二、危险点分析与控制措施

（1）误触电。控制措施：应按照《电力（业）安全工作规程》，验电后作业，必要时断开盘内的交流和直流电源；防止金属裸露工具与低压电源接触，造成低压触电或电源短路。

（2）误触碰。控制措施：应对可能引发误碰的回路、设备、元件设置防护带和悬挂警示牌。

（3）误整定。控制措施：应指定具有定值修改权限的人员修改定值，工作完成后应根据下达的整定单复核，复核正确后投入。

（4）仪器仪表损坏。控制措施：测量时不得超过仪器仪表允许的最大量程范围，以免损坏仪器仪表。

三、作业前准备

（1）作业前/后应按照工作票对隔离措施/恢复措施进行检查和确认。

（2）作业前应根据测量参数选择量程匹配、型号合适的仪表设备。

（3）作业前应检查仪器设备是否合格有效，对不合格的或有效使用期超期的应封存并禁止使用。

（4）作业前应检查、核对设备名称、编号、位置，发现有误或标识不清应立即停止操作。

（5）作业前应检查确认与本装置相关的其他二次设备的隔离措施是否到位。

（6）需要准备的工器具：万用表、验电笔、电工工具、常用工器具、塞尺、测试导线、绝缘胶带、尼龙扎带。

四、操作步骤

（1）检修后按照技术要求调整测试元件的间隙。

（2）使用手动测量值核对监测装置指示的正确性，监测装置指示值应与实测值相符。

（3）监测装置指示值与实测值不相符的，调整传感器测试距离，调整的范围是 0.4～2.4mm。

（4）传感器探头安装时距离大轴为 1.4mm，松动探头的固定螺母，或近或远稍微改变距离，不能超出调整范围，比对显示数据与实际人工测量值，在最准确的位置固定探头。

（5）出具振动、摆度及轴向位移监测装置的检测报告。

五、注意事项

（1）调整传感器探头时设专人监护。

（2）若测量结果与额定值误差超过规定值，则更换传感器。

【思考与练习】

1. 简述监测装置硬件构成。

2. 如遇监测装置指示值与实测值不相符时应如何处理？

3. 如何调整传感器探头安装位置？

▲ 模块 44　测温仪表零点、满度的校准（新增 ZY5400603002）

【模块描述】 本模块包含仪表零点的校准、仪表满度的校准。通过对操作方法、步骤、注意事项的讲解和案例分析，掌握测温仪表零点、满度的校准方法及步骤。

【模块内容】

一、作业内容

DAS-Ⅳ型测温系统由多功能巡测子站、各个测点的测温元件组成。

运行人员实时监视定子绕组、上导轴承、上导瓦、推力瓦、上导油槽、推力油槽、冷风、热风等的温度，有利于掌控机组的运行状况。水电厂一般根据机组的设计都设有温度过高作用于事故停机跳闸的保护，所以对测温元件的选择、安装、设置等就显得尤为重要了，经过多年的运行实践证明，由于测温元件自身质量、安装不牢靠、监控系统逻辑设置等原因可能会造成机组误跳闸的问题，因此现今的水电站采取温度过高停机跳闸的回路，避免上述因素，提高机组运行的可靠性。

DAS-Ⅳ型测温装置具有温度巡测及温度升高和过高的报警功能，且具有现地显示功能，通过串口与上位机交换数据，能够直接与各种 PLC 或其他监控系统实现通信，便于运行及维护人员的监视。

巡测子站对不同类型的被测信号需要分别调整零点和满度，但同类信号只要调其中一个就可以了。电阻信号只要将锰铜热电阻（Cu50）的零点和满度调准即可，铂热电阻（Pt100）就不需要再调准。具体调准方法以校正 Cu50 为例说明。

二、危险点分析与控制措施

（1）误触电。控制措施：应按照《电力（业）安全工作规程》，验电后作业，必要时断开盘内的交流和直流电源；防止金属裸露工具与低压电源接触，造成低压触电或电源短路。

（2）误触碰。控制措施：应对可能引发误碰的回路、设备、元件设置防护带和悬

挂警示牌。

（3）误整定。控制措施：应指定具有定值修改权限的人员修改定值，工作完成后应根据下达的整定单复核，复核正确后投入。

（4）仪器仪表损坏。控制措施：测量时不得超过仪器仪表允许的最大量程范围，以免损坏仪器仪表。

三、作业前准备

（1）作业前/后应按照工作票对隔离措施/恢复措施进行检查和确认。

（2）作业前应根据测量参数选择量程匹配、型号合适的仪表设备。

（3）作业前应检查仪器设备是否合格有效，对不合格的或有效使用期超期的应封存并禁止使用。

（4）作业前应检查、核对设备名称、编号、位置，发现有误或标识不清应立即停止操作。

（5）作业前应检查确认与本装置相关的其他二次设备的隔离措施是否到位。

（6）需要准备的工器具：万用表、标准电阻箱、验电笔、电工工具、测试导线、绝缘胶带、尼龙扎带。

四、操作步骤

（1）仪表零点的校准。

1）拧下后盖板上的 4 个固定螺丝，将仪表从外壳中抽出，接通电源。

2）先将第一点的传感器型号设为锰铜热电阻（Cu50）。

3）将热电阻第一点接到标准电阻箱，电阻箱调在 50Ω 上，即锰铜热电阻（Cu50）零点。

4）按动"巡/定"键使巡测仪定测在第一点上，调整锰铜热电阻（Cu50）零点电位器 W1，使巡测仪第一点显示：000.0。

（2）仪表满度的校准。

1）将标准电阻箱调在 82.13Ω（满量程 150.00℃）。

2）使巡测仪定测在第一点上，调节锰铜热电阻（Cu50）满度电位器 W4，使巡测仪显示 150.00，这样就完成了满度的校准。

3）其他信号的调准方法和电阻一样。

4）调整电位器如图 2-6-31 所示。

（3）出具测温仪表零点、满度的校准工作报告。

五、注意事项

（1）不熟悉仪表的非技术人员不要操作仪表或打开仪表。

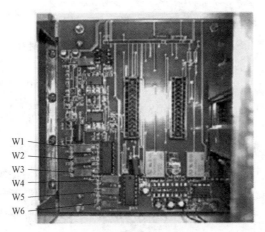

图 2-6-31　电位器调整

W1—4～20mA 调零；W2—热电偶调零；W3—热电阻调零；W4—4～20mA 调满度；

W5—热电偶调满度；W6—热电阻调满度

（2）仪表在安装、调试、使用过程中，严禁在输入信号端子上串入交直流高压，否则将导致仪表损坏。

（3）仪表要按规定进行定期调校。

【思考与练习】

1. 为何现今的水电站都取消温度过高停机跳闸的回路？

2. 简述测温仪表零点的校准方法。

3. 简述测温仪表满度的校准方法。

▶ 模块 45　状态监测装置的预警信息分析（新增 ZY5400603003）

【模块描述】本模块包含状态监测装置、软件系统组成、预警分析、时域图分析、阶次比图分析、轴心轨迹分析、频谱图分析、瀑布图分析、级联图分析、相位图分析、空间轴线图分析。通过对操作方法、步骤、注意事项的讲解和案例分析，掌握状态监测装置的预警信息分析方法。

【模块内容】

一、作业内容

为了提高水电机组的经济效益，延长检修周期，减少检修费用，增加可发电时间，状态检修已经成为发展趋势。开展水电机组的状态检修需要可靠的在线监测装置，凭借人们的经验，充分利用现代化工具和手段，即在线监测分析软件，准确地判断机组的各部件故障，运行状况和劣化趋势。

1. 状态监测装置 PSTA2000 硬件系统硬件组成及体系结构

PSTA2000 系统体系结构如图 2-6-32 所示。从网络结构上看，PSTA2000 系统由状态监测局域网和电厂局域网两套 TCP/IP 局域网组成，虽然电厂局域网并非由本项目的建设内容（它采用了电厂已建立的 MIS 系统的硬件和网络平台），所以也是 PSTA2000 系统的重要组成部分。

从信号处理的角度看，PSTA2000 系统由传感器层、信号采集、信号处理、服务器层、BS 浏览器终端 5 层结构组成。在某些地方，信号采集和信号预处理两层功能可能由同一个硬件完成。

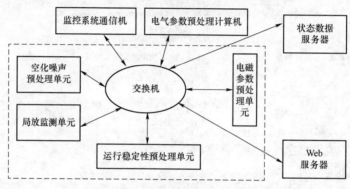

图 2-6-32　PSTA2000 系统体系结构

各预处理计算机与服务器之间的网络通信关系如图 2-6-33 所示。

2. 状态监测装置 PSTA2000 软件系统组成

PSTA2000 系统的软件主要有以下几个模块组成：数据采集及预处理、网络通信及数据转换、应用服务程序模块、系统配置程序模块、客户端软件模块、组态工具模块等。

现地单元分别由信号采集及预处理单元（SPU）、传感器工作电源箱、液晶显示器、共享器和 UPS 等单元组成。

本作业内容包括状态监测装置、软件系统组成、预警分析、时域图分析、阶次比图分析、轴心轨迹分析、频谱图分析、瀑布图分析、级联图分析、相位图分析、空间轴线图分析。

二、危险点分析与控制措施

（1）误触电。控制措施：应按照《电力（业）安全工作规程》，验电后作业，必要时断开盘内的交流和直流电源；防止金属裸露工具与低压电源接触，造成低压触电或电源短路。

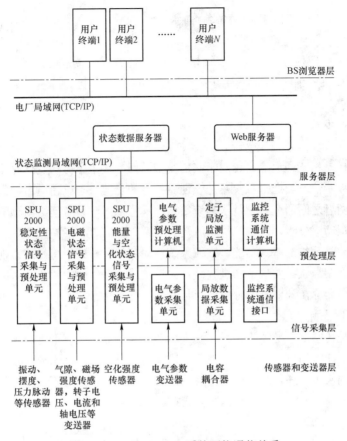

图 2-6-33　PSTA2000 系统网络通信关系

（2）误触碰。控制措施：应对可能引发误碰的回路、设备、元件设置防护带和悬挂警示牌。

（3）误整定。控制措施：应指定具有定值修改权限的人员修改定值，工作完成后应根据下达的整定单复核，复核正确后投入。

（4）仪器仪表损坏。控制措施：测量时不得超过仪器仪表允许的最大量程范围，以免损坏仪器仪表。

三、作业前准备

（1）作业前/后应按照工作票对隔离措施/恢复措施进行检查和确认。

（2）作业前应根据测量参数选择量程匹配、型号合适的仪表设备。

（3）作业前应检查仪器设备是否合格有效，对不合格的或有效使用期超期的应封存并禁止使用。

（4）作业前应检查、核对设备名称、编号、位置，发现有误或标识不清应立即停止操作。

（5）作业前应检查确认与本装置相关的其他二次设备的隔离措施是否到位。

（6）需要准备的工器具：万用表、行灯、验电笔、电工工具、测试导线、绝缘胶带。

四、操作步骤

1. 预警分析

预警分析是指某通道信号相对于其历史信号而言发生了微弱变化时系统给出的机组状态变化提示信息。通常预警是把该通道信号的当前值与该通道对应的标准值进行比较后，若两者之间的变化超过了系统给定的阈值范围，系统就给出预警信息。预警可分为基于振动谱分析、时域信号均值及其他组合参量的预警 3 种类型。

预警功能是系统的基本功能，它在系统启动后就一直处于运行或监视状态，一旦系统某通道的信号状态发生了超过系统预先设定或自动生成的阈值，系统就记录下发生预警的通道名称，预警发生时的运行时间、机组工况等。

2. 时域图分析

时域图是传感器信号经放大、滤波、A/D 变换等处理后，用所得到的离散数据做出的信号幅值随时间变化的图形或波形，这里的信号幅值可以代表位移、速度、加速度等物理量的大小。通过时域信号波形图，可以看到信号幅值随时间变化的规律，同时可提取出若干典型数字特征来描述其状态，如均值、方差、最大峰—峰值等。

3. 阶次比图分析

阶次比主要是针对机组升速或降速过程的时域数据进行频域分析的一种有效方法。当然也可以对稳态数据作阶次比分析，但这时的分析结果同功率谱分析没有大的区别。其基本原理是：假若能使采样频率的改变与旋转转速同步起来，那么此时分析显示的转速频率及其各次谐波在频谱图上的位置，会明确地保持在其确定的位置，因转速波动使频谱图上转速的频率分量变得模糊的现象就可以消除，各次谐波分量就可以清楚地区分开来。

4. 轴心轨迹分析

轴心轨迹是指在给定的转速下，轴心相对于轴承座或对地，在其与轴线垂直的平面内的运动轨迹，这一轨迹为平面曲线，因此需在转轴轴承座相互垂直的方向上安装两个电涡流位移传感器来测量。它可反映转轴在旋转时轴心运动的轨迹。它是在转轴轴承座上安装两个互成 90°的电涡流位移传感器，将它们测得的时域数据直接或按特定要求作滤波处理后在 XOY 直角坐标系中做出轨迹图，这样得到的二维图形称为轴心轨迹，它反映了轴径中心在轴承座中运动的轨迹，一般轴心轨迹图中还应包含键相信号，标示轴心运动的起始点。根据轴心轨迹的形状可以判别轴颈中心的运动状态，如轴上预载荷是否有变化，轴与轴承孔是否同心、轴间隙是否正常等。正常状态时，轴心轨迹应是圆形。所以，通过观察、监视转子的轴心轨迹，可以得到以下信息：

（1）轴与轴承的同心度问题。

（2）可监测转子径向预载或外力的变化以及碰磨情形等。

5. 频谱图分析

频谱图是信号分析中常用的一种频域分析方法。它是将时域信号通过 FFT 变换展开成若干频率成分之和，从而分析信号的频率成分及各分量的能量大小（通过幅值来衡量），这就相当于把问题从一个域转换到另一个域来分析，即换一个角度来看问题。一般用信号的幅值谱来分析一个具体问题。从功率谱图上可以看出信号中的频率成分、各已知特征频率处对应的幅值（即相应时域信号中某频率成分的能量），并且可以发现异常频率成分。若某一时期，某个传感器信号的功率谱图上出现有某种故障的特征频率，则一定是有此故障发生。

6. 瀑布图分析

瀑布图是以时间、负荷、功率或温度等参量作为第三维坐标绘制的频谱曲线集合，取不同的第三维坐标绘制的瀑布图可形象地展现旋转机械振动信号频谱随上述各种参量的变化过程。简言之，瀑布图就是将不同转速、时间、负荷或功率下的若干个频谱图绘制在一张图上，以便观察、比较，找出随这些量变化显著或较明显的特征参量，它适用于有微小速度波动的稳态过程。

7. 级联图分析

级联图是以转速等参量作为第三维坐标绘制的频谱曲线集合，可形象地展现旋转机械振动信号频谱随转速的变化过程。简言之，级联图就是将不同转速下的若干个频谱图绘制在一张图上，以便观察、比较，找出变化显著或较明显的特征参量，它适用于升、降速过程。实现方法基本上与瀑布图相同，不同之处在于这里第三维坐标是时间，即一段时间内信号谱图随时间的变化情况，而且这里考虑的是机组的升、降速过程。

8. 相位图分析

在旋转机械监测系统以及动平衡工作中，相位是其中最重要的监测参数之一，而且在旋转机械振动测试中，相位具有特定的含义，它是指基频振动相对于转轴上某一确定标记的相位滞后。在动平衡工作中，它指明了加重或去重的方位角，在监测系统中，它可以帮助诊断机器故障。

9. 空间轴线图分析

空间轴线实质上是为了监测机组轴线的变化而加进系统的一个分析方法。主要实现方法是：利用安装间隙、轴颈半径以及各导轴承 X、$-Y$ 方向轴振信号的幅值平均值，求出轴径中心相对于轴承中心的偏心距及角度，从而确定出 3 个导轴承处轴中心的位置，把这 3 个中心连接起来，就得到轴径中心的连线，即空间轴线。实际作图时，同时做出了上导、下导及水导 3 个导轴承的轴心轨迹，以便更清楚地看到轴径空间轴线的变化情况，其本质就是轴中心线位置分析。

10. 出具报告

出具状态分析报告。

五、注意事项

（1）状态监测装置的维护及操作，应遵守计算机维护及操作的规定。

（2）加强对调试工具的专业管理，使用前应对调试用专用工具进行检查，确认其工作良好。

（3）电脑在进行下载操作前必须进行版本的比对，确认调试电脑中版本与设备上的一致，禁止使用非专业电脑进行程序下载等工作，避免病毒侵入。

【思考与练习】

1. 什么是预警分析？

2. 什么是时域图？

3. 简述空间轴线图分析方法。

▲ 模块 46　桥式起重机的维护和常见故障的排查
（新增 ZY5400603004）

【模块描述】本模块包含桥式起重机的系统无法启动故障、主钩不动故障、主钩无反应故障、副钩不动故障、副钩无反应故障、大车一个方向不动故障、大车某个挡位不动故障、大车每个挡位都不动、小车一个方向不动故障、小车某个挡位不动故障、小车每个挡位都不动故障。通过对操作方法、步骤、注意事项的讲解和案例分析，掌握桥式起重机的维护和常见故障的排查方法及步骤。

【模块内容】

一、作业内容

桥式起重机的电气系统由 PLC、人机界面装置、变频器、主副钩回馈单元、大小车制动电阻、编码器、主令手柄开关、主令按钮开关、主令选择开关、限位开关、超速开关、抱闸制动器、空气开关、交流接触器及中间继电器等组成。

本作业内容包括桥式起重机的系统无法启动故障处理、主钩不动故障处理、主钩无反应故障处理、副钩不动故障处理、副钩无反应故障处理、大车一个方向不动故障处理、大车某个挡位不动故障处理、大车每个挡位都不动故障处理、小车一个方向不动故障处理、小车某个挡位不动故障处理、小车每个挡位都不动故障处理。

二、危险点分析与控制措施

（1）误触电。控制措施：应按照《电力（业）安全工作规程》，验电后作业，必要时断开盘内的交流和直流电源；防止金属裸露工具与低压电源接触，造成低压触电或电源短路。

（2）误触碰。控制措施：应对可能引发误碰的回路、设备、元件设置防护带和悬挂警示牌。

（3）仪器仪表损坏。控制措施：测量时不得超过仪器仪表允许的最大量程范围，以免损坏仪器仪表。

三、作业前准备

（1）作业前/后应按照工作票对隔离措施/恢复措施进行检查和确认。

（2）作业前应根据测量参数选择量程匹配、型号合适的仪表设备。

（3）作业前应检查仪器设备是否合格有效，对不合格的或有效使用期超期的应封存并禁止使用。

（4）作业前应检查、核对设备名称、编号、位置，发现有误或标识不清应立即停止操作。

（5）作业前应检查确认与本装置相关的其他二次设备的隔离措施是否到位。

（6）需要准备的工器具：万用表、行灯、验电笔、电工工具、测试导线、绝缘胶带、尼龙扎带。

四、操作步骤

1. 系统无法启动故障的处理

（1）检查受电柜电压表指示是否异常，检查接线及系统电源，受电柜空气开关是否闭合。

（2）检查联动台电源指示灯是否点亮，检查控制变压器回路，受电柜空气开关是否闭合。

（3）检查各主令是否在零位，将各主令置零位。

（4）检查各安全门是否关好，将各安全门关好。

（5）检查钥匙开关是否置"ON"位，将钥匙开关置"ON"位。

（6）检查急停开关是否解除，将急停开关旋转复位。

（7）检查零位接触器控制回路。

2. 主钩不动故障的处理

（1）主钩上升不动另外一个方向还可以动，证明变频器正常。

（2）观察主钩上限继电器是否吸合。

（3）观察 Y40（2 号小车前进）是否有输出（有指示灯）。

（4）检查 X02（吊钩 2 速度）、X03（吊钩 3 速度）是否有输入。

（5）检查主钩上限位开关。

（6）检查主令及主令连线。

3. 主钩无反应故障的处理

（1）观察备好指示灯是否点亮。

（2）主令的 COM（PLC 输入信号公共端）是否开路。

（3）变频器的 COM（PLC 输入信号公共端）是否开路。

（4）检查变频器面板的显示，若有异常信息，参照变频器异常处理说明处理。

4. 副钩不动故障的处理

（1）副钩一个方向不动另外一个方向还可以动，证明变频器正常。

（2）观察副钩上限继电器是否吸合，有指示灯指示，检查副钩上限位开关。

（3）观察 Y50（LANP 异常）是否有输出（有指示灯），检查 X02（吊钩 2 速度）、X03（吊钩 3 速度）是否有输入。

（4）检查主令及主令连线。

5. 副钩无反应故障的处理

（1）观察备好指示灯是否点亮。

（2）变频器异常，检查变频器面板的显示，若有异常信息，参照变频器异常处理说明处理。

（3）主令的 COM（PLC 输入信号公共端）是否开路、变频器的 COM（PLC 输入信号公共端）是否开路。

6. 大车一个方向不动故障的处理

（1）观察限位继电器是否动作。

（2）检查限位开关是否动作。

（3）检查可编程控制器（PLC）至变频器的控制线是否开路。

（4）检查主令线 X22（小车后退）、X23（小车 2 速）。

（5）观察速度信号 Y61（1 号钩抱闸）、Y62（抱闸安全接触器励磁）是否有输出。

7. 大车某个挡位不动故障的处理

（1）观察大车速度信号 Y61（1 号钩抱闸）、Y62（抱闸安全接触器励磁）、Y63（2 号钩抱闸）、Y66（前 2 钩风机接触器）、Y67（后 2 钩风机接触器）是否有输出。

（2）检查大车主令信号 X21（小车前进）、X22（小车后退）、X23（小车 2 速）、X24（小车 3 速）、X25（小车 4 速）、X26（前 2 钩闸接近 1）是否输入。

（3）检查大车主令开关。

8. 大车每个挡位都不动故障的处理

（1）观察整车备好指示参照整机无法启动处理。

（2）观察速度信号 Y61（1 号钩抱闸）、Y62（抱闸安全接触器励磁）是否有输出。

（3）检查可编程控制器（PLC）与变频器的控制线是否开路。

（4）检查主令信号是否输入、依据动作原因解除。

9. 小车一个方向不动故障的处理

（1）检查限位开关是否动作。

（2）观察限位继电器是否动作。

（3）检查可编程控制器（PLC）至变频器的控制线是否开路。

（4）检查主令线 X32（1 号钩异常）、X33（大车异常）。

（5）观察 Y70（安全控制接触器位置）、Y71（零位接触器位置）是否有输出。

10. 小车某个挡位不动故障的处理

（1）观察小车速度信号 Y70（安全控制接触器位置）、Y71（零位接触器位置）、Y75（小车正常）、Y76（L20 正常）、Y77（异常）是否有输出。

（2）检查小车主令信号 X32（1 号钩异常）、X33（大车异常）、X34（1 号小车异常）、X35（2 号小车异常）、X36（回馈异常）是否输入。

（3）检查小车主令开关。

11. 小车每个挡位都不动故障的处理

（1）观察整车备好指示，参照整机无法启动处理。

（2）观察小车速度信号 Y70（安全控制接触器位置）、Y71（零位接触器位置）是否输出。

（3）检查可编程控制器（PLC）与变频器的控制线是否开路。

（4）检查主令信号是否输入、依据动作原因解除。

12. 出具报告

出具桥式起重机的电气系统故障处理报告。

五、注意事项

（1）检修、故障处理时属于高处作业，上下传递物件应用绳索拴牢传递，严禁上下抛掷物品。

（2）工作时应使用工具袋。

（3）检查时应注意，一定要切断电源，待表面的 LED 全部熄灯，经过 1min（30kW 以上的变频器 3min 以上）后再进行检查，若切断电源后立刻触摸端子，会有触电的危险。

（4）变频器由很多零部件组装构成，为了使其长期持续正常动作，有必要根据这些零部件的使用寿命进行定期检查、保养及更换。

【思考与练习】

1. 简述桥机系统无法启动故障的处理方法。
2. 简述主钩无反应故障的处理方法。
3. 在进行桥机检查时应注意哪些问题？

▲ 模块 47   测温系统的调试（新增 ZY5400603005）

【模块描述】本模块包含测温系统仪表参数设定方法、采样点数和通信地址的设定、传感器型号的设定、线阻修正值的设定、低报警限值的设定、高报警限值的设定、测量开与闭的设定。通过对操作方法、步骤、注意事项的讲解和案例分析，掌握测温系统的调试方法及步骤。

【模块内容】

一、作业内容

以 DAS-IV 型测温系统为例说明，测温系统前面板如图 2-6-34 所示。

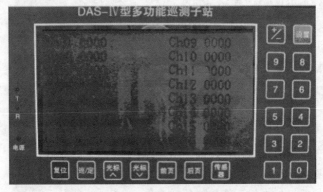

图 2-6-34　测温系统前面板

T、R 两个指示灯指示串口通信的状态，电源指示灯指示仪表输入电源有无接通，"复位"键是使仪表进入正常测量状态。"巡/定"键是改变测量显示为巡测或定测，按键时两种状态交替出现，定测时在定测点的后面有一光标显示，用光标键可以选择定测点，定测点超出当前显示页后，可用"后页""前页"键翻屏，找到定测点的位置。"传感器"键用于选择测量点传感器型号，按此键循环显示传感器型号，直到与所接传感器一致为止。

"设置"键：当仪表复位后自动进入巡测状态，只有按动此键才能将仪表退出测量状态。10 个数字键用来输入数字。"+/−"键是在设定报警限值或线路电阻补偿值时选择负号用的，当要扣除线阻时，一定要将设定的线阻温度值前加"−"号，当报警限值小于 0℃时，也要将前面加上"−"号，此键还有复制功能，在设置参数时，可将当前点参数复制到下一点。

本作业内容包括测温系统仪表参数设定方法、采样点数和通信地址的设定、传感器型号的设定、线阻修正值的设定、低报警限值的设定、高报警限值的设定、测量开与闭的设定。

二、危险点分析与控制措施

（1）误触电。控制措施：防止金属裸露工具与低压电源接触，造成低压触电或电源短路。

（2）误触碰。控制措施：应对可能引发误碰的回路、设备、元件设置防护带和悬挂警示牌。

（3）误整定。控制措施：应指定具有定值修改权限的人员修改定值，工作完成后应根据下达的整定单复核，复核正确后投入。

（4）仪器仪表损坏。控制措施：测量时不得超过仪器仪表允许的最大量程范围，以免损坏仪器仪表。

三、作业前准备

（1）作业前/后应按照工作票对隔离措施/恢复措施进行检查和确认。

（2）作业前应根据测量参数选择量程匹配、型号合适的仪表设备。

（3）作业前应检查仪器设备是否合格有效，对不合格的或有效使用期超期的应封存并禁止使用。

（4）作业前应检查、核对设备名称、编号、位置，发现有误或标识不清应立即停止操作。

（5）需要准备的工器具：万用表、验电笔、电工工具、测试导线、绝缘胶带。

四、操作步骤

1. 仪表参数设定方法

进入参数设定状态，在进入参数设定菜单前，为了防止他人误操作，仪表设定了一个不可更改的 4 位密码"1234"，正确输入此密码后仪表即进入参数设置主菜单。仪表参数设定框图如图 2-6-35 所示。

2. 采样点数和通信地址的设定

（1）进入主页后，用光标键选择"1 点数与地址"，按"设置"键显示如图 2-6-36 所示。

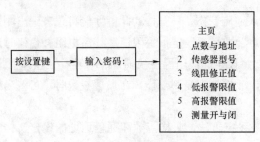

图 2-6-35　仪表参数设定框图　　　　　图 2-6-36　采样点数和通信地址

（2）××为上一次设置的参数，按数字键可修改光标指示位的数，按光标键可选择修改位。其中，网口地址为仪表网口的本地 IP 地址，三位为一个字节，十进制，小于 100 的数必须在百位写"0"。如 IP 地址 190.255.20.178 应设置为"190255020178"否则会出错。

（3）设置完成后可按"设置"键回到主页，如果不需进行其他设置，可直接按"复位"键退出设置进入巡测状态。

3. 传感器型号的设定

（1）进入主页后，用光标键选择"2 传感器型号"，按"设置"键显示如图 2-6-37 所示。

（2）"Ch01 Pt100"表示第一点接的传感器型号为铂热电阻 Pt100，按"传感器"键选择各通道的传感器型号，每一点传感器型号的选择必须与实际连接的传感器一致，否则不能正确测量。

Ch01	Pt100		Ch09	Pt100
Ch02	Pt100		Ch10	Pt100
Ch03	Pt100	传	Ch11	Pt100
Ch04	Pt100	感	Ch12	Pt100
Ch05	Pt100	器 型	Ch13	Pt100
Ch06	Pt100	号	Ch14	Pt100
Ch07	Pt100		Ch15	Pt100
Ch08	Pt100		Ch16	Pt100

图 2-6-37　传感器型号

（3）按光标键选择设置其他点，按"前页"键或"后页"键可翻页选择其他各点。设置完成后可按"设置"键回到主页，如果不需进行其他设置，可直接按"复位"键退出设置进入巡测状态。如果下一点与当前点参数相同，可按"+/–"键将当前参数复制到下一点。

（4）分度号定义如图 2-6-38 所示。

分度号	量程	传感器输出零点值	满度值
标1（0~10mA）	任意设定	0 (mA)	10 (mA)
标2（4~20mA）	任意设定	4 (mA)	20 (mA)
标3（1~5V）	任意设定	1(V)	5 (V)
G	-99.9~150.0℃	53Ω	86.79Ω
Cu5Q	-99.9~150.0℃	50Ω	82.13Ω
Pt100	-99.9~150.0℃	100Ω	157.31Ω
BA1	-99.9~150.0℃	46Ω	72.78Ω
BA2	-99.9~150.0℃	100Ω	158.21Ω

图 2-6-38　分度号定义

4. 线阻修正值的设定

（1）进入主页后，用光标键选择"3 线阻修正值"，按"设置"键显示如图 2-6-39 所示。

（2）"Ch01 000.0"表示第一点设定的线阻修正值为 000.0，可按数字键修改为想要设定的线阻修正值。

（3）按光标键选择设置其他点，按"前页"键或"后页"键可翻页选择其他各点。设置完成后可按"设置"键回到主页，如果不需进行其他设置，可直接按"复位键"退出设置进入巡测状态。光标在第一位时，"+/-"键用来改变符号（0 为正，-为负），在其他位时可用来复制参数到下一点。

5. 低报警限值的设定

（1）进入主页后，用光标键选择"4 低报警限值"，按"设置"键显示如图 2-6-40 所示。

Ch01	000.0		Ch09	000.0
Ch02	000.0		Ch10	000.0
Ch03	000.0	线	Ch11	000.0
Ch04	000.0	阻	Ch12	000.0
Ch05	000.0	修	Ch13	000.0
Ch06	000.0	正	Ch14	000.0
Ch07	000.0	值	Ch15	000.0
Ch08	000.0		Ch16	000.0

图 2-6-39 线阻修正值

Ch01	111.1		Ch09	111.1
Ch02	111.1		Ch10	111.1
Ch03	111.1	低	Ch11	111.1
Ch04	111.1	报	Ch12	111.1
Ch05	111.1	警	Ch13	111.1
Ch06	111.1	限	Ch14	111.1
Ch07	111.1	值	Ch15	111.1
Ch08	111.1		Ch16	111.1

图 2-6-40 低报警限值

（2）"Ch01 111.1"表示第一点设定的低报警限值为 111.1℃，可按数字键修改为想要设定的报警限值。按光标键选择设置其他点，按"前页"键或"后页"键可翻页选择其他各点。设置完成后可按"设置"键回到主页，如果不需进行其他设置，可直接按"复位"键退出设置进入巡测状态。光标在第一位时，"+/-"键用来改变符号（0 为正），在其他位时可用来复制参数到下一点。

6. 高报警限值的设定

（1）进入主页后，用光标键选择"5 高报警限值"，按"设置"键显示如图 2-6-41 所示。

（2）"Ch01 211.1"表示第一点设定的高报警限值为 211.1℃，可按数字键修改为想要设定的报警限值。按光标键选择设置其他点，按"前页"键或"后页"键可翻

Ch01	211.1		Ch09	211.1
Ch02	211.1		Ch10	211.1
Ch03	211.1	高	Ch11	211.1
Ch04	211.1	报	Ch12	211.1
Ch05	211.1	警	Ch13	211.1
Ch06	211.1	限	Ch14	211.1
Ch07	211.1	值	Ch15	211.1
Ch08	211.1		Ch16	211.1

图 2-6-41 高报警限值

页选择其他各点。设置完成后可按"设置"键回到主页,如果不需进行其他设置,可直接按"复位"键退出设置进入巡测状态。光标在第一位时,"+/-"键用来改变符号(0 为正),在其他位时可用来复制当前参数到下一点。

Ch01	On	Ch09	On
Ch02	On	Ch10	On
Ch03	On	Ch11	On
Ch04	On	Ch12	On
Ch05	On	Ch13	On
Ch06	On	Ch14	On
Ch07	On	Ch15	On
Ch08	On	Ch16	On

(表中间竖排文字:测量开与闭)

图 2-6-42 测量开与闭

7. 测量开与闭的设定

(1)可将测量点设置为"开""闭"两种状态,"开"为参与巡测,"闭"为不参与巡测。进入主页后,用光标键选择"5 高报警限值",按设置键显示如图 2-6-42 所示。

(2)"Ch01 On"表示第一点为开(即参与巡测),Off 为闭(即不参与巡测)。用数字键可修改开闭:0 为关闭(Off),其他数字键为开(On)。按光标键选择设置其他点,按"前页"键或"后页"键可翻页选择其他各点。设置完成后可按"设置"键回到主页,如果不需进行其他设置,可直接按"复位"键退出设置进入巡测状态。如果当前参数与下一点相同,可用"+/-"键来复制参数到下一点。

8. 出具报告

出具测温系统调试报告。

五、注意事项

(1)仪表在安装、调试、使用过程中,严禁在输入信号端子上串入交直流高压。

(2)检定时环境条件为 $20\pm5℃$,相对湿度为小于 75%。

【思考与练习】

1. 如何进行传感器型号的设定?

2. 如何进行高报警限值的设定?

3. 仪表在安装、调试、使用过程中需要注意什么?

▶ 模块 48 测速装置的调试(新增 ZY5400603006)

【模块描述】本模块包含装置的机械测试、电气测试。通过对操作方法、步骤、注意事项的讲解和案例分析,掌握测速装置的调试方法及步骤。

【模块内容】

一、作业内容

微机测速装置由测速单元及外设机械转速传感器两部分组成。测速装置单元由独立的转速测量和控制系统组成。

微机测速装置一般配有机械转速传感器和电气转速传感器,同时测量机械转速脉冲信号和发电机机端电压频率,实现对发电机组转速的测量和保护控制。在一套装置中同时采用机械、电气两种测速原理，它们既可有机结合，又可单独使用。装置通过可靠的机械转速传感器和电气转速测量，实现对发电机组转速进行监视，并根据机组不同的转速发出不同的转速信号对机组进行保护和自动控制。

本作业内容包括测速装置的机械测试、电气测试。

二、危险点分析与控制措施

（1）误触电。控制措施：应隔离屏柜中的 TV/TA 一次回路与二次回路，避免信号反送到二次侧伤人；应按照《电力（业）安全工作规程》，验电后作业，必要时断开盘内的交流和直流电源；防止金属裸露工具与低压电源接触，造成低压触电或电源短路。

（2）误触碰。控制措施：应对可能引发误碰的回路、设备、元件设置防护带和悬挂警示牌。

（3）误整定。控制措施：应指定具有定值修改权限的人员修改定值，工作完成后应根据下达的整定单复核，复核正确后投入。

（4）仪器仪表损坏。控制措施：测量时不得超过仪器仪表允许的最大量程范围，以免损坏仪器仪表。

三、作业前准备

（1）作业前/后应按照工作票对隔离措施/恢复措施进行检查和确认。

（2）作业前应根据测量参数选择量程匹配、型号合适的仪表设备。

（3）作业前应检查仪器设备是否合格有效，对不合格的或有效使用期超期的应封存并禁止使用。

（4）作业前应检查、核对设备名称、编号、位置，发现有误或标识不清应立即停止操作。

（5）作业前应检查确认与本装置相关的其他二次设备的隔离措施是否到位。

（6）需要准备的工器具：万用表、信号发生器、验电笔、工频电源、电工工具、测试导线、绝缘胶带、尼龙扎带。

四、操作步骤

（1）装置的机械测试：装置上电后，用带磁性的螺丝刀在机械探头前 5～8mm 处摆动，查看装置面板上机械运行灯是否闪亮，闪亮为正常。

（2）装置的电气测试：将机械输入使能开关切至关位，断开现场电气接入回路，接入工频电源，慢慢升高和降低工频电源的输出，对比装置的输出和返回是否符合装置运行要求。

（3）将低频正弦波信号发生器输出频率接到转速测控器 TV 和永磁极输入端及 2 路霍尔开关信号发生器输入端。

（4）调节低频正弦波信号发生器输出频率（0～70Hz，1～140V）。以转速模式为例，记录转速装置显示值，并与调节低频正弦波信号发生器输出值对照，检验装置的正确性。信号器输出 2.5Hz，装置 LED 显示 5%、信号器输出 2.5Hz，装置 LED 显示 25%、信号器输出 17.5Hz，装置 LED 显示 35%、信号器输出 40Hz，装置 LED 显示 80%、信号器输出 45Hz，装置 LED 显示 90%、信号器输出 47.5Hz，装置 LED 显示 95%、信号器输出 55.5Hz，装置 LED 显示 115%、信号器输出 75Hz，装置 LED 显示 140%，同时核对开关量动作值，如果偏差较大，进行检查处理。

（5）将转速调至额定转速，1s 内使转速增加至≤140%额定转速的任何值，140%触点不误动。

（6）将转速再调至额定转速，显示恢复正常。

（7）1s 内断开低频正弦波信号发生器，转速输出触点不动。

（8）通电和断电过程中 140%额定转速触点不误动。

（9）出具测速装置调试报告。

五、注意事项

（1）操作时应派有经验的人进行。

（2）装置上拆除的输入信号裸露部分应用绝缘胶布包好，并做好标记。

【思考与练习】

1. 简述测速装置的机械测试方法。

2. 简述测速装置的电气测试方法。

3. 简述测速装置单元的组成。

▶ 模块 49　火灾报警系统的检修和调试（新增 ZY5400603007）

【模块描述】本模块包含火灾报警系统的检修和调试。通过对操作方法、步骤、注意事项的讲解和案例分析，掌握火灾报警系统的检修和调试方法及步骤。

【模块内容】

一、作业内容

火灾报警系统由安装于控制室的彩色 CRT 系统、现地控制器、各种类型的探测器、试验开关组成。火灾报警系统应能够及时发现整个厂房的各个部位是否出现火灾情况，做到及时发现，及时处理，减小火灾带来的损失。

火灾报警系统采用火灾探测器，探测器本身应能对采集到的环境参数信号进行分析判断，降低误报率。火灾报警控制器采用大屏幕汉字液晶显示。可显示各种报警信息，方便值班人员的判断。探测器与控制器采用无极性信号二总线。

火灾报警系统设备型号有彩色 CRT 系统、JB-QB-GST200 型汉字液晶显示火灾报警控制器、JTY–GD–G3 型智能光电感烟探测器、JTW–LDB–100 型智能缆式线型感温探测器、JTY–GF–GST104 非编码光电感烟探测器等。

本作业内容包括火灾报警系统的检修和调试。

二、危险点分析与控制措施

（1）误触电。控制措施：应按照《电力（业）安全工作规程》，验电后作业，必要时断开盘内的交流和直流电源；防止金属裸露工具与低压电源接触，造成低压触电或电源短路。

（2）误触碰。控制措施：应对可能引发误碰的回路、设备、元件设置防护带和悬挂警示牌。

（3）仪器仪表损坏。控制措施：测量时不得超过仪器仪表允许的最大量程范围，以免损坏仪器仪表。

（4）误触发联动设备。控制措施：进行装置测试时，应可能对误触发的设备做好电气预防措施，避免引起对设备、人身造成的危害。

三、作业前准备

（1）作业前/后应按照工作票对隔离措施/恢复措施进行检查和确认。

（2）作业前应根据测量参数选择量程匹配、型号合适的仪表设备。

（3）作业前应检查仪器设备是否合格有效，对不合格的或有效使用期超期的应封存并禁止使用。

（4）作业前应检查、核对设备名称、编号、位置，发现有误或标识不清应立即停止操作。

（5）作业前应检查确认与本装置相关的其他二次设备的隔离措施是否到位。

（6）需要准备的工器具：万用表、行灯、验电笔、电工工具、安全带、测试导线、绝缘胶带、尼龙扎带。

四、操作步骤

（1）工作电源的检查，输入电源正常。

（2）JTW–LDB–100 型智能缆式线型感温探测器的测试，到现场拨动测试开关，通过控制器检验报警是否正常，若不正常则检查、更换探测器。

（3）光纤传输设备检查工作状态是否正常，若不正常则断电复归或者更换转换器。

（4）彩色 CRT 系统按照软件说明进行操作，对软件实行备份，软件故障时进行恢复。

（5）硬件故障时的处理同计算机检修。

（6）JB–QB–GST200 型汉字液晶显示火灾报警控制器面板按键检查。

（7）出具检修工作报告。

五、注意事项

（1）更换、检查、试验时登高作业应系安全带。

（2）彩色 CRT 系统检修时，检修人员应将手对地放电。

（3）电脑在进行下载操作前必须进行版本的比对，确认调试电脑中版本与设备上的一致，禁止使用非专业电脑进行程序下载等工作，避免病毒侵入。

【思考与练习】

1. 简述火灾报警系统的作用。

2. 如何进行智能缆式线型感温探测器的测试？

3. 彩色 CRT 系统检修前，检修人员须做何准备？

模块 50 快速门的检修和调试（新增 ZY5400603008）

【模块描述】本模块包含快速门控制系统故障处理、快速闸门充水达到平压后快速闸门不能自动提起故障处理、快速门落门时不能完全落下故障处理、快速门模拟量指示不正确故障的处理。通过对操作方法、步骤、注意事项的讲解和案例分析，掌握快速门的检修和调试方法及步骤。

【模块内容】

一、作业内容

正常运行情况下快速闸门处于全开位置。在机组需要检修时关闭快速闸门，排除闸门至机组中间的水便于检修工作。机组在紧急事故的情况下自动快速关闭闸门，防止机组飞逸，避免对机组造成更大的破坏。快速闸门是水轮发电机组的一个很重要的保护。

快速闸门装置控制回路一般由两套 PLC、一对通信模块、绝对式编码器（842D）、光纤转换器、中间继电器、双位置继电器、电接点压力表、电磁阀等组成。控制回路的工作是由小型的 PLC 完成的。

本作业内容包括快速门控制系统故障处理、快速闸门充水达到平压后快速闸门不能自动提起故障处理、快速门落门时不能完全落下故障处理、快速门模拟量指示不正确故障的处理。

二、危险点分析与控制措施

（1）误触电。控制措施：应按照《电力（业）安全工作规程》，验电后作业，必要时断开盘内的交流和直流电源；防止金属裸露工具与低压电源接触，造成低压触电或电源短路。

（2）误触碰。控制措施：应对可能引发误碰的回路、设备、元件设置防护带和悬

挂警示牌。

（3）仪器仪表损坏。控制措施：测量时不得超过仪器仪表允许的最大量程范围，以免损坏仪器仪表。

三、作业前准备

（1）作业前/后应按照工作票对隔离措施/恢复措施进行检查和确认。

（2）作业前应根据测量参数选择量程匹配、型号合适的仪表设备。

（3）作业前应检查仪器设备是否合格有效，对不合格的或有效使用期超期的应封存并禁止使用。

（4）作业前应检查、核对设备名称、编号、位置，发现有误或标识不清应立即停止操作。

（5）作业前应检查确认与本装置相关的其他二次设备的隔离措施是否到位。

（6）需要准备的工器具：万用表、验电笔、电工工具、测试导线、绝缘胶带、尼龙扎带。

四、操作步骤

1. 快速门控制系统故障处理

故障现象：快速闸门通信报警，查看快速闸门指示牌和监控系统快速闸门画面，显示通信故障，现地双位置继电器动作，但不能将快速闸门落下和提起。

（1）检查光纤转换器工作状态。

（2）确认 PLC 无事故信号后检查所有通信线及接口接触是否良好。

（3）各部分均无故障时复归 PLC，复归方法是：

1）确认 PLC 无事故信号后，按复归按钮。

2）如通信故障仍然存在，确认 PLC 无事故信号后，将 PLC 断电复归，使 PLC 重新初始化；进行该项操作时，必须检查各台机组的事故落门继电器的位置在提门位。

（4）检查通信模块是否正常，如不正常更换该模块。

2. 快速闸门充水达到平压后快速闸门不能自动提起的故障处理

故障现象：检查快速闸门充水后，水压达到规定值，快速闸门不能自动提起。

（1）电气部分检查压力表平压接点是否接通。观察 PLC 开入灯是否点亮，灯点亮，接点接通，用万用表测量该接点是否有电压，电压值为直流+24V，说明接点未接通，处理压力表接点。

（2）检查控制把手是否在自动位及把手接点状况。

（3）检查现地 PLC 开出动作是否正确。

（4）检查各电磁阀动作是否正确（用万用表测量或听电磁阀是否动作）。

（5）检查快速闸门是否出现机械故障，检查电磁阀阀组。

3. 快速门落门时不能完全落下的故障处理

故障现象：快速门落门时不能完全落下。

由运行人员操作，首先提起快速闸门，再次落下观察情况，若还是不能落下，必要时落进口门排水，由检修人员检查处理。

4. 快速门模拟量指示不正确的故障处理

用一字螺丝刀松开传感器固定位移钢丝绳，旋转指示盘使输出量与闸门实际位置相符，再用一字螺丝刀紧固传感器固定位移钢丝绳。

5. 出具报告

出具快速门检修工作报告。

五、注意事项

（1）检修或者故障处理时，必须做好必要的检查，防止发生误落门情况。

（2）工作中需要设专人监护。

【思考与练习】

1. 简述快速门控制系统 PLC 的复归方法。

2. 简述快速门落门时不能完全落下故障的处理方法。

3. 简述快速门模拟量指示不正确的故障处理方法。

模块 51 机组检修后特性试验（新增 ZY5400603009）

【模块描述】 本模块包含励磁机空载特性试验、发电机零起升压试验及空载特性试验、发电机短路特性试验、主变压器递升加压试验、试验结束工作。通过对操作方法、步骤、注意事项的讲解和案例分析，掌握机组检修后特性试验方法及步骤。

【模块内容】

一、作业内容

机组在检修后需要做的试验包括：发电机空载试验、发电机短路试验、频率特性试验、灭磁时间常数试验、励磁调节动态试验如零起升压、±10%阶跃、主励磁机空载试验、主励磁机负载试验、通道切换试验。这些试验是用来检验相关设备检修后的性能是否符合正常运行的要求。

以下对励磁机空载特性试验、发电机零起升压试验及空载特性试验、发电机短路特性试验、主变压器递升加压试验的操作进行阐述。

二、危险点分析与控制措施

（1）误触电。控制措施：应隔离屏柜中的 TV/TA 一次回路与二次回路，避免信号反送到二次侧伤人；应按照《电力（业）安全工作规程》，验电后作业，必要时断开盘内的交流和直流电源；防止金属裸露工具与低压电源接触，造成低压触电或电源短路。

（2）误触碰。控制措施：应对可能引发误碰的回路、设备、元件设置防护带和悬挂警示牌。

（3）误整定。控制措施：应指定具有定值修改权限的人员修改定值，工作完成后应根据下达的整定单复核，复核正确后投入。

（4）仪器仪表损坏。控制措施：测量时不得超过仪器仪表允许的最大量程范围，以免损坏仪器仪表。

三、作业前准备

（1）作业前/后应按照工作票对隔离措施/恢复措施进行检查和确认。

（2）作业前应根据测量参数选择量程匹配、型号合适的仪表设备。

（3）作业前应检查仪器设备是否合格有效，对不合格的或有效使用期超期的应封存并禁止使用。

（4）作业前应检查、核对设备名称、编号、位置，发现有误或标识不清应立即停止操作。

（5）作业前应检查确认与本装置相关的其他二次设备的隔离措施是否到位。

（6）需要准备的工器具：万用表、录波器、行灯、验电笔、电工工具、测试导线、试验电缆、绝缘胶带、尼龙扎带。

四、操作步骤

（一）励磁机空载特性试验

（1）机组模拟试验交票，运行恢复措施操作完毕。

（2）根据试验方案做好励磁机空载特性试验准备工作及措施。

（3）做好无励自动开机措施，切开励磁调节器交、直流工作电源，切开励磁机断路器，切开发电机灭磁断路器。

（4）断开监控系统"开机起励"回路，退出励磁装置"强励强减"功能，短接监控系统灭磁断路器触点。

（5）用计算机自动开机至额定转速。

（6）进行励磁机空载特性试验。

（7）以上试验结束后，通过压油罐短接压力开关触点，模拟事故低油压事故停机，检查事故流程动作情况。

（8）试验结束后检查设备情况。

（二）发电机零起升压试验及空载特性试验

（1）机组模拟试验交票，运行恢复措施操作完毕。

（2）根据试验方案做好机组零起升压试验准备及措施。

（3）做好零起升压试验开机措施，投入励磁调节器交、直流工作电源，合上励磁机断路器，合上发电机灭磁断路器。

（4）断开监控系统"开机起励"回路，退出励磁装置"强励强减"功能。

（5）用计算机自动开机至额定转速。

（6）进行零起升压试验，录制发电机空载特性曲线，监测各点电压、电流等参数。在试验过程中，监视励磁机各部，若发现励磁机换相器电刷打火，视火花等级，必要时停机查明原因后再开机重新试验。

（7）发电机电压升高到额定电压的 30%时，测量各二次电压回路相序、相位，检查电压值是否正确。

（8）试验结束后，调整机组转速、电压为额定值，发电机空载运行，进行发电机空载工况下运行 3min 的转速摆动值测试，并做好记录。进行发电机转子一点接地保护测量整定。进行空载状态下发电机定子接地保护整定。

（9）试验结束后用计算机自动停机，对所辖设备进行检查。

（三）发电机短路特性试验

（1）机组模拟试验交票，运行恢复措施操作完毕。

（2）根据试验方案做好发电机短路特性试验准备及措施。

（3）发电机单元接线如图 2-6-43 所示，在 643 隔离开关处靠 644 断路器侧设置三相短路点。

（4）做好短路特性试验准备及措施，做好断路器防跳措施。

（5）断开监控系统"开机起励"回路，断开监控系统有功、无功调节回路，退出励磁装置"强励强减"功能，断开励磁调节器控制回路中的出口断路器触点，断开调速器控制回路中出口断路器触点。

（6）确认 643 隔离开关在切位，644 断路器在合位，将发电机、变压器保护退出运行，做好现地手动开机措施。

（7）在现地手动开机至额定转速。

（8）进行发电机短路特性试验，录制发电机短路特性曲线，与原始曲线相比较。试验时严密监测发电机三相电流平衡情况，如遇发电机电流摆动较大或发电机三相电流不平衡时，迅速将励磁电流减到零。

（9）试验过程中检查发电机、变压器差动保护差流是否正确。检查电流互感器极性是否正确。

（10）以上试验结束后，在现地手动停机，将发电机、变压器差动保护投入。

（11）停机后拆除母线三相短路点，做好相关措施。

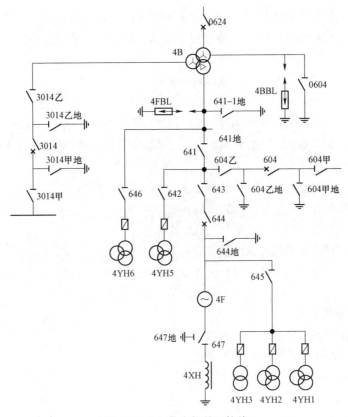

图 2-6-43　发电机单元接线

（四）主变压器递升加压试验

（1）机组模拟试验交票，运行恢复措施操作完毕。

（2）根据试验方案做好主变压器递升加压试验各项准备工作及措施。

（3）检查 643 隔离开关在合位，641 隔离开关在合位，604 断路器及 604 甲、乙隔离开关在分位，主变压器中压侧 3014 断路器及甲、乙隔离开关在分位，主变压器高压侧 0624 断路器及 0624 上、下隔离开关在分位，做好远方计算机自动开机准备。联系调度，合上主变压器中性点隔离开关。

（4）断开监控系统"开机启励"回路，断开监控系统有功、无功调节回路，断开励磁调节器控制回路中的出口断路器触点，退出励磁装置"强励强减"功能，断开调速器控制回路中出口断路器触点。

（5）用计算机自动开机至额定转速。

（6）合 644 断路器。

（7）手动调整励磁调节器，缓慢增加励磁，分别在发电机额定电压值的 25%、50%、75%、100%情况停顿，现场监视变压器升压过程中的运行情况，发现异常立即进行灭磁。

（8）试验结束后，使用计算机自动停机。

（五）试验工作结束

（1）试验拆线，检查所拆动过的端子或部件是否恢复，清理现场。

（2）根据试验数据（试验时间、天气、试验主要仪器及精度、试验数据、试验人等）、试验记录及分析。

（3）出具机组检修后特性试验报告。

五、注意事项

（1）励磁系统试验按照励磁相关试验操作进行。

（2）假并试验按照监控系统试验的操作要求进行。

（3）所有试验项目中涉及自动化专业的都要进行认真检查、记录，发现问题及时处理。

【思考与练习】

1. 列举机组在检修后需要做的试验。

2. 简述励磁机空载特性试验的步骤。

3. 简述发电机零起升压试验的步骤。

▲ 模块 52 变压器冷却系统控制回路的动态试验
（新增 ZY5400603010）

【模块描述】本模块包含绝缘检查、两段工作电源切换试验、单组冷却器工作试验、主变压器过负荷，辅助冷却器投入运行试验、冷却器全停事故跳闸试验、备用冷却器投入试验。通过对操作方法、步骤、注意事项的讲解和案例分析，掌握变压器冷却系统控制回路的动态试验方法及步骤。

【模块内容】

一、作业内容

变压器冷却系统控制回路的主要功能是用来冷却主变压器的油降低主变压器的温度，使变压器能够安全稳定的运行，遇到变压器过负荷或者温度升高到危害变压器安全运行时，发出跳闸信号，使主变压器三侧断路器跳开来达到保护变压器的目的。

主变压器控制回路的控制的设备：潜油泵、冷却器。

主变压器冷却器的冷却方式为强迫油循环风冷（水冷）。

由两段 400V 电源供电。两段电源互为备用，其中一段失去电源后，另一段能自动投入。

主变压器冷却器有自动、备用、辅助 3 种工作方式。当自动冷却器出现故障时，备用冷却器投入运行。

潜油泵电机设有电机保护器，作为电机的保护。

当主变压器三侧中的某一侧断路器合闸后，冷却器则可自动投入工作。

当冷却器的两段电源均消失时，延时 20min 跳主变压器各侧断路器。

本作业内容包括绝缘检查，两段工作电源切换试验，单组冷却器工作试验，主变压器过负荷、辅助冷却器投入运行试验，冷却器全停事故跳闸试验，备用冷却器投入试验。

二、危险点分析与控制措施

（1）误触电。控制措施：绝缘测试作业完成后，应将所测设备加压端对地放电，确认无电后方可恢复；应按照《电力（业）安全工作规程》，验电后作业，必要时断开盘内的交流和直流电源；防止金属裸露工具与低压电源接触，造成低压触电或电源短路。

（2）误触碰。控制措施：应对可能引发误碰的回路、设备、元件设置防护带和悬挂警示牌。

（3）误整定。控制措施：应指定具有定值修改权限的人员修改定值，工作完成后应根据下达的整定单复核，复核正确后投入。

（4）仪器仪表损坏。控制措施：测量时不得超过仪器仪表允许的最大量程范围，以免损坏仪器仪表。

三、作业前准备

（1）作业前/后应按照工作票对隔离措施/恢复措施进行检查和确认。

（2）作业前应根据测量参数选择量程匹配、型号合适的仪表设备。

（3）作业前应检查仪器设备是否合格有效，对不合格的或有效使用期超期的应封存并禁止使用。

（4）作业前应检查、核对设备名称、编号、位置，发现有误或标识不清应立即停止操作。

（5）作业前应检查确认与本装置相关的其他二次设备的隔离措施是否到位。

（6）需要准备的工器具：万用表、绝缘电阻表、行灯、验电笔、电工工具、测试导线、绝缘胶带、尼龙扎带。

四、操作步骤

（1）绝缘检查。100V 以上的回路用 1000V 绝缘电阻表测试，要求绝缘电阻不小于 1MΩ。60V 以下回路用 500V 绝缘电阻表测试绝缘电阻不小于 0.5MΩ。

（2）两段工作电源切换试验。

1）工作电源把手在Ⅰ段位置，断开Ⅰ段工作电源熔丝 1RD，则Ⅰ段工作电源接触器失磁，Ⅱ段工作电源接触器励磁，有Ⅰ段电源故障光字牌亮及音响。

2）将Ⅰ段工作电源熔丝 1RD 恢复后，Ⅰ段工作电源接触器励磁、Ⅱ段工作电源接触器失磁。

3）工作电源把手在Ⅱ段位置，断开Ⅱ段工作电源熔丝 2RD，则Ⅱ段工作电源接触器失磁，Ⅰ段工作电源接触器励磁，有Ⅱ电源故障光字牌亮及音响。

4）将Ⅱ段工作电源熔丝 2RD 恢复后，Ⅱ段工作电源接触器励磁、Ⅰ段工作电源接触器失磁。

5）试验完毕后，将工作电源把手恢复在原始Ⅰ段位置。

（3）单组冷却器工作试验（以下试验主变压器自动工作把手在自动位）。

1）工作电源把手置Ⅰ段或Ⅱ段工作位置。

2）每组冷却器操作把手分别投入工作位，风机（冷却器）、油泵立即启动稳定运行，同时过负荷延时启动继电器有短时的励磁，但励磁时间小于整定时间而返回，每组工作指示灯亮。

（4）主变压器过负荷，辅助冷却器投入运行试验。

1）将所有的冷却器的操作把手置辅助位置。

2）短接温度信号器过负荷触点，辅助冷却器工作接触器励磁，所有冷却器立即启动并稳定运行。

3）断开温度信号器控制辅助冷却器工作接触器的自保持触点，接触器失磁所有冷却器停止。

4）短路保护装置接入过负荷引出触点，各组冷却器经一段延时后全部启动并稳定运行，将短路线断开，冷却器全停。

（5）备用冷却器投入试验。

1）将一组冷却器置工作位置，其余各组均置备用位置。

2）短接工作位置冷却器的故障信号，过负荷继电器励磁经延时后备用冷却器全部投入，监控系统有光字及音响报警。

（6）冷却器全停事故跳闸试验。

1）将工作电源操作把手置Ⅰ段或Ⅱ段。

2）旋下Ⅰ段工作电源熔丝 1RD 和Ⅱ段工作电源熔丝 2RD，监控系统报警Ⅰ段、Ⅱ段工作电源故障及冷却器全停事故信号，经 20min 延时跳闸继电器动作跳主变压器各侧断路器。

（7）试验拆线，检查所拆动过的端子或部件是否恢复，清理现场。

（8）根据试验数据（试验时间、天气、试验主要仪器及精度、试验数据、试验人等）、试验记录及分析。

（9）出具变压器冷却系统控制回路试验报告。

五、注意事项

（1）如果设备在运行，进行操作时，出现冷却器全停现象，必须在 20min 内恢复运行。

（2）所有工作必须由 2 人以上完成。

【思考与练习】

1. 在进行变压器冷却系统控制回路绝缘测试时如何选用绝缘电阻表？

2. 简述两段工作电源切换试验的步骤？

3. 简述冷却器全停事故跳闸试验的步骤？

第七章

抽水蓄能机组启动系统设备的维护与检修

▲ 模块 1　静止变频启动装置输入断路器、输出断路器的常规操作（新增 ZY5400701001）

【模块描述】本模块包含静止变频启动装置输入断路器、输出断路器现地手动操作方法及步骤。通过对操作方法、步骤、注意事项的讲解和案例分析，掌握静止变频启动装置输入断路器、输出断路器的常规操作。

【模块内容】

一、作业内容

静止变频启动装置输入断路器、输出断路器现地手动操作包括断路器在试验位置的现地分闸和现地合闸操作，以验证输入断路器和输出断路器的现地分合闸回路、断路器分合闸闭锁回路、自动储能回路和信号反馈回路功能正常。

二、危险点分析与控制措施

（1）误触电。控制措施：应按照《电力（业）安全工作规程》，验电后作业，必要时断开盘内的交流和直流电源；防止金属裸露工具与低压电源接触，造成低压触电或电源短路。

（2）误触碰。控制措施：应对可能引发误碰的回路、设备、元件设置防护带和悬挂警示牌。

三、作业前准备

（1）作业前组织作业人员学习作业指导书，熟悉检查项目、步骤、注意事项。

（2）作业前确认工作组成员健康状况良好，安全帽、工作服等安全工器具完备、合格。

（3）准备并检查工器具是否满足要求，主要包括：SFC 输入输出断路器的操作摇柄、万用表、验电笔、绝缘电阻表、常用电工工具 1 套。

（4）作业前应检查、核对设备名称、编号、位置和工作状态，发现有误或标识不清应立即停止操作。

（5）作业前应按照工作票对隔离措施进行检查和确认。

四、操作步骤

1. SFC 输入断路器试验位置现地合闸、分闸操作

（1）检查 SFC 输入断路器跳合闸回路电源断路器在合位，并且供电正常，如配置了两路合闸回路电源，则均应检查。

（2）检查 SFC 输入断路器储能电机电源断路器在合位，并且供电正常。

（3）检查 SFC 输入断路器 SFC 侧接地隔离开关在"分"位置，如 SFC 配置两路输入电源回路，则两回路的输入断路器 SFC 侧接地隔离开关均应在"分"位置。

（4）检查 SFC 输入断路器本体机械显示和盘柜电气指示均在"分"位置，如 SFC 配置两路输入电源回路，则两回路的输入断路器均应在"分"位置。

（5）检查 SFC 滤波器断路器在"分"位置。

（6）检查 SFC 输入断路器控制回路航空插头已插上。

（7）将 SFC 输入断路器摇至"试验"位置。

（8）将 SFC 输入断路器控制方式切换开关切至"现地"位置。

（9）检查电站监控系统上位机 SFC 输入断路器在"试验"位置，控制方式显示在"现地"位置。

（10）操作开关柜盘面上的合闸按钮，确认 SFC 输入断路器本体机械显示、盘柜电气指示、监控系统上位机均显示在"合闸"位置。

（11）操作开关柜盘面上的分闸按钮，确认 SFC 输入断路器本体机械显示、盘柜电气指示、监控系统上位机均显示在"分闸"位置。

（12）将 SFC 输入断路器摇至"工作"位置。

（13）检查 SFC 输入断路器本体、盘柜内部无异常情况，监控系统上位机没有与其相关的报警信号。

2. SFC 输出断路器试验位置现地合闸、分闸操作

（1）检查 SFC 输出断路器跳合闸回路电源断路器在合位，并且供电正常，如配置了两路合闸回路电源，则均应检查。

（2）检查 SFC 输出断路器储能电机电源断路器在合位，并且供电正常。

（3）检查 SFC 输出断路器启动母线侧接地隔离开关在"分"位置。

（4）检查 SFC 输出断路器本体机械显示和盘柜电气指示均在"分"位置。

（5）检查 SFC 各输出隔离开关均在"分"位置。

（6）检查启动母线各分段隔离开关均在"分"位置。

（7）检查 SFC 输出断路器控制回路航空插头已插上。

（8）将 SFC 输出断路器摇至"试验"位置。

（9）将 SFC 输出断路器控制方式切换开关切至"现地"位置。

（10）检查电站监控系统上位机 SFC 输出断路器在"试验"位置，控制方式显示在"现地"位置。

（11）操作开关柜盘面上的合闸按钮，确认 SFC 输出断路器本体机械显示、盘柜电气指示、监控系统上位机均显示在"合闸"位置。

（12）操作开关柜盘面上的分闸按钮，确认 SFC 输出断路器本体机械显示、盘柜电气指示、监控系统上位机均显示在"分闸"位置。

（13）将 SFC 输出断路器摇至"工作"位置。

（14）检查 SFC 输出断路器本体、盘柜内部无异常情况，监控系统上位机没有与其相关的报警信号。

五、注意事项

（1）操作需由两人以上进行，修后检查和验收项目全部合格后方可进行上电试验。

（2）辅助设备启动操作时出现异常情况，应立即停止操作并进行仔细检查。

（3）应详细记录操作过程中的步骤和设备和运行情况，以供分析与总结。

【思考与练习】

1. 如何进行 SFC 输入断路器试验位置现地分合闸操作？

2. 如何进行 SFC 输出断路器试验位置现地分合闸操作？

3. SFC 输入输出断路器试验位置现地分合闸操作前应做哪些准备工作？

▲ 模块 2 静止变频启动装置辅助设备的启动操作
（新增 ZY5400701002）

【模块描述】本模块包含静止变频启动装置输入输出变压器油泵、去离子水泵、冷却风机、冷却水电动阀等辅助设备的启动操作及启动故障的处理方法及步骤。通过对操作方法、步骤、注意事项的讲解和案例分析，掌握静止变频启动装置辅助设备的启动操作。

【模块内容】

一、作业内容

静止变频启动装置辅助设备包括输入变压器和输出变压器的油泵、去离子水泵、冷却风机、冷却水电动阀等，启动操作方式包括 SFC 人机操作终端启动和电站监控系统上位机远方启动两种。通过辅助设备的启动操作来验证 SFC 辅助设备本身，其启动命令回路和信号反馈回路功能是否正常。

二、危险点分析与控制措施

（1）误触电。控制措施：应按照《电力（业）安全工作规程》，验电后作业，必要时断开盘内的交流和直流电源；防止金属裸露工具与低压电源接触，造成低压触电或电源短路。

（2）误触碰。控制措施：应对可能引发误碰的回路、设备、元件设置防护带和悬挂警示牌。

三、作业前准备

（1）作业前组织作业人员学习作业指导书，熟悉检查项目、步骤、注意事项。

（2）准备并检查工器具是否满足要求，主要包括：万用表、验电笔、绝缘电阻表、常用电工工具 1 套。

（3）确认工作组成员健康状况良好，安全帽、工作服等安全工器具完备、合格。

（4）作业前确认设备编号、位置和工作状态。

（5）SFC 辅助设备具备启动条件。

四、操作步骤

（1）静止变频启动装置辅助设备现地启动操作：通过 SFC 现地人机操作终端将 SFC 切换到"现地单步"控制方式，然后通过终端下达"辅助设备启动"命令。

（2）现地启动辅助设备后的检查确认项目。

1）检查确认 SFC 现地人机操作终端无报警或跳闸信号。

2）检查输入、输出变压器油泵、去离子水泵、冷却风机、冷却水电动阀等辅助设备启动正常。

3）检查机桥、网桥柜空气冷却器工作正常，冷却空气温度正常。

4）检查去离子水温度、压力、电导率正常。

5）检查输入断路器正确合闸。

6）检查输入、输出变压器油流、冷却水流量正常，轻、重瓦斯继电器回路未动作。

（3）通过 SFC 现地人机操作终端下达"辅助设备停止"命令。

（4）现地停止辅助设备后的检查确认项目。

1）检查输入、输出变压器油泵、去离子水泵、冷却风机、冷却水电动阀等辅助设备停止运行。

2）检查机桥、网桥柜空气冷却器停止运行。

3）检查输入断路器分闸。

4）检查确认 SFC 现地人机操作终端无报警或跳闸信号。

（5）静止变频启动装置辅助设备远方启动操作：通过 SFC 现地人机操作终端将 SFC 切换到"远方自动"控制方式，通过电站监控系统上位机 SFC 系统控制界面下达

"辅助设备启动"命令。

（6）远方启动辅助设备后的检查确认项目同第（2）条。

（7）通过电站监控系统上位机 SFC 系统控制界面下达"辅助设备停止"命令。

（8）远方停止辅助设备后的检查确认项目同第（4）条。

（9）在现地人机操作终端检查确认 SFC 控制方式为"远方自动"方式。

五、注意事项

（1）辅助设备启动操作需由两人以上进行。

（2）辅助设备启动操作时出现异常情况，应立即停止操作并进行仔细检查。

（3）应详细记录操作过程中的检查、上电试验和运行情况，以供分析与总结。

【思考与练习】

1. 如何进行静止变频启动装置辅助设备现地启动操作？

2. 如何进行静止变频启动装置辅助设备远方启动操作？

3. 静止变频启动装置辅助设备启动后的检查项目有哪些？

▲ 模块 3　静止变频启动装置交流、直流供电电源的操作
（新增 ZY5400701003）

【模块描述】本模块包含静止变频启动装置交流和直流电源电路两段电源任一段有电、两段电源都有电的操作方法及步骤。通过对操作方法、步骤、注意事项的讲解和案例分析，掌握静止变频启动装置交流、直流供电电源的操作。

【模块内容】

一、作业内容

静止变频启动装置交流、直流供电电源的操作主要检查控制盘各种交流及直流电源的电压值和绝缘电阻，检查测试控制器直流稳压电源的基本特性，检测 UPS 的输出特性，检测控制柜电源切换装置动作逻辑的正确性是否满足技术要求。

二、危险点分析与控制措施

（1）误触电。控制措施：应按照《电力（业）安全工作规程》，验电后作业，必要时断开盘内的交流和直流电源；防止金属裸露工具与低压电源接触，造成低压触电或电源短路。

（2）误触碰。控制措施：应对可能引发误碰的回路、设备、元件设置防护带和悬挂警示牌。

三、作业前准备

（1）作业前组织作业人员学习作业指导书，熟悉检查项目、步骤、注意事项。

（2）确认工作组成员健康状况良好，安全帽、工作服等安全工器具完备、合格。

（3）准备并检查工器具是否满足要求，主要包括：万用表、验电笔、绝缘电阻表、常用电工工具 1 套。

（4）分析现场作业危险点，提出相应的防范措施，并核对现场安全措施是否正确和完善。

（5）作业前确认设备编号、位置和工作状态，确认单相调压器、负荷用滑线变阻器、电流表、电压表等试验仪器。

四、操作步骤

（1）检查控制盘的各种交流及直流电源电压值，电压值误差应在 10%以内。

1）通过各电源变送卡的面板上的测试端子，分别测量电源变送卡输出的直流电压并记录。

2）通过控制器电源监视板的测试孔测量控制器电源变送器的+5V、+12V、−12V电压并记录。

3）如配置有 24V 或其他等级的直流电源卡，则通过直流电源卡的 24V、0V 端子，测量 24V 直流输出电压并记录。

（2）采用万用表测量控制器盘柜 0V 母线及 220V 母线对地的绝缘，对地绝缘应在 20kΩ以上。

（3）检查测试控制器直流稳压电源的基本特性：稳压范围、外特性曲线及输出纹波系数等满足 DL/T 1013 规定的要求。

（4）检测 UPS 的输出特性：空载/满载输出特性等试验项目、方法及要求，按照 GB 7260.3 的规定执行。

（5）检测控制柜电源切换装置动作逻辑的正确性：两路电源断路器同时投上，任意切除一路电源断路器，另一路电源可以无扰切换，并且电源回路运行正常。

五、注意事项

（1）操作需由两人以上进行。

（2）送电时，应先送主电源，然后送控制电源；切断时则相反。

（3）上电操作时出现异常情况，应立即停止操作并进行仔细检查。

（4）应详细记录操作过程中的步骤和设备运行情况，以供分析与总结。

【思考与练习】

1. 静止变频启动装置交流、直流供电电源的操作有哪些？

2. 静止变频启动装置交流、直流供电电源操作要做哪些准备工作？

3. 静止变频启动装置交流、直流供电电源操作有哪些注意事项？

▲ 模块 4 自动、单步开机时的静止变频启动装置投入操作
（新增 ZY5400701004）

【模块描述】本模块包含自动、单步开机时的静止变频启动装置投入操作及注意事项。通过对操作方法、步骤、注意事项的讲解和案例分析，自动、单步开机时的静止变频启动装置投入操作。

【模块内容】

一、作业内容

静止变频启动装置自动和单步开机的操作包括电站监控系统上位机的操作以及静止变频启动装置的现地操作，以检验静止变频启动装置本身功能及其与电站监控系统、励磁系统之间配合功能。

二、危险点分析与控制措施

（1）误触电。控制措施：应按照《电力（业）安全工作规程》，验电后作业，必要时断开盘内的交流和直流电源；防止金属裸露工具与低压电源接触，造成低压触电或电源短路。

（2）误触碰。控制措施：应对可能引发误碰的回路、设备、元件设置防护带和悬挂警示牌。

三、作业前准备

（1）作业前组织作业人员学习作业指导书，熟悉检查项目、步骤、注意事项。

（2）确认工作组成员健康状况良好，安全帽、工作服等安全工器具完备、合格。

（3）准备并检查工器具是否满足要求，主要包括：万用表、常用电工工具 1 套。

（4）分析现场作业危险点、提出相应的防范措施，并核对现场安全措施是否正确和完善。

（5）作业前确认设备编号、位置和工作状态。

四、操作步骤

1. 静止变频启动装置自动开机时的操作

（1）由操作员在电站监控系统选择某台机组由 SFC 启动模式，并下达该机组"抽水调相工况开机"命令。

（2）SFC 收到监控系统的辅助设备启动命令后，输出辅助设备启动命令并自保持，启动去离子水泵、输入输出变压器循环油泵、功率柜风扇；合输入断路器；检测"辅助设备已运行"信号，输出"SFC 已进入热备用"状态信号。

（3）待电站监控系统输出命令在 SFC 和被拖动机组的定子间建立电气轴，SFC 收

到拖动机组启动命令后，发出输出断路器合闸命令。

（4）检测到"输出断路器合闸位置"信号后延时 3s，输出"准备启动机组"信号。

（5）SFC 输出励磁启动命令。

（6）SFC 输出调节器脉冲解锁命令，开始拖动机组至额定转速。

（7）拖动机组并网，检测到"机组断路器合闸位置"信号后，停止 SFC。

（8）SFC 输出调节器脉冲闭锁命令。

（9）待检测 SFC 输出电流为 0 时，拉开输出断路器。

（10）检测到"输出断路器分闸位置"信号后，如果此时电站监控系统没有发出"辅助设备停止"命令，则 SFC 停留在"热备用"状态运行；如果此时电站监控系统发出辅助设备停止命令，则延时 5s 后执行辅助设备停止程序，拉开输入断路器，复归去离子水泵、输入变循环油泵、功率柜风扇启动命令，停止所有辅助设备。

2. 静止变频启动装置单步开机时的操作

（1）由操作员在电站监控系统选择某台机组由 SFC 启动模式，并下达该机组"抽水调相工况开机"命令。

（2）在静止变频启动装置现地人机界面上选择启动命令，输出辅助设备启动命令并自保持，启动去离子水泵、输入输出变压器循环油泵、功率柜风扇；合输入断路器；检测"辅助设备已运行"信号，输出"SFC 已进入热备用"状态信号。

（3）待电站监控系统输出命令在 SFC 和被拖动机组的定子间建立电气轴，SFC 收到被拖动机组的启动命令后，发出输出断路器合闸命令。

（4）检测到"输出断路器合闸位置"信号后延时 3s，输出"准备启动机组"信号。

（5）SFC 输出励磁启动命令。

（6）SFC 输出调节器脉冲解锁命令，开始拖动机组至额定转速。

（7）拖动机组并网，检测到"机组断路器合闸位置"信号后，停止 SFC。

（8）SFC 输出调节器脉冲闭锁命令。

（9）待检测 SFC 输出电流为 0 时，拉开输出断路器。

（10）现地人机界面上选择停止命令，执行辅助设备停止程序，拉开输入断路器，复归去离子水泵、输入变循环油泵、功率柜风扇启动命令，停止所有辅助设备。

五、注意事项

（1）操作需由两人以上进行。

（2）操作时出现异常情况，应立即停止操作并进行仔细检查。

（3）应详细记录操作过程中的步骤和设备运行情况，以供分析与总结。

【思考与练习】

1. 静止变频启动装置单步开机时的操作有哪些？

2. 静止变频启动装置自动开机时的操作有哪些？

3. 静止变频启动装置自动和单步开机操作有哪些注意事项？

▲ 模块5　开机前对静止变频启动装置的操作
（新增 ZY5400701005）

【模块描述】本模块包含静止变频启动装置控制器各把手和按钮开关的检查，控制器状态检查，以及对运行方式设置方法、步骤及注意事项的检查。通过对操作方法、步骤、注意事项的讲解和案例分析，掌握开机前对静止变频启动装置的操作。

【模块内容】

一、作业内容

开机前对静止变频启动装置的操作是指静止变频启动装置检修后，对其控制器各把手和按钮开关位置的检查，控制器状态检查，以及对运行方式设置方法、步骤及注意事项的检查。

二、危险点分析与控制措施

（1）误触电。控制措施：应按照《电力（业）安全工作规程》，验电后作业，必要时断开盘内的交流和直流电源；防止金属裸露工具与低压电源接触，造成低压触电或电源短路。

（2）误触碰。控制措施：应对可能引发误碰的回路、设备、元件设置防护带和悬挂警示牌。

三、作业前准备

（1）作业前组织作业人员学习作业指导书，熟悉检查项目、步骤、注意事项。

（2）确认工作组成员健康状况良好，安全帽、工作服等安全工器具完备、合格。

（3）准备并检查工器具是否满足要求，主要包括：万用表、验电笔、绝缘电阻表、常用电工工具1套。

（4）分析现场作业危险点、提出相应的防范措施，并核对现场安全措施是否正确和完善。

（5）作业前确认设备编号、位置和工作状态。

四、操作步骤

（1）静止变频启动装置检修工作完成后应及时清理现场，整理检修记录、资料、图纸，并通知相关技术部门组织验收。检修工作负责人应书面编制《检修交底书》提交给运行部门，《检修交底书》至少应包含以下内容：本次检修的主要项目和执行情况；本次检修中发现的缺陷和消缺情况；执行技改和反措的情况；投运后需重点关注的内容等。

（2）静止变频启动装置检修后的检查和验收项目。

1）检修后必要的试验项目数据符合相关要求。

2）控制柜、开关柜、功率柜等柜内设备完好无损、安装牢固、电气连接牢固。

3）电抗器固定牢固、电气连接牢固、绝缘子无破损。

4）控制室、电抗器室、输入变压器室内应无杂物。

5）输入变压器油位正常、无渗漏，呼吸器安装牢固、硅胶无变色、空气密封油位正常。

6）输入变压器电缆连接正确牢固、绝缘子无破损。

7）输入变压器消防装置工作正常，消防管路及阀门无渗漏、阀门位置正确。

8）拆除在检验时所用的试验设备、仪表及一切连接线、试验接地线。

9）所有被拆动的连接线或电缆应全部恢复正常。

10）所有信号装置应全部复位。

11）确认并复归试验过程中控制器上的故障和告警信号。

12）控制器程序如有改动，应走异动审批手续并做好备份。

13）盘柜接地线连接牢固、无断股。

14）所有控制、保护和信号系统运行可靠，指示位置正确。

15）所有保护装置试验结果合格正确，并与整定单整定一致。

16）电流互感器二次回路连接正确、端接片或连接片连接正确牢固。

17）SFC 冷却回路各管路、阀门、过滤器及连接部分无渗漏。

18）所有表计表面清洁，指示正常（水流流量计、温度计、压力表）。

19）去离子冷却回路过滤器无脏污现象。

20）去离子装置无渗漏。

（3）静止变频启动装置上电后启动机组前的检查项目。

1）输入变压器充电正常。

2）输入变压器压器无异常振动和放电声。

3）复役后 24h 内应取油样进行色谱分析，与试运行前或停役前数据相比应无明显变化。

4）功率柜、开关柜和控制柜内电气设备应无异常发热和放电现象。

5）各类表计指示或显示正确。

6）控制回路绝缘监测装置工作正常、无接地报警。

7）控制器工作正常、无异常报警。

8）UPS 工作状态正常。

9）SFC 冷却水系统工作正常、无漏液。

10）SFC 辅助设备启动正常。

11）检查各控制柜指示灯完好，信号、指示正常，无报警，各控制选择开关位置正确。

12）检查各控制柜交、直流供电断路器正常投入，熔丝完好。

13）检查各柜各端子连接完好、牢固，各控制卡件、继电器固定良好且外壳无破裂。

14）检查各柜内清洁无尘，照明、通风良好，无杂物，无异味，无过热，柜门关闭严密。

15）检查 SFC 功率元件无异音、异味，无过热，连接导体清洁无氧化，晶闸管散热板表面清洁，无渗漏。

16）检查整流桥/逆变桥柜空气冷却器工作正常，冷却空气温度正常。

17）检查去离子单元现地控制箱工作正常，去离子水温度、压力、电导率正常。

五、注意事项

（1）操作需由两人以上进行，修后检查和验收项目全部合格后方可进行上电试验。

（2）送电时，应先送主电源，然后送控制电源；切断时则相反。

（3）上电操作时出现异常情况，应立即停止操作并进行仔细检查。

（4）应详细记录操作过程中的步骤和设备运行情况，以供分析与总结。

【思考与练习】

1. 静止变频启动装置检修工作完成后应做哪些工作？

2. 静止变频启动装置检修后的检查和验收项目有哪些？

3. 静止变频启动装置上电后启动机组前的检查项目有哪些？

▲ 模块 6 静止变频启动装置的清扫和检查
（新增 ZY5400701006）

【模块描述】本模块包含单元板件、继电器、按钮，指示灯、端子排及引线的检查和清扫。通过对操作方法、步骤、注意事项的讲解和案例分析，掌握静止变频启动装置的清扫和检查方法及步骤。

【模块内容】

一、作业内容

定期（一般 3 个月一次）进行静止变频启动装置的清扫和检查，以保证设备外观清洁、无灰尘、无油迹、散热环境良好，减少设备故障率，确保设备正常可靠运行。

二、危险点分析与控制措施

（1）误触电。控制措施：应按照《电力（业）安全工作规程》，验电后作业，必要时断开盘内的交流和直流电源；防止金属裸露工具与低压电源接触，造成低压触电或电源短路。

（2）误触碰。控制措施：应对可能引发误碰的回路、设备、元件设置防护带和悬挂警示牌。

三、作业前准备

（1）作业前组织作业人员学习作业指导书，熟悉检查项目、步骤、注意事项。

（2）确认工作组成员健康状况良好，安全帽、工作服等安全工器具完备、合格。

（3）准备并检查工器具是否满足要求，主要包括：毛刷、酒精、吹吸风机、脱脂棉、干净的抹布、万用表、验电笔、绝缘电阻表、常用电工工具1套。

（4）分析现场作业危险点，提出相应的防范措施，并核对现场安全措施是否正确和完善。

（5）作业前确认设备编号、位置和工作状态。

（6）拉开静止变频启动装置输入断路器和输出断路器，并摇至试验位置。

（7）断开静止变频启动装置的交流电源、UPS电源、直流电源。

四、操作步骤

（1）使用万用表测量装置的交、直流电源，确认无电压。

（2）控制保护单元板件的检查、清扫。

1）由一名主检修工和一名检修工为一个工作组，由检修工在主检修工的监护下拔出控制保护单元板件，并做好记号和记录。

2）检查各插件板时要戴静电环并通过盘柜接地端消除静电，并防止碰伤印刷线路板上的元器件。

3）每一个插件板用一个专用隔断，防止插件板间相互摩擦损坏模件。

4）当需要对装置的内部引线施焊接时，电烙铁功率必须小于25W，烙铁头必须接地。

5）各插件板内元件焊接牢固、无虚焊、漏焊和毛刺。

6）清扫与检查：各插件板拔下后，用毛刷清扫，用无水乙醇将板上的尘土擦拭干净，特别是插头、插口部分，全面检查各插件板上元器件连触点焊接是否牢固，不得虚焊，各单元引出线是否有断线或接触不良的，各元器件不得有损坏等，注意不要用手触及集成块，以免让人体静电损坏集成电路。

7）检查工作板件的元件开焊断脚等现象。

（3）用吸尘器清扫装置电源断路器、主回路及各种继电器上的灰尘。

（4）回装各种板件。

（5）用酒精和脱脂棉清扫板上的按钮、指示灯，用破布清扫盘面灰尘。

（6）端子排及引线用干净的硬毛刷依次由上到下清除元件外壳泥沙等大颗粒物。

（7）用干净的破布清扫积灰，用干净的抹布擦拭好继电器外壳、端子积灰，如果有部分擦拭不到的地方可以使用吸尘器并用适当的吸力进行清扫，设备表面采用吹尘器；吹电路板灰尘时，吹尘器吹口与调节器各板件之间要保持至少 500mm 距离；对于无法直接吹到的部位，可以采用弯管改变吹尘器出口风向来达到目的；吹扫接触器要保持 200～300mm 距离。

（8）检查盘内端子接线螺丝有无松动，并用相应的螺丝刀紧固。

（9）功率柜的清灰最佳方法：启动抽风机，吹风机对着晶闸管散热器，顺着风道方向吹。

（10）采用管道毛刷清洁散热器内的灰垢。

五、注意事项

（1）印制线路板用压缩空气（压力不能太大）或真空吸尘器对其进行清洁，切勿使用任何溶剂清洁剂。

（2）检查插件板前作业人员采取防止静电措施，避免损坏集成电路和元器件。

（3）严禁带电插拔印制板。

（4）保证安全防护。

（5）杜绝用潮湿抹布清洁设备。

（6）不损伤漆面。

（7）现场使用材料、仪器仪表、工具摆放整齐、有序，工作现场保持清洁、做到工完场清。

【思考与练习】

1. 静止变频启动装置清扫和检查前应做哪些准备工作？

2. 如何进行静止变频启动装置控制保护单元板件的检查、清扫工作？

3. 静止变频启动装置清扫和检查的注意事项有哪些？

▲ 模块 7　静止变频启动装置的维护（新增 ZY5400701007）

【模块描述】本模块包含静止变频启动装置供电回路、控制回路、控制器、冷却单元、功率单元、传感器的巡回检查、设备维护及注意事项。通过对操作方法、步骤、注意事项的讲解和案例分析，掌握静止变频启动装置的维护方法及步骤

【模块内容】

一、作业内容

静止变频启动装置供电回路、控制回路、控制器、冷却单元、功率单元、传感器的巡回检查、红外测温及设备维护，一般每周进行一次巡回检查和红外测温，每半年进行一次设备维护。

二、危险点分析与控制措施

（1）误触电。控制措施：应按照《电力（业）安全工作规程》，验电后作业，必要时断开盘内的交流和直流电源；防止金属裸露工具与低压电源接触，造成低压触电或电源短路。

（2）误触碰。控制措施：应对可能引发误碰的回路、设备、元件设置防护带和悬挂警示牌。

三、作业前准备

（1）作业前组织作业人员学习作业指导书，熟悉检查项目、步骤、注意事项。

（2）确认工作组成员健康状况良好，安全帽、工作服等安全工器具完备、合格。

（3）准备并检查工器具是否满足要求，主要包括：毛刷、酒精、吹吸风机、脱脂棉、干净的抹布、万用表、验电笔、绝缘电阻表、常用电工工具 1 套。

（4）分析现场作业危险点，提出相应的防范措施，并核对现场安全措施是否正确和完善。

（5）作业前确认设备编号、位置和工作状态。

（6）定期维护工作前应拉开静止变频启动装置输入断路器和输出断路器，并摇至"试验"位置。

（7）定期维护工作前应断开静止变频启动装置的交流电源、UPS 电源、直流电源。

四、操作步骤

1. 静止变频启动装置巡回检查

静止变频启动装置巡回检查每周进行一次，主要包括以下项目：

（1）检查运行中的输入变压器应无异音、异味，无过热。

（2）检查输入变压器外观及接地正常。

（3）检查输入变压器油位、油温。

（4）检查吸湿器表面清洁，完整无裂痕，硅胶变色未超过 1/2，油封内油位应淹过吸湿器的吸气口。

（5）检查输入变压器室所有表计指示正常。

（6）检查输入变压器冷却器渗漏指示器完整、无破裂，无积液。

（7）检查输入变压器消防所有管路、阀门及连接部分无渗漏。

（8）检查人机界面显示器上有无故障报警信息，如有应记录并进行排查处理。

（9）检查 SFC 冷却单元柜各手动阀状态正常。

（10）检查 SFC 冷却回路各管路、阀门、过滤器及连接部分无渗漏。

（11）检查冷却水柜所有表计指示正常（水流流量计、温度计、压力表）。

（12）检查去离子水温度、压力、电导率正常。

（13）检查去离子水循环泵、整流桥/逆变桥柜空气冷却器工作正常，冷却空气温度正常。

（14）检查 UPS 柜工作状态正常，无报警信号。

（15）检查 UPS 充电电压、输出电压、输出电流正常。

（16）检查 SFC 各断路器及接地隔离开关指示位置与实际位置是否一致，且记录断路器的动作次数。

（17）检查控制器主 CPU 模块的状态指示灯正常。

（18）检查控制柜内各电源转换模块指示灯正常。

（19）检查控制柜内各类电阻没有烧毁迹象。

2. 静止变频启动装置红外测温

（1）使用红外线测温仪测量电缆，铜排等发热设备。

（2）使用红外线热像仪记录观察重点设备和部位的温度。

3. 静止变频启动装置的定期维护

（1）清扫控制盘柜滤网，清扫柜内设备和元件，吹扫控制器模块。

（2）检查、处理静止变频启动装置各个盘柜内部接线端子、元器件、接插件的接线端子和固定螺丝，确保元件安装牢固和接线端子接触良好。

（3）检查确认控制柜内各继电器位置正确，触点完好无损伤。

（4）检查水/水热交换器清洁无渗漏,去离子水冷却装置正常,冷却单元柜无渗漏。

（5）检查去离子水压力，若其水压低于设计规定值，则补充去离子水。

（6）检查操作把手、按钮等均在运行位置，盘面各指示灯及表计指示正确。

（7）联系运行人员恢复静止变频启动装置的交流电源、UPS 电源、直流电源。

（8）检查控制柜内各类工作电源均已工作正常。

（9）检查 UPS 柜工作状态正常，无报警信号，充电电压、输出电压、输出电流正常。

（10）手动启动去离子水泵、整流桥风扇、逆变桥风扇、输入/输出变压器压器油泵，记录其运行电流。

（11）联系运行人员将静止变频启动装置输入断路器和输出断路器,并摇至"工作"位置。

五、注意事项

（1）巡回检查需要由两个人以上进行，并做好监护，保持足够的安全距离。

（2）巡回检查中发现问题，及时汇报班组长或运行值班人员，并及时开票处理。

（3）印制线路板用压缩空气（压力不能太大）或真空吸尘器对其进行清洁，切勿使用任何溶剂清洁剂。

（4）检查插件板前作业人员采取防止静电措施，避免损坏集成电路和元器件。

（5）严禁带电插拔印制板。

（6）杜绝用潮湿抹布清洁设备。

（7）现场使用材料、仪器仪表、工具摆放整齐、有序，工作现场保持清洁、做到工完场清。

【思考与练习】

1. 每周进行一次静止变频启动装置的巡回检查主要有哪些项目？

2. 静止变频启动装置的定期维护主要有哪些项目？

3. 静止变频启动装置维护前要做哪些准备工作？

▲ 模块 8　静止变频启动装置的检查（新增 ZY5400701008）

【模块描述】 本模块包含静止变频启动装置控制器的内部检查、各把手和按钮开关位置检查、信号指示、开入量、开出量的检查。通过对操作方法、步骤、注意事项的讲解和案例分析，掌握静止变频启动装置检查的方法及步骤。

【模块内容】

一、作业内容

检查静止变频启动装置控制器各把手和按钮开关位置、信号指示、开入量以及开出量等是否正常，确保设备可靠稳定运行。

二、危险点分析与控制措施

（1）误触电。控制措施：应按照《电力（业）安全工作规程》，验电后作业，必要时断开盘内的交流和直流电源；防止金属裸露工具与低压电源接触，造成低压触电或电源短路。

（2）误触碰。控制措施：应对可能引发误碰的回路、设备、元件设置防护带和悬挂警示牌。

（3）仪器仪表损坏。控制措施：测量时不得超过仪器仪表允许的最大量程范围，以免损坏仪器仪表。

三、作业前准备

（1）作业前组织作业人员学习作业指导书，熟悉检查项目、步骤、注意事项。

（2）确认工作组成员健康状况良好，安全帽、工作服等安全工器具完备、合格。

（3）准备并检查工器具是否满足要求，主要包括：毛刷、酒精、吹吸风机、脱脂棉、干净的抹布、万用表、验电笔、绝缘电阻表、常用电工工具 1 套。

（4）分析现场作业危险点、提出相应的防范措施，并核对现场安全措施是否正确和完善。

（5）作业前确认设备编号、位置和工作状态。

（6）拉开静止变频启动装置输入断路器和输出断路器，并摇至试验位置；

（7）断开静止变频启动装置的交流电源、UPS 电源、直流电源。

四、操作步骤

（1）使用万用表测量装置的交、直流电源，确认无电压。

（2）拔插带芯片的插件时，工作人员必须与接地的金属部位相接触，以将携带的静电放掉，将模件由框架内取出时，只能接触模件的前面板、构架和印制板的边缘，应避免接触元件焊脚；直流电源断开后才允许插、拔插件，插、拔交流插件时应防止交流电流回路开路。

（3）工作过程中临时采取的甩线、修改参数、定值等操作，均应记录在二次工作安全措施票中。

（4）检查盘柜接地牢固良好，柜门应以裸铜软线与接地的金属构架可靠地连接。

（5）检查切换把手或压板接触良好，相邻压板间应有足够安全距离，切换时不应碰及相邻的压板。对于一端带电的切换压板，应确保在压板断开情况下，活动端不带电。

（6）检查端子排无损坏、固定牢固、绝缘良好、序号完整。

（7）把手、按钮开关、继电器、接触器检查。

1）外壳应完整、清洁无灰尘。外壳与底座接合应紧密牢固，防尘密封应良好，安装要端正。

2）各元件接线端子应牢固可靠，焊接头应牢固可靠，发现有虚焊或脱焊时应更换。

3）可视继电器的内部应清洁无灰尘和油污，触点固定牢固并无折伤和烧损，动合触点闭合后要有足够压力，动断触点的接触要紧密、可靠且有足够的压力。动、静触点接触时应中心相对，即接触后有明显的共同行程。

4）各元件的可动部分应动作灵活。

5）继电器底座端子接线螺钉的压接应紧固可靠，应特别注意相邻端子的接线鼻之间要有一定的距离，以免相碰。

（8）信号指示、开入量、开出量检查。

1）确认需要传动的信号，不影响非检修设备运行或非检修机组的运行，记录传动前设备状态。

2）保证传动开入信号时，设备不会意外启动。

3）传动前记录传动时间，一旦出现直流接地报警后，立即停止工作，查明原因后再进行传动。

4）开出信号传动：对于非跳闸信号且监控系统提供电源，本设备提供空触点的传动信号，传动前需要使用万用表测量信号电源，如为直流 220V 供电，则对地电压应为直流+110V±20%，跳闸信号的断口电压应为直流 220V。信号传动时，以相应设备元件变位为宜，不具备条件的可以通过短接端子的方式传动。对于已经存在的信号，宜通过改变设备元件的状态使信号变位。

5）开入信号传动：依据设备的类型确认信号断口电压等级，一般为直流 24V、110V、220V。设备收到开入信号以设备信号灯状态或设备运行指示为准，对于没有信号灯或者设备运行指示者，以测量信号断口电压为准。

五、注意事项

（1）二次回路接线在测试绝缘时，应有防止弱电设备损坏的安全技术措施。

（2）严禁带电插拔印制板。

（3）保证安全防护。

（4）杜绝用潮湿抹布清洁设备。

（5）不损伤漆面。

（6）现场使用材料、仪器仪表、工具摆放整齐、有序，工作现场保持清洁、做到工完场清。

【思考与练习】

1. 静止变频启动装置检查前应做哪些准备工作？

2. 如何进行静止变频启动装置开入量和开出量的检查？

3. 静止变频启动装置继电器和接触器有哪些检查内容？

◢ 模块 9　静止变频启动装置各部件及主回路的绝缘测定
（新增 ZY5400701009）

【模块描述】 本模块包含静止变频启动装置主回路绝缘电阻的测量、各部件的绝缘测量。通过对操作方法、步骤、注意事项的讲解和案例分析，掌握静止变频启动装置各部件及主回路的绝缘测量方法及步骤。

【模块内容】

一、作业内容

静止变频启动装置各部件及主回路绝缘电阻的测量包括不同带电回路之间、各带电回路与金属支架底板之间的绝缘电阻测量。

二、危险点分析与控制措施

（1）误触电。控制措施：应按照《电力（业）安全工作规程》，验电后作业，必要时断开盘内的交流和直流电源；绝缘测试作业完成后，应将所测设备加压端对地放电，确认无电后方可恢复；防止金属裸露工具与低压电源接触，造成低压触电或电源短路。

（2）误触碰。控制措施：应对可能引发误碰的回路、设备、元件设置防护带和悬挂警示牌。

（3）仪器仪表损坏。控制措施：测量时不得超过仪器仪表允许的最大量程范围，以免损坏仪器仪表。

三、作业前准备

（1）作业前组织作业人员学习作业指导书，熟悉检查项目、步骤、注意事项。

（2）确认工作组成员健康状况良好，安全帽、工作服等安全工器具完备、合格。

（3）准备并检查工器具是否满足要求，主要包括：毛刷、酒精、干净的抹布、万用表、验电笔、绝缘电阻表、常用电工工具1套。

（4）分析现场作业危险点、提出相应的防范措施，并核对现场安全措施是否正确和完善。

（5）作业前确认设备编号、位置和工作状态。

（6）拉开静止变频启动装置输入断路器和输出断路器，并摇至试验位置。

（7）断开静止变频启动装置的交流电源、UPS电源、直流电源。

四、操作步骤

（1）对SFC执行绝缘电阻测试，首先应清洁设备，断开不相关的电路，区分不同电压等级分别执行，做好安全措施。非被测试回路及设备应可靠短路并接地，被测试电子元件、电容器的各电极在试验前应短接。

（2）绝缘电阻的测量部位：不同带电回路之间；各带电回路与金属支架底板之间。

（3）测量绝缘电阻的仪表：100～500V以下的电气设备或回路，使用500V绝缘电阻表；500～3000V以下的电气设备或回路，使用1000V绝缘电阻表；3000～10000V以下的电气设备或回路，使用2500V绝缘电阻表；10000V以上的电气设备或回路，使用5000V绝缘电阻表。详细规定可参见《电气装置安装工程电气设备交接试验标准》（GB 50150—2016）、《电力设备预防性试验规程》（DL/T 596—1996）。

（4）绝缘电阻值：应不低于《电气装置安装工程电气设备交接试验标准》（GB 50150—2016）、《电力设备预防性试验规程》（DL/T 596—1996）的规定。

五、注意事项

（1）进行绝缘测定试验前，必须断开或者有关板卡、仪表、继电器等元、器件，防止试验过程中造成损坏。

（2）对照图纸检查各回路的实际接线，确认没有接线错误才能进行试验。

（3）试验过程中要保持警惕，如果有异味、异响、高温应立即停止试验，进行检查。

（4）现场使用材料、仪器仪表、工具摆放整齐、有序。

（5）工作现场保持清洁、做到工完场清。

【思考与练习】

1. 静止变频启动装置绝缘测定有哪些注意事项？
2. 如何选择静止变频启动装置绝缘测定的仪表？
3. 静止变频启动装置绝缘测定前应做哪些准备工作？

▲ 模块 10　冷却系统试验（新增 ZY5400702001）

【模块描述】本模块包含静止变频启动装置冷却系统试验项目及质量标准、接线、试验规程。通过对操作方法、步骤、注意事项的讲解和案例分析，掌握静止变频启动装置冷却系统试验方法及步骤。

【模块内容】

一、作业内容

静止变频启动装置冷却系统试验包括：SFC 冷却水、冷却空气的压力和流量等测量元件的清扫、检查和试验；去离子水泵的检查和试验；冷却水管道耐压试验等。

二、危险点分析与控制措施

（1）误触电。控制措施：应按照《电力（业）安全工作规程》，验电后作业，必要时断开盘内的交流和直流电源；防止金属裸露工具与低压电源接触，造成低压触电或电源短路。

（2）误触碰。控制措施：应对可能引发误碰的回路、设备、元件设置防护带和悬挂警示牌。

（3）仪器仪表损坏。控制措施：测量时不得超过仪器仪表允许的最大量程范围，以免损坏仪器仪表。

三、作业前准备

（1）作业前组织作业人员学习作业指导书，熟悉检查项目、步骤、注意事项。

（2）确认工作组成员健康状况良好，安全帽、工作服等安全工器具完备、合格。

（3）准备并检查工器具是否满足要求，主要包括：毛刷、酒精、干净的抹布、万用表、验电笔、绝缘电阻表、常用电工工具1套。

（4）分析现场作业危险点、提出相应的防范措施，并核对现场安全措施是否正确和完善。

（5）作业前确认设备编号、位置和工作状态。

四、操作步骤

（1）SFC冷却水流量测量装置的清扫，检查紧固流量计端子盒内的接线。检查冷却水流量显示报警装置，核对检查参数设置。

（2）检查紧固SFC冷却水电动阀控制回路端子，并进行现地开关阀门动作试验，检查阀门开度及压力均正常，恢复时应将阀门控制方式置于远控位置。

（3）清扫水/水热交换器，冷却单元柜应无渗漏情况。检查冷却单元的各个法兰面及阀门等有无渗漏情况，如果有渗漏情况，应立即紧固处理或更换密封。

（4）SFC冷却水泄漏报警装置的检查试验：拆下SFC冷却水泄漏报警装置探头，放入水中检查该装置的触点动作情况。将装置探头用布擦净后回装，紧固回路中的所有接线。

（5）SFC冷却风温测量装置的检查试验：拆下测温探头在变送装置上的接线，用可变电阻箱输入风温报警、跳闸温度值，确认装置相应输出触点动作正常后回装，紧固回路中的所有接线。

（6）SFC冷却风流量测量装置的检查试验：检查整个回路接线并紧固端子，启动冷却风扇并观察运行情况，确认风压正常，并检查风机运行触点动作正常。

（7）去离子水泵的检查试验：测量去离子水泵的绝缘并确认合格，现地启动去离子水泵，电机相电流不平衡度应不大于5%，最大持续电流值应不大于电机的额定电流，确认水泵出口水压正常。

（8）管道耐压试验：压力试验应在所有管道和冷却器完成连接后进行，管道包括金属管道和软管。金属管道压力试验按《工业金属管道工程施工规范》（GB 50235—2010）中8.6的试验要求执行，软管压力试验按《液压软管总成试验方法》（GB/T 7939—2008）中5.2的试验要求执行。压力试验应采用高纯度水作试验介质，按设计压力的1.5倍或最高工作压力的2倍进行液压试验。液压试验时应缓慢升压，达到试验压力后稳压10min，再将压力降至设计压力稳压30min，观察压力表应无压降，管路所有部位应无渗漏。

五、注意事项

（1）对照图纸检查各回路的实际接线，确认没有接线错误才能进行试验。

（2）试验过程中要保持警惕，如有异味、异响、高温应立即停止试验，进行检查。

（3）现场使用材料、仪器仪表、工具摆放整齐、有序。

（4）工作现场保持清洁、做到工完场清。

【思考与练习】

1. 如何进行静止变频启动装置冷却水系统管道的耐压试验？

2. 如何进行静止变频启动装置冷却水泄漏报警装置的检查试验？

3. 如何进行静止变频启动装置去离子水泵的检查试验？

▲ 模块 11　热备用工况试验（新增 ZY5400702002）

【模块描述】本模块包含静止变频启动装置热备用工况试验项目及质量标准、接线、试验规程。通过对操作方法、步骤、注意事项的讲解和案例分析，掌握静止变频启动装置热备用工况试验方法及步骤。

【模块内容】

一、作业内容

检查验证电站监控系统上位机以及 SFC 人机界面终端下达"热备用工况"命令通道是否正常、SFC 进入热备用工况和冷备用工况的控制流程是否正常、SFC 热备用工况时辅助设备运行是否正常。

二、危险点分析及控制措施

（1）误触电。控制措施：应按照《电力（业）安全工作规程》，验电后作业，必要时断开盘内的交流和直流电源；防止金属裸露工具与低压电源接触，造成低压触电或电源短路。

（2）误触碰。控制措施：应对可能引发误碰的回路、设备、元件设置防护带和悬挂警示牌。

三、测试前准备工作

（1）试验方案的审核和批准流程已完成。

（2）作业前组织作业人员学习作业指导书，熟悉检查项目、步骤、注意事项。

（3）确认工作组成员健康状况良好，安全帽、工作服等安全工器具完备、合格。

（4）准备并检查工器具是否满足要求，主要包括：万用表、常用电工工具 1 套。

（5）静止变频启动装置具备辅助设备运行条件。

（6）作业前确认设备编号、位置和工作状态。

四、现场测试步骤及要求

（1）将 SFC 选择为"远方自动"控制方式。

（2）从电站监控系统上位机直接下令或从地下厂房公用 LCU 在线测试方式下令，启动 SFC 辅助设备进入"热备用状态"。检查命令传输通道正常，检查 SFC 开关设备合闸顺序及辅助设备启动顺序与设计流程一致，检查 SFC 处于热备用状态，即输入断路器合上、输入变压器及输出变压器油泵启动、其中一台去离子水泵启动、风冷设备正常启动，如 SFC 滤波器装置未退出运行则 SFC 滤波器断路器也应合闸，检查冷却单元去离子水流量及水泵压差、输入变压器及输出变压器油泵流量、冷却风扇压差是否正常。

（3）从电站监控系统上位机直接下令或从地下厂房公用 LCU 在线测试方式下令，停止 SFC 辅助设备进入"冷备用状态"。检查命令传输通道正常，检查 SFC 开关设备分闸顺序及辅助设备停止顺序与设计流程一致，检查 SFC 处于冷备用状态，即输入断路器分闸、输入变压器及输出变压器油泵停止、去离子水泵停止、风冷设备停止，如 SFC 滤波器装置未退出运行，则 SFC 滤波器断路器也应分闸。

（4）将 SFC 选择为"现地单步"控制方式。

（5）从 SFC 人机界面终端下令，启动 SFC 辅助设备进入"热备用状态"。检查命令传输通道正常，检查 SFC 开关设备合闸顺序及辅助设备启动顺序与设计流程一致，检查 SFC 处于热备用状态，即输入断路器合上、输入变压器及输出变压器油泵启动、其中一台去离子水泵启动、风冷设备正常启动，如 SFC 滤波器装置未退出运行则 SFC 滤波器断路器也应合闸，检查冷却单元去离子水流量及水泵压差、输入变压器及输出变压器油泵流量、冷却风扇压差是否正常。

（6）从 SFC 人机界面终端下令，停止 SFC 辅助设备进入"冷备用状态"。检查命令传输通道正常，检查 SFC 开关设备分闸顺序及辅助设备停止顺序与设计流程一致，检查 SFC 处于冷备用状态，即输入断路器分闸、输入变压器及输出变压器油泵停止、去离子水泵停止、风冷设备停止，如 SFC 滤波器装置未退出运行，则 SFC 滤波器断路器也应分闸。

五、测试注意事项

（1）试验前应检查静止变频器控制柜内手持终端无报警及故障信号，控制器各模块运行状态正常。

（2）试验过程中出现异常情况，应立即停止试验并进行仔细检查。

（3）应详细记录试验过程中的设备运行情况，以供分析与总结。

（4）试验后应全面检查 SFC 装置，有异常情况应记录并及时处理。

【思考与练习】

1. SFC 从冷备用状态到热备用状态操作方式有哪几种？

2. SFC 从冷备用状态到热备用状态试验时需进行哪些检查工作？

3. SFC 从热备用状态到冷备用状态试验时需进行哪些检查工作？

▲ 模块 12　背靠背启动控制系统的清扫和检查
（新增 ZY5400703001）

【模块描述】本模块包含背靠背启动控制系统继电器、按钮，指示灯、端子排及引线的检查和清扫。通过对操作方法、步骤、注意事项的讲解和案例分析，掌握背靠背启动控制系统的清扫和检查方法及步骤。

【模块内容】

一、作业内容

定期（一般 3 个月一次）进行背靠背启动母线闸刀控制系统的清扫和检查，以保证设备外观清洁、无灰尘、无油迹、散热环境良好，减少设备故障率，确保设备正常可靠运行。

二、危险点分析与控制措施

（1）误触电。控制措施：应按照《电力（业）安全工作规程》，验电后作业，必要时断开盘内的交流和直流电源；防止金属裸露工具与低压电源接触，造成低压触电或电源短路。

（2）误触碰。控制措施：应对可能引发误碰的回路、设备、元件设置防护带和悬挂警示牌。

（3）仪器仪表损坏。控制措施：测量时不得超过仪器仪表允许的最大量程范围，以免损坏仪器仪表。

三、作业前准备

（1）作业前组织作业人员学习作业指导书，熟悉检查项目、步骤、注意事项。

（2）确认工作组成员健康状况良好，安全帽、工作服等安全工器具完备、合格。

（3）准备并检查工器具是否满足要求，主要包括：毛刷、酒精、吹吸风机、脱脂棉、干净的抹布、万用表、验电笔、绝缘电阻表、常用电工工具 1 套。

（4）分析现场作业危险点、提出相应的防范措施，并核对现场安全措施是否正确和完善。

（5）作业前确认设备编号、位置和工作状态。

（6）断开背靠背启动母线隔离开关控制系统的交流电源、直流电源。

（7）断开背靠背启动母线隔离开关的交流操作电源。

四、操作步骤

（1）使用万用表测量背靠背启动控制系统的交、直流电源，确认无电压。

（2）用吸尘器和毛刷清扫控制柜内电源断路器、接触器、继电器等元器件上的灰尘。

（3）用酒精和脱脂棉清扫按钮、指示灯，用破布清扫盘面灰尘。

（4）用干净的硬毛刷依次由上到下清扫端子排及引线。

（5）用干净的抹布擦拭好继电器外壳、端子积灰。

（6）用合适的螺丝刀检查盘内端子及元器件接线螺丝有无松动并紧固。

（7）检查并修复柜内电缆孔洞的防火封堵。

（8）检查控制柜内加热器及照明正常。

五、注意事项

（1）杜绝用潮湿抹布清洁设备。

（2）吸尘器风口应与柜内元器件保持 200mm 以上距离，以防损伤元器件。

（3）清扫时应注意元器件的标示牌，如有脱落应及时记录并修复。

（4）现场使用材料、仪器仪表、工具摆放整齐、有序，工作现场保持清洁、做到工完场清。

【思考与练习】

1. 背靠背启动母线隔离开关控制系统清扫和检查前应做哪些准备工作？

2. 如何进行背靠背启动母线隔离开关控制系统的检查、清扫工作？

3. 背靠背启动母线隔离开关控制系统清扫和检查的注意事项有哪些？

模块 13 背靠背启动控制系统的维护（新增 ZY5400703002）

【模块描述】 本模块包含背靠背启动控制系统供电回路、控制回路、控制器、冷却单元、功率单元、传感器的巡回检查、维护及注意事项。通过对操作方法、步骤、注意事项的讲解和案例分析，掌握背靠背启动控制系统的维护方法及步骤。

【模块内容】

一、作业内容

背靠背启动母线隔离开关控制系统维护主要进行供电回路、控制回路的维护工作，一般每半年进行一次。

二、危险点分析与控制措施

（1）误触电。控制措施：应按照《电力（业）安全工作规程》，验电后作业，必要时断开盘内的交流和直流电源；防止金属裸露工具与低压电源接触，造成低压触电

或电源短路。

（2）误触碰。控制措施：应对可能引发误碰的回路、设备、元件设置防护带和悬挂警示牌。

（3）仪器仪表损坏。控制措施：测量时不得超过仪器仪表允许的最大量程范围，以免损坏仪器仪表。

三、作业前准备

（1）作业前组织作业人员学习作业指导书，熟悉检查项目、步骤、注意事项。

（2）确认工作组成员健康状况良好，安全帽、工作服等安全工器具完备、合格。

（3）准备并检查工器具是否满足要求，主要包括：毛刷、酒精、吹吸风机、脱脂棉、干净的抹布、万用表、验电笔、绝缘电阻表、常用电工工具1套。

（4）分析现场作业危险点、提出相应的防范措施，并核对现场安全措施是否正确和完善。

（5）作业前确认设备编号、位置和工作状态。

（6）断开背靠背启动母线隔离开关控制系统的交流电源、直流电源。

（7）断开背靠背启动母线隔离开关的交流操作电源。

四、操作步骤

（1）清扫控制盘柜内设备和元件。

（2）检查背靠背启动母线各隔离开关及接地隔离开关指示位置与实际位置是否一致。

（3）检查背靠背启动母线隔离开关控制柜内各电源断路器位置正常，检查监控系统上位机无相应电源断路器分闸报警信号。

（4）检查把手、按钮开关、继电器、接触器外壳应完整、清洁无灰尘。外壳与底座接合应紧密牢固，防尘密封应良好，安装要端正。

（5）检查各元件接线端子应牢固可靠，焊接头应牢固可靠，发现有虚焊或脱焊时应更换。

（6）检查可视继电器的内部应清洁无灰尘和油污，触点固定牢固并无折伤和烧损，动合触点闭合后要有足够压力，动断触点的接触要紧密可靠且有足够的压力。动、静触点接触时应中心相对，即接触后有明显的共同行程。

（7）检查各元件的可动部分应动作灵活。

（8）检查继电器底座端子接线螺钉的压接应紧固可靠，应特别注意相邻端子的接线鼻之间要有一定的距离，以免相碰。

（9）维护工作结束后检查操作把手、按钮等均在运行位置，盘面各指示灯及表计指示正确，而后联系运行人员恢复交流电源、直流电源。

五、注意事项

（1）维护工作需要两个人以上进行，并做好监护，保持足够的安全距离。

（2）维护工作中发现问题，及时汇报班组长或运行值班人员，并及时处理。

（3）杜绝用潮湿抹布清洁设备。

（4）吸尘器风口应与柜内元器件保持 200mm 以上距离，以防损伤元器件。

（5）清扫时应注意元器件的标示牌，如有脱落应及时记录并修复。

（6）现场使用材料、仪器仪表、工具摆放整齐、有序，工作现场保持清洁、做到工完场清。

【思考与练习】

1. 背靠背启动母线隔离开关控制系统有哪些维护项目？

2. 背靠背启动母线隔离开关控制系统维护有哪些注意事项？

3. 背靠背启动母线隔离开关控制系统维护前要做哪些准备工作？

▲ 模块 14　背靠背启动控制系统的检查（新增 ZY5400703003）

【模块描述】本模块包含背靠背启动控制系统的内部检查，各把手和按钮开关位置检查，信号指示、开入量、开出量检查。通过对操作方法、步骤、注意事项的讲解和案例分析，掌握背靠背启动控制系统检查的方法及步骤。

【模块内容】

一、作业内容

检查背靠背启动母线隔离开关控制系统各把手和按钮开关位置、信号指示、与其他断路器/隔离开关控制回路接口的开入量以及开出量等是否正常，确保设备能稳定可靠运行。

二、危险点分析与控制措施

（1）误触电。控制措施：应按照《电力（业）安全工作规程》，验电后作业，必要时断开盘内的交流和直流电源；防止金属裸露工具与低压电源接触，造成低压触电或电源短路。

（2）误触碰。控制措施：应对可能引发误碰的回路、设备、元件设置防护带和悬挂警示牌。

（3）仪器仪表损坏。控制措施：测量时不得超过仪器仪表允许的最大量程范围，以免损坏仪器仪表。

三、作业前准备

（1）作业前组织作业人员学习作业指导书，熟悉检查项目、步骤、注意事项。

（2）确认工作组成员健康状况良好，安全帽、工作服等安全工器具完备、合格。

（3）准备并检查工器具是否满足要求，主要包括：毛刷、酒精、吹吸风机、脱脂棉、干净的抹布、万用表、验电笔、绝缘电阻表、常用电工工具 1 套。

（4）分析现场作业危险点、提出相应的防范措施，并核对现场安全措施是否正确和完善。

（5）作业前确认设备编号、位置和工作状态。

（6）断开背靠背启动母线隔离开关控制系统的交流电源、直流电源。

（7）断开背靠背启动母线隔离开关的交流操作电源。

四、操作步骤

（1）使用万用表测量装置的交、直流电源，确认无电压。

（2）工作过程中临时采取的甩线、修改参数、定值等操作，均应记录在二次工作安全措施票中。

（3）检查盘柜接地牢固良好，柜门应以裸铜软线与接地的金属构架可靠地连接。

（4）检查切换把手或压板接触良好，相邻压板间应有足够安全距离，切换时不应碰及相邻的压板。对于一端带电的切换压板，应确保在压板断开情况下，活动端不带电。

（5）检查端子排无损坏、固定牢固、绝缘良好、序号完整。

（6）把手、按钮开关、继电器、接触器检查。

1）外壳应完整、清洁无灰尘。外壳与底座接合应紧密牢固，防尘密封应良好，安装要端正。

2）各元件接线端子应牢固可靠，焊接头应牢固可靠，发现有虚焊或脱焊时应更换。

3）可视继电器的内部应清洁无灰尘和油污，触点固定牢固并无折伤和烧损，动合触点闭合后要有足够压力，动断触点的接触要紧密可靠且有足够的压力。动、静触点接触时应中心相对，即接触后有明显的共同行程。

4）各元件的可动部分应动作灵活。

5）继电器底座端子接线螺钉的压接应紧固可靠，应特别注意相邻端子的接线鼻之间要有一定的距离，以免相碰。

（7）与其他断路器、隔离开关控制回路接口的信号指示、开入量、开出量检查。

1）确认需要传动的信号，不影响非检修设备运行，记录传动前设备状态。

2）保证传动开入信号时，设备不会意外分合闸。

3）传动前记录传动时间，一旦出现直流接地报警后，立即停止工作，查明原因后再进行传动。

4）开出信号传动：对于由其他断路器、隔离开关控制回路提供电源而本设备只提供空触点的传动信号，传动前需要使用万用表测量信号电源，如为直流 220V 供电则对地电压应为直流+110V±20%，触点的断口电压应为直流 220V。信号传动时，以相应设备元件变位为宜，不具备条件的可以通过短接端子的方式传动。对于已经存在的信号，宜通过改变设备元件的状态使信号变位；

5）开入信号传动：依据设备的类型确认信号断口电压等级，一般为直流 24V、110V、220V。设备收到开入信号以设备信号灯状态或设备运行指示为准，对于没有信号灯或者设备运行指示者，以测量信号断口电压为准。

五、注意事项

（1）检查工作需由两个人以上进行，并做好监护，保持足够的安全距离。

（2）检查工作中发现问题，及时汇报班组长或运行值班人员，并及时处理。

（3）杜绝用潮湿抹布清洁设备。

（4）吸尘器风口应与柜内元器件保持 200mm 以上距离，以防损伤元器件。

（5）清扫时应注意元器件的标示牌，如有脱落应及时记录并修复。

（6）现场使用材料、仪器仪表、工具摆放整齐、有序，工作现场保持清洁、做到工完场清。

【思考与练习】

1. 背靠背启动母线隔离开关控制系统检查前应做哪些准备工作？

2. 如何进行背靠背启动母线隔离开关控制系统开入量和开出量的检查？

3. 背靠背启动母线隔离开关控制系统继电器和接触器有哪些检查内容？

▲ 模块 15　背靠背启动控制系统的绝缘测定
（新增 ZY5400703004）

【模块描述】 本模块包含背靠背启动控制系统绝缘电阻的测量。通过对操作方法、步骤、注意事项的讲解和案例分析，掌握背靠背启动控制系统的绝缘测量方法及步骤。

【模块内容】

一、作业内容

背靠背启动母线隔离开关控制系统各部件及主回路绝缘电阻的测量包括不同带电回路之间、各带电回路与金属支架底板之间的绝缘电阻测量。

二、危险点分析与控制措施

（1）误触电。控制措施：绝缘测试作业完成后，应将所测设备加压端对地放电，确认无电后方可恢复；应按照《电力（业）安全工作规程》，验电后作业，必要时断开盘内的交流和直流电源；防止金属裸露工具与低压电源接触，造成低压触电或电源短路。

（2）误触碰。控制措施：应对可能引发误碰的回路、设备、元件设置防护带和悬挂警示牌。

（3）仪器仪表损坏。控制措施：测量时不得超过仪器仪表允许的最大量程范围，以免损坏仪器仪表。

三、作业前准备

（1）作业前组织作业人员学习作业指导书，熟悉检查项目、步骤、注意事项。

（2）确认工作组成员健康状况良好，安全帽、工作服等安全工器具完备、合格。

（3）准备并检查工器具是否满足要求，主要包括：毛刷、酒精、干净的抹布、万用表、验电笔、绝缘电阻表、常用电工工具 1 套。

（4）分析现场作业危险点、提出相应的防范措施，并核对现场安全措施是否正确和完善。

（5）作业前确认设备编号、位置和工作状态。

（6）拉开静止变频启动装置输入断路器和输出断路器并摇至试验位置。

（7）断开静止变频启动装置的交流电源、UPS 电源、直流电源。

四、操作步骤

（1）对背靠背启动母线隔离开关控制系统执行绝缘电阻测试，首先应清洁设备，断开不相关的电路，区分不同电压等级分别执行，做好安全措施。非被测试回路及设备应可靠短路并接地，被测试电子元件、电容器的各电极在试验前应短接。

（2）绝缘电阻的测量部位：不同带电回路之间；各带电回路与金属支架底板之间。

（3）测量绝缘电阻的仪表：100～500V 以下的电气设备或回路，使用 500V 绝缘电阻表；500～3000V 以下的电气设备或回路，使用 1000V 绝缘电阻表；3000～10000V 以下的电气设备或回路，使用 2500V 绝缘电阻表；10000V 以上的电气设备或回路，使用 5000V 绝缘电阻表。详细规定可参见《电气装置安装工程电气设备交接试验标准》（GB 50150—2016）、《电力设备预防性试验规程》（DL/T 596—1996）。

（4）绝缘电阻值：应不低于《电气装置安装工程电气设备交接试验标准》（GB 50150—2016）、《电力设备预防性试验规程》（DL/T 596—1996）的规定。

五、注意事项

（1）进行绝缘测定试验前，必须断开有关仪表、继电器等元器件，防止试验过程中造成损坏。

（2）对照图纸检查各回路的实际接线，确认没有接线错误才能进行试验。

（3）试验过程中要保持警惕，如果有异味、异响、高温，应立即停止试验，进行检查。

（4）现场使用材料、仪器仪表、工具摆放整齐、有序。

（5）工作现场保持清洁、做到工完场清。

【思考与练习】

1. 背靠背启动母线隔离开关控制系统绝缘测定有哪些注意事项？

2. 如何选择背靠背启动母线隔离开关控制系统绝缘测定的仪表？

3. 背靠背启动母线隔离开关控制系统绝缘测定前应做哪些准备工作？

▲ 模块 16　静止变频启动装置单步启动的操作
（新增 ZY5400703005）

【模块描述】本模块包含静止变频启动装置单步启动机组的操作方法及步骤。通过对操作方法、步骤、注意事项的讲解和案例分析，掌握静止变频启动装置单步启动的操作。

【模块内容】

一、作业内容

检验静止变频启动装置现地手动单步方式下启动机组时电站计算机监控系统、SFC 系统、励磁系统以及同期装置之间的协调控制功能是否正常。

二、危险点分析及控制措施

（1）误触电。控制措施：防止金属裸露工具与低压电源接触，造成低压触电或电源短路。

（2）误触碰。控制措施：应对可能引发误碰的回路、设备、元件设置防护带和悬挂警示牌。

三、测试前准备工作

（1）试验方案的审核和批准流程已完成。

（2）静止变频启动装置运行条件满足。

（3）试验机组具备抽水调相启动与并网条件。

（4）静止变频启动装置现场、试验机组的发电机层和水轮机层等试验监视人员已就位。

四、现场测试步骤及要求

（1）在静止变频启动装置现地人机界面上将 SFC 控制方式切至"现地"。

（2）在静止变频启动装置现地人机界面上设定机组的试验转速值。

（3）在静止变频启动装置现地人机界面上下发辅助设备启动命令，检查确认 SFC 控制器输出辅助设备启动命令并自保持，启动去离子水泵、输入/输出变压器循环油泵、功率柜风扇；合上输入断路器；检测"辅助设备已运行"信号，输出"SFC 已进入热备用"状态信号。

（4）由操作员在电站监控系统选择某台机组由 SFC 启动模式，并下达该机组"抽水调相工况开机"命令。

（5）待电站监控系统输出命令在 SFC 和被拖动机组的定子间建立电气轴后，在静止变频启动装置现地人机界面上下达"上电"令，SFC 发出输出断路器合闸命令。

（6）SFC 检测到"输出断路器合闸位置"信号后延时 3s，输出"准备启动机组"信号。

（7）SFC 输出励磁启动命令。

（8）在静止变频启动装置现地人机界面上发出"调节器脉冲解锁"命令，开始拖动机组至之前设定的转速。

（9）在静止变频启动装置现地人机界面上发出"停止"命令，SFC 的转速设定值变为 0，SFC 闭锁调节器输出脉冲，拉开输出断路器。

（10）现地人机界面上发出辅助设备停止命令，SFC 执行辅助设备停止程序，拉开输入断路器，复归去离子水泵、输入变循环油泵、功率柜风扇启动命令，停止所有辅助设备，SFC 进入"冷备用状态"。

五、测试注意事项

（1）试验前应检查静止变频器控制柜内手持终端无报警及故障信号，控制器各模块运行状态正常。

（2）试验过程中出现异常情况，应立即停止试验，并进行仔细检查。

（3）应详细记录试验过程中的设备运行情况，以供分析与总结。

（4）试验后应全面检查试验机组和 SFC 装置，有异常情况应记录并及时处理。

【思考与练习】

1. 静止变频启动装置现地手动单步方式启动机组抽水调相有哪些步骤？

2. 静止变频启动装置现地手动单步方式启动机组抽水调相试验前应具备哪些条件？

3. 静止变频启动装置现地手动单步方式启动机组抽水调相试验后应进行哪些检查？

▲ 模块 17　人机界面调试（新增 ZY5400703006）

【模块描述】本模块包含静止变频启动装置人机界面的系统设置、手动单步启动操作、状态量监测画面等操作方法和步骤。通过对操作方法、步骤、注意事项的讲解和案例分析，掌握静止变频启动装置人机界面调试方法及步骤。

【模块内容】

一、作业内容

检验静止变频启动装置人机界面的系统设置、手动单步启动操作、状态量显示等功能正常。

二、危险点分析及控制措施

（1）误触电。控制措施：防止金属裸露工具与低压电源接触，造成低压触电或电源短路。

（2）误触碰。控制措施：应对可能引发误碰的回路、设备、元件设置防护带和悬挂警示牌。

三、测试前准备工作

（1）试验方案的审核和批准流程已完成。

（2）静止变频启动装置运行条件满足。

（3）试验机组具备抽水调相启动与并网条件。

（4）静止变频启动装置现场、试验机组的发电机层和水轮机层等试验监视人员已就位。

四、现场测试步骤

（1）检查测试静止变频启动装置现地人机界面的控制方式切换功能是否正常。

（2）模拟 SFC 故障报警信号，检查测试现地人机界面的报警显示功能是否正常。

（3）检查测试现地人机界面在 SFC 停止时转速、电压、电流等状态量显示是否正常。

（4）选择 SFC 现地单步启动试验机组到抽水调相工况，检查确认 SFC 人机界面各功能按钮是否正常，检查确认人机界面的参数设定功能正常，检查确认人机界面与 SFC 控制器之间的通信接口正常，检查现地人机界面在 SFC 运行时转速、电压、电流等状态量显示是否正常。

五、测试注意事项

（1）试验前应检查静止变频器控制柜内手持终端无报警及故障信号，控制器各模块运行状态正常。

（2）试验过程中出现异常情况，应立即停止试验，并进行仔细检查。

（3）应详细记录试验过程中的设备运行情况，以供分析与总结。

（4）试验后应全面检查试验机组和 SFC 装置，有异常情况应记录并及时处理。

【思考与练习】

1. 静止变频启动装置人机界面调试有哪些步骤？

2. 静止变频启动装置人机界面调试前应具备哪些条件？

3. 静止变频启动装置人机界面调试有哪些注意事项？

▲ 模块18　抽水蓄能机组启动设备故障的分析和处理
（新增 ZY5400704009）

【模块描述】本模块包含抽水蓄能机组启动设备常见故障的判断、分析和处理的方法、步骤。通过对操作方法、步骤、注意事项的讲解和案例分析，掌握抽水蓄能机组启动设备的故障分析和处理方法、步骤。

【模块内容】

一、作业内容

静止变频启动装置故障处理原则为：

（1）静止变频启动装置（SFC）拖动前有报警或在拖动过程中跳闸均应到现场检查记录人机操作界面中的报警信号，检查 SFC 一、二次设备运行状态，如有故障应及时进行排查，故障或报警复归后方可重新启用 SFC。

（2）机组拖动过程中由于 SFC 装置原因造成多次拖动不成功，应停止使用故障的 SFC 装置。若 SFC 运行过程中发现输入单元、输出单元、直流电抗器回路、功率柜、开关柜有异常情况或冷却水回路有大量漏水，应立即按下 SFC 装置的紧急停止按钮，并做相应隔离，及时通知有关人员进行检查处理，故障排除后方可投入运行。

二、静止变频启动装置内部/外部故障的复归

（1）如果是外部重故障跳闸，无法通过面板复归报警，则将 SFC 控制器断电，隔 10s 后给上电源，从而复归控制器程序。

（2）如果是 SFC 内部重故障跳闸，首先要记录故障信号及代码，查找并确认故障原因后复归故障信号，若无法复归则将 SFC 控制器断电，隔 10s 后给上电源，从而复归控制器程序。

（3）如果是 SFC 内部轻故障跳闸，首先要记录故障信号及代码，然后确认是误动还是正确动作，如果是误动，为保证 SFC 的可用性，先复归报警，无法复归则将 SFC 去离子水泵、冷却风扇、输入输出变油泵等辅助设备停止运行，再将 SFC 控制器断电，隔 10s 后给上电源，从而复归控制器程序。

三、静止变频启动装置拖动机组失败故障处理

1. 静止变频启动装置拖动机组失败故障的现象

（1）机组拖不起来。

（2）机组反转。

（3）拖动速度上升太慢或不上升。

2. 静止变频启动装置拖动机组失败故障的处理

（1）检查 SFC 装置是否收到机组励磁系统送来的"励磁系统启动""灭磁断路器合闸"等信号。

（2）检查 SFC 装置是否收到监控系统送来的"SFC 启动"命令。

（3）若 SFC 输出断路器刚合上即因程序故障跳机（机组未转动），则可以检查"SFC 准备好可以启动机组"信号是否动作正常。

（4）检查 SFC 选择相应机组的继电器是否正常动作。

（5）若 SFC 拖动机组时出现机组反转，应立即停机，在情况许可的情况下，可利用该 SFC 对拖动失败机组再进行一次拖动试验，若再次出现机组反转，应立即停机并检查转子初始位置检测元件和回路。

（6）若 SFC 拖动机组出现拖动速度上升太慢或不上升，应立即检查 SFC 输出电流/电压是否正常，装置现地人机界面是否有报警；机组励磁电流/电压是否正常；机组调相补气压水系统是否正常；检查 SFC 输出隔离开关、机组被拖动隔离开关等电气回路是否合闸到位；检查机桥、网桥的触发脉冲和测量回路是否正常。

四、SFC 常见故障处理

SFC 各种常见故障处理详见表 2-7-1。

表 2-7-1 SFC 各种常见故障处理表

序号	故障名称	原因	故障处理	告警	紧急跳闸	轻故障跳闸	跳滤波器断路器	启动输入变压器消防
1	网桥相位参考电压故障	网桥失压或测压回路故障	检查网桥电压或测压回路			*		
2	网桥过载故障	网桥短路故障、机桥逆变失败、控制模块故障、网桥测流回路故障	检查网桥晶闸管、监视控制模块、检查网桥触发脉冲、检查网桥测流回路			*		
3	网桥差流过大故障	网桥逆变失败、网桥脉冲故障、网桥 TA 饱和导致门控故障	检查网桥和机桥晶闸管、检查门控脉冲触发顺序、更换触发卡、更换门控卡、监视网桥相位参考			*		
4	网桥过励磁故障	网桥过励磁、网桥过电压	检查网桥电压或测压回路			*		
5	机桥电流突变量过大故障	机桥电流变化太快（通常伴随有过载、差流过大）	检查机桥晶闸管			*		

续表

序号	故障名称	原因	故障处理	告警	紧急跳闸	轻故障跳闸	跳滤波器断路器	启动输入变压器消防
6	机桥相位参考电压故障	网桥失压或测压回路故障	检查网桥电压或测压回路			*		
7	机桥过载故障	机桥短路故障、机桥逆变失败、控制模块故障、机桥测流回路故障	检查机桥晶闸管、监视控制模块、检查机桥触发脉冲、检查机桥测流回路			*		
8	机桥差流过大故障	机桥逆变失败、机桥脉冲故障、机桥短路故障	检查网桥和机桥晶闸管、检查门控脉冲触发顺序、更换触发卡、更换门控卡、监视机桥相位参考			*		
9	机桥过电压故障	励磁调节异常、机组负荷突然减小	检查励磁系统			*		
10	机桥过励磁故障	机桥过励磁、机桥过电压、励磁调节异常	检查励磁系统			*		
11	机桥失磁故障	励磁调节异常	检查励磁系统			*		
12	转子静止位置测量失败	转子静止位置测量失败	检查机桥磁通测量回路、励磁系统			*		
13	电动机启动故障（脉冲分配参考过大）	脉冲分配参考过大	检查机组轴承、转子或制动机构是否被锁定；检查脉冲耦合模式调节功能是否异常			*		
14	电动机启动故障（脉冲分配模式超时）	脉冲分配模式超时	检查机组轴承、转子或制动机构是否被锁定；检查脉冲耦合模式调节功能是否异常			*		
15	调节器解锁故障	调节器解锁后仍无电流输出	检查控制器及其测量回路			*		
16	速度参考和速度测量值不一致故障	速度参考和速度测量值不一致	检查控制器及其测量回路			*		
17	机组反转故障	机组反转	检查控制器及其测量回路			*		

续表

序号	故障名称	原因	故障处理	告警	紧急跳闸	轻故障跳闸	跳滤波器断路器	启动输入变压器消防
18	网桥×号桥臂晶闸管故障	晶闸管或触发脉冲故障	检查晶闸管是否短路，触发卡是否损坏，脉冲触发是否错误和反馈光纤性能		*			
19	机桥×号桥臂晶闸管故障	晶闸管或触发脉冲故障	检查晶闸管是否短路，触发卡是否损坏，脉冲触发是否错误和反馈光纤性能		*			
20	主板自检故障	主板 CPU 故障	更换主板		*			
21	控制板故障	控制板数据接收太慢影响脉冲计算；控制板光纤通信故障	检查或更换主板或控制板		*			
22	控制板光纤通信故障	控制板光纤通信故障	检查或更换控制板		*			
23	控制板电源故障	控制板电源故障	检查或更换控制板		*			
24	测量板自检故障	测量板内部故障	更换测量板		*			
25	×号 I/O 卡件故障	I/O 卡件故障	检查或更换故障 I/O 卡	*	*			
26	网桥电流突变量过大故障	网桥电流变化太快（通常伴随有过载、差流过大）	检查网桥晶闸管		*			
27	网桥失磁故障	网桥失压或测压回路故障	检查网桥电压或测压回路		*			
28	网桥过电压故障	网桥过电压或测压回路故障	检查网桥电压或测压回路		*			
29	网桥或机桥接地故障	网桥或机桥接地故障	检查一次回路绝缘电阻		*			
30	过速故障	过速故障	检查控制器及其测量回路		*			
31	网桥接地故障	网桥接地故障	检查一次回路绝缘电阻		*			
32	网桥过电压报警	网桥过压或测压回路故障	检查网桥电压或测压回路	*				

续表

序号	故障名称	原因	故障处理	告警	紧急跳闸	轻故障跳闸	跳滤波器断路器	启动输入变压器消防
33	网桥失磁报警	网桥失压或测压回路故障	检查网桥电压或测压回路	*				
34	机桥过电压报警	励磁调节异常、机组负荷突然减小	检查励磁系统	*				
35	机桥失磁报警	励磁调节异常	检查励磁系统	*				
36	过速报警	过速报警	检查控制器及其测量回路	*				
37	速度参考和速度测量值不一致报警	速度参考和速度测量值不一致	检查控制器及其测量回路	*				
38	机桥过载报警	机桥过载报警	检查控制器及其测量回路	*				
39	输入变压器重瓦斯故障	输入变压器故障或保护误动	检查输入变压器及其瓦斯继电器	*	*			
40	输入变压器油温高故障	输入变压器故障或测温装置误动	检查输入变压器及其测温回路	*	*			
41	输入变压器压力释放故障	输入变压器故障或压力释放装置误动	检查输入变压器及其压力释放装置	*	*			
42	输入变压器差动故障	输入变压器故障或保护装置误动	检查输入变压器及其差动保护装置	*	*			
43	输入变压器消防故障	输入变压器故障或消防装置误动	检查输入变压器及其消防系统	*	*			
44	辅助设备未启动故障	辅助设备故障或其监视回路异常	检查辅助设备及其监视回路	*	*			*
45	外部急停	机组机械跳闸矩阵输出跳闸信号	检查机组相关跳闸信号	*	*			*
46	内部急停	内部输出跳闸信号	检查SFC输入变压器、功率柜、控制器等相关信号	*	*			*
47	急停按钮	急停按钮按下	恢复急停按钮	*	*			*
48	输入断路器过流故障	网桥侧一次设备故障或保护误动	检查网桥侧一次设备故障或保护装置	*	*			*
49	励磁启动故障	励磁系统故障或"励磁系统准备好"信号回路异常	检查励磁系统或"励磁系统准备好"信号回路	*	*			

序号	故障名称	原因	故障处理	告警	紧急跳闸	轻故障跳闸	跳滤波器断路器	启动输入变压器消防
50	输入断路器或其接地隔离开关未待命故障	输入断路器控制电源断路器跳开	检查电源开关及其监视回路或检查电源回路是否接地/短路	*	*			
51	交流电源故障	两路交流电源断路器均跳开	检查开关及其位置触点或检查负荷回路是否短路	*	*			
52	直流总电源故障	直流总电源监视继电器失磁	检查供电电源及其断路器或检查监视继电器或检查负荷回路是否短路	*	*			
53	UPS 电源故障	UPS 电源监视继电器失磁	检查供电电源及其断路器或检查监视继电器或检查负荷回路是否短路	*	*			
54	直流保护电源故障	直流保护电源监视继电器失磁或电源断路器跳开	检查供电电源及其断路器或检查监视继电器或检查负荷回路是否短路	*	*			
55	变送器电源故障	变送器电源监视继电器失磁或电源断路器跳开	检查供电电源及其断路器或检查监视继电器或检查负荷回路是否短路	*	*			
56	I/O 卡件电源故障	I/O 卡件电源断路器跳开	检查电源断路器或检查负荷回路是否短路	*	*			
57	网桥湿度高故障	网桥湿度断路器动作	检查通风系统或湿度测量回路			*		
58	网桥风温高故障	网桥任一风温传感器温度高	检查冷却系统或温度测量回路			*		
59	机桥湿度高故障	机桥湿度断路器动作	检查通风系统或湿度测量回路			*		
60	机桥风温高故障	机桥任一风温传感器温度高	检查冷却系统或温度测量回路			*		
61	输入断路器反时限过载故障	输入断路器反时限过载保护动作：SFC 过载或保护误动	检查 SFC 运行情况或保护装置			*		
62	输入断路器分/合闸失败故障	断路器控制回路异常或断路器故障	检查断路器及其控制回路			*		

续表

序号	故障名称	原因	故障处理	告警	紧急跳闸	轻故障跳闸	跳滤波器断路器	启动输入变压器消防
63	输入断路器分/合闸位置异常故障	断路器控制回路异常或断路器故障	检查断路器及其控制回路			*		
64	输出负荷断路器分/合闸失败故障	断路器控制回路异常或断路器故障	检查断路器及其控制回路			*		
65	输出负荷断路器分/合闸位置异常故障	断路器控制回路异常或断路器故障	检查断路器及其控制回路			*		
66	输出断路器分/合闸失败故障	断路器控制回路异常或断路器故障	检查断路器及其控制回路			*		
67	输出断路器分/合闸位置异常故障	断路器控制回路异常或断路器故障	检查断路器及其控制回路			*		
68	去离子水电导率高故障	去离子水电导率控制器故障或去离子树脂饱和	更换去离子水电导率控制器或去离子树脂			*		
69	去离子水温度高故障	去离子水温度控制器故障或外部冷却水三通阀故障或外部冷却水中断	检查外部冷却水回路或更换温度控制器			*		
70	去离子水泵（水泵1和水泵2）失败	电动机控制回路或电源故障	检查电动机控制回路与电源			*		
71	去离子水控制盘电源故障	去离子水控制盘电源断路器跳开或电源监视继电器失磁	检查电源及其监视回路			*		
72	去离子水压差故障	水泵启动失败或压差开关异常	检查水泵或压差开关			*		
73	去离子水水压>3.5bar，延时10s	冷却器密封内漏或补水压力太高	检查水压或压力开关			*		
74	去离子水水压<1.0bar，延时1s	去离子水泄漏或长期未补水	检查水压或压力开关			*		
75	滤波器断路器过流故障	滤波器故障或保护误动	检查滤波器或保护装置			*		
76	滤波器断路器分/合闸失败故障	断路器控制回路异常或断路器故障	检查断路器及其控制回路			*		
77	滤波器断路器分/合闸位置异常故障	断路器控制回路异常或断路器故障	检查断路器及其控制回路			*		
78	滤波器断路器未待命故障	滤波器断路器控制电源断路器跳开	检查电源断路器及其监视回路或检查电源回路是否接地/短路			*		

续表

序号	故障名称	原因	故障处理	告警	紧急跳闸	轻故障跳闸	跳滤波器断路器	启动输入变压器消防
79	×次谐波滤过器故障	滤波器故障	检查滤波器或其保护装置			*		
80	输入变压器轻瓦斯报警	输入变压器故障或保护误动	检查输入变压器及其瓦斯继电器	*				
81	输入变压器油温高报警	输入变压器故障或测温装置误动	检查输入变压器及其测温回路	*				
82	输入变压器油位低报警	输入变压器漏油或油位监视回路误动	检查输入变压器或油位监视回路	*				
83	输入变压器油位高报警	输入变压器故障或油位监视回路误动	检查输入变压器渗漏情况或油位监视回路	*				
84	输入变压器冷却器渗漏报警	输入变压器冷却器渗漏或监视回路误动	检查输入变压器冷却器渗漏情况或监视回路	*				
85	输入变压器油泵启动失败报警	输入变压器油泵启动命令发出后接触器未合上或油泵故障	检查输入变压器油泵或接触器	*				
86	输入变压器油流低报警	输入变压器油泵启动命令发出后输入变压器循环油流断路器触点未动作	检查油流断路器及其位置触点	*				
87	输入断路器或其接地隔离开关未待命报警	输入断路器控制电源断路器跳开	检查电源断路器及其监视回路或检查电源回路是否接地/短路	*				
88	输入断路器过电压报警	TV 故障或过电压监视继电器误动	检查TV及其二次侧电压监视继电器	A				
89	输入断路器低电压报警	TV 故障或低电压监视继电器误动	检查TV及其二次侧电压监视继电器	A				
90	输出断路器或其接地隔离开关未待命报警	输出断路器控制电源断路器跳开	检查电源断路器及其监视回路或检查电源回路是否接地/短路	*				
91	输出断路器接地报警	输出断路器任一接地隔离开关不在分闸位置	检查接地隔离开关位置及其信号回路	*				

续表

序号	故障名称	原因	故障处理	告警	紧急跳闸	轻故障跳闸	跳滤波器断路器	启动输入变压器消防
92	外部轻故障报警（正常停下 SFC 至热备用状态）	机组机械跳闸矩阵输出	检查机组相关跳闸信号			*		
93	去离子水电导率传感器报警	传感器失电或故障或回路断线	检查传感器或其回路	*				
94	去离子水温传感器报警	传感器失电或故障或回路断线	检查传感器或其回路	*				
95	去离子水压传感器报警	传感器失电或故障或回路断线	检查传感器或其回路	*				
96	去离子水压高报警	冷却器密封内漏或补水压力太高	检查水压或压力开关	*				
97	去离子水压低报警	去离子水泄漏或长期未补水	检查水压或压力开关	*				
98	去离子流量低报警	水泵未启动或流量监视回路异常	检查水泵或流量监视回路	*				
99	控制柜风扇电源报警	控制柜风扇电源断路器跳开	检查控制柜风扇电源断路器及其位置触点	*				
100	网桥风扇启动失败报警	网桥风扇启动命令发出后接触器未合上	检查接触器及其位置触点	*				
101	网桥风压报警	风道压力开关触点断开	检查风机是否启动或调整压力开关触点	*				
102	网桥风机柜门打开报警	风机柜门限位开关触点接通	检查风机柜门是否关闭或调整限位开关	*				
103	网桥风温高报警	网桥任一风温传感器温度高	检查冷却系统或温度测量回路	*				
104	网桥风温传感器报警	网桥任一风温传感器失电或故障或回路断线	检查传感器或其回路	*				
105	机桥风扇启动失败报警	机桥风扇启动命令发出后接触器未合上	检查接触器及其位置触点	*				

续表

序号	故障名称	原因	故障处理	告警	紧急跳闸	轻故障跳闸	跳滤波器断路器	启动输入变压器消防
106	机桥风扇启动报警	风道压力开关触点断开	检查风机是否启动或调整压力开关触点	*				
107	机桥风压报警	风机柜门限位开关触点接通	检查风机柜门是否关闭或调整限位开关	*				
108	机桥风温高报警	机桥任一风温传感器温度高	检查冷却系统或温度测量回路	*				
109	机桥风温传感器报警	机桥任一风温传感器失电或故障或回路断线	检查传感器或其回路	*				
110	滤波器断路器未待命报警	滤波器断路器控制电源断路器跳开	检查电源断路器及其监视回路或检查电源回路是否接地/短路	*				
111	主板温度高报警	主板故障或环境温度高	检查控制柜风扇或更换主板	*				
112	输入变压器消防传感器单路报警	输入变压器故障或传感器故障	检查输入变压器及其传感器	*				
113	网桥×号桥臂报警	网桥×号桥臂晶闸管或其脉冲回路故障	检查网桥×号桥臂故障晶闸管或其脉冲回路	*				
114	机桥×号桥臂报警	机桥×号桥臂晶闸管或其脉冲回路故障	检查机桥×号桥臂故障晶闸管或其脉冲回路	*				
115	网桥×号桥臂故障	网桥×号桥臂晶闸管或其脉冲回路故障	检查网桥×号桥臂故障晶闸管或其脉冲回路	*				
116	机桥×号桥臂故障	机桥×号桥臂晶闸管或其脉冲回路故障	检查机桥×号桥臂故障晶闸管或其脉冲回路	*				

【思考与练习】

1. 静止变频启动装置拖动机组失败故障现象是什么？
2. 网桥相位参考电压故障原因有哪些？如何处理？
3. 机桥失磁报警故障如何处理？

▲ 模块 19　启动机组抽水调相升速试验
（新增 ZY5400704001）

【模块描述】本模块包含静止变频启动装置启动机组抽水调相升速试验项目及质量标准、接线、试验规程。通过对操作方法、步骤、注意事项的讲解和案例分析，掌握静止变频启动装置启动机组抽水调相升速试验方法及步骤。

【模块内容】

一、作业内容

启动机组抽水调相升速试验，是为检验 SFC 现地手动方式启动机组抽水调相升速功能，检验同期装置的功能。

二、危险点分析及控制措施

（1）误触电。控制措施：防止金属裸露工具与低压电源接触，造成低压触电或电源短路。

（2）误触碰。控制措施：应对可能引发误碰的回路、设备、元件设置防护带和悬挂警示牌。

三、测试前准备工作

（1）试验方案的审核和批准流程已完成。

（2）静止变频启动装置运行条件满足。

（3）试验机组具备抽水调相启动条件。

（4）静止变频启动装置现场、试验机组的发电机层和水轮机层等试验监视人员已就位。

四、现场测试步骤及要求

（1）启动机组到 5%额定转速，检查发电电动机转动部分，应无机械撞击声、摩擦声，各瓦温应正常，机组振动摆度值应满足要求，SFC 系统温升和谐波含量均应符合《电能质量　公用电网谐波》（GB/T 14549—1993）的相关规定，并对启动过程进行录波。

（2）在上步试验满足要求的情况下，启动机组至 10%额定转速，SFC 控制器由脉冲换相控制模式（切换频率为 5Hz）切换到自然换相控制过程，过渡应平稳，机组大轴各部分振动值、SFC 系统温升和谐波含量均应满足要求，并对切换过程进行录波。

（3）继续提高发电电动机的转速，当速度升至 20%额定转速过程中，机组振动值、SFC 系统温升和谐波含量应满足要求，并对启动过程进行录波。

（4）以固定步长（可取发电电动机额定转速的 15%）重复上步操作，直至升速到

95%额定转速，进入同期阶段，同期装置调整发电电动机电压和频率，直至机组满足并网条件，同期装置发出并网指令。

五、测试注意事项

（1）试验前应检查静止变频器控制柜内手持终端无报警及故障信号，控制器各模块运行状态正常。

（2）试验前运行人员向电网调度申请抽水调相工况 SFC 启动并网试验。

（3）试验过程中出现异常情况，应立即停止试验，并进行仔细检查。

（4）应详细记录试验过程中的设备运行情况，以供分析与总结。

（5）试验后应全面检查试验机组和 SFC 装置，有异常情况应记录并及时处理。

【思考与练习】

1. SFC 启动机组时晶闸管换相有哪两种，何时切换？

2. 启动机组到 5%额定转速时应进行哪些检查？

3. SFC 启动机组抽水调相升速试验前应具备哪些条件？

▲ 模块 20　现地单步方式启动机组抽水调相同期并网试验
（新增 ZY5400704002）

【模块描述】本模块包含静止变频启动装置现地单步方式启动机组抽水调相、同期并网试验项目及质量标准、接线、试验规程。通过对操作方法、步骤、注意事项的讲解和案例分析，掌握静止变频启动装置现地单步方式启动机组抽水调相、同期并网试验方法及步骤。

【模块内容】

一、作业内容

现地单步方式启动机组抽水调相同期并网试验，是为检验现地手动方式下电站计算机监控系统、SFC 系统、励磁系统以及同期装置之间的协调控制功能是否正常。

二、危险点分析及控制措施

（1）误触电。控制措施：防止金属裸露工具与低压电源接触，造成低压触电或电源短路。

（2）误触碰。控制措施：应对可能引发误碰的回路、设备、元件设置防护带和悬挂警示牌。

三、测试前准备工作

（1）试验方案的审核和批准流程已完成。

（2）静止变频启动装置运行条件满足。

（3）试验机组具备抽水调相启动与并网条件。

（4）静止变频启动装置现场、试验机组的发电机层和水轮机层等试验监视人员已就位。

四、现场测试步骤及要求

（1）在静止变频启动装置现地人机界面上将 SFC 控制方式切至"现地"。

（2）通过现地人机界面设定控制器的转速参考值为机组额定转速值。

（3）在静止变频启动装置现地人机界面上下发辅助设备启动命令，检查确认 SFC 控制器输出辅助设备启动命令并自保持，启动去离子水泵、输入/输出变压器循环油泵、功率柜风扇；合上输入断路器；检测"辅助设备已运行"信号，输出"SFC 已进入热备用"状态信号。

（4）由操作员在电站监控系统选择某台机组由 SFC 启动模式，并下达该机组"抽水调相工况开机"命令。

（5）待电站监控系统输出命令在 SFC 和被拖动机组的定子间建立电气轴后，在静止变频启动装置现地人机界面上下达"上电"令，SFC 发出输出断路器合闸命令。

（6）SFC 检测到"输出断路器合闸位置"信号后延时 3s，输出"准备启动机组"信号。

（7）SFC 输出励磁启动命令。

（8）在静止变频启动装置现地人机界面上发出"调节器脉冲解锁"命令，开始拖动机组至额定转速。

（9）机组并网后 SFC 检测到"机组断路器合闸位置"信号后，停止 SFC；

（10）SFC 输出调节器脉冲闭锁命令，SFC 闭锁调节器输出脉冲，拉开输出断路器；

（11）现地人机界面上发出辅助设备停止命令，SFC 执行辅助设备停止程序，拉开输入断路器，复归去离子水泵、输入变压器循环油泵、功率柜风扇启动命令，停止所有辅助设备，SFC 进入"冷备用状态"。

五、测试注意事项

（1）试验前应检查静止变频器控制柜内手持终端无报警及故障信号，控制器各模块运行状态正常。

（2）试验前运行人员向电网调度申请抽水调相工况 SFC 启动并网试验。

（3）试验过程中出现异常情况，应立即停止试验，并进行仔细检查。

（4）应详细记录试验过程中的设备运行情况，以供分析与总结。

（5）试验后应全面检查试验机组和 SFC 装置，有异常情况应记录并及时处理。

【思考与练习】

1. 现地单步方式启动机组抽水调相同期并网试验有哪些步骤？

2. 现地单步方式启动机组抽水调相同期并网试验前应具备哪些条件？

3. 现地单步方式启动机组抽水调相同期并网试验后应进行哪些检查？

▲ 模块 21　远方自动方式启动机组抽水调相并网试验 （新增 ZY5400704003）

【模块描述】本模块包含静止变频启动装置远方自动方式启动机组抽水调相并网试验项目及质量标准、接线、试验规程。通过对操作方法、步骤、注意事项的讲解和案例分析，掌握静止变频启动装置远方自动方式启动机组抽水调相并网试验方法及步骤。

【模块内容】

一、作业内容

远方自动方式启动机组抽水调相并网试验，是为检验远方自动方式下电站计算机监控系统、SFC 系统、励磁系统以及同期装置之间的协调控制功能是否正常。

二、危险点分析及控制措施

（1）误触电。控制措施：防止金属裸露工具与低压电源接触，造成低压触电或电源短路。

（2）误触碰。控制措施：应对可能引发误碰的回路、设备、元件设置防护带和悬挂警示牌。

三、测试前准备工作

（1）试验方案的审核和批准流程已完成。

（2）静止变频启动装置运行条件满足。

（3）试验机组具备抽水调相启动与并网条件。

（4）静止变频启动装置现场、试验机组的发电机层和水轮机层等试验监视人员已就位。

四、现场测试步骤及要求

（1）在静止变频启动装置现地人机界面上将 SFC 控制方式切至"远方"。

（2）检查确认现地人机界面设定控制器的转速参考值为机组额定转速值。

（3）由操作员在电站监控系统选择某台机组由 SFC 启动模式，并下达该机组"抽水调相工况开机"命令。

（4）SFC 收到监控系统的辅助设备启动命令后，输出辅助设备启动命令并自保持，启动去离子水泵、输入/输出变压器循环油泵、功率柜风扇；合输入断路器；检测

"辅助设备已运行"信号，输出"SFC已进入热备用"状态信号。

（5）待电站监控系统输出命令在 SFC 和被拖动机组的定子间建立电气轴，SFC 收到拖动机组启动命令后，发出输出断路器合闸命令。

（6）检测到"输出断路器合闸位置"信号后延时 3s，输出"准备启动机组"信号。

（7）SFC 输出励磁启动命令。

（8）SFC 输出调节器脉冲解锁命令，开始拖动机组至额定转速。

（9）机组并网后 SFC 检测到"机组断路器合闸位置"信号后，停止 SFC。

（10）SFC 输出调节器脉冲闭锁命令。

（11）待检测 SFC 输出电流为 0 时，拉开输出断路器。

（12）检测到"输出断路器分闸位置"信号后，如果此时操作员没有下发 "辅助设备停止"命令，则 SFC 停留在"热备用"状态运行；如果此时操作员下发 "辅助设备停止"命令，则延时 5s 后执行辅助设备停止程序，拉开输入断路器，复归去离子水泵、输入变压器循环油泵、功率柜风扇启动命令，停止所有辅助设备。

五、测试注意事项

（1）试验前应检查静止变频器控制柜内手持终端无报警及故障信号，控制器各模块运行状态正常。

（2）试验前运行人员向电网调度申请抽水调相工况 SFC 启动并网试验。

（3）试验过程中出现异常情况，应立即停止试验，并进行仔细检查。

（4）应详细记录试验过程中的设备运行情况，以供分析与总结。

（5）试验后应全面检查试验机组和 SFC 装置，有异常情况应记录并及时处理。

【思考与练习】

1. 远方自动方式启动机组抽水调相同期并网试验有哪些步骤？

2. 远方自动方式启动机组抽水调相同期并网试验前应具备哪些条件？

3. 远方自动方式启动机组抽水调相同期并网试验后应进行哪些检查？

▲ 模块 22　连续启动机组试验（新增 ZY5400704004）

【模块描述】本模块包含静止变频启动装置连续启动机组试验项目及质量标准、接线、试验规程。通过对操作方法、步骤、注意事项的讲解和案例分析，掌握静止变频启动装置连续启动机组试验方法及步骤。

【模块内容】

一、作业内容

连续启动机组试验，是为检验 SFC 连续拖动机组时的启动成功率、启动时间、间隔时间以及发电电动机电压、电流、谐波等电气量各项运行指标是否满足厂家设计和相关标准的要求。

二、危险点分析及控制措施

（1）误触电。控制措施：防止金属裸露工具与低压电源接触，造成低压触电或电源短路。

（2）误触碰。控制措施：应对可能引发误碰的回路、设备、元件设置防护带和悬挂警示牌。

三、测试前准备工作

（1）试验方案的审核和批准流程已完成。

（2）静止变频启动装置运行条件满足。

（3）试验机组具备 SFC 启动条件。

（4）静止变频启动装置现场、试验机组的发电机层和水轮机层等试验监视人员已就位。

四、现场测试步骤及要求

（1）根据厂家设计规定连续拖动机组的时间间隔和拖动次数，用 SFC 连续拖动机组。

（2）分别记录每台次被拖动发电电动机的电压、电流、谐波等电气量以及启动时间，各项指标应满足厂家设计和相关标准的要求，启动成功率不应低于 99.5%。

五、测试注意事项

（1）试验前应检查静止变频器控制柜内手持终端无报警及故障信号，控制器各模块运行状态正常。

（2）试验过程中出现异常情况，应立即停止试验，并进行仔细检查。

（3）应详细记录试验过程中的设备运行情况，以供分析与总结。

（4）试验后应全面检查试验机组和 SFC 装置，有异常情况应记录并及时处理。

【思考与练习】

1. SFC 连续拖动机组试验应具备哪些条件？

2. SFC 连续拖动机组试验应记录哪些数据？

3. SFC 连续拖动机组试验有哪些注意事项？

▲ 模块 23　静止变频启动装置电磁元件试验
（新增 ZY5400704005）

【模块描述】 本模块包含静止变频启动装置电流、电压互感器伏安特性检测。通过对操作方法、步骤、注意事项的讲解和案例分析，掌握静止变频启动装置电磁元件试验方法及步骤。

【模块内容】

一、作业内容

静止变频启动装置电磁元件指电压互感器、电流互感器等，一般在电磁元件大修或器件更换后进行伏安特性检测，日常维护时只需测量电压和电流即可，但要注意运行中的温度。

二、危险点分析与控制措施

（1）误触电。控制措施：绝缘测试作业完成后，应将所测设备加压端对地放电，确认无电后方可恢复；应隔离屏柜中的 TV/TA 二次回路，避免信号反送到二次侧伤人；应按照《电力（业）安全工作规程》，验电后作业，必要时断开盘内的交流和直流电源；防止金属裸露工具与低压电源接触，造成低压触电或电源短路。

（2）误触碰。控制措施：应对可能引发误碰的回路、设备、元件设置防护带和悬挂警示牌。

（3）误整定。控制措施：应指定具有定值修改权限的人员修改定值，工作完成后应根据下达的整定单复核，复核正确后投入。

（4）仪器仪表损坏。控制措施：测量时不得超过仪器仪表允许的最大量程范围，以免损坏仪器仪表。

三、作业前准备

作业前组织作业人员学习作业指导书，熟悉检查项目、步骤、注意事项；

（1）确认工作组成员健康状况良好，安全帽、工作服等安全工器具完备、合格；

（2）准备并检查工器具是否满足要求，主要包括：伏安特性测试仪、标准电压表、标准电流表、万用表、验电笔、绝缘电阻表、常用电工工具 1 套。

（3）分析现场作业危险点、提出相应的防范措施，并核对现场安全措施是否正确和完善。

（4）作业前确认设备编号、位置和工作状态。

（5）TV/TA 二次回路已与采样回路隔离。

四、操作步骤

（1）使用绝缘电阻表测量电磁元件绝缘电阻，测量时应将元件的一次、二次及其他附加绕组分别对地和相互之间进行测量。

（2）使用直流电阻测试仪或单臂电桥测量电磁元件直流电阻。

（3）电流、电压互感器伏安特性检测。

1）试验前将变压器电流、电压互感器一次、二次对外电路接线断开。

2）试验前应将铁芯的残磁减至最小，其方法是慢慢将二次绕组的电流减至零，再将试验电源切断。

3）按照如图 2-7-1 所示接线连接试验电路。

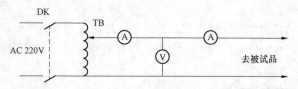

图 2-7-1 电流、电压互感器子伏安特性测试接线

4）检查试验接线。

5）将调压器调至输出为零。

6）闭合试验电源断路器 DK，在电源变压器的 220V 侧、TV 和 TA 的低压侧加额定电压或额定电流，为了减少残磁对测量结果的影响，电流应由零开始逐渐增大，然后慢慢减至零，切断电源。对于电流互感器由零点连续测至饱和点，如原来有电流互感器伏安特性曲线，只测 5 点即可。

7）测完后应注意退掉铁芯内残磁。

8）记录所使用的仪表回路电流，做出伏安特性曲线。

9）试验资料与前一次试验资料比较，与原特性比较误差不大于 5%。

10）试验拆线，检查所拆动过的端子或部件是否恢复，清理现场。

11）试验完毕后，将变压器、电流互感器、电压互感器一次、二次对外电路接线予以恢复。

12）根据试验数据（试验时间、天气、试验主要仪器及精度、试验数据、试验人等）、试验记录及分析，写出功率整流元件试验报告。

五、注意事项

（1）校验工作至少应有 2 人参加，一人操作、读表，一人监护和记录。

（2）所有元件、仪器、仪表应放在绝缘垫上。

（3）试验接线完毕后，必须经 2 人都检查正确无误后方可通电进行试验。

（4）所用仪表一般不应低于 0.5 级。

（5）所有使用接线应牢固可靠。

（6）合上电源断路器前先应查看调压器、变阻器在适当的位置，严防大电流冲击，防止短路。

【思考与练习】

1. 画出静止变频启动装置电磁元件伏安特性检测电路图。

2. 静止变频启动装置电磁元件伏安特性检测的步骤是什么？

3. 静止变频启动装置电磁元件伏安特性检测前的准备工作有哪些？

▲ 模块 24　静止变频启动装置功率元件试验
（新增 ZY5400704006）

【模块描述】本模块包含静止变频启动装置功率元件试验目的、参考标准、晶闸管测试仪检测法、对线灯测试法、万用表简单测试法。通过对操作方法、步骤、注意事项的讲解和案例分析，掌握静止变频启动装置功率整流元件试验的方法及步骤。

【模块内容】

一、作业内容

在制造厂安装之前，应对全部功率整流元件或者抽取部分功率整流元件进行重要的特性试验。如晶闸管的伏安特性试验，以确认元件特性参数与设计要求一致、与元件标志的参数一致，考虑到功率柜按照 $N-1$ 配置，一个元件退出运行不影响正常运行，因此在大修试验阶段可以不测功率柜整流元件特性，仅需在大修停机前确认各个元件工作正常。当有一个元件在运行中发生故障退出、设备运行 10 年以上，或者设备运行达到制造厂提供的平均无故障运行时间后，在其后的检修阶段可以根据检修条件确定是否对全部元件进行特性测试。应按 DL/T 489—2018《大中型水轮发电机静止整流励磁系统试验规程》进行功率整流元件的伏安特性测试和通态电压测试和门极特性测试。出厂试验阶段，当断态或反向重复峰值电压小于产品标准规定值，或者伏安特性软、断态重复峰值电流或反向重复峰值电流大于设计值，或通态电压超过产品标准或设计值，或门极特性超过标准或设计值，应予以更换。

大修试验阶段主要进行功率柜整流元件的伏安特性测试和触发特性测试。将功率整流元件的伏安特性测试结果与原先的测试记录进行比对，断态重复峰值电流或者反向重复峰值电流有显著增加时予以更换。触发特性测试以晶闸管在 6V 主电压下接受触发脉冲能可靠导通作为判据。

测得的晶闸管触发电压、触发电流、维持电流应与原记录无明显差别，其最大值与最小值应符合要求

晶闸管一般在检修中以抽查的方式进行测试，测试结果与原出厂记录比较应无明显差别。一般按半导体的测试方法对整流管测得的参数有下列情况时应予以更换：

（1）断态重复峰值电压 U_{DRM} 反向不重复峰值电压 U_{RSM} 小于规定值。

（2）伏安特性很软，断态重复峰值电流 I_{DRM} 或反向峰值电流 I_{RRM} 超过规定值。

（3）额定正向平均电流下的正向电压 U_F 或额定通态平均电流下的通态电压 U_T 超

过规定值。

二、危险点分析与控制措施

（1）误触电。控制措施：绝缘测试作业完成后，应将所测设备加压端对地放电，确认无电后方可恢复；应按照《电力（业）安全工作规程》，验电后作业，必要时断开盘内的交流和直流电源；防止金属裸露工具与低压电源接触，造成低压触电或电源短路。

（2）误触碰。控制措施：应对可能引发误碰的回路、设备、元件设置防护带和悬挂警示牌。

（3）仪器仪表损坏。控制措施：测量时不得超过仪器仪表允许的最大量程范围，以免损坏仪器仪表。

三、作业前准备

（1）作业前组织作业人员学习作业指导书，熟悉检查项目、步骤、注意事项。

（2）确认工作组成员健康状况良好，安全帽、工作服等安全工器具完备、合格。

（3）准备并检查工器具是否满足要求，主要包括：伏安特性测试仪、标准电压表、标准电流表、万用表、验电笔、绝缘电阻表、常用电工工具1套。

（4）分析现场作业危险点、提出相应的防范措施，并核对现场安全措施是否正确和完善。

（5）作业前确认设备编号、位置和工作状态。

（6）拉开静止变频启动装置输入断路器和输出断路器，并摇至"试验"位置。

（7）断开静止变频启动装置的交流电源、UPS电源、直流电源。

四、操作步骤

（1）晶闸管测试仪检测法。

1）首先将被测元件脱离原回路，解除被测元件的阻容保护等附加元件，并将被测元件清扫干净，防止积尘引起表面漏电造成误判。

2）按照图 2-7-2 所示连接功率整流元件峰值压降测试仪测试电路。其中：VT—受试功率整流元件；B—门极电路；G—交流电压源；R_1—保护电阻；R_2—采样电阻；V1、V2—提供负半周期的二极管。

3）选择测试触发特性的功能开关至触发特性位置。

4）测试仪通电后，慢慢地顺时针旋转触发电位器，在触发指示灯刚亮时停

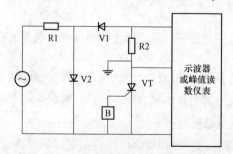

图 2-7-2 功率整流元件峰值压降测试仪接线图

止旋转，读取触发电压及触发电流，反时针旋转读取晶闸管的维持电流。

5）根据晶闸管的参数设置过流动作值，通过增加调压器输出值，直到过流动作，读取所需要的参数。

6）检查晶闸管的触发特性，检查晶闸管的反向峰值电压及正向阻断电压。

（2）对线灯测试法。

1）测试对线灯完好。

2）将一只对线灯的正负极分别与晶闸管的阳极阴极对应相连，如图 2-7-3 所示。

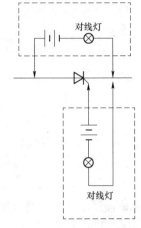

图 2-7-3　对线灯测试功率元件接线图

3）将另外一只对线灯的负极与晶闸管的阴极相连，对线灯的正极和晶闸管的触发极瞬时短接一下，这时与晶闸管阳极阴极相连的对线灯一直发光。

4）晶闸管触发后，阴阳极回路对线灯仍然不发光或者只有在触发极灯短接才发光，断开后立即熄灭，说明晶闸管损坏。

（3）万用表简单测试法。

1）判断阳极与阴极间是否短路，将万用表置电阻 R×1K 挡，测量其正、反电阻均应在几百千欧姆以上，或者不通。若电阻很小或短路，说明元件已坏。

2）判断阳极与控制极间是否短路，因为阳极与控制极之间有两个相反的 PN 结，所以阳极与控制极之间的正反向电阻也应在几百千欧姆以上，若电阻很小或短路，说明元件已坏。

3）判断控制极与阴极是否短路，控制极与阴极只有一个 PN 结，它比一般的二极管正向电阻小，将万用表置电阻 R×10 挡，测得正向电阻小（几到几百欧姆），反向电阻大（几十到几千欧姆）说明元件控制极与阴极无短路现象。

（4）试验完毕拆线，检查所拆动过的端子或部件是否恢复，清理现场。

（5）根据试验数据（试验时间、天气、试验主要仪器及精度、试验数据、试验人等）、试验记录及分析，写出功率整流元件检查试验报告。

五、注意事项

（1）校验工作至少应有 2 人参加，一人操作、读表，一人监护和记录。

（2）所有元件、仪器、仪表应放在绝缘垫上。

（3）试验接线完毕后，必须经 2 人都检查正确无误后方可通电进行试验。

（4）所用仪表一般不应低于 0.5 级。

（5）所有使用接线应牢固可靠。

【思考与练习】

1. 晶闸管测试仪法检测功率元件的方法和步骤是什么？

2. 对线灯测试法检测功率元件的方法和步骤是什么？

3. 万用表简单测试法检测功率元件的方法和步骤是什么？

模块 25 静止变频启动装置控制器试验
（新增 ZY5400704007）

【模块描述】本模块包含静止变频启动装置控制器试验项目及质量标准、接线、试验规程。通过对操作方法、步骤、注意事项的讲解和案例分析，掌握静止变频启动装置控制器试验方法及步骤。

【模块内容】

一、作业内容

静止变频启动装置控制器试验，是为验证静止变频启动装置控制器的保护功能、控制系统继电器和接触器工作是否正常。

二、危险点分析及控制措施

（1）误触电。控制措施：应按照《电力（业）安全工作规程》，验电后作业，必要时断开盘内的交流和直流电源；防止金属裸露工具与低压电源接触，造成低压触电或电源短路。

（2）误触碰。控制措施：应对可能引发误碰的回路、设备、元件设置防护带和悬挂警示牌。

（3）仪器仪表损坏。控制措施：测量时不得超过仪器仪表允许的最大量程范围，以免损坏仪器仪表。

三、测试前准备工作

（1）测试前组织作业人员学习测试方案，熟悉检查项目、步骤、注意事项。

（2）确认工作组成员健康状况良好，安全帽、工作服等安全工器具完备、合格。

（3）准备并检查工器具是否满足要求，主要包括：标准三相交流电源、电流源、标准电压表、标准电流表、万用表、验电笔、绝缘电阻表、常用电工工具1套。

（4）分析现场作业危险点、提出相应的防范措施，并核对现场安全措施是否正确和完善。

（5）作业前确认设备编号、位置和工作状态。

（6）拉开静止变频启动装置输入断路器和输出断路器，并摇至"试验"位置。

四、现场测试步骤及要求

1. 控制器保护功能试验

采用标准三相交流电源（电压源：输出 0~150V，0~52.5Hz，精度不低于 0.5 级，型式试验精度不低于 0.2 级；电流源：输出 0~10A，精度不低于 0.5 级，型式试验精度不低于 0.2 级）模拟 TV、TA 二次侧电压、电流，当电压、电流超过 SFC 控制器保护整定值时，SFC 应动作，并开出相应保护动作信号。

2. 静止变频启动装置控制系统继电器校验

（1）线圈电阻的测定：继电器电压线圈的直流电阻应用万用表测量，其值不应超过额定值的 ±10%。

（2）动作值检验：不同的继电器校验的值不一样，原理都是一样的，慢慢加电压、电流、时间等参数，使继电器刚好动作的值为继电器的动作值。要求整定点动作值与整定值不超过 ±3%。

（3）返回值检验：继电器动作后，逐渐减小其动作值，使继电器触头刚好分开的值为其返回值。返回系数为返回值与动作值的比值，比值越接近 1 就越灵敏。

3. 静止变频启动装置控制系统接触器校验

（1）接触器的接通试验：断开接触器的自锁触头，电压调至接触器的额定电压，按下/松开接通按钮，观察接触器的主触头、辅助触头、电磁系统的动作情况。接入接触器的自锁触头，电压调至接触器的额定电压，按下/松开接通按钮，观察接触器的主触头、辅助触头、电磁系统的动作情况。

（2）接触器的动作特性试验：吸合特性，断开接触器的自锁触头，电压自额定电压 $100\%U_e$ 开始做点动试验，按 $5\%U_e$ 的幅值下降，直至接触器刚刚处于吸合的临界状态。释放特性，接入接触器的自锁出头，电压自 $110\%U_e$ 开始做自锁吸合试验，慢慢减小电压至接触器释放。

五、测试注意事项

（1）校验工作至少应有 2 人参加，一人操作、读表，一人监护和记录。

（2）所有元件、仪器、仪表应放在绝缘垫上。

（3）试验接线完毕后，必须经 2 人都检查正确无误后方可通电进行试验。

（4）所用仪表一般不应低于 0.5 级。

（5）所有使用接线应牢固可靠。

【思考与练习】

1. 静止变频启动装置控制系统的继电器需校验哪些参数？

2. 静止变频启动装置控制系统的接触器需进行哪些试验？

3. 如何进行静止变频启动装置控制器的保护功能校验？

▲ 模块 26 转子初始位置检测试验（新增 ZY5400704008）

【**模块描述**】本模块包含转子初始位置检测试验项目及质量标准、接线、试验规程。通过对操作方法、步骤、注意事项的讲解和案例分析，掌握静止变频启动装置转子初始位置检测试验方法及步骤。

【**模块内容**】

一、作业内容

转子初始位置检测试验，是为检验控制器转子初始位置检测功能，检验 SFC 与励磁系统之间功能配合是否正确。

二、危险点分析及控制措施

（1）误触电。控制措施：应按照《电力（业）安全工作规程》，验电后作业，必要时断开盘内的交流和直流电源；防止金属裸露工具与低压电源接触，造成低压触电或电源短路。

（2）误触碰。控制措施：应对可能引发误碰的回路、设备、元件设置防护带和悬挂警示牌。

（3）仪器仪表损坏。控制措施：测量时不得超过仪器仪表允许的最大量程范围，以免损坏仪器仪表。

三、测试前准备工作

（1）试验方案的审核和批准流程已完成。

（2）静止变频启动装置运行条件满足。

（3）试验机组具备建压条件。

（4）励磁系统具备启动条件。

（5）静止变频启动装置现场、试验机组的发电机层和水轮机层等试验监视人员已就位。

四、现场测试步骤及要求

（1）在机组转动前做好转子初始位置标记。

（2）模拟信号使 SFC 具备启动条件，强制闭锁控制器脉冲输出。

（3）启动励磁系统，注入额定励磁空载电流，考虑转子和集电环发热，通流时间一般不超过 5s。

（4）查看控制器逻辑程序的"转子初始位置检测"功能模块，记录检测结果。

（5）通过水轮机转动或发电机盘车等方法使机组转子转动一定的机械位置。

（6）重复试验步骤（1）～（5）3 次，以测量不同的转子初始位置。控制器"转子初始位置"检测值和转子位置实际值的误差，应满足产品技术要求。

五、测试注意事项

（1）试验前应检查静止变频器控制柜内手持终端无报警及故障信号，控制器各模块运行状态正常。

（2）试验过程中出现异常情况应立即停止试验并进行仔细检查。

（3）应详细记录试验过程中的设备运行情况，以供分析与总结。

（4）试验后应全面检查试验机组和 SFC 装置，有异常情况应记录并及时处理。

【思考与练习】

1. 转子初始位置检测试验的目的是什么？

2. 转子初始位置检测试验应具备什么条件？

3. 转子初始位置检测试验的试验步骤是什么？

◢ 模块 27　背靠背启动控制系统连续启动机组试验（新增 ZY5400704010）

【模块描述】本模块包含背靠背启动控制系统连续启动机组试验项目及质量标准、接线、试验规程。通过对操作方法、步骤、注意事项的讲解和案例分析，掌握背靠背启动控制系统连续启动机组试验方法及步骤。

【模块内容】

一、作业内容

检验背靠背方式连续拖动机组时的启动成功率、启动时间、间隔时间满足厂家设计和相关标准的要求。

二、危险点分析及控制措施

（1）误触电。控制措施：防止金属裸露工具与低压电源接触，造成低压触电或电源短路。

（2）误触碰。控制措施：应对可能引发误碰的回路、设备、元件设置防护带和悬挂警示牌。

三、测试前准备工作

（1）试验方案的审核和批准流程已完成。

（2）试验拖动机组和被拖动机组具备启动条件。

（3）试验机组的发电机层和水轮机层等试验监视人员已就位。

四、现场测试步骤及要求

（1）根据厂家设计规定连续拖动机组的时间间隔和拖动次数，用背靠背方式连续拖动机组。

（2）分别记录每台次被拖动发电电动机的启动时间和启动间隔时间，应满足厂家设计和相关标准的要求，启动成功率不应低于 99.5%。

五、测试注意事项

（1）试验过程中出现异常情况，应立即停止试验，并进行仔细检查。

（2）应详细记录试验过程中的设备运行情况，以供分析与总结。

（3）试验后应全面检查试验机组，有异常情况应记录并及时处理。

【思考与练习】

1. 背靠背连续拖动机组试验应具备什么条件？

2. 背靠背连续拖动机组试验应记录哪些数据？

3. 背靠背连续拖动机组试验有哪些注意事项？

▶ 模块 28 静止变频启动装置测量单元检查
（新增 ZY5400705001）

【**模块描述**】本模块包含静止变频启动装置电压电流量的测量、模拟量检查、转子初始位置测量元件检查、输入开关量检查。通过对操作方法、步骤、注意事项的讲解和案例分析，掌握静止变频启动装置测量单元检查的方法及步骤。

【**模块内容**】

一、作业内容

检查、测量静止变频启动装置每个模拟量和开关量信号元件及回路，检查模拟量信号的测量范围、精度和测量延时是否符合要求，开关量信号动作阈值、返回值和测量延时是否符合要求。

二、危险点分析与控制措施

（1）误触电。控制措施：绝缘测试作业完成后，应将所测设备加压端对地放电，确认无电后方可恢复；应按照《电力（业）安全工作规程》，验电后作业，必要时断开盘内的交流和直流电源；防止金属裸露工具与低压电源接触，造成低压触电或电源短路。

（2）误触碰。控制措施：应对可能引发误碰的回路、设备、元件设置防护带和悬挂警示牌。

（3）仪器仪表损坏。控制措施：测量时不得超过仪器仪表允许的最大量程范围，以免损坏仪器仪表。

三、作业前准备

（1）作业前组织作业人员学习作业指导书，熟悉检查项目、步骤、注意事项。

（2）准备并检查工器具是否满足要求，主要包括：万用表、验电笔、绝缘电阻表、常用电工工具 1 套、笔记本电脑、录波分析仪、继电保护校验仪。

（3）确认工作组成员健康状况良好，安全帽、工作服等安全工器具完备、合格。

（4）作业前确认设备编号、位置和工作状态。

四、操作步骤

（1）确认设备编号和位置。

（2）变送器校验。

1）电流变送器：变送器的工作电源得电，在变送器的输入端加毫伏信号（0mV、37.5mV、75mV），用万用表测量其输出端电流是否正确（正常为 4～20mA）。

2）电压变送器：变送器的工作电源得电，在分压电阻板一次侧分别接入直流电压信号（0V、1/2 量程和满量程电压），用万用表测量其输出端的电流信号是否正确（正常为 4～20mA）。

（3）模拟量测量环节试验，检验模拟量信号的测量精度、线性度和范围。通过保护校验仪，控制器接入三相交流电源。网侧电压有效值变化范围为 0%～150%，网侧电流有效值变化范围为 0%～200%。机侧电压有效值变化范围为 0%～150%，机侧电压频率变化范围为 0～52.5Hz；机侧电流有效值变化范围 0%～200%，机侧电流频率变化范围为 0～52.5Hz。设置若干测试点，测试点不少于 15 个，其中要求有 0 和最大值两点。在设计的额定值附近测试点可以密集些，不要求测试点等间距。观测控制器测量显示值并记录。

（4）开关量输入输出试验，检验控制器开关量输入、输出环节的正确性。

1）开关量输入试验。手动模拟开关量输入元件动作或短接开关量输入端子以改变输入开关量状态，通过控制器板件指示或人机调试界面显示屏逐一检查开关量输入的正确性及开入继电器是否正常运行。

2）开关量输出试验。通过控制器人机调试界面模拟每路开关量输出，并检查对应开关量输出环节的正确性。

五、注意事项

（1）校验工作至少应有 2 人参加，一人操作、读表，一人监护和记录。

（2）所有元件、仪器、仪表应放在绝缘垫上。

（3）试验接线完毕后，必须经 2 人都检查正确无误后方可通电进行试验。

（4）所用仪表一般不应低于 0.5 级。

（5）所有使用接线应牢固可靠。

（6）合上电源先应查看调压器、变阻器在适当的位置，严防大电流冲击，防止短路。

【思考与练习】

1. 静止变频启动装置变送器校验的方法是什么？
2. 静止变频启动装置模拟量测量环节试验的方法是什么？
3. 静止变频启动装置开关量输入输出试验的方法是什么？

▲ 模块 29 静止变频启动装置稳压电源单元检查 （新增 ZY5400705002）

【模块描述】本模块包含静止变频启动装置稳压电源检测的试验接线、输出电压稳定度检测、稳压电源负荷特性及负荷输出电压稳定度检测、输出电压纹波检测。通过对操作方法、步骤、注意事项的讲解和案例分析，掌握稳压电源单元检查的方法及步骤。

【模块内容】

一、作业内容

（1）操作目的：检查稳压电源的稳压特性及负荷特性。

（2）稳压电源的稳压特性要求：电源电压变化时（负荷不变）的输出电压稳定度，要求输出变化的绝对值不大于 1%；负荷变化时（电源电压分别为最大和最小工作电压时）的输出电压稳定度，要求不大于 2%；用示波器检查输出电压纹波在额定电源电压和额定负荷时不大于 3%；对于逆变器提供的稳压电源，用示波器检查输出电压不应有毛刺；检验稳压电压的过流和过压保护整定值应符合要求。对于由几个并联供电的稳压电源，应检验其间相互闭锁是否符合设计要求。

二、危险点分析与控制措施

（1）误触电。控制措施：绝缘测试作业完成后，应将所测设备加压端对地放电，确认无电后方可恢复；应按照《电力（业）安全工作规程》，验电后作业，必要时断开盘内的交流和直流电源；防止金属裸露工具与低压电源接触，造成低压触电或电源短路。

（2）误触碰。控制措施：应对可能引发误碰的回路、设备、元件设置防护带和悬挂警示牌。

（3）仪器仪表损坏。控制措施：测量时不得超过仪器仪表允许的最大量程范围，以免损坏仪器仪表。

三、作业前准备

（1）作业前组织作业人员学习作业指导书，熟悉检查项目、步骤、注意事项。

（2）准备并检查工器具是否满足要求，主要包括：万用表、绝缘电阻表、滑线变阻器、电压表、电流表、常用电工工具 1 套。

（3）确认工作组成员健康状况良好，安全帽、工作服等安全工器具完备、合格。

（4）作业前确认设备编号、位置和工作状态。

四、操作步骤

（1）确认设备编号和位置。

（2）稳压电源检测的试验接线。

1）用交流电源检测稳压电源的试验接线如图 2-7-4 所示，其中：DK—电源隔离开关，TB—调压变压器，V1—输入电压测量表 0.5 级，V2—输出电压测量表 0.5 级，A—输出电流测量表 0.5 级，R_{fz}—负荷电阻（可调），SD—稳压源输入电源端子，CD—稳压源输出电压端子。

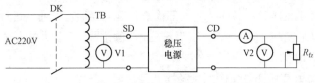

图 2-7-4　交流电源检测稳压电源试验接线图

2）用直流电源检测稳压源的试验接线如图 2-7-5 所示，其中：W—直流分压电阻。

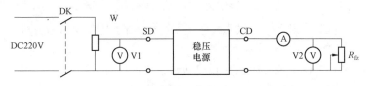

图 2-7-5　直流电源检测稳压电源试验接线图

（3）输出电压稳定度检测。

1）用交流或直流供电方式从输入端输入 70%～130%额定电压，分别在空载和额定负荷情况下测量输出直流电压。

2）录制稳压电源的输出特性曲线：$U_{sc}=f(U_{sr})$。

3）计算输出电压稳定度 $S(\%)$，其合格值应不大于 1%：

$$S(\%)=（输出电压实测值-输出额定值）/输出电压额定值×100\%\quad（2-7-1）$$

（4）稳压电源负荷特性及负荷输出电压稳定度检测。

1）在输入端输入交流或直流电源的最大和最小工作电压，并维持不变的情况下改变负荷电流从最小值至额定值的变化。

2）录制负荷特性：$U_{sc}=f(I_{fz})$。

3）并计算输出电压稳定度 S，计算式同式（2-7-1），其合格值应不大于 2%。

（5）检测输出电压纹波。

1）用示波器检测在输入、输出及负荷均为额定值的情况下的直流电压输出波形的峰—峰值应不大于 3%，且不应有毛刺出现。

2）稳压电源输出电压纹波系数的检测，可在交流或直流额定输入电压状况下直接用阴极示波检测稳压电源的输出电压波形并计算纹波系数，纹波系数要求≤2%。

五、注意事项

（1）检查所有使用接线应牢固可靠、接线正确，要求有 2 人以上进行。

（2）检查试验工作至少应有 2 人参加，一人操作、读表，一人监护和记录。

（3）所有元件、仪器、仪表应放在绝缘垫上。

（4）试验接线完毕后，必须经 2 人都检查正确无误后方可通电进行试验。

（5）合上电源应先查看调压器、变阻器在适当的位置，严防大电流冲击，防止短路。

【思考与练习】

1. 画出直流电源检测稳压源的试验接线图。

2. 说明稳压电源输出电压稳定度检测的方法和步骤。

3. 说明稳压电源检测输出电压纹波的方法和步骤。

▲ 模块 30 静止变频启动装置控制、保护、信号、通信回路正确性检查（新增 ZY5400705003）

【模块描述】 本模块包含静止变频启动装置电源回路、控制保护回路、与励磁系统和监控系统之间的信号回路、内外部通信的操作检查。通过对操作方法、步骤、注意事项的讲解和案例分析，掌握静止变频启动装置控制、保护、信号、通信回路正确性检查的方法及步骤。

【模块内容】

一、作业内容

对静止变频启动装置控制、保护、信号、通信回路正确性进行检查，是为检验静止变频启动装置控制系统与电站励磁系统、监控系统之间硬布线或通信传输接口信号的正确性。

二、危险点分析与控制措施

（1）误触电。控制措施：应按照《电力（业）安全工作规程》，验电后作业，必要时断开盘内的交流和直流电源；防止金属裸露工具与低压电源接触，造成低压触电或电源短路。

（2）误触碰。控制措施：应对可能引发误碰的回路、设备、元件设置防护带和悬挂警示牌。

（3）仪器仪表损坏。控制措施：测量时不得超过仪器仪表允许的最大量程范围，以免损坏仪器仪表。

三、作业前准备

（1）作业前组织作业人员学习作业指导书，熟悉检查项目、步骤、注意事项。

（2）准备并检查工器具是否满足要求，主要包括：万用表、验电笔、绝缘电阻表、常用电工工具 1 套、笔记本电脑。

（3）确认工作组成员健康状况良好，安全帽、工作服等安全工器具完备、合格。

（4）作业前确认设备编号、位置和工作状态。

（5）作业前 SFC 系统、试验相关的电站监控系统相关 LCU 和励磁系统已做好相应隔离措施，相关机组退出备用运行。

四、操作步骤

（1）硬布线输入、输出信号检查：在电站监控系统相关 LCU、励磁系统侧手动改变硬布线输出接口信号状态，通过 SFC 控制器板件指示或人机调试界面逐一检查开关量输入的正确性及开入继电器是否正常运行。在 SFC 侧手动改变硬布线输出接口信号状态，通过电站监控系统 LCU、励磁系统板件指示或人机调试界面逐一检查开关量输入的正确性及开入继电器是否正常运行。

（2）通信输入、输出信号检查：在电站监控系统 LCU、励磁系统侧人机调试界面手动改变通信传输信号状态，通过 SFC 人机调试界面逐一检查通信传输输入信号的正确性。通过 SFC 人机调试界面手动改变通信输出信号状态或数值，在电站监控系统上位机或 LCU、励磁系统人机调试界面逐一检查通信传输输入信号的正确性。

五、注意事项

（1）检查工作至少应有 2 人参加，一人操作、读表，一人监护和记录。

（2）所有元件、仪器、仪表应放在绝缘垫上。

（3）试验接线完毕后，必须经 2 人都检查正确无误后方可通电进行试验。

【思考与练习】

1. 静止变频启动装置硬布线输入、输出信号检查工作有哪些？

2. 静止变频启动装置通信输入、输出信号检查工作有哪些？

3. 静止变频启动装置控制、保护、信号、通信回路正确性检查需做哪些准备工作？

模块 31 静止变频启动装置调节功能试验
（新增 ZY5400706001）

【模块描述】本模块包含静止变频启动装置调节功能试验项目及质量标准、接线、试验规程。通过对操作方法、步骤、注意事项的讲解和案例分析，掌握静止变频启动装置调节功能试验方法及步骤。

【模块内容】

一、作业内容

进行静止变频启动装置调节功能试验，是为检验控制器的调节/控制功能、测试功率单元晶闸管导通性能是否正常。

二、危险点分析及控制措施

（1）误触电。控制措施：应按照《电力（业）安全工作规程》，验电后作业，必要时断开盘内的交流和直流电源；防止金属裸露工具与低压电源接触，造成低压触电或电源短路。

（2）误触碰。控制措施：应对可能引发误碰的回路、设备、元件设置防护带和悬挂警示牌。

（3）仪器仪表损坏。控制措施：测量时不得超过仪器仪表允许的最大量程范围，以免损坏仪器仪表。

三、测试前准备工作

（1）试验方案的审核和批准流程已完成。

（2）试验前组织试验人员学习试验方案，熟悉试验项目、步骤、注意事项。

（3）准备并检查工器具是否满足要求，主要包括：万用表、验电笔、绝缘电阻表、常用电工工具 1 套、笔记本电脑、低压三相电源、三相电阻负荷。

（4）确认工作组成员健康状况良好，安全帽、工作服等安全工器具完备、合格。

（5）作业前确认设备编号、位置和工作状态。

（6）试验前拉开静止变频启动装置输入断路器和输出断路器，并摇至"试验"位置。

四、现场测试步骤及要求

（1）如图 2-7-6 所示，搭建小电流试验回路。

（2）控制器工作在低压小电流试验模式（网侧功率单元采用定角度或电流闭环控制方式，机侧功率单元采用固定频率脉冲换相控制方式）。

（3）控制器解锁，逐渐增大网侧功率单元脉冲，利用示波器观察三相电阻负荷波形，检查确认控制器的调节/控制功能、功率单元晶闸管导通性能是否正常。

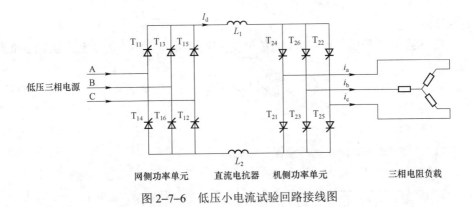

图 2-7-6 低压小电流试验回路接线图

（4）试验时注意核实负荷电阻阻值及容量，负荷电阻阻值的选择以小于 10Ω 为宜，并据此选取相应的电阻容量。

五、测试注意事项

（1）试验过程中出现异常情况应立即停止试验并进行仔细检查。

（2）应详细记录试验过程中的设备运行情况，以供分析与总结。

【思考与练习】

1. 静止变频启动装置调节功能试验应具备哪些条件？

2. 如何进行静止变频启动装置调节功能试验？

3. 静止变频启动装置调节功能试验有哪些注意事项？

▲ 模块 32　静止变频启动装置网桥、机桥至发电机定子通流试验（新增 ZY5400706002）

【模块描述】本模块包含静止变频启动装置网桥、机桥至发电机定子通流试验项目及质量标准、接线、试验规程。通过对操作方法、步骤、注意事项的讲解和案例分析，掌握静止变频启动装置网桥、机桥至发电机定子通流试验方法及步骤。

【模块内容】

一、作业内容

进行网桥、机桥至发电机定子通流试验，是为检验静止变频启动装置控制器的同步、移相、触发和晶闸管控制性能，检查机组定子与 SFC 之间连接是否正确。

二、危险点分析及控制措施

（1）误触电。控制措施：应按照《电力（业）安全工作规程》，验电后作业，必要时断开盘内的交流和直流电源；防止金属裸露工具与低压电源接触，造成低压触电

或电源短路。

（2）误触碰。控制措施：应对可能引发误碰的回路、设备、元件设置防护带和悬挂警示牌。

（3）仪器仪表损坏。控制措施：测量时不得超过仪器仪表允许的最大量程范围，以免损坏仪器仪表。

三、测试前准备工作

（1）试验方案的审核和批准流程已完成。

（2）试验前组织试验人员学习试验方案，熟悉试验项目、步骤、注意事项。

（3）准备并检查工器具是否满足要求，主要包括：万用表、验电笔、绝缘电阻表、常用电工工具 1 套、笔记本电脑、低压三相电源、三相电阻负荷.

（4）确认工作组成员健康状况良好，安全帽、工作服等安全工器具完备、合格。

（5）作业前确认设备编号、位置和工作状态。

（6）试验机组具备抽水调相启动条件。

（7）试验机组的发电机层和水轮机层等试验监视人员已就位。

四、现场测试步骤及要求

（1）SFC 切换至远方自动控制方式。

（2）试验机组励磁系统切至现地控制模式，检查确认试验机组励磁系统灭磁断路器在分闸位置。

（3）减小 SFC 控制器限制值、保护值，以防调节失控时可以保护设备。

（4）设定控制器工作在一定控制方式下：机侧功率单元输出频率控制在 2Hz 以下，网侧功率单元工作在电流闭环工作方式。

（5）由操作员在电站监控系统选择某台机组由 SFC 启动模式，并下达该机组"抽水调相工况开机"命令。

（6）SFC 收到监控系统的辅助设备启动命令后，输出辅助设备启动命令并自保持，启动去离子水泵、输入输出变压器循环油泵、功率柜风扇；合输入断路器；检测"辅助设备已运行"信号，输出"SFC 已进入热备用"状态信号。

（7）待电站监控系统输出命令合上试验机组的被拖动隔离开关及启动母线隔离开关。

（8）由试验人员现地操作合上 SFC 输出断路器，在 SFC 和试验机组的定子间建立电气轴。

（9）SFC 现地人机界面操作使控制器解锁，逐步增大网侧功率单元脉冲，将 SFC 输出电流控制在 20%额定值以下，通流时间一般不超过 10min。

（10）观察网侧/机侧功率单元的所有晶闸管工作是否正常，录制网侧/机侧功率单元电压、电流波形，监视机组定子温升情况。

（11）分析静止变频启动装置控制器的同步、移相、触发和晶闸管控制性能是否正常，确认机组定子与 SFC 之间连接正确。

五、测试注意事项

（1）试验过程中出现异常情况，应立即停止试验，并进行仔细检查。

（2）应详细记录试验过程中的设备运行情况，以供分析与总结。

【思考与练习】

1. 静止变频启动装置进行发电机定子通流试验应具备什么条件？

2. 如何进行静止变频启动装置的发电机定子通流试验？

3. 静止变频启动装置的发电机定子通流试验有哪些注意事项？

▲ 模块 33　背靠背启动控制系统的控制回路检查试验
（新增 ZY5400707001）

【**模块描述**】本模块包含背靠背启动控制系统电源回路和控制回路的正确性检查、试验的方法及步骤。通过对操作方法、步骤、注意事项的讲解和案例分析，掌握背靠背启动控制系统控制回路检查和试验的方法及步骤。

【**模块内容**】

一、作业内容

进行背靠背启动控制系统的控制回路检查试验，是为检验机组背靠背启动系统控制回路功能是否正常，检验继电器工作是否正常。

二、危险点分析及控制措施

（1）误触电。控制措施：应按照《电力（业）安全工作规程》，验电后作业，必要时断开盘内的交流和直流电源；防止金属裸露工具与低压电源接触，造成低压触电或电源短路。

（2）误触碰。控制措施：应对可能引发误碰的回路、设备、元件设置防护带和悬挂警示牌。

（3）仪器仪表损坏。控制措施：测量时不得超过仪器仪表允许的最大量程范围，以免损坏仪器仪表。

三、测试前准备工作

（1）测试前组织作业人员学习测试方案，熟悉检查项目、步骤、注意事项。

（2）确认工作组成员健康状况良好，安全帽、工作服等安全工器具完备、合格。

（3）准备并检查工器具是否满足要求，主要包括：标准三相交流电源、电流源、标准电压表、标准电流表、万用表、验电笔、绝缘电阻表、常用电工工具 1 套。

（4）分析现场作业危险点、提出相应的防范措施，并核对现场安全措施是否正确和完善。

（5）作业前确认设备编号、位置和工作状态。

（6）作业前相关机组退出备用运行，试验相关的电站监控系统相关机组 LCU 已做好相应隔离措施。

四、现场测试步骤及要求

1. 背靠背启动控制回路功能试验

背靠背启动控制系统控制回路主要包括：背靠背机组间的选择和被选择回路、背靠背机组间的相互跳闸回路。

（1）在电站监控系统各机组 LCU 侧手动改变对相应机组的选择信号状态，通过对侧机组 LCU 侧的板件指示或人机调试界面逐一检查开关量输入的正确性及开入继电器是否正常运行，确认选择回路功能正常。

（2）在电站监控系统各机组 LCU 侧手动改变对相应机组的跳闸信号状态，通过对侧机组 LCU 侧的板件指示或人机调试界面逐一检查开关量输入的正确性及开入继电器是否正常运行，确认跳闸回路功能正常。

2. 背靠背启动控制回路继电器校验

背靠背启动控制回路继电器校验，检验继电器的回路接线是否正确：

（1）线圈电阻的测定：继电器电压线圈的直流电阻应用万用表测量，其值不应超过额定值的 ±10%。

（2）动作值检验：不同的继电器校验的值不一样，原理都是一样的，慢慢加电压、电流、时间等参数，使继电器刚好动作的值为继电器的动作值。要求整定点动作值与整定值不超过 ±3%。

（3）返回值检验：继电器动作后，逐渐减小其动作值，使继电器触头刚好分开的值为其返回值。返回系数为返回值与动作值的比值，比值越接近 1 就越灵敏。

五、测试注意事项

（1）校验工作至少应有 2 人参加，一人操作、读表，一人监护和记录。

（2）所有元件、仪器、仪表应放在绝缘垫上。

（3）试验接线完毕后，必须经 2 人都检查正确无误后方可通电进行试验。

（4）所用仪表一般不应低于 0.5 级。

（5）所有使用接线应牢固可靠。

【思考与练习】

1. 背靠背启动控制回路的继电器需校验哪些参数？

2. 背靠背启动控制回路功能试验应具备哪些条件？

3. 如何进行背靠背启动控制回路功能试验？

▲ 模块34　背靠背启动控制系统的信号回路检查试验
（新增 ZY5400708001）

【模块描述】本模块包含背靠背启动控制系统信号回路正确性检查和试验的方法及步骤。通过对操作方法、步骤、注意事项的讲解和案例分析，掌握背靠背启动控制系统信号回路检查试验的方法及步骤。

【模块内容】

一、作业内容

进行背靠背启动控制系统的信号回路检查试验，是为检验机组之间背靠背启动控制系统硬布线传输接口信号的正确性。

二、危险点分析与控制措施

（1）误触电。控制措施：应按照《电力（业）安全工作规程》，验电后作业，必要时断开盘内的交流和直流电源；防止金属裸露工具与低压电源接触，造成低压触电或电源短路。

（2）误触碰。控制措施：应对可能引发误碰的回路、设备、元件设置防护带和悬挂警示牌。

（3）仪器仪表损坏。控制措施：测量时不得超过仪器仪表允许的最大量程范围，以免损坏仪器仪表。

三、作业前准备

（1）作业前组织作业人员学习作业指导书，熟悉检查项目、步骤、注意事项。

（2）准备并检查工器具是否满足要求，主要包括：万用表、验电笔、绝缘电阻表、常用电工工具1套、笔记本电脑。

（3）确认工作组成员健康状况良好，安全帽、工作服等安全工器具完备、合格。

（4）作业前确认设备编号、位置和工作状态。

（5）作业前相关机组退出备用运行，试验相关的电站监控系统相关机组LCU已做好相应隔离措施。

四、操作步骤

（1）背靠背启动控制系统硬布线传输信号主要包括：背靠背机组间的选择和被选择信号、背靠背机组间的相互跳闸信号。

（2）在电站监控系统各机组LCU侧手动改变硬布线传输接口信号状态，通过对侧机组 LCU 侧的板件指示或人机调试界面逐一检查开关量输入的正确性及开入继电器是否正常运行。

五、注意事项

（1）检查工作至少应有 2 人参加，一人操作，一人监护和记录。

（2）所有元件、仪器、仪表应放在绝缘垫上。

（3）试验接线完毕后，必须经 2 人都检查正确无误后方可通电进行试验。

【思考与练习】

1. 背靠背启动控制系统硬布线传输接口信号有哪些？

2. 如何进行背靠背启动控制系统硬布线传输接口信号检查工作？

3. 背靠背启动控制系统硬布线传输接口信号检查应具备哪些条件？

▲ 模块35 背靠背启动控制系统的通信回路检查试验
（新增 ZY5400708002）

【模块描述】本模块包含背靠背启动控制系统通信回路正确性检查肯试验的方法及步骤。通过对操作方法、步骤、注意事项的讲解和案例分析，掌握背靠背启动控制系统通信回路检查肯试验的方法及步骤。

【模块内容】

一、作业内容

进行背靠背启动控制系统的通信回路检查试验，是为检验机组之间背靠背启动控制系统通信传输接口信号的正确性。

二、危险点分析与控制措施

（1）误触电。控制措施：应按照《电力（业）安全工作规程》，验电后作业，必要时断开盘内的交流和直流电源；防止金属裸露工具与低压电源接触，造成低压触电或电源短路。

（2）误触碰。控制措施：应对可能引发误碰的回路、设备、元件设置防护带和悬挂警示牌。

（3）仪器仪表损坏。控制措施：测量时不得超过仪器仪表允许的最大量程范围，以免损坏仪器仪表。

三、作业前准备

（1）作业前组织作业人员学习作业指导书，熟悉检查项目、步骤、注意事项。

（2）准备并检查工器具是否满足要求，主要包括：万用表、验电笔、绝缘电阻表、常用电工工具 1 套、笔记本电脑。

（3）确认工作组成员健康状况良好，安全帽、工作服等安全工器具完备、合格。

（4）作业前确认设备编号、位置和工作状态。

（5）作业前相关机组退出备用运行，试验相关的电站监控系统相关机组 LCU 已做好相应隔离措施。

四、操作步骤

（1）背靠背启动控制系统通信传输信号主要包括：背靠背机组间的选择和被选择信号、背靠背机组间的相互跳闸信号。

（2）在电站监控系统各机组 LCU 侧人机调试界面手动改变通信传输信号状态，通过对侧机组 LCU 侧的人机调试界面逐一检查通信输入信号的正确性。

五、注意事项

（1）检查工作至少应有 2 人参加，一人操作，一人监护和记录。

（2）所有元件、仪器、仪表应放在绝缘垫上。

（3）试验接线完毕后，必须经 2 人都检查正确无误后方可通电进行试验。

【思考与练习】

1. 背靠背启动控制系统通信传输接口信号有哪些？

2. 背靠背启动控制系统通信传输接口信号检查的操作步骤是什么？

3. 背靠背启动控制系统通信传输接口信号检查应具备哪些条件？

第三部分

水电自动装置的更新改造

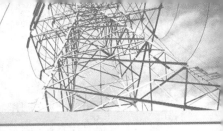

第八章

水电自动装置的更新改造

模块 1　水力机械自动化设备的更新改造（新增 ZY5400801001）

【模块描述】本模块包含水力机械自动化设备旧设备拆除、新控制装置的到货验收、新控制装置箱体及附件的安装、控制装置二次回路的设计、控制电缆的敷设、控制装置与附件、二次回路的检查、控制装置试验。通过对操作方法、技术要求、步骤、注意事项的讲解和案例分析，掌握水力机械自动化设备更新改造的方法、技术要求、步骤、注意事项。

【模块内容】

一、作业内容

水力机械自动化设备一般由自动化信号元件（继电器、剪断销信号器、液位信号器、示流信号器、压力信号器、转速信号器、温度信号器）、执行元件（接触器、电磁阀、电磁空气阀、电磁配压阀）、可编程控制器、监视控制装置以及二次回路等组成。

水力机械自动化设备的更新改造就是针对上述设备而言的，改造周期一般随水力机械设备改造同步进行或者视自动化设备的实际运行情况而定。设备或元件选型应遵循如下原则：应满足水电厂的技术要求；设备或元件应小型化、系统化、技术先进并有超前性，经济合理；操作简单，维护检查方便；二次回路设计简洁、合理，便于维护和检修。

更新改造包括以下几部分工作：更新改造技术方案和施工方案的审批；按照技术方案的技术要求定购新设备或元件；旧设备拆除；新设备到货验收；新设备盘体或元件安装；控制电缆敷设；新设备及二次回路盘柜电气元件的安装和配线、控制电缆连接；新设备及二次回路安装后的检查；新设备或元件试验；系统整体调试；运行前的交代工作；设备投入运行；项目验收；编制投运报告及更新改造项目结项报告。

水力机械自动化设备更新改造的基本要求：

（1）作为水力机械自动化设备检修人员，必须对将改造的水力机械自动化设备及其二次回路的全面情况了如指掌，不仅承担着本班组的施工工作，同时也担负着与其他有关施工班组的联系工作。如电缆敷设错位了，会给接线带来麻烦。设计图纸与实际施工难免有出入，而施工过程中也常发生设计变更，这些情况如未及时与有关班组的人员沟通，后果也是严重的。例如，安装班组按设计变更对原接线作了修改，试验人员不知详情，又照原图把线头改了回去，势必造成危害。

（2）水电自动装置及二次回路的安装工作，除调整试验部分需配备全套仪器一般不必准备特殊机具，但在常用手工具的使用上要具有扎实的基本功。回路配线工作应按照标准化流程作业，要求工艺美观。

（3）在施工准备阶段，主要应抓好图纸会审与土建配合工作。对水电自动装置及二次回路的原理图、展开图、端子排图、盘面布置图、盘背面接线图、元件内部连接图、一次设备（如操动机构等）内部的二次回路图、电缆敷设图、电缆清册以及有关一次回路图等（包括制造图与自行绘制的现场施工用图），应组织力量，进行详细核对、校正。发现问题，应及时通知制造厂予以改正，以减少现场施工时的修改工作量，这对保证制造工艺也是有利的（因改线后、很难做到与原配一致）。在有关的不同专业之间，也应进行图纸会审，如在水电厂中的土建、继电、电气试验、水力机械等专业要密切配合。此外，要注意土建的施工质量，必要时主动配合，确保预埋件与预留孔洞符合安装要求。水电自动装置及二次回路的附件很多，而有些是属于消耗性的，如指示灯泡、熔断体等；有些属于容易丢失的，如指示灯罩等；有些属于易损的与常要补充的，如端子排和端子等，均应有一定储备，以利工作。

（4）进入安装阶段后，工作重点应放在工艺质量上。要保证装置及回路接线的准确性和设备动作的准确性，不得擅自变更原设计的回路或端子号，不得擅自将通用性设备改为特殊规范的设备。实践证明，安装时采取临时性或"灵活"性措施，最终将为日后的维护工作带来困难。

（5）装置及回路的安装与接线倘若考虑不周，既成事实，是很难弥补的，例如将电缆芯线锯短了，就很不好办。当然，也要注意节约，不得把电缆敷设得过长，施工后留下许多无用的短节。工艺质量不仅体现在外观的整齐、美观上，还体现在工程内部结构的精度上。为了搞好工艺质量，在安装阶段，要注意做好管理工作，要抓紧元件等的检验和试验工作，做到既要保证质量，达到精度要求，又要与安装工作协调，以满足工程进度要求。

（6）装置及系统的试验，工作本身的重点虽是质量精度问题，但在拆装元件时也要充分注意工艺问题，恢复线头也应注意保持原来的形状。同时，不应把原配的附件丢失，不得将仪表等装错位置，或在回装时使线头受挤压而造成接地等。

（7）元件、装置、系统的试验和整定，应有完整的记录和正规的、格式统一的试验报告。报告上应注明试验方法、试验时的接线图和使用的仪器、仪表的编号以及试验日期和气温情况。试验报告必须通过一定的审核手续。

（8）在结尾和试运阶段，要编好调试技术措施及试运安全措施。此时，应突出"安全第一"的思想，既要不出人身事故，又要不损坏元件、设备。为此，有关人员不仅要熟悉设计图纸和自动装置性能，同时要熟悉现场实际情况。每项试验必须事先拟定措施方案，包括安全措施，尤其是在已投入运行的控制室内进行扩建工作时，要防止邻近屏、盘、设备受震或误触运行中的设备和二次回路，在运行的配电室内工作时，更要充分注意防止走错间隔等情况的发生。在此期间，还要搞好试验报告和竣工图，以便及时、完整地移交给档案室。自动装置及二次回路竣工图应如实绘制。由于设计、制造及安装（有时不得已而采取过渡措施，如增加端子排）等原因，施工后的实际情况与原设计、制造图纸难免有一些出入或修改，这些情况必须在竣工图中反映出来，否则将来重新摸索，会增加不少工作量，如有疏忽，还会引起事故或延长故障排除的时间。在试运行和结尾阶段，还要抓好缺陷消除及结尾处理工作。结尾工作常常很零碎，但却极重要，如电缆进入屏、盘的孔洞需加以密封，标志必须齐全等。

二、危险点分析与控制措施

（1）误触电。控制措施：绝缘测试作业完成后，应将所测设备加压端对地放电，确认无电后方可恢复；应隔离屏柜中的 TV/TA 二次回路，避免信号反送到二次侧伤人；应按照《电力（业）安全工作规程》，验电后作业，必要时断开盘内的交流和直流电源；防止金属裸露工具与低压电源接触，造成低压触电或电源短路。

（2）误触碰。控制措施：应对可能引发误碰的回路、设备、元件设置防护带和悬挂警示牌。

（3）误整定。控制措施：应指定具有定值修改权限的人员修改定值，工作完成后应根据下达的整定单复核，复核正确后投入。

（4）人身伤害。控制措施：高处作业使用安全带；使用安全工器具前检查确认符合相应等级要求，使用校验合格的安全工器具，检查确认工器具无破损现象。

（5）仪器仪表损坏。控制措施：测量时不得超过仪器仪表允许的最大量程范围，以免损坏仪器仪表；加电压量、电流量不要超过装置允许的最大值，以免操作不当损坏设备。

三、作业前准备

（1）准备有关水力机械自动化设备更新改造技术资料（技术图纸、设备说明书等）、原始记录表单等。

（2）作业前组织作业人员学习更新改造相关技术方案、施工方案、标准化作业指导书及其他技术资料，并根据施工方案进行现场勘察。

（3）工作负责人填写标准化施工作业卡、办理工作票，工作负责人应由高级工及以上等级人员担任，工作班成员应选用熟练的二次检修人员。

（4）作业前工作负责人应分析现场作业危险点、提出相应的防范措施，然后向所有工作班成员交代作业内容、作业范围、危险点告知、安全措施和注意事项。

（5）作业前应按照工作票对隔离措施进行检查和确认，应检查确认是否与本装置相关的其他二次设备的隔离措施是否到位。

（6）确认更新改造设备编号、位置和工作状态，对于需停电的设备要进行认真验电检查，确认无电后才能开始工作。

（7）作业前工作负责人应确认工作班成员健康状况良好，安全帽、工作服（或防护服）、绝缘鞋、安全带等安全工器具完备、合格。

（8）作业前应检查仪器设备是否合格有效，应根据测量参量选择量程匹配、型号合适的仪器设备，禁止使用不合格的或有效使用期超期的仪器设备。

（9）准备并检查工器具、材料、备品配件、试验和检测设备是否满足要求，并运至现场。主要工器具包括：专用施工工具、电工组合工具、钢锯、万用表、验电笔、绝缘电阻表、吸尘器、毛刷、试验电源盘、清洁工具包、温度计、湿度计等。主要材料包括：动力电缆、电缆卡子、电缆标示牌、钢锯锯条、穿管用的 8～10 号钢丝、电缆敷设的专用工具、放线架、足够长的厚壁钢管、爬梯、照明器具、控制电缆、双绞线、酒精、标签、尼龙扎带、抹布等。

四、操作步骤

（1）进行水力机械自动化系统设备更新改造的设计。

1）选择二次回路元件（自动化元件、继电器、接触器、控制电缆等）。

2）出具二次回路原理接线图、安装接线图等图纸。

（2）将水力机械自动化系统设备更新改造技术方案和施工方案报经上级部门审批。

（3）定货时向厂家提供水力机械自动化设备的技术要求及被控设备的技术参数。

（4）水力机械自动化系统旧设备拆除。

1）制定拆除方案。

2）开具工作票，进行危险点分析及预控，与上级调度部门或运行部门进行联系，做好安全和技术措施。

3）对控制装置进行停电、放电操作。

4）拆除旧控制装置端子排上二次回路的连接线及二次控制电缆，做好记号和记录。

5）拆除废旧二次控制电缆对侧端子连线，并将废旧二次电缆取出。

6）拆除控制装置及附件，注意防止机械损伤。

（5）新控制装置的到货执行三级验收。

1）按发货清单清点核对收到的控制装置及附件。

2）检查控制装置上的元件、连线有无缺损。

（6）新控制装置箱体及附件的安装。例如：火灾报警系统的安装、测速装置的安装、测温系统的安装。

（7）控制电缆敷设。

（8）对控制装置、附件及二次回路电气元件进行安装和配线。

（9）对控制装置及二次回路控制电缆进行连接。

（10）控制装置、附件及二次回路的检查。控制装置、附件及二次回路安装连接完毕后，应对其线路、元器件等进行全面检查：

1）按接线图检查各部分的接线是否正确，线号是否完整无误，接线端子有无松动，控制电缆的压接端头是否合格，各导线的截面积是否符合图纸的规定。

2）检查控制装置操作、控制、保护、信号回路的正确性。

3）检查各手动开关、限位开关的动作是否可靠，各接触器、继电器动作是否灵活，接触是否可靠，接线有无松动。

4）检查控制装置、附件及二次回路各部绝缘电阻：用适当电压等级的绝缘电阻表检查装置回路对地及不同回路之间的绝缘电阻，应大于 $1M\Omega$。

5）通电前检查二次回路有无串电、接地及短路现象。

（11）控制装置、附件及二次回路整体调试。

（12）整体调试试验合格后，设备投入运行。

（13）进行水力机械自动化系统设备更新改造项目施工验收。

（14）编制水力机械自动化系统设备更新改造后的投运报告及项目施工竣工报告。

五、注意事项

（1）强化施工调试过程的监护，严格执行《电力（业）安全工作规程》。

（2）不得擅自变更原设计的回路或端子号，不得擅自将通用性设备改为特殊规范的设备。

（3）送电时应先送主电源，然后送控制电源；切断时则相反。

（4）加强对调试工具的专业管理，使用前应对调试用专用工具进行检查，确认其工作良好。

（5）电脑在进行下载参数等操作前必须进行版本的比对，确认调试电脑中版本与设备上的一致，禁止使用非专业电脑进行程序下载等工作，避免病毒侵入。

（6）调试时应先进行静态试验，确认良好后再进行动态试验。

（7）调试时出现异常情况，则应立即停止试验进行仔细检查。

（8）应详细记录调试过程中的检查、试验和运行情况，以供分析与总结。

（9）控制设备试运行期限为 12 个月。

【思考与练习】

1. 水力机械自动化设备更新改造时设备或元件选型应遵循什么原则？
2. 水力机械自动化设备更新改造包括哪几部分工作？
3. 水力机械自动化元件、装置、系统的试验和整定有什么要求？

◢ 模块 2 监控设备、同期设备的更新改造 （新增 ZY5400802001）

【模块描述】本模块包含监控设备、同期设备的设备退出、参数备份、拆除，新设备的到货验收、安装、接线、核线、试验。通过对操作方法、技术要求、步骤、注意事项的讲解和案例分析，掌握监控设备、同期设备更新改造的方法、技术要求、步骤、注意事项。

【模块内容】

一、作业内容

1. 监控设备的更新改造

由于生产和安全的要求，常常需要给计算机监控系统增加新的设备，以便更好地实施生产过程监控。增加的新设备，由于要接入计算机监控系统，就会涉及新设备要占用和分配网络地址、网络带宽、存储介质和用电负荷等系统资源，甚至还会存在与现有系统的功能集成问题，所以在增加新设备时，要尽量做到通盘考虑、周密分析，保证新设备的投入运行会增强监控能力，而不是削弱监控能力。取消旧设备的通常是因为该设备的功能被取消或者已被其他更先进的技术和设备所代替，取消旧设备需要考虑释放和回收系统资源的问题，还要保证该设备的取消不会影响监控过程的实现。

2. 同期设备的更新改造

同期系统的设备主要由同期点电压互感器、同期装置（手动准同期装置、自动准同期装置）、同期控制回路等组成，同期系统设备更新改造就是针对这些设备而言的。

二、危险点分析与控制措施

（1）误触电。控制措施：绝缘测试作业完成后，应将所测设备加压端对地放电，确认无电后方可恢复；应隔离屏柜中的 TV/TA 二次回路，避免信号反送到二次侧伤人；应按照《电力（业）安全工作规程》，验电后作业，必要时断开盘内的交流和直流电源；防止金属裸露工具与低压电源接触，造成低压触电或电源短路。

（2）误触碰。控制措施：应对可能引发误碰的回路、设备、元件设置防护带和悬挂警示牌。

（3）误整定。控制措施：应指定具有定值修改权限的人员修改定值，工作完成后应根据下达的整定单复核，复核正确后投入。

（4）人身伤害。控制措施：高处作业使用安全带；使用安全工器具前检查确认符合相应等级要求，使用校验合格的安全工器具，检查确认工器具无破损现象。

（5）仪器仪表损坏。控制措施：测量时不得超过仪器仪表允许的最大量程范围，以免损坏仪器仪表；加电压量、电流量不要超过装置允许的最大值，以免操作不当损坏设备。

三、作业前准备

（1）准备有关监控设备或同期设备更新改造的技术资料（技术图纸、设备说明书等）、原始记录表单等。

（2）作业前组织作业人员学习更新改造相关技术方案、施工方案、标准化作业指导书及其他技术资料，并根据施工方案进行现场勘察。

（3）工作负责人填写标准化施工作业卡、办理工作票，工作负责人应由高级工及以上等级人员担任，工作班成员应选用熟练的二次检修人员。

（4）作业前工作负责人应分析现场作业危险点、提出相应的防范措施，然后向所有工作班成员交代作业内容、作业范围、危险点告知、安全措施和注意事项。

（5）作业前应按照工作票对隔离措施进行检查和确认；应检查确认是否与本装置相关的其他二次设备的隔离措施是否到位。

（6）确认更新改造设备编号、位置和工作状态，对于需停电的设备要进行认真验电检查，确认无电后才能开始工作。

（7）作业前工作负责人应确认工作班成员健康状况良好，安全帽、工作服（或防护服）、绝缘鞋、安全带等安全工器具完备、合格。

（8）作业前应检查仪器设备是否合格有效，应根据测量参量选择量程匹配、型号合适的仪器设备，禁止使用不合格的或有效使用期超期的仪器设备。

（9）准备并检查工器具、材料、备品配件、试验和检测设备是否满足要求，并运至现场。主要工器具包括：专用施工工具、电工组合工具、钢锯、万用表、验电笔、绝缘电阻表、吸尘器；毛刷、试验电源盘、清洁工具包、温度计、湿度计等。主要材料包括：动力电缆、电缆卡子、电缆标示牌、钢锯锯条、穿管用的 8～10 号钢丝、电缆敷设的专用工具、放线架、足够长的厚壁钢管、爬梯、照明器具、控制电缆、双绞线、酒精、标签、尼龙扎带、抹布等。

四、操作步骤

（一）监控设备更新改造的操作步骤

（1）将监控系统设备更新改造技术方案和施工方案报经上级部门审批。

（2）定货时向厂家提供监控设备的技术要求和参数。

（3）旧设备拆除。

1）制定拆除方案（技术方案和施工方案）并递交上级有关部门批准。

2）开具工作票，与上级调度部门或运行部门进行联系，做好安全和技术措施。

3）确认该设备的退出不会导致运行中的系统出现故障，或者确认该设备的原有任务已经完整、正确地转移到其他设备上并已正常运行。

4）设备退出运行，对设备进行停电、放电。

5）拆除设备。暂时不具备拆除条件时，可延期到下次大修期间再行拆除，但应做好醒目的停运标志，并保存好相关原始资料和记录。注意防止机械损伤。

6）从网络规划表中注销该设备占用的网络资源。

（4）新监控设备的到货验收。

1）按发货清单清点核对收到的设备及附件。

2）检查装置上的元件、连线有无缺损。

（5）新监控设备的安装。

1）新监控设备及附件的安装。

2）控制电缆敷设。

3）安装新监控设备、附件及二次回路电气元件并进行配线。

4）新监控设备的离线检测和调试。

5）参照网络规划表配置网络地址，设置唯一的网络地址。

6）计算新增监控设备电源功率，确认在 UPS 正常供电负荷范围以内。

7）新增设备与监控系统的连接。

（6）新增监控设备及其系统回路的检查。监控设备及其安装连接完毕后，应对其线路、元器件等进行全面检查：

1）按接线图检查各部分的接线是否正确，线号是否完整无误，接线端子有无松动，各导线的截面积是否符合图纸的规定。

2）检查系统回路的正确性。

3）检查监控设备接地情况。逐一复查各接地处的选择是否正确，接触是否可靠，是否正确无误地连接在地线网上。

4）检查监控设备、附件及二次回路各部绝缘电阻：用适当电压等级的绝缘电阻表检查装置回路对地及不同回路之间的绝缘电阻，应大于 $1M\Omega$。

（7）设备上电试验，检查设备工作状态是否正确、功能和性能是否满足要求。

（8）监控系统整体联调。

（9）完成交代工作，设备投入运行。

（10）进行监控系统更新改造项目施工验收。

（11）编制监控系统更新改造后的投运报告及项目施工竣工报告。

（二）同期设备更新改造的操作步骤

（1）设计同期系统二次回路，出具二次回路原理接线图、安装接线图等图纸。

（2）将同期系统设备更新改造技术方案和施工方案报经上级部门审批。

（3）在定货时向厂家提供同期点的频率、电压参数。

（4）新同期设备的到货验收。

1）按发货清单清点收到的设备及附件。

2）检查装置上的元件、连线有无缺损。

（5）拆除旧同期设备。

1）制定拆除方案。

2）开具工作票，与上级调度部门或运行部门进行联系，做好安全和技术措施。

3）对设备进行停电、放电操作。

4）拆除旧同期设备与二次控制电缆连接线，做好记号和记录。

5）拆除旧同期设备端子排与二次回路的连接线，做好记号和记录。

6）拆除装置屏柜，注意防止机械损伤。

（6）安装新同期设备盘体。

（7）敷设控制电缆。

（8）安装同期装置及二次回路盘柜电气元件并进行配线。

（9）连接同期装置及二次回路的控制电缆。

（10）同期装置及二次回路的检查。同期装置及二次回路安装连接完毕后，应对其线路、元器件等进行全面检查：

1）按接线图检查各部分的接线是否正确，线号是否完整无误，接线端子有无松动，控制电缆的压接端头是否合格，各导线的截面积是否符合图纸的规定。

2）检查各手动开关的动作是否可靠，各接触器、继电器动作是否灵活，接触是否可靠，接线有无松动。

3）检查装置接地情况。逐一复查各接地处的选择是否正确，接触是否可靠，是否正确无误地连接在地线网上。

4）检查绝缘电阻：用适当电压等级的绝缘电阻表检查同期装置回路对地及不同回路之间的绝缘电阻，应大于 $1M\Omega$。

（11）同期装置与上位机连接。

（12）假并列试验。

（13）开机并列试验。

（14）完成交代工作，设备投入运行。

（15）进行同期系统更新改造项目施工验收。

（16）编制同期系统更新改造后的投运报告及项目施工竣工报告。

五、注意事项

（1）安装时不得擅自变更原设计的回路或端子号，不得擅自将通用性设备改为特殊规范的设备。

（2）调试时，应先进行静态试验，确认良好后再进行动态试验。应注意观察设备，如出现异常情况，应立即停止试验进行仔细检查。动态试验，应先进行新增加设备的离线检测和调试，确认良好后再进行整体功能试验。

（3）设备送电时，应先送主电源，然后送控制电源；切断时则相反。

（4）加强对调试工具的专业管理，使用前应对调试用专用工具进行检查，确认其工作良好。

（5）电脑在进行下载参数等操作前必须进行版本的比对，确认调试电脑中版本与设备上的一致，禁止使用非专业电脑进行程序下载等工作，避免病毒侵入。

（6）调试应严格遵循操作顺序，防止误操作现象，错误的操作会导致系统故障。

（7）应详细记录调试过程中的检查、试验和运行情况，以供分析与总结。

（8）调试结束后应将设备操作把手放在正确的位置。

（9）如果投运过程中出现设备故障应停止后续工作，在故障排除后重新执行以上步骤。

（10）设备整体试运行期限至少为 6 个月；

（11）拆除的设备作为系统故障后备必须完整保留至少 6 个月。

【思考与练习】

1. 监控设备更新改造时拆除旧设备的步骤有哪些？

2. 同期设备及二次回路安装连接完毕后，应对其线路、元器件等进行全面检查，检查的主要内容有哪些？

3. 同期设备更新改造应做哪些试验？

▲ 模块 3　励磁设备的更新改造（新增 ZY5400803001）

【模块描述】本模块包含励磁设备旧设备拆除、新设备到货验收、新设备盘体的安装、控制电缆敷设、励磁设备及二次回路盘柜电气元件进行安装和配线、励磁装置及二次回路安装连接完毕后的线路、器件检查、励磁设备试验、励磁系统整体调试。通过对操作方法、技术要求、步骤、注意事项的讲解和案例分析，掌握励磁设备更新改造的方法、技术要求、步骤、注意事项。

【模块内容】

一、作业内容

励磁系统设备由励磁调节器、功率柜、过电压保护装置、灭磁回路、励磁变压器、电流互感器、电压互感器、交直流电源以及二次回路等组成，励磁系统设备的更新改造就是针对上述设备而言的。

二、危险点分析与控制措施

（1）误触电。控制措施：绝缘测试作业完成后，应将所测设备加压端对地放电，确认无电后方可恢复；应隔离屏柜中的 TV/TA 二次回路，避免信号反送到二次侧伤人；应按照《电力（业）安全工作规程》，验电后作业，必要时断开盘内的交流和直流电源；防止金属裸露工具与低压电源接触，造成低压触电或电源短路。

（2）误触碰。控制措施：应对可能引发误碰的回路、设备、元件设置防护带和悬挂警示牌。

（3）误整定。控制措施：应指定具有定值修改权限的人员修改定值，工作完成后应根据下达的整定单复核，复核正确后投入。

（4）人身伤害。控制措施：高处作业使用安全带；使用安全工器具前检查确认符合相应等级要求，使用校验合格的安全工器具，检查确认工器具无破损现象。

（5）仪器仪表损坏。控制措施：测量时不得超过仪器仪表允许的最大量程范围，以免损坏仪器仪表；加电压量、电流量不要超过装置允许的最大值，以免操作不当损坏设备。

三、作业前准备

（1）准备有关励磁设备更新改造技术资料（技术图纸、设备说明书等）、原始记录表单等。

（2）作业前组织作业人员学习更新改造相关技术方案、施工方案、标准化作业指导书及其他技术资料，并根据施工方案进行现场勘察。

（3）工作负责人填写标准化施工作业卡、办理工作票，工作负责人应由高级工及以上等级人员担任，工作班成员应选用熟练的二次检修人员。

（4）作业前工作负责人应分析现场作业危险点、提出相应的防范措施，然后向所有工作班成员交代作业内容、作业范围、危险点告知、安全措施和注意事项。

（5）作业前应按照工作票对隔离措施进行检查和确认；应检查确认是否与本装置相关的其他二次设备的隔离措施是否到位。

（6）确认更新改造设备编号、位置和工作状态，对于需停电的设备要进行认真验电检查，确认无电后才能开始工作。

（7）作业前工作负责人应确认工作班成员健康状况良好，安全帽、工作服（或防护服）、绝缘鞋、安全带等安全工器具完备、合格。

（8）作业前应检查仪器设备是否合格有效，应根据测量参量选择量程匹配、型号合适的仪器设备，禁止使用不合格的或有效使用期超期的仪器设备。

（9）准备并检查工器具、材料、备品配件、试验和检测设备是否满足要求，并运至现场。主要工器具包括：专用施工工具、电工组合工具、钢锯、万用表、验电笔、绝缘电阻表、吸尘器；毛刷、试验电源盘、清洁工具包、温度计、湿度计等。主要材料包括：动力电缆、电缆卡子、电缆标示牌、钢锯锯条、穿管用的 8～10 号钢丝、电缆敷设的专用工具、放线架、足够长的厚壁钢管、爬梯、照明器具、控制电缆、双绞线、酒精、标签、尼龙扎带、抹布等。

四、操作步骤

（1）进行励磁系统二次回路的设计。

1）选择励磁系统二次回路元件（继电器、接触器、控制电缆等）。

2）出具二次回路原理接线图、安装接线图等图纸。

（2）将励磁系统设备更新改造技术方案和施工方案报经上级部门审批。

（3）定货时向厂家提供励磁设备的技术要求、发电机及励磁系统的参数，主要有：发电机额定电压 U_n、发电机额定视在功率 S_n、发电机额定有功功率 P_n、发电机额定无功功率 Q_n、发电机转子额定电压（满载）U_{fn}、发电机转子额定电流（满载）I_{fn}、d 轴电抗 X_d（p.u.）、d 轴暂态电抗 X_d'（p.u.）、励磁绕组时间常数 T_{d0}（s）、转动惯量 H（s）、一次 TV 变比、一次 TA 变比、低励限制，空载有功功率 P_0（MW）和空载无功功率 Q_0（MVar）等。

（4）旧设备拆除。

1）制定拆除方案。

2）开具工作票，与上级调度部门或运行部门进行联系，做好安全和技术措施。

3）对设备进行停电、放电操作。

4）拆除旧励磁设备与二次控制电缆连接线，做好记号和记录。

5）拆除旧励磁设备端子排与二次回路的连接线，做好记号和记录。

6）拆除装置屏柜，注意防止机械损伤。

（5）新励磁设备的到货验收。

1）按发货清单清点、核对收到的设备及附件。

2）检查装置上的元件、连线有无缺损。

（6）安装新励磁设备盘体。

（7）敷设控制电缆。

（8）安装励磁装置及二次回路盘柜电气元件并进行配线。

（9）连接励磁装置及二次回路控制电缆。

（10）励磁装置及二次回路的检查。励磁装置及二次回路安装连接完毕后，应对其线路、元器件等进行全面检查：

1）按接线图检查各部分的接线是否正确，线号是否完整无误，接线端子有无松动，控制电缆的压接端头是否合格，各导线的截面积是否符合图纸的规定。

2）检查励磁系统操作、控制、保护、信号回路的正确性。

3）检查装置接地情况。逐一复查各接地处的选择是否正确，接触是否可靠，是否正确无误地连接在地线网上。

4）检查各手动开关、限位开关的动作是否可靠，各接触器、继电器在的动作是否灵活，接触是否可靠，接线有无松动，灭弧装置是否完整。

5）检查装置各保护环节。熔断器的熔体是否选择适当，报警装置是否接好。

6）检查各部绝缘电阻：用适当电压等级的绝缘电阻表检查装置回路对地及不同回路之间的绝缘电阻，应大于 $1M\Omega$。

（11）励磁设备试验。柜体安装完成后，须进行静态检查试验，确认设备内部无因运输造成的损坏，验证外部连接电缆配线是否正确。

1）整流装置试验。

2）励磁变压器试验。

3）励磁调节器总体静态特性试验。

（12）励磁系统整体调试。

1）人机界面调试。

2）通信试验。

3）电力系统稳定器 PSS 的投运试验。

4）负荷闭环试验。

5）发电机短路试验。

6）发电机无功负荷调整试验及甩负荷试验。

7）励磁调节器投运前校准试验。

（13）完成交代工作，设备投入运行。

（14）进行励磁系统更新改造项目施工验收。

（15）编制励磁系统更新改造后的投运报告及项目施工竣工报告。

五、注意事项

（1）励磁设备改造施工时不得擅自变更原设计的回路或端子号，不得擅自将通用性设备改为特殊规范的设备。

（2）送电前接触器和断路器等元件上的灭弧罩应完好，不应取掉。熔断器的熔体应按要求选用，不许用其他金属材料代替。

（3）送电时应先送主电源，然后送控制电源；切断时则相反。

（4）调试时应先进行静态试验，确认良好后再进行动态试验。应注意，出现异常情况时，应立即停止试验并进行仔细检查。

（5）励磁系统的调试顺序：先开环后闭环、先内环后外环、先静态后动态、最后励磁系统整体联动。

（6）加强对调试工具的专业管理，使用前应对调试用专用工具进行检查，确认其工作良好。

（7）电脑在进行下载参数等操作前必须进行版本的比对，确认调试电脑中版本与设备上的一致，禁止使用非专业电脑进行程序下载等工作，避免病毒侵入。

（8）调试时如保护装置动作，应查明原因，一般不得任意增大整定值强行送电。

（9）应详细记录调试过程中的检查、试验和运行情况，以供分析与总结。

（10）设备整体试运行期限为 12 个月。

【思考与练习】

1. 励磁装置及二次回路安装连接完毕后，应对其线路、元器件等进行全面检查，检查内容主要有哪些？

2. 励磁设备改造后应进行哪些试验？

3. 励磁设备更新改造的施工和调试有哪些注意事项？

▲ 模块 4　调速设备的更新改造（新增 ZY5400804001）

【模块描述】本模块包含调速设备旧设备拆除、新设备到货验收、新设备盘体的安装、控制电缆敷设、调速装置及二次回路的检查、调速设备试验、调速系统整体调试。通过对操作方法、技术要求、步骤、注意事项的讲解和案例分析，掌握调速设备更新改造的方法、技术要求、步骤、注意事项。

【模块内容】

一、作业内容

调速系统设备主要由调速器控制模块、交直流电源以及二次回路等组成，调速系统设备的更新改造就是针对这些设备而言的。

二、危险点分析与控制措施

（1）误触电。控制措施：绝缘测试作业完成后，应将所测设备加压端对地放电，确认无电后方可恢复；应隔离屏柜中的 TV/TA 二次回路，避免信号反送到二次侧伤人；应按照《电力（业）安全工作规程》，验电后作业，必要时断开盘内的交流和直流电源；

防止金属裸露工具与低压电源接触，造成低压触电或电源短路。

（2）误触碰。控制措施：应对可能引发误碰的回路、设备、元件设置防护带和悬挂警示牌。

（3）误整定。控制措施：应指定具有定值修改权限的人员修改定值，工作完成后应根据下达的整定单复核，复核正确后投入。

（4）人身伤害。控制措施：高处作业使用安全带；使用安全工器具前检查确认符合相应等级要求，使用校验合格的安全工器具，检查确认工器具无破损现象。

（5）仪器仪表损坏。控制措施：测量时不得超过仪器仪表允许的最大量程范围，以免损坏仪器仪表；加电压量、电流量不要超过装置允许的最大值，以免操作不当损坏设备。

三、作业前准备

（1）准备有关调速设备更新改造的技术资料（技术图纸、设备说明书等）、原始记录表单等。

（2）作业前组织作业人员学习更新改造相关技术方案、施工方案、标准化作业指导书及其他技术资料，并根据施工方案进行现场勘察。

（3）工作负责人填写标准化施工作业卡、办理工作票，工作负责人应由高级工及以上等级人员担任，工作班成员应选用熟练的二次检修人员。

（4）作业前工作负责人应分析现场作业危险点、提出相应的防范措施，然后向所有工作班成员交代作业内容、作业范围、危险点告知、安全措施和注意事项。

（5）作业前应按照工作票对隔离措施进行检查和确认；应检查确认是否与本装置相关的其他二次设备的隔离措施是否到位。

（6）确认更新改造设备编号、位置和工作状态，对于需停电的设备要进行认真验电检查，确认无电后才能开始工作。

（7）作业前工作负责人应确认工作班成员健康状况良好，安全帽、工作服（或防护服）、绝缘鞋、安全带等安全工器具完备、合格。

（8）作业前应检查仪器设备是否合格有效，应根据测量参量选择量程匹配、型号合适的仪器设备，禁止使用不合格的或有效使用期超期的仪器设备。

（9）准备并检查工器具、材料、备品配件、试验和检测设备是否满足要求，并运至现场。主要工器具包括：专用施工工具、电工组合工具、钢锯、万用表、验电笔、绝缘电阻表、吸尘器；毛刷、试验电源盘、清洁工具包、温度计、湿度计等。主要材料包括：动力电缆、电缆卡子、电缆标示牌、钢锯锯条、穿管用的8～10号钢丝、电缆敷设的专用工具、放线架、足够长的厚壁钢管、爬梯、照明器具、控制电缆、双绞线、酒精、标签、尼龙扎带、抹布等。

四、操作步骤

（1）进行调速系统二次回路的设计，出具二次回路原理图、安装接线图等图纸。

（2）将调速系统设备更新改造技术方案和施工方案报经上级部门审批。

（3）定货时向厂家提供调速设备更新改造的技术要求和机组参数，主要有：发电机额定电压 U_n、发电机额定视在功率 S_n、发电机额定有功功率 P_n、发电机额定无功功率 Q_n、机组频率 f_n、转动惯量、最高水头、最低水头、设计水头以及水轮机铭牌参数等。

（4）旧调速系统设备拆除。

1）制定拆除方案。

2）开具工作票，与上级调度部门或运行部门进行联系，做好安全和技术措施。

3）对设备进行停电、放电操作。

4）拆除旧调速设备与二次控制电缆连接线，做好记号和记录。

5）拆除旧调速设备端子排与二次回路的连接线，做好记号和记录。

6）拆除装置屏柜，注意防止机械损伤。

（5）新调速设备的到货验收。

1）按发货清单清点收到的设备及附件。

2）检查装置上的元件、连线有无缺损。

（6）安装新调速设备盘体。

（7）敷设控制电缆。

（8）安装调速装置及二次回路盘柜电气元件并进行配线。

（9）连接调速装置及二次回路控制电缆。

（10）调速装置及二次回路的检查。调速装置及二次回路安装连接完毕后，应对其回路、元器件等进行全面检查：

1）按接线图检查各部分的接线是否正确,线号是否完整无误,接线端子有无松动,控制电缆的压接端头是否合格，各导线的截面积是否符合图纸的规定。

2）检查调速系统操作、控制、保护、信号回路的正确性。

3）检查装置接地情况。逐一复查各接地处的选择是否正确，接触是否可靠，是否正确无误地连接在地线网上。

4）检查各手动开关、限位开关的动作是否可靠，各接触器、继电器在的动作是否灵活，接触是否可靠，接线有无松动。

5）检查装置各保护环节。熔断器的熔体是否选择适当，报警装置是否接好；

6）检查各部绝缘电阻:用适当电压等级的绝缘电阻表检查装置回路对地及不同回路之间的绝缘电阻，应大于 $1M\Omega$。

（11）调速设备总体静态特性试验。柜体安装完成后，须进行静态检查试验，确认设备内部无因运输造成的损坏，验证外部连接电缆配线是否正确。

（12）调速系统整体调试。

1）钢管充水后调速器手动开机、停机试验。

2）钢管充水后调速器自动开机、停机试验。

3）微机调速器调节模式切换试验。

4）微机调速器模拟运行试验。

5）现场充水后的空载频率扰动试验。

6）现场充水后的空载频率摆动试验。

7）现场充水后的调速器带负荷调节试验、停机试验。

8）现场充水后的电源切换试验。

9）机组调节性能试验。

10）现场充水后的机组甩负荷试验。

11）现场充水后的调速器工作模式切换试验。

12）现场充水后的模拟紧急停机试验。

（13）完成交代工作，设备投入运行。

（14）进行调速系统更新改造项目施工验收。

（15）编制调速系统更新改造后的投运报告及项目施工竣工报告。

五、注意事项

（1）断路器、控制器的手柄及机械操作手柄应放在正确的位置。

（2）调试时应先进行静态试验，确认良好后再进行动态试验。出现异常情况应立即停止试验进行仔细检查。

（3）加强对调试工具的专业管理，使用前应对调试用专用工具进行检查，确认其工作良好。

（4）电脑在进行下载参数等操作前必须进行版本的比对，确认调试电脑中版本与设备上的一致，禁止使用非专业电脑进行程序下载等工作，避免病毒侵入。

（5）调试时应随时注意机组的转速、噪声、震动、温升、润滑等情况。

（6）应详细记录调试过程中的检查、试验和运行情况，以供分析与总结。

（7）设备整体试运行期限为 12 个月。

【思考与练习】

1. 调速器设备及二次回路安装连接完毕后，应对其线路、元器件等进行全面检查，检查内容主要有哪些？

2. 调速器设备更新改造后应进行哪些试验？

3. 调速器设备更新改造作业前的准备工作有哪些？

▲ 模块 5 抽水蓄能机组静止变频启动装置的更新改造 （新增 ZY5400805001）

【模块描述】本模块包含静止变频启动装置的参数备份、旧设备拆除、新设备到货验收、新设备盘体的安装、控制电缆的敷设、装置及二次回路的检查、试验、系统整体调试。通过对操作方法、技术要求、步骤、注意事项的讲解和案例分析，掌握静止变频启动装置更新改造的方法、技术要求、步骤、注意事项。

本模块内容侧重介绍抽水蓄能机组静止变频启动装置控制单元和保护单元更新改造的方法、技术要求、步骤、注意事项。

【模块内容】

一、作业内容

抽水蓄能电站机组静止变频启动装置是利用晶闸管变频装置产生从零到额定频率值的变频电源，在启动机组过程中，电网侧晶闸管换流桥处于整流工作状态，机组侧晶闸管换流桥处于逆变工作状态，将电网侧交流电整流并逆变成 $0 \sim 51Hz$ 范围内的交流电并通入被拖动机组定子回路，通过改变通入交流电的频率从而实现电机的同步驱动，实现机组水泵工况并网。

静止变频启动装置主要由输入单元、变频单元、输出单元、控制单元、保护单元及辅助单元等组成。输入单元包括输入断路器、输入分裂变压器、滤波器、滤波器断路器、避雷器等；变频单元包括网桥、机桥和直流回路平波电抗器等；输出单元包括输出负荷隔离开关、输出断路器、输出电抗器、避雷器等；控制单元包括可编程数字控制器、测量单元、脉冲单元等；保护单元包括输入变压器的保护、变频单元的保护、冷却水回路的保护等；辅助单元包括冷却单元、输入/输出变压器冷却单元及其他辅助设备等。

本模块主要介绍抽水蓄能机组静止变频启动装置控制保护单元更新改造的方法、技术要求、步骤、注意事项。

二、危险点分析与控制措施

（1）误触电。控制措施：绝缘测试作业完成后，应将所测设备加压端对地放电，确认无电后方可恢复；应隔离屏柜中的 TV/TA 二次回路，避免信号反送到二次侧伤人；应按照《电力（业）安全工作规程》，验电后作业，必要时断开盘内的交流和直流电源；防止金属裸露工具与低压电源接触，造成低压触电或电源短路。

（2）误触碰。控制措施：应对可能引发误碰的回路、设备、元件设置防护带和悬

挂警示牌。

（3）误整定。控制措施：应指定具有定值修改权限的人员修改定值，工作完成后应根据下达的整定单复核，复核正确后投入。

（4）人身伤害。控制措施：高处作业使用安全带；使用安全工器具前检查确认符合相应等级要求，使用校验合格的安全工器具，检查确认工器具无破损现象。

（5）仪器仪表损坏。控制措施：测量时不得超过仪器仪表允许的最大量程范围，以免损坏仪器仪表；加电压量、电流量不要超过装置允许的最大值，以免操作不当损坏设备。

三、作业前准备

（1）准备有关调速设备更新改造的技术资料（技术图纸、设备说明书等）、原始记录表单等。

（2）作业前组织作业人员学习更新改造相关技术方案、施工方案、标准化作业指导书及其他技术资料，并根据施工方案进行现场勘察。

（3）工作负责人填写标准化施工作业卡、办理工作票，工作负责人应由高级工及以上等级人员担任，工作班成员应选用熟练的二次检修人员。

（4）作业前工作负责人应分析现场作业危险点、提出相应的防范措施，然后向所有工作班成员交代作业内容、作业范围、危险点告知、安全措施和注意事项。

（5）作业前应按照工作票对隔离措施进行检查和确认；应检查确认是否与本装置相关的其他二次设备的隔离措施是否到位。

（6）确认更新改造设备编号、位置和工作状态，对于需停电的设备要进行认真验电检查，确认无电后才能开始工作。

（7）作业前工作负责人应确认工作班成员健康状况良好，安全帽、工作服（或防护服）、绝缘鞋、安全带等安全工器具完备、合格。

（8）作业前应检查仪器设备是否合格有效，应根据测量参量选择量程匹配、型号合适的仪器设备，禁止使用不合格的或有效使用期超期的仪器设备。

（9）准备并检查工器具、材料、备品配件、试验和检测设备是否满足要求，并运至现场。主要工器具包括：专用施工工具、电工组合工具、钢锯、万用表、验电笔、绝缘电阻表、吸尘器；毛刷、试验电源盘、清洁工具包、温度计、湿度计等。主要材料包括：动力电缆、电缆卡子、电缆标示牌、钢锯锯条、穿管用的8～10号钢丝、电缆敷设的专用工具、放线架、足够长的厚壁钢管、爬梯、照明器具、控制电缆、双绞线、酒精、标签、尼龙扎带、抹布等。

四、操作步骤

（1）进行静止变频启动装置控制保护单元及二次回路更新改造的设计。

1）选择静止变频启动装置控制保护单元及二次回路元件（继电器、接触器、控制电缆等）。

2）出具二次回路原理接线图、安装接线图等图纸。

（2）将静止变频启动装置控制保护单元及二次回路更新改造技术方案和施工方案报经上级部门审批。

（3）定货时向厂家提供：静止变频启动装置控制保护单元及二次回路更新改造的技术要求；发电机及励磁系统的参数；原 SFC 输入输出单元、功率单元、直流平波电抗器等设备的基本参数；SFC 输入电源的参数。控制保护单元的技术要求应包括微处理机、转子极位测量及测频方式和元件、晶闸管脉冲触发和监视元件、继电保护、电量变送器、测量表计、保护装置电源与控制电源、与计算机监控系统接口等方面的内容。

（4）新静止变频启动装置控制保护单元设备的到货验收。

1）按发货清单清点核对收到的设备及附件。

2）检查装置上的元件、连线有无缺损。

（5）旧静止变频启动装置控制保护单元设备拆除。

1）制定拆除方案。

2）开具工作票，与上级调度部门或运行部门进行联系，做好安全和技术措施。

3）对设备进行停电、放电操作。

4）拆除旧静止变频启动装置控制保护单元设备与二次控制电缆连接线，做好记号和记录。

5）拆除旧静止变频启动装置控制保护单元设备端子排与二次回路的连接线，做好记号和记录。

6）拆除装置屏柜，注意防止机械损伤。

（6）新静止变频启动装置控制保护单元设备的安装。

（7）敷设控制电缆。

（8）安装静止变频启动装置控制保护单元及二次回路盘柜电气元件并进行配线。

（9）连接静止变频启动装置控制保护单元二次回路的控制电缆。

（10）静止变频启动装置控制保护单元设备及二次回路的检查。静止变频启动装置控制保护单元设备及二次回路安装连接完毕后，应对其线路、元器件等进行全面检查：

1）按接线图检查各部分的接线是否正确，线号是否完整无误，接线端子有无松动，控制电缆的压接端头是否合格，各导线的截面积是否符合图纸的规定。

2）检查静止变频启动装置控制保护单元操作、控制、保护、信号回路的正确性。

3）检查装置接地情况。逐一复查各接地处的选择是否正确，接触是否可靠，是否正确无误地连接在地线网上。

4）检查各手动开关、限位开关的动作是否可靠，各接触器、继电器在的动作是否灵活，接触是否可靠，接线有无松动，灭弧装置是否完整。

5）检查装置各保护环节。熔断器的熔体是否选择适当，报警装置是否接好；

6）检查各部绝缘电阻。用适当电压等级的绝缘电阻表检查静止变频启动装置回路对地及不同回路之间的绝缘电阻，应大于 $1M\Omega$。

（11）静止变频启动装置控制保护单元设备静态检查试验。柜体安装完成后，须进行静态检查试验，确认设备内部无因运输造成的损坏，以及验证外部连接电缆配线是否正确。

1）冷却水系统耐压试验。

2）冷却水系统调节试验。

3）功率桥晶闸管堆对地绝缘电阻测试。

4）光纤及连接器性能测试。

5）控制器电源卡电压测量。

6）控制器测量、控制、保护回路模拟试验。

7）晶闸管监视与保护回路模拟试验。

8）晶闸管门控脉冲检查。

（12）静止变频启动装置系统试验。

1）故障联动测试。

2）辅助设备启停试验。

3）转子初始位置检测试验。

4）网桥至调试机组定子通流试验。

5）现地单步方式启动机组 SCP 工况调速及并网。

6）远方自动方式启动机组 SCP 工况 10%低速转动试验。

7）远方自动方式启动机组 SCP 工况 10%阶跃升速试验。

8）远方自动方式启动机组 SCP 工况并网试验。

9）远方自动方式启动机组抽水调相并网试验。

10）连续启动机组试验。

11）调节器参数优化试验。

（13）完成投运前的交代工作，设备投入运行。

（14）进行静止变频启动装置控制保护单元更新改造项目施工验收。

（15）编制静止变频启动装置控制保护单元更新改造后的投运报告及项目施工竣工报告。

五、注意事项

（1）改造施工时不得擅自变更原设计的回路或端子号，不得擅自将通用性设备改为特殊规范的设备。

（2）熔断器的熔体应按要求选用，不许用其他金属材料代替。

（3）送电时，应先送主电源，然后送控制电源；切断时则相反。

（4）调试时，应先开环后闭环、先静态后动态、最后系统整体联动调试，出现异常情况时应立即停止试验进行仔细检查。

（5）加强对调试工具的专业管理，使用前应对调试用专用工具进行检查，确认其工作良好。

（6）电脑在进行下载操作前必须进行版本的比对，确认调试电脑中版本与设备上的一致，禁止使用非专业电脑进行程序下载等工作，避免病毒侵入。

（7）调试时如保护装置动作，应查明原因，一般不得任意增大整定值强行送电。

（8）应详细记录调试过程中的检查、试验和运行情况，以供分析与总结。

（9）设备整体试运行期限为 12 个月。

【思考与练习】

1. 静止变频启动装置控制保护单元设备改造时拆除旧设备的步骤有哪些？

2. 静止变频启动装置控制保护单元设备改造后应进行哪些静态检查试验？